普通高等教育"十二五"系列教材

中国电力教育协会
高校能源动力类专业精品教材

U0655389

锅炉原理

（第三版）

主　编　周强泰

副主编　周克毅　冷　伟　钟　辉

编　写　华永明　赵伶玲

主　审　樊泉桂

中国电力出版社
CHINA ELECTRIC POWER PRESS

内 容 提 要

本书内容围绕燃料与燃烧、锅炉受热面、锅炉热力计算、锅炉内部过程与外部过程、燃煤污染物净化技术和锅炉运行等内容，着重于基本原理、基本理论和主要设备及系统的工作原理的论述，介绍了近年来电厂锅炉设备成熟的新技术和国内外锅炉技术的新成就。全书力求突出内容的先进性、系统性，注重理论与实践的紧密结合。

本书可作为高等学校本科能源动力类专业"锅炉原理"课程教材，也可供相关专业工程技术人员参考。

图书在版编目(CIP)数据

锅炉原理/周强泰主编. —3 版. —北京：中国电力出版社，2013.7（2025.3 重印）

普通高等教育"十二五"规划教材

ISBN 978-7-5123-4224-8

Ⅰ.①锅…　Ⅱ.①周…　Ⅲ.①锅炉-高等学校-教材　Ⅳ.①TK22

中国版本图书馆 CIP 数据核字（2013）第 058045 号

中国电力出版社出版、发行

（北京市东城区北京站西街 19 号　100005　http://www.cepp.sgcc.com.cn）

北京雁林吉兆印刷有限公司印刷

各地新华书店经售

*

1986 年 5 月第一版

2013 年 7 月第三版　　2025 年 3 月北京第三十四次印刷

787 毫米×1092 毫米　16 开本　25 印张　605 千字

定价 59.00 元

前　言

　　2009 年出版的《锅炉原理（第二版）》，已对 1986 年出版的《锅炉原理》作了重大修改和增删，包括全书体系的调整和内容的全面更新。

　　本次修订仍保留第二版全书六篇的结构和体系。这种编排有利于对"锅炉原理"面广量多的课程内容进行连贯性和系统性的安排，也方便因教学时数、教学要求或学生实际情况不同而对教学内容进行必要的增删。

　　《锅炉原理（第三版）》主要对第二版中存在的一些不完善、不精确的叙述进行了修改或补充；对部分内容作了压缩或删除；紧密结合电站锅炉新技术和国家颁布的新标准进行论述；针对近几年国内外可再生能源技术的迅速发展，在本书第十八章中增加了可再生低碳生物质燃料发电技术相关内容，分别介绍了农作物秸秆燃烧锅炉、城市生活垃圾焚烧炉及其烟气净化等技术。

　　第三版的主编、副主编、编写人员及所写章节与第二版相同，可再生低碳生物质燃料发电技术部分由周强泰编写。在书稿修改过程中，东南大学能源与环境学院盛昌栋教授根据教学过程中的经验提供了许多宝贵的建议，在此向盛昌栋教授表示衷心感谢。

编　者

2013.7

第一版前言

　　本书系根据高等学校热能动力类教材编审委员会的决定，并按锅炉教材编审小组 1983 年昆明会议通过的教材编写大纲在原《电厂锅炉原理》的基础上进行编写的。

　　全书共十五章。参加编写的有东南大学范从振（编写第一、十二、十三、十四、十五章）、周强泰（编写第二、七、九、十、十一章）和西安交通大学的贾鸿祥（编写第三、四、五、六、八章）。

　　范从振教授担任本书主编，领导全书编写工作。周强泰副教授参加了书稿的统编工作。

　　本书由华中工学院马毓义教授主审。编者对马毓义教授在审稿中所提宝贵意见表示衷心感谢。

　　限于编者水平，书中缺点和错误在所难免，希读者批评指正。

编　者

1985.2

第二版前言

范从振教授主编的《锅炉原理》1986 年出版至今已有 20 多年。我国以燃煤为主的电力工业，主要为电力工业服务的锅炉制造业以及火力发电厂设备，发生了巨大而深刻的变化。在这些变化中特别要指出的有两点：其一，电力工业规模和单机容量增大。至 2007 年年底，我国发电装机容量已达 7.13 亿 kW，2008 年则将突破 8 亿 kW，其中火电机组约占 70%；近几年新增发电容量的设备普遍为 600MW 和 1000MW 的超临界和超超临界压力机组。其二，环保和节能要求提高。电力工业面临资源和环境越来越严格的约束，以降低能源消耗、减少污染物排放为目标的节能减排任务已列入企业日常生产的约束性目标；淘汰高能耗、严重污染环境的小火电机组，增加高效、环保型、大容量火电机组发电容量的比重，对火力发电而言，显得更加重要。在此新形势下，需要探讨围绕能源的高效利用、环境的综合保护和治理，大容量火电机组及其安全经济运行等与锅炉技术有关的新理论、新经验和新方法，并对其进行阐述。

本书编者在组织《锅炉原理（第二版）》书稿内容时，围绕燃料与燃烧、锅炉受热面、热力计算、锅炉内部过程与外部过程、燃煤污染控制和锅炉运行等主题，着重于基本原理、基本理论和主要设备及系统的工作原理的论述，对原版内容作了较大的更新和增删；本着"与时俱进"的精神，结合介绍了近年来发电厂锅炉设备成熟的新技术和国内外锅炉技术的新成就，以及用力学、热力学、传热学、燃烧学、化学动力学、流体力学和两相流体力学等基本理论对这些新技术和新成就进行的分析和阐述；全书体系也作了适当调整，力求突出内容的先进性、系统性和理论与实践的紧密结合。

本书由东南大学周强泰教授担任主编，周克毅教授、冷伟副教授和钟辉副教授任副主编，参加编写的人员还有华永明副教授和赵伶玲副教授。其中周强泰编写绪论、第二章、第九章、第十章中的第一～第六节、第十一章、第十六章中的第一～第五节和附录 A、附录 B，周克毅编写第十二章、第十六章中的第六节和第十七章，冷伟编写第一章、第十三章、第十四章和第十五章，钟辉编写第五章、第六章和第七章，华永明编写第三章、第八章和第十九章，赵伶玲编写第四章、第十章中的第七节和第十八章。

华北电力大学樊泉桂教授担任本书主审，提出了许多宝贵意见，编者在此表示衷心的感谢。

限于编者水平，书中不足之处在所难免，欢迎读者批评指正。

编 者

2009.6

目　录

第二篇　锅 炉 受 热 面

第三篇　锅 炉 热 力 计 算

第四篇　锅炉内部过程

第五篇　锅炉外部过程及燃煤污染物净化技术

第六篇　锅　炉　运　行

绪论 （火力发电厂和锅炉工作原理）

第一节 火力发电厂生产过程及热力系统

现代社会离不开电。电能是最清洁的能源，使用方法简单，调节方便，容易转换。电力工业的发展水平实际上是工农业发展、人民生活水平和科技与国防现代化的重要标志。生产电力的方法很多，如水力发电、核能发电、火力发电、太阳能发电、风能和地热能等发电。当前电力主要由火力发电厂、水力发电厂和核能发电厂产生。在我国，火力发电是生产电力的主要方式。

火力发电厂（简称火电厂）是将化石燃料（煤、油、气等）的化学能转换成电力的生产企业，在转换过程中要经过一系列化学和物理变化，主要的转换设备有锅炉、汽轮机和发电机。在锅炉中化石燃料的化学能先转变成载热体的热能，再转换为在汽轮机内做功的工质——蒸汽的热能，在汽轮机中蒸汽的热能转换为汽轮机高速旋转的机械能，通过发电机转变为最终产品——电能输出。所以，在火力发电厂中，锅炉、汽轮机和发电机被称为三大主要设备。为实现电能生产，除三大主机外，还需要一系列不可缺少的辅助设备，并将其与主机组成一个整体。

火力发电厂是燃料和水的需求大户，为了节约资源，应尽可能提高能量的转换效率；为了电能生产的连续性，除连续地向火电厂供应燃料外，在火电厂内应实现蒸汽—水的不断循环，以节约优质用水，并提高整个发电过程的经济性。火电厂的汽水循环系统又称热力系统。图 0-1 所示为火电机组热力系统。图中 1 表示锅炉，燃料在锅炉炉内燃烧所放出的热量将供给锅炉的给水加热、蒸发汽化，并进一步过热，以产生高压高温的过热蒸汽。后者沿主蒸汽管进入汽轮机 2 的高压缸膨胀做功，汽压汽温随之下降。中压中温蒸汽沿管道返回锅炉的再热器中再次加热到较高的温度，然后被送到汽轮机 2 的中低压缸，完成做功过程后的低压低温蒸汽排向凝汽器 4，被循环水冷却为凝结水。凝结水泵 5 将凝结水输送至低压加热器 7 加热然后至除氧器 9，除去可能存在的气体。由给水泵 6 升压后的给水，经高压加热器 8 加热至给水的额定温度后进入锅炉，进行汽—水的下一循环。凝结水和给水在加热器中加热的热源，来自在汽轮机中不同程度做过功的抽汽。

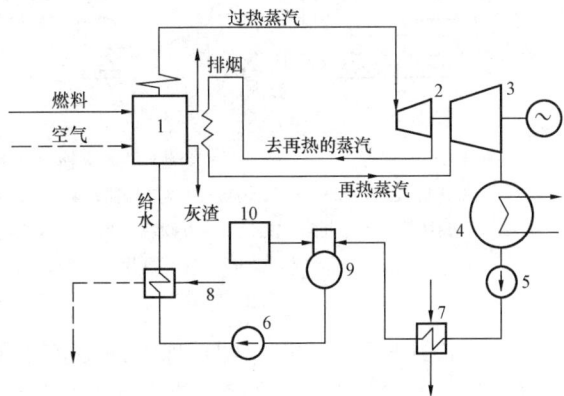

图 0-1 火电机组热力系统示意

1—锅炉；2—汽轮机；3—发电机；4—凝汽器；
5—凝结水泵；6—给水泵；7—低压加热器；
8—高压加热器；9—除氧器；10—水处理设备

第二节　锅炉的工作原理及构成

我国的火力发电厂以燃煤为主，燃煤火电厂所生产的电力占我国发电总量的80％以上。燃煤火电厂锅炉（简称电厂锅炉）的主要燃烧方式为煤粉燃烧。原煤经过磨煤机磨制成一定细度的煤粉，由空气送入锅炉的炉膛燃烧，向锅炉提供热源。图0-2所示为一台自然循环煤粉锅炉的主要设备。由煤仓落下的煤经给煤机11送入磨煤机12磨制成煤粉。煤在磨制过程要用热空气干燥和输送。送风机14将冷空气送入锅炉尾部的空气预热器5，冷空气在此被烟气加热。热空气的一部分经送粉风机13送入磨煤机，将煤加热和干燥，同时作为输送煤粉的介质。从磨煤机排出的气粉混合物经燃烧器8进入炉膛1中燃烧。由空气预热器来的另一部分热空气直接进入燃烧器参与燃烧反应。

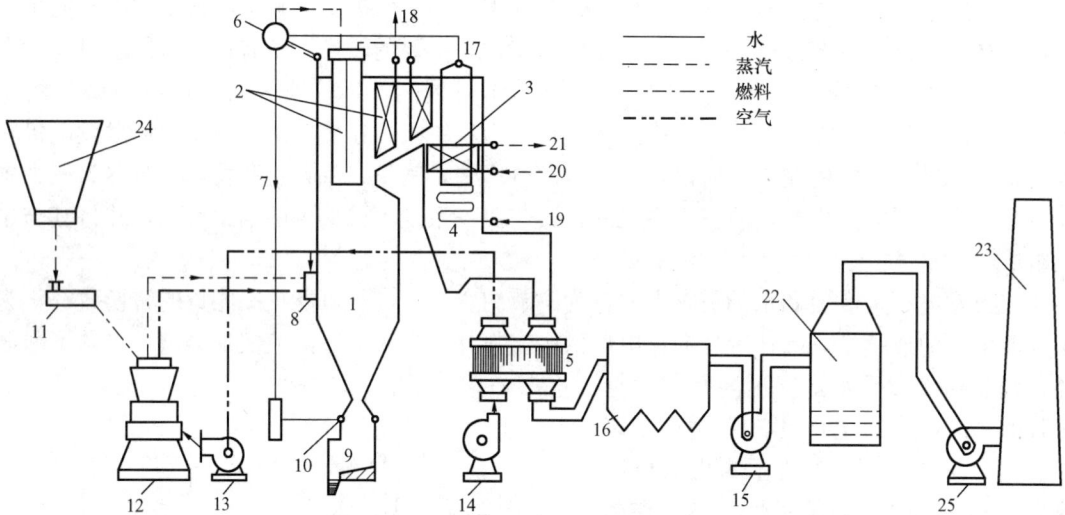

图 0-2　煤粉锅炉机组示意

1—炉膛及水冷壁；2—过热器；3—再热器；4—省煤器；5—空气预热器；6—汽包；7—下降管；
8—燃烧器；9—排渣装置；10—下联箱；11—给煤机；12—磨煤机；13—送粉风机；14—送风机；
15—引风机；16—除尘器；17—省煤器出口联箱；18—过热蒸汽；19—给水；20—再热蒸汽进口；
21—再热蒸汽出口；22—脱硫装置；23—烟囱；24—煤仓；25—增压风机

锅炉的炉膛具有较大的空间，煤粉在此空间内悬浮燃烧。炉膛周围墙壁上布置密集排列的管子（称为水冷壁），管内有水或汽水混合物流过，既能吸收炉膛内高温燃烧的辐射热，又能保护炉墙不致被烧坏。燃烧火焰中心具有1500℃或更高的温度，但在炉膛上部出口处，烟气温度要降低到稍低于煤灰熔点的水平，以免炉内融化的灰渣黏结在对流烟道内与烟气接触的受热面上。煤粉燃烧所生成的灰渣，大的沉降至炉膛底部的冷灰斗中，逐渐被冷却和凝固，并落入排渣装置9，形成固态排渣；大量细小的灰粒，在悬浮燃烧过程中随烟气离开炉膛，流经一系列对流受热面，也逐渐冷却，最后由引风机15引送经除尘、脱硫等工艺后排入烟囱。锅炉排烟温度通常为110～150℃，为减少排烟所带出的飞灰对环境的污染，离开锅炉的烟气先经除尘器16，使95％～99％的飞灰被捕捉下来，最后只有极少量微细灰粒排入大气。为了防止或减轻燃烧过程中产生的硫化物（SO_2、SO_3）随排烟进入大气造成酸雨等危害，锅炉在除尘器前或后装有脱硫设备22。锅炉的燃烧设备多采用低 NO_x 燃烧技术，有些锅炉还配备脱硝装置，以减少随排烟向大气排放的氮氧化物（NO_x）的浓度。

送入锅炉的水称为给水，由给水到过热蒸汽的中间要经过一系列的加热过程。首先是把给水加热到饱和温度，其次是饱和水的蒸发汽化（相变），最后是饱和蒸汽的过热。加热给水的受热面称为省煤器。饱和水转变成饱和蒸汽的受热面称为蒸发受热面，这一转变是在炉膛中布置的水冷壁 1 内完成的；把饱和蒸汽加热为过热蒸汽的受热面称为过热器 2。为了提高锅炉—汽轮机组的循环热效率，火电厂大多采用具有蒸汽再热的再热循环，因而在电厂锅炉中还有再热器 3，有时也称为二次过热器。

当送入锅炉的给水含有杂质时，在蒸发受热面系统中循环的锅炉水的杂质浓度，会随锅炉水的蒸发汽化而升高，严重时会导致在蒸发受热面内结成水垢而使传热恶化，壁温升高甚至烧毁。由锅炉汽包 6 送出的蒸汽可能因带出含有杂质的锅炉水而被污染；高压时蒸汽还能从水中因直接溶解带出一些杂质；蒸汽进入汽轮机后，所含杂质会部分沉积在汽轮机的通流部分，影响汽轮机的出力、效率和工作安全。这样，对电厂锅炉送出的蒸汽，不仅要求有一定的压力和温度，还要有一定的洁净度。因此，对给水品质也有很高的要求，给水要进行预处理；汽包锅炉的汽包内要求配置高效的汽水分离装置，分离效率高达 99.7%～99.9% 以上；汽包水侧和水冷壁的下联箱 10 中还设有锅炉水排污装置。

由此可见，锅炉机组是由诸多设备、锅炉本体（含受热面和相关部件）以及烟、风道和管路等组成的庞大设备和复杂的系统组合。锅炉机组的系统可分为若干子系统，主要的两个为煤粉制备和燃烧系统、汽水系统。

1. 煤粉制备和燃烧系统

该系统包括原煤仓、磨煤机、煤粉分离器（图 0-2 中在磨煤机 12 内）、燃烧器、燃烧室（炉膛）以及相应的煤粉输送设备（送风机）及管路。该系统向锅炉提供符合要求的煤粉，组织好煤粉和气流的合理流动，在炉内实现煤粉的良好燃烧。

2. 汽水系统

锅炉机组的汽水系统，依水、汽的流动方向，由图 0-2 的给水管道 19 开始，经省煤器、汽包（下部水侧）、下降管、水冷壁及其引出管、汽包（上部汽侧）和过热器，至过热蒸汽出口 18 为止；对于具有蒸汽再热的锅炉机组，还包括再热器，后者常与再热前、后的蒸汽管道合称为再热蒸汽系统。汽水系统中的水或蒸汽所流经的受热面是承压受热面。汽水系统的主要作用是将燃料燃烧所释放的热量，通过与相关受热面的热交换，安全可靠和高效地传递给受热面内的工质，使锅炉给水加热、蒸发汽化和过热，产生符合要求的过热蒸汽。再热器系统则应把在汽轮机高压缸中做过功的蒸汽再次加热到较高的额定温度。

除上述主要子系统外，锅炉还有许多其他子系统和相关设备，如输煤系统、除渣、除尘系统、启动系统、疏水系统、排污水系统等，这里不一一介绍。

第三节　电厂锅炉的主要特征指标

电厂锅炉是燃料耗费很多、结构复杂庞大和多个系统相互结合的设备综合体，可以有不同的性能评判指标，但作为生产电能的火力发电厂的主要设备之一的电厂锅炉，首先应符合安全可靠、经济节能和环境友好等要求。

一、安全可靠性

安全可靠生产始终是电力生产的首要任务。电厂锅炉不能发生任何人身及非人身重大事故，如人员伤亡、承压容器和燃烧系统爆炸、停运燃烧系统的再燃等。不影响人身安全或不造成设备重大损伤的事故也应尽量减少。常用于锅炉工作可靠性分析的统计指标如下：

（1）连续运行小时数＝两次停炉（维修）之间的运行小时数。

（2）事故率＝$\dfrac{\text{事故停运小时数}}{\text{总运行小时数＋事故停运小时数}} \times 100\%$。

（3）可用率＝$\dfrac{\text{运行总时数＋备用时数}}{\text{统计期间总时数}} \times 100\%$。

统计时一般以一年作为一个周期。连续运行小时数越多，事故率越低，可用率越高，表示锅炉工作越可靠。电厂锅炉的连续运行小时数一般要求 5000h 以上，可用率超过90%～95%。

二、经济性

锅炉可以有不同的具体经济指标。从可持续发展的角度，资源的节约应放在第一位，尤其是燃料的节约。电力生产的能耗指标，最重要的是煤耗率，以每发出单位电能（kW·h）所消耗的标煤（标准煤）的质量（kg 或 g）计算。由于不同质量的燃煤有不同的发热量，为便于对比，把发热量为29 310kJ/kg（7000kcal/kg）的煤作为标煤，机组煤耗率都应折算到标煤计算。

锅炉从燃料中吸收的有效利用热为 $\dot{Q}_1 = BQ_{net,ar}\eta_b$（kW），其中 B 为锅炉耗煤量，kg/s；$Q_{net,ar}$ 为煤的收到基低位发热量，kJ/kg；η_b 为锅炉效率。由热量 $\dot{Q}_1$ 产生的高温高压蒸汽输送给汽轮机，在扣除主蒸汽管道的散热损失（以管道效率 η_p 表示）后，用于推动汽轮机转动，再扣除冷源热损失（以汽轮机的绝对内效率 η_i 表示）后才是汽轮机的可用功。该热量在转变成电能 P 时，还应考虑汽轮机—发电机的机械传动效率 η_m 和发电机效率 η_g。因此，发电机发出电功率 P（kW）时，输入锅炉的热量应为

$$BQ_{net,ar} = B^s Q_{ar}^s = \frac{P}{\eta_b \eta_p \eta_i \eta_m \eta_g} \quad \text{kW（kJ/s）}$$

或

$$B^s Q_{ar}^s = \frac{3600P}{\eta_b \eta_p \eta_e} \quad \text{kJ/h} \tag{0-1}$$

式中　Q_{ar}^s——标准煤的收到基低位发热量，$Q_{ar}^s = 29\,310\text{kJ/kg}$；

　　　B^s——标准煤的消耗量，$B^s = B\dfrac{Q_{net,ar}}{Q_{ar}^s}$，kg/s；

　　　η_e——汽轮发电机的绝对电效率，$\eta_e = \eta_i \eta_m \eta_g$。

电力生产的煤耗率有发电煤耗率和供电煤耗率之分，发电煤耗率 b_g 若以 g 标煤/（kW·h）表示可写为

$$b_g = \frac{B^s}{P} = \frac{3600 \times 1000}{29\,310 \eta_b \eta_e \eta_p} = \frac{123}{\eta_b \eta_e \eta_p} \tag{0-2}$$

供电煤耗率 b_n 应考虑厂用电率 ξ 大小，其计算式为

$$b_n = \frac{123}{\eta_b \eta_e \eta_p (1-\xi)} = \frac{123}{\eta_{cp}(1-\xi)} \tag{0-3}$$

式中　η_{cp}——全厂（锅炉—汽轮机—发电机机组）的发电效率，又称毛效率；扣除厂用电率 ξ 后的效率为净效率。

各种效率的数值可以用百分数表示，也可以用份额数表示，在式（0-1）和式（0-2）中，煤耗率是按效率的份额数计算的。

锅炉与汽轮机之间的主蒸汽管道，保温后的能量损失很少，管道效率高达0.99；机械传动效率和发电机效率也都很高，达0.990～0.995。因此影响火电机组煤耗率大小的主要因素是汽轮机的绝对内效率（也称实际循环热效率）η_i、锅炉效率η_b和厂用电率ξ。

锅炉效率（％）定义为锅炉每单位时间向热力系统提供的有效利用热（即锅炉中水和蒸汽吸收的热量）与锅炉输入热量之比再乘以100，即

$$\eta_b = \frac{锅炉有效利用能量}{锅炉输入热量} \times 100\% \tag{0-4}$$

在我国输入热量中的燃煤发热量按低位发热量计算（见第一章和第八章），锅炉的有效利用热量是从燃料燃烧放出的热量（输入热量）中取得的，但锅炉系统中某些吸热量，如从锅炉低温烟气中所吸收或从锅炉高温排渣中所吸收，但不进入热力系统（用于热力循环）的热量，不能计入锅炉有效利用热之中。

现代电厂锅炉的效率都在90％～92％以上，超临界和超超临界压力锅炉的效率已达93％～94％。

三、环保性能

燃煤电厂消耗国内煤炭消耗量的50％～60％，是有害气体和粉尘排放的重要污染源。一台功率为100万kW(1000MW)的燃煤锅炉，每年消耗中等偏高质量原煤350万～400万t，产生CO_2 750万～900万t，SO_2 3.5万～7.0万t，NO_x 1.5万～2.0万t，粉尘80万～90万t。全国火电行业产生的污染物则几百甚至上千倍于上述数量，若都排放至大气，会对环境造成致命的影响，必须在排放前作严格的处理，以减少煤燃烧后有害的污染物向大气的排放。

CO_2属温室气体，大气中CO_2浓度增高，会造成地表平均温度升高，使地球变暖而带来一系列生态问题。目前对化石燃料碳元素的燃烧产物（CO_2）还缺乏有效的控制手段，减少化石燃料的应用，提高化石燃料的能源效率，是减少CO_2排放的主要方法。因此，提高能源利用率，即节能，不仅是有关资源领域可持续发展的一个战略措施，也是涉及环境保护的重要举措。

燃煤锅炉产生的粉尘飞灰、SO_2和NO_x，可分别通过高效除尘装置、脱硫设备、低NO_x和超低NO_x燃烧技术或同时辅以脱硝设备等措施得到有效的控制。高效除尘设备的除尘效率可达99％，脱硫设备的脱硫效率可达95％，脱硝设备NO_x脱除率，依据设备的复杂性可达50％～80％和80％～90％。有关这些污染物的排放指标，国家制定了严格的标准（参见第十八章）。

第四节　锅炉的分类

一、按锅炉容量和参数分类

锅炉的容量一般指单机蒸发量，为单位时间内锅炉所能供应的蒸汽质量，以t/h或kg/s表示，有时也用与配套汽轮发电机的出力相匹配的输出功率（MW）表示锅炉的容量。锅炉设计蒸发量一般为最大长期连续蒸发量。按蒸发量的大小，锅炉有小型、中型和大型之分，但它们之间只有相对意义，没有固定的分界。以往的大型锅炉，现在只能列为中小型了。按

2002 年我国电力行业标准《大容量煤粉燃烧锅炉炉膛选型导则》（DL/T 831—2002），容量达 300MW 的锅炉才列为大容量锅炉，但我国从 2007 年开始，在电网覆盖范围内新建的纯凝汽式发电厂中，不允许再采用单机容量小于（含）300MW 的机组了。

锅炉的参数主要指锅炉出口处过热蒸汽（也称主蒸汽）的压力和温度。锅炉设计的蒸汽压力和温度称为额定压力（MPa）和温度（℃）。对于具有蒸汽再热的锅炉，蒸汽参数中还包括再热蒸汽的流量、压力和温度。此外，锅炉参数也包括给水温度等。

按主蒸汽压力的高低，锅炉可分为低压（$p \leqslant 2.45$MPa）、中压（$p=2.94 \sim 4.92$MPa）、高压（$p=7.84 \sim 10.80$MPa）、超高压（$p=11.8 \sim 14.7$MPa）、亚临界压力（$p=15.7 \sim 19.6$MPa）、超临界压力（$p>22.1$MPa）和超超临界压力等等级。对超临界压力锅炉和超超临界压力锅炉的压力分界点，目前还没有明确一致的说法。超临界压力锅炉主蒸汽压力一般为 $p=23 \sim 25$MPa，我国目前文献上把 $p>26$MPa 定为超超临界压力。

锅炉压力与机组容量一般有某种对应关系，主蒸汽压力等级提高要求机组容量相应有所增大。表 0-1 列出了国产电厂锅炉的参数、相匹配容量和循环方式。表中没有列出高压以下压力等级的锅炉，这些锅炉煤耗率高，已经遭到或正在进行淘汰。为了提高能源利用率，应该增加高效率大容量机组的比例，有计划地逐步淘汰超高压力等级机组的问题，也应提到议事日程。

表 0-1　　　　　　　国产电厂锅炉的参数、相匹配容量和循环方式

压力等级	主蒸汽压力（MPa）	蒸汽温度（主/再）（℃）	给水温度（℃）	蒸发量（t/h）	配套机组功率（MW）	循环方式
超高压	13.7	540/540	240	420 670	125（135） 200（210）	自然循环 自然循环
亚临界	16.7~17.5 17.5~18.3	540/540 540/540	260 278	1025 2008	300（330） 600（650）	自然循环 控制循环
超临界	25.4 25.4	543/569 571/569	289 282	1950 1910	600（650） 600（650）	直流 直流
超超临界	26.25	603/605	296	2950	1000	直流

二、按燃烧方式分类

按燃煤的燃烧方式，锅炉可分为层燃炉、流化床炉、旋风炉和室燃炉。

1. 层燃炉

层燃炉具有炉排，煤块在固定的或移动的炉排上燃烧，在燃烧过程中燃料保持层状。燃烧所需空气由炉排下方引入，穿过炉排上面的燃料层使之进行燃烧反应。移动炉排最典型的例子是链条炉，炉排与前后两个滚轮构建成的链条炉排紧贴在燃料层的下面，燃料由炉前煤斗进入炉排面后，随移动炉排向炉后方向运动，到达炉后时基本烧完，剩余灰渣排至灰斗。当空气穿经燃料层时会将部分燃料细粒吹起，这些燃料细粒和燃料层燃烧时产生的可燃气体，在燃料层上方的炉膛空间仍可进行部分燃烧。

层燃炉在炉排前后部位的炉膛下方都有由耐火材料构成的离炉排面一定距离的前、后拱。前拱主要用于促进燃料的加热和着火燃烧；后拱用于引导刚离开燃料层的燃烧产物的流

动，并加强燃烧气体的混合和燃烧。

在设计考究的燃煤链条炉中，燃烧空气分成两部分，大部分在炉排下方引入，供炉排面上的燃料层进行燃烧，这部分空气称为一次风；少量空气在炉排以上的炉膛适当部位送入炉膛空间，以引导烟气流向，加强炉膛中可燃气体的混合和燃烧，这部分空气称为二次风。

还有一种移动炉排式层燃炉是倾斜（由炉前向炉后倾斜）往复式移动炉排。这种倾斜往复式移动炉排在国内外广泛作为低热值的城市生活垃圾焚烧的燃烧设备。倾斜炉排有整体倾斜和分段倾斜之分。后者也称为阶梯式倾斜炉排（炉排移动方式一般为顺推式），是将整个倾斜炉排分为若干段（如分为三段），段与段之间设置一定落差，当低值燃料（如城市垃圾）从上一段进入下一段时，在落差位置发生翻滚、搅拌、干燥，使低值燃料燃烧更加充分。

倾斜炉排的移动方式有顺推式和逆推式。逆推式倾斜炉排可使垃圾层在沿炉排整体下落过程中获得强有力的搅拌、干燥和燃烧，但在逆推式往复炉排的后面还有一小段顺推式炉排，以增加垃圾的燃烧路程，并有利于排渣。

还有一种层燃炉是倾斜水冷式振动炉排。这种炉排主要用于低灰熔点的秸秆等生物质燃料的燃烧。炉排同样是从炉前向炉后倾斜，由电力驱动产生振动。燃料在倾斜炉排的振动下而抛起，从炉前向炉后翻滚运动，并被加热，边燃烧边跳跃前进，直至燃尽。燃烧后生成的灰渣从炉排末端的排渣口排出。

振动炉排采用水冷，一方面可以降低炉排的工作温度，以增加炉排的寿命；另一方面可以防止低灰熔点的生物质燃料在炉排面上结渣。

炉排上开有小孔，燃烧所需的一次风从炉排下的一次风室送入，并从炉排面上的小孔喷入炉内；二次风在炉排上方的炉拱部位进入燃烧室。

2. 流化床炉

流化床炉工作时，床层上的固体燃料处于上下翻腾的状态（即流化状态），也称沸腾炉。炉子底部有一多孔布风板，是由多孔板与每个孔连接的风帽构成的不漏煤结构，孔板上保持一床料层。一部分空气由孔板下方的风室通过布风板高速穿过床料层，使床层内的燃料均匀流化；另一部分空气由床层上方送入炉内，使燃料颗粒在炉膛空间进一步燃烧。进入流化床的燃料粒度不宜太大，最大粒径不超过 $15\sim20$mm，否则所需流化风速过高，会将大量颗粒从床层扬起并带出炉膛。为提高燃料的燃烧率和减轻锅炉的对流受热面的磨损，在炉膛出口设有气固两相分离设备，未燃尽的较粗固体颗粒被分离并收集起来，通过回料装置送回炉膛继续燃烧。

3. 旋风炉

旋风炉的燃烧室是一个圆柱形的旋风筒，有卧式和立式两种布置方式。煤粉由圆筒一端（前端或上端）轴向或切向进入。燃烧所需空气在同一端切向高速进入旋风筒，在旋风筒内造成煤粉气流的高速旋转运动。燃烧产物由圆筒另一端（后端或下端）排入锅炉的燃尽室，使未燃尽的燃料继续燃烧。与室燃炉或旋风炉的燃尽室相比，旋风炉的燃烧室尺寸很小，炉内保持很高的温度，燃料的燃烧速度较快，剩余灰分从旋风炉排出时仍处于熔化的液体状态，属液态排渣炉。

4. 室燃炉

室燃炉是燃料在燃烧室空间（炉膛）中呈悬浮状态燃烧的炉子，液体燃料、气体燃料、固体粉状燃料（煤粉）的燃烧均采用室燃方式。煤粉的粒径小，终端速度低，在炉内呈气流输送状态。煤粉室燃炉简称煤粉炉，是燃煤电厂的主要燃烧方式。依燃烧室底部排渣方式的不同，又分固态排渣炉和液态排渣炉，前者排出的灰渣为固态，后者为液态。我国的煤粉炉几乎均采用固态排渣方式。

对燃煤锅炉而言，层燃炉燃烧速度慢，燃烧效率低，锅炉容量小，环境污染严重，早已被火力发电厂淘汰了，即使在小型工业锅炉中也被限制发展，尤其在人口密集的城市。

但是在日益被重视的可再生能源领域，特别是近期迅猛发展的垃圾焚烧锅炉和生物质（如各类农作物秸秆等）锅炉中，倾斜机械式往复炉排和倾斜振动式炉排的层燃炉分别是这些再生资源的主要燃烧方式。

我国循环流化床（CFB）锅炉发展 20 多年来已经取得了巨大进展，一批 300MW 等级的亚临界压力 CFB 锅炉已相继投入运行。世界上第一台超临界压力 460MW CFB 锅炉在波兰投运（2009 年）后，国内锅炉制造商和相关大学及研究机构分别提出了 600MW 等级超临界压力 CFB 锅炉的概念设计。据报道，600MW 超临界 CFB 锅炉的示范机组已经在四川开工建设。

循环流化床锅炉脱硫装置较简单，低温燃烧产生的有害 NO 和 NO_2 气体较少，但会产生另一种有害气体，即消耗大气同温层臭氧的温室气体 N_2O。循环流化床锅炉仍然存在诸多阻碍其在发电厂中发展的问题。首先是运行安全可靠性较低，尤其是炉内粗颗粒与高气流速度相结合带来的相关部件的磨损相当严重，炉内排渣顺畅性和冷渣器运行可靠性差；其次是运行经济性较差，主要表现在锅炉效率较低和厂用电率较高；再次，锅炉调节性能也不尽如人意。

旋风炉适合于燃烧灰熔点低、容易造成普通煤粉炉结渣的煤种。美国 20 世纪五六十年代建造了一定数量的旋风炉。旋风炉燃烧温度较高，产生有害氮氧化物 NO 和 NO_2 较多，炉内高温腐蚀较严重。此外，高温液态排渣造成的热损失也较大，使锅炉效率比普通煤粉炉（固态排渣）低。我国一般不采用旋风炉的燃烧方式，而采用燃烧效率和可靠性均高的固态排渣室燃炉的煤粉燃烧方式。

三、按水循环方式分类

在锅炉中，流体（水、汽、气等）的流动，主要是在外力或压差作用下实现的，这种流动称为强制流动。例如，省煤器内水流动的动力来自给水泵，给水流经省煤器的阻力由给水泵的压头来克服，因此，在省煤器进口与汽包或蒸发受热面之间存在压力差。过热器、再热器内蒸汽的流动也是在外力压差作用下产生的，也就是说，为了实现过热器或再热器中蒸汽的流动，在过热器或再热器进出口之间应存在压力差。

蒸发受热面（水冷壁）内流动的工质为水和蒸汽的汽水混合物，其流动方式可为强制流动，也可为闭合系统内的自然循环，依据汽水混合物的流动机制，蒸发受热面内工质的流动可分为自然循环、控制循环和直流三种方式，如图 0-3 所示。相应地，锅炉可分为自然循环锅炉、控制循环锅炉和直流锅炉。

在自然循环的锅炉 [见图 0-3（a）] 中，给水由给水泵 1 压送，经省煤器 2 加热后进入蒸发系统，蒸发系统包括汽包 3、下降管 4、联箱 5 和蒸发管（水冷壁）6，自然循环锅炉蒸发系统的下降管处于炉膛外，不受热，管内流动的工质为水；在受热的蒸发管中，总体而言，管内流动的是汽水混合物。由于蒸汽的密度小于水的密度，故下降管内水的密度大于蒸

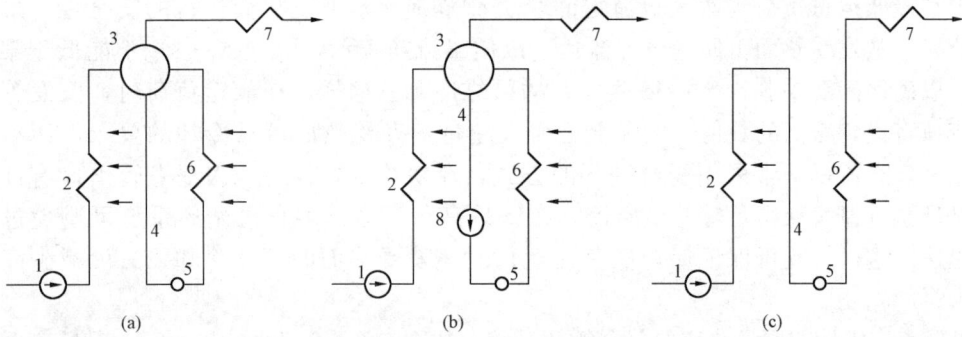

图 0-3　锅炉蒸发受热面内工质的几种流动方式
(a) 自然循环；(b) 控制循环；(c) 直流
1—给水泵；2—省煤器；3—汽包；4—下降管；5—联箱；6—蒸发管；7—过热器；8—循环泵

发管内汽水混合物的密度。在密度差的作用下，在下联箱 5 中两侧工质存在不平衡的压差，借以推动工质在封闭蒸发系统中的循环流动。水在下降管内向下流动，并经过下联箱进入水冷壁蒸发管，汽水混合物在其中作上升流动，故水冷壁也称上升管。汽水混合物进入汽包并进行汽水分离，蒸汽进入过热器 7 进一步加热为过热蒸汽，从汽包中分离出的水与省煤器送入的给水混合，流入下降管往复循环。每千克水循环一次只有少量转变为蒸汽，在蒸发系统中循环的水量远大于在其中产生的蒸汽量，单位时间内循环水量与系统中产生的蒸汽量之比，称为循环倍率 K。对于超高压以上等级的自然循环锅炉 K 值一般为 4～10。自然循环锅炉蒸发系统内的流动是以汽—水密度差为动力，不耗费外界动力。

压力提高，汽—水密度差减少，自然循环的推动力下降。为了保证受热蒸发管内有足够的流量循环，在蒸发系统的下降管内加装循环泵 8，以增强工质循环流动的推动力。这种循环方式如图 0-3 (b) 所示，它是以控制循环为代表的强制循环方式。其循环倍率 K 一般为 2～5。

自然循环锅炉与控制循环锅炉的共同特点是都有汽包。汽包的主要作用是将来自蒸发管的汽水混合物进行汽水分离，以获得高洁净度的蒸汽。巨大的汽包有一定供水的缓冲能力。汽包将省煤器、蒸发受热面和过热器三种起不同作用的受热面分隔开，过热器有固定的与蒸发受热面的分界点，在自动控制技术还不发达的年代便于对过热汽温的控制。

当锅炉工质的压力达到或超过临界压力时，就不存在汽水两相共存的状态。水蒸气的临界压力为 $p_{cr}=22.1\text{MPa}$，相应的临界温度为 $t_{cr}=374.15\text{℃}$。水在压力 p_{cr} 下加热时，温度低于 t_{cr} 则为水，温度达到 t_{cr} 以上则为汽。在水蒸气的 $t\text{-}s$ 图上，不存在汽水两相共存区。在这种情况下，就要采用直流式锅炉。直流锅炉也可用于临界以下压力的锅炉。

在直流锅炉中，给水由给水泵压送，经省煤器加热后，流经蒸发受热面，在其中全部蒸发汽化为蒸汽，所以循环倍率 $K=1$。然后蒸汽在过热器中进一步加热为过热蒸汽，如图 0-3 (c)所示。直流锅炉在省煤器、蒸发受热面和过热器之间没有固定不变的分界点，沿工质整个行程的流动阻力由给水泵的压头来克服。

直流锅炉结构简单，没有庞大笨重的汽包，也可以没有或少用下降管，但其蒸发受热面内工质的流动排除了自然循环可以提供的动力，需由给水泵全部承担，而且，为保证锅炉在最低运行负荷到额定负荷之间全负荷范围内蒸发受热面运行的安全性，最低运行负荷时，蒸发受热面工质的设计流速［以质量流速表示，kg/(m² · s)］不能低于某一特定值，以确保高温炉膛内水冷壁蒸发管的可靠冷却。这样，在额定负荷时，蒸发管内工质的流速将达到很高的数值，实际上已大大超过蒸发受热面可靠冷却的要求，使给水泵耗功过多。直流锅炉常采用复合循环的方式，在锅炉低负荷时，因蒸发管出口有部分工质再循环至进口可获得足够的工质流；在锅炉高负荷时，停止再循环系统可避免过高的质量流速。这样，既可保证锅炉低负荷运行时蒸发受热面的可靠冷却，又可减少高负荷时给水泵的耗功。

　　早期直流锅炉有两种典型的复合循环系统，如图 0-4（a）和（b）所示，其特点是在全压系统中不设分离器，只有必要的隔离阀和循环泵。循环泵的布置分串联和并联两种方式。当循环泵停运时，再循环系统没有工质流动，锅炉按纯直流运行（$K=1$）；循环泵投入时，部分工质在循环泵—蒸发管—再循环管之间［见图 0-4（a）］或循环泵—蒸发管之间［见图 0-4（b）］循环，并与给水泵送来的给水组成复合系统，循环倍率 $K>1$。

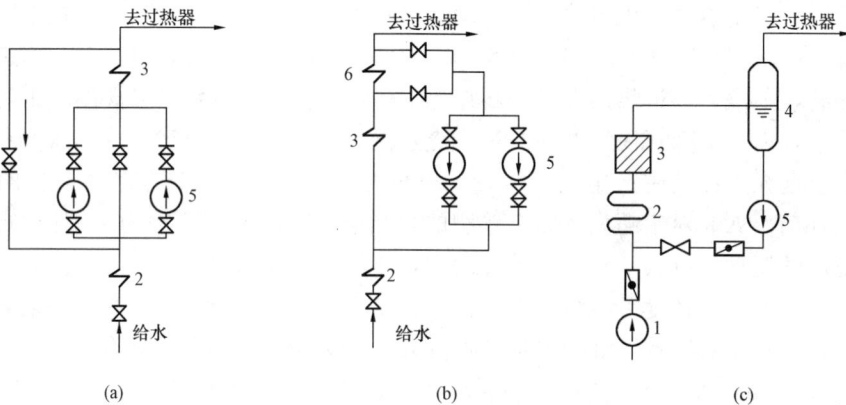

图 0-4　复合循环系统
（a）串联式；（b）并联式；（c）超临界变压运行直流锅炉再循环系统
1—给水泵；2—省煤器；3—水冷壁蒸发管；4—汽水分离器；
5—再循环泵；6—包覆过热器

　　超临界和超超临界压力锅炉普遍采用变压（也称滑压）运行方式，其特点是当机组处于某一特定负荷（一般为 90%额定负荷）至最大负荷范围内，机组以固定设计的压力（超临界或超超临界压力）运行；当机组处于低于这个特定负荷，直至最低直流运行负荷（一般为额定负荷的 25%~30%）的范围内，工质压力随负荷同方向变化，并在 60%~80%额定负荷的某一个负荷下进入低于临界的压力范围。当超临界压力机组在较低的负荷和压力下运行时，水冷壁蒸发受热面出口的工质为汽水混合物，因此需要装设类似于汽包作用的汽水分离器。分离出来的水由再循环泵输送进入省煤器入口端与给水混合后进入省煤器，再流经蒸发受热面。也就是说，在变压运行的超临界或超超临界压力锅炉中，省煤器包括在再循环系统内，如图 0-4（c）所示。

　　超临界或超超临界压力锅炉设计时，水冷壁出口工质处于汽水两相的机组负荷，大约为机组最低直流运行负荷，即 25%~30% 的额定负荷。因此，只有锅炉负荷大约处于或低于最低直流运行负荷时，汽水分离器才起分离作用。此时，机组由直流运行方式切换到再循环运行方式。在负荷高于最低直流负荷时，水冷壁出口工质为微过热状态的过热蒸汽。这时，汽水分离器处于运行系统中，但不起分离作用，是一个处于全压下的连通容器，再循环泵也停止运行。

第五节 燃煤发电及锅炉技术的发展概况

随着工业化程度的提高，社会经济的发展和电力需求的增加，我国以火力发电为主的电力规模日益庞大，消耗的原煤相当可观，节能意义更加巨大。另外，世界范围的资源短缺和环境生态的恶化，给火力发电和燃煤锅炉的发展提出了新的挑战。

一、我国电厂锅炉发展概况

自 20 世纪 70 年代末改革开放以来，我国电力工业和其他行业一样得到了快速的发展，发电设备的装机容量和发电量，已连续十多年处于世界第二位。全国装机容量继 2009 年突破 8 亿 kW 达 8.74 亿 kW 之后，于 2011 年突破 10 亿 kW，达 10.5 亿 kW，其中火电装机容量为 7.6 亿 kW，超过总装机容量的 72%。2011 年，全国发电量达 47300 亿 kW·h（其中火电机组发电量占 82.5%），首次超过美国成为世界发电量最多的国家。之后，在 2012 年，全国发电设备装机容量达 12.3 亿 kW，也超过了美国，使中国成为世界上最大的电力工业国家。

随着火力发电规模的扩大，火电机组的单机容量和蒸汽参数也相应提高。20 世纪八九十年代，着重发展亚临界压力的 300（330）和 600（650）MW 机组；进入 21 世纪重点发展超临界压力的 600（650）MW 和超超临界压力的 1000MW 机组；同时也进口了一批超临界压力的 300、500MW 和 800MW 机组。

现代大容量煤粉锅炉多采用固态排渣方式。这种排渣方式运行可靠性高、锅炉效率较高。燃烧方法主要有墙式燃烧（多为前后墙对冲燃烧）和切向燃烧（角式燃烧）。就世界范围而言，大容量锅炉采用墙式燃烧方法较多；在我国多习惯于切向燃烧方法，但随着大容量锅炉的增多，采用对冲燃烧方法的锅炉也将越来越普遍。

大容量锅炉的布置方式，以 Π 形（或称倒 U 形）居多，也是我国的锅炉布置的主要方式。锅炉的烟气流道呈 Π 形。上行烟道的炉膛，大体呈矩形立方体，四周壁面上布置有水冷壁，流动的烟气是正燃烧着的火焰。高温火焰对四周水冷壁的传热以辐射为主，故水冷壁也称为辐射受热面。从炉膛出口至下行烟道之间的区域为水平烟道。水平烟道内流动的烟气温度还很高，一般适于布置高温（末级）过热器和高温（末级）再热器，以便蒸汽能加热到较高的温度。炉膛出口处和水平烟道内的受热面，一般采用便于支吊的立式布置方式。在 Π 形的下行烟道内，烟气温度已明显降低，适于布置低温过热器、低温再热器和尾部低温受热面（省煤器和空气预热器），并采用卧式布置方式。锅炉的下行烟道可为单烟道，也可为由分隔墙将前后分隔为两个平行烟道的双烟道，并在其中布置不同的受热面。双烟道方便于通过改变平行两烟道烟气流量的比值，来调节相应受热面的吸热以调节再热汽温。上行烟道至水平烟道的转弯处设有折焰角，以改善高温烟气流转弯时的流场。水平烟道至下行烟道的转弯区域称转向室，一般不布置受热面。

图 0-5 所示为 Π 形布置 1000MW 功率的超超临界压力锅炉侧剖面图，锅炉的参数已列于表 0-1 中。锅炉在炉膛的前后墙上布置了三层燃烧器，在上排燃烧器的上面，还布置了一层燃尽风喷嘴，以保证煤粉的燃尽和降低煤粉燃烧时产生的氮氧化物 NO_x 的浓度。锅炉受

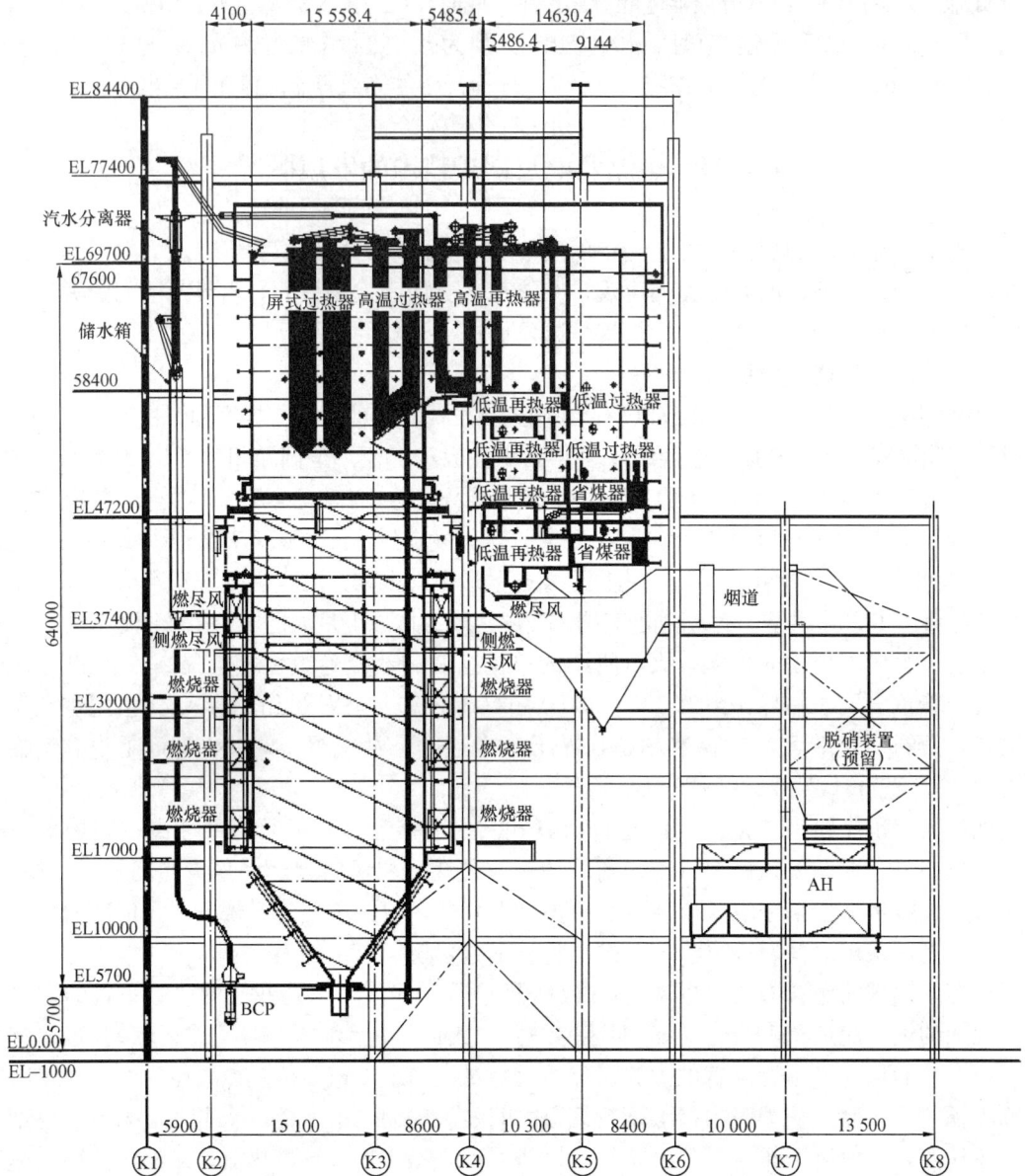

图 0-5　1000MW 超超临界压力锅炉（Π形布置墙式燃烧）

热面布置和工质流程以单线图的形式示于图 0-6 中。

　　欧洲一些国家（如德国等）普遍采用塔式布置锅炉。塔式锅炉的承压受热面，从水冷壁辐射受热面到过热器、再热器和省煤器等对流受热面，均布置在一个上行烟道内。对流烟道在炉膛上方，与炉膛笔直相连。烟气进入对流烟道布置的承压对流受热面时不存在烟气的折向，对流受热面磨损较轻。塔式锅炉所有对流受热面都采取卧式布置方式，停炉时疏水方便，但塔式锅炉高度很大，汽、水管道较长，承压受热面的高位布置给检修和维护带来不便。我国也有少量塔式锅炉，图 0-7 所示为上海外高桥电厂 900MW 超超临界压力锅炉的侧剖面。

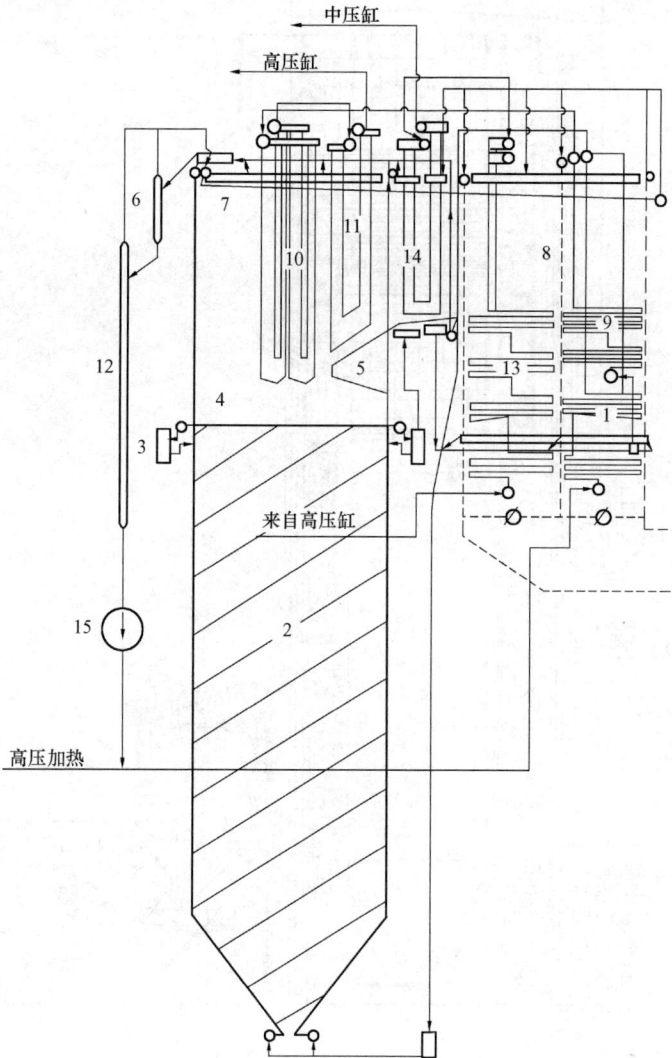

图 0-6　1000MW 超超临界压力锅炉受热面布置和工质流程图

1—省煤器；2—螺旋水冷壁；3—螺旋水冷壁出口混合联箱；4—上部水冷壁；5—折焰角；
6—启动分离器；7—顶棚过热器；8—包墙过热器；9—低温过热器；10—屏式过热器；
11—高温过热器；12—储水箱；13—低温再热器；14—高温再热器；15—锅炉再循环泵（BCP）

　　T 形布置方式的大容量煤粉锅炉在俄罗斯采用较多，这种锅炉的特点是具有一个上行高温烟道（炉膛）和两个水平烟道及两个相应的下行烟道，后者分别布置在炉膛前后或左右两侧，我国有少量从俄罗斯进口的超临界压力 T 形锅炉，图 0-8 所示为一台功率 800MW 的 T 形锅炉布置图。

　　二、燃气—蒸汽联合循环发电技术

　　在蒸汽循环基础上加一燃气循环可明显提高循环的热效率。图 0-9 所示为一种燃气—蒸汽联合循环发电系统示意。图中 1～3 为燃气循环部分，4～9 为常规蒸汽循环部分。在该系统中燃气循环的排气进入余热锅炉 4，作为蒸汽循环的热源。燃气循环部分需有压气机 1，

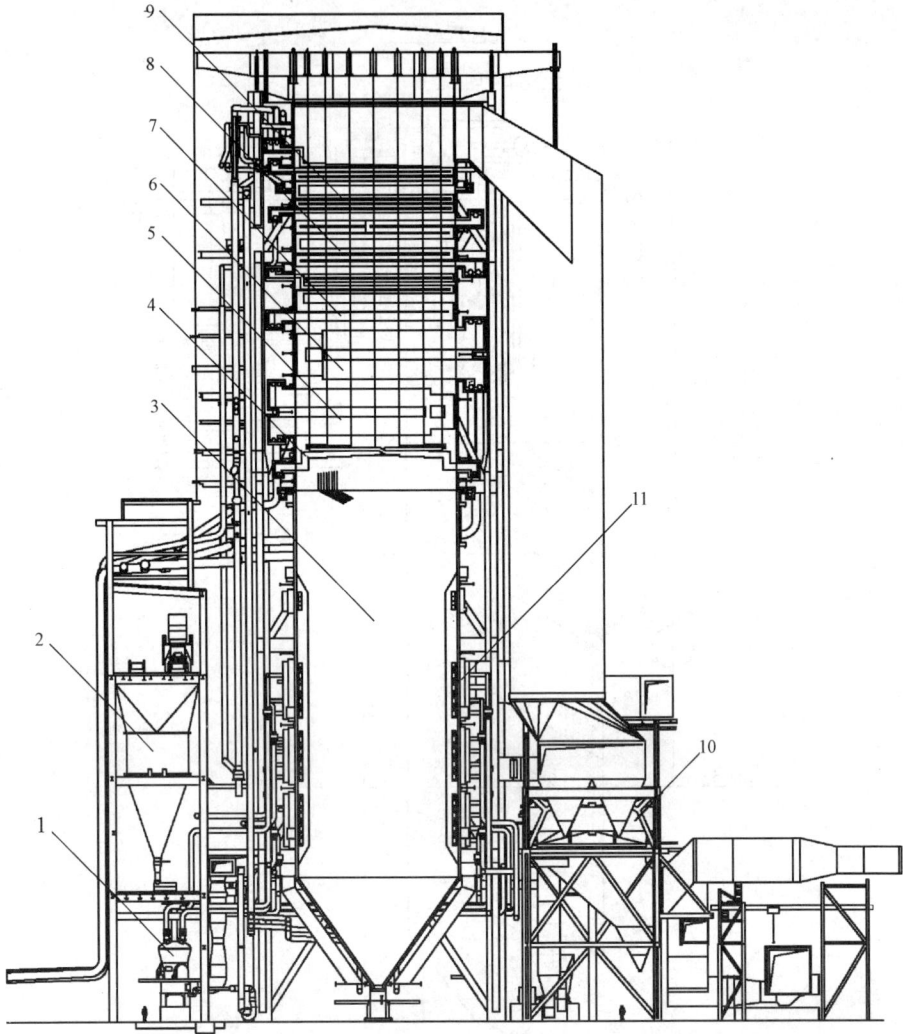

图 0-7　900MW 超超临界压力锅炉（塔式布置切向燃烧）

1—磨煤机；2—煤仓；3—炉膛；4——级过热器；5—末级过热器；6—末级再热器；
7—二级过热器；8——级再热器；9—省煤器；10—空气预热器；11—燃烧器

以便燃料在燃烧室 2 中燃烧后产生增压高温烟气，以推动燃气轮机 3 高速旋转，带动发电机做功。以气体和干净液体为燃料的联合循环发电技术是已经成熟的发电技术，天然气联合循环发电技术的热效率已高达 55％～58％。但天然气和石油资源相对比较紧缺，使这种循环不可能大量发展。

20 世纪八九十年代，对以煤作燃料的联合循环发电技术进行了不少研究工作，其中对整体气化联合循环（IGCC）和增压循环流化床联合循环（PFBC-CC）的研究较多。煤在增压气化炉中气化或在增压流化床中燃烧后产生的增压高温烟气，须经杂质和粉尘等有害成分的脱除和处理，才能输往燃气轮机。由于增压高温烟气的处理与转换系统复杂，能量损失较多，试验机组的实际循环热效率与单独蒸汽循环热效率相比还有不小差距，工作可靠性也较差。此外，这些循环有些技术难题还待彻底解决。

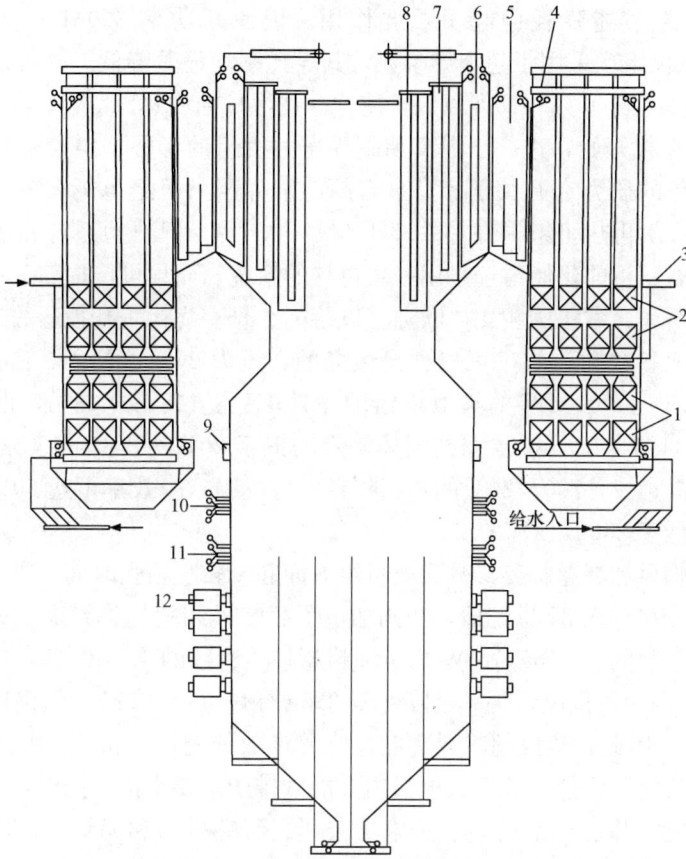

图 0-8 800MW 超临界压力锅炉（T 形布置墙式燃烧）

1—省煤器；2—低温过热器和低温再热器；3—低温再热器入口；
4—尾部烟道前包覆悬吊管；5—高温再热器；6—高温过热器；
7、8—屏式过热器；9—烟气再循环入口；10、11—辐射式过热器集箱；12—燃烧器

三、超临界和超超临界压力火力发电技术

为提高蒸汽循环热效率而开展的超临界和超超临界压力火电机组发电技术的研究，已有整整半个世纪的历史。从 20 世纪 50 年代超临界火电机组分别在美国和德国开始投运以来，全世界已有至少 600 台超临界和超超临界压力机组投入运行。其发展过程也出现过波折，即超临界压力机组问世后，因参数太高而高温管材及其焊接

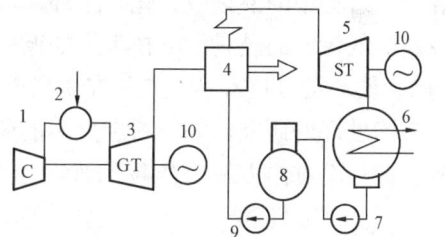

图 0-9 燃气—蒸汽联合循环发电系统示意

1—压气机；2—燃烧室；3—燃气轮机；4—锅炉；
5—汽轮机；6—凝汽器；7—凝结水泵；8—除氧器；
9—给水泵；10—发电机

工艺等问题的研究工作未相应跟上，以及炉内热负荷开始选得太高，高温部件事故率较高，曾出现短时间向亚临界参数倒退的现象。经 10～15 年经验总结和深入研究，20 世纪 70 年代开始，以蒸汽参数 24～25MPa 和 540/540℃ 或 540/568℃ 为代表的大批超临界压力机组投

入运行，在火电机组节能降耗中起了重要作用。俄罗斯功率 300MW 以上、日本功率 450MW 以上的火电机组均采用了超临界参数，其煤耗率均显著降低。同时，超临界压力火电机组的可用率也提高到 90%～95% 以上，使这一技术日趋成熟。

20 世纪八九十年代开始，进一步提高超临界压力机组的参数，增大机组的单机容量以及采用二次再热循环的研究在有关国家开展，超超临界压力机组也越来越多。二次再热机组，虽可比同参数一次再热机组提高热效率 1.5%～2.0%，但热力系统和运行调节复杂得多，未获得广泛发展。目前仍倾向于采用一次再热的系统，而尽可能提高蒸汽的初参数。

与美国、俄罗斯和日本等国相比，欧洲（以德国、丹麦为代表）投运的超临界压力机组的数量虽然较少，但参数和热效率可以说是最高的，压力 27～30MPa，汽温 580/600℃ 或 600/600℃，功率 400～1000MW 的火电机组的净效率已达 45%～48%，供电煤耗率（标煤）达 260～270g/(kW·h)。按欧洲共同体制定的拟于 2010～2015 年实现的 USC-EU 计划，$p=35～37.5MPa$，$t=700/720℃$ 的超超临界压力机组，净效率可达 50%～55%，供电煤耗率（标煤）将低于 250g/(kW·h)。

我国在发展超临界和超超临界参数火电机组方面起步较晚，长时间以来，机组蒸汽参数偏低，煤耗率较大。在进入 21 世纪后，我国加快了超临界和超超临界参数火电机组的发展速度。大批超临界参数的 600(650)MW 机组和超超临界参数的 1000(1100)MW 机组投入运行。至 2010 年，全国平均供电煤耗率已降低至 335g 标煤/(kW·h)，但仍比世界先进水平高出 30g/(kW·h)。因此，建设超临界和超超临界参数的先进大机组，并用于取代参数相对较低的现有火电机组，仍然是我国火电机组节能减排的重要举措。同时，进一步提高火电机组蒸汽参数的研究工作已经展开，有关电力公司、研究机构和锅炉制造厂商已组成我国 700℃ 超超临界燃煤发电技术创新联盟，共同参与国家研发 700℃ 超超临界机组的计划，并开始了 660MW/35MPa/700℃/720℃ 的超超临界参数燃煤机组示范电站项目的设计和研究工作。

四、洁净煤发电技术

近几十年来，世界上为减少燃煤火电机组对环境污染所开展的洁净煤发电技术的研究，除煤在开采过程中的液化或气化技术外，与锅炉直接有关的，可以认为沿两个方向进行。一是开发新的低污染的燃煤发电技术，如循环流化床锅炉常规发电、PFBC-CC 联合循环发电、IGCC 联合循环发电技术等；二是在常规成熟和高效的煤粉燃烧发电技术基础上开展对燃烧污染物减除处理的研究，如煤粉燃烧后的脱硫、低 NO_x、超低 NO_x 燃烧和烟气脱硝，高效除尘等。前一个方向需解决的技术难题较多，只有常规循环流化床燃烧技术的研究有所进展，但相对于可靠性和经济性要求很高的发电技术来说，还有很大距离；后一研究方向取得了巨大进展，商业煤粉锅炉脱硫装置的脱硫率可达 95% 甚至更高，SO_2 排放量可控制在 50～100mg/m³（标准状况下）以内。未装置脱硝设备的低 NO_x 燃烧设备的 NO_x 排放量可控制在 350mg/m³（标准状况下），超低 NO_x 燃烧技术的 NO_x 排放量可低达 200mg/m³（标准状况下）；装置脱硝设备后，NO_x 的排放量可控制在 50～100mg/m³（标准状况下）。高效除尘装置的除尘效率可达 99% 以上。因此，超临界和超超临界压力燃煤火电机组加上高效除尘、脱硫、低 NO_x 或超低 NO_x 燃烧及脱硝技术，是目前技术最成熟，能源利用率最高，运行最可靠的洁净煤发电技术。

复习思考题

1. 以热力系统说明火力发电厂的生产过程以及锅炉在其中的作用。
2. 煤粉锅炉由哪些设备、部件和系统组成？其作用是什么？
3. 火力发电厂和锅炉有哪些主要特征指标？其意义是什么？
4. 燃煤锅炉有哪些燃烧方式？各有何特点？
5. 说明自然循环、控制循环和直流式锅炉的工作原理，每种循环方式各有何特点。
6. 说明超临界压力变压运行锅炉复合循环系统的特点。
7. 简要说明我国改革开放以来电力工业和锅炉的发展。
8. 说明大容量煤粉锅炉典型布置方式及其特点。
9. 说明燃气—蒸汽联合循环的工作原理。
10. 简要说明超临界压力火电机组及洁净煤发电技术的发展，其发展的主要动力和现状。

第一篇 燃 料 与 燃 烧

第一章 燃 料 及 燃 烧 计 算

第一节 锅 炉 用 燃 料

燃料是指在燃烧过程中能够产生热量的物质。电厂锅炉是耗用大量燃料的动力设备。燃料的性质对锅炉工作的安全性、经济性和环保性能有重大的影响。对于不同的燃料,要采用不同的燃烧方式和燃烧设备。因此,对于锅炉设计和运行人员来说,了解燃料的性质和特点是很重要的。

燃料按照其状态可分为固体、液体和气体三类。煤是我国电厂锅炉的主要燃料。一些优质煤往往具有其他工业生产所需的某些特性,如果作为动力燃料,只利用其热量,就未能物尽其用。因此对锅炉来说,应该尽量燃用对其他工业没有更大经济价值的燃料。

原油和天然气是宝贵的化工原料,不宜作为锅炉用燃料。目前只有极少数电厂用石油炼制后的残余物——重油或油渣作为锅炉燃料。高炉煤气是炼铁炉的副产品,可供钢铁厂或邻近的锅炉作为燃料。焦炉煤气有时也作为锅炉的燃料。然而燃烧这些煤气的锅炉毕竟为数不多,本章介绍的燃料将以煤为主。

第二节 煤 的 成 分

一、元素分析和工业分析

煤是包括有机成分和无机成分等物质的混合物,其分子结构十分复杂。为了实用方便,都通过元素分析和工业分析来确定各种物质的百分含量。

煤中的元素组成,一般是指其有机物中的碳(C)、氢(H)、氧(O)、氮(N)、硫(S)的含量。根据现有的分析方法,尚不能直接测定煤中有机物的化合物,因为其中大多数的化合物在进行分析时会逐渐分解。因此,一般是用测定煤的元素组成,即确定上述元素含量的质量百分比,作为煤的有机物特性。

煤的有机物的元素组成,并不能表明煤中所含的是何种化合物,也不能充分地确定煤的性质。但是,元素组成与其他特性相结合,可以帮助我们判断煤的化学性质。元素组成的变化往往代表着煤化程度的差别。随着煤化程度提高,碳的含量逐渐增加,氧的含量则逐渐减少。氢的含量也随煤化程度的增加而稍微下降。煤的元素组成是燃烧计算的依据。此外,煤的技术分类也与元素组成有一定关系。

煤的元素分析,也就是煤中元素组成的测定,大多数借助于燃烧,并设法测定燃烧生成物中该元素的含量;或加入某种化合物使被测成分转化为易于测定的物质。元素分析是相当繁杂的。一般电厂只作工业分析,即按规定的条件将煤样进行干燥、加热、燃烧,以测定煤中水分、挥发分、固定碳和灰分的含量。通过工业分析,能够了解煤在燃烧时的某些特性。

二、煤的成分

为了进行燃料的燃烧计算和了解煤的某些特性，常将燃料的成分分为碳（C）、氢（H）、氧（O）、氮（N）、硫（S）、水分（M）和灰分（A），其含量以质量百分数表示。

1. 碳

碳是煤中含量最多的可燃元素。地质年代长的无烟煤，其含碳量可达70%以上；而年代浅的煤则含碳量还不到40%。碳是煤的发热量的主要来源，每千克碳完全燃烧时可放出约32 700kJ的热量。煤中一部分碳与氢、氧、硫等结合成挥发性有机化合物，其余部分则呈单质状态，称为固定碳。固定碳要在较高的温度下才能着火燃烧。煤中固定碳的含量越高，就越难燃烧。

2. 氢

煤中氢的含量为3%～6%。煤中的氢，一部分与氧结合成稳定的化合物，不能燃烧；另一部分则存在于有机物中，在加热时挥发出氢气或各种碳氢化合物（C_mH_n）。这些挥发性气体较易着火和燃烧。氢的发热量很高，每千克氢燃烧可放出约120×10^3kJ的热量（燃烧产物为水蒸气）。

3. 氧和氮

氧和氮是有机物中的不可燃成分。燃料中的氧，一部分与氢或碳结合成化合状态。氧在各种煤中的含量差别很大。年代浅的煤中含氧量较高，最高的可达40%左右。随着煤化程度的提高，氧的含量逐渐减少。煤中氮的含量不多，一般只有0.5%～2.0%。氮在燃烧时会或多或少地转化为氮氧化物（NO_x），造成对大气的污染。

4. 硫

煤中的硫以三种形态存在，有机硫（与C、H、O等结合成复杂的化合物）、黄铁矿硫（FeS_2）和硫酸盐硫（$CaSO_4$、$MgSO_4$、$FeSO_4$等）。硫酸盐一般不再氧化，表现为灰分。可燃硫只包括前面两种形态。每千克硫完全燃烧时可放出热量9040kJ。

5. 水分

将煤样在105～110℃条件下干燥到恒重，失去的重量就是水分（全水分）。各种煤的水分含量差别很大，最少的仅2%左右，最多的可达50%～60%。一般来说，随着地质年代的增加，水分逐渐减少。此外，煤的水分含量还与其开采方法、运输和储存条件等因素有关。

如果煤中水蒸气的分压力大于周围空气中水蒸气的分压力，则从煤中逸出而进入空气中的水蒸气的分子数，将大于以相反方向移动的水蒸气的分子数，使煤的水分逐渐减少，直到两者达到平衡。这种在空气中经自然干燥而失去的水分，称为外部水分或表面水分。去掉外部水分后，煤中剩余的水分称为内部水分或固有水分。内部水分必须把煤加热到102～105℃才能除去。外部水分与内部水分之和称为全水分。

当进行煤的试验分析时，在实验室里要先把煤在规定的温度和相对湿度下进行自然干燥，干燥后煤样所含有的内部水分，称为分析水分。

6. 灰分

将煤样在空气中加热到（815±10）℃，灼烧2h后的剩余物就是灰分。灰分是燃料完全燃烧后形成的固体残余物的统称。其主要成分是由硅、铝、铁和钙，以及少量镁、钛、钠、钾等元素组成的化合物。各种煤中的灰分含量差别很大，少的只有10%左右，多的可达50%。煤中灰分含量还与煤的开采方法、运输和储存条件等因素有关。

三、煤中某些成分对锅炉工作的影响

1. 硫分

硫在燃烧后生成 SO_2，有一部分再进一步氧化成 SO_3。随烟气流动的 SO_3 与烟气中的水蒸气进一步结合成硫酸蒸气。当烟道内受热面壁温较低时，硫酸蒸气便凝积成硫酸，使受热面遭到腐蚀。煤中硫的含量越多，这种腐蚀就越严重。

燃料在燃烧时，其中的一些硫分，在高温火焰核心区局部严重缺氧的条件下会生成活性硫化氢气体（H_2S），它对高温区水冷壁会产生严重的腐蚀。对于被燃烧火炬直接冲刷的水冷壁管，这种腐蚀发展得很迅速。

在燃烧固体和液体燃料时，在一定的条件下会发生过热器管子的腐蚀，而烟气中有氧化硫，将使腐蚀过程加速。

此外，含有氧化硫的烟气排入大气后，对人和动植物都有害。

燃料中的硫化铁，质地坚硬，不易研磨，在煤粉制备过程中会加剧磨煤机部件的磨损。通常在燃煤进入磨煤机之前或煤粉制备过程中，设法将其分离出去（利用它密度大的特点）。

2. 灰分

燃料中的灰分非但不能燃烧，而且还妨碍可燃质与空气的接触，增加燃料着火和燃尽的困难，使燃烧热损失增加。多灰的劣质煤往往着火困难，燃烧不稳定。燃料中灰分的存在，是炉膛结渣、受热面积灰和磨损的根源。灰分还造成大气和环境的污染。

3. 水分

燃料中的水分会降低燃烧温度，不利于燃料燃烧。燃料的水分多时，甚至会使着火发生困难。燃料燃烧后，燃料中的水分吸热变成水蒸气并随烟气排入大气，使锅炉效率降低。生成的水蒸气增加了烟气体积，使引风机的电耗增加。水分给低温受热面腐蚀创造了外部条件。水分多的燃煤还会造成原煤仓、给煤机和落煤管堵塞，以及磨煤机出力下降等不良后果。

4. 挥发分

失去水分的煤样，在隔绝空气的条件下加热至（900 ± 10）℃，使燃料中有机物分解而析出的气体产物，称为挥发分。挥发分主要是由各种碳氢化合物、氢、一氧化碳、硫化氢等可燃气体组成。此外，还包括少量的氧、二氧化碳、氮等不可燃气体。

不同燃料开始放出挥发分的温度是不同的。煤化程度较低、地质年代较短的燃煤（如褐煤），在较低温度下（<200℃）就迅速放出挥发分；煤化程度较高的烟煤，开始析出挥发分的温度就高一些，煤化程度更高的贫煤和无烟煤要在 400℃ 左右才开始放出挥发分。

燃料中挥发分含量的多少与燃料性质有关。一般来说，挥发分含量随煤化程度的提高而减少。

挥发分燃烧时放出的热量取决于挥发分的成分。不同燃料的挥发分发热量差别很大，低的只有 17 000kJ/kg，高的可达 71 000kJ/kg，它与挥发分中氧的含量有关，因而也与煤化程度有关。含氧量少、质量高的无烟煤和贫煤的挥发分，发热量很高；而褐煤中挥发分的发热量很低。

挥发分是燃料燃烧的重要特性，它对锅炉的工作有很大的影响。挥发分着火温度较低，使煤容易着火。例如：褐煤的着火温度约为 370℃，烟煤为 470～600℃，无烟煤则要在 700℃ 以上。挥发分多的煤也较易于燃尽，燃烧热损失较少。因为在挥发分析出后，燃料表

面呈多孔性，与助燃空气接触的机会增多；相反，挥发分少的煤着火困难，也不容易燃烧完全。挥发分含量是对煤进行分类的重要依据。

四、成分基准及其换算

煤中水分和灰分的含量会随外界条件而变化，其他成分的百分含量也将随之变更。所以，在说明煤中各种成分的百分含量时，必须同时注明百分数的基准。常用的基准有以下几种。

1. 收到基

收到基以进入锅炉房的原煤为基准，各种成分的收到基以下标 ar 表示。

$$C_{ar}+H_{ar}+O_{ar}+N_{ar}+S_{ar}+A_{ar}+M_{ar}=100\% \tag{1-1}$$

在锅炉热力计算中，均采用收到基成分。原煤的水分也常以收到基来表示。

2. 空气干燥基

空气干燥基以经过自然干燥，去除了外部水分后的煤为基准，以下标 ad 表示。

$$C_{ad}+H_{ad}+O_{ad}+N_{ad}+S_{ad}+A_{ad}+M_{ad}=100\% \tag{1-2}$$

3. 干燥基

干燥基以去除了全部水分后的煤为基准，以下标 d 表示。

$$C_d+H_d+O_d+N_d+S_d+A_d=100\% \tag{1-3}$$

灰分的含量常以干燥基表示，因为煤中水分含量的变化，对干燥基的成分含量没有影响。

4. 干燥无灰基

干燥无灰基以去除了全部水分、灰分后的煤为基准，以下标 daf 表示。

$$C_{daf}+H_{daf}+O_{daf}+N_{daf}+S_{daf}=100\% \tag{1-4}$$

干燥无灰基常用来表示煤的有机物中各种元素成分和挥发分。

图 1-1 所示为各种基准所包括的成分。不同基准之间的换算系数列于表 1-1 中，这些换算系数是根据质量守恒原理得到的。

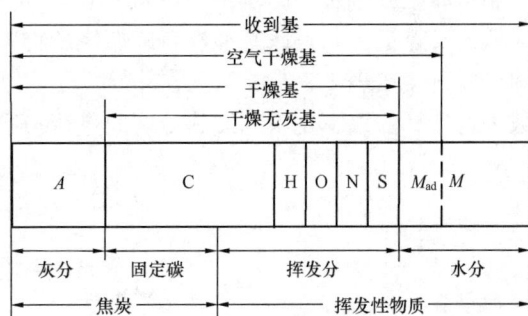

图 1-1 煤的成分及其与各种成分基准之间的关系

表 1-1   **不同基准之间的换算系数**

已知＼所求	收到基	空气干燥基	干燥基	干燥无灰基
收到基	1	$\dfrac{100-M_{ad}}{100-M_{ar}}$	$\dfrac{100}{100-M_{ar}}$	$\dfrac{100}{100-M_{ar}-A_{ar}}$
空气干燥基	$\dfrac{100-M_{ar}}{100-M_{ad}}$	1	$\dfrac{100}{100-M_{ad}}$	$\dfrac{100}{100-M_{ad}-A_{ad}}$
干燥基	$\dfrac{100-M_{ar}}{100}$	$\dfrac{100-M_{ad}}{100}$	1	$\dfrac{100}{100-A_d}$
干燥无灰基	$\dfrac{100-M_{ar}-A_{ar}}{100}$	$\dfrac{100-M_{ad}-A_{ad}}{100}$	$\dfrac{100-A_d}{100}$	1

第三节 燃料的某些特性

一、发热量

单位质量或体积的燃料完全燃烧时所放出的热量，称为燃料的发热量（或称热值）。燃料的发热量有高位和低位之分。高位发热量包括了燃烧产物中全部水蒸气凝结成水所放出的汽化潜热。在一般的锅炉排烟温度（110～160℃）下，烟气中的水蒸气通常不会凝结，这种燃烧产物中水蒸气未凝结时，燃料所放出的热量称为低位发热量。两者的关系为

$$Q_{net,ar} = Q_{gr,ar} - r\left(\frac{9H_{ar}}{100} + \frac{M_{ar}}{100}\right) \tag{1-5}$$

式中 $Q_{net,ar}$、$Q_{gr,ar}$——燃料收到基的低位、高位发热量，kJ/kg；

$\quad\quad\quad$ H_{ar}、M_{ar}——燃料收到基的氢和水分，%；

$\quad\quad\quad\quad$ r——水的汽化潜热，通常取 2500kJ/kg。

固体、液体燃料的发热量，一般用氧弹测热仪测出。没有测量数据时，可用经验公式

$$Q_{gr,ar} = 339C_{ar} + 1256H_{ar} + 109S_{ar} - 109O_{ar} \quad kJ/kg \tag{1-6}$$

来估算。

燃料的成分有不同的基准，因此不同基准成分的燃料就有不同的发热量。同一基准的高、低位发热量之差是该基准燃料的燃烧产物中水蒸气的汽化潜热；不同基准的高位发热量之间可以直接按表 1-1 的换算系数进行换算，但不同基准的低位发热量之间不能直接用换算系数进行换算。以下是不同发热量之间进行换算的示例：

$$Q_{net,daf} = Q_{gr,daf} - r\frac{9H_{daf}}{100} \tag{1-7}$$

$$Q_{net,ar} = Q_{net,daf}\frac{100-(M_{ar}+A_{ar})}{100} - r\frac{M_{ar}}{100} \tag{1-8}$$

式中 $Q_{net,daf}$、$Q_{gr,daf}$——干燥无灰基燃料的低位、高位发热量，kJ/kg。

二、燃料的折算成分

如前所述，燃料的成分是以质量百分数来表示的。但是锅炉所需的燃料量与该燃料的发热量有关，因此对某些成分来说，把它们折算到统一的发热量下来表示其含量，更能反映出燃料中这些成分对锅炉工作的影响。所谓折算成分，就是相对于 4187kJ/kg 发热量的成分。

$$M_{ar,red} = 4187\frac{M_{ar}}{Q_{net,ar}} \tag{1-9}$$

$$S_{ar,red} = 4187\frac{S_{ar}}{Q_{net,ar}} \tag{1-10}$$

$$A_{ar,red} = 4187\frac{A_{ar}}{Q_{net,ar}} \tag{1-11}$$

式中 $M_{ar,red}$、$S_{ar,red}$、$A_{ar,red}$——燃料的折算水分、折算硫分和折算灰分，%。

当燃料的折算成分 $M_{ar,red}>8\%$、$S_{ar,red}>0.2\%$、$A_{ar,red}>4\%$ 时，分别称为高水分、高硫分、高灰分燃料。

各种煤的发热量差别很大，为了便于对锅炉煤耗计算的统一和比较，规定以 $Q_{net,ar}$ 为 29 310kJ/kg（7000kcal/kg）的煤作为标准煤。电厂煤耗通常以标准煤计算。例如，对于 $Q_{net,ar}$ 为 14 655kJ/kg 的煤，其 2kg 的煤量只能折合为 1kg 的标准煤。

三、灰的性质

灰的性质主要是指它的熔融性和烧结性。熔融性影响炉膛内的运行工况，烧结性则影响对流受热面，特别是过热器的积灰特性。

当燃料在炉膛内燃烧时，在高温的火焰中心，灰分一般处于熔化或软化状态，这种具有黏性的熔化灰粒，如果接触到受热面管子或炉墙，就会黏结上去，即结渣，从而影响固态排渣炉的正常运行；相反，对于液态排渣炉的燃烧室（或炉膛的熔渣段），却希望灰渣保持熔化的流动状态，以便能顺利地从炉底排渣口排出。

关于灰分的熔融性质，目前都用试验方法确定。把灰制成其底部为等边三角形的锥体，底的边长 7mm，锥体高 20mm，然后逐渐加热，根据灰锥的状态变化确定三个特征温度来表示灰的熔融性质（图1-2）。

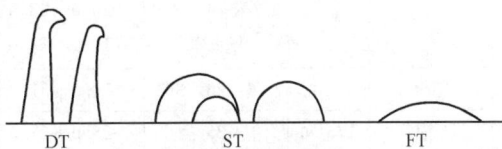

图1-2 灰锥的状态变化与特征温度

(1) 变形温度 DT（或 t_1），是指锥顶变圆或开始倾斜时的温度；

(2) 软化温度 ST（或 t_2），是指锥顶弯至锥底或萎缩成球形时的温度；

(3) 流化温度 FT（或 t_3），是指锥体呈流体状态能沿平面流动时的温度。

灰的变形和熔融特性主要与灰的成分以及灰所处的环境气氛有关，详见第十六章。

实践表明，对固态排渣炉，当灰的软化温度 ST>1350℃时，造成炉内结渣的可能性不大。为了避免炉膛出口处结渣，炉膛出口温度应该至少比 ST 低 $50\sim100$℃。

灰分的烧结性是指灰分在高温对流受热面（如过热器）生成高温烧结性积灰的能力。灰分的烧结性与灰分的熔融性没有直接的关系。

灰分的烧结性与许多因素有关，首先与煤灰的成分有关。灰中所含碱性物质（主要是 Na_2O 和 K_2O）越多，灰的烧结性越强，过热器上就越容易形成烧结性积灰。烟气中所含的二氧化硫是过热器生成烧结性积灰的重要条件。温度、烧结时间也会影响灰分的烧结性。

第四节 煤 的 分 类

一、煤的分类方法

煤的分类是把同类性质的煤划分在一起，以区别于其他不同类的煤。煤种的性质可以通过它的各种成分和多种特性指标表现出来。选择煤的分类指标，既要能反映煤的自然特性，又要考虑作为资源和能源的煤炭在合理利用时，能反映各种工艺（炼焦、燃烧、气化或液化等）对煤质的要求。

通常根据煤化程度把煤分为三个大类：褐煤、烟煤、无烟煤。对其中每一类煤，还要进一步划分为小类。表 1-2 为目前我国的煤炭分类简表，表中的分类指标，包括煤的干燥无灰基挥发分 V_{daf}、黏结指数 G、胶质层最大厚度 Y、奥亚膨胀度 b、透光率 P_M 和恒湿无灰高位发热量 $Q_{gr,maf}$。

表 1-2　　　　　　　　　　　　　　我国煤炭分类简表

类别		符号	包括数码	分类指标					
				V_{daf} (%)	G	Y (mm)	b (%)	P_M (%)	$Q_{maf,gr}$ (kJ/kg)
无烟煤		WY	01，02，03	≤10.0					
烟煤	贫煤	PM	11	>10.0~20.0	≤5				
	贫瘦煤	PS	12		>5~20				
	瘦煤	SM	13，14		>20~65				
	焦煤	JM	24 / 15，25	>20.0~28.0 / >10.0~28.0	>50~65 / >65	≤25.0	≤150		
	肥煤	FM	16，26，36	>10.0~37.0	>85	>25.0			
	1/3 焦煤	1/3JM	35	>28.0~37.0	>65	≤25.0	≤220		
	气肥煤	QF	46	>37.0	>85	>25.0	>220		
	气煤	QM	34 / 43，44，45	>28.0~37.0 / >37.0	>50~65 / >35	≤25.0	≤220		
	1/2 中黏煤	1/2ZN	23，33	>20.0~37.0	>30~50				
	弱黏煤	RN	22，32		>5~30				
	不黏煤	BN	21，31		≤5				
	长焰煤	CY	41，42		≤35			>50	
褐煤		HM	51 / 52	>37.0				≤30 / >30~50	≤24

无烟煤与变质程度最高的烟煤（贫煤）之间的区分界限，采用 $V_{daf}=10\%$，即 $V_{daf}\leqslant 10\%$ 为无烟煤，$V_{daf}>10\%$ 为贫煤。对无烟煤进行小分类时，V_{daf} 仍然是一个重要指标。煤在无烟煤阶段均无黏结性，所以黏结性指标不是无烟煤分类的特征指标。在无烟煤阶段，煤的工艺特性也主要取决于煤的变质程度。所以，选择能较好地表征无烟煤变质程度的指标是很重要的。研究表明，在无烟煤阶段，挥发分 V_{daf} 虽然在很大程度上能反映煤的变质程度，但还不是一个最好的指标；氢的干燥无灰基含量 H_{daf} 则是表征无烟煤变质程度的较好指标。因此在无烟煤的小分类中，采用 V_{daf} 和 H_{daf} 两个指标。

烟煤是煤类中的主要部分。在烟煤阶段，干燥无灰基的挥发分 V_{daf} 是表征煤的变质程度较好的指标。煤的黏结性是各种工艺对煤质要求中最广泛要求的工艺性质。大量研究表明，黏结指数 G 是能较好反映煤的黏结性和焦炭强度的指标。因此，一般采用 V_{daf} 和 G 两个指标，并以煤的胶质层最大厚度 Y、奥亚膨胀度 b 作为辅助指标，作为对烟煤进一步细分的依据。

典型的褐煤是一种只经过岩化作用而未经变质作用的煤。褐煤的地质年代较短，挥发分含量较高（$V_{daf}>37\%$）。由于煤是一种复杂的固体可燃矿物，其性质是逐渐变化的，特别是在褐煤到长焰煤（变质程度最浅的烟煤）阶段，煤的性质不仅取决于煤化程度，而且取决于成煤的原始物质和煤岩组成等其他因素。研究表明，V_{daf}只在一定程度上表示年轻煤的煤化程度。因此，单独采用V_{daf}来区分褐煤、长焰煤和其他煤龄较短的煤是不合适的，还需要选择另一表示煤化程度的指标。研究表明，目视透光率P_M是表征年轻煤的煤化程度的较好指标，又能表征煤的岩相组成。

为了更好地反映煤的燃烧特性，我国还分别根据煤的挥发分、发热量、灰分、水分等指标对发电厂煤粉锅炉用煤进行分级（见表1-3）。

表 1-3 锅炉用煤分类等级标准

	符号	V_{daf}（%）	$Q_{net,ar}$（MJ/kg）		符号	$Q_{net,ar}$（MJ/kg）
按挥发分分类等级（发热量为辅助指标）	V_1	6.5～10.00	＞21.00	按发热量分类等级	Q_1	＞24.00
	V_2	10.01～20.00	＞18.50		Q_2	21.01～24.00
	V_3	20.01～28.00	＞16.00		Q_3	17.01～21.00
	V_4	＞28.00	＞15.50		Q_4	15.51～17.00
	V_5	＞37.00	＞12.00		Q_5	＞12.00
	符号	M_{ar}（%）	V_{daf}（%）		符号	A_d（%）
按水分分类等级（挥发分为辅助指标）	M_1	≤8.0	≤37.0	按灰分分类等级	A_1	≤20.0
	M_2	8.1～12.0	≤37.0		A_2	20.01～30.00
	M_3	12.1～20.0	＞37.0		A_3	30.01～40.00
	M_4	＞20.0				
	符号	S_d（%）			符号	ST（℃）
按硫分分类等级	S_1	≤0.50		按灰熔融性分类等级	ST_1	1150～1250
	S_2	0.51～1.00			ST_2	1260～1350
	S_3	1.01～2.00			ST_3	1360～1450
	S_4	2.01～3.00			ST_4	＞1450

二、几种主要动力煤的特点

1. 无烟煤

无烟煤俗称白煤。它具有明亮的黑色光泽，机械强度一般较高，不易研磨，焦结性差。无烟煤含碳量很高，杂质又很少，所以发热量较高，为21 000～25 000kJ/kg。但是由于挥发分很少，所以难以点燃，燃烧时火焰很短，燃尽也比较困难。无烟煤储存时不会自燃。

2. 贫煤

贫煤是变质程度最高的烟煤。作为动力燃料，它的性质介于无烟煤和烟煤之间，而且与挥发分含量有关。V_{daf}较低的贫煤，在燃烧性能方面比较接近于无烟煤。

3. 烟煤

烟煤的挥发分较大，水分和灰分一般又较小，所以发热量也较高。某些烟煤由于含氢较多，其发热量甚至超过无烟煤。但也有部分烟煤，因灰分较多使其发热量较低。烟煤容易着火和燃烧。对于挥发分V_{daf}超过25%的烟煤及其煤粉，要防止储存时发生自燃，制粉系统要考虑防爆措施。对于多灰（有时还是多水）的劣质烟煤，还要考虑受热面的积灰、结渣和磨损等问题。

4. 褐煤

褐煤的外表呈棕褐色，似木质。挥发分 V_{daf} 在 37% 以上，有利于着火。但褐煤的水分和灰分都较高，发热量较低，一般小于 16 750kJ/kg。对于褐煤也应注意储存中自燃的问题。

此外，在固体动力燃料中，还有泥煤、油页岩和煤矸石等。泥煤是比褐煤地质年代更浅的一种低级煤。油页岩是一种淡灰色或暗褐色的含油矿石，它的灰分极高（60%～80%），热值很低（4200kJ/kg 左右），干燥无灰基的成分与石油相似。油页岩的灰分中含有大量的碳酸盐，它在高温下会吸热分解出 CO_2，在燃烧计算中应予考虑。煤矸石是采煤时的下脚料，热值低，难燃烧，但弃之可惜。

表 1-4 所示为我国部分煤矿煤质分析参考数据。

表 1-4　　　　　　　　　　我国部分煤矿煤质分析参考数据

序号	煤种	元素成分（%）							干燥无灰基挥发分 V_{daf}（%）	收到基低位发热量 $Q_{net,ar}$（kJ/kg）	空气干燥基水分 M_{ad}（%）	BTH法可磨性系数 K_{km}	灰熔融特性温度（℃）		
		碳	氢	氧	氮	硫	灰分	水分					变形温度	软化温度	熔化温度
		C_{ar}	H_{ar}	O_{ar}	N_{ar}	S_{ar}	A_{ar}	M_{ar}					DT	ST	FT
1	京西无烟煤	67.87	1.73	1.95	0.43	0.22	22.80	5.00	6.00	23040	0.8	1.1	1260	1370	1430
2	开滦洗中煤	46.48	3.07	5.81	0.73	0.91	35.00	8.00	35.00	17180	0.9	1.2	>1500		
3	阳泉无烟煤	69.01	2.89	2.36	0.98	0.76	19.00	5.00	9.00	26400	1.5	1.0	1400	1500	>1500
4	西山贫煤	67.55	2.64	1.78	0.89	1.37	19.74	6.03	15.00	24720	1.0	1.6	1190	1340	1450
5	抚顺烟煤	56.90	4.41	9.10	1.23	0.57	14.79	13.00	46.00	22415	3.5	1.4	1190	>1500	
6	龙凤洗中煤	42.87	3.43	7.51	0.94	0.50	29.75	15.00	47.00	16760	2.0		1380	1400	>1400
7	阜新烟煤	48.34	3.29	8.63	0.81	0.98	22.95	15.00	41.00	18645	3.1	1.6	1230	1280	1340
8	元宝山褐煤	39.40	2.68	11.16	0.55	0.93	21.28	24.00	44.00	14580	10.0	1.2	1150	1300	1360
9	丰广煤	35.28	3.24	12.54	1.04	0.16	25.74	22.00	55.00	13410	8.5	1.2	1130	1380	1420
10	鹤岗洗中煤	44.52	3.04	5.86	0.65	0.22	34.71	11.00	37.00	17390	1.6	1.3	1290	1430	1480
11	神华煤	61.70	3.67	8.56	1.12	0.60	8.80	15.55	34.73	23442	8.4			1150	1190
12	新汶煤	61.06	4.14	6.79	1.34	1.87	18.80	6.00	40.00	25140	2.0	1.4	1200	>1500	
13	徐州烟煤	62.96	4.13	6.73	1.46	1.22	13.50	10.00	37.00	24720	2.0	1.6	1100	1380	1450
14	淮南烟煤	60.82	4.01	7.65	1.11	0.67	19.74	6.00	38.00	24300	2.3	1.3	1500	>1500	
15	神府东胜煤	57.33	3.62	9.94	0.70	0.41	15.00	13.00	33.64	21805	13.00		>1500	>1500	>1500
16	义马煤	49.67	3.19	11.55	0.66	1.33	16.60	17.00	41.00	19690	10.0	1.4	1230	1250	1300
17	焦作无烟煤	66.88	2.25	2.03	1.02	0.36	20.46	7.00	7.00	22880	1.0	1.2	1310	1370	1420
18	平顶山烟煤	58.90	3.76	4.17	0.97	0.55	26.45	5.20	24.60	22625	1.4	1.5	1260	>1500	
19	金竹山无烟煤	65.38	2.26	1.84	0.56	0.64	22.32	7.00	8.00	22210	2.0	1.7		>1500	
20	芙蓉贫煤	61.92	2.40	1.56	0.99	3.82	22.81	6.50	13.30	23090	0.7		1220	1300	1390

第五节 液体和气体燃料

一、液体燃料

锅炉所用的液体燃料主要是重油和渣油,是石油(原油)炼制后的残油。重油的成分和煤一样,也分为碳、氢、氧、氮、硫、水分和灰分。其中水分和灰分主要来源于生产和运输过程中混入的杂质,含量极少。重油的主要成分是碳和氢,其含量变化不大,碳的含量常在84%~87%之间;氢的含量大致为12%~14%。重油的发热量约为42 000kJ/kg。例如,某牌号重油的成分和发热量为:$C_{ar}=83.99\%$,$H_{ar}=12.23\%$,$O_{ar}=0.20\%$,$N_{ar}=1.00\%$,$S_{ar}=0.55\%$,$A_{ar}=0.03\%$,$M_{ar}=2.00\%$,$Q_{net,ar}=41\,880kJ/kg$。

由于重油中氢的含量很高,而杂质含量又很少,所以重油很容易着火和燃烧,并且几乎不存在炉内结渣和受热面磨损的问题。重油加热到一定程度就能流动,故运送和控制都比较方便。然而,重油中的硫分和灰分对受热面的腐蚀和积灰的影响较大。此外还需注意防火。

燃料油有以下几个特性指标。

1. 黏度

黏度反映出流体的流动性,黏度越小,流动性就越好。国内电厂一般采用恩氏黏度(°E)。重油在常温下黏度太大,所以输送前必须加热。为了保证油喷嘴前油的黏度小于2.77$\times10^{-5}m^2/s$(4°E),以保证其雾化质量,重油的温度应在100℃以上。

2. 凝固点

油温逐渐降低,直至发生凝固时的温度称为凝固点。油中含有石蜡时会使凝固点升高。凝固点高的油将增加输送和管理的困难。我国重油的凝固点一般在15℃以上。

3. 闪点

提高油温会加速油气的挥发。当油面上的油气达到一定的浓度时,如有火源,就会发出短暂的闪光,这时的温度称为闪点。闪点是安全防火的一个指标。容器内的油温,至少应比闪点低10℃,但压力容器和管道内,由于没有自由液面,可不受此限。重油由于不含容易蒸馏的轻质成分,故闪点较高,常为80~130℃;原油的闪点只有40℃左右。

4. 含硫量

石油中的硫,以硫化氢、单质硫和各种硫化物的形式存在。按含硫的多少,可把油分为低硫($S_{ar}<0.5\%$)、中硫($S_{ar}=0.5\%$~2%)和高硫($S_{ar}>2\%$)三种。一般来说,当油的硫分高于0.3%时,就应注意低温受热面的腐蚀问题。

5. 灰分

重油的灰分虽少,但常含有钒、钠、钾、钙等元素的化合物。钒和钠在燃烧产物中生成钒酸钠,它的熔点很低,约600℃,在壁温高于610℃的高温受热面上会生成对金属有腐蚀作用的液膜,造成受热面的高温腐蚀。

二、气体燃料

气体燃料一般也含有碳、氢、氧、氮、硫、水分和灰分等成分。对于气体燃料,通常以各种气体的容积百分量来表示它的成分。可以作为锅炉燃料的气体,除天然气外,还有高炉煤气、焦炉煤气和地下气化煤气等。各种气体燃料的成分和含量差别很大。一般来说,可燃

成分有 H_2、CO、H_2S、CH_4 和 C_mH_n；不可燃成分有 N_2、CO_2、H_2O 等，此外还有其他液体和固体杂质。气体的发热量以每标准立方米的热值表示。

1. 天然气

天然气的主要成分是甲烷，还有少量的烷族重碳氢化合物（如 C_2H_6、C_3H_8 等）和硫化氢，以及极少量的不可燃气体和惰性气体（CO_2、N_2 等）、水蒸气、矿物质等。天然气的发热量很高，一般 $Q_{net,ar}$ 可达 33 500～37 700kJ/m^3（标准状况下）。

天然气可分为气田煤气和油田伴生煤气两种。气田煤气的特点是甲烷（CH_4）含量极高，一般可达 90%或更高，乙烷（C_2H_6）及其他重碳氢化合物的含量约为 2%～3%，而 H_2S、CO_2、N_2 等的含量很少。油田伴生煤气的甲烷含量稍低，一般为 75%～85%，C_2H_6、C_3H_8 等重碳氢化合物的含量则在 10%以上，CO_2 可达 5%～10%。

天然气是很好的动力燃料，发热量高且燃烧经济性好，但它也是很好的化工原料。

2. 高炉煤气

高炉煤气是炼铁的副产品。其主要可燃成分是一氧化碳和氢，CO 为 20%～30%，H_2 为 5%～15%。氮和二氧化碳的含量很高，分别为 45%～55%和 5%～15%。所以高炉煤气的发热量很低，只有 3800～4200kJ/m^3（标准状况下）。这种煤气带有大量熔点较低的灰粒和少量的水蒸气。高炉煤气是较低级的燃料，常与重油或煤粉混合使用。

3. 焦炉煤气

焦炉煤气是炼焦的副产品。其主要成分为氢（55%～60%）、甲烷（22%～25%）以及少量的一氧化碳和其他杂质。这种煤气的发热量较高，$Q_{net,ar} \approx$ 17 000kJ/m^3（标准状况下）。由于从焦炉煤气中还可提取较多的氨、苯和焦油等化工原料，所以燃用前应预先回收。

第六节　燃料的燃烧计算

一、燃烧所需空气量和过量空气系数

燃料的燃烧是燃料中可燃元素与氧气在高温条件下进行的高速放热化学反应过程。为使燃料燃烧，除了需要有一定的温度条件外，还必须供给一定的氧气。工业燃烧设备中，氧气来源于空气。1kg 收到基燃料完全燃烧且没有剩余氧存在时所需的空气量，称为理论空气量 V^0，单位是 m^3/kg（标准状况下）[对气体燃料是 m^3/m^3（标准状况下）]。固体和液体燃料中的可燃元素是碳、氢和硫，V^0 可根据燃料中各可燃元素的燃烧化学反应方程式，通过计算得到。燃料燃烧计算中，在计算各种气体容积时，均把它们看做理想气体，即在标准状态下，1kmol 气体的容积为 22.41m^3。以下对燃料的燃烧计算均以 1kg 收到基燃料为基准。

碳的完全燃烧反应方程式为

$$C + O_2 \longrightarrow CO_2$$
$$12kgC + 22.41m^3 O_2 \longrightarrow 22.41m^3 CO_2$$

由此可得 1kg 碳完全燃烧时需要 1.866m^3（标准状况下）氧气，并产生 1.866m^3（标准状况下）二氧化碳。1kg 燃料中含有 $\dfrac{C_{ar}}{100}$kg 碳，因而 1kg 燃料中碳完全燃烧必需的氧气量为 1.866$\dfrac{C_{ar}}{100}m^3$（标准状况下）。

同理，由氢的完全燃烧反应方程式，可得 1kg 氢完全燃烧时需要 5.56m³（标准状况下）氧气，并产生 11.1m³（标准状况下）水蒸气。因而 1kg 燃料中氢完全燃烧必需的氧气量为 $5.56\dfrac{H_{ar}}{100}m^3$（标准状况下）。

由硫的完全燃烧反应方程式，可得 1kg 硫完全燃烧时需要 0.7m³（标准状况下）氧气，并产生 0.7m³（标准状况下）二氧化硫。因而 1kg 燃料中硫完全燃烧必需的氧气量为 $0.7\dfrac{S_{ar}}{100}m^3$（标准状况下）。

1kg 燃料本身包含的氧量，在标准状态下的容积为 $\dfrac{22.41}{32}\dfrac{O_{ar}}{100}=0.7\dfrac{O_{ar}}{100}m^3$（标准状况下）。

根据上述燃料中可燃元素碳、氢、硫完全燃烧所必需的氧量，以及燃料本身所含的氧量，可得 1kg 燃料完全燃烧时，必须由外界提供的理论氧气量为

$$V^0_{O_2}=1.866\frac{C_{ar}}{100}+5.56\frac{H_{ar}}{100}+0.7\frac{S_{ar}}{100}-0.7\frac{O_{ar}}{100}\quad m^3/kg（标准状况下）\quad (1-12)$$

空气中氧的容积含量为 21%，所以 1kg 固体或液体燃料完全燃烧所需的理论空气量为

$$V^0=\frac{V^0_{O_2}}{0.21}=\frac{1}{0.21}\left(1.866\frac{C_{ar}}{100}+5.56\frac{H_{ar}}{100}+0.7\frac{S_{ar}}{100}-0.7\frac{O_{ar}}{100}\right)$$

$$=0.0889\,(C_{ar}+0.375S_{ar})+0.265H_{ar}-0.033\,3O_{ar}\quad m^3/kg（标准状况下）\quad (1-13)$$

式（1-13）中把 C_{ar} 和 S_{ar} 合并，是因为碳和硫的完全燃烧反应可写成通式 $R+O_2\longrightarrow RO_2$，其中 $R=C_{ar}+0.375S_{ar}$，相当于 1kg 燃料的"当量碳量"。另外还因为在进行烟气分析时，碳和硫的燃烧产物 CO_2 和 SO_2 是一起被测定的。

以上计算的空气量 V^0 是不含水蒸气的理论干空气量。

与 V^0 对应，1kg 燃料完全燃烧时所需的理论干空气质量 G^0 为 $1.293V^0$ kg/kg。

在炉膛内的实际燃烧过程中，不可能达到燃料与空气的完全混合，为了使燃料在炉膛内能够尽量燃烧完全，减少不完全燃烧损失，实际送入炉膛的空气量都大于理论空气量。实际供给的空气量 V 与理论空气量 V^0 的比值称为过量空气系数 α（在空气侧则用 β 表示），即

$$\frac{V}{V^0}=\alpha（或\beta）\quad (1-14)$$

一般认为锅炉内的燃烧过程都在炉膛出口处结束，所以可用炉膛出口处的过量空气系数 α''_l 来代表空气量对燃烧过程的影响。最佳的 α''_l 值与许多因素有关，如燃料种类、燃烧方式以及燃烧设备特性等。对于固态排渣煤粉炉，燃料为无烟煤、贫煤及劣质烟煤时，α''_l 的推荐值为 1.20～1.25；燃料为烟煤、褐煤时，α''_l 的推荐值为 1.15～1.20。

对于在负压下工作的锅炉系统，外界冷空气会通过锅炉的不严密处漏入炉膛和烟道中，使烟气中的过量空气增加。相对于 1kg 燃料而言，漏入的空气量 ΔV 与理论空气量 V^0 之比，称为漏风系数 $\Delta\alpha$，即

$$\Delta\alpha=\frac{\Delta V}{V^0}\quad (1-15)$$

由于存在漏风，锅炉烟道内的过量空气系数沿烟气流程是逐渐增大的。炉膛后任一烟道

截面处的过量空气系数为

$$\alpha = \alpha_l'' + \sum \Delta\alpha \tag{1-16}$$

式中　$\sum \Delta\alpha$——从炉膛出口到计算的烟道截面处的漏风系数总和。

漏入烟道的冷空气会使烟气与受热面的热交换变差,排烟热损失和引风机电耗增加,从而使锅炉的经济性降低。根据统计和计算,对于电厂煤粉锅炉,一般炉膛漏风系数每增加 $0.1\sim0.2$,排烟温度将升高 $3\sim8℃$,锅炉效率降低 $0.2\%\sim0.5\%$。

二、燃烧产物（烟气量）的计算

（一）理论烟气容积

燃料燃烧后生成的气态产物亦称烟气。燃烧产物中不含可燃物时称为完全燃烧。1kg 收到基燃料,在供以理论空气量 V^0 的条件下完全燃烧时,生成的烟气容积称为理论烟气容积,以 V_g^0 [m³/kg（标准状况下）] 表示。理论烟气容积中包括的成分有二氧化碳 CO_2、二氧化硫 SO_2、氮 N_2 和水蒸气 H_2O。根据上一节介绍的燃烧反应方程式,可以计算出 1kg 燃料中每一种可燃元素完全燃烧时生成的烟气容积。

1. 理论二氧化碳容积 V_{CO_2}

1kg 燃料中碳完全燃烧生成的 CO_2 容积为

$$V_{CO_2} = 1.866\frac{C_{ar}}{100} \quad \text{m³/kg（标准状况下）} \tag{1-17}$$

2. 二氧化硫容积 V_{SO_2}

1kg 燃料中硫完全燃烧生成的 SO_2 容积为

$$V_{SO_2} = 0.7\frac{S_{ar}}{100} \quad \text{m³/kg（标准状况下）} \tag{1-18}$$

通常用 V_{RO_2} 表示二氧化碳与二氧化硫之和,即

$$V_{RO_2} = V_{CO_2} + V_{SO_2} = 1.866\frac{C_{ar} + 0.375S_{ar}}{100} \quad \text{m³/kg（标准状况下）} \tag{1-19}$$

3. 理论氮气容积 $V_{N_2}^0$

理论烟气容积中氮气有两个来源,一是理论空气量所含的氮,二是燃烧时燃料本身释放出来的氮,故理论氮气容积为

$$V_{N_2}^0 = 0.79V^0 + \frac{22.41}{28}\frac{N_{ar}}{100} = 0.79V^0 + 0.8\frac{N_{ar}}{100} \quad \text{m³/kg（标准状况下）} \tag{1-20}$$

4. 理论水蒸气容积 $V_{H_2O}^0$

理论水蒸气容积来源于燃料中氢燃烧生成的水蒸气、燃料水分蒸发以及随同理论空气量带进的水蒸气。另外,在燃用液体燃料时,有时采用蒸汽来雾化燃油,这部分雾化蒸汽也就成为烟气中水蒸气的一部分。这几部分水蒸气容积的具体计算如下:

（1）根据氢的燃烧反应方程式,1kg 燃料中氢完全燃烧生成的水蒸气容积为 $11.1\frac{H_{ar}}{100}$ m³/kg（标准状况下）;

（2）1kg 燃料中水分蒸发形成的水蒸气容积为 $\frac{22.41}{18}\frac{M_{ar}}{100} = 1.24\frac{M_{ar}}{100}$ m³/kg（标准状况下）;

（3）随同理论空气量 V^0 带入的水蒸气容积为 $\frac{1.293V^0}{0.804}\frac{d_a}{1000}$ m³/kg（标准状况下）。其中

1.293 和 0.804 分别是标准状态下干空气和水蒸气的密度 [kg/m³（标准状况下）]；d_a 是每千克干空气的含湿量，在锅炉热力计算中常取 $d_a=10g/kg$（干空气），这样随同 V^0 带入的水蒸气容积就是 0.016 1V^0。

把上述（1）～（3）项相加，可得到理论水蒸气容积

$$V_{H_2O}^0=11.1\frac{H_{ar}}{100}+1.24\frac{M_{ar}}{100}+0.016\ 1V^0 \quad m^3/kg（标准状况下） \tag{1-21}$$

根据上述 1～4，理论烟气容积可表示为

$$V_g^0=V_{RO_2}+V_{N_2}^0+V_{H_2O}^0 \quad m^3/kg（标准状况下） \tag{1-22}$$

也可以把理论烟气容积表示成

$$V_g^0=V_{dg}^0+V_{H_2O}^0 \quad m^3/kg（标准状况下） \tag{1-23}$$

式中 V_{dg}^0——理论干烟气容积，等于 $V_{RO_2}+V_{N_2}^0$。

（二）实际烟气容积

锅炉中实际的燃烧过程是在过量空气系数 $\alpha>1$ 的条件下进行的。此时的烟气容积除了理论烟气容积 V_g^0 外，还增加了过量空气$(\alpha-1)V^0$ 及随其带入的空气中所含的水蒸气容积 0.016 1$(\alpha-1)V^0$。即实际烟气容积为

$$V_g=V_g^0+(\alpha-1)V^0+0.016\ 1(\alpha-1)V^0 \quad m^3/kg（标准状况下） \tag{1-24}$$

把式（1-22）代入式（1-24），得

$$V_g=V_{RO_2}+V_{N_2}^0+V_{H_2O}^0+(\alpha-1)V^0+0.016\ 1(\alpha-1)V^0 \quad m^3/kg（标准状况下） \tag{1-25}$$

或写成

$$V_g=V_{dg}+V_{H_2O} \quad m^3/kg（标准状况下） \tag{1-26}$$

式中 V_{dg}、V_{H_2O}——总的干烟气容积、烟气中总的水蒸气容积。

$$V_{dg}=V_{RO_2}+V_{N_2}^0+(\alpha-1)V^0 \quad m^3/kg（标准状况下） \tag{1-27}$$

$$V_{H_2O}=V_{H_2O}^0+0.016\ 1(\alpha-1)V^0 \quad m^3/kg（标准状况下） \tag{1-28}$$

上述烟气容积的计算是以燃料完全燃烧为前提的。在这种情况下，碳燃烧只生成 CO_2，硫燃烧生成 SO_2，氢燃烧生成 H_2O。当燃烧不完全时，碳燃烧除了生成 CO_2 外，还产生未完全燃烧产物 CO；烟气中也可能有未燃烧的氢和碳氢化合物 C_mH_n。不过在现代电厂锅炉的燃烧产物中 H_2 和 C_mH_n 的含量极少，可以忽略不计。因此，可以认为未完全燃烧产物只有 CO，这时的实际烟气容积为

$$V_g=V_{CO}+V_{CO_2}+V_{SO_2}+V_{O_2}+V_{N_2}+V_{H_2O} \quad m^3/kg \tag{1-29}$$

式中 V_{O_2}、V_{N_2}——干烟气容积 V_{dg} 中所含的氧气、氮气的容积，m^3/kg。

其实根据碳的燃烧反应方程式，无论燃烧是否完全，即无论烟气中 CO 的容积 V_{CO} 如何变化，式（1-29）中碳的燃烧产物的总容积 $V_{CO}+V_{CO_2}$ 是不变的，且等于 $1.866\frac{C_{ar}}{100}m^3/kg$（标准状况下）。但是 V_{CO} 的大小，对氧的容积 V_{O_2} 的大小是有影响的。

以上介绍的是以容积表示的烟气量，有时还需要用到烟气质量的大小。燃料燃烧后生成的烟气质量包括两个部分：一个是燃料本身转变为烟气的质量$\left(1-\frac{A_{ar}}{100}\right)$；另一个是燃料燃烧所消耗的湿空气质量$\left(1+\frac{d_a}{1000}\right)\times1.293\alpha V^0$，当取 $d_a=10g/kg$（干空气）时，湿空气质量为 $1.306\alpha V^0$。两部分的质量相加，可得 1kg 燃料燃烧后生成的烟气质量

$$G_g = 1 - \frac{A_{ar}}{100} + 1.306\alpha V^0 \quad \text{kg/kg} \tag{1-30}$$

由上可知，当燃料的元素组成或过量空气系数不同时，每千克燃料燃烧所需的空气量以及生成的烟气量是不同的。

由于烟气中三原子气体（指二氧化碳和二氧化硫）和水蒸气参与辐射换热，所以在炉膛和其他受热面的辐射传热计算中，需要用到烟气中三原子气体和水蒸气的容积份额和分压力，它们分别是

三原子气体的容积份额 $\qquad r_{RO_2} = \dfrac{V_{RO_2}}{V_g}$ $\qquad$ (1-31)

$\qquad$ 分压力 $\qquad p_{RO_2} = r_{RO_2} p \quad \text{MPa}$ $\qquad$ (1-32)

水蒸气的容积份额 $\qquad r_{H_2O} = \dfrac{V_{H_2O}}{V_g}$ $\qquad$ (1-33)

$\qquad$ 分压力 $\qquad p_{H_2O} = r_{H_2O} p \quad \text{MPa}$ $\qquad$ (1-34)

式中 p——烟气的总压力，MPa。

烟气中的飞灰浓度对辐射换热也有显著的影响，所以烟气特性中还要计算飞灰浓度。其值可表示为

$$\mu = \frac{A_{ar}\alpha_{fa}}{100 G_g} \quad \text{kg/kg（烟气）} \tag{1-35}$$

式中 α_{fa}——烟气携带的飞灰量占燃料总灰量的份额，称为飞灰系数。

三、空气和燃烧产物的焓的计算

在进行锅炉设计计算、校核计算以及整理锅炉试验结果时，都需要知道空气和燃烧产物的焓。

理论空气焓和理论烟气焓，分别是指 1kg 燃料燃烧所需的理论空气量 V^0 和生成的理论烟气量 V_g^0 在等压（通常为大气压）下从 0℃加热到 ϑ℃时所需的热量，用 I_a^0 和 I_g^0（kJ/kg）表示。

理论空气焓按下式计算：

$$I_a^0 = V^0 (c\vartheta)_a \quad \text{kJ/kg} \tag{1-36}$$

式中 $(c\vartheta)_a$——1m³（标准状况下）干空气连同其带入的水蒸气在温度为 ϑ℃时的焓，可由表 1-4 查得，kJ/m³（标准状况下）。

根据上式和空气侧过量空气系数 β[式（1-14）]，可得到对应的实际空气焓：

$$I_a = V (c\vartheta)_a = \beta V^0 (c\vartheta)_a = \beta I_a^0 \quad \text{kJ/kg} \tag{1-37}$$

烟气是由多种成分组成的混合气体，同时还夹带着一定数量的飞灰。因此它的焓等于其各成分的焓和飞灰焓之和。当过量空气系数 $\alpha \geq 1$ 且燃烧完全时，烟气焓等于理论烟气焓 I_g^0、过量空气焓 $(\alpha-1)I_a^0$ 以及飞灰焓 I_{fa} 之和。即

$$I_g = I_g^0 + (\alpha-1)I_a^0 + I_{fa} \quad \text{kJ/kg} \tag{1-38}$$

式中，理论烟气焓为

$$I_g^0 = V_{RO_2}(c\vartheta)_{RO_2} + V_{N_2}^0(c\vartheta)_{N_2} + V_{H_2O}^0(c\vartheta)_{H_2O} \quad \text{kJ/kg} \tag{1-39}$$

飞灰焓为 $\qquad I_{fa} = \dfrac{\alpha_{fa}A_{ar}}{100}(c\vartheta)_{ash} \quad \text{kJ/kg}$ $\qquad$ (1-40)

式中 $(c\vartheta)_{RO_2}$、$(c\vartheta)_{N_2}$、$(c\vartheta)_{H_2O}$——1m³（标准状况下）三原子气体 RO_2、氮气 N_2、水蒸气

H_2O 在温度为 ϑ℃时的焓，kJ/m^3（标准状况下），可由表 1-5 查得，由于烟气中 $V_{CO_2} \gg V_{SO_2}$，且两者比热容相近，所以可近似取 $(c\vartheta)_{RO_2} = (c\vartheta)_{CO_2}$；

$(c\vartheta)_{ash}$——1kg 灰在温度为 ϑ℃时的焓，kJ/kg，由表 1-5 查得。

由于飞灰焓的数值相对较小，因此只在 $4190\dfrac{\alpha_{fa}A_{ar}}{Q_{net,ar}} > 6$（$Q_{net,ar}$ 的单位是 kJ/kg）时才需在烟气焓中计及 I_{fa}。

因为锅炉各部分烟道的过量空气系数不同，烟气量、烟气的平均特性也各不相同，所以在锅炉热力计算时，要对烟道各受热面分别计算在不同烟气温度下燃烧产物的焓。

表 1-5   1m³（标准状况下）烟气各成分、空气及 1kg 灰的焓

ϑ（℃）	烟气各成分的焓［kJ/m^3（标准状况下）］				空气焓［kJ/m^3（标准状况下）］	灰焓（kJ/kg）
	$(c\vartheta)_{CO_2}$	$(c\vartheta)_{N_2}$	$(c\vartheta)_{O_2}$	$(c\vartheta)_{H_2O}$	$(c\vartheta)_a$	$(c\vartheta)_{ash}$
30					39	
100	169	130	132	151	132	80.8
200	357	260	267	304	266	169.1
300	559	392	407	463	403	263.7
400	772	527	551	626	542	360.0
500	996	664	699	794	684	458.5
600	1222	804	850	967	830	559.8
700	1461	946	1005	1147	979	663.2
800	1704	1093	1160	1335	1130	767.2
900	1951	1243	1319	1524	1281	874
1000	2202	1394	1478	1725	1436	984
1100	2457	1545	1637	1926	1595	1096
1200	2717	1695	1800	2131	1754	1206
1300	2976	1850	1963	2344	1913	1360
1400	3240	2009	2127	2558	2076	1571
1500	3504	2164	2294	2779	2239	1758
1600	3767	2323	2461	3001	2403	1830
1700	4035	2482	2629	3227	2566	2066
1800	4303	2642	2796	3458	2729	2184
1900	4571	2805	2968	3688	2897	2385
2000	4843	2964	3139	3926	3064	2512
2100	5115	3127	3307	4161	3232	2640
2200	5387	3290	3483	4399	3399	2760

第七节 烟 气 分 析

一、烟气分析

在锅炉运行过程中，产生的烟气的成分和容积是随运行工况的变化而变化的。测定运行中烟气的成分和容积，可以了解烟气中剩余可燃物的含量、炉膛的空气供给量、烟道的漏风量等情况。这对分析炉内燃烧工况、进行燃烧调整以及改进燃烧设备都是非常必要的。

目前广泛采用的测量方法是烟气容积分析法。它是将一定容积的烟气试样，按顺序与一

些化学吸收剂相接触，对烟气的各种成分逐一进行选择性吸收，每次吸收后减少的烟气容积就是该成分在烟气中所占的容积。这种方法又叫做化学吸收法。奥氏烟气分析仪就是这类仪器中应用较多的一种。

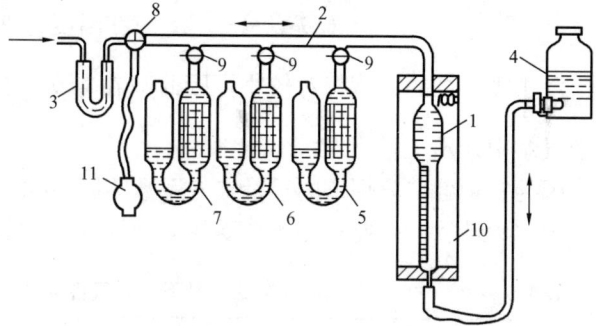

图 1-3 所示为奥氏烟气分析仪的示意图。它包括一个量筒、三个吸收瓶和一个平衡瓶。测量时，从烟道中用量筒抽取 $100cm^3$ 的烟气试样，然后让烟气试样依次进入三个吸收瓶。第一个吸收瓶内装的吸收剂是氢氧化钾（KOH）溶液，用来吸收烟气中的 RO_2（即 $CO_2 + SO_2$）；第二个吸收瓶内装有焦性没食子酸 $C_6H_3(OH)_3$ 的碱性溶液，用来吸收烟气中的 O_2，它也能吸收 RO_2；第三个吸收瓶内装有氯化亚铜的氨溶液 $Cu(NH_3)_2Cl$，用

图 1-3 奥氏烟气分析仪

1—量筒；2—梳形连通管；3—过滤器；4—平衡瓶；
5～7—吸收瓶；8—三通旋塞；9—双通旋塞；
10—水套；11—抽气皮囊

来吸收烟气中的 CO，它也能吸收 O_2。由于有的吸收剂具有双重吸收能力，所以测试中的吸收顺序不能颠倒。利用量筒可以测得每次吸收后烟气减少的容积，这也就是被吸收的气体的容积。这样就可测出各种气体在烟气中的容积百分数。

在含有水蒸气的烟气试样被吸入奥氏烟气分析仪之后，一直是与水接触的，因此烟气试样中的水蒸气维持在饱和状态。在定温、定压的条件下，处于饱和状态的水蒸气在烟气试样中的容积百分比是一定的。因此在选择性吸收过程中，随着烟气中某一成分被吸收，烟气中的水蒸气也按比例凝结，所以烟气分析仪测得的是各成分在干烟气中的容积百分数。

若分别以 RO_2、O_2、CO、N_2 来表示各组分在干烟气容积 V_{dg} 中的容积百分数，则干烟气的组成可表示为

$$RO_2 + O_2 + CO + N_2 = 100 \qquad (1-41)$$

这样在烟气分析得到 RO_2、O_2、CO 后，就可以由上式求得干烟气中氮气的容积百分数 N_2。

根据烟气分析结果，还可以求得干烟气容积 V_{dg}。由式（1-19）以及上一节对实际烟气容积的分析，可得

$$V_{RO_2} + V_{CO} = 1.866 \frac{C_{ar} + 0.375S_{ar}}{100} \quad m^3/kg（标准状况下）\qquad (1-42)$$

又有

$$RO_2 + CO = \frac{V_{RO_2} + V_{CO}}{V_{dg}} \times 100 \qquad (1-43)$$

根据式（1-42）和式（1-43），可得干烟气容积为

$$V_{dg} = 1.866 \frac{C_{ar} + 0.375S_{ar}}{RO_2 + CO} \quad m^3/kg（标准状况下）\qquad (1-44)$$

二、不完全燃烧方程式（烟气中一氧化碳含量的计算）

由于烟气中 CO 的含量很少，利用上述奥氏烟气分析仪很难测准烟气中一氧化碳的含量。实际上，也可以通过计算得到烟气中一氧化碳的容积百分比 CO。

式（1-41）可改写为

$$RO_2 + O_2 + CO + N_2^a + N_2^f = 100 \tag{1-45}$$

式中 N_2^a、N_2^f——来自空气的氮和燃料本身释放的氮占干烟气容积的百分数。

如果能够确定式中的 N_2^a、N_2^f，那么由烟气分析得到的 RO_2、O_2 就可求得 CO。

由于干空气中氧与氮的容积比例是固定的，这样就可以根据由空气送入的氧量求得 N_2^a。根据燃料中可燃物 C、S、H 燃烧所耗氧的容积与它们燃烧产物的容积之间的定量关系（见前面的燃烧产物计算）、烟气中所含氧量以及燃料本身所含氧量，可得由空气送入的氧量的容积为

$$V_{O_2}^a = V_{CO_2} + \frac{1}{2}V_{CO} + V_{SO_2} + \frac{22.41}{4}\frac{H_{ar}}{100} + V_{O_2} - \frac{22.41}{32}\frac{O_{ar}}{100} \quad m^3/kg \text{（标准状况下）} \tag{1-46}$$

根据空气中氧与氮的容积比例关系，由上式可得

$$N_2^a = \frac{79}{21}\frac{V_{O_2}^a}{V_{dg}} \times 100 = \frac{79}{21}\left(CO_2 + \frac{1}{2}CO + SO_2 + O_2 + \frac{8H_{ar} - O_{ar}}{1.428V_{dg}}\right) \tag{1-47}$$

燃料本身释放的氮气占干烟气容积的百分比

$$N_2^f = \frac{22.41}{28}\frac{N_{ar}}{100}\frac{1}{V_{dg}} \times 100 = \frac{N_{ar}}{1.25V_{dg}} \tag{1-48}$$

把式（1-47）和式（1-48）代入式（1-45），并用式（1-44）置换其中的 V_{dg}，整理得

$$RO_2 + 0.605CO + O_2 + \beta(RO_2 + CO) = 21 \tag{1-49}$$

$$\beta = 2.35\frac{H_{ar} - \frac{O_{ar}}{8} + 0.038N_{ar}}{C_{ar} + 0.375S_{ar}} \tag{1-50}$$

式（1-49）称为不完全燃烧方程式。当燃料燃烧后的不完全燃烧产物只有 CO 时，烟气中各成分含量与燃料中各成分含量之间必然满足这个关系式。

系数 β 称为燃料特性系数，它只取决于燃料的元素成分，与燃料中的水分和灰分无关。而且 β 是一个无因次量，它与采用何种燃料成分基准无关。

由式（1-49）可得到干烟气中一氧化碳容积百分比的计算式

$$CO = \frac{21 - \beta RO_2 - (RO_2 + O_2)}{0.605 + \beta} \tag{1-51}$$

在完全燃烧的情况下，$CO = 0$，则式（1-49）变成

$$(1 + \beta)RO_2 + O_2 = 21 \tag{1-52}$$

式（1-52）称为完全燃烧方程式。如果燃烧完全，则烟气分析得到的 RO_2、O_2 一定满足完全燃烧方程式。

如果燃烧完全且烟气中的 $O_2 = 0$，则由式（1-52）可得烟气中 RO_2 的最大值

$$RO_2^{max} = \frac{21}{1 + \beta} \tag{1-53}$$

与 β 一样，RO_2^{max} 也是只取决于燃料的元素成分的特征量。

三、锅炉运行状态下过量空气系数的确定

过量空气系数直接影响到炉内燃烧工况的好坏以及排烟热损失的大小。因此对于运行中的锅炉，需要根据测量的烟气成分，来确定和调整过量空气系数的大小。

由式（1-14）知，过量空气系数为

$$\alpha = \frac{V}{V^0} = \frac{V}{V - \Delta V} = \frac{1}{1 - \dfrac{\Delta V}{V}} \tag{1-54}$$

式中 ΔV——过量空气，m^3/kg（标准状况下）；

        V——进入炉内的实际干空气量，m^3/kg（标准状况下）。

在完全燃烧时，ΔV 可通过干烟气中氧的容积含量 O_2 表示为

$$\Delta V = \frac{O_2}{21} V_{dg} \quad m^3/kg（标准状况下） \tag{1-55}$$

由于燃料中含氮量很少，可以近似认为烟气中的氮全部来自空气中。因而可通过干烟气中氮的容积含量 N_2 来表示 V，有

$$V = \frac{N_2}{79} V_{dg} \quad m^3/kg（标准状况下） \tag{1-56}$$

把式（1-55）和式（1-56）代入式（1-54），并利用干烟气中三原子气体和氧的容积含量 RO_2、O_2 消去 N_2 后，经整理、简化，可得到过量空气系数的计算式

$$\alpha = \frac{21}{(1+\beta)RO_2} = \frac{21}{21 - O_2} \tag{1-57}$$

由式（1-57）可知，在燃料燃烧比较完全的条件下，既可根据测量的烟气中三原子气体含量 RO_2 以及燃料特性系数 β 来确定 α 的大小，也可根据烟气中氧气含量 O_2 来确定 α 的大小。

在实际应用过程中，因为锅炉所用的煤种经常变化，改变了 β 值，使得对于相同的 RO_2 测量结果，其对应的 α 值会随煤种的变化而改变，给使用带来不便。然而煤种的变化对关系式 $\alpha = f(O_2)$ 的影响很小。因此，目前电厂锅炉中一般采用磁性氧量计或氧化锆氧量计来测量烟气中的含氧量 O_2，来监督锅炉运行中的过量空气系数。

复 习 思 考 题

1. 什么是燃料的元素分析和工业分析？
2. 燃料的硫分、水分、灰分、挥发分对锅炉运行有什么影响？
3. 煤的成分基准有哪几种？不同基准之间如何换算？
4. 高、低位发热量的差别是什么？
5. 为何引入燃料折算成分的概念？
6. 什么是标准煤？
7. 灰的性质主要指什么？
8. 对燃煤进行分类的主要指标是什么？
9. 什么是理论空气量和理论烟气量？
10. 什么是过量空气系数？
11. 什么是理论空气焓和理论烟气焓？如何得到实际空气焓和实际烟气焓？
12. 如何确定锅炉运行状态下的过量空气系数？
13. 根据表 1-4 中序号 11 的煤种（神华煤），计算燃烧过程中以体积（m^3/kg）计算的理论所需空气量、理论烟气量及炉膛出口（$\alpha_f'' = 1.2$）和锅炉出口，即排烟处（$\alpha_{exg} = 1.28$）的实际烟气量和相关参数，并计算这两处的烟气质量。

第二章 煤粉制备

第一节 煤粉的性质

一、煤粉的一般特性

煤被磨成粉以后，它的性质在很多方面都不同于原煤。

煤粉由形状和尺寸各不相同的微小颗粒组成。煤粉的最大粒径很少超过 $250\sim500\mu m$，绝大部分煤粉的尺寸为 $20\sim60\mu m$。

煤粉颗粒尺寸小，比表面积大，$50\mu m$ 煤粉颗粒的比表面积可达 $90\sim100m^2/kg$。干煤粉能吸附大量空气，彼此间被空气分隔开。因此，煤粉与空气的混合物像流体一样具有良好的流动性和很小的堆积角，可方便地采用气力在管内输送，也容易通过缝隙向外泄漏，对环境造成污染，还会通过给粉装置漏入一次风管中。当煤粉含有较多水分时，潮湿煤粉流动性差，输送困难，在容器（如粉仓）中会造成煤粉搭桥现象。

沉积在煤粉管道中能吸附大量空气的煤粉，由于缓慢氧化所产生的热量积蓄，温度逐渐升高，达到一定温度时会引起煤粉的自燃。煤粉和空气混合物在一定条件下会发生爆燃（爆炸）。影响煤粉爆炸性的因素有煤的挥发分含量、煤粉浓度、煤粉颗粒尺寸（或煤粉比表面积）、煤粉灰分含量、介质中氧的浓度和介质温度等。煤的挥发分含量对煤粉的爆炸性影响很大，挥发分含量越多，煤粉就越容易发生爆炸。当挥发分含量低于 $10\%\sim14\%$ 时，煤粉一般不会发生爆炸；当煤粉浓度很低时（$\mu\leqslant0.03\sim0.05kg/m^3$），煤粉也不会发生爆炸，在一定范围内，随煤粉浓度提高，爆炸可能性增加；颗粒粗的煤粉，比表面积小，反应性较低，一般来说，$d_p\geqslant200\mu m$ 的煤粉颗粒也不具备爆炸性；煤粉的爆炸性还随其灰分含量增加而降低。介质中氧的浓度对煤粉爆炸性也有影响。当空气中氧的浓度从 $O_2=21\%$ 降低至 $O_2=18\%$ 时，煤粉的爆炸性明显降低；当 $O_2\leqslant15\%\sim15.5\%$ 时，煤粉不会发生爆燃。气粉混合物所处环境的温度对煤粉的爆炸性有影响，温度越高，煤粉爆炸危险性就越大，所以应严格限制制粉系统的温度水平。

煤粉颗粒具有附着性和团聚性。煤粉颗粒在接触表面上（如煤粉管内）的附着性，与颗粒分子和接触表面相互作用的分子力、电磁力以及毛细力（因水分在煤粉颗粒孔隙中的凝结所引起）等有关。抛光表面比粗糙表面、进行防水处理的表面比之不进行处理的表面、纯金属表面比之涂层表面、塑料表面，导电性高的表面比之导电性低的表面具有较小的附着力。煤粉颗粒的低振幅振荡会使微细颗粒渗透至大颗粒之间的空隙或缝隙中，造成团聚、结块，堆积密度增加，附着性也增加。

二、煤粉细度及煤粉颗粒特性

煤粉颗粒的尺寸是指它能通过最小筛孔的尺寸，并称之为煤粉粒子的直径。煤粉细度是指一定质量的煤粉通过一定尺寸的筛孔进行筛分时，筛子上剩余量占筛分煤粉总量的百分比，即

$$R_x=\frac{a}{a+b}\times100\% \tag{2-1}$$

式中　a——筛孔上剩余的煤粉质量，g；

b——通过筛孔的煤粉质量，g；

x——筛子的筛号或筛孔的边长，μm。

国内电厂采用的筛子规格及煤粉细度的表示方法示于表 2-1 中。

表 2-1　　　　　　　　常用筛子规格及煤粉细度表示方法

筛号（每厘米长的孔数）	6	8	12	30	40	60	70	80	100
孔径（筛孔的内边长）（μm）	1000	750	500	200	150	100	90	75	60
煤粉细度符号	R_1	R_{750}	R_{500}	R_{200}	R_{150}	R_{100}	R_{90}	R_{75}	R_{60}

欧美国家常采用另一种指标来表示煤粉细度，这个指标是通过筛子的煤粉质量占筛分煤粉总量的百分比，以 D_x 表示，即

$$D_x = \frac{b}{a+b} \times 100\% \tag{2-1a}$$

在对煤粉进行比较全面的筛分时，同时需要 4～5 个筛子进行筛分。筛孔上剩余的煤粉质量越多，即 R_x 越大（或 D_x 越小），则表示煤粉越粗。电厂对烟煤和无烟煤的煤粉常用 30 号和 70 号两种筛子进行筛分，即以 R_{200} 和 R_{90} 表示煤粉细度和均匀度。如果采用一个筛号表示煤粉细度，常用 R_{90}。

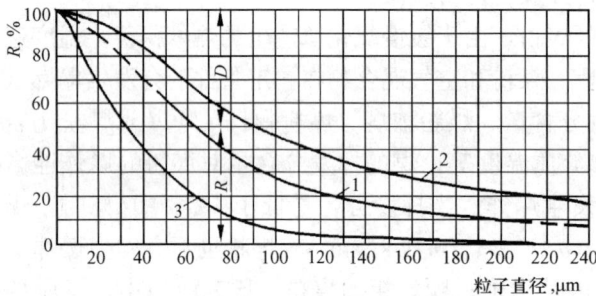

图 2-1　煤粉颗粒组成特性曲线

磨煤机磨制出粒径大小不一的煤粉，而且磨煤机型式不同，磨制出来的煤粉粒径的分布也不相同。全筛分得到的筛分曲线 $R_x = f(x)$ 称为煤粉颗粒组成特性曲线或称全筛分曲线，如图 2-1 所示。

全筛分曲线可以直观地比较煤粉的粗细，在图 2-1 所示的三根曲线中，曲线 1 代表的煤粉较粗，曲线 2 代表的煤粉更粗，曲线 3 的煤粉较细。

许多研究人员认为，煤粉颗粒的分布特性服从 Rosin-Rammler 的破碎公式

$$R_x = 100 e^{-bx^n} \tag{2-2}$$

式中　R_x——在筛孔尺寸为 $x\mu m$ 筛子上的筛分余量，%；

　　　b——表征煤粉细度的系数；

　　　n——表示煤粉均匀性的指数。

对一定的磨煤设备，在 $x = 60～200\mu m$ 范围内可以认为 n 和 b 为常数。由式（2-2）可导出不同粒径煤粉细度的换算公式，即

$$R_{x2} = 100 \left(\frac{R_{x1}}{100}\right)^{(x_2/x_1)^n} \tag{2-3}$$

式中　x_1、x_2——两种不同的孔径。

若已知 R_{200} 和 R_{90}，则可由式（2-2）求得煤粉均匀性指数 n 和细度系数 b 的表达式为

$$n = \frac{\lg\ln\dfrac{100}{R_{200}} - \lg\ln\dfrac{100}{R_{90}}}{\lg\dfrac{100}{90}} \tag{2-4}$$

$$b = \frac{1}{90^n} \ln \frac{100}{R_{90}} \tag{2-5}$$

由式（2-5）看出，在一定 n 值下，b 值越大，则 R_{90} 的数值越小，表明煤粉越细；反之，b 值越小，则煤粉越粗。因此 b 是反映煤粉细度的系数。由式（2-4）可知，当 R_{90} 相同，n 值增大时，R_{200} 减小，即煤粉中大颗粒减少；若 R_{200} 相同，n 值增大，则 R_{90} 增多，即煤粉中小于 $90\mu m$ 的细粉颗粒减少。这说明 n 值越大，煤粉颗粒组成就越均匀，即过粗和过细煤粉较少。煤粉中大颗粒多，会增加锅炉的机械（固体）未完全燃烧损失；煤粉磨得过细，又会增加磨煤机的电耗和磨煤设备的磨损。因此，在磨煤机运行中应力求获得最大可能的煤粉均匀指数的煤粉。均匀指数 n 的数值与磨煤机和粗粉分离器的型式等有关。在一般情况下，配离心式分离器的制粉设备，$n=1.0 \sim 1.1$；配旋转式分离器时，$n=1.1 \sim 1.2$。

均匀指数 n 对煤粉均匀性的影响，还可以从筛分剩余量随煤粉粒径变化 $\left(-\dfrac{dR_x}{dx}\right)$ 的分布进行分析。由式（2-2）对粒径的微分可得

$$y = -\frac{dR_x}{dx} = 100bnx^{n-1}e^{-bx^n} = R_x bn x^{n-1} \tag{2-6}$$

图 2-2 所示为不同 n 值时 y 值随 x 变化的三种情况。当 $n>1$ 时，随 x 增大，x^{n-1} 将增加，而 e^{-bx^n} 或 R_x 则减小。曲线在某一 x 值范围内有一最大值（此 x 值为 $15 \sim 25\mu m$），如图中 $n=1.25$ 曲线所示。可见，煤粉中细粉和粗粉所占份额较小。

当 $n=1$ 时，y 值出现在 $x=0$ 处并单值下降，说明尺寸越小的煤粉粒子越多，即细煤粉含量较多。

当 $n<1$ 时，粒径趋于零时的煤粉粒子在煤粉中的含量急剧增加，煤粉中除含有大量细粉外，也含较多的粗粉，且 n 值越小，分布不均匀性越严重。

煤粉的磨制需消耗电能，磨煤设备也遭受磨损。煤粉越细，耗能 E_m 就越大，但细煤粉着火快，容易燃尽，燃烧不完全热损失（q_4）小；相反，煤粉粗，制粉系统能耗 E_m 就越小，但不完全热损失（q_4）大。所以运行中煤粉细度的选择要适当，使（$E_m + q_4$）达最小值，这时的煤粉细度称为经济细度或最佳细度，以 R_{90}^{opt} 表示，见图 2-3。

对于固态排渣煤粉炉，煤粉经济细度的推荐值为

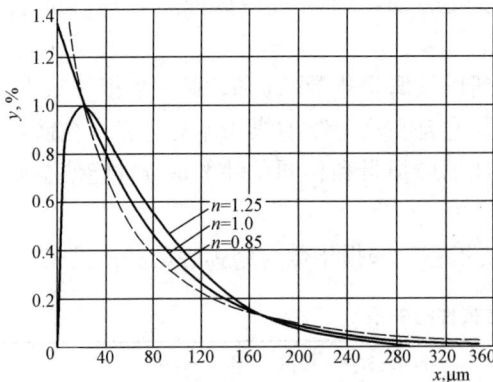

图 2-2 筛分剩余量变化率随煤粉粒径的分布

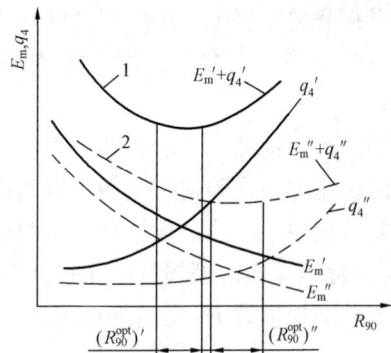

图 2-3 煤粉经济细度的确定
1（实线）—V_{daf} 和 K_{gr}（或 HGI）较低的煤；
2（虚线）—V_{daf} 和 K_{gr}（或 HGI）较高的煤

$$R_{90}^{opt}=a+0.5nV_{daf} \tag{2-7}$$

式中　V_{daf}——煤的干燥无灰基挥发分，%；

n——煤粉的均匀指数；

a——取决于煤种的系数，无烟煤 $a=0$；贫煤 $a=2$；烟煤（劣质烟煤除外）$a=4$。

三、煤的可磨性

煤的可磨性是煤被粉碎和研磨成煤粉难易程度的特征。对于难磨的煤，研磨成同样细度的煤粉所消耗的能量较多，或消耗同样能量时，磨出一定细度的煤粉量较少，反之亦然。煤的这种特性用煤的可磨性系数（或可磨性指数，或可磨度）K_{gr} 或 HGI 表示。

俄罗斯常用质量相等、初始粒度相同的标准煤样（一种难磨的无烟煤）和测试煤样在试验球磨机中磨制成细度相同的煤粉。用两者消耗能量 E 的比值作为测试煤样的可磨性系数，即

$$K_{gr}=\frac{E_s}{E} \tag{2-8}$$

式中　E_s、E——磨制标准煤样和测试煤样消耗的能量。

由于标准煤样难磨，故 K_{gr} 一般大于 1。K_{gr} 一般用于球磨机性能的计算。

欧美国家常采用 50g 规定粒度的煤样在试验中速磨煤机中磨制 3min 后取出，用孔径 $74\mu m$（相当于我国标准 $75\mu m$）的筛子进行筛分，根据通过筛子的煤粉质量的百分数（即 D_{75}）由下式计算哈得罗夫可磨性指数（简称哈氏可磨性指数）：

$$HGI=13+6.93D_{75} \tag{2-9}$$

该可磨性指数一般用于中速磨煤机的性能计算。

我国煤的 HGI 为 25～129。HGI 小于 60（$K_{gr}<1.2$）的煤属难磨煤，HGI=60～80 的煤属于中等可磨煤，HGI 大于 80（$K_{gr}>1.5$）则属于易磨煤。这两个可磨性系数的数值可用如下公式换算：

$$\left.\begin{array}{l}K_{gr}=0.0034(HGI)^{1.25}+0.61\\K_{gr}=0.0149HGI+0.32\end{array}\right\} \tag{2-10}$$

这两个换算公式的计算结果，稍有差别，后一公式是 DL/T 5145—2012《火力发电厂制粉系统设计计算技术规定》建议采用的公式。

四、煤的磨损特性

煤在磨制过程中，煤中所含硬质成分，特别是石英、黄铁矿等，对磨煤机研磨部件的金属表面产生挤压、冲击、切削等作用，使其遭受磨损，磨损的轻重程度用煤的磨损指数表示。

煤的磨损特性，一般有两种表示方法，即研磨式磨损指数 AI 和冲刷式磨损指数 K_e。我国目前采用冲刷式磨损指数表示煤的磨损特性。它是在高速喷射煤粉流对金属（纯铁）试片磨损测试仪中，由测试煤样在一定时间内对金属的磨损量和相同条件下每分钟能使金属磨损 10mg 的标准煤样的磨损量的比较获得。

煤的磨损指数 K_e 是选择磨煤机的一个重要指标。磨损指数与磨损性的关系见表 2-2。

表 2-2　　　　　　　　磨损指数与磨损性的关系

磨损指数 K_e	<1.0	1.0～2.0	2.0～3.5	3.5～5.0	>5.0
煤的磨损性	轻微	不强	较强	很强	极强

五、煤粉水分

煤粉的最终水分对煤粉供应的连续性和均匀性、燃烧的经济性、磨煤机的出力以及制粉设备工作的安全性等有很大影响。煤粉的水分过高将给制粉系统的输送带来困难，也会推迟煤粉的着火和燃烧。所以在煤粉制备过程中要用干燥剂对其进行干燥。但煤粉过干，对具有自燃和爆炸性的煤（烟煤、褐煤）容易引起爆炸。煤粉磨制后对最终水分的要求与煤种、煤的全水分和制粉系统的工作温度有关，一般按下式选取：

$$M_{pc} = (0.5 \sim 1.0)M_{ad} \tag{2-11}$$

式中　M_{ad}——空气干燥基水分，%。

第二节 磨 煤 机

磨煤机是制粉系统的主要设备，其作用是将煤块破碎并磨制成煤粉，并对煤粉进行干燥。煤在磨煤机中的磨制过程，主要受到撞击、挤压和研磨三种力的作用。但对不同型式的磨煤机，煤在磨制过程中所受的主要作用力是不同的。磨煤机的型式很多，根据磨煤部件的转速大致可分为三种。

低速磨煤机：转速为 $15 \sim 25r/min$（$0.25 \sim 0.42r/s$），如筒式钢球磨煤机，也称球磨机；

中速磨煤机：转速在 $25 \sim 100r/min$（$0.42 \sim 1.7r/s$）范围，如碗式磨煤机、轮式磨煤机、环球式球磨机（E型磨）等；

高速磨煤机：转速一般在 $425 \sim 1000r/min$（$7.08 \sim 16.7r/s$）范围，如风扇磨煤机等。

国内电厂采用较多的是筒式钢球磨煤机和中速磨煤机，本节将对这两种磨煤机的工作原理进行阐述。

一、筒式钢球磨煤机

筒式钢球磨煤机简称球磨机，分单进单出球磨机和双进双出球磨机两种。

（一）单进单出钢球磨煤机

磨煤机结构如图 2-4 所示，筒身是一个直径 $2 \sim 4m$，长 $3 \sim 10m$ 的圆筒，筒内装有大量直径为 $25 \sim 60mm$ 的钢球，内壁衬里为波浪形锰钢护甲。筒身两端是架在大轴承上的空心轴颈，一端是原煤与热空气的进口，另一端是磨制成的煤粉与干燥输送介质（即气粉混合物）的出口。

磨煤机由电动机驱动，经减速装置拖动旋转，在离心力和摩擦力的作用下，护甲将钢球和煤粒提升至一定高度，在重力作用下自由下落。煤主要被下落钢球的撞击，同时还受到钢球与钢球之间、钢球与护甲之间的挤压和研磨作用而被粉碎，磨制成煤粉。热空气既是干燥剂，又是煤粉的输送介质，磨好的煤粉由干燥剂气流带出筒体。干燥剂气流速度越大，带出的煤粉量就越多，磨煤机的出力就越大，但带出的煤粉越粗。干燥剂气流在筒体内的流速一般为 $1 \sim 3m/s$。

钢球磨煤机有很多优点，如煤种适应性广，能获得其他类型磨煤机难以达到的煤粉细度，对燃煤中杂质的敏感性不高，工作可靠性高，运行维护方便等。被国内许多燃用无烟煤、贫煤和劣质煤的电厂锅炉所用。钢球磨煤机的最大缺点是制粉电耗过高，低负荷运行更不经济，噪声大，设备庞大，初投资高。此外，煤粉均匀性较差。

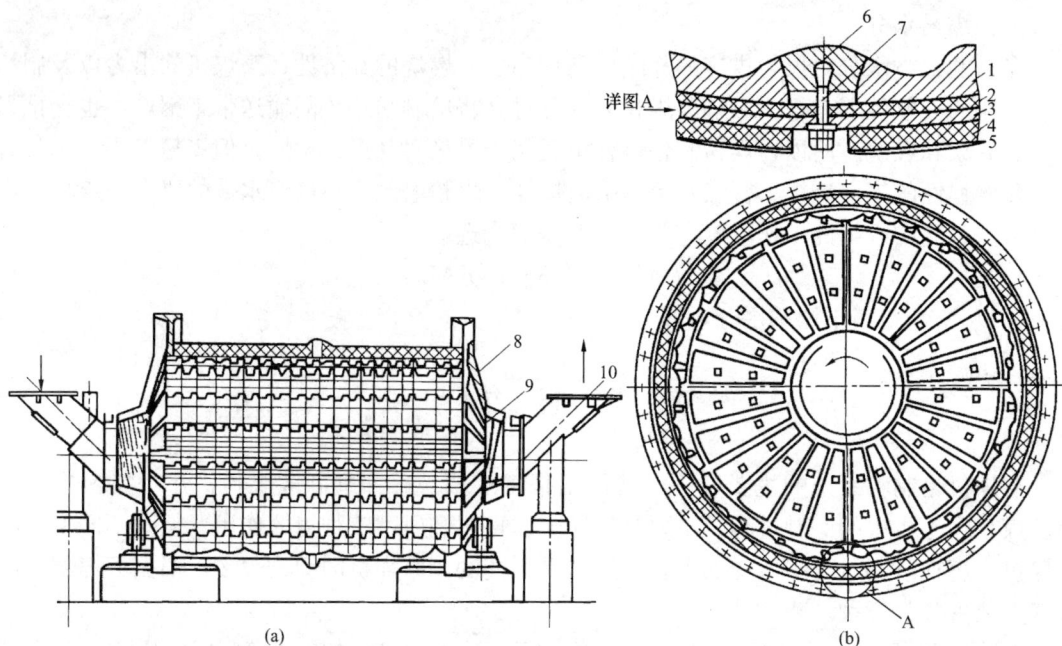

图 2-4　单进单出磨煤机

(a) 纵剖面图；(b) 横剖面图

1—波浪形护甲；2—绝热石棉垫；3—筒体；4—隔声毛毡层；5—钢板外层；

6—定位压紧楔块；7—螺栓；8—筒体封头；9—空心轴颈；10—短管

钢球磨煤机有几个特征量对其工作状态有很大影响。

1. 工作转速

筒体中的钢球是因筒体旋转被护甲提升，并在自身重力作用下而下落做功（对煤破碎）的。若筒体转速很低，钢球不能提升到应有高度，其破碎功很小，同时，筒内钢球堆集在一起，煤粉压在钢球之间的间隙内，不易被输送介质带走，在筒内反复滚转，其结果是磨煤出力很低，煤粉磨得过细；反之，当筒内旋转速度很高，钢球在较大离心力作用下将贴着筒壁随之一起旋转，不再从壁面脱离下落，其破碎功能也将丧失；筒体只有处于上述两者之间的某一旋转速度下，钢球对煤粒的破碎、挤压和研磨功能才得以充分发挥。对应于钢球随筒壁一起旋转时的筒体旋转速度称为临界转速，以 n_{cr} 表示。在临界状态下钢球所受的离心力与重力相等。由此可得

$$n_{cr} = \frac{42.3}{\sqrt{D}} \quad \text{r/min} \tag{2-12}$$

式中　D——筒体内径，m。

不同转速下钢球在筒体内的运动状况如图 2-5 所示。

国产钢球磨煤机的工作转速 n 比临界转速 n_{cr} 略小，两者之间的关系一般为 $n/n_{cr} = 0.74 \sim 0.8$。

2. 护甲

若磨煤机筒体内表面为一般表面（如光滑面），钢球的提升受到限制，所以在筒体内壁镶有波浪形等护甲。在工作中，钢球随筒体的旋转速度与筒体本身旋转速度的差别，取决于

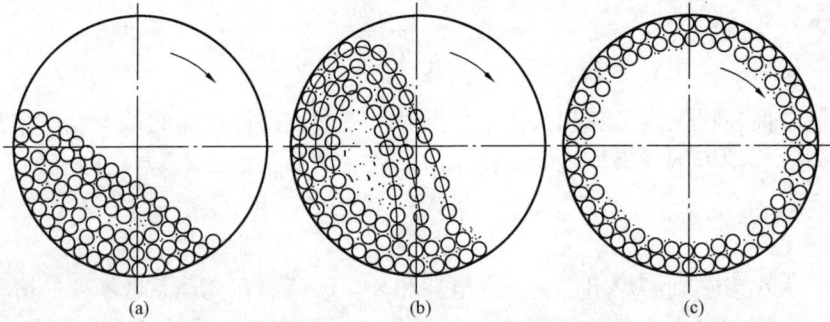

图 2-5 筒体不同转速时钢球的运动状况
(a) $n \ll n_{cr}$；(b) n 略小于 n_{cr}；(c) $n \geqslant n_{cr}$

钢球与护甲之间的摩擦系数。一般来说，钢球与护甲之间有一定的相对滑动，因而有部分能量消耗于钢球与护甲的摩擦上，未能用于提升钢球。提高护甲的摩擦系数，增加钢球与护甲之间用于提升钢球的摩擦力，可以在较小的能量消耗下将钢球提升到一定高度。所以，磨煤机的最佳工作条件除筒体转速外，护甲结构也很重要。

图 2-6 所示为几种磨煤机的护甲结构，以齿形护甲最佳。

3. 钢球充满系数

钢球磨煤机筒体内所装载的钢球量通常用钢球容积占筒体容积 V 的份额表示，称为钢球充满系数或充球系数 ψ，其表达式为

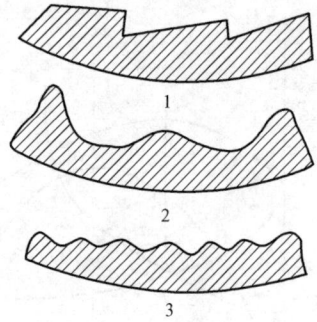

图 2-6 钢球磨煤机的护甲
1—阶梯形；2—波浪形；3—齿形

$$\psi = \frac{G_b}{\rho_b V} \tag{2-13}$$

$$V = \frac{\pi}{4} D^2 L \tag{2-13a}$$

式中 G_b——钢球装载量，t；

　　V——磨煤机筒体容积，m^3；

　　L——磨煤机筒体长度，m；

　　ρ_b——钢球堆积密度，取 $\rho_b = 4.9 t/m^3$。

筒体内处于不同层次的钢球，其磨粉能力是不同的。紧贴筒壁的最外层钢球磨粉能力最大。各内层钢球数量与最外层钢球数量的比值，随充球系数 ψ 的增加而增大。因此，磨煤出力不随 ψ 值成正比增加，仅与 $\psi^{0.6}$ 成正比。同时磨煤功率消耗基本上取决于钢球质量，只是随 ψ 值增加，钢球载荷重心更接近于筒体的旋转中心，致使钢球载荷旋转惯性矩的增加比钢球量的增加来得缓慢，故功率消耗正比于 $\psi^{0.9}$。大量数据表明，在 $\psi = 0.10 \sim 0.35$ 的范围内，磨煤出力 B_m 和磨煤机电功率 P_m 与充球系数 ψ 之间存在以下关系：

$$\left. \begin{array}{l} B_m = a_1 G_b^{0.6} = c_1 \psi^{0.6} \\ P_m = a_2 G_b^{0.9} = c_2 \psi^{0.9} \end{array} \right\} \tag{2-14}$$

因此，磨煤单位电耗 $E_m = P_m / B_m$ 与 $\psi^{0.3}$ 成正比。这就是说，增加钢球磨煤机的装载量，虽可增大磨煤出力，但磨煤单位电耗也增加。在相同煤粉细度下，单位电耗最小的充满系数称为最佳充球系数 ψ_{opt}。根据经验，带波形护甲的钢球磨煤机的最佳充球系数可由下式计算：

$$\psi_{opt}=\frac{0.12}{\left(\dfrac{n}{n_{cr}}\right)^{1.75}} \tag{2-15}$$

磨煤机制造商在提供设备和相关技术数据时，一般也提供产品的最大充球系数 ψ_{max}。根据国内经验，波形护甲钢球磨煤机的最佳充球系数 ψ_{opt} 与最大充球系数之间有如下关系：

$$\psi_{opt}=(0.8\sim0.88)\psi_{max} \tag{2-16}$$

4. 钢球直径

钢球直径大小影响到磨煤出力、磨煤电耗和金属磨耗。在充球系数不变的情况下，钢球直径适当减小，则其撞击次数和研磨表面积增加，对提高磨煤出力有利，但钢球的磨损加剧。钢球直径太小，则撞击力减弱，更不能适应硬质和大煤块的研磨，一般采用直径为30～40mm 的钢球。对于较硬的煤和大块煤，宜选用 50～60mm 的钢球。电厂常常将 30～60mm 的钢球搭配使用。

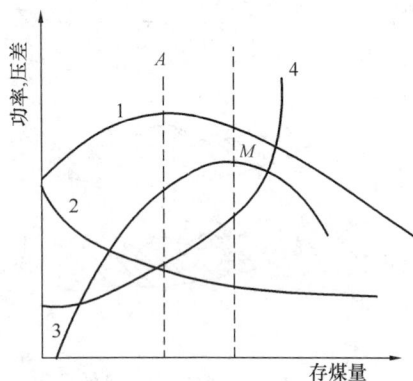

图 2-7 磨煤机工作特性与存煤量的关系
1—磨煤机总功率；2—钢球之间撞击的无效功率；
3—磨煤有效功率和出力；4—磨煤机进出口压差

5. 筒内存煤量

钢球磨煤机工作时，筒内应有一定的存煤量（或粉位）。当存煤量太少时，消耗于钢球之间碰撞的无用功率增加，磨煤有效功率减少，随筒内存煤量增加，消耗于钢球间碰撞的无效功率减少，用于磨煤的有效功率增加，磨煤机的出力随之增大，但存煤过多，使钢球下落的落差减少太多，钢球之间的煤层加厚，钢球对煤粒的撞击和研磨功能减弱，磨煤出力反而下降，严重时会造成筒体入口堵塞，磨煤机无法正常工作。图 2-7 所示为磨煤机的磨煤有效功率（相对于磨煤机出力）、钢球之间撞击无效功率、磨煤机总功率和磨煤机进出口压差的现场试验曲线。A 点对应于磨煤机电流最大点，M 点为磨煤机出力最高点。磨煤机应工作于 A 和 M 点之间的区域。

6. 通风量

钢球磨煤机筒体内的通风量直接影响燃料沿筒体长度方向的均匀分布和磨煤出力，当通风量很小时，燃料大部分集中在筒体的进口端。而钢球沿筒体长度的分布基本上是均匀的。故在筒体出口端，由于燃料很少，钢球的能量没有被充分利用，很大一部分消耗在钢球之间的撞击、金属的磨损和发热上。同时，因筒内风速不高，从筒体带出的仅仅是少量的细煤粉，磨煤出力很低；随着通风量的增加，磨煤出力增大，单位磨煤电耗也降低。但若通风量过大，不合格的粗煤粉也被带出。经粗粉分离器分离后的回粉量也增多，在系统内造成无益的循环，无谓地增加通风电耗。在某一通风量下可以达到磨煤与通风电耗的最佳平衡。这一通风量称为最佳通风量，以 $Q_{V,opt}$ 表示。

$Q_{V,opt}$ 的大小与燃料种类（可磨性）、分离器出口煤粉细度 R''_{90}、筒体容积 V 及其充球系数 ψ 等有关。此外，筒体的转速与筒体通风对燃料在筒体长度方向的分布具有相似的影响。钢球磨煤机最佳通风量可按如下经验公式计算：

$$Q_{V,opt}=\frac{38V}{n\sqrt{D}}\left(1000\sqrt[3]{K_{gr}}+36R''_{90}\sqrt{K_{gr}}\sqrt[3]{\psi}\right)\left(\frac{0.1013}{p}\right)^{0.5}\quad m^3/h \tag{2-17}$$

式中　p——当地大气压力，MPa。

流经钢球磨煤机筒体的介质量应尽量接近于最佳通风量。

（二）双进双出钢球磨煤机

双进双出钢球磨煤机的结构和工作原理与单进单出钢球磨煤机相似，不同的是筒体两端的空心轴既是热风和原煤的进口，也是磨好的煤粉和输送介质的出口。从两端进入的干燥介质气流在磨煤机筒体中间部位对冲反向流动，携带磨制好的煤粉从两空心轴的环状空间流出，进入煤粉分离器，形成两个相互对称、又彼此独立的磨煤回路。两个回路可同时工作，也可仅一个回路单独运行。

双进双出钢球磨煤机的原理结构如图 2-8 所示。连接在筒体两端的中空轴支架在两端的轴承上。中空轴内有一中心管，在中心管外弹性固定一螺旋输送装置。在中空轴与中心管之间形成有一定间隙的环状空间。螺旋器和中空轴随磨煤机筒体一起转动，螺旋输送装置像连续旋转的铰刀，使从给煤机下落的原煤，由端部环状间隙的下半部不断被刮向筒体内进行磨制。作为干燥剂的热风经中空轴的中心管进入筒体，在筒体内分别对原煤和煤粉进行干燥后，按与原煤进入磨煤机的相反方向，经中心管与中空轴之间的环形通道的上半部，将煤粉带出磨煤机，并进入煤粉分离器进行分离。分离出来的粗煤粉经回粉回路回落到中空轴入口，与原煤混合，重新进入磨煤机进行研磨。

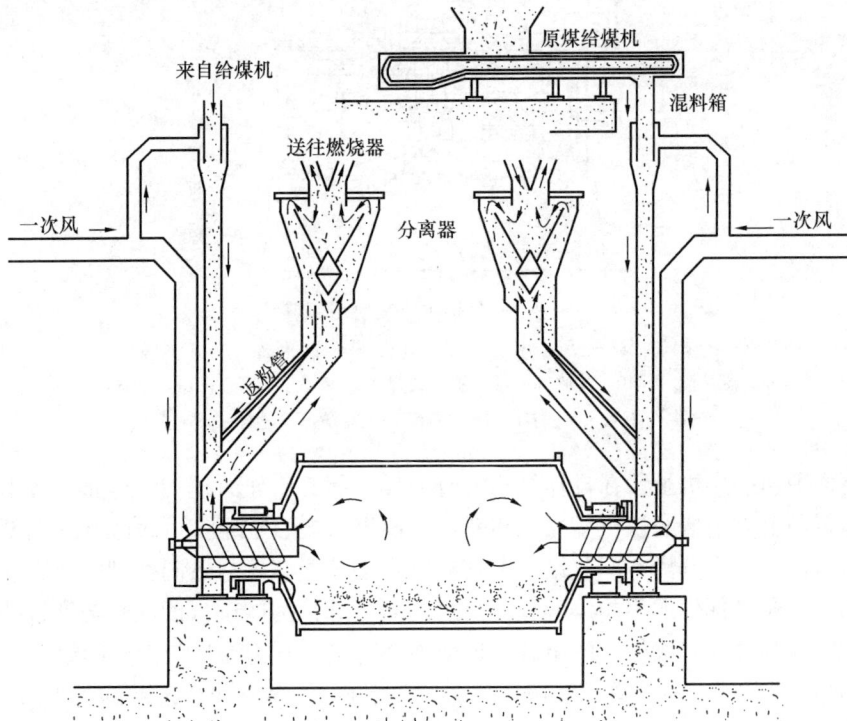

图 2-8　双进双出钢球磨煤机

双进双出钢球磨煤机保持了单进单出钢球磨煤机的煤种适应性广等优点，同时，与单进单出钢球磨煤机相比，通风量可以增加，磨煤机出力和制粉单位电耗可以适当降低。

二、中速磨煤机

中速磨煤机的类型较多，在国内大型电站锅炉上应用最多的是碗式磨煤机（RP 型或改进的

HP 型）和轮式磨煤机（MPS 型或早期国产化 ZGM 型），球环式磨煤机（E 型）在我国大型电厂中采用的不多。图 2-9～图 2-11 所示分别为这三种磨煤机的结构和工作原理。

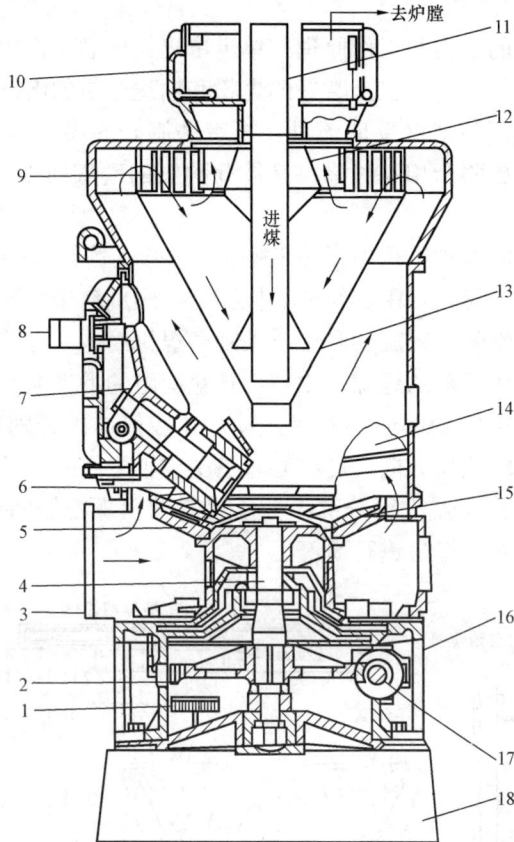

图 2-9　碗式中速磨（HP 型）

1—油冷却器；2—蜗轮；3—进风；4—主立轴；5—磨碗；6—磨辊；7—压紧装置；8—辊轴；
9—煤粉分离器导流片；10—排放阀；11—中心进煤管；12—出口挡板；13—分离器；14—气
分离器防磨套；15—磨环；16—底座齿轮箱；17—蜗杆；18—基座

各种类型中速磨煤机虽然在具体结构上有差异，但其工作原理和整体布局基本上是相同的。从整体布局上，中速磨煤机呈立式布置，沿高度方向自下至上可大致分为四部分：驱动装置、研磨部件、干燥分离空间及设备和气粉混合物分配装置。不同类型中速磨煤机结构上最大的区别在于研磨部件的不同。碗式磨煤机的研磨部件为磨碗（浅碗）与磨辊的组合，轮式磨煤机为磨环与磨轮（滚轮）的组合，E 型中速磨煤机则为磨环与钢球的组合。磨辊和磨轮的数目均为 3，相互对称布置（相隔 120°），E 型磨的钢球个数稍多，约为 10 只。

各种中速磨煤机的工作过程大致为：由电动机经减速装置驱动立式布置的主轴，带动磨碗或磨环（E 型磨则为下磨环）转动。原煤经中心落煤管进入具有相对运动的研磨组件之间的研磨表面，在压紧力的作用下受到挤压和研磨作用，被粉碎为煤粉。在磨碗或磨环上磨制好的煤粉在离心力和中心落煤的推挤下，自内向外缘运动，被抛甩至磨碗或磨环周缘的风环上方。热风干燥剂进入风室后，经随磨碗或磨环一起转动、由导向叶片或喷嘴组成的风环均匀进入煤粉研磨区的外缘环状空间，并沿原煤与煤粉移动的相反方向，对煤和煤粉进行干

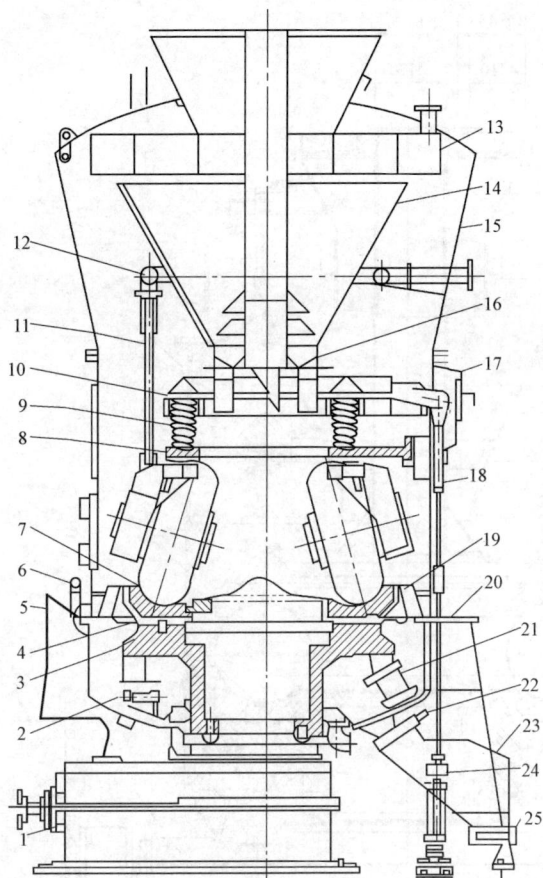

图 2-10 轮式中速磨（MPS 型）

1—驱动齿轮箱；2—石子煤内通道；3—磨辊；4—磨环座；5—空气进口总管；6—惰性气体总管；7—磨环衬块；8—压力架；9—弹簧；10—加载弹簧架；11—密封空气总管；12—密封空气总管；13—百叶窗进口；14—分离锥；15—磨煤机上部机体；16—分离粗粉排出口；17—机体；18—加载弹簧组件；19—旋转叶片环组件；20—机座；21—石子煤出口；22—石子煤出口截门；23—石子煤室；24—加载油缸；25—石子煤底部截门

燥，并将煤粉带入磨煤机上部空间的煤粉分离器进行分离，不合格的粗煤粉在分离器中分离下来，在锥形分离器底部与原煤混合物返回研磨区重新研磨。合格的煤粉由干燥剂输送经气粉混合物分配器分配至各一次风管，经相应燃烧器进入炉内燃烧。原煤中夹带的难磨杂质（煤矸石、石块、硫铁矿石等）在磨煤过程中也被甩至风环上方，因风环风速还不足以将其带出而下落至杂物箱内而定期作为石子煤排出。

下面介绍碗式磨煤机（HP、RP 型）和轮式磨煤机（MPS 型）的各自特点。

（一）碗式磨煤机

对于主要靠挤压和研磨作用来粉碎原煤的中速磨来说，HP、RP 磨的研磨表面是比较理想的。其磨辊外表面与磨碗内表面的接触面呈直线状（沿磨辊外表面的轴线方向），磨碗与磨辊之间的挤压和研磨表面受力均匀。均处于最大正压力下工作。对于轮式或 E 型中速磨煤机，研磨部件之间的接触面为凹弧形，在施加同样紧压力时，只有很小范围的研磨表面处于最大正压力工作，离开法线方向压应力就逐渐下降。

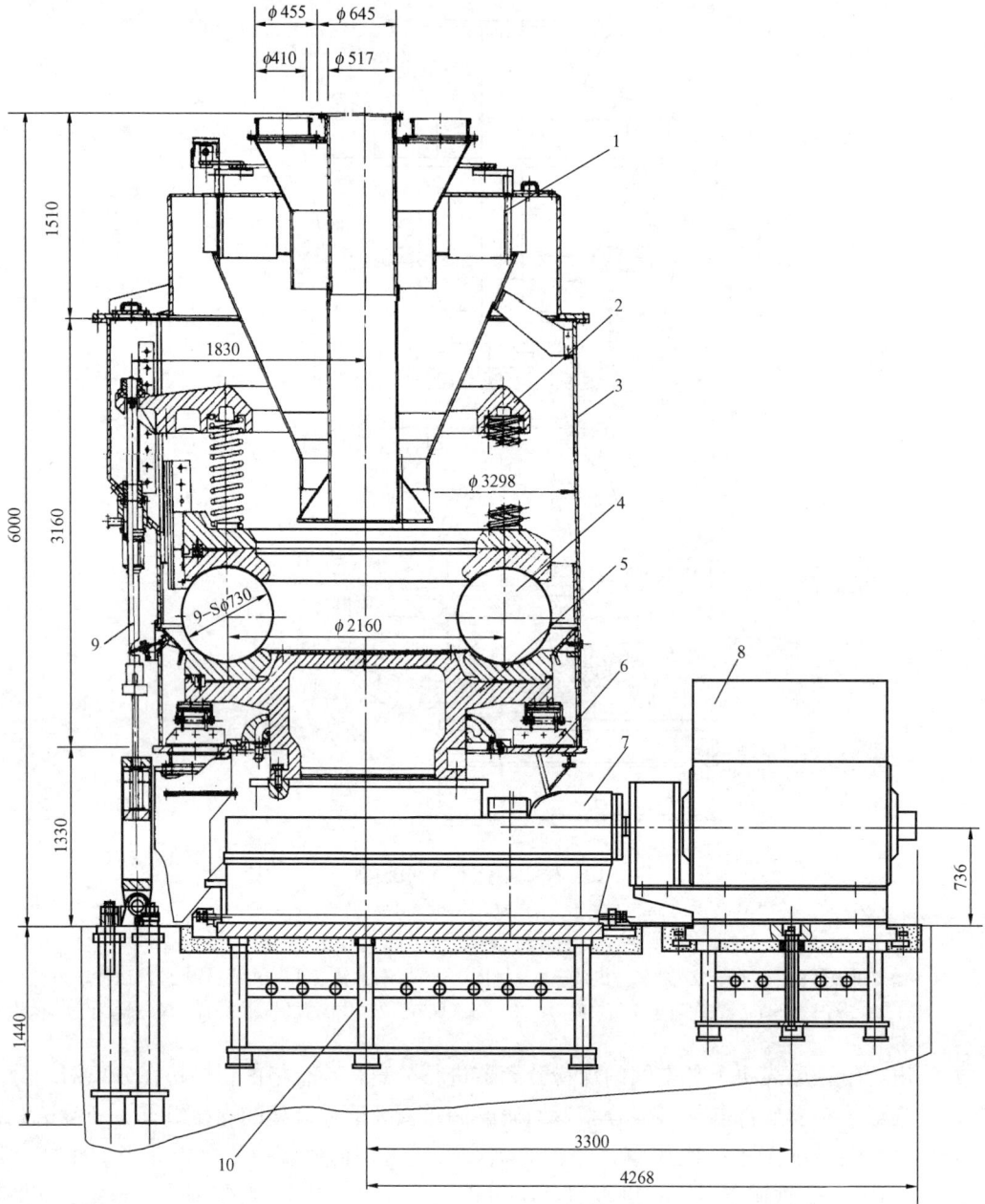

图 2-11　球环式（E型）中速磨

1—分离器；2—加载装置；3—机壳；4—碾磨件（钢球）；5—传动盘；

6—机座；7—齿轮减速箱；8—电动机；9—拉杆；10—基础

磨碗的倾斜研磨内表面（倾角20°）使煤块的重力可部分抵消磨碗旋转的离心力，使煤块向周边的移动速度减慢，增加了煤在磨碗研磨表面上的停留时间。

以上两点使碗式磨煤机粉碎能力高，有利于对煤的充分研磨，磨制的煤粉较细。

HP磨结构简单合理，维修方便，特别是磨辊在检修时可以耳轴为支点通过装卸门翻到机壳之外进行检修和研磨部件的更换。

HP 磨是 RP 磨的改进型，其改进措施主要有以下几点：

（1）采用伞形齿轮替代蜗杆作传动装置，传递力矩大，噪声小。

（2）采用直径大、长度较短的磨辊替代直径小、长度大的磨辊，使研磨表面积增大，出力相应提高。

（3）采用高顶盖离心挡板分离器，降低气粉混合物流过导流分离挡板的流速，可减轻分离器内部金属的磨损，增加分离空间高度，改善煤粉的分离效果。出口部位的文丘里装置能均匀地将煤粉分配到各一次风管。

（4）采用随磨碗一起转动的风环装置，相对于固定不动的风环，可改善热风干燥剂从风室到研磨空间的均匀分配。

所以，RP 型磨煤机已经被 HP 型磨煤机取代。

碗式磨煤机空气流经风环的设计流速较低，为 45～55m/s。当预热器漏风较大或缺风时，石子煤量较多。此外，碗式磨煤机允许的最大煤块尺寸约 40mm，对更大煤块的适应性不及 MPS 型中速磨。

（二）轮式中速磨煤机

MPS 磨煤机的磨轮（也称磨辊，但为与 HP 的磨辊相区别，最好称磨轮）尺寸较大，使其具有较大的研磨表面积。磨轮除自转外，还允许有一定角度（12°～15°）的摆动，使进入磨煤机煤块的最大尺寸可以相应增加。据介绍，配 600MW 机组的 MPS-225 型轮式磨煤机允许的煤块的最大尺寸为 60mm。

磨轮外套（一般称辊套或辊胎）的弧形表面设计成对称结构。当一侧磨损到一定程度后，可翻转继续使用，提高了磨轮的利用率和使用寿命。

采用三个位置固定的磨轮，研磨的压紧力通过一个弹簧盖（加载弹簧架）均匀地传递给三个磨轮，形成三点受力状态。三点加载系统使研磨部件受到均匀的载荷，改善了磨轮的工作条件，磨轮与磨环之间的滚动阻力较小，电耗较低。

轮式磨煤机风环喷嘴的设计风速高，达 75～85m/s，石子煤量较少。

这种磨煤机的研磨表面为弧形，对煤的挤压、研磨作用力不如 HP 磨煤机均匀，磨制出的煤粉较粗。当要求煤粉较细时，需配备旋转式分离器。此外，这种磨煤机更换碾磨件的工作量较大，检修不如 HP 磨煤机方便。

与筒式钢球磨煤机相比，各类中速磨煤机的最大特点是设备紧凑，占地面积小，制粉电耗低，运行噪声小。

三、磨煤机出力和功率

磨煤机的磨煤出力是指单位时间内磨制出一定细度的煤粉量。磨煤出力需要一定量的热风干燥剂的配合才能达到，以便完成对煤和煤粉的干燥以及将磨制好的合格煤粉输送出磨煤系统。

磨煤机的磨煤出力与煤粉的磨制方法（磨煤机种类），煤种及其可磨性、水分及灰分含量、粒度大小，要求的煤粉细度以及磨煤部件及其良好程度等因素有关，一般通过试验方法求得。本节将扼要介绍单进单出筒式钢球磨煤机和一种中速磨煤机（碗式）出力的计算方法。

（一）单进单出筒式钢球磨煤机

在 $D \leqslant 4m$ 时，单进单出筒式钢球磨煤机的出力按如下经验公式求出：

$$B_m = 0.11 D^{2.4} L n^{0.8} \psi^{0.6} K_{gr}^w K_V K_{arm} K_{ab} S_2 \left(\ln \frac{100}{R_{90}} \right)^{-0.5} \quad t/h \tag{2-18}$$

式中 D、L——磨煤机筒体的内径和长度，m；

         n——筒体的工作转速，r/min；

         K_{gr}^w——工作燃料的可磨性系数；

         K_V——筒体通风量 Q_V 偏离最佳通风时对出力的修正系数；

         K_{arm}——筒体护甲结构对出力的影响系数，波形和梯形护甲 $K_{arm}=1.0$，齿形 $K_{arm}=1.1$；

         K_{ab}——考虑运行中护甲和钢球磨损使出力降低的修正系数，一般取 $K_{ab}=0.9$；

         S_2——燃料从磨煤机进口到出口的平均水分换算到收到基水分的原煤质量的换算系数。

S_2 的计算式为 $$S_2 = \frac{100 - M_{av}}{100 - M_{ar}} \tag{2-19}$$

式中 M_{ar}、M_{av}——原煤收到基水分和磨煤机内燃料的平均水分，%。

工作燃料的可磨性系数可由下式计算：

$$K_{gr}^w = \frac{K_{gr} S_1}{S_g} \tag{2-20}$$

式中 S_g——原煤粒度大小对煤可磨性的修正；

         S_1——工作燃料水分变动对煤可磨性的影响。

S_1 可由原煤收到基最大水分 M_{max}、空气干燥基水分 M_{ad} 和磨煤机内煤沿筒体的平均水分 M_{av} 按下式求出：

$$S_1 = \sqrt{\frac{M_{max}^2 - M_{av}^2}{M_{max}^2 - M_{ad}^2}} \tag{2-21}$$

若磨煤机的工作转速 n 平均取临界转速 n_{cr} 的 0.78，并注意式（2-12）关于临界转速与筒体内径 D 的关系式，式（2-18）可改写为

$$B_m = 2.067 V \psi^{0.6} K_{gr}^w K_V K_{arm} K_{ab} \frac{100 - M_{av}}{100 - M_{ar}} \left(\ln \frac{100}{R_{90}} \right)^{-0.5} \tag{2-22}$$

磨煤机供应商在提供磨煤机型号时，也同时提供其基本出力 B_{mo} 的数据。对于单进单出筒式钢球磨煤机而言，基本出力是在煤的可磨性系数 $K_{gr}=1.0$，原煤水分 $M_{ar}=7\%$（这时相应的磨煤机平均水分为 $M_{av,7}$），煤粉细度 $R_{90}=8\%$，原煤粒度 0～25mm，充球系数为 ψ_{max} 时获得的。因此，式（2-22）可转变为

$$B_m = \frac{2.067 V \psi_{max}^{0.6}}{\sqrt{\ln \frac{100}{8}}} \frac{100 - M_{av,7}}{100 - 7} K_{gr}^w K_V K_{arm} K_{ab} \left(\frac{\psi}{\psi_{max}} \right)^{0.6} \frac{\sqrt{\ln \frac{100}{8}}}{\sqrt{\ln \frac{100}{R_{90}}}} \frac{100 - 7}{100 - M_{ar}} \frac{100 - M_{av}}{100 - M_{av,7}}$$

若近似取 $\frac{100 - M_{av,7}}{100 - 7} \approx 1.05$，则上式可改写为

$$B_m = B_{m0} K_{gr}^w K_V K_{arm} K_{ab} K_\psi K_R K_M \quad t/h \tag{2-23}$$

$$B_{m0} = 1.366 V \psi_{max}^{0.6} \quad t/h \tag{2-23a}$$

式中 ψ_{max}——磨煤机最大装球率，数据在磨煤机型号中提供；

         K_ψ——装球率修正系数，$K_\psi = (\psi/\psi_{max})^{0.6}$；

         K_M——原煤水分不同于 7% 时对原煤质量的修正，近似取 $K_M = \frac{100 - M_{av}}{100 - M_{ar}}/1.05$；

K_R——煤粉细度对出力的修正。

K_R 的计算式为
$$K_R = \frac{\sqrt{\ln 100 - \ln 8}}{\sqrt{\ln 100 - \ln R_{90}}} = \frac{1.59}{\sqrt{4.605 - \ln R_{90}}} \quad (2\text{-}24)$$

某些修正参数的具体计算可参阅制粉系统设计有关技术规定。

式（2-23a）计算的磨煤机基本出力，与制造商在磨煤机型号参数中提供的数据基本吻合，对于 350/600 以上型号的磨煤机，误差都不超过 3%。

磨煤机磨煤消耗的功率由下式求出：

$$P_m = \frac{1}{\eta_m \eta_{mo}}(0.122 D^3 L n \rho_b \psi^{0.9} K_{arm} K_f + 1.86 DLnS) \quad \text{kW} \quad (2\text{-}25)$$

式中 η_m——磨煤机传动装置的效率；

η_{mo}——电动机的效率；

K_f——与燃料性质有关的系数；

S——筒体和护甲的总厚度，m。

有关 B_m 和 P_m 公式中各修正系数的数值可参考制粉系统设计的有关技术规定或锅炉手册。

（二）碗式中速磨煤机

碗式中速磨煤机的出力按磨煤机的基本出力乘以各项修正系数求出：

$$B_m = B_{m0} f_{gr} f_R f_M f_A f_{ab} f_g \quad \text{t/h} \quad (2\text{-}26)$$

式中 B_{m0}——磨煤机的基本出力，是在哈氏可磨性指数 HGI=55，$M_t = M_{ar} = 12\%$（低热值烟煤）或 $M_t = 8\%$（高热值烟煤），煤的灰分 $A_{ar} \leqslant 20\%$，煤粉细度 $R_{90} = 23\%$ 时通过试验确定的出力，由制造厂商在磨煤机型号参数中提供，t/h；

f_{gr}、f_R、f_M、f_A——煤的可磨性指数、煤粉细度、原煤水分和灰分含量的修正系数；

f_{ab}——碾磨部件磨损对出力的影响系数，取 $f_{ab} = 0.9$；

f_g——原煤粒度对出力的修正系数，对碗式磨煤机 $f_g = 1.0$。

碗式中速磨煤机的基本出力和有关各修正系数的计算，可参考制粉系统设计的有关技术规定或锅炉手册。在中速磨煤机的相关技术规定中，一般还列出进入磨煤机的最大通风量和电动机功率的数值。

第三节 制 粉 系 统

制粉系统的任务是安全可靠和经济地制造和运送锅炉所需的合格煤粉。从原煤仓出口开始，经给煤机、磨煤机、分离器等一系列煤粉的制备、分离、分配和输送设备，包括中间储存等相关设备和连接管道及其部件和附件，直到煤粉和空气混合物均匀分配给锅炉各个燃烧器的整个系统，简称为制粉系统。可见，制粉系统中设备众多。本书着重阐述制粉系统的工作原理和类型，不对制粉系统相关设备作详细介绍，但磨煤机（本章第二节）和分离器（本节）除外。

制粉系统可分中间储仓式和直吹式两种。中间储仓式制粉系统是将磨煤机磨制好的合格煤粉储存在煤粉仓中的系统。煤粉仓也称中间储粉仓，其中可储备大量煤粉，可根据锅炉负荷需要经给粉机从煤粉仓中取得煤粉，送入炉膛内燃烧。直吹式制粉系统不设煤粉仓，磨煤机磨制好的合格煤粉直接送入炉膛内燃烧,磨煤机磨制的煤粉量,应与锅炉负荷同步调节。

一、中间储仓式制粉系统

中间储仓式制粉系统适合用于单进单出筒式钢球磨煤机。这种磨煤机制粉电耗高,低负荷时电耗更高。配备中间储粉仓可使磨煤机与锅炉之间具有相对的独立性,锅炉在低负荷时,磨煤机仍可保持在高负荷下运行。

图 2-12 所示为单进单出钢球磨煤机的中间储仓式制粉系统。原煤经给煤机在下行干燥管中由热风预先加热后,与干燥热风一同进入磨煤机。磨制好的煤粉随干燥剂从磨煤机中带出,进入粗粉分离器进行分离,不合格的粗煤粉返回磨煤机重磨,合格的煤粉随干燥剂带入细粉分离器,在其中约 90% 的煤粉被分离出来,由细粉分离器下部落入煤粉仓,或经螺旋输粉机转送到其他煤粉仓。经细粉分离器分离后,一般带有约 10% 煤粉的干燥剂称为乏气。乏气由细粉分离器顶部引出,经排粉机提升压力后,可与经给粉机从煤粉仓获得的煤粉混合,作为一次风喷入炉内燃烧。这种由乏气输送煤粉的系统,称为乏气送粉系统,如图 2-12 (a) 所示。煤粉燃烧所需其余空气(二次风),由二次风箱提供。乏气送粉系统的一次风温较低,当锅炉燃用着火温度较高、反应性能较差的煤种(如无烟煤、贫煤)时,要求较高的一次风温度,以利于煤粉及早着火燃烧。在这种情况下,可直接采用温度较高的热风作为一次风来输送煤粉,入炉内燃烧,来自排粉机的乏气,则送到布置在主燃烧器上面的三次风喷嘴作为锅炉的三次风。这种系统称为热风送粉系统,如图 2-12 (b) 所示。

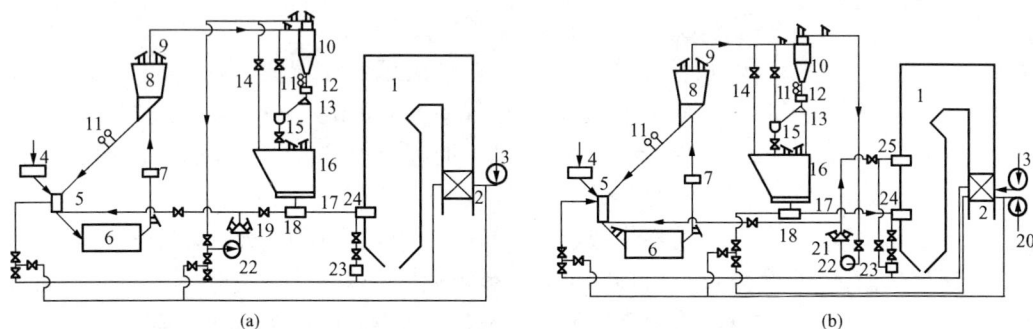

图 2-12 中间储仓式制粉系统

(a) 乏气送粉系统;(b) 热风送粉系统

1—锅炉;2—空气预热器;3—送风机;4—给煤机;5—下降干燥管;6—磨煤机;7—木块分离器;8—粗粉分离器;
9—防爆门;10—细粉分离器;11—锁气器;12—木屑分离器;13—换向阀;14—吸潮管;15—螺旋输粉机;
16—煤粉仓;17—给粉机;18—风粉混合器;19—一次风箱;20—一次风机;21—乏气风箱;
22—排粉机;23—二次风箱;24—燃烧器;25—乏气喷嘴

对于中间储仓式制粉系统,在排粉机出口与磨煤机入口之间,设有乏气再循环管,可使部分乏气回到磨煤机中再循环,以便于磨煤通风(输送风)、干燥通风和一次风(或三次风)三者之间风量的协调。在煤粉仓顶部设有吸潮管,以将其潮气吸出,防止煤粉受潮结块。对于煤粉具有爆炸性的燃料(如烟煤),在磨煤机和排粉机的进、出口,分离器和煤粉仓顶部以及煤粉管道最高部位等处设有防爆门,以防煤粉发生爆炸时损坏制粉设备。

中间储仓式制粉系统,从磨煤机至排粉机入口整个处于负压下运行,在磨煤机入口处一般维持 200Pa 的负压,沿煤粉流动方向,负压逐渐加大。煤粉的输送是在排粉机的抽吸作用下实现的。当气粉混合物流经一系列设备和管道之后,在到达排粉机入口时,负压已达

6000～8000Pa。所以，制粉系统漏入风量可观。经负压制粉系统从周围环境漏入的空气，最终随煤粉气流送入炉内燃烧，减少了在锅炉尾部布置的空气预热器中有组织加热的空气量，使预热器的传热能力下降，锅炉排烟温度升高。

中间储仓式制粉系统在排粉机入口部位管道上设有冷风门或来自一次风机或送风机的冷风管，用冷风调节介质温度快捷方便。但冷风的吸入，与漏风一样会使锅炉排烟温度升高。所以，制粉系统应尽量不吸入或少吸入冷风。

中间储仓式钢球磨煤机系统煤种适应性广，能磨制包括无烟煤、高水分和高磨损性的任何煤种，磨制的煤粉较细，煤粉细度稳定，用给粉机对给粉量的调节反应速度快，负荷跟随性好，中间储粉仓及其他煤粉仓的相互输送，提高了机组运行的可靠性，磨煤部件的维护也较简单。但需添加煤粉仓、细粉分离器、排粉机等庞大设备和相应的煤粉管路，系统复杂，建设初投资大，制粉电耗高，系统中较大的负压造成漏风量较大，影响锅炉效率和机组供电效率的提高。

二、直吹式制粉系统

中速磨煤机和双进双出钢球磨煤机大部分采用磨煤机制粉量随负荷变化而变化的直吹式制粉系统。直吹式制粉系统有负压系统与正压系统之分。以往在磨煤机出口设置排粉机的磨煤机负压系统，因风粉混合物中高浓度煤粉的严重磨损性，使排粉机（尤其是叶轮）寿命短暂，已很少采用。现在多采用直吹式正压制粉系统。在正压系统中，磨煤机及其后的设备和煤粉管道均处于正压状态，不严密处会向外泄漏煤粉导致环境污染，必须采用密封空气（如设置专用的密封风机）和密封技术。

本节只介绍中速磨煤机直吹式正压制粉系统。双进双出筒式钢球磨煤机的正压直吹式制粉系统，原则上与中速磨煤机系统相同，不再单独介绍。

正压直吹式制粉系统又分为热一次风机系统和冷一次风机系统。图 2-13（a）所示为热一次风机系统。热一次风机从预热器出口空气中抽取一次风送入磨煤机。一次风机输送的是热空气，单位质量体积大，且风机在高温下效率较低，因而风机的电耗较大，同时可能存在高温侵蚀问题。当预热器为回转再生式时，热空气中还夹带着飞灰颗粒，会对风机产生磨损。所以，大容量电站锅炉多采用冷一次风机系统，如图 2-13（b）所示。锅炉除设置送风机（供二次风用）外，还单独设置冷一次风机，与三分仓回转式预热器的一次风通道和制粉设备相连接，送风机则与预热器的二次风通道相连，整个空气系统分成相互独立的一、二次风通道。

与热一次风机系统相比，冷一次风机系统有很多优点：

（1）一次风机输送的是干净冷空气，工作可靠性高，电耗低；

（2）可从高压头一次风机出口引出一路高压风作密封风，以省去密封风机的设置；

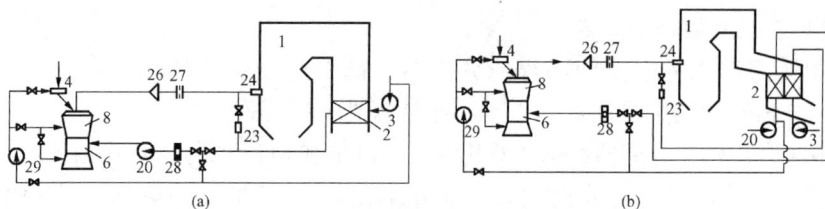

图 2-13 中速磨煤机正压直吹式制粉系统
（a）热一次风机系统；（b）冷一次风机系统
1～25 图注同图 2-12；26—煤粉分配器；27—隔绝门；28—风量测量装置；29—密封风机

（3）进入磨煤机的干燥剂的温度，不像热一次风机系统那样受热一次风机工作温度的限制，故可根据磨制煤种状况提高入口干燥剂的温度，以适应较高水分煤种磨制的要求；

（4）锅炉负荷变化对独立的一次风系统影响较小，由于采用三分仓预热器，一次风量改变时对预热器传热性能的影响也不大。

三、煤粉分离器

煤粉分离器是保证磨制煤粉细度（粗粉分离器）或较彻底地分离干燥介质与煤粉（细粉分离器）的重要设备。单进单出筒式钢球磨煤机一般采用中间储仓式制粉系统，需装设粗粉分离器和细粉分离器，而且都采用高位布置方式。双进双出筒式钢球磨煤机和中速磨煤机都采用直吹式制粉系统，无需装置细粉分离器，只配备控制煤粉细度的煤粉分离器（即所谓粗粉分离器）。双进双出筒式钢球磨煤机的煤粉分离器有两种布置方式，一种是与磨煤机构成一个整体，布置在磨煤机两端的中空轴上方；更好的一种布置方式，与单进单出筒式钢球磨煤机的粗粉分离器类似，从磨煤机分离出来，高位布置。中速磨煤机的煤粉分离器都与磨煤机构成一个整体，布置在磨煤机体内的上部空间。

（一）单进单出磨煤机粗粉分离器

煤粉分离器一般都采用重力（沉降）、惯性力、撞击和离心力的共同作用将较粗煤粉颗粒分离出来，离心力起主要作用。图2-14所示为单进单出筒式钢球磨煤机粗粉分离器的两种型式。从磨煤机出来的煤粉气流沿煤粉管以15～20m/s的流速自下而上进入分离器锥体的下部空间，流通截面突然扩大，流速降至4～6m/s，使煤粉产生沉淀分离，最粗的煤粉在重力作用下首先从气流中分离出来，由环状回粉空间经回粉管返回至磨煤机。带粉气流进入分离器上部空间，经过沿整个圆周布置的切向叶片[见图2-14（a）]或轴向叶片[见图2-14（b）]产生旋转，进行离心分离，较粗的煤粉颗粒分离出来沿内锥体或外锥体壁面流下，进入回粉空间（沿内锥体流下的粗粉，先经过只许煤粉下落、不许气体倒流的锁气器）。煤粉气流在流向出口管途中还发生气流拐弯的惯性分离作用，完成不合格煤粉的最终分离。径向叶片型煤粉分离器存在叶片挡板调节不便，阻力较大的缺点。据介绍，轴向叶片型分离器的分离效果较优。

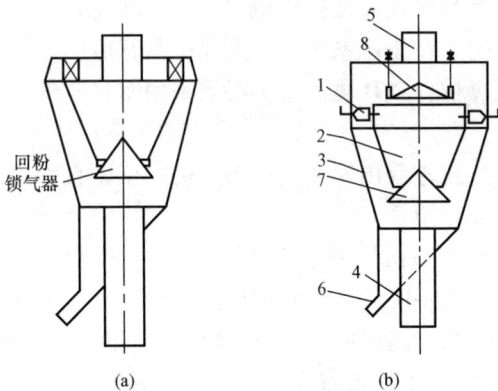

图2-14　离心式粗粉分离器

（a）径向叶片；（b）轴向叶片式

1—折向叶片；2—内锥体；3—外锥体；4—气粉混合物进口管；5—分离后气粉出口管；6—回粉管；7—锁气器；8—圆锥帽

（回粉锁气器）

（二）中速磨煤机煤粉分离器

布置在中速磨煤机上部空间的煤粉分离器，都采用径向叶片的离心分离方式，与图2-14（a）所示分离器的工作原理基本相同，可参考图2-9～图2-11。

HP型中速磨煤机的分离器在RP型基础上通过增加顶盖和离心叶片挡板高度和分离空间高度的方法，来改善煤粉的分离效果。据介绍，对于MPS型（轮式）中速磨，当要求$R_{90}=10\%\sim15\%$时，应采用旋转式分离器。

图2-15所示为一种离心旋转式煤粉分离器示意。该分离器的关键部件是一个与一段中

心落煤管连接在一起、由电机驱动、通过变速齿轮带动旋转的锥形转子。转子是由几十片具有一定横截面形状的叶片（配 900MW 超超临界压力锅炉的煤粉分离器为 92 片）组成的锥形栅栏状结构，以一定速度旋转运动。干燥介质从磨煤机的研磨区将煤粉带出，进入磨煤机的上部空间。气粉流由转子外部的环状空间，经锥形栅栏转子分离器分离后，合格的细煤粉随气流从分离器内部的上部空间进入各煤粉管，输送给燃烧器；粗煤粉被栅栏转子叶片的直接撞击，惯性拦截和旋转气流的分离作用所分离，反弹回磨煤机壳的壁面，动能消失后沿壁面回落或经回粉空间返回磨煤机的研磨区重磨。

图 2-16 所示为 900MW 超超临界压力锅炉在碗式磨煤机上部空间安放旋转式分离器。旋转叶片式分离器具有多种分离煤粉粗颗粒的机理，主要体现在以下方面：

（1）气粉流从转子外部空间进入内部空间时，通过转子叶片组成的栅栏，会发生煤粉颗粒沿径向气流流线对叶片的直接撞击，其撞击概率随煤粉颗粒直径的增加有所增大。

（2）当气粉流穿经栅栏叶片之间的空隙（间隙）时，气体与跟随性良好的微细颗粒，能

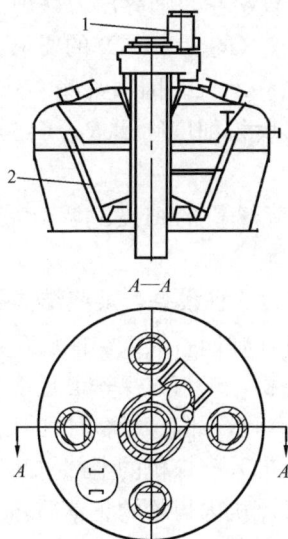

图 2-15 离心旋转式煤粉分离器示意

1—驱动装置；2—转子叶片（92 片）

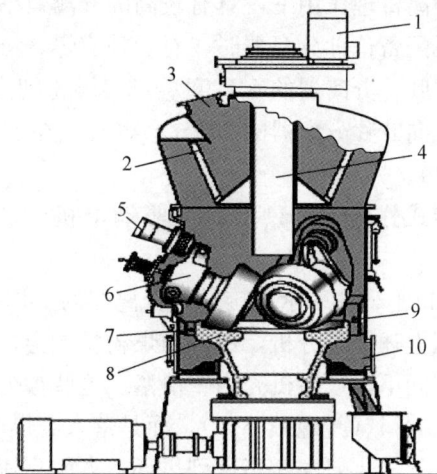

图 2-16 带旋转式分离器的 HP 磨煤机

1—分离器驱动装置；2—转动式分离器；3—煤粉出口；
4—落煤管；5—气动气缸；6—磨辊；7—叶轮风环；
8—磨碗；9—空气导流片；10—一次风进口

绕过叶片进入转子内部空间，直径较大的粗煤粉颗粒，因惯性大，在绕流时不能跟随气体流线而被旋转的叶片拦截。这种惯性拦截的概率，与斯坦顿准则数（St 数）有关，并随 St 的增加而增大，St 数的表达式为

$$St = \frac{w_r \rho_{pc} d_{pc}^2}{18 \mu D_r} \tag{2-27}$$

式中　ρ_{pc}、d_{pc}——煤粉颗粒的密度和直径，kg/m^3、m；

　　　　μ——气体的动力黏度，Pa·s；

　　　　w_r、D_r——栅栏的切向速度和栅栏叶片的当量直径，m/s、m。

由式（2-27）看出，惯性拦截的概率随转子的转速和颗粒直径的平方而增加。

（3）旋转的转子叶片带动叶片邻近的气粉流产生旋转运动。假定叶片之间气流的旋转速度与叶片转速相同，则气流旋转对煤粉颗粒产生的离心力可表示为

$$F_c = \frac{m\,w_r^2}{r} = \frac{\pi}{6}d_{pc}^3 \rho_{pc}\,\frac{w_r^2}{r} \tag{2-28}$$

式中　　m——煤粉颗粒的质量，kg；

　　　　r——栅栏转子的平均旋转半径，m。

当转子速度以角速度 $\omega\left(\omega = \dfrac{w_r}{r}\right)$ 表示时，旋转离心力可写为

$$F_c = \frac{\pi}{6}\rho_{pc}d_{pc}^3\omega^2 r \tag{2-29}$$

式中　　ω——转子的速度，r/min 或 r/s。

　　由此可见，当栅栏叶片之间空间的气流随转子旋转时，对煤粉颗粒产生的离心力，与煤粉颗粒直径的三次方、转子转速的平方和转子的回转半径成正比。在气流旋转离心力的作用下，大颗粒被甩回磨煤机壳的壁面，不可能进入转子的内部空间。所以这种旋转式分离器，在多种气固分离机理作用下，具有较高的分离效率。据介绍 900MW 超超临界压力锅炉的碗式中速磨煤机配备这种分离器时，对于神府煤，可满足 $R_{90}=14\%$（$R_{75}=20\%$）的要求。而一般配备径向叶片分离器的 HP 磨煤机，煤粉细度达 $R_{90}=18\%\sim20\%$。国内某些 600MW 机组配备带径向叶片分离器的 MPS 磨煤机，在磨制神府煤时，煤粉细度则达 $R_{90}=25\%\sim30\%$（运行值）。

　　对于旋转式分离器，只要改变驱动电机的转速，即可调节煤粉的细度。调节灵敏、方便。

　　图 2-15 和图 2-16 所示为旋转式分离器的工作原理示意。作为一种设备，某些结构并未表示清楚。据上述原理分析，部分粗煤粉颗粒会被旋转转子的叶片弹回，失去动能后在分离器外部环状空间下落或沿机壳内壁滑落。这些被分离出来的粗煤粉，未与原煤一道直接落入有效磨煤区的入口（磨碗中心区），而是落入磨煤区的外缘环状空间，即有效磨煤区的出口。因此得不到有效的再研磨。当遇到风环上方的高速气流时，又被带入磨煤机的上部空间，并在磨煤机外缘环状空间上下循环，不仅浪费能量，甚至会影响磨煤机内煤粉的正常循环。

第四节　磨煤机及制粉系统选型

　　磨煤机及制粉系统的选择，影响到机组运行的经济性和可靠性，受多种因素的制约。首先是煤种及其挥发分含量 V_{daf} 和着火温度（IT），其次是对煤粉细度 R_{90} 的要求，其他因素有煤的可磨性、磨损性和水分含量等，应综合加以考虑。表 2-3 为根据相关规定建议的各类磨煤机及制粉系统的适用范围，供参考。

表 2-3　　　　　　　　　　　　　　磨煤机及制粉系统的适用范围

煤种	煤特性参数						磨煤机及制粉系统	机组容量
	$V_{daf}(\%)$	IT(℃)	K_e	$M_f^{①}(\%)$	$R_{90}(\%)$	$R_{75}(\%)$		
无烟煤		>900	不限	≤15	5	8	钢球磨煤机储仓式热风送粉	不限
	≤10	800~900	不限	≤15	5~10	8~15	钢球磨煤机储仓式热风送粉或双进双出钢球磨煤机直吹式	不限

续表

煤种	煤特性参数						磨煤机及制粉系统	机组容量
	$V_{daf}(\%)$	IT(℃)	K_e	M_f①(%)	R_{90}(%)	R_{75}(%)		
贫瘦煤	10~20	800~900	不限	≤15	5~10	8~15	同无烟煤	不限
		700~800	>5.0	≤15	10	15	双进双出钢球磨煤机直吹式	不限
		700~800	≤5.0	≤15	10	15	中速磨煤机直吹式	不限
烟煤	20~37	700~800	—	≤15	10	15	中速磨煤机直吹式或双进双出钢球磨煤机直吹式	不限
		600~700	≤5.0	≤15	10~15	15~20	中速磨煤机直吹式	不限
		600~700	>5.0	≤15	10~15	15~20	双进双出钢球磨煤机直吹式	不限
		<600	≤5.0	≤15	15~20	20~26	中速磨煤机直吹式	不限
褐煤	>37	<600	≤5.0	≤15	30~35		中速磨煤机直吹式	不限
		<600	≤3.5	>15	45~55		风扇磨煤机直吹式干燥介质中加入高温烟气	不限

① 煤的外在水分 $M_f = 100(M_{ar} - M_{ad})/(100 - M_{ad})$。

复 习 思 考 题

1. 了解煤粉的一般特性，说明煤粉的爆燃性及其影响因素。

2. 煤粉细度如何表示？R_{90} 和 R_{200} 代表什么？煤粉颗粒分布特性中的系数 b 和 n 的大小对煤粉颗粒特性有何影响？

3. 若已知 $R_{90} = 13\%$，试计算 R_{75} 的值（假设 $n=1.1$）。

4. 何谓煤粉的经济细度，根据什么原则确定？

5. 说明单进单出钢球磨煤机的工作原理、结构和相关特征参数以及出力计算方法。

6. 说明双进双出筒式钢球磨煤机的结构和工作特点。

7. 比较碗式中速磨煤机和轮式中速磨煤机的结构特点和研磨性能。

8. 说明中速磨煤机出力的计算方法。

9. 分析中间储仓式和直吹式制粉系统的工作原理及适用性。

10. 分析各类煤粉分离器的工作原理。

11. 说明磨煤机及制粉系统选型的原则。

第三章　燃烧过程的理论基础

　　燃烧过程是一个非常复杂的过程，牵涉到物理、化学等多方面的知识。本章主要介绍有关燃烧的基本理论，包括燃烧反应的化学动力学基础、影响燃烧反应的各因素、影响着火的内因条件与外因条件以及着火过程的基本原理。由于目前电厂锅炉的主要燃料是煤，因此，有关煤的燃烧理论也是本章的主要内容。

第一节　燃烧化学反应动力学

一、化学反应速度

　　燃烧是一种发光发热的高速化学反应，是燃料和氧化剂之间发生的剧烈化学反应。燃烧速度可以用化学反应速度来表示。

　　锅炉内的燃烧反应，其氧化剂一般是空气，但燃料的形态有多种。如果是气体燃料在空气中燃烧，称为均相燃烧；如果是固态燃料在空气中燃烧，称为多相燃烧。无论是哪种燃烧方式，其化学反应都可用下面的通式表示：

$$aA + bB \rightleftharpoons gG + hH \tag{3-1}$$

　　上式中左边的物质 A 和 B 分别表示燃料和氧化剂，右边的 G 和 H 分别表示燃料燃烧的两种产物。在等容的条件下，化学反应速度一般可用烧掉的燃料量或消耗掉的氧量来表示，也可用生成产物的浓度增加来表示。例如参与式（3-1）反应的各物质的浓度变化可表示为

$$\left. \begin{aligned} \omega_A &= -\frac{dC_A}{d\tau} \\ \omega_B &= -\frac{dC_B}{d\tau} \\ \omega_G &= +\frac{dC_G}{d\tau} \\ \omega_H &= +\frac{dC_H}{d\tau} \end{aligned} \right\} \tag{3-2}$$

式中　　ω_A、ω_B、ω_G、ω_H——反应物 A、B 和生成物 G、H 的浓度变化速度；

　　　　C_A、C_B、C_G、C_H——反应物 A、B 和生成物 G、H 的浓度；

　　　　τ——反应进行的时间。

　　式中物质 A 和 B 的浓度项前出现了负号，因为在参与燃料反应时，燃料和氧化剂的浓度是减小的，而产物的浓度是增加的。根据化学反应方程，可以知道，式（3-2）中的各反应速度间存在如下的关系：

$$\omega_A = -\frac{dC_A}{d\tau} = -\frac{a}{b}\frac{dC_B}{d\tau} = \frac{a}{g}\frac{dC_G}{d\tau} = \frac{a}{h}\frac{dC_H}{d\tau} \tag{3-3}$$

　　通常，用质量作用定律来描述化学反应速率与反应物浓度之间的关系。根据质量作用定律，对于如式（3-1）表示的化学反应，其化学反应速度与各反应物浓度幂的乘积成正比，其中各反应物浓度幂的指数就是反应方程式中该反应物化学计量数的绝对值，即 a、b、g、

h 等。因此式（3-2）中的各反应速度可以写成

$$\left.\begin{aligned}\omega_A =-\frac{dC_A}{d\tau}= k_A C_A^a C_B^b\\\omega_B =-\frac{dC_B}{d\tau}= k_B C_A^a C_B^b\end{aligned}\right\}\tag{3-4}$$

式中　C_A、C_B——反应物 A 和 B 的浓度；

　　　a、b——化学反应方程式中反应物 A 和 B 的化学计量数；

　　　k_A、k_B——反应速度常数。

对于固态燃料在空气中燃烧这一类多相燃烧，可以认为燃烧反应发生在燃料的表面，固体燃料的浓度是保持不变的。如果式（3-1）中以 A 表示固体燃料，以 B 表示氧化剂，则化学反应速度只与燃料表面处的氧浓度 C_B 有关，即

$$\omega_B =-\frac{dC_B}{d\tau}= k_B C_B^b\tag{3-5}$$

式中　C_B——反应物 B 的浓度，即固体燃料表面处氧的浓度。

式（3-4）和式（3-5）表明，在相同的反应条件（如温度）下，提高参与燃烧反应的燃料和氧的浓度（对于固体燃料燃烧时是燃料附近氧的浓度），就能提高化学反应速度。反应速度越快，燃料所需的燃尽时间就越短。

实践证明，任何化学反应都是同时在正反两个方向进行的。对于燃烧反应，随着反应的进行，燃料和氧的浓度在降低，而生成物的浓度在升高，因此由反应物到生成物的正向反应速度逐渐减小，而由生成物至反应物的逆向反应速度在提高，当正向速度和逆向速度相等时，化学反应达到平衡，如下式所示：

正反应　　　　　　　　　　　　$\omega_1 = k_1 C_A^a C_B^b$

逆反应　　　　　　　　　　　　$\omega_2 = k_2 C_G^g C_H^h$

平衡　　　　　　　　　　　　　$\omega_1 = \omega_2$

$$\left.\begin{aligned}&\omega_1 = k_1 C_A^a C_B^b\\&\omega_2 = k_2 C_G^g C_H^h\\&\omega_1 = \omega_2\\&k_1 C_A^a C_B^b = k_2 C_G^g C_H^h\end{aligned}\right\}\tag{3-6}$$

式中　k_1、k_2——正向和逆向反应的反应速度常数。

化学反应平衡时的正、逆向反应速度常数之比称为平衡常数，即

$$K_C = \frac{k_1}{k_2} = \frac{C_G^g C_H^h}{C_A^a C_B^b}\tag{3-7}$$

二、影响化学反应速度的因素

质量作用定律描述了化学反应速度与反应物浓度之间的关系，但事实上，反应速度和反应速度常数不仅与反应物浓度有关，更重要的是与参加反应的物质本身有关，具体地说，与煤或其他燃料的性质有关。化学反应速度和反应速度常数与燃料性质及温度的关系可用阿累尼乌斯（Arrhenius）定律表示，即

$$k = k_0 e^{-\frac{E}{RT}}\tag{3-8}$$

式中　k_0——相当于单位浓度中，反应物质分子间的碰撞频率及有效碰撞次数的系数；

　　　E——反应活化能；

　　　R——通用气体常数；

　　　T——反应温度；

　　　　k——反应速度常数。

　　利用式（3-8），可以将固体多相燃料的反应速度式（3-5）写成

$$\omega_B = -\frac{dC_B}{dt} = k_B C_B^b = k_0 C_B^b e^{-\frac{E}{RT}} \tag{3-9}$$

　　根据式（3-9），可以对影响燃料化学反应速度的因素进行分析。

1. 反应活化能

　　活化能的概念是根据分子运动理论提出的。由于燃料的多数反应都是双分子反应，双分子反应的首要条件是两种分子必须相互接触、相互碰撞。分子间彼此碰撞机会和碰撞次数很多，但并不是每一个分子的每一次碰撞都能引起化学反应。如果每一个分子的每一次碰撞都引起化学反应，那么即使在低温条件下，燃烧反应也将在瞬时完成。然而燃烧反应并非如此，它是以有限的速度进行的。为了解释燃烧反应速度与分子碰撞速度之间的差异，提出了活化分子的概念。活化分子是一些能量较大的分子，活化分子碰撞时其所具有的能量足以破坏原有化学键，并建立新的化学键。但这些具有高能量的分子数目是很少的，要使具有平均能量的分子的碰撞也起作用，必须使它们转变为活化分子，转变所需的最低能量称为活化能，用 E 表示。所以活化分子的能量比平均能量要大，而活化能的作用是使参与反应的分子状态提升至活化状态。

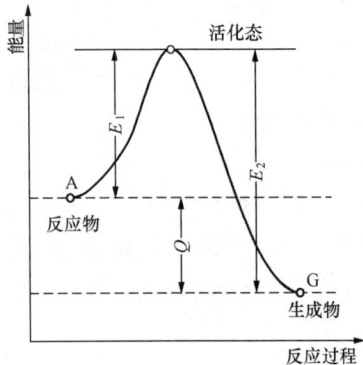

图 3-1　反应中分子能量的变化

　　图 3-1 所示为反应中分子能量的变化。从图可见，要使反应物由 A 变成燃烧产物 G，参加反应的分子必须首先吸收活化能 E_1，达到活化状态。数目较多的活化分子产生有效碰撞，发生反应而生成燃烧产物，并放出比 E_1（活化能）更多的能量 E_2，而燃烧反应的净放热量为 Q。

　　在一定温度下，某一种燃料的活化能越小，这种燃料的反应能力就越强，即使在较低的温度下也容易着火和燃尽。

　　活化能越大的燃料，其反应能力就越弱，即在较高的温度下才能达到较大的反应速度。这种燃料不仅着火困难，而且需要在较高的温度下经过较长的时间才能燃尽。

　　燃料的活化能水平是决定燃烧反应速度的内因条件。一般化学反应的活化能为 42～420kJ/mol，活化能小于 42kJ/mol 的反应，反应速度极快；活化能大于 420kJ/mol 的反应，反应速度缓慢，可认为不发生反应。通常挥发分含量高的烟煤，其活化能较小，而挥发分含量较少的无烟煤，其活化能较高。

2. 反应物的浓度

　　虽然认为实际燃烧过程中，参加反应物质的浓度是不变的，但实际上，在炉内各处、在燃烧反应的各个阶段，参加反应的物质的浓度变化是很大的。

　　在燃料着火区，可燃物浓度比较高，而氧浓度比较低。这主要是为了维持着火区的高温状态，使燃料进入炉内后尽快着火。如果着火区过分缺氧则着火就会终止，因此在着火区控制燃料与空气的比例达到一个恰到好处的状态，是实现燃料尽快着火和连续着火的重要条件。

3. 温度对燃烧速度的影响

　　温度对化学反应的影响十分显著。随着反应温度的升高，分子运动的平均动能增加，活

化分子的数目大大增加,有效碰撞频率和次数增多,因而反应速度加快。对于活化能越大的燃料,提高反应系统的温度,就越能显著地提高反应速度。

三、连锁反应

质量作用定律和阿累尼乌斯定律指出了影响燃烧反应速度的主要因素是反应物的浓度、活化能和反应温度。但实验证明,有的燃烧反应速度是很高的,有时在温度极低的场合下,反应仍可以很高的速度进行。这种反应并不是按化学反应方程式那样一步完成的,也并不需要给反应物质施加能量,使活化分子的数目增多。在气体燃料燃烧反应过程中,可以自动产生一系列活化中心,这些活化中心不断繁殖,经过一系列中间过程,整个燃烧反应就像链一样一节一节传递下去,故称这种反应为连锁反应。连锁反应是一种高速反应,例如当温度超过 500℃时,氢的燃烧就会表现为爆炸反应。

氢的连锁反应过程中,氢分子 H_2 吸收了极少的活化能,被质点 M 激活后,产生活化中心 H,同时产生游离基 OH,便开始下列反应:

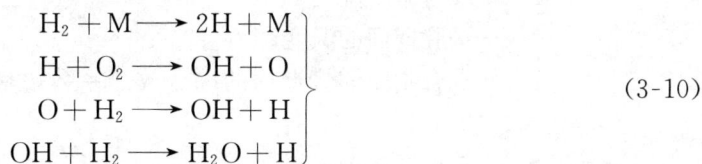

$$\left.\begin{aligned} H_2 + M &\longrightarrow 2H + M \\ H + O_2 &\longrightarrow OH + O \\ O + H_2 &\longrightarrow OH + H \\ OH + H_2 &\longrightarrow H_2O + H \end{aligned}\right\} \tag{3-10}$$

总的反应平衡式为

$$H + 3H_2 + O_2 \longrightarrow 2H_2O + 3H \tag{3-11}$$

式(3-11)表明,一个氢分子与质点碰撞被激活而吸收活化能后,可以产生三个活化氢原子,而这三个活化氢原子在下一次反应过程中又可以产生九个活化氢原子,以此类推,其结果是在极短的时间内,形成了数量极其庞大的活化氢原子,使氢和氧的化学反应在瞬间完成,表现为爆炸。当然,在反应进行的过程中,活化中心可能会由于某种原因而消失,使部分反应中断。如两个氢原子碰撞重新结合成一个氢分子,将其能量传递给了另一个与反应无关的中立分子或器壁等。

从上述分析可知,连锁反应的过程包括:

(1)链的形成——由原作用物质产生活化中心;

(2)链的分支——活化中心与原物质作用,除了生成最终产物外,又生成两个或两个以上的活化中心;

(3)链的中断——活化中心消失。

在固体燃料煤的燃烧过程中,这种连锁反应也是存在的,主要是煤的燃烧中间产物如一氧化碳、碳氢化合物和氧的反应,但其反应过程相当复杂。

四、着火温度

通常燃烧过程是分两个阶段进行的,即着火阶段和燃烧阶段。着火是燃烧的准备阶段,由缓慢的氧化状态转变到反应能自动进行并加速到高速燃烧状态的瞬间过程称为着火。煤粉的着火主要是热力着火,是由于温度不断升高而引起的。因为煤粉燃烧速度很快,燃烧时放出的大量热量使炉膛温度升高,而炉温升高促使燃烧速度加快;反应放热增加,又使炉温进一步提高。这样相互作用、反复影响,达到一定温度时,就会发生着火。

着火过程有两层意义:一是着火是否可能发生,二是能否稳定着火。只有稳定着火,才能保证燃烧过程持续稳定地进行,否则就可能中途熄火,使燃烧过程中断。

在炉膛四周布置的水冷壁直接吸收火焰的辐射热，因而燃料燃烧时放出的热量，同时向周围介质和炉膛壁面散热。这时，要使可燃物着火并连续燃烧，必须使可燃物升温。如果分析这个既有放热（产热）、又有散热的过程，可以得到以下方程。

炉膛内燃料与氧化剂反应放热量为

$$Q_1 = k_0 e^{-\frac{E}{RT}} C_{O_2}^n V Q_{br} \tag{3-12}$$

燃烧产物向周围介质的散热量为

$$Q_2 = \alpha S(T - T_w) \tag{3-13}$$

上两式中 C_{O_2}——可燃混合物中煤粉反应表面的氧浓度；

n——燃烧反应方程式中氧的化学计量数；

V——可燃混合物的体积；

Q_{br}——燃烧反应热；

T——反应系统温度；

T_w——炉膛壁面的温度；

α——混合物向燃烧壁面的综合放热系数，是对流放热系数和辐射放热系数的和；

S——炉膛壁面的面积。

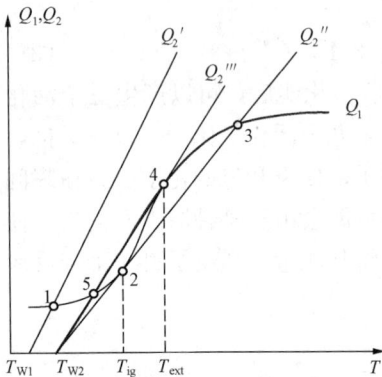

图 3-2 放热曲线和散热曲线
1—缓慢氧化状态；2—着火点；
3—高温燃烧状态；4—熄火点；
5—氧化状态

放热量 Q_1 和散热量 Q_2 随温度的变化情况如图 3-2 所示。放热量 Q_1 主要取决于式（3-12）中的指数项 $e^{-\frac{E}{RT}}$，所以它随温度呈指数曲线变化。在炉膛中，开始时可燃混合物和壁面的温度都比较低，为 T_{w1}，此时散热随温度的变化为曲线 Q_2'。由图可知，反应初期由于反应放热大于散热，反应系统便逐渐升温，最后稳定在点1，这时 $Q_1 = Q_2'$。点1表征的是一个低温稳定氧化的状态，其稳定表现为：在点1的右侧，系统散热大于燃料放热，系统温度将降低，向点1靠近；在点1的左侧，系统散热小于燃料放热，系统温度升高，也向点1靠近。

如果最初壁面的温度提高到 T_{w2}，此时散热曲线假定为 Q_2''。由图可知，反应初期，由于 $Q_1 > Q_2''$，反应系统温度会逐渐升高，达到点2时 $Q_1 = Q_2''$，系统处于热平衡状态。但点2的状态是不稳定的，只要稍微增加系统温度，反应放热就会大于散热，即 $Q_1 > Q_2''$，反应将自动加速，转变成为剧烈的高速燃烧状态。若能保证燃料和氧化剂的连续供应，这个过程最后将稳定在高温燃烧状态（点3）。点2对应的温度即为着火温度 T_{ig}。因为在一定的放热和散热条件下，只要系统温度 $T > T_{ig}$，燃烧反应就会自动加速进行。

对于处于高温燃烧状态的反应系统，如果散热加强（或放热减弱），如曲线 Q_2''' 所示，那么燃烧系统的温度将随之降低。当燃烧系统处于点4状态时，虽然 $Q_1 = Q_2'''$，但此时的热平衡也是不稳定的。只要系统的温度稍有降低，便会由于散热大于放热而使反应系统最终稳定于缓慢氧化的状态5，使燃烧过程中断——熄火。点4对应的温度即为熄火温度 T_{ext}。因为在一定的放热和散热条件下，只要系统温度 $T<T_{ext}$，燃烧反应就会自动中断。而且由图可知，熄火温度 T_{ext} 永远比着火温度 T_{ig} 要高。

放热曲线和散热曲线的切点 2 和 4，对应着系统的着火温度和熄火温度。然而它们的位置会随着反应系统热力条件的变化而发生变化。例如，反应系统内氧浓度、压力、燃料颗粒大小及散热条件改变时，切点的位置就会移动，所对应的着火和熄火温度也就随之改变。因此，着火温度和熄火温度不是一个物理常数，而只是一定条件下得到的相对特征值。表 3-1 列出了不同测试条件下各种燃料的着火温度。

表 3-1　　　　　　　　　　　　　　　　燃料的着火温度

测 试 设 备	燃 料	着火温度（℃）
气体燃料着火温度标准测试仪	高炉燃气 炼焦煤气 发生炉煤气 天然气	530 300～500 530 530
液体燃料着火温度标准测试仪	石油	360～400
固体燃料着火温度标准测试仪	泥煤 褐煤 烟煤 无烟煤	225 250～450 400～500 700～800
煤粉气流着火温度标准测试仪	褐煤　$V_{daf}=50\%$ 烟煤　40% 烟煤　30% 烟煤　20% 贫煤　14% 无烟煤　4%	550 650 750 840 900 1000

从表中数据可以看出，在相同的测试条件下，不同燃料的着火温度是不同的。就固体燃料而言，反应能力越强（V_{daf} 高，活化能小）的煤，着火温度越低，即越容易着火。而挥发分含量较低的无烟煤，其着火温度就很高。

第二节　燃烧反应的动力区和扩散区

现以炭燃烧的简单反应 $C+O_2 \longrightarrow CO_2$ 为例讨论氧气扩散和化学反应对炭燃烧率的影响。

一、Fick 扩散定律

炭燃烧的产物（如烟气）和助燃气体（如氧化剂空气）都是多组分的气体混合物。设想一个由组分 A 和组分 B 组成的双组分系统，组分 A 在某方向（如 r 方向）上的分子扩散速度 m_A [kg/(m²·s)] 正比于其质量浓度梯度 $d\rho_A/dr$，即

$$m_A = -D_{AB}\frac{d\rho_A}{dr} = -\rho D_{AB}\frac{dy_A}{dr} \tag{3-14}$$

式中　D_{AB}——组分 A 向 B 的扩散系数，m^2/s；

ρ_A——组分 A 的质量密度，kg/m^3；

ρ——混合物的密度，kg/m^3；

y_A——混合物中组分 A 的质量份额，$y_A=\rho_A/\rho$，空气作氧化剂时，氧的质量份额 $y_A=0.233$。

质量浓度 ρ_A 和摩尔浓度 C_A 之间的关系为

$$\rho_A = M_A C_A \tag{3-15}$$

式中 M_A——组分 A 的分子量，kg/kmol。

式（3-14）等号右边的负号表示分子扩散方向与其浓度梯度的方向相反。

在运动的流体中，组分 A 的扩散质量流，还应包括气流运动造成的质量流：

$$m_A = y_A(m_A + m_B) - \rho D_{AB} \frac{dy_A}{dr} \tag{3-16}$$

等号右边第一项为气流运动时组分 A 扩散的贡献，其中 m_B 为组分 B 的质量流，第二项为组分 A 的分子扩散流。

式（3-14）和式（3-16）称为 Fick 第一扩散定律。

将 Fick 第一扩散定律应用于 $C + O_2 \longrightarrow CO_2$ 的反应中 O_2 的质量扩散时，因沿过渡层的径向只有 O_2 和 CO_2 的浓度发生变化，惰性气体 N_2 不发生质量扩散，故可得 O_2 的扩散质量流为

$$m_{O_2} = y_{O_2}(m_{O_2} + m_{CO_2}) - \rho D_{O_2} \frac{dy_{O_2}}{dr} \tag{3-17}$$

式中 D_{O_2}——氧气对混合气体中其他组分的扩散系数，m^2/s。

对于在大气压力下燃烧的煤粉锅炉，氧气的扩散系数可由 Field M. A. 提出的公式求出，即

$$D_{O_2} = 8.657 \times 10^{-10} T^{1.75} \tag{3-18}$$

式中 T——炉内燃烧温度，K。

在一些文献中，对氧气透过过渡层向炭粒表面扩散的质量流，采用与对流传热方程类似的对流传质方程来描述，即

$$m_{O_2} = \alpha_D(C_{O_2,0} - C_{O_2,s})M_{O_2} = \alpha_D(\rho_{O_2,0} - \rho_{O_2,s}) = \alpha_D \rho(y_{O_2,0} - y_{O_2,s}) \tag{3-19}$$

式中 α_D——对流传质系数，$m^3/(m^2 \cdot s)$ 或 m/s，可由传质 Nuselt 数求出

$$Nu_D = \frac{\alpha_D d_p}{D_{O_2}} \tag{3-20}$$

C_{O_2}，ρ_{O_2}——氧化剂中氧的浓度（$kmol/m^3$）和质量浓度（kg/m^3），脚标 O 和 s 分别表示主
气流和炭粒表面；

M_{O_2}——氧的分子量，32kg/kmol。

方程式（3-19）没有考虑气流运动对氧气扩散的贡献，或者说它描述的是氧气向静止气流中的炭粒表面扩散的规律，并假设此时氧气在炭粒外的浓度分布是线性的。实际上，炭粒外的氧气以及燃烧产物的浓度都是非线性的。在高速气流中，对流扩散项也不能不考虑，故扩散方程应该用式（3-17）来描述。

二、氧气扩散质量流量

根据化学反应方程式，炭粒燃烧时 C、O_2 和 CO_2 间的质量有如下关系：

$$1 \text{ kgC} + s\text{kg } O_2 = (1+s)\text{kgCO}_2$$

式中的 s 表示炭燃烧时氧和碳的质量比，对 $C + O_2 \longrightarrow CO_2$ 的反应为

$$s = \frac{M_{O_2}}{M_C} = \frac{32}{12} = 2.666 \tag{3-21}$$

反应生成的 CO_2 和 O_2 消耗量间的质量比为

$$\frac{m_{CO_2}}{m_{O_2}} = \frac{1+s}{s} \tag{3-22}$$

将式（3-22）代入式（3-17），并以 CO_2 的扩散方向（离开炭粒表面）为正，可得

$$-m_{O_2} = y_{O_2}\left(\frac{1+s}{s}m_{O_2} - m_{CO_2}\right) - \rho D_{O_2}\frac{dy_{O_2}}{dr} \tag{3-23}$$

整理得

$$m_{O_2} = \frac{s\rho D_{O_2}}{s+y_{O_2}}\frac{dy_{O_2}}{dr} \tag{3-24}$$

氧气扩散的质量流量 G_{O_2} 和氧气的质量密度 m_{O_2} 间有如下的关系：

$$G_{O_2} = 4\pi r^2 m_{O_2} = 4\pi r^2 \frac{s\rho D_{O_2}}{s+y_{O_2}}\frac{dy_{O_2}}{dr} \tag{3-25}$$

如果在炭粒外侧的氧气没有参与化学反应，则 G_{O_2} 应该是一个常数，在这种情况下，将式（3-25）在过渡层内积分，并考虑到边界条件（见图3-3），可得

$$r = R_p, \quad y_{O_2} = y_{O_2,s}$$

$$r = \infty, \quad y_{O_2} = y_{O_2,0}$$

$$\int_{r=R_p}^{r=\infty} G_{O_2}\frac{dr}{r^2} = 4\pi s\rho D_{O_2}\int_{y_{O_2}=y_{O_2,s}}^{y_{O_2}=y_{O_2,0}}\frac{dy_{O_2}}{s+y_{O_2}} \tag{3-26}$$

可得

$$G_{O_2} = 4\pi R_p s\rho D_{O_2}\ln\frac{s+y_{O_2,0}}{s+y_{O_2,s}} \tag{3-27}$$

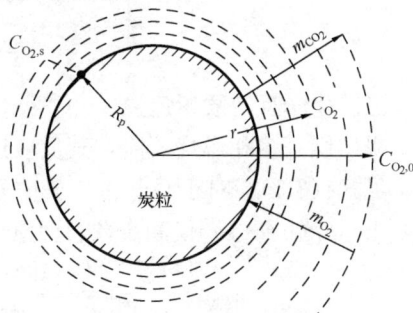
图3-3　炭粒燃烧模型

简化后，上式成为

$$\begin{aligned}
G_{O_2} &= -4\pi R_p s\rho D_{O_2}\ln\frac{s+y_{O_2,s}}{s+y_{O_2,0}} \\
&= -4\pi R_p s\rho D_{O_2}\ln\frac{s+y_{O_2,0}-(y_{O_2,0}-y_{O_2,s})}{s+y_{O_2,0}} \\
&= -4\pi R_p s\rho D_{O_2}\ln\left(1-\frac{y_{O_2,0}-y_{O_2,s}}{s+y_{O_2,0}}\right) \\
&= -4\pi R_p s\rho D_{O_2}\ln(1-\beta)
\end{aligned} \tag{3-28}$$

式中，系数 $\beta = \dfrac{y_{O_2,0}-y_{O_2,s}}{s+y_{O_2,0}}$ ，其数量级不超过0.1。若将式（3-28）的对数项展开，并忽略高次项：

$$\ln(1-\beta) = -\beta+\frac{\beta^2}{2}-\frac{\beta^3}{3}\cdots \approx -\beta \tag{3-29}$$

可得

$$G_{O_2} = 4\pi R_p s\rho D_{O_2}\beta$$

$$= 4\pi R_{\mathrm{p}} s \rho D_{\mathrm{O_2}} \frac{y_{\mathrm{O_2},0} - y_{\mathrm{O_2},s}}{s + y_{\mathrm{O_2},0}} \tag{3-30}$$

$$= K_{\mathrm{d}}(y_{\mathrm{O_2},0} - y_{\mathrm{O_2},s})$$

式中　K_{d}——氧气的质量扩散速度常数。

$$K_{\mathrm{d}} = \frac{4\pi R_{\mathrm{p}} s \rho D_{\mathrm{O_2}}}{s + y_{\mathrm{O_2},0}} \tag{3-31}$$

当把混合气体看做理想气体时，应该满足理想气体状态方程，其密度可以表示为

$$\rho = \frac{M_{\mathrm{m}} p}{RT} \tag{3-32}$$

式中　R——通用气体常数，8.314 5kJ/(kmol·K)；

　　　p——混合物的压力，Pa；

　　　T——混合物的温度，K；

　　　M_{m}——混合物的分子量，kg/kmol。

把式（3-32）代入式（3-31），可得

$$K_{\mathrm{d}} = \frac{4\pi R_{\mathrm{p}} s D_{\mathrm{O_2}} M_{\mathrm{m}} p}{(s + y_{\mathrm{O_2},0}) RT} \tag{3-33}$$

三、化学反应质量流量

炭燃烧是多相燃烧反应，其反应速度通常以单位时间、单位反应表面的氧化剂浓度来表示，见式（3-5）。对于 $C + O_2 \longrightarrow CO_2$ 的反应，若假设反应在炭粒的表面进行，则其反应速度 $\omega[\mathrm{kmol/(m^2 \cdot s)}]$ 仅和炭粒表面氧气的摩尔浓度成正比，可以表示为

$$\omega = -\frac{\mathrm{d}C_{\mathrm{O_2},s}}{\mathrm{d}\tau} = k_{\mathrm{ch}} C_{\mathrm{O_2},s} = k_0 \mathrm{e}^{\frac{E}{RT}} C_{\mathrm{O_2},s} \tag{3-34}$$

式中　k_{ch}——化学反应速度常数，满足式（3-8）描述的阿累尼乌斯（Arrhenius）定律。

注意到，氧气扩散的质量流量 $m_{\mathrm{O_2}}[\mathrm{kg/(m^2 \cdot s)}]$ 应该全部被化学反应所消耗，因此，上式中的反应速度 ω 应和 $m_{\mathrm{O_2}}$ 有如下关系：

$$m_{\mathrm{O_2}} = \omega M_{\mathrm{O_2}} = k_{\mathrm{ch}} C_{\mathrm{O_2},s} M_{\mathrm{O_2}} = k_0 C_{\mathrm{O_2},s} M_{\mathrm{O_2}} \mathrm{e}^{\frac{E}{RT}} \tag{3-35}$$

若以混合气体中的氧气组分的质量份额来表示氧气的摩尔浓度，则有

$$C_{\mathrm{O_2},s} M_{\mathrm{O_2}} = \rho_{\mathrm{O_2},s} = y_{\mathrm{O_2},s} \rho = y_{\mathrm{O_2},s} \frac{M_{\mathrm{m}} p}{RT} \tag{3-36}$$

联立式（3-35）和式（3-36），可得

$$m_{\mathrm{O_2}} = \frac{k_{\mathrm{ch}} M_{\mathrm{m}} p}{RT} y_{\mathrm{O_2},s} \tag{3-37}$$

经扩散过程的氧气总量被反应全部消耗，故有

$$G_{\mathrm{O_2}} = 4\pi R_{\mathrm{p}}^2 m_{\mathrm{O_2}} = \frac{4\pi R_{\mathrm{p}}^2 k_{\mathrm{ch}} M_{\mathrm{m}} p}{RT} y_{\mathrm{O_2},s} \tag{3-38}$$

令

$$K_{\mathrm{ch}} = \frac{4\pi R_{\mathrm{p}}^2 k_{\mathrm{ch}} M_{\mathrm{m}} p}{RT} \quad \text{则 } G_{\mathrm{O_2}} = K_{\mathrm{ch}} y_{\mathrm{O_2},s} \tag{3-39}$$

式中　K_{ch}——化学反应氧气耗量的当量速度常数。

式中分母中的 T 通常用炭粒表面的温度。

对于 $C + O_2 \longrightarrow CO_2$ 的反应，炭消耗的速度（或者说炭的质量流量，G_{C}，kg/s），与氧

气的消耗速度（氧气的质量流量，G_{O_2}，kg/s）之间有如下的关系：

$$G_C = G_{O_2} \frac{M_c}{M_{O_2}} = \frac{G_{O_2}}{s} \tag{3-40}$$

四、总反应速度常数

氧化剂由主气流穿过过渡层向炭粒表面扩散，在过渡层内，氧的浓度由 $C_{O_2,0}$ 降低至 $C_{O_2,s}$（见图 3-3），然后在炭表面与碳发生反应。主气流中的氧要经过气体扩散和化学反应的两个阶段完成整个化学反应，且扩散输运的氧气正好被化学反应所消耗，即

$$G_{O_2} = K_{ch} y_{O_2,s} = K_d (y_{O_2,0} - y_{O_2,s}) \tag{3-41}$$

因此有

$$y_{O_2,s} = \frac{K_d}{K_{ch} + K_d} y_{O_2,0} \tag{3-42}$$

代入式（3-39），得

$$G_{O_2} = \frac{K_{ch} K_d}{K_{ch} + K_d} y_{O_2,0} = K_t y_{O_2,0} \tag{3-43}$$

式（3-43）中，K_t 是以主气流中氧浓度表示的总反应速度常数，其计算式为

$$K_t = \frac{K_{ch} K_d}{K_{ch} + K_d} \tag{3-44}$$

也可表示为

$$\frac{1}{K_t} = \frac{1}{K_{ch}} + \frac{1}{K_d} \tag{3-45}$$

可以看出，总反应速度 K_t 受氧气扩散的速度常数 K_d 和炭燃烧的化学反应速度常数 K_{ch} 的影响。具体而言，根据式（3-18）和式（3-33），可以看出，K_d 和温度的 0.75 次方成正比，当温度升高至原来的 2 倍时，K_d 只增加 1.68 倍。根据式（3-35）和式（3-39），K_{ch} 和温度的关系相对复杂，T 较小时，随着 T 的增加，K_{ch} 增加迅速，而在高温下，K_{ch} 随 T 的增加，其速率放缓。

K_t、K_d、K_{ch} 随温度的变化示于图 3-4 中。按照氧向反应表面的输送速度以及它在反应表面的消耗速度（即化学反应速度）两者随温度的变化情况，可以明显地区分出炭粒的燃烧有三个截然不同的区域。

（1）动力区。当温度低于 1000℃时，炭粒表面的化学反应速度很慢，燃烧所需的氧量较少，相对而言氧气向碳粒表面的扩散速度就很快，氧气的供应十分充足，提高扩散速度对燃烧速度影响不大，燃烧速度主要取决于化学反应动力因素（温度和燃料的反应速度），如图 3-4 中的Ⅰ区。

（2）扩散区。温度高于 1400℃时，化学反应速度大于氧气向碳粒表面的扩散速度，以至于扩散到碳粒表面的氧气立刻被消耗掉，因此高温下碳粒表面处的氧浓度接近于 0，提高温度对燃烧速度影响不大，燃烧速度取决于氧气向碳粒表面的扩散速度，如图 3-4 中的Ⅲ区。

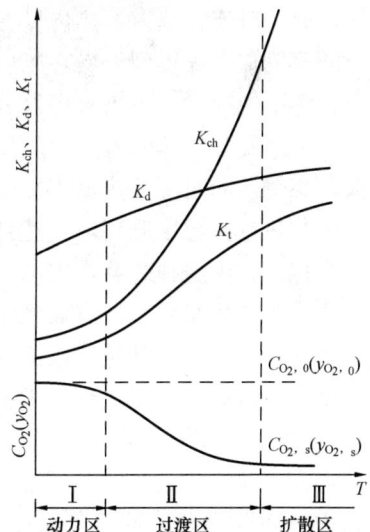

图 3-4 K_t、K_d、K_{ch} 随温度变化曲线

（3）过渡区。介于动力区和扩散区之间，提高温度和提高扩散速度都可以提高燃烧速度。若扩散速度不变，只提高温度，燃烧过程向扩散区转化；若温度不变，只提高扩散速度，燃烧过程向动力区转化，如图 3-4 中的 Ⅱ 区所示。

综上所述，在温度较低的动力区，扩散速度远远大于化学反应速度，即 $K_d \gg K_{ch}$，提高燃烧速度的主要措施是提高反应系统的温度，而扩散工况的变化对燃烧过程的影响是很小的；在高温的扩散燃烧区，化学反应速度远远大于扩散速度，即 $K_{ch} \gg K_d$，提高燃烧速度的主要措施是提高扩散速度，而温度的变化对燃烧过程的影响很小；在过渡区，提高扩散速度和反应系统温度都可使燃烧速度增大。

第三节 煤和煤粉的燃烧

煤是目前电站锅炉最主要的燃料，通常以煤粉的形式完成其在锅炉中的燃烧。煤粉的燃烧过程可由下述过程粗略地描写：煤粉受热，水分析出→继续受热，绝大部分挥发分析出，挥发分首先着火→引燃焦炭，并继续析出残余的部分挥发分，挥发分与焦炭一起燃尽→形成灰渣。图 3-5 所示为煤粒的大致燃烧过程。

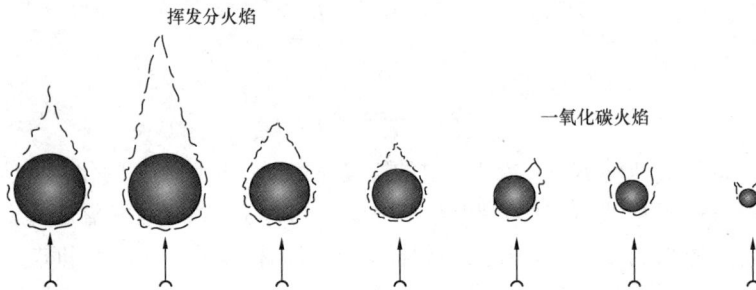

图 3-5 煤粒的燃烧过程

煤粉着火燃烧过程是从煤粉颗粒吸热升温开始的。热源来自炉内 1300～1600℃ 的高温烟气，通过对流、辐射、热传导方式使新鲜燃料受热升温。煤粉颗粒中水分首先析出，随着水分的蒸发，燃煤得到干燥，燃煤温度不断升高。对于不同煤种，在 120～450℃ 的温度范围内，煤中的挥发分析出。挥发分析出后，剩余的固态物形成焦炭。

可燃挥发分气体的着火温度比较低，当氧气供应充足时，加热到 450～550℃ 以上就可着火、燃烧，同时释放热量，加热焦炭。焦炭同时从挥发分燃烧的局部高温区和炉内高温烟气区吸收热量，温度升高，当达到焦炭的着火温度时，即着火燃烧，并放出大量热量。

当焦炭大半烧掉之后，内部灰分将对燃尽过程产生影响。焦炭粒中内部灰分均匀分布在可燃质中，在焦炭粒从外表面到中心一层一层燃烧的过程中，外层的内在灰分裹在内层焦炭上，形成一层灰壳，甚至形成渣壳。灰壳或渣壳会阻碍氧向焦炭表面的扩散，使燃尽时间拖长。因此，灰分对燃尽过程的影响主要表现在内部灰分的作用上，而绝大部分单独存在的外部灰分对可燃层的燃尽不产生直接的妨碍作用。

固体燃料燃烧过程的基础是其中炭的燃烧。这是因为：第一，焦炭中的碳是大多数固体燃料中可燃质的主要部分；第二，焦炭着火最晚，它的燃烧是整个燃烧过程中最长的阶段，在很大程度上它能决定整个粒子的燃烧时间；第三，焦炭中的碳燃烧放热量占煤发热量的

40％（泥煤）至90％（无烟煤），它的发展对其他阶段的进行有决定性的影响。因此煤的燃烧过程主要是炭的燃烧。

一、炭粒的燃烧

炭粒的燃烧机理是比较复杂的。按照现代的观点，碳和氧之间的化学反应是在炭粒的吸附表面上进行的多相燃烧反应，其反应式为

$$\left.\begin{array}{l} C + O_2 \longrightarrow CO_2 \\ 2C + O_2 \longrightarrow 2CO \end{array}\right\} \tag{3-46}$$

反应式（3-46）称为一次反应，其反应生成的二氧化碳和一氧化碳称为一次产物。这些燃烧产物通过炭粒周围的气体介质扩散出去，但它们也可能被炭粒表面从气体介质中重新吸附过来。在后一种情况下，二氧化碳与碳进行气化反应产生一氧化碳。而在靠近炭粒表面的气体边界层中发生一氧化碳的燃烧并生成二氧化碳，即

$$\left.\begin{array}{l} C + CO_2 \longrightarrow 2CO \\ 2CO + O_2 \longrightarrow 2CO_2 \end{array}\right\} \tag{3-47}$$

反应式（3-47）称为二次反应，反应中生成的一氧化碳和二氧化碳称为二次产物。

炭粒在静止的空气中（或悬浮于空气中的炭粒，两者无相对运动或按相对速度计算出的$Re < 100$）燃烧时，在不同的温度下，上述这些反应以不同的方式组合成炭粒的燃烧过程，如图3-6（a）所示。

当温度低于1200℃时，按如下反应式进行燃烧反应：

$$4C + 3O_2 \longrightarrow 2CO + 2CO_2 \tag{3-48}$$

此时由于温度较低，在炭粒表面生成的二氧化碳不能与炭粒进行式（3-47）第一个方程所示的化学反应。而一氧化碳从炭粒表面向外扩散途中与氧相遇立即燃烧。只有一氧化碳燃烧后剩余的氧才能扩散到炭粒表面。炭粒表面生成的二氧化碳和一氧化碳燃烧生成的二氧化碳一起向周围环境扩散出去。炭粒表面周围氧浓度和燃烧产物浓度变化见图3-6（a）。

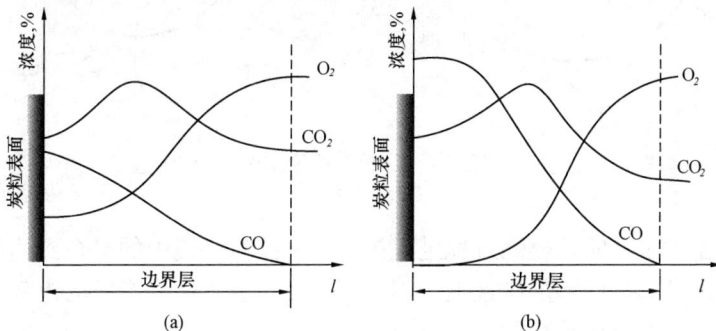

图3-6 炭粒表面燃烧过程

（a）温度低于1200℃；（b）温度高于1200℃

当温度高于1200℃以后，炭粒的燃烧开始转向如下反应：

$$3C + 2O_2 \longrightarrow 2CO + CO_2 \tag{3-49}$$

此时，由于温度升高加速了炭粒表面的反应，生成更多的一氧化碳。同时，气化反应也因温度升高而显著地进行。一氧化碳在向外扩散途中遇到远处向炭粒表面扩散的氧而产生燃烧，并将氧气全部消耗掉。反应生成的二氧化碳同时向炭粒表面和周围环境两方扩散。炭粒表面周围氧浓度和燃烧产物浓度变化见图 3-6（b）。

应当指出，上述反应并不是碳燃烧全部可能的反应。当炭粒表面处有水存在（如燃料水分或空气中水分）时，可能进一步发生如下的气化反应：

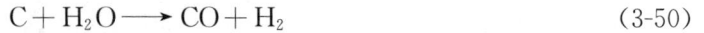

$$C + H_2O \longrightarrow CO + H_2 \tag{3-50}$$

而在靠近炭粒的气体层中，还会发生下面的反应

$$\left. \begin{aligned} 2H_2 + O_2 &\longrightarrow 2H_2O \\ CO + H_2O &\longrightarrow CO_2 + H_2 \end{aligned} \right\} \tag{3-51}$$

实际上炭粒的燃烧是在更为复杂的情况下进行的。除了上述的温度会影响反应进程外，其他因素，如整个过程的非等温性、炭粒的几何形状和结构以及炭粒周围气流的性质等也会影响反应进程。

炭粒子是多孔性的，它的表面和内部都有一定的孔隙，因此燃烧反应不仅在粒子的表面上进行，而且还可能深入到粒子内部的孔隙中。特别是在燃烧温度较低时，燃烧反应处于动力区，扩散速度远超过化学反应速度，炭粒表面氧的浓度接近于外界环境中的氧浓度。过剩的氧很容易扩散到内部孔隙中，导致炭粒内部孔隙表面也发生燃烧反应。可以说，此时燃烧是在炭粒的整个容积内进行的。由于增大了反应表面，其燃烧反应速度会高于相同温度下纯粹的表面反应速度[见图 3-7(a)]。

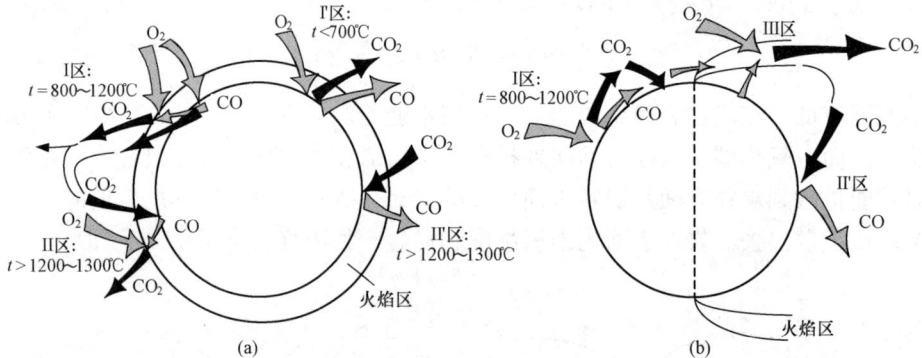

图 3-7　炭粒的燃烧工况
(a) $Re < 100$；(b) $Re > 100$

当炭粒表面温度很高时，燃烧过程进入扩散区。此时环境中的氧在到达反应表面之前已耗尽了，反应表面处的氧的浓度已接近于零，氧已无机会扩散到炭粒的内部孔隙中。这时炭粒的燃烧可以看成是接近于纯粹的表面反应。

如果炭粒受到空气流冲刷、按相对运动速度计算的 $Re > 100$ 时，由于紊流扩散加强，炭粒迎风面的燃烧因受气流冲刷而被大大强化。迎风面上发生式（3-48）或式（3-49）的反应，反应生成的二氧化碳也可再引起气化反应。上述反应生成的一氧化碳来不及燃烧就被气流带到炭粒尾迹的边缘，遇到氧后即发生燃烧反应，并在炭粒后方形成火焰面，如图 3-7（b）所示。

炭粒后方的回流区内充满了二氧化碳和一氧化碳，而外界气流中的氧受到一氧化碳火焰的阻挡而不能扩散进来，这样在较高的温度下，就会在炭粒的背风面发生显著的气化反应。

实践证实，只要温度比较高，炭粒的燃烧速度总是随着相对速度的提高而增大。

二、煤粉的燃烧

煤粉颗粒不同于炭粒。因为煤粉是由挥发分、固定碳、水分和灰分四部分组成的。可燃的挥发分和不可燃的灰分的存在，使得煤粉的着火和燃烧比炭粒更为复杂。另外，不同煤的组成成分的数量也有所不同，给它们的燃烧过程带来一定的影响。

煤粉被加热到一定温度后，就进入热分解状态，释放出挥发分。挥发分是由可燃气体混合物、二氧化碳和水蒸气等组成的。可燃气体包括一氧化碳、氢、气态烃类和少量的酚醛等。每一种组成成分的浓度取决于煤的种类和加热速度。对于煤中挥发分的析出及其对整个燃烧过程的影响，目前存在两种不同的论点。

传统的看法是：挥发分析出与燃烧的时间仅占煤粒燃烧总时间的很少部分。认为煤粒燃烧初期在它的周围出现的明亮光环就是挥发分燃烧的火焰，如图 3-5 所示。挥发分火焰存在的时间大约只有煤粒燃烧总时间的十分之一。试验还证实，焦炭是在挥发分火焰消失之后开始着火的，而且它的燃烧过程占去了煤粒总时间的大部分，从燃烧过程来看，挥发分的着火发生在焦炭着火之前，前者的燃烧是分阶段连续进行的。

由于挥发分能在较低温度下析出和燃烧，随着燃烧放热，焦炭粒的温度迅速提高，为其着火和燃烧创造了极为有利的条件。另外，挥发分的析出，还增大了焦炭粒的内部空隙和外部反应面积，有利于提高焦炭粒的燃烧速度。总之，挥发分的存在有利于提高整个煤粒的燃烧速度。

也有研究表明，挥发分的析出过程几乎延续到煤粉燃烧的最后阶段，而且挥发分的析出和燃烧是和焦炭的燃烧同时进行的。煤粉气流进入炉膛后，受到高温烟气的高速加热，温升速度可达 $10^4 ℃/s$ 甚至更高。快速的加热不仅影响挥发分的数量和组成成分，更重要的是改变了煤粉着火燃烧的进程。不同粒径的煤粉在高温烟气加热下其升温情况如图 3-8 所示。不同加热速度下挥发分的析出过程如图 3-9 所示。由图可知，当煤粉颗粒加热速度较高时，挥发分的析出可能落后于煤粉粒子的加热。因此，煤粉粒子的着火燃烧可能在挥发分着火之前或之后，或同时发生（称为多相着火），这取决于煤粉粒子的大小和加热速度。

焦炭燃烧后生成灰渣，这是煤粉燃烧着火与炭粒燃烧的另一个不同之处。至于灰分对煤粉燃烧究竟有何影响、影响又有多大，目前尚无明确的结论。

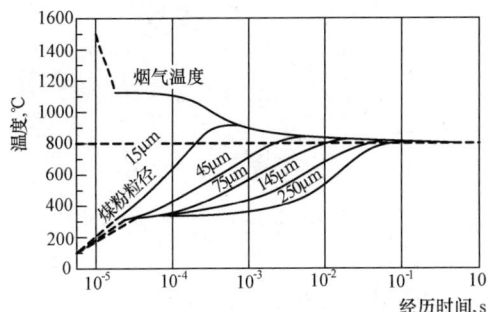

图 3-8　煤粉粒子升温过程

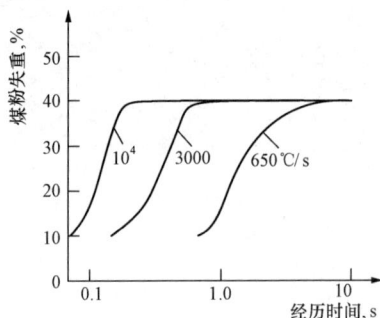

图 3-9　不同加热速度下煤中挥发分的析出

复 习 思 考 题

1. 质量作用定律的内容是什么？应用于固体燃料燃烧有何特殊之处？
2. 影响化学反应速度的因素有哪些？
3. 连锁反应是如何进行的？有哪些因素会导致连锁反应的中断？
4. 什么是着火温度和熄火温度？为什么熄火温度总是比着火温度高？
5. 煤的燃烧包括哪几个步骤？其中决定燃烧速度的是哪几个步骤？
6. 为什么煤的燃烧会处于不同的区域，其决定的因素是什么？
7. 采取什么措施可以强化煤粉的燃烧过程？为什么？
8. 煤和煤粉的燃烧过程主要包括哪几个步骤？
9. 为什么煤的燃烧过程的基础是其中炭的燃烧？
10. 温度对炭粒燃烧的影响是怎样的？

第四章　燃　烧　设　备

第一节　电厂锅炉的燃烧设备

电厂锅炉的燃烧设备包括煤粉燃烧器、炉膛等。

随着锅炉容量的不断增加和环保要求的进一步提高，对煤粉燃烧器的要求也随之提高。性能良好的燃烧设备应满足下列要求：

（1）将燃料和燃烧所需空气送入炉膛，在炉内形成良好的空气动力场，使燃料能迅速稳定地着火；

（2）及时供应空气，与燃料适时混合，达到足够的燃烧强度，使燃料在炉内达到完全燃烧；

（3）燃烧可靠稳定，炉内不结焦，保证锅炉安全经济地运行；

（4）有较好的燃料适应性，具有良好的调节性能和较大的调节范围，以适应煤种和负荷变化的要求；

（5）NO_x 的生成量控制在允许范围内，以达到环保的要求。

煤粉燃烧器是锅炉燃烧设备的主要组成部分，燃烧器的性能对燃烧的稳定性和经济性都有很大的影响。在煤粉锅炉中，燃料流和空气流都是通过燃烧器以射流形式送入炉膛的。煤粉燃烧器按其出口气流的特征可以分为直流燃烧器和旋流燃烧器两大类。出口气流为直流射流或直流射流组的燃烧器称为直流燃烧器；出口气流主要为旋转射流的燃烧器称为旋流燃烧器。旋流燃烧器出口气流可以是几个同轴旋转射流的组合，也可以是旋转射流和直流射流的组合，但主流为旋流。

直流射流和旋转射流在气流结构和空气动力特性方面（如速度分布、射程、卷吸特性和回流区等）是不同的。因而以这两种射流为基础的直流燃烧器和旋流燃烧器在组织燃料的着火和燃烧方面也是不同的。

第二节　直流射流和直流煤粉燃烧器射流特点

一、直流射流

直流煤粉燃烧器的出口是由一组圆形、矩形或多边形的喷口所构成。煤粉空气混合物和燃烧所需空气从各自喷口以直流射流形式喷进炉膛，这些射流在炉膛中的发展情况基本上决定了燃料的着火条件和燃烧强度。因此，研究燃烧器射流的特性是非常必要的。

直流煤粉燃烧器单个喷口喷出的气流是最简单的圆形（其特征尺寸为喷口半径 R_0）或矩形平面（其特征尺寸为矩形短边的宽度 b_0）紊流直流射流，它们被喷进充满炽热烟气的炉膛中。图 4-1 所示为喷入炉膛的煤粉空气自由紊流射流。射流的初速（燃烧器出口速度）为 W_0，初温为 T_0，煤粉初始浓度为 C_0。炉内烟气构成射流的外部环境，环境介质速度 $W_{amb}=0$，环境内煤粉浓度 $C_{amb}=0$，环境温度 $T_{amb}>T_0$。射流进入炉膛空间后，在射流与周围介质的分界面上，由于分子微团的紊流脉动而与周围介质发生物质交换和动量交换，同时也进行热量交换。由于周围介质被带动随射流一起流动，从而使射流质量逐渐增加，这个过程就叫做卷吸。射流卷吸能力的大小取决于速度梯度、紊流交换系数、射流的形状以及射流内外介质密度比等因素。直流射流是从外侧卷吸烟气的，结果使沿射流流动方向流量 Q 逐渐增加，射流宽度也同时加大，而速度却逐渐降低；混合物中煤粉浓度逐渐降低，而温度却逐渐升高。射流中流动速度、煤粉浓度和温度的分布如图 4-1 所示。

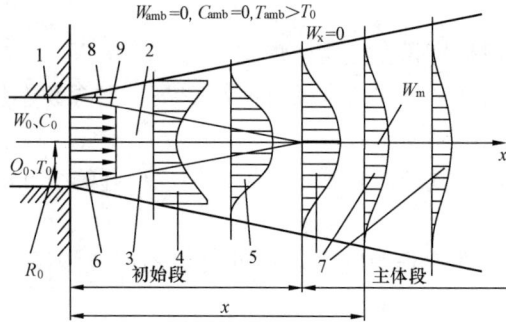

图 4-1　自由紊流煤粉空气射流

1—煤粉空气喷口；2—射流等速核心区；3—射流边界层；4—射流内温度分布；
5—射流内速度分布（初始段内煤粉浓度分布图与此相似）；6—出口速度分布图；
7—主体段内速度分布图；8—射流外扩展角；9—内扩展角

　　射流轴线上的速度 W_m 沿射流运动方向的衰减情况反映了射流在环境介质中的贯穿能力，通常用射程来表示。所谓射程，一种定义是指由喷口沿射流轴线到某一截面的距离 L，该截面内最大轴向速度 $W_m=0.05W_0$。衡量煤粉燃烧器的工作特性时通常使用另一种射程定义，规定当射流在某一截面上的最大轴向流速 W_m 降低到某一数值（即仍保持一定的余速）时，该截面至喷口的距离定为射流的射程。显然，此射程既与喷口尺寸 R_0（或 b_0）有关，又与初速 W_0 有关。喷口直径 D_0 和射流初速 W_0 越大时，射程也就越大。射程大表示射流在烟气介质中有较大的贯穿能力，可以射到炉膛中较远的地方。

　　为组织燃烧和混合过程，要求射流具有一定的射程。另外，气流的射程对于确定燃烧器的功率和炉膛尺寸等也是一个重要的依据。直流煤粉燃烧器中，空气和燃料是分别通过几只喷口喷入炉膛的。喷口的几何形状和尺寸以及气流出口速度对炉膛内气流的特性有很大影响。若初速 W_0 不变时，喷口截面尺寸减小，射流就不能更深地射入炉膛；如果将小喷口合并起来，采用集中布置的大喷口，就会增加气流对烟气的贯穿能力，在炉膛内会射到离开喷口更远的地方。

　　喷口的几何尺寸和气流的初速综合起来可用射流的初始动量 K_0 来表示，即

$$K_0 = \rho A_0 W_0^2 \quad \mathrm{kg \cdot m/s^2} \tag{4-1}$$

式中　ρ——射流介质的密度，$\mathrm{kg/m^3}$；

　　　A_0——喷口的流通面积，$\mathrm{m^2}$；

　　　W_0——射流的初速度，$\mathrm{m/s}$。

射流的初始动量越大，射程就越大，就能在炉膛内射到更远的地方。

　　锅炉燃烧设备中应用的射流都是紊流射流。射流进入炉膛空间后，不断卷吸周围介质。

射流卷吸周围介质的能力，也就是在炉膛中能卷吸高温烟气量的多少，对直流煤粉燃烧器中煤粉的着火过程有很大影响。这是因为煤粉气流卷吸的高温烟气是着火热量的主要来源。直流煤粉燃烧器中，在喷口流通面积不变的情况下，如果将一个大喷口分为几个小喷口时，会使射流的卷吸能力增加，但射程将缩短。这是由于射流外边界面（发生卷吸作用面）相对增加所致。

对于平面射流来说，矩形喷口的高宽比 h_0/b_0 对射流的特性也有一定的影响。当射流初速 W_0 和喷口流通面积不变时，h_0/b_0 越大，喷口的周界也就越大，射流的外边界面也随之增大，从而卷吸周围介质的能力也增大。而且，从矩形喷口喷出的射流，在流动过程中并不能继续保持射流的截面形状为矩形。在射流的尖角部位会很快发展成为强烈的旋涡，这些旋涡会使射流的卷吸能力有所增加。

直流燃烧器喷出的空气或煤粉温度远低于炉内烟气的温度，紊流交换使射流逐渐被加热，故这种射流是不等温射流。实验指出，在不等温射流中，其温度差的分布情况与射流中速度分布相似。

带有煤粉的一次风射流由燃烧器喷入炉膛以后，由于射流与周围烟气间的物质交换会引起射流内煤粉浓度的变化。实验也指出，无因次浓度差的变化规律与无因次温度差的变化是相同的。

二、直流煤粉燃烧器的配风方式

直流煤粉燃烧器的射流是由多股射流组合而成，煤粉和燃烧所需空气分别由不同喷口以直流射流形式喷进炉膛的。直流燃烧器都采用四角布置，四角射流在炉内一般相切于一个假想切圆。根据流过介质的不同，喷口可分为一次风口和二次风口。一次风是携带煤粉的空气，主要作用是输送煤粉和满足燃烧初期挥发分燃烧对氧气的需要。二次风是待煤粉气流着火后再送入的空气，主要作用是补充煤粉继续燃烧所需的氧气，并起扰动、混合作用。

对于煤粉燃烧器来说，应做到能组织煤粉连续稳定地着火、强烈地燃烧和充分地燃尽，并且在燃烧过程中不发生炉膛水冷壁的结渣。在组织燃料的着火和燃烧时，对不同的煤种有不同的要求，也就是说，燃煤的特性在很大程度上决定了燃烧器的结构和运行参数的选择。其中燃煤挥发分 V_{daf} 的影响最大。譬如，对于低挥发分的无烟煤或贫煤，燃烧器首先必须保证煤粉能够稳定地着火；劣质烟煤的特点是灰分高、水分高而发热量低，着火也比较困难，且燃烧不易稳定，故无烟煤、贫煤和劣质烟煤燃烧器的主要问题是稳定着火和燃烧。

正因为如此，在直流煤粉燃烧器中，按照煤种的不同，煤粉一次风喷口和燃烧所需空气喷口有各种不同的布置方式。在实践中空气喷口可布置在煤粉喷口的上部、下部、侧边、中间或四周。在燃烧器的设计和运行中应将空气量最有利地分配到各个空气喷口。

根据燃烧器中一、二次风口的布置情况，直流煤粉燃烧器大致可以分为均等配风和分级配风两种形式。

1. 均等配风

均等配风方式是采用一、二次风口相间布置的配风方式，即在两个一次风口之间均等布置一个或两个二次风口，或者在每个一次风口的背火侧均等布置二次风口。

在均等配风方式中，一、二次风口间距相对较近，一、二次风自喷口流出后能很快得到混合，故一般适用于烟煤和褐煤，所以又叫做烟煤－褐煤型直流燃烧器。这种风口布置方式在国内外燃用烟煤和褐煤锅炉上应用较多。但美国燃烧工程公司（CE）对于挥发分 $V_{daf}>$

13％的煤种几乎全部采用一、二次风口间隔布置的均等配风直流燃烧器。图 4-2（a）所示的典型均等配风燃烧器为一、二次风喷口间隔排列，即在每一个一次风喷口的上下方都有二次风喷口，而且喷口间距也较小。这样有利于一、二次风较早地混合，使一次风煤粉气流在着火后就能获得足够的空气。燃烧器最高层为上二次风喷口。上二次风的作用，除供应上排煤粉燃烧所需空气外，还可以补充炉膛内未燃尽的煤粉继续燃烧所需的空气。最低层的下二次风，能把从煤粉射流中分离出来的粗煤粉托浮起来，使其继续燃烧而减少机械未完全燃烧热损失。

燃烧器在结构上，可以整组或分组上下摆动一定的角度，各层二次风均设有分风门挡板，以调节二次风出口速度。通常二次风约可占总风量的 70％，风速 $W_2 \approx 40\text{m/s}$。

2. 分级配风

分级配风是指把二次风分级分阶段地送入燃烧的煤粉气流中的配风方式。首先，在一次风煤粉气流着火后送入一部分二次风，促使已着火的煤粉气流的燃烧过程能继续扩展；待全部着火以后再分批地喷入其余二次风，使它与着火燃烧的煤粉火炬强烈混合，借以加强气流扰动以提高扩散速度，促进煤粉的燃烧和燃尽过程。因此在分级配风燃烧器中，通常将一次风口比较集中地布置在一起，而二次风口分层布置，且一、二次风口间保持较大的距离，以此来控制一、二次风射流在炉内的混合点。煤的挥发分 V_{daf} 越低、灰分 A_{ar} 越高，一、二次风口间的距离应越大些，两者的混合自然也就晚些。这种燃烧器可用于无烟煤、贫煤和劣质烟煤。

典型的分级配风直流煤粉燃烧器喷口布置形式如图 4-2（b）所示。相对集中布置的一次风喷口大多做成高宽比较大的直立矩形截面。这样可以加大煤粉射流截面的周界，增大煤粉射流与高温烟气间的接触面积，增强卷吸高温烟气的能力。但高宽比也不宜过大，否则喷口截面过分狭长，气流的刚性减弱。刚性是指气流在外界干扰下不改变自己流动方向的能力。高宽比大的喷口，射流在外力的作用下容易改变自己的流动方向，会在炉膛内发生贴墙流动而造成水冷壁结渣。相对于采用小喷口分散布置而言，一次风口集中布置可以增强气流的穿透能力和刚性，从而可减轻切向燃烧炉室中一次风射流的偏斜。一次风口集中布置后，由于煤粉集中，燃烧放热集中，火焰中心温度会有所升高。这些都为劣质烟煤和无烟煤的着火和燃烧提供了有利条件。

一次风速一般保持在 20～25m/s 的范围内。由于二次风是在煤粉气流着火以后才能与一次风混合，此时煤粉气流温度已较高，烟气黏度也较大，为保证二次风有足够的动量以穿透烟气而与燃烧着的焦炭粒子相接触，并造成一定的气流扰动来促进混合，二次风射流必须具有足够高的速度。另外，运行中二次风速要随锅炉负荷降低而减小，为使低负荷时二次风仍能保持一定的速度，通常在锅炉设计中取额定负荷下的二次风速为 $W_2 = 40 \sim 55\text{m/s}$。

这种燃烧器在燃用无烟煤、贫煤和劣质烟煤时，为了保证煤粉稳定着火，对储仓式制粉系统都采用热风送粉。这时磨煤乏气是通过单独的喷口——三次风口排入炉膛的。三次风温一般较低，约为 100℃。相对炉内烟气而言，它是一股冷气流。大量的三次风进入炉内，会使炉膛温度下降，燃烧延缓。如果三次风口布置不当，不仅会影响主煤粉气流的着火燃烧（如使炉膛温度降低、着火推迟以及燃烧不稳定等），而且还会使煤粉火炬的燃尽条件恶化，导致飞灰可燃物增大，火焰中心上移，炉膛出口和过热器前烟温增高，从而引起炉膛出口附近结渣、过热器超温爆管等事故。因此，一般将三次风喷口布置在燃烧器的最上方，并与上二次风口保持一定间距且有一定下倾角。这样既不会对主煤粉气流的燃烧造成明显影响，又

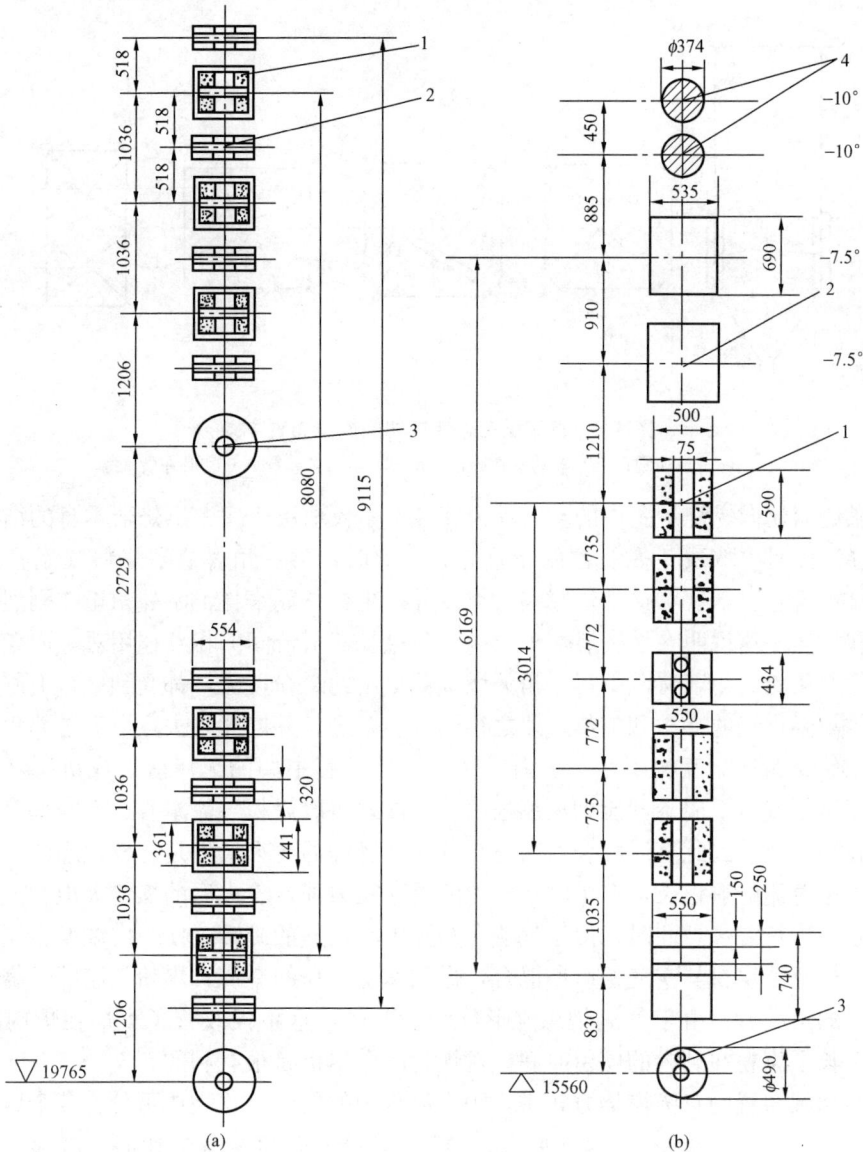

图 4-2 直流煤粉燃烧器

（a）均等配风直流煤粉燃烧器；（b）分级配风直流煤粉燃烧器

1——次风喷口；2—二次风喷口；3—安放点火油枪二次风喷口；4—三次风喷口

可起到压火作用，增加三次风气流在炉内逗留的时间，有利于三次风中细煤粉的燃尽，减少飞灰可燃物。因为三次风是喷入黏度较大的高温烟气中，所以流速不宜太低，否则它无法穿透炉烟而深入到炉膛中心。

三、直流煤粉燃烧器的射流特性

1. 切圆燃烧射流

直流煤粉燃烧器采用炉内四角布置切圆燃烧方式。在这种燃烧方式中，直流燃烧器布置在炉膛的四角或接近四角，四个燃烧器的几何轴线与炉膛中心的一个或两个假想圆相切，如图 4-3 所示。

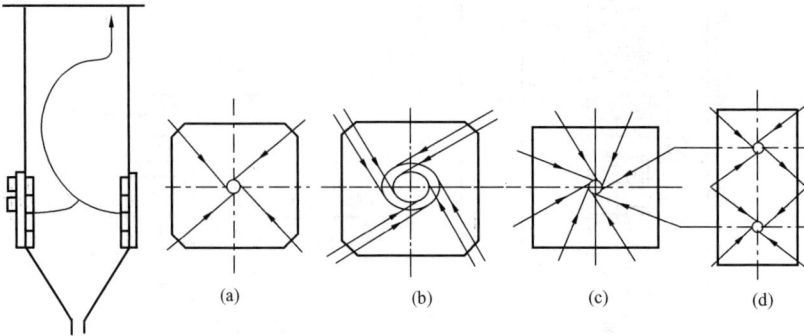

图 4-3 直流煤粉燃烧器切圆燃烧布置方式

(a) 单切圆；(b) 双切圆；(c) 六角或八角布置；(d) 双切圆布置

直流燃烧器切向燃烧炉膛中的空气动力特性，不仅取决于每个燃烧器本身的结构和工况参数的选择，而且也取决于燃烧器的布置方式。此时，某一角燃烧器煤粉气流着火所需热量，除依靠本身卷吸烟气和接受炉膛辐射热以外，主要是靠来自上游邻角正在剧烈燃烧的火焰的混合和加热。这说明在切圆燃烧炉膛内，各燃烧器射流间的相互作用对炉内燃烧过程有重要的影响。从着火角度看，由每一角的燃烧器喷出的煤粉气流，都受到来自上游邻角正在剧烈燃烧的高温火焰的冲击和加热，使之很快着火燃烧，并以此再去点燃下游邻角的煤粉气流，使得相邻煤粉气流互相引燃。炉内旋转气流使炉膛中心的无风区形成负压（即真空），这样部分高温烟气自上向下回流到火焰根部。再加之每股煤粉气流本身还卷吸部分高温烟气和接受炉膛辐射热，因此直流燃烧器四角布置切圆燃烧的着火条件是比较理想的。从燃烧角度来看，直流射流的射程长，在炉膛烟气中的贯穿能力强，着火后的煤粉火炬和大量的二次风相互卷吸，进行混合。同时，由于气流在炉膛中心强烈的旋转，使炉内温度、氧浓度等更趋于均匀，加速了煤粉与空气的后期混合，也加速了煤粉的燃烧，煤粉气流的燃烧条件比较好。从燃尽的角度看，由于气流是螺旋形旋转上升的，这不仅改善了火焰在炉内的充满情况，而且延长了煤粉在炉内的停留时间，对煤粉的燃尽也是很有利的。

在四角切圆布置的直流燃烧方式中，炉内沿截面的气流布置大体可分为三个区域，如图

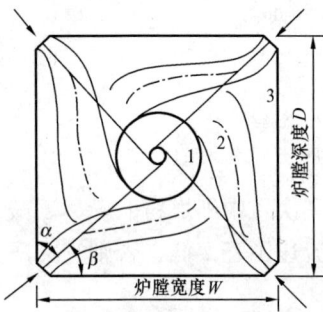

图 4-4 炉膛截面气流分布
及气流偏斜

1—无风区；2—强风区；3—弱风区

4-4 所示。炉膛中心为负压区，气流切向速度很小，有时称无风区；在引风机抽力作用下，螺旋旋转上升的气流，切向速度很大，称强风区；旋转气流外围与水冷壁之间，一般切向速度很小，为弱风区。无风区太小，对煤粉着火不利；强风区太靠近壁面，则容易造成水冷壁结渣。

直流燃烧器切圆燃烧方式具有着火条件好，煤种适应性强；一、二次风混合的快慢可以通过燃烧器的设计进行适当的调节；燃烧后期气流扰动较强，有利于燃尽等优点，因而得到了广泛的应用。

2. 气流偏斜与残余旋转

在四角切圆燃烧的炉膛内，从燃烧器喷口出来的气流

并不能保持沿喷口几何轴线方向前进，而会出现一定程度的偏斜，气流偏向炉墙一侧，如图 4-4 所示。偏斜严重时，会导致燃烧器射流贴附或冲击炉墙，容易造成炉膛水冷壁结渣和高温腐蚀。水冷壁结渣和高温腐蚀会直接影响锅炉的安全运行。

切向燃烧炉膛内，由于一次风煤粉气流动量最小，刚性最差，因而一次风射流的偏斜也最厉害。另外，结渣往往是由于一次风煤粉射流贴壁冲墙造成的。因此，从避免水冷壁结渣的角度来看，应该尽量减小一次风煤粉射流的偏斜。

影响一次风煤粉射流偏斜的主要因素如下：

(1) 邻角气流的横向推力。横向推力的大小与炉内气流的旋转强度，即炉内气流围绕假想切圆旋转所产生的旋转动量矩有关，其中二次风射流的动量矩起主要作用。二次风动量增加，中心旋转强度增大，横向推力也增大，致使一次风射流的偏斜加剧。一次风射流本身的动量或者说一次风射流的刚性，是维持气流不偏斜的内在因素。一次风射流动量越大，刚性越强，射流偏斜也就越小。

(2) 假想切圆直径。国内外的试验和运行还证实，切向燃烧炉膛中实际切圆直径远比设计值大，而且实际切圆直径随设计假想圆直径 d_{im} 的增大而增大，如图 4-4 所示。较大的切圆可以使邻角火炬的高温烟气更易于达到下角射流的根部，有利于煤粉气流着火。同时切圆直径大，炉膛内旋转气流的旋转强度也大，扰动更强烈，使燃烧后期混合加强，有利于燃尽过程。但切圆直径增大，一次风射流的偏斜也增大。过大的切圆容易使气流偏斜贴墙，引起水冷壁结渣；也会因炉内旋转气流到达炉膛出口时，仍有较大的残余旋转而引起烟温和过热汽温偏差。因此，从防止结渣的角度来看，d_{im} 宜取小些为好。

对于大容量锅炉，燃烧器高度较高，气流刚性变差。为使气流不产生贴壁冲墙，切圆直径倾向于取较小的数值。

(3) 燃烧器的结构特性。射流在炉内扩展过程中将周围烟气卷吸进来。对于狭长形的燃烧器射流，主要是在射流的左右两侧卷吸烟气，其结果在射流的两侧造成负压。如果射流两侧的补气条件不同，就会导致两侧的负压也不同，因而射流两侧就会出现压差。此压差迫使射流偏向压力低的一侧。直流射流燃烧器射流的侧表面积较大。内侧（向火侧）有上游邻角气流横扫过来，补气条件很充裕。而面向炉墙的一侧（外侧）需从射流较远处回流烟气或由射流上下两端来补气，补气条件很差。这样就形成外低内高的静压分布。显然，燃烧器高度愈高，由射流上下两方补充的烟气就更不易到达燃烧器射流沿高度的中间部位。因此，射流中部两侧压差要比两端来得大些。就是说，燃烧器高度中部气流的偏斜会更严重些。而且燃烧器高宽比 h/b 越大，偏斜的情况就越严重。因此，对于 h/b 较大的锅炉，更应高度关注燃烧器射流的偏斜。此外，为减少切圆燃烧器的气流偏斜，燃烧器的布置角度 α 与 β 不能相差太大（图 4-4），故四角切圆燃烧锅炉炉膛截面的尺寸比例，最好保持在 D/W 或 W/D 小于 1.2。

在四角切圆燃烧锅炉中，燃烧器区域形成的旋转火焰不但旋转稳定、强烈，而且黏性很大。高温烟气流到达炉膛出口的过程中，其旋转强度虽然逐渐减弱，但仍然有残余旋转。残余旋转不但造成炉膛出口处的烟温偏差，而且造成烟速偏差。气流逆时针方向（从上部往炉膛看）旋转时，右侧烟温高于左侧烟温，右侧（从炉前方向看）烟速也高于左侧烟速；当气流顺时针方向旋转时，左侧烟温和烟速则高于右侧。

第三节　旋转射流和旋流煤粉燃烧器射流特点

一、旋转射流和旋流产生方法

旋流燃烧器出口的二次风射流是围绕燃烧器轴线旋转的射流，而一次风射流可为直流射流或旋转射流。由于旋流燃烧器出口截面的几何形状都是圆形，故这种燃烧器又称为圆形燃烧器。它在燃用固体和液体燃料的燃烧设备中得到了广泛的应用。

旋流燃烧器是利用旋流器使气流产生旋转运动的。当旋转气流由燃烧器出口喷出后，气流在炉膛内就形成了旋转射流，如图 4-5 所示。

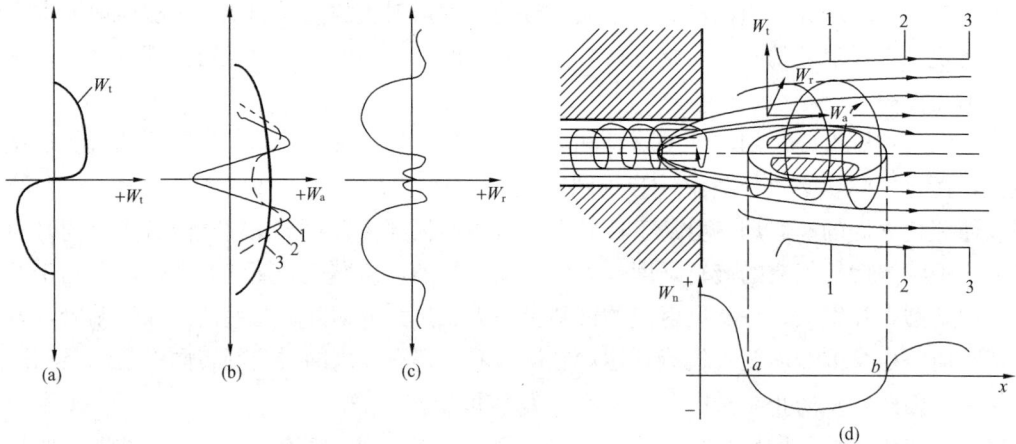

图 4-5　旋转射流

(a) 截面 1—1 内切向速度 W_t 的分布；(b) 截面 1—1、2—2、3—3 内轴向速度 W_a 的分布；
(c) 截面 1—1 内径向速度 W_r 的分布；(d) 沿射流轴线方向，轴向速度 W_a 的分布

旋转射流与直流射流有很多不同之处，它的主要特点如下。

（1）旋转射流除具有直流射流中存在的轴向速度 W_a 和径向速度 W_r 外，还有切向分速度 W_t，见图 4-5（a）、（b）和（c）。气流旋转的结果，在射流的中心部分产生一个低压区，造成了径向和轴向压力梯度。特别是轴向的反向压力梯度，将吸引中心部分的烟气沿轴线反向流动，即在燃烧器出口附近形成和主气流流动方向相反的回流运动，如图 4-5（d）所示。因而在旋转射流的内部产生了回流区——内回流区，这是旋转射流的重要特点。内回流区的尺寸和回流量随旋转射流旋转强度的增大而增大。这样一来，旋转射流就从两个方面来卷吸周围介质，一方面靠内回流区的反向气流，另一方面靠射流外边界的卷吸。燃烧过程中从内、外两侧卷吸高温烟气，对稳定着火起着十分重要的作用，但对煤粉着火起关键作用的是来自内回流区的回流高温烟气。因为这种燃烧器的煤粉气流是处于外围二次风射流的包围之中，射流外边界卷吸的高温烟气，首先是加热外围的二次风，只有内回流区的高温烟气才是直接加热煤粉气流的。径向压力梯度导致旋转射流内产生出复杂的径向速度分布，如图 4-5（c）所示。一般情况下，旋转射流的 W_r 比起 W_a 和 W_t 来，数值要小些，对气流运动的影响也小些，但燃烧器出口射流的径向速度分量对煤粉颗粒的运动有较大影响。

（2）由于和周围介质进行强烈的紊流交换，沿射流的运动方向，切向速度 W_t 的衰减，即旋转效应的衰减很快。旋转射流中，轴向速度 W_a 的衰减比切向速度 W_t 慢些，但远比直

流射流快。在同样的初始动量下，旋转射流的射程要比直流射流短。

（3）旋转射流的扩展角一般比直流射流大，而且随着旋转强度的增大而增大。

（4）旋流燃烧器的射流一般为多股气流（一次风、内二次风和外二次风等）的共轴射流。气流的旋转使多股气流之间前期混合较好，由于很快衰减使其后期混合较差，故旋流燃烧器一般适合于质量中等以上的烟煤燃烧。

研究表明，在自由旋转射流的任一截面上，其旋转动量矩 M 和轴向动量 K 都是守恒的，即

$$M = \int_0^R \rho W_t r W_a 2\pi r \mathrm{d}r = \mathrm{const} \tag{4-2}$$

$$K = \int_0^R W_a \rho W_a 2\pi r \mathrm{d}r + \int_0^R p 2\pi r \mathrm{d}r = \mathrm{const} \tag{4-3}$$

式中　M——旋转射流对轴线的旋转动量矩；

　　　K——轴向动量；

　　　R——射流截面的半径；

　　　ρ——射流介质的密度；

　　　p——射流任意截面上的静压。

这两个特征量反映了旋转射流的空气动力特性，故国内外都推荐用以这两个量为基础组成的一个无因次准则来表征旋转射流的特性。这个准则称为旋转强度或叫旋流强度。国内大多采用下面的无因次准则作为旋转射流的旋转强度或旋流强度，以 n 来表示：

$$n = \frac{M}{KL} \tag{4-4}$$

$$L = \frac{d_{\mathrm{eq}}}{4} \tag{4-4a}$$

式中　L——燃烧器喷口的特征尺寸；

　　　d_{eq}——喷口的当量直径。

旋转射流随旋转强度 n 的不同存在三种不同的流动状态，图 4-6 所示为旋流燃烧器中常见的环形旋转射流的流动状态。

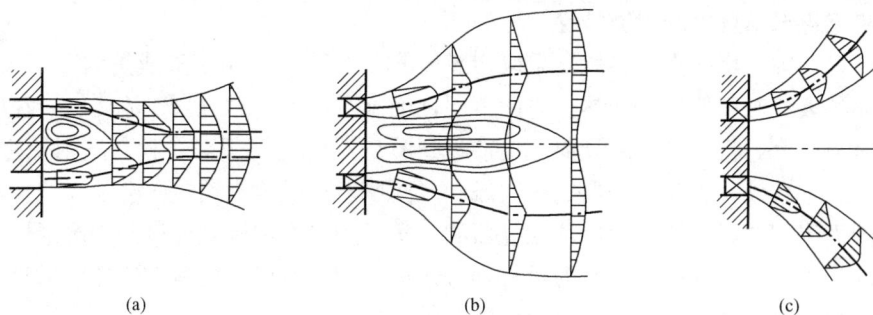

图 4-6　旋转射流的流动状态
(a) 封闭气流-弱旋转射流；(b) 开放式旋转射流；(c) 全扩散式旋转射流

当出口气流的旋转强度 n 小于一定数值时，射流中不可能产生内部回流区，见图 4-6（a）。没有内部回流流动的旋转射流称为弱旋转射流，此时整个旋转射流呈封闭状态，故又称为封闭气流。弱旋转射流的流动特性接近于直流射流。

旋转强度 n 增大到一定数值以后，在轴向反向压力梯度作用下，在靠近射流出口的中心区形成一个轴向内回流区，也称中心回流。回流区的尺寸和回流流量都随旋转强度 n 的增大而增加。内回流对煤粉射流的着火和燃烧有极重要的作用。因为内回流将高温烟气抽吸到射流的根部，可使煤粉气流稳定着火。这种流动状态称为开放式旋转射流，见图 4-6（b）。锅炉燃烧设备中，从旋流燃烧器出来的旋转射流，大多属于这种流动状态。

再继续增大旋转强度，由于射流紊流度增大，射流外边界卷吸能力增强。当周围环境补气条件较差时，气流外边界的压力可能低于射流中心的压力。在内外压力差的作用下，射流就向四周扩展，形成全扩散式旋流射流，如图 4-6（c）所示。锅炉燃烧技术中，把这种流动状态叫做"飞边"。飞边会使火焰贴墙，造成炉墙或水冷壁结渣。

旋流燃烧器是利用旋流装置使气流产生旋转运动的。旋流煤粉燃烧器和油燃烧器的调风器中所采用的旋流装置主要有蜗壳、切向叶片及轴向叶片等几种（图 4-7）。蜗壳式产生旋流的方法因周向速度不均已遭淘汰，目前燃烧器广泛采用周向叶片产生旋流，即气流经布置在圆形或环形通道中一圈的周向叶片产生旋转流动。

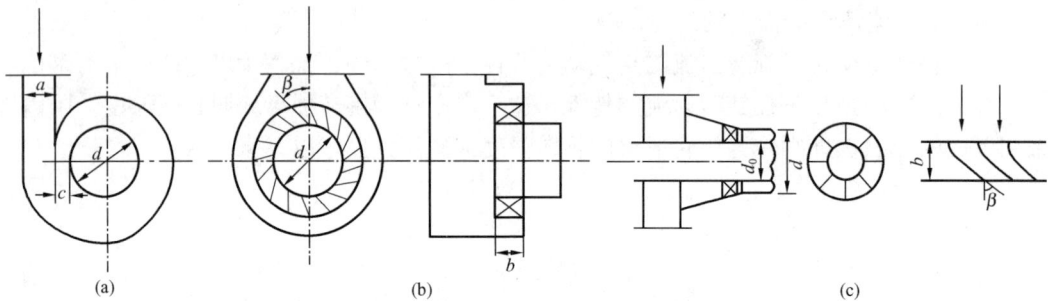

图 4-7 旋流装置
（a）蜗壳旋流器；（b）切向叶片旋流器；（c）轴向叶片旋流器

二、旋流煤粉燃烧器的射流特性

四角布置切圆燃烧的直流燃烧器采取四股射流在炉膛中心相切形成炉内整个火焰旋转，并有上游邻角火焰对风粉射流加热。与此不同，旋流燃烧主要靠自身射流旋转，在中心轴向产生负向压力梯度，将已燃烧的高温烟气抽吸到燃烧器射流根部对煤粉空气射流进行加热，使之着火燃烧。此外，直流燃烧器的一次风和二次风射流是分别通过各自独立的喷嘴送入炉膛的，在炉内组织二者混合，而旋流燃烧器的一次风和二次风则是通过同一圆形燃烧器按被圆环分隔的内外（圆形或圆环形）通道分别进入炉内的。所以，旋流燃烧器的射流均为一次风射流和二次风（两股或多股）射流组成的共轴射流。

旋流燃烧器一般采用墙式布置，如图 4-8 所示。电厂锅炉多采用前后墙对冲（或交错）布置方式。小型锅炉的前墙布置方式，在大型电站锅炉中，因燃烧太集中，容易造成水冷壁结渣和炉内过高的 NO_x 排放，已经不再采用。前后墙布置时，炉内火焰充满度得到改善，有利于增强炉内流体的扰动和混合，在炉膛宽度方向上烟气分布和烟温比较均匀，有利于高温对流受热面（高温级过热器和再热器）的可靠运行。

　　同一墙上相邻的燃烧器之间应保持一定距离，使燃烧器的火焰在炉内能够充分自由扩展，减少同墙相邻燃烧器射流的相互干扰；相邻燃烧器出口射流的旋向一般相反，也有从整个炉膛气流的均匀性的角度考虑每只燃烧器射流的旋向的。此外，靠墙边部燃烧器与侧墙之间也应保持一定距离，避免火焰冲刷水冷壁造成结渣。

　　与四角切圆的直流燃烧方式相比，对冲式布置旋流燃烧方式的炉内火焰不存在整体的旋流，火焰充满度和流场均匀性容易调整好，在炉膛出口和高温水平烟道不存在四角切圆燃烧特有的气流余旋，左右两侧烟气流量和烟温偏差较小。

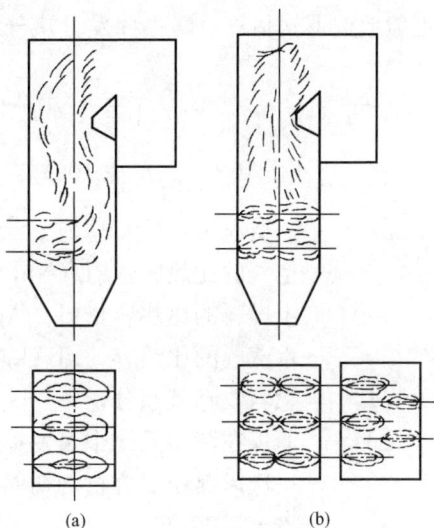

图 4-8　旋流燃烧器的布置

（a）前墙布置；（b）前后墙对冲（交错）布置

第四节　煤粉气流的着火

　　煤粉空气混合物经由燃烧器以射流方式进入炉膛后，通过紊流扩散的外回流以及旋转射流产生的内回流卷吸周围的高温烟气，促使煤粉气流与炽热烟气产生强烈混合。同时煤粉气流又受到炉膛四壁和高温火焰的辐射，将悬浮在气流中的煤粉迅速加热。研究表明，煤粉气流的加热主要依靠高温烟气的对流传热，辐射传热是次要的。煤粉获得了足够的热量并达到一定温度后就开始着火燃烧。实际燃烧设备中，希望煤粉气流在离开燃烧器喷口不远就能稳定地着火。如果着火过早，可能使燃烧器喷口过热而被烧坏，也易使喷口附近发生结渣；如果着火过迟，就会推迟整个燃烧过程，致使煤粉来不及烧完就离开炉膛，增大机械未完全燃烧损失。着火推迟还会使火焰中心上移，造成炉膛上部或炉膛出口部位受热面发生结渣。

　　燃烧器射流的空气动力特性不同时，煤粉气流的着火形式也不一样。旋流燃烧器出口射流，外圈是二次风，中心是煤粉空气射流，外回流卷吸的高温烟气首先为二次风气流所吸收。因二次风量大，这时即使温度水平可能提高到煤粉的着火温度，但因煤粉浓度很小，对于着火来说条件仍是不充分的。然而，内回流卷吸的炽热烟气使煤粉气流迅速地被加热到着火温度，同时这里也存在着火所需的煤粉浓度，所以着火过程首先是从旋转射流内回流区开始的，并逐渐向外层扩展。

　　直流煤粉射流进入炉膛以后，依靠一次风煤粉射流的外边界卷吸高温烟气和接受邻角火焰的热量来加热煤粉气流，致使一次风射流的外边缘首先开始着火、燃烧，然后向射流内层逐步深入，给煤粉气流的着火创造了有利的条件。

　　煤粉气流着火后就开始强烈燃烧，形成火炬。着火以前是吸热阶段，需要从周围介质吸收一定的热量来提高煤粉气流的温度。将煤粉气流加热到着火温度所需的热量称为着火热。它包括加热煤粉和一次风所需热量以及煤粉中水分蒸发、过热所需热量。乏气送粉时着火热可近似地按下式估算（略去挥发分热分解吸热）：

$$Q_{ig} = \left(V_1 c_a + c_f \frac{100 - M_{ar}}{100} + \Delta M c_v\right)(t_{ig} - t_1) + \left(\frac{M_{ar}}{100} - \Delta M\right)\left[4.19(100 - t_1)\right.$$

$$\left. + 2510 + c_v(t_{ig} - 100)\right] \quad kJ/kg(煤) \tag{4-5}$$

式中　V_1——一次风量，Nm^3/kg；

　　　c_a——空气的比热容，$kJ/(Nm^3 \cdot ℃)$；

　　　c_f——干燃料的比热容，$kJ/(kg \cdot ℃)$；

　　　c_v——水蒸气的比热容，$kJ/(kg \cdot ℃)$；

　　M_{ar}——燃料收到基水分，%；

　　ΔM——原煤在制粉系统中蒸发掉的水分，kg/kg；

　　　t_1——一次风煤粉混合物的初温，℃；

　　t_{ig}——着火温度，℃。

由上式可见，着火热随燃料的性质（着火温度、燃料水分）和运行工况（煤粉气流的初温、一次风量）的变化而变化。此外，炉内的着火情况还与煤粉细度、燃烧器的结构、流动工况、锅炉负荷以及炉膛的散热情况等有关。

下面分析影响煤粉气流着火的主要因素。

1. 燃料性质

燃料性质中对着火过程影响最大的是挥发分 V_{daf}。V_{daf} 低的煤，煤粉气流的着火温度 t_{ig} 显著升高，着火热也随之增大。也就是说，必须把煤粉气流加热到更高的温度才能着火。因此，低挥发分煤的着火要困难些，达到着火所需时间也长些，着火点离开燃烧器喷口的距离自然也拉得远些。

煤粉气流的着火温度随燃料性质不同有一个变化范围，大致数值列于表 4-1 中。

表 4-1　　　　　　　　　　　　不同煤种煤粉气流的着火温度

煤　种	褐　煤	烟　煤	贫　煤	无　烟　煤
着火温度（℃）	550	600～800	700～900	800～1000

原煤水分增大时，着火热也随之增大。同时，由于部分燃烧热消耗于水分的加热、汽化和过热，因而也降低了炉内烟气温度水平，使煤粉气流卷吸的烟气温度以及火焰对煤粉气流的辐射热都降低，对着火显然不利。

燃料中的灰分在燃烧过程中不但不能放出热量，而且还要吸收热量。特别是当燃用高灰分劣质煤时，由于燃料本身发热值很低，燃料消耗量增加幅度较大。大量的灰分在着火和燃烧过程中要吸收更多的热量，因而炉膛内烟气温度降低，煤粉气流着火推迟，而且灰分多的燃料，火焰传播速度慢，也使着火稳定性降低。

煤粉气流的着火温度随着煤粉变细而降低，越细的煤粉，着火就越容易。这是因为在同样的煤粉质量浓度下，煤粉越细，进行燃烧反应的表面积就越大，而煤粉本身的热阻却减小。在加热时，细煤粉的温升速度要比粗煤粉来得快，这样就可以加快化学反应速度和更快地达到着火。一般总是细煤粉首先着火燃烧。由此可知，对于难着火的低挥发分无烟煤，将煤粉磨得细些，无疑会加速它的着火过程。

2. 炉内散热条件

实践中为了稳定低挥发分无烟煤的着火，除了采用热风送粉和把煤粉磨得更细些以外，还在燃烧器区域用铬矿砂等耐火涂料将部分水冷壁遮盖起来，构成所谓卫燃带，亦称燃烧带。其目的是减少水冷壁吸热量，提高燃烧器区域烟气的温度水平，以改善煤粉气流的着火条件。实践表明，敷设卫燃带是稳定低挥发分煤粉着火的有效措施。但卫燃带往往又是结渣的发源地。所以多在燃用无烟煤时才敷设，通常布置于煤粉燃烧器区的水冷壁上。

3. 煤粉气流的初温

采用高温预热空气作为一次风来输送煤粉，可以提高煤粉气流的初温，减少将煤粉气流加热到着火温度所需的着火热，使着火加快。因此在燃用无烟煤、劣质煤和某些贫煤时，往往采用热风送粉的燃烧系统。

4. 一次风量和风速

由式（4-5）可知，增大煤粉空气混合物中一次风量，相应地增大了着火热，将使着火过程推迟。减小一次风量，会使着火热降低，因而在同样的卷吸烟气量下，可将煤粉气流更快地加热到着火温度。一次风量的选择还要考虑制粉系统的要求。例如，对于乏气送粉系统，一次风量还应协调磨煤、干燥和输送煤粉的要求。

通常一次风量的大小是用一次风率来表示的，它是指一次风量占炉膛出口相应总风量的百分比。一次风率主要取决于燃煤种类和制粉系统形式。除了一次风的数量以外，一次风煤粉气流的出口速度对着火过程也有一定影响。一次风速过高，会使着火推迟，致使着火距离拉长而影响整个燃烧过程。但一次风速过低时，会引起燃烧器喷口过热烧坏，以及煤粉管道堵粉等故障。最适宜的一次风速与燃用的煤种和燃烧器的型式有关。两种燃烧方式的配风参数推荐值分别列于表 4-2 和表 4-3 中。

表 4-2　　　　　　配直吹式制粉系统的切向燃烧锅炉配风参数（BRL 工况）

机组额定电功率(MW)	300	600
一次风喷口只数	16～24＊＊	20～32＊＊
一次风喷口层数	4～6＊＊	5～8＊＊
一次风率(%)	14～30＊＊	14～30
一次风出口速度(m/s)	22～30（褐煤 15～25）＊＊＊	22～30
二次风率＊(%)	86～70	86～70
二次风出口速度(m/s)	40～55	40～55
炉膛出口过量空气系数	1.2～1.25	1.2～1.25

　＊ 二次风率中包括上燃尽风（OFA）；配风率总和为 100%，未计入炉膛漏风率（一般小于 5%）。

＊＊ 高限值相对应于褐煤。如褐煤水分较高而仅使用热风作为干燥剂时，一次风率可酌情放大到 30%～40%，此时，二次风率相应减小。

＊＊＊ 低限适用于高水分褐煤。

表 4-3 墙式对冲燃烧锅炉燃烧器配风参数（BRL 工况）

制粉系统型式	直 吹 式		中间储仓式（热风送粉）*
机组额定电功率(MW)	300	600	300
燃烧器只数	16～32	24～36	16～32
燃烧器层数	2～4	3～4	2～4
一次风率(%)	14～25**		12～20
一次风出口速度(m/s)	14～24		14～18
二次风率***(%)	75～86		58～73
二次风出口速度(m/s)	内环风速(13～26)/外环风速(26～40)		
制粉乏气风率(%)	—		15～22****
乏气出口速度(m/s)	—		20～30
炉膛出口过剩空气系数	1.2～1.3		

* 一般用于燃煤 $V_{daf}<20\%$，IT$>700℃$。

** 燃用褐煤可大于等于 30%，此时，二次风率相应减小。

*** 二次风率中包括燃尽风(OFA)，配风率总和应为 100%，未计入炉膛漏风率（一般<5%）。

**** 与磨煤机型式选择及出力裕量有关。

5. 锅炉的运行负荷

锅炉负荷降低时，炉膛平均烟温降低，燃烧器区域的烟温也将降低。因而锅炉负荷降低对煤粉着火是不利的。当锅炉负荷低到一定程度时，就将危及着火的稳定性，甚至引起灭火。因此，着火稳定性条件常常限制了煤粉锅炉的负荷调节范围。

着火阶段是整个燃烧过程的关键，要使燃烧能在较短的时间内完成，必须强化着火过程，即保证着火过程能够稳定而迅速地进行。由上述分析可知，组织强烈的烟气回流和燃烧器出口附近煤粉一次风气流与热烟气的激烈混合，是保证供给着火热量和稳定着火过程的首要条件；提高煤粉气流初温、采用适当的一次风量和风速是降低着火热的有效措施；提高煤粉细度和敷设卫燃带是燃用无烟煤时稳定着火的常用方法。

第五节 低 NO_x 燃 烧

燃煤燃烧过程中所排放的 NO_x 气体是危害大且较难处理的大气污染物，它不仅刺激人的呼吸系统，损害动植物，破坏臭氧层，而且也是引起温室效应、酸雨和光化学反应的主要物质之一。我国是燃煤大国，随着我国电力工业的迅速发展，火电装机容量逐年大幅度增加，对 NO_x 污染排放的治理问题将会日益受到重视。

目前，各工业发达国家从事燃烧技术研究的人员已将洁净燃烧技术列为主要的研究任务，各工业发达国家的环保法规也对电站锅炉 NO_x 的排放量做了越来越严格的限制，这些都促进了低 NO_x 燃烧技术的进展。低 NO_x 燃烧器（LNB）是低 NO_x 燃烧技术的重要组成部分。从燃烧器构造和组织燃烧的角度来降低 NO_x 的生成，具有成本低，效果好等特点，得到了广泛的发展。

一、NO_x 生成机理

燃料在燃烧过程中生成的氮氧化物 NO_x 主要是指 NO、NO_2 和 N_2O，其中 NO 约占 90%，在煤粉锅炉中，几乎不生成 N_2O。根据燃料和燃烧条件不同，NO_x 的生成机制分热力 NO_x、快速 NO_x 和燃料 NO_x 三种。

1. 热力 NO_x

热力 NO_x 是燃烧过程中，空气中的 N_2 在高温下氧化而生成的氮氧化物，影响热力 NO_x 生成的主要因素是火焰温度、氧浓度以及高温区范围的大小。温度越高，氧浓度越大，高温范围越大，热力 NO_x 的生成量就越大。对于煤粉炉，热力 NO_x 占总 NO_x 排放量的 20% 左右。降低煤粉燃烧火焰温度，实现低氧燃烧，都能有效地抑制热力 NO_x 的生成。

2. 快速 NO_x

快速 NO_x 是燃料中碳氢化合物 $CmHn$ 与空气中的 N_2 预混燃烧生成的。它生成在燃烧初期火焰锋面的内部，且生成时间极短，生成量也很少，只占总 NO_x 的 5% 以下，只要保持足够的氧量供应，阻止燃料分解成 CH、CH_2，即可抑制快速 NO_x 的生成。

3. 燃料 NO_x

燃料 NO_x 是来自燃料中所含的氮化合物在燃烧过程中氧化生成的氮氧化物，占总 NO_x 生成量的 75% 左右。其中来自挥发分燃烧产生的 NO_x 又占约 70%，焦炭燃烧产生的 NO_x 则占燃料 NO_x 的 30%。所以挥发分燃烧产生的 NO_x 是燃煤锅炉 NO_x 排放的主要来源。煤中氮化物析出的温度很高，通常在 900K 以上开始析出，完全析出需在 2000K 以上，而且需要停留足够长的时间。因此，燃料 NO_x 的生成与煤的燃烧方式、燃烧工况有关，并依赖于炉膛温度水平和煤粉浓度。

基于以上原理，目前低 NO_x 燃烧技术包括低氧燃烧、分级燃烧、浓淡分离等技术措施。归根结底，低 NO_x 燃烧器一般都是力求在挥发分析出和燃烧初期，促进煤粉气流与热烟气尽快混合，以创造局部低氧环境。在局部低氧环境中，前期生成的 NO 也可在挥发分和焦炭燃烧阶段再被还原成为 N_2。因而可以较大幅度地降低 NO_x 排放。

二、低 NO_x 原理与燃烧技术

燃料氮氧化物（NO）的生成机理十分复杂，至今还不能给出确切的反应过程。根据一般见解，燃料氮氧化物向 NO 的转化机理包括了如下过程：①在挥发分析出阶段燃料氮化物在反应区的分解并生成中间产物；②在燃烧反应区活性基的生成；③中间产物与活性基反应生成 NO；④NO 的分解（还原）。因此，燃料的性质，反应区燃烧气体的成分和反应过程的温度都对燃料 NO 的生成特性产生影响。

在燃烧过程中，在富燃料的燃烧区，大部分氮化物和烃快速分解为含氮原子 N 的中间产物（如 HCN、NH_i 等），同时在高温反应区会产生含氧原子 O 的活性基（如 O、OH 等）。中间产物与活性基反应生成 NO。NO 遇到中间产物又会发生还原分解。

一般认为，NH_i 转化成 NO 的路线为 $NH_i \rightarrow NH \rightarrow NO$，反应式为

$$NH_2 + OH \longrightarrow NH + H_2O$$

$$NH_2 + O \longrightarrow NH + OH$$

$$NH + OH \longrightarrow NO + H_2$$

$$NH + O \longrightarrow NO + H$$

$$NH + O_2 \longrightarrow NO + OH$$

有关 HCN 的转化路线，见解较多，一种比较普遍的看法为 $HCN \longrightarrow NCO \longrightarrow NO$，反应式为

$$HCN + O \longrightarrow NCO + H$$

$$NCO + H \longrightarrow NH + CO$$

然后，NH 按上述反应生成 NO。反应生成的 NO 在一定条件下会发生分解，还原为稳定的氮分子 N_2。在富燃料燃烧区，含 O 活性基的浓度低，HCN 和 NH_i 转化生成 NO 的速率下降，相反，NO 还原分解的作用加强，且 NH_i 对 NO 也起还原作用，即

$$NO + H \longrightarrow N + OH$$

$$NO + N \longrightarrow N_2 + O$$

$$NO + NH \longrightarrow N_2 + OH$$

$$NO + NH_2 \longrightarrow N_2 + H_2O$$

还原反应生成的氮分子 N_2 性质稳定，不再发生反应。在缺氧条件下，在焦炭粒表面或微孔内部还会发生如下还原反应：

$$NO + C \longrightarrow N_2 + CO$$

$$NO + CO \longrightarrow N_2 + CO_2$$

但焦炭与 NO 的反应为多相反应，反应速率与气体相互间的均相反应相比要低几个数量级。因此，在富燃料燃烧区，无论是挥发分还是焦炭中的 N，转变成 NO 的转化率都下降。同时，为抑制二次燃烧区中与 NO 共存的 HCN 和 NH_i 向 NO 的大量转化，应推迟二次风的混入，而且，二次风推迟加入还可使燃烧初期生成的 NO 有机会还原为氮分子 N_2。二次空气越迟加入，生成的 NO 量就越少，但燃料的不完全燃烧损失会增加。

由此可见，燃料采用浓淡燃烧或/和空气分级燃烧方式，都可以降低燃烧设备的 NO 排放量。常见的低 NO_x 燃烧技术有三种。

1. 低过量空气燃烧

低过量空气燃烧也叫低氧燃烧，是使燃料在炉内总体过量空气系数较低的工况下燃烧，其实际运行时可能会使飞灰可燃物增加，燃烧效率降低，造成炉膛结焦等副作用，故对大幅度降低 NO_x 的效果有限。

2. 浓淡偏差

浓淡偏差原理是基于过量空气系数对 NO_x 的变化关系，使一部分燃料在空气不足条件下燃烧，即燃料过浓或"富燃"燃烧；另一部分燃料在空气过量条件下燃烧，即过淡或"富氧"燃烧。我国近几十年来，对以煤粉浓淡偏差作为稳燃和降低 NO_x 排放的措施进行了广泛的研究工作。浓淡两股煤粉气流的燃烧都偏离了反应的化学当量比，使煤粉分别在还原气氛和烟温相对较低条件下燃烧，以抑制 NO_x 的生成。浓淡偏差燃烧的浓煤气流还可以降低煤粉气流的着火热，但应注意缺氧气氛，容易造成燃烧器结焦。

3. 空气分级

从 NO_x 生成机理中可以知道，反应区内的空燃比极大地影响着 NO_x 的形成。反应区在空气过量状态下会使 NO_x 排放量增加，因此在燃烧器设计中可以采用空气分级的办法来控制反应区内的氧量。空气分级是一种常用的形成富燃料区的方法，该法是把供燃烧用的空气由原来的一股分为二股或多股。在燃烧开始阶段只加入部分空气，造成一次气流燃烧区域的

富燃料状态，燃料只是部分地燃烧，使得有机地结合在燃料中氮的一部分生成无害的氮分子，从而减少了"燃料型"NO_x的形成。作为完全燃烧用的其余二次风，喷射到富燃料区域的下游，形成二次燃烧区，在这个区域内使燃料完全燃烧。此外，在空气分级条件下，燃料的燃烧是分步进行的，火焰整体温度包括二次燃烧区的温度都比空气不分级时要低，于是二次燃烧区域内NO_x的形成

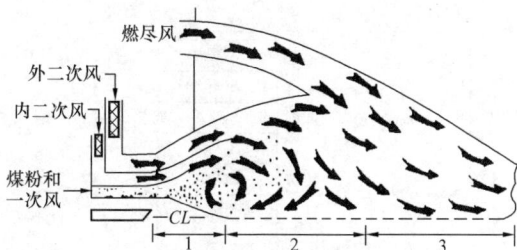

图 4-9　旋流燃烧三级混合示意
1—富燃料区；2—空气逐渐掺混区；3—空气最后掺混区

受到了限制。空气分级是二次燃烧过程，可描述为：富燃料（贫氧）燃烧—贫燃料（富氧）燃烧。图4-9所示为一种空气分级燃烧器示意。

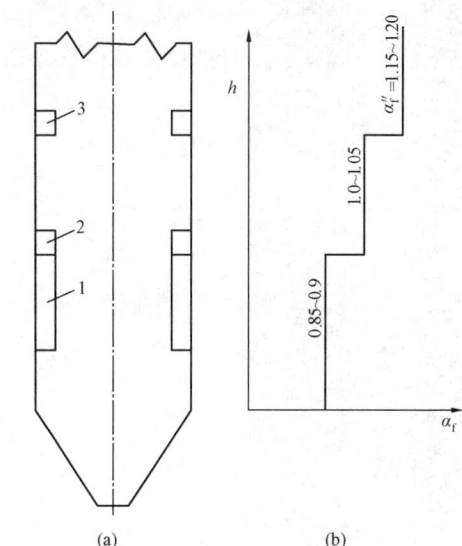

图 4-10　燃尽风分级布置及
炉内过量空气变化示意图
(a) 燃尽风分级布置；(b) 过量空气系数
沿炉膛高度的变化
1—主燃烧器（煤粉和辅助二次风喷嘴）；
2—紧凑燃尽风；3—分离燃尽风

空气分级是一种简单可行的降低NO_x的有效手段，与未采用此技术相比，燃煤时NO_x可降低40%～50%。

图4-10所示为一种沿切圆燃烧炉膛高度将燃尽风再分成两级的燃烧系统及过量空气系数沿炉膛高度的变化示意。图中1为主燃烧器，包括一次风及其相应的二次风（也称辅助二次风）喷嘴。布置在紧靠燃烧器顶部的2是第一级燃尽风，称顶部燃尽风或紧凑燃尽风（CCOFA）。在距离顶部燃尽风6～7m的炉膛上部布置第二级燃尽风3，称为分离燃尽风（SOFA），也称为附加燃尽风。每级燃尽风的风率约为15%，燃尽风总风率达30%左右。两级燃尽风的燃烧系统可进一步降低锅炉的NO_x排放量。配备这种燃尽风分级布置的国产600MW超临界和1000MW超超临界参数的锅炉，在未安装尾部烟气脱硝设备的情况下，其NO_x排放量可低到150～250mg/m^3（折算到6%含氧量的标准情况下）。

第六节　典型直流煤粉燃烧器

本节侧重介绍一种低NO_x同轴燃烧系统（low NO_x concentric firing system，LNCFS），这种燃烧系统的主燃烧器属均等配风方式布置，一次风为强化着火（EI）型宽调节比（WR）煤粉喷嘴，二次风采用预置水平偏角（CFS）措施。燃尽风则采用分级（CCOFA和SOFA）布置。这种燃烧系统具有煤种适应性广、着火稳定、燃烧完全、NO_x生成量低、调节性能良好、炉膛水冷壁工作可靠等特点。

配600MW等级机组的LNCFS的结构如图4-11所示，它是切圆燃烧四角布置燃烧器中的一组，共有四组。当锅炉采用八组呈双切圆布置［见图4-3（d）］时，可用于1000MW等

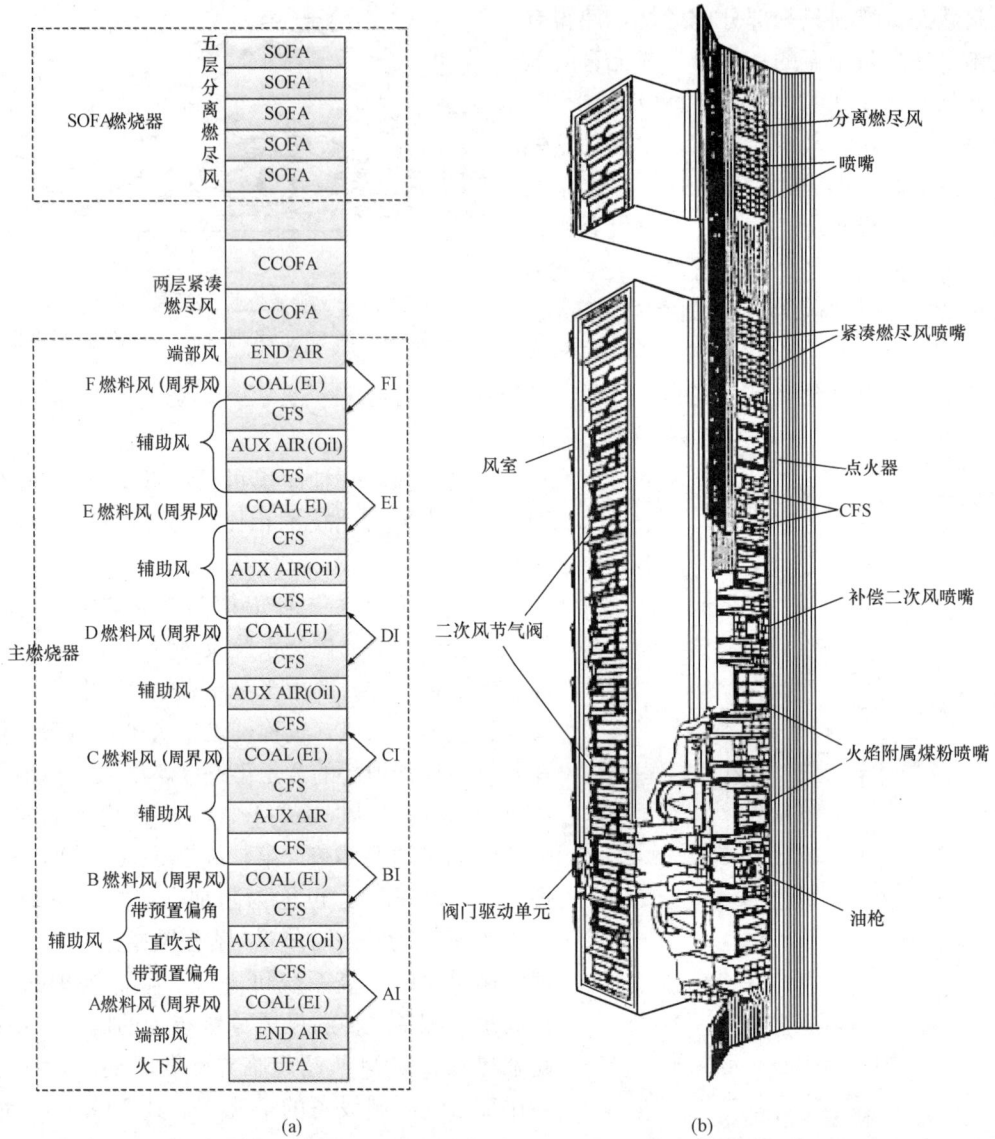

图 4-11 LNCFS 燃烧器

(a) 结构；(b) 主体结构

级的超超临界压力锅炉。每组燃烧器共有 6 层一次风喷嘴，由下往上编号分别为 AI、BI、CI、DI、EI 和 FI。一次风（煤粉气流）喷嘴的出口部位带有波纹形三角锥钝体（也有采用光滑 V 形钝体的见图 4-12）。风粉气流自煤粉管进入燃烧器前要流经一个弯头，由于弯头的惯性和离心分离作用，分成浓、淡两股，并用隔板引导分别流经燃烧器钝体的上下通道进入炉膛。二次风（不包括燃尽风）共七层，最下层煤粉喷嘴（AI）下面为端部风和火下风，最上层煤粉喷嘴（EI）的上面也有端部风，还有五层煤粉喷嘴之间的中间二次风（也称辅助风）。中间二次风均由上、下两层水平偏角二次风（CFS）和中间一层辅助风（直吹风）共三层小喷嘴组成。

燃烧器由下部火下风至上部端部风之间的区域组成炉内主燃烧区。与之相应的主燃烧器

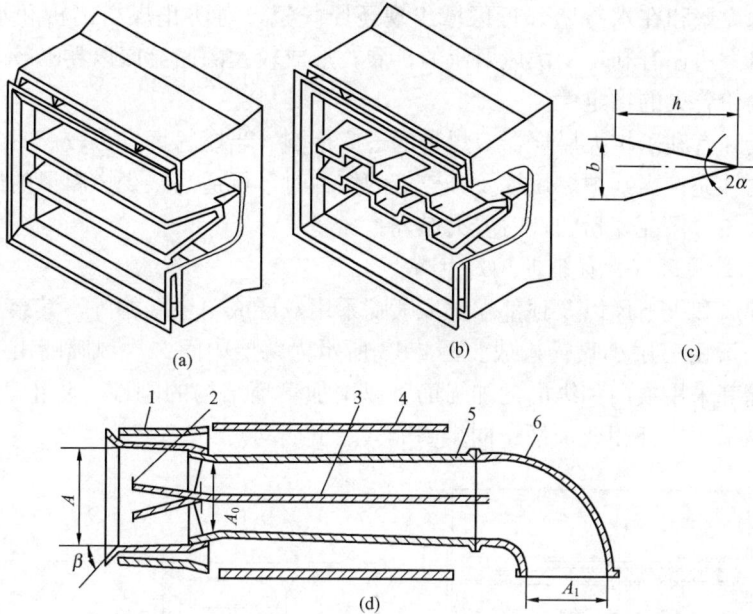

图 4-12 带 V 形扩锥的 WR 煤粉燃烧器

(a) V 形扩锥（钝体）结构；(b) 波纹形扩锥结构；(c) 扩锥结构尺寸；(d) 一次风喷嘴

1—摆动喷口；2—阻挡块（三角锥钝体）；3—水平隔板；4—二次风箱；5—一次风管；6—入口弯头

的高度为 10～12m，高宽比 h/b 达 14～16。

当锅炉再热汽温采用燃烧器摆动方式进行调节时，燃烧器由气动—连杆传动机构驱动（燃尽风喷嘴用手工驱动），使上下摆动。摆动范围一般为一次风喷嘴±20°（可允许±27°），二次风±30°，CCOFA 喷嘴＋30°～－5°。燃烧器的摆动一般是整组联动的，而且四个角的燃烧器应保持同步摆动，以保持良好的火焰中心位置。

对这种燃烧器结构上的特点分述如下。

1. 强化着火一次风喷嘴

一次风喷嘴结构如图 4-12 所示。这种喷嘴称宽调节比（WR 型）喷嘴。源于美国 CE 公司。为了增加煤种的适应性和稳燃的负荷范围，WR 一次风喷嘴的结构有如下特点：

（1）出口带有钝体并实行煤粉浓、淡分离。该一次风喷嘴带有水平分隔板和波纹形三角锥钝体，如图 4-12 所示。钝体的存在使煤粉气流一出喷口就分离开来并形成一个回流区，有利于煤粉的加热和着火。此外，当风粉混合物通过喷嘴前的弯头时，在离心力的作用下使煤粉颗粒向弯头外侧流动，因水平分隔板的隔离形成上层浓、下层淡的煤粉气流。浓煤粉着火温度低，有利于低负荷着火的稳定性。对煤粉进行浓、淡分离还有利于减少燃烧时 NO_x 的生成量。这种燃烧器一次风的设计风率一般为 20%（可在 15%～25% 之间），风速为 20～25m/s。

（2）带周界风（也称燃料风）。在一次风喷嘴四周外围配有燃料风，风源来自二次风箱。燃料风率一般为 15%，风速为 35m/s。燃料风挡板关闭时仍应保持约 5% 的风率，用于冷却煤粉喷嘴，防止燃烧器停运时超温烧毁。一次风喷口的外圈是翻边结构，燃料风与一次风射流出口呈一定角度，不会立即掺进一次风气流中，既不会影响一次风的着火，也有利于防止煤粉气流冲刷水冷壁和在水冷壁邻近区域出现还原气氛,对防止煤粉离析和水冷壁结渣有利。一次风喷口翻边还有利于一次风射流的扩展,形成较大的回流区以卷吸较多的回流高温烟气,可提高煤粉着火的稳定性。

燃料风的设计有利于扩大燃烧器对煤种的适应范围。当燃料挥发分较高时,燃料风可作为一次风氧量的补充;当锅炉燃用挥发分较低的煤种时,可适当减少燃料风的风量,以减少风粉气流的着火热,保证煤粉的及时着火燃烧。

2. 五层中间二次风(也称辅助风)喷嘴

除底部端部风和火下风以及顶部端部风喷嘴采用双层或单层结构外,其余五层中间二次风喷嘴的每层一般由三层小喷嘴构成。图 4-13 所示为每层中间二次风喷嘴由三层小喷嘴组成的结构。喷嘴都采用横向和纵向的加强筋,以增加喷嘴结构的刚性,防止截面形状变形。每层三个小喷嘴采用连杆相连,便于同步调节(上下摆动)。

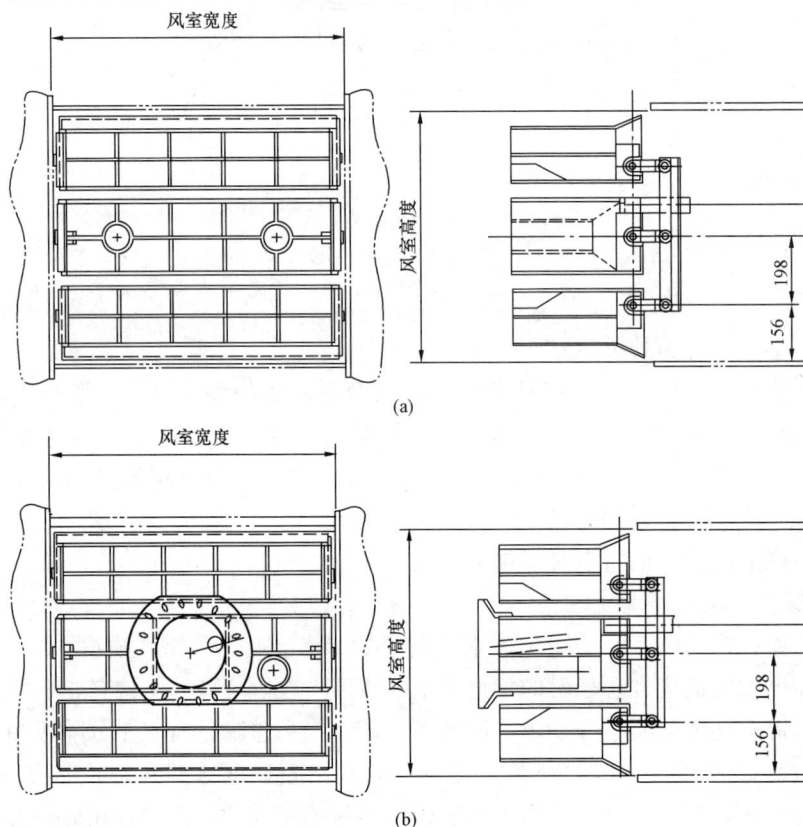

图 4-13 中间二次风喷嘴
(a) 中间二次风喷嘴;(b) 带点火油枪的中间二次风喷嘴

为减轻壁面水冷壁结渣和高温腐蚀,中间二次风喷嘴按上、下小喷嘴与中间小喷嘴在水平方向采取不同的风向角度进行设计。与一次风射流距离较远的中间一个小喷嘴的风向和假想切圆直径,与一次风喷嘴相同;距离一次风射流较近的上、下小喷嘴则按偏角设计,也称为预置水平偏角二次风。四股偏角(偏置)二次风组成的假想切圆直径与一次风的假想切圆不同。偏角二次风的假想切圆直径大,偏角一般设计为 $18 \sim 25°$,图 4-11 所示的燃烧器按

22°偏角设计，如图 4-14 所示。偏置二次风处于水冷壁与一次风粉气流之间，可防止煤粉气流贴墙结渣和煤粉离析，在燃烧区缺氧条件下，可使水冷壁附近保持氧化性气氛，以减少水冷壁的结渣和高温腐蚀。对于四角切圆燃烧灰熔点低的煤种，更应注意采用偏置二次风的设计以利于减轻水冷壁结渣。二次风（含底部和顶部二次风，不含燃尽风）的风率大体按 60%～65% 设计，风速为 40～50m/s。

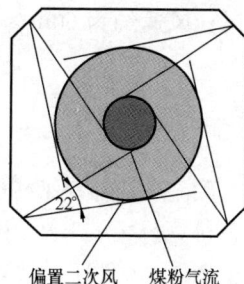

偏置二次风　煤粉气流

图 4-14　中间二次风采用偏角设计原理

3. 紧凑燃尽风和分离燃尽风喷嘴

燃尽风的设计是为实现空气分级燃烧，以抑制燃烧过程中 NO_x 的生成量。在主燃烧区过量空气系数保持在 0.85～0.9 之间，使煤粉在还原性气氛中燃烧。这样燃烧过程既可以减少 NO_x 的产生，又可以使生成的 NO_x 部分还原为稳定的 N_2，从而可减少锅炉的 NO_x 排放量。

紧凑燃尽风喷嘴一般设计为一层或两层，图 4-11 所示的燃烧器采用二层紧凑燃尽风喷嘴，如图 4-15 所示，风率一般为 15%，风速为 50～60m/s。

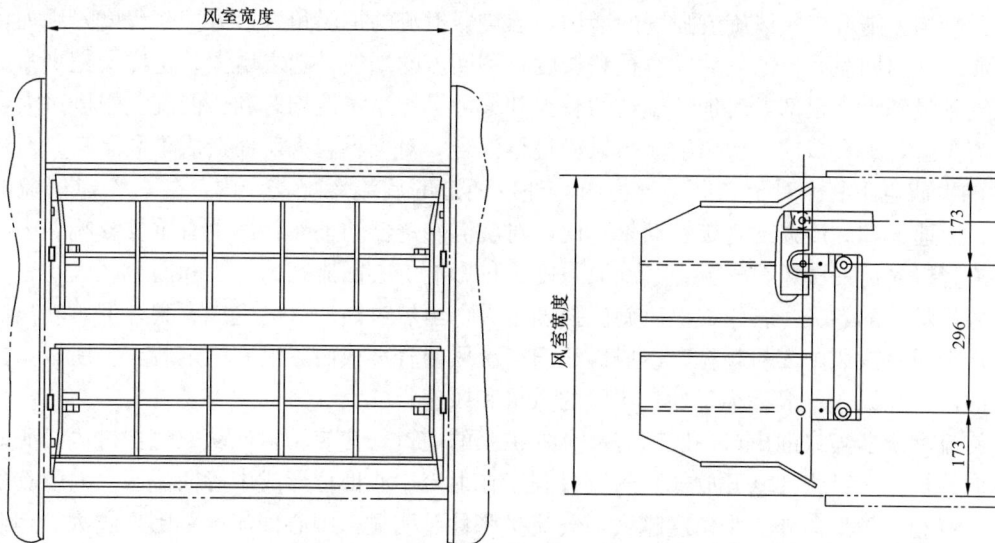

图 4-15　紧凑燃尽风喷嘴

炉内烟气流在离开紧凑燃尽风喷嘴后，其过量空气系数一般保持在 $\alpha=1.0$ 左右，最大不宜超过 1.05，以便在氧气不充分的条件下让未燃烧的焦炭尽可能氧化为 CO（而不是 CO_2），这样还原剂 CO 可以促进对 NO_x 的还原反应，即起到所谓激活还原剂的作用。此外，紧凑燃尽风加入后，在焦炭转变为 CO 的过程中，焦炭燃烧所产生的焦炭 NO_x 也会有部分在这个区域被 CO 还原。

分离燃尽风的加入使烟气中的过量空气系数达到炉膛出口的最终数值（$\alpha=1.15～1.20$），其主要作用是使未完全燃烧的焦炭（以 CO 的形式存在居多）完全氧化为 CO_2，以减少未完全燃烧的热损失。在此区域释放的余下焦炭 NO_x，已不可能再发生还原反应了，而是加入到锅炉 NO_x 排放的行列中。

分离燃尽风喷嘴一般设计为 4～5 层。图 4-11 所示的燃烧器采用五层设计，风率一般为

15%，风速约为 60m/s。

第七节　典型旋流煤粉燃烧器

旋流燃烧器在结构上有带中心风管和不带中心风管两大类。带中心风管的燃烧器有三井—巴布科克公司的 LNASB 和德国的 B&W 公司的 DS 燃烧器等。中心风管内可安放点火油枪，用于燃烧器煤粉的点燃，中心风管流过的二次风称中心风。在锅炉正常运行（点火油枪停用退出）期间，中心风是一股调节的二次风。自中心风往外，分别有一次风（风粉气流）、内二次风（简称二次风）和外二次风（也称三次风）三个环行通道。对于不带中心风管的燃烧器，如 B&W 公司的双调风燃烧器（DRB），内管为一次风通道，再由内往外，分别为内二次风和外二次风两个环行通道。

一次风通道的风粉气流有直流射流（如 DRB 和 HT-NR 燃烧器）和旋转射流（如 LNASB 和 DS 燃烧器）两种。二次风多为旋转射流，而且内、外二次风的旋转方向相同。由于二次风量和风速都比一次风大，所以，二次风射流的旋流特性对整个燃烧器的射流特性有很大影响。随着二次风旋流强度的增加，燃烧器射流的扩展角（射流扩张程度）增加，中心回流区（内回流区）的尺寸（直径和长度）和回流的烟气量随之增大，这样会把更多的高温烟气卷吸到火焰根部，对加速燃料的着火和增加燃烧稳定性均有利；但旋流强度过大会造成射流飞边，还会造成二次风射流与煤粉过早混合，对燃料着火反而造成不利影响，对降低 NO_x 的生成也不利。对于二次风分为内、外双通道的旋流燃烧器，内、外二次风射流的流量比、流速比和旋流强度（旋转动量）比，对旋流燃烧器的工作特性也有重要影响。内二次风射流直接靠近一次风粉气流，其旋流强度不仅影响中心回流区的生成和回流区大小，还影响对煤粉颗粒的卷吸。若内二次风旋流强度过大，虽然对回流区的生成有利，但旋转离心力会大量卷吸一次风中煤粉颗粒，造成煤粉与二次风混合过快而影响其稳定着火。所以，内二次风的风量和风速一般都小于外二次风的风量和风速。

旋流燃烧器喷口的出口一般都有一个外扩张的碹口，使旋转射流从燃烧器进入炉膛时能顺利向外扩张。扩张性（开放式）气流有利于在射流中心部位形成中心回流区，对煤粉的稳定着火有利。碹口向外扩张角度越大，气流扩张性越明显，中心回流区范围也越大。但碹口角度太大容易造成射流飞边。所以，碹口的角度一般设计为 30°～35°。碹口（扩张段）应有一定长度，便于射流扩张，与燃烧器外径的比值最好不小于 0.2。

如上所述，旋流燃烧器都采用共轴射流的燃烧方式。当燃烧器不设中心风管时，由内向外安排有一次风、内二次风和外二次风三个气流通道；采用中心风管时，则有中心风、一次风、内二次风和外二次风四个流体通道。燃烧器一般采用前、后墙多排布置方式。为进一步降低锅炉的 NO_x 排放量，旋流燃烧器也像四角切圆燃烧系统那样，在主燃烧器的上部空间单独布置燃尽风喷嘴，如图 4-9 所示。现仅就带中心风管的三井—巴布科克公司的旋流燃烧器作如下介绍。

三井—巴布科克燃烧器由主燃烧器和燃尽风喷口组成，一层燃尽风喷口布置在若干层主燃烧器的上部空间（与主燃烧器的上层燃烧器相隔一定距离，见图 4-9）。主燃烧器与燃尽风的风量比为 84∶16（按总量 100%计）。主燃烧器结构如图 4-16 所示。该型燃烧器设有中心风管，管内布置点火油枪。在锅炉正常运行期间油枪停用，中心风可用作风量微调和中心回流区位置前后的一个调节手段。中心风管的设置有利于中心回流区的生成。

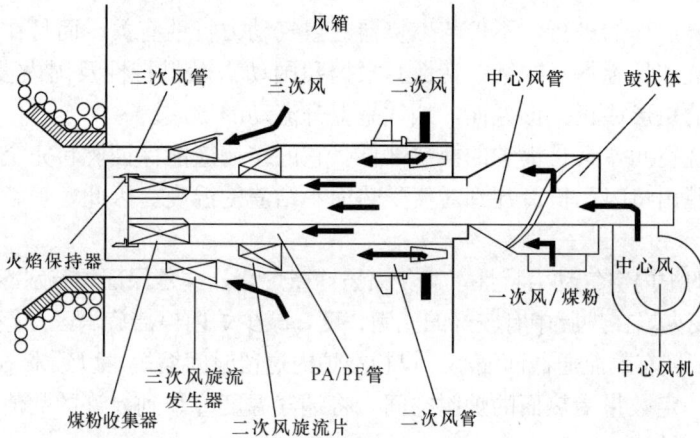

图 4-16 三井—巴布科克公司的旋流燃烧器（LNASB）

燃烧器的一次风进入带有旋流片的鼓形管，以旋流方式进入一次风管与中心风管之间的环状通道，旋流片可改善煤粉沿周向的均匀分布。在一次风管喷口端的内侧均匀布置着 4 只煤粉收集器，旋转的一次风通过收集器后，在一次风喷口形成 4 股独立的高浓度煤粉气流，与周围相对较淡的煤粉气流组成煤粉的浓淡两相，实现煤粉的浓淡燃烧。一次风喷口端设有稳燃装置，由焊有稳燃齿的稳燃环组成。其作用是阻止煤粉的向外扩散和推迟内二次风过早与煤粉气流混合，使燃烧的早期阶段处于还原性气氛（"富燃"燃烧）。

内外两级二次风均为旋流风，旋流强度的调节是通过旋流叶片的轴向移动实现的。这种燃烧器外二次风旋流片的位置，在安装时已经调整好，运行中一般不再变动。当内二次风的旋流片前后移动时，绕过叶片的直流风和通过叶片的旋流风之间的比例发生改变，整体旋流强度也随之变化。内、外二次风均来源于大风箱，内、外二次风总风量由外二次风箱（外二次风套筒）上的矩形进风口开度进行调节，内、外二次风量的比例由内二次风套筒（也称二次风箱）上多个三角形进风口开度的变化以改变内二次风的进风量进行调节。燃烧器的中心风、一次风、内二次风和外二次风的风率按分别占主燃烧器风量的 5%、25%、10% 和 60% 设计。小的内二次风量设计是为控制燃烧初期的氧量，造成燃烧的还原性气氛，加上燃尽风的设计可以实现空气的分级燃烧，故可大幅减少 NO_x 的排放。三井-巴布科克公司把这种燃烧器称为低 NO_x 旋流燃烧器（LNASB）。

目前国内电站锅炉中 NO_x 排放量较低的旋流燃烧器就是三井-巴布科克的燃烧器。调节良好时，运行中的 NO_x 排放量为 $300\sim350mg/m^3$（标准状况下，折算到 6% 含 O_2 量）。在燃烧灰熔点较低的烟煤时，喷口附近容易结渣。

在哈尔滨锅炉公司已生产的部分 600MW 超临界压力锅炉中，燃烧器均采用 LNASB。

第八节　煤粉锅炉炉膛

一、煤粉锅炉的炉膛

燃煤电站锅炉一般采用煤粉燃烧固态排渣方式。只对那些发热值极高，灰分不太多，且容易在固态排渣炉上结渣的低灰熔点煤，以及某些反应能力极低的无烟煤，才考虑采用液态排渣方式。

煤粉炉内燃烧过程的进行，不仅与燃烧器的空气动力特性有关，而且在很大程度上还取决于燃烧器的布置和炉膛本身的结构特性。根据我国动力燃料特性及国内设计和运行经验，炉膛都采用简单的矩形或正方形截面，烟气呈上升流动的形式。

炉膛既是燃烧空间，又是锅炉的换热部件。它的结构应能保证燃料完全燃烧，同时又应使烟气在到达炉膛出口时已被冷却到对流受热面不结渣的温度。因此，炉膛的结构应能满足如下条件：

（1）有良好的炉内空气动力特性，避免火焰冲撞炉墙，这是保证炉膛水冷壁不结渣的重要条件。同时还应使火焰在炉膛中有较好的充满程度，减少炉内停滞旋涡区。停滞旋涡区对燃烧是不利的，它使烟气有效流通截面缩小，煤粉在炉内逗留时间缩短，以致来不及完全燃烧。

（2）有布置一定数量受热面的炉膛空间，将烟气温度冷却到允许的数值，保证炉膛出口及其后的受热面不结渣。

（3）有合适的热强度。按炉膛容积热强度 q_V 和炉膛断面热强度 q_A 来确定的炉膛容积，其截面尺寸和高度应能满足燃料空气流在炉内充分发展、均匀混合和完全燃烧以及低 NO_x 排放的要求。

二、炉膛设计参数

1. 炉膛容积热强度

炉膛的主要热力特性是燃料的输入热量（或称炉子的热功率）$B_{cal}Q_{net,ar}$，单位为 kW。炉膛容积热强度 q_V，定义为

$$q_V = \frac{B_{cal}Q_{net,ar}}{V_f} \quad kW/m^3 \tag{4-6}$$

式中　V_f——炉膛容积，m^3。

1kg 燃料燃烧时的放热量（kJ/kg），往往和燃料燃烧后所生成的烟气量（m^3/kg）有一定联系。因此，q_V 值的大小与燃料及其所生成的烟气在炉内的停留时间（τ）的倒数有关，即 $q_V \propto 1/\tau$。q_V 值选得过大，表示燃料和烟气在炉内的停留时间过短，燃料来不及完全燃烧。此外，q_V 值过大，还意味着炉膛容积太小和炉内所能布置的水冷壁受热面的面积过小，烟气在炉膛出口处难以冷却至给定的（或选定的）出口烟温 ϑ''_f。这将引起炉膛出口部位或对流受热面结渣。在一般情况下，按燃料燃烧条件所确定的 V_f 值都不足以使烟气在炉内得到足够的冷却。因此，一般均按烟气的冷却条件来选取炉膛容积，也就是说，V_f 的数值应保证炉内布置有足够的水冷壁受热面积，使燃烧产物在炉膛出口处能冷却到给定的 ϑ''_f 值。对于大型固态排渣煤粉炉，q_V 值一般在 $75 \sim 100 kW/m^3$ 之间。

随着锅炉容量的增加，炉膛水冷壁受热面积的增加比炉膛容积的增加要缓慢。所以，大容量锅炉的 q_V 值，一般比中、小锅炉小一些。

2. 炉膛断面热强度

炉膛的几何特性是它的宽度 W、深度 D 和高度 h。乘积 $A=WD$ 称为炉膛断面（或截面）。当炉内炽热烟气以一定速度流过这个断面时，释放出大量的热量，炉内介质温度急剧升高。

炉膛截面单位面积上的热功率称为炉膛的断面热强度 q_A：

$$q_A = \frac{B_{cal}Q_{net,ar}}{A} \quad kW/m^2 \tag{4-7}$$

式中 A——炉膛断面积，通常为燃烧器区域的炉膛断面积，m^2。

炉膛断面热强度 q_A，是炉膛的重要计算特性，它反映了燃烧器区域的温度水平。如果 q_A 值选得过高，说明炉膛断面积过小，在燃烧器区域燃料燃烧放出的大量热量没有足够的水冷壁受热面来吸收，就会使燃烧器区域的局部温度过高，引起燃烧器区域的结渣和 NO_x 排放量过大。q_A 值的选取，与燃料的性质、炉子的排渣方式、燃烧器的型式和布置等因素有关。对于固态排渣煤粉炉，当燃用灰熔点较高的煤时，q_A 可适当选大些；对于灰熔点较低的煤，q_A 应适当降低。对于配 600MW 以上机组的固态排渣煤粉炉，q_A 的上限值一般在 $4\sim4.6MW/m^2$ 之间。

3. 燃烧器区域壁面热强度

对于大容量锅炉，仅仅采用 q_A、q_V 指标，还不能全面反映出炉内的热力特性。因此，又采用一个补充指标，即燃烧器区域的壁面热强度 q_B，其定义为

$$q_B = \frac{B_{cal}Q_{net,ar}}{A_B} \quad kW/m^2 \tag{4-8}$$

$$A_B = 2(W+D)(h_2+3) \quad m^2 \tag{4-9}$$

式中 W、D——炉膛宽度和深度，m；

h_2——最上层燃烧器煤粉喷口与最下层燃烧器煤粉喷口之间的距离，m；

A_B——燃烧器区域的炉墙面积，m^2。

q_B 越大，说明火焰越集中，燃烧器区域的温度水平就越高。这对燃料的着火和维持燃烧的稳定性是有利的。但燃烧器区域局部温度过高，容易造成燃烧器区域的壁面结渣，而且 NO_x 生成量也增大。按国内外的运行经验，对大型电站锅炉 q_B 的上限值为 $1.2\sim1.7MW/m^2$。

4. 燃尽区容积热强度

对于煤粉燃尽程度可以用两个参数来表示，一个是最上层煤粉喷口至折焰角尖端的垂直距离 h_1，另一个是燃尽区的容积热强度 q_{bo}：

$$q_{bo} = \frac{B_{cal}Q_{net,ar}}{V_{bo}} \quad kW/m^3 \tag{4-10}$$

$$V_{bo} = WDh_1$$

式中 V_{bo}——燃尽区计算容积，m^3。

切圆燃烧方式和墙式对冲燃烧方式炉膛特性参数限值的推荐范围见表 4-4 和表 4-5。

表 4-4　　　　　　　　切圆燃烧方式炉膛特性参数限值推荐范围

设 计 煤 质	$V_{daf}>25\%$，IT$<700℃$		$V_{daf}<20\%$，IT$>700℃$	
机组额定电功率	300MW	600MW	300MW	600MW
q_V(BMCR)上限值（kW/m^3）	95～115	85～100	85～105 ***	(80～95) **
q_A(BMCR)可用值（MW/m^3）	4.0～4.8	4.2～5.1	4.2～5.0	(4.4～5.2) **
q_B(BMCR)上限值（kW/m^3）	1.2～1.8	1.3～2.0	1.2～1.8	(1.2～2.0) **
q_{b0}(BMCR)上限值（kW/m^3）	200～260		200～260	(180～240) **
h_1 下限值 *	17～20	18～21	18～22	(19～23) **

* q_{b0} 和 h_1 两种特征参数可以任选其一。

** 括号内数值为参考值。

*** 对于低结渣性煤，如炉膛敷设卫燃带，q_V 上限可增加到 $110kW/m^3$。

表 4-5　　　　　　　　　　　墙式对冲燃烧方式炉膛特性参数限值推荐范围

设计煤质	$V_{daf} \geq 25\%$，IT$<700℃$		$V_{daf} < 20\%$，IT$>700℃$	
机组额定电功率	300MW	600MW	300MW	600MW
q_V（BMCR）上限值（kW/m³）	100～115**	85～100**	85～105	(80～95)****
q_A（BMCR）可用值（MW/m³）	4.0～4.8***	4.2～5.0***	4.0～4.8*****	(4.2～5.0)****
q_B（BMCR）上限值（kW/m³）	1.1～1.7	1.2～1.8	1.1～1.6	(1.2～1.8)****
q_{b0}（BMCR）上限值*（kW/m³）	220～280		200～260	
h_1下限值*	17～21		18～22	(19～23)****

　　* q_{b0} 和 h_1 两种特征参数可以任选其一。

　　** 如 $V_{daf} \geq 40\%$，可增至 125（300MW）和 110（600MW）；对于褐煤宜取用 75～100（300MW）和 70～90（600MW）。

　　*** 褐煤宜取用 3.5～4.5。

　　**** 括号内数值为参考值。

　　***** 可以降低到 3.6。

5. 炉膛壁面热强度

炉膛壁面热强度也称炉膛辐射受热面的热强度（或热流密度），以 q_f^w 表示，它是炉膛壁面的平均热强度，按下式计算：

$$q_f^w = \frac{B_{cal} Q_f^{re}}{F} \quad kW/m^2 \tag{4-11}$$

式中　　Q_f^{re}——炉膛烟气放热量，计算公式见第九章，kJ/kg；

　　　　F——炉膛水冷壁的面积，m²。

q_f^w 的数值越高，炉膛单位壁面所吸收的热量就越大，说明炉内平均烟温水平越高，故 q_f^w 过高，会造成炉膛结渣。

三、炉膛的型式

1. 固态排渣炉膛

固态排渣是指燃料燃烧后生成的灰渣呈固态排出。其炉膛底部具有冷灰斗，灰渣在此处冷却成固态排出炉外。

在固态排渣煤粉炉中，火焰中心温度可达 1400～1600℃。在这样的高温下，燃煤燃烧后的灰分多呈熔化或软化状态。随着高温火焰的辐射能向炉膛四周水冷壁受热面的传递，沿辐射热流方向，烟温逐渐降低，煤粉颗粒也逐渐被冷却。在水冷壁受热面邻近，烟气中存在很大温度梯度，煤灰颗粒被冷却固化。当它们接触到受热面管子时，不是黏性很高的熔化灰分，一般不会以液态渣的形式牢固地与管子结合在一起形成结焦（结渣），而是以固体颗粒的形式在管子表面上形成一层疏松的灰层，容易通过吹灰将之清除，以保持受热面的清洁。

在固态排渣煤粉炉中，煤粉以悬浮状态燃烧，燃料燃烧后的灰分随烟气一起运动，由于炉膛四周不存在黏性液渣层对灰分的捕捉，有 90%～95% 的煤灰随烟气带出炉膛，并流经各对流受热面，在得到充分冷却之后在除尘器中收集下来。在固态排渣煤粉炉的炉膛中，只有那些高温下发生团聚的少量大灰粒，因重力作用而下落至冷灰斗，并以 600～700℃ 的温度从排渣口排出，但这部分灰渣只占灰渣总量的 5%～10%，故排渣物理热损失很小，一般可以忽略不计。

固态排渣的炉膛烟温相对较低，水冷壁遭受高温损坏的可能性相对较低；与旋风炉、液态排渣炉、W 型火焰煤粉炉等相比，NO$_x$ 的生成量较少。此外，固态排渣煤粉炉水冷壁结构简单，运行维护也方便。所以，固态排渣煤粉炉运行安全可靠性和经济性高，对环境影响相对较小，这就是为什么世界上大多数煤粉炉采用固态排渣型式的原因，在我国是燃煤电站锅炉的主要型式。上面各节所述的相关结构特点和设计数据，也主要是针对固态排渣煤粉炉型而言的。固态排渣煤粉炉的炉膛形状及相关结构参数如图 4-17 所示。

炉膛的形状和尺寸与燃料种类、燃烧方式、燃烧器的布置、火焰的形状和行程等一系列因素有关。固态排渣煤粉炉的炉壁结构是一个由炉墙围成的立方体空间，其四壁布满水冷壁。炉底是由前后水冷壁管弯曲而成的倾斜灰斗。为了便于灰渣自动滑落，冷灰斗斜面的水平倾斜角 β 应在 50°以上。大容量锅炉的炉膛顶部都采用平炉顶结构，高压以上压力锅炉一般在炉顶布置顶棚管过热器。炉膛上部悬挂有屏式过热器。炉膛后上方为烟气出口。为了改善烟气对屏式过热器的冲刷，充分利用炉膛容积并改善炉膛上部的气流结构，倒 U 形布置锅炉炉膛出口的下部有后水冷壁弯曲而成的折焰角。对于大容量锅炉，折焰角的深度 d_1 为炉膛深度 D 的 20%～30%。

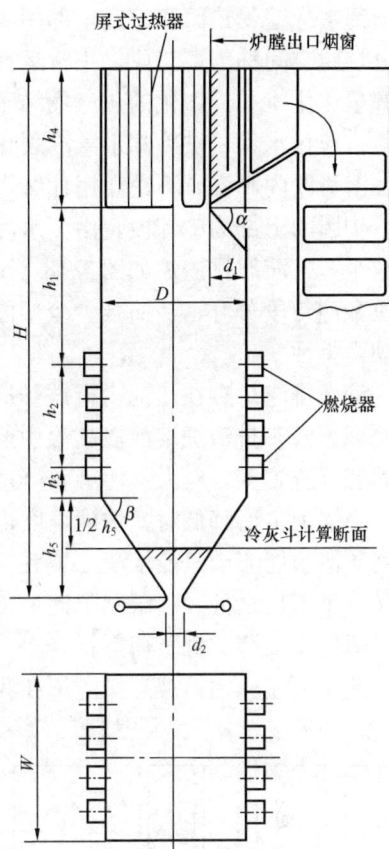

图 4-17 倒 U 形布置固态排渣煤粉炉的炉膛

现代大容量锅炉的炉膛高度远大于其宽度或深度。炉膛的水平横截面形状与燃烧器的布置方式有关。对于直流煤粉燃烧器四角切圆布置的锅炉，要求炉膛横截面采用正方形或宽深比 $W/D \leqslant 1.2$ 接近于正方形的矩形。当锅炉采用旋流燃烧器时，炉膛横截面呈长方形，其宽深比可按燃烧器的布置需要选定。在决定炉膛宽度时，应使炉膛宽度能适应过热器系统布置和尾部受热面布置的需要。对于自然循环锅炉，炉膛宽度还应能满足与汽包长度相匹配的需要。

2. 液态排渣炉膛

液态排渣是指燃料燃烧后生成的灰渣呈液态从渣口流出。

液态排渣炉膛的下部须保持足够高的温度，以便使全部炉渣熔化，并使液态熔渣由炉膛下部的渣池排入渣井。液态排渣炉主要有开式和半开式两种，如图 4-18 所示。

开式液态排渣炉如图 4-18（a）所示，炉

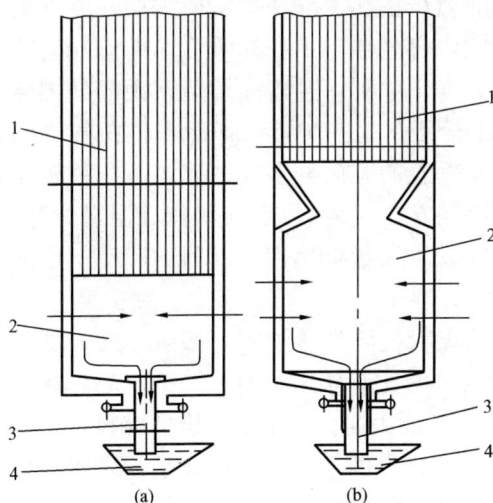

图 4-18 液态排渣炉膛
（a）开式液态排渣炉膛；（b）半开式液态排渣炉膛
1—冷却段；2—熔渣段；3—渣井；4—粒化水箱

膛下部水冷壁受热面和炉底全部用耐火涂料覆盖，以减少水冷壁吸热，维持较高的温度，这部分炉膛空间称为熔渣段。正常运行时，熔渣段内着火稳定、燃烧猛烈，火焰温度很高，灰渣都呈熔化状态。熔化的灰渣集结于炉底形成渣池。由渣池底部出渣口流出的液态渣，经渣井落入粒化水箱，被冷却水急冷裂化而成玻璃质状的渣粒，再由捞渣设备从水箱中捞出。为保证溶渣段内高温，不论燃用什么煤种，都采用热风送粉，而且热风温度选得较高。

炉膛的上部为冷却段，由于水冷壁吸热，将烟气和它携带的渣粒冷却下来。

半开式液态排渣炉如图 4-18（b）所示，在燃烧器区域之上由水冷壁管形成缩腰，将熔渣段和冷却段分开，从而减少冷却段对熔渣段的影响，保护熔渣段高温，并改善冷却段的空气动力特性。

液态排渣炉存在渣池内析铁和炉膛内高温腐蚀两个特殊问题，是其不能被广泛采用的重要原因。液态排渣炉熔渣段高温引起的另一个严重问题是，燃烧过程中产生的氧化氮 NO_x 较固态排渣炉多，对大气污染较严重。

当锅炉负荷降低时，炉内温度也随之下降。负荷低到一定程度时，熔渣段内温度已经降低到灰渣不能流动只能堆积在炉底，这个负荷就称为临界负荷。临界负荷较高是液态排渣炉的又一个不足之处。它限制了锅炉负荷的调节范围，使锅炉的负荷调节能力变差，在电网中难以适应变负荷和低负荷运行。

鉴于上述原因，液态排渣炉在我国应用较少。

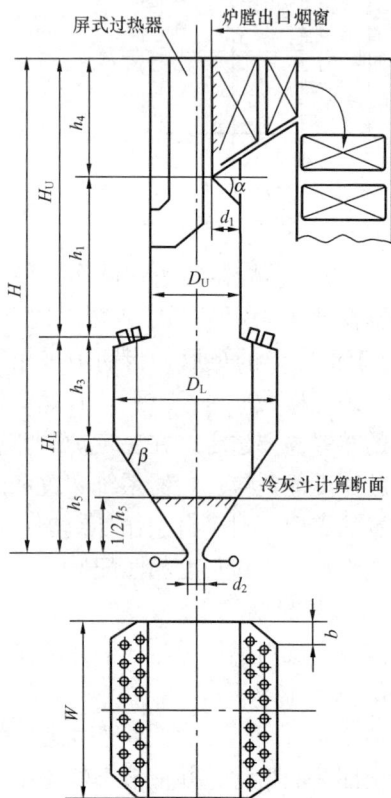

图 4-19　W 型火焰煤粉锅炉

3. W 型火焰炉膛

W 型火焰炉膛主要用于燃烧低反应能力的无烟煤和贫煤。由于低反应性煤的燃烧特点是着火困难，燃烧稳定性差，燃尽时间长，因此需要强化着火区的燃烧条件。W 型火焰炉膛的主要技术是燃烧室敷设卫燃带和燃烧器采用煤粉浓缩、火焰行程呈 W 型的技术。图 4-19 给出了 W 型火焰煤粉锅炉的示意图。W 型火焰炉膛由下部燃烧室和上部冷却室所组成。上下炉膛之间有一缩腰，燃烧器布置在缩腰上，煤粉气流从缩腰处的拱顶上向下喷射，并着火燃烧。大部分燃烧空气（二次风的分级风）在炉前、炉后与风粉气流的火焰几乎成相互垂直的方向分多级加入，是一种较完善的分级送风燃烧方式。此外，为了维持高温燃烧状态，在燃烧室内敷设了大量卫燃带，以利于低反应煤的稳定燃烧。

着火后的煤粉气流到达炉膛下部后，火焰受到燃烧室下部分级风的托起作用，向上转折流动，在下部燃烧室内形成 W 型火焰。对于低反应性燃料，上部冷却室实际上也可充当燃尽室的作用。运行表明，炉膛缩腰位置不仅对燃料燃尽过程起重要作用，而且对锅炉汽温特性和结渣程度都有重要影响。

W 型炉膛的燃烧器可以采用直流或旋流两种型式，如带旋风分离器的高浓度煤粉燃烧器和 PAX 型燃烧器，通常都采用浓淡分离燃烧，以强化低挥发分煤的着火和燃烧。在燃烧器下部，火焰向上折转前设置分级风，使燃烧器的调节性能进一步提高。当锅炉处于高负荷状态或燃烧挥发分较大的燃料时，应减小分级风，增大燃烧器风量，避免燃烧区过分靠近燃烧器。但对难燃的煤，如果燃烧器二次风量大，会影响着火的稳定性，这时分级风就能起调节作用。增大分级风既可保证燃烧后期所需空气量，又可避免因火焰折转太晚而导致火焰冲击炉底，引起结渣。当燃烧处于低负荷状态或燃料中挥发分减小时，应适当增大分级风，减小燃烧器二次风量，否则着火初期二次风量过大，使着火区温度降低，着火不稳定，甚至可能熄灭。在锅炉启动点火时，也应十分注意各股二次风及分级风的调节。

运行表明，在燃烧反应性能低的无烟煤时，W 型火焰炉膛存在的主要问题是机械不完全燃烧损失和 NO_x 排放量较高，下部燃烧室容易结焦等。

复 习 思 考 题

1. 直流射流有何特点？喷口形状对射流特性有何影响？

2. 何为直流煤粉燃烧器两种配风方式？各有何特点？

3. 直流煤粉燃烧器的气流偏斜对炉内燃烧有何影响？如何减少气流的偏斜？

4. 何为直流煤粉燃烧器的残余旋转，对锅炉工作有何影响？说明减少残余旋转的措施。

5. 旋转射流有何特点？说明旋流强度对旋流煤粉燃烧器工作的影响。

6. 燃烧无烟煤时，为保证煤粉及时稳定的着火燃烧，对一、二次风有何要求？

7. 当燃烧的煤种不变，锅炉要在 110% 以上和 70% 负荷以下运行，可能会遇到什么问题？

8. 系统总结一下煤种与制粉系统、燃烧器和炉膛结构型式的关系。

9. 分析四角切圆直流燃烧方式对煤粉着火和燃烧过程的影响。

10. 分析典型旋流燃烧器的工作原理、结构特点和配风方式。

11. 对于各种形式的炉膛和燃烧器，如何强化煤粉的着火、燃烧和燃尽过程？

12. 燃烧无烟煤的煤粉燃烧器结构上有哪些特点？

13. 说明煤粉低 NO_x 燃烧原理及降低锅炉 NO_x 排放的措施。

第二篇 锅 炉 受 热 面

第五章 蒸 发 受 热 面

第一节 锅炉汽水工质吸热量的分配

工质进入锅炉后从给水被加热、蒸发,直至额定参数的过热蒸汽从锅炉送出,经历了三种不同的加热状态:

(1) 水的加热。从给水温度被烟气加热至相应压力下的饱和温度。

(2) 水的蒸发。从饱和温度的水加热至饱和温度下的蒸汽,工质温度保持不变,蒸汽干度由 $x=0$ 加热至 $x=1$。

(3) 蒸汽的过热。从饱和的蒸汽加热至额定参数的过热蒸汽。

对于这三种加热状态,锅炉设置了大体相应的三种加热工质的受热面,即省煤器、蒸发受热面和过热器。不同参数的锅炉,对应于这三种状态的工质吸热量的比例是不同的。一般来说,随锅炉工质压力等级提高,加热给水和过热蒸汽的热量比例增加,蒸发吸热比例下降。表 5-1 列出了从高压至超超临界压力等级锅炉的加热、蒸发和过热(及再热)阶段吸热量的比例。

表 5-1 不同参数等级下的工质不同吸热量的比例

蒸汽初参数和给水温度			吸热量比例(%)			
汽压 p(MPa)	汽温 t(℃)	给水温度 t_{fw}(℃)	水的加热	蒸发	过热	再热
9.8	540	215	18.7	52.1	29.2	0
13.7	540/540	240	21.2	33.8	29.8	15.2
17.5	540/540	280	21.3	26.9	35.8	16.0
25.4	543/569	289	34.6	0	44.8	20.6
27.5	605/603	296	30	0	51.7	18.3

锅炉的水冷壁传统上是作为水蒸发的受热面而设置的。但在超临界和超超临界压力下,水的蒸发热为零,水的加热和蒸汽过热的吸热比例增加很多,而且在现代锅炉中,布置在尾部烟道的省煤器吸热量不大,占锅炉总吸热量的 6%~8%,远不能满足水加热所需的比例(30%~35%)。在这种情况下,锅炉的水冷壁主要是用于水的加热(作为省煤器),部分用于蒸汽的过热(作为过热器)。

第二节 汽包锅炉蒸发受热面系统

自然循环锅炉蒸发受热面系统如图 5-1 所示,图中还示出了水的加热系统(省煤器及相关管道）。蒸发受热面系统主要包括布置在炉膛四面炉墙上的水冷壁（及相应的集箱）、下降管（大直径集中下降管、分配器、供水管）、水冷壁（汽水混合物）引出管和汽包等。每一面炉墙的水冷壁又分成若干个回路，每个回路基本上是独立的，有相应的水冷壁管、上下联箱、供水管和汽水混合物引出管，以保证锅炉水循环的安全。炉膛水冷壁回路的划分如图5-2所示。从汽包底部引出的大直径集中下降管布置在炉膛的四个角上（有的锅炉布置于炉前），以便通过供水管向水冷壁均匀供水。图中下联箱旁所列的数字为每个回路水冷壁管子的数目。

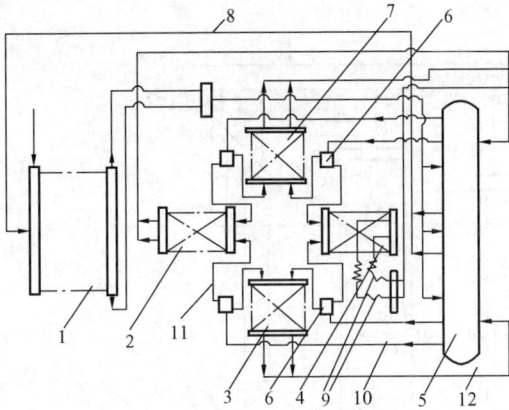

图 5-1　自然循环锅炉蒸发受热面系统
1—省煤器；2—前墙水冷壁；3—右墙水冷壁；4—后墙水冷壁；5—汽包；6—供水管分配器；7—左墙水冷壁；8—省煤器再循环管；9—后墙悬吊管；10—集中下降管；11—供水管；12—汽水混合物引出管

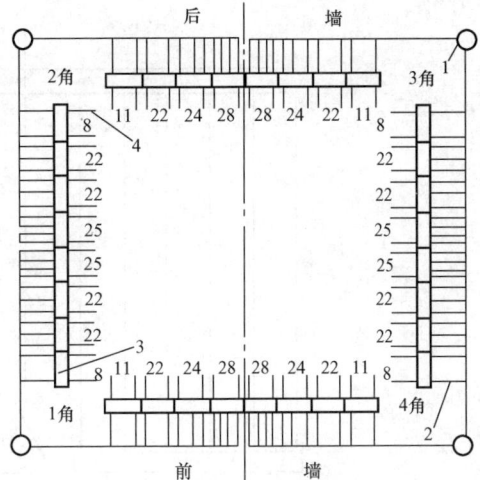

图 5-2　锅炉水冷壁回路划分示意
1—集中下降管；2—供水管；3—水冷壁下联箱；4—水冷壁管

在自然循环蒸发受热面系统中，锅炉水在汽包—下降管—水冷壁（上升管）—汽包之间进行循环。现代自然循环锅炉的循环倍率大约为 $K=4\sim10$。

对于控制循环锅炉，以 600MW 锅炉的蒸发受热面系统为例加以说明。图5-3所示为该锅炉水的加热系统（省煤器系统）和蒸发受热面系统。蒸发受热面系统主要包括汽包、下降管、循环泵、供水包（水冷壁环形下联箱）、水冷壁及其引出管等。控制循环锅炉与自然循环锅炉蒸发系统存在三点主要差别。

（1）控制循环锅炉在下降管下端设置了锅炉水的循环泵。循环回路的流动阻力由循环泵提供的压头和自然循环产生的推动力共同承担，可以弥补蒸汽参数提高后汽水密度差减小造成的自然循环推动力下降的不足，有利于回路循环的可靠性。为减少循环泵的功耗，控制循环锅炉的循环倍率一般在 $K=2\sim5$ 之间，有的还低于2。

（2）由于循环泵可提供足够的压头，水冷壁不必像自然循环锅炉那样（图5-2）按吸热量不同划分为许多回路。循环系统可以简化。水冷壁下集箱为一大直径环形下水包，可通过在下水包内装置水冷壁的节流圈的方法来调节各水冷壁管的水流量，使之与吸热量平衡。这种在下水包内加装节流圈的方法，容易装卸和维护。

（3）循环泵的设置可使整个循环回路的设计有更多选择的余地。水冷壁管子的直径可以适当减小，以节省金属耗量；汽包内部可采用更高效的汽水分离部件；汽包可采用上、下壁温差较小的设计。

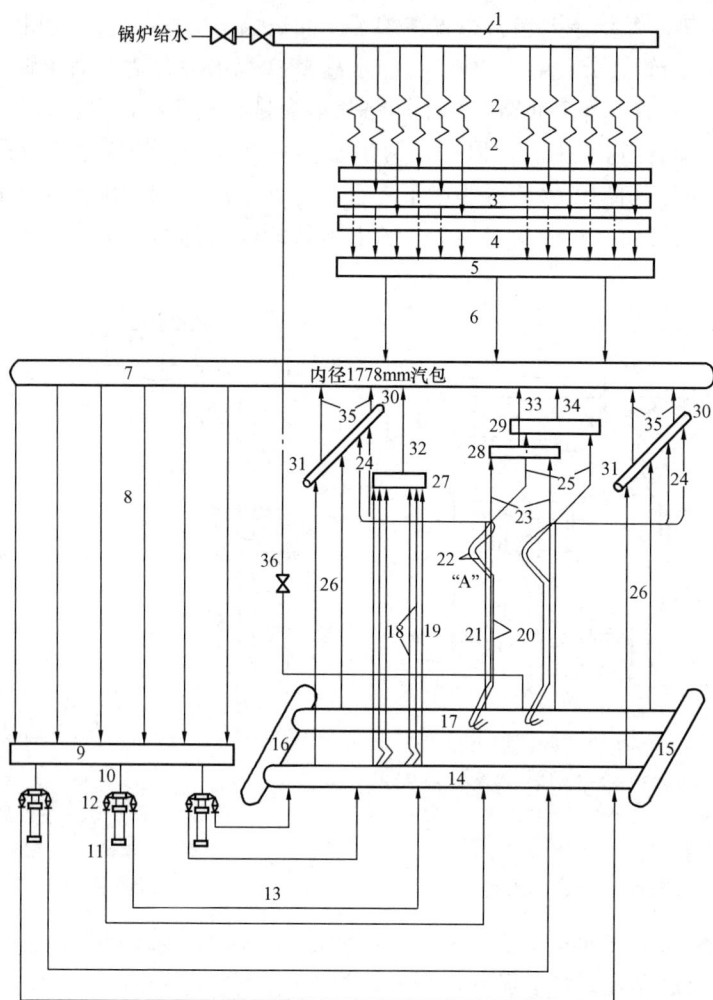

图 5-3 600MW 控制循环锅炉蒸发受热面系统简图

1—省煤器进口联箱；2—省煤器；3—省煤器中间联箱；4—悬吊管；5—省煤器出口联箱；6—省煤器出水管；7—汽包；8—下降管；9—循环泵进口联箱；10—循环泵进水管；11—循环泵；12—循环泵出口截止/止回阀；13—循环泵供水管；14～17—环形下联箱（水冷壁供水包）；18、19—前墙水冷壁；20、21—后墙水冷壁；22—折焰角水冷壁；23、25—悬吊管；24—由水冷壁延伸的水平烟道侧墙包覆管；26—侧墙水冷壁；27～31—水冷壁上联箱；32～35—汽水混合物引出管；36—省煤器再循环

在蒸发受热面系统中，汽包、下降管（或下降管加循环泵）、水冷壁下联箱（或下水包）、水冷壁管、水冷壁上联箱、汽水引出管和汽包汽水分离装置等组成一个封闭的循环回路。在循环回路中工质的正常循环是锅炉可靠运行的重要保证。

第三节 汽包锅炉水冷壁

汽包锅炉的水冷壁由置于炉膛四周内壁、紧贴着炉墙连续排列、基本上呈立式布置的光管或鳍片管组成。对于亚临界压力以下的锅炉，主要作为蒸发受热面的锅炉水冷壁，用于吸收炉内高温火焰的辐射热，使进入管内的工质（水）产生蒸汽。炉膛设计时，除应满足煤粉燃烧条件外，水冷壁的吸热量应足以使炉膛的出口烟温降低到煤灰的软化温度，以防造成炉膛出口受热面的结焦。

水冷壁的结构有光管式、膜式、销钉式和内螺纹管式。对于后者，外表可为光管式和鳍片管式。

1. 光管水冷壁

光管水冷壁由内外壁均光滑的无缝钢管组成，如图 5-4（a）所示。管子外径一般为 $d=50\sim60\text{mm}$，密集连续排列。管子相对节距一般在 $s/d=1.05\sim1.1$ 之间。

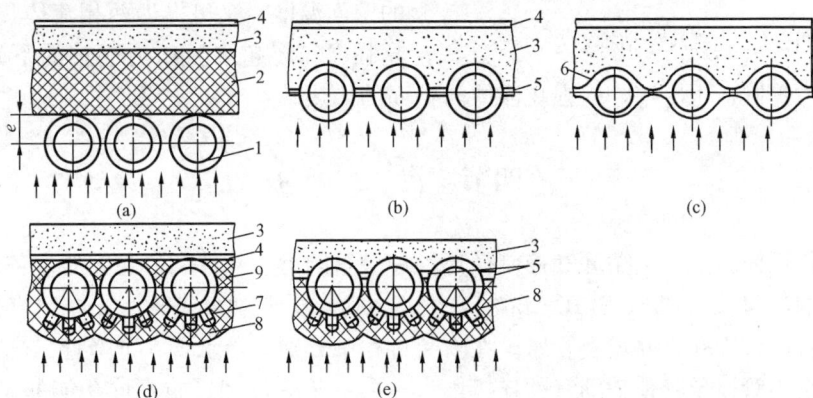

图 5-4 水冷壁结构图

（a）光管水冷壁；（b）管子—扁钢焊制膜式水冷壁；（c）鳍片管膜式水冷壁；
（d）销钉水冷壁卫燃带；（e）销钉膜式水冷壁卫燃带
1—管子；2—耐火材料；3—绝热材料；4—炉墙护板；5—扁钢；
6—轧制鳍片管；7—销钉；8—耐火填料；9—铬矿砂材料

2. 膜式水冷壁

现代锅炉都采用膜式水冷壁，即由水冷壁管组成的连续钢制结构，避免砖墙或预制（耐火）材料与火焰面的接触，减轻了砖墙和保温材料的热负荷和重量，有利于炉膛的密封（减小漏风），便于采用全悬吊结构。光滑和温度较低的金属表面有利于降低炉内结焦的可能性。构成膜式水冷壁的结构有光管与扁钢（厚度 $5\sim6\text{mm}$）的焊接和轧制鳍片管焊接两种，如图 5-4（b）和（c）所示。膜式水冷壁的外径一般为 $d=50\sim70\text{mm}$，相对节距为 $s/d=1.2\sim1.5\text{mm}$。

3. 销钉式水冷壁

对于燃烧低挥发分煤的炉膛，为保持燃烧区火焰的高温，以利于低挥发分煤粉的着火，往往在燃烧器布置区域的炉墙上敷设一定数量的保温卫燃带。卫燃带一般采用在水冷壁管子上焊以销钉并敷以铬矿砂等耐火材料构成，如图 5-4（d）和（e）所示。销钉的作用是使铬矿砂材料与水冷壁牢固地连接在一起，使之不容易脱落，又可将铬矿砂表面的热量部分传递给水冷壁内的工质，避免温度过高而烧毁。

4. 内螺纹管水冷壁

对于亚临界压力自然循环和控制循环锅炉，为了防止膜态沸腾过早产生，推迟汽水混合

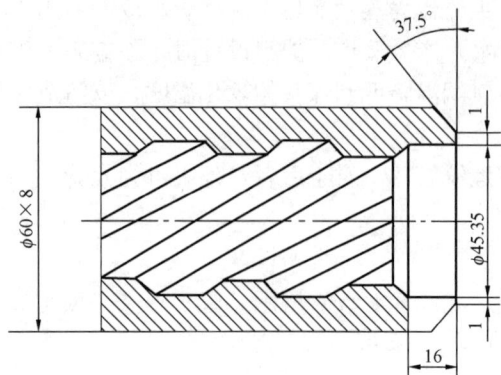

图 5-5　内螺纹管结构示意

物传热的恶化，在炉内布置燃烧器的高热负荷区域，多采用内螺纹管替代内壁光滑的光管制造水冷壁。内螺纹管的结构如图 5-5 所示，它是一种多头（多道）凹槽的管子。流体流过管内凹—凸表面时，不断产生流体对表面的冲击和旋涡，流体的横向脉动加剧。这可强化壁面与流体之间的热交换，在两相流体中还有利于管轴中心区流动的液滴向壁面方向的扩散。所以，这种管子可降低管子的壁面温度，又可推迟两相流体传热的恶化。超临界和超超临界压力锅炉的下辐射区，也多采用内螺纹管制造水冷壁，以强化流体与壁面的传热。

第四节　汽　　包

汽包又称锅筒，是自然循环和控制循环锅炉最重的承压部件和最庞大的设备。现代亚临界压力锅炉的汽包长达 25～28m，直径 1700～1800mm，厚度 130～200mm。汽包沿长度和周界方向开有许多管孔，并焊上管座。在安装过程中分别与给水管、下降管、汽水混合物引入管、蒸汽引出管以及其他辅助管件连接。汽包内部装有许多实施不同功能的设备或部件，其中汽水分离设备最多，也最复杂。

在自然循环和控制循环锅炉中，汽包具有重要的作用。

（1）汽包对外接受来自省煤器的给水和来自水冷壁的汽水混合物，通过下降管向循环回路供水，通过蒸汽引出管向过热器供应品质符合要求的饱和蒸汽，是锅炉主要受热面（省煤器、水冷壁和过热器）正常运转的连接枢纽；对内实施汽水的彻底分离，是过热器和汽轮机获得优良品质蒸汽的一个重要的保证者。其中，以保证循环回路的正常循环和优良品质蒸汽的获得最为重要。

（2）汽包容积大，储水多，有一定的蓄热能力，在锅炉负荷变动时具有一定的缓冲能力。

（3）为对来自水冷壁的汽水混合物进行彻底的分离，汽包内装有多级汽水分离设备。图 5-6 所示为一台控制循环锅炉的汽包结构，内部装有 110 台涡轮板式旋风分离器和相应的波形板式二次分离器作为汽水的初级分离设备。在蒸汽从汽包送出（至过热器）前，再经波形板式分离器和多孔均流板进行微细水滴的最终分离。分离效率高达 99.7%～99.9%。

（4）对循环的锅炉水进行适当的化学处理，避免在循环回路中发生水垢等杂质的沉积，故汽包内部设置了加药管。

进入锅炉的给水（汽轮机的凝结水加少量补充水）都是经过处理的纯净水。在处理过程中，结垢物质都已转化为悬浮状污泥，经多级处理后水中的污染杂质绝大部分都已除去。为避免微量悬浮污染物恶化蒸汽品质，在汽包中还设有连续排污管，可以排出水位面附近的悬浮状杂质。在循环回路最低端（水冷壁下集箱底部）还设有可以排除水垢、铁锈等杂质的定期排污装置。

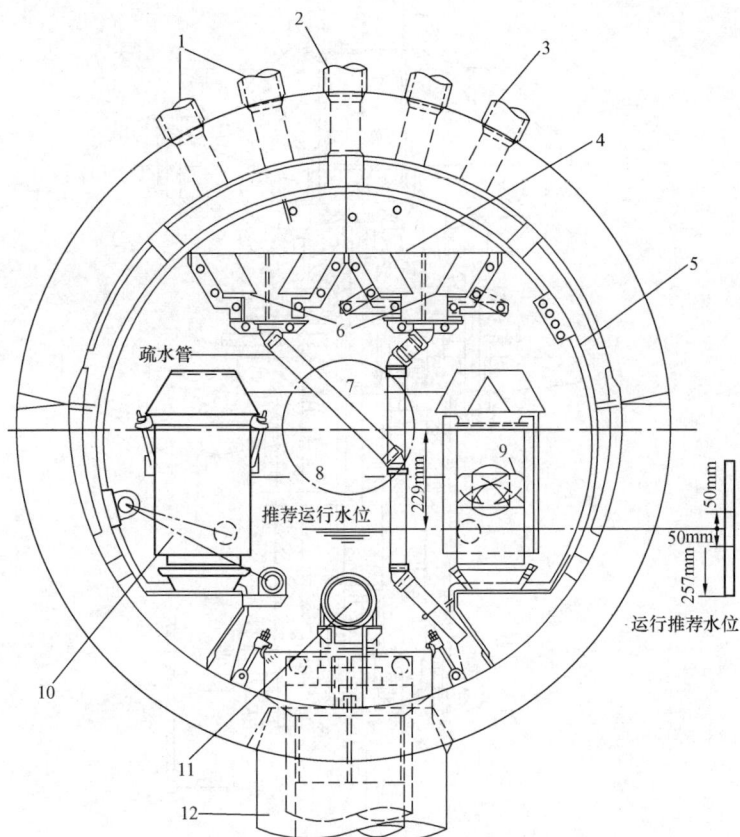

图 5-6　控制循环锅炉汽包内部装置

1、3—汽、水混合物进口；2—去过热器进口联箱；4—均流孔板；5—汽包内
附罩；6—双板式分离器；7—二次分离器；8—一次分离器；9—漩涡板；10—
排污连接管；11—给水总管；12—下降管

第五节　循　环　泵

控制循环锅炉的循环泵是单级叶轮泵，叶轮与电机转子装在同一主轴上，置于相互连通的密封压力壳体中。泵与电机结合成一整体，其间设有联轴节，消除了泵泄漏的可能性。

循环泵的基本结构如图 5-7 所示，在电机轴（绕有线圈的转子）的另一端上安装一只单级离心叶轮泵，电机与泵体由主螺栓和法兰肩台实施连接。

循环泵一般悬吊在下降管下端，由下降管的管道支吊，在锅炉热态时可随下降管一起向下移动而不受约束。

循环泵电机的定子和转子用耐水耐压的绝缘导线做成绕组，浸沉在高压（一次）冷却水中。电机运行时产生的热量，由循环的高压（一次）冷却水传递给低压（二次）冷却水带走。

每台锅炉一般配备并联在一起的三台循环泵，其中一台备用。循环泵出口装有起截止和逆止两用的阀门，循环泵运行时开启，停运时关闭，起截止阀作用；当运行的循环泵因故障跳闸时，阀门的阀芯自动落座关闭，起防止锅炉水从水冷壁倒流的逆止阀作用。

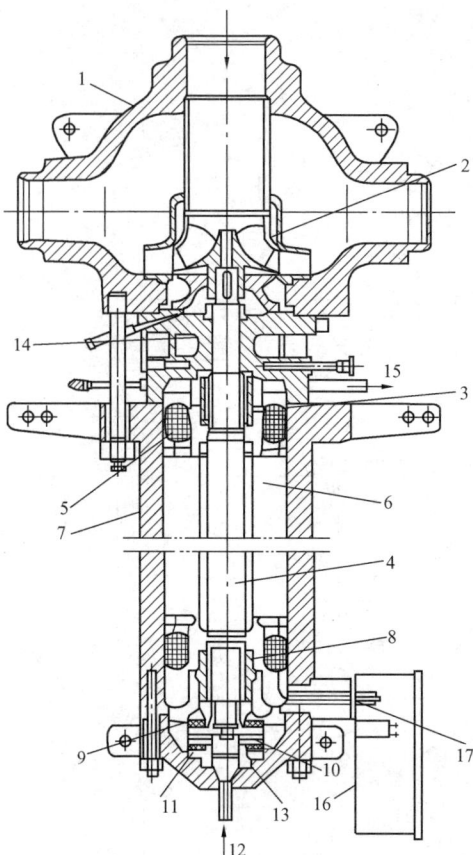

图 5-7　锅炉水循环泵

1—泵壳；2—叶轮；3—上端轴承；4—主轴；5—电动机线圈；6—定子绕组；7—电机外壳；
8—下轴承；9—上推力块；10—推力盘（辅助叶轮）；11—下推力块；12—一次冷却水进口；
13—电机底座；14—隔热体；15—一次冷却水出口；16—接线盒；17—引线密封

第六节　直流锅炉蒸发受热面系统

一、蒸发受热面系统

在超临界和超超临界压力下，不存在汽—水两相共存现象，水的蒸发热为零，也不需要进行汽水的分离。现代社会要求火电机组具有良好的调峰能力。从经济和安全可靠性的角度考虑，在负荷变动时，现代火电机组都采用变压运行方式，即机组负荷降低时，锅炉压力随之下降。当机组负荷从额定值降至 $60\%\sim75\%$ 时，锅炉工质的压力转入低于临界压力的区域，因而存在汽水两相共存区。所以，对于变压运行的超（超）临界压力锅炉，在汽水系统的水冷壁出口和初级过热器之间串联有起类似于汽包的汽水分离作用的内置式分离器。此外，一般还设置有再循环泵，将分离器中分离下来的锅炉水返回水冷壁进行再循环，如图 5-8 所示，但循环泵一般只在最低运行负荷时（现代超临界和超超临界压力锅炉的最低运行负荷，为额定负荷的 $25\%\sim35\%$）才投入运行。分离器的数目一般为 $2\sim4$ 只，并联在一起，是承受全压的压力容器。在超临界压力下，它是直流式部件。故分离器一般做成长度很大、直径较小，有较好的耐压和适应负荷变动能力的圆柱形容器。图 5-9 所示为一台 600MW 等级的超临界压力锅炉分离器的结构。该锅炉将分离器的分离功能和蓄水功能分开，四台主要起分离作用的分离器并联在一起，在分离器下方连接一台直径大体相当、高度达 18m 的蓄水容器起蓄水作用。当锅炉变压到水冷壁出口的工质为汽水混合物时，切向进入的分离器起汽水分离作用，蒸汽由分离器顶端进入过热器，分离下来的锅炉水进入蓄水箱，通过再循环泵升压后与给水混合回到锅炉中循环流动。

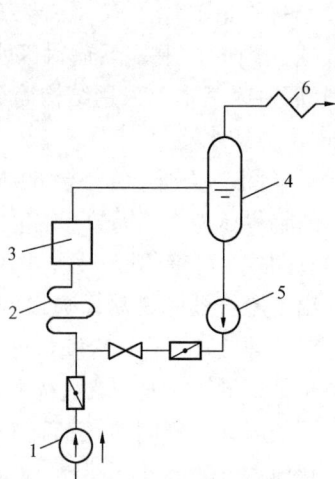

图 5-8　直流锅炉蒸发受热面系统

1—给水泵；2—省煤器；3—水冷壁；
4—分离器；5—再循环泵；6—过热器

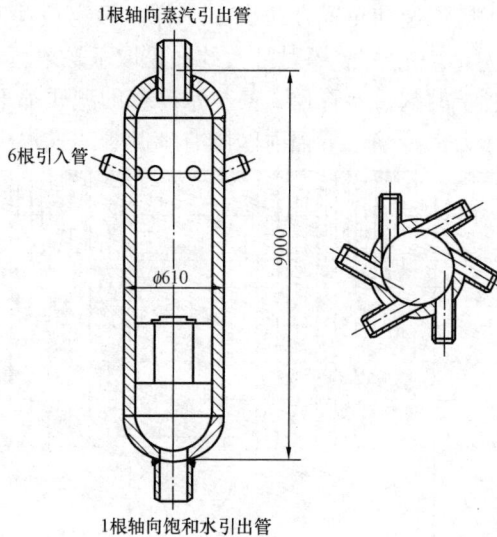

图 5-9　600MW 等级超临界压力锅炉分离器

二、水冷壁

在直流锅炉发展初期，炉膛水冷壁的型式很多。经过逐渐淘汰，现代变压运行直流锅炉下辐射区的水冷壁基本上只有螺旋管圈式和立式管屏式两种；上辐射区则都采用立式管屏，如图 5-10 所示。

在压力低于临界压力时，直流锅炉水冷壁内工质的流动存在水动力不稳定性、脉动、热偏差和传热恶化等问题（详见第十三、十四章）；在超临界压力下，理论上不存在水动力的不稳定性和脉动现象，但热偏差和传热恶化问题仍然存在。水冷壁的热负荷越高，上述流动

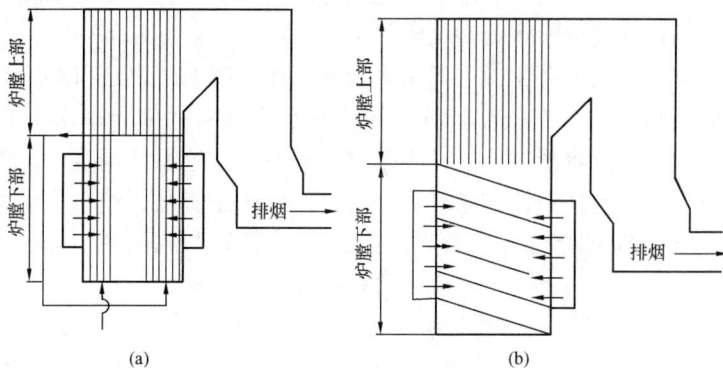

图 5-10　超临界压力变压运行锅炉的水冷壁

（a）立式管屏式；（b）螺旋管圈式

和传热恶化越严重。为解决这些问题或减轻其严重程度，一般采用提高管内工质的质量流速（ρw）、采用内螺纹管和在水冷壁管入口处加装节流圈等方法。

直流锅炉的炉膛大约以折焰角部位为分界，将水冷壁划分为下辐射区（也有再将下辐射区区分为中辐射区和下辐射区的）和上辐射区两部分。分界点工质的温度大约为稍微过热的温度。在上辐射区中，炉内温度水平和热负荷较低；下辐射区为燃烧区，包括热负荷和烟温水平很高的燃烧器布置区域。由于这两个区域的烟温水平、热负荷和工质性质均不相同，所以管内工质流速和布置方式也不一样。额定负荷时下辐射区的质量流速采取 $\rho w = 2500 \sim 3500\,kg/(m^2 \cdot s)$，上辐射区大约只采取下辐射区一半的数值。因此，上、下辐射区水冷壁管平行管子的数目、管径，甚至水冷壁的型式都不一样。上辐射区基本上采用结构简单的立式管屏作为水冷壁，下辐射区则有螺旋管圈式水冷壁或立式管屏式水冷壁。

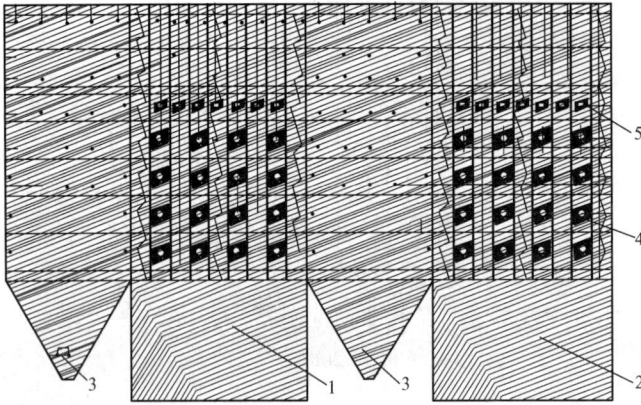

图 5-11　600MW 超临界压力直流锅炉下辐射区螺旋管圈式水冷壁展开图
1—前墙水冷壁；2—后墙水冷壁；3—侧墙水冷壁；
4—燃烧器（前后墙各 16 只）；5—燃尽风喷口（前后墙各 7 只）

图 5-11 所示为一台 600MW 的超临界压力直流锅炉下辐射区螺旋管圈式水冷壁的展开图，图中还示出了燃烧器和燃尽风喷口的布置。对于螺旋管圈式水冷壁，每一根管子都要围绕四面炉墙盘绕上升，管子长度大，管间热负荷比较均匀，热偏差小，也容易保证水动力稳定。所以，这种水冷壁管子不加装节流圈。为避免传热恶化，下辐射区中工质的质量流速一般取 $3000 \sim 3500\,kg/(m^2 \cdot s)$。当水冷壁采用内螺纹管时，设计质量流速可降低至 $\rho w \leqslant 2500\,kg/(m^2 \cdot s)$。

螺旋管圈式水冷壁被认为是最适合于变压运行直流锅炉的水冷壁型式，但制造和安装工艺比较复杂，水冷壁需用额外部件进行支吊。

立式管屏式水冷壁制造工艺较简单，可借助水冷壁管本身进行支吊，但管子之间以及管屏之间热负荷偏差较大；为防止水动力不稳定，减少热偏差的影响和适应变压运行，这种水冷壁一般都采用内螺纹管并加装节流圈。节流圈容易堵塞，维护困难。工况变化时，节流圈的特性还会随之变化，从而影响水流量与吸热量的匹配。

立式管屏水冷壁的下辐射有一次上升垂直管屏（即所谓 UP 炉）和多次上升垂直管屏之分。一次上升管屏结构简单，工质在炉膛四周所有水冷壁管内平行一次上升，温度相对均匀，没有炉外下降管。但对容量（出力）不足够大的锅炉，这种结构难以保证水冷壁有足够高的质量流速，或者为满足质量流速条件而采用过小的管子直径，使水冷壁的刚性和承载能力变差。某国产 1000MW 超超临界压力直流锅炉采用了立式管屏式一次上升的方式。为保证水动力稳定、减少管间热偏差和防止管内传热恶化，下辐射区水冷壁采用了内螺纹管，如图 5-12 所示；在水冷壁管的进口部位加装节流圈，如图 5-13 所示。该锅炉为保证水冷壁的质量流速[额定出力时约为 $\rho w = 1850\,kg/(m^2 \cdot s)$]，下辐射区水冷壁需采用较小直径的管子制造。国内 1000MW 超超临界压力立式管屏式直流锅炉的下辐射水冷壁，都采用外径约

为 $\phi 28.6$（厚度约 6mm）的管子制作。

有一种见解认为，直流锅炉水冷壁管子的直径宜不小于 $\phi 38$，以保证其刚性和能经受住内压、外载和温度应力（热应力）的共同作用。多次上升管屏可保证水冷壁有足够高的质量流速，水冷壁管子直径也不至于过小。这种管屏结构在各上升管屏之间采用炉外下降管连接。在压力低于临界压力时，来自下降管的汽水混合物在向上升管屏的上升管供给时，可能存在汽水混合物分配的不均问题。此外，同一面炉墙的各平行管屏边部的邻近管子存在工质温度或含汽率的差别，会造成壁温的偏差。

一般认为，出力 800MW 以下的直流锅炉，在采用立式管屏式水冷壁时，不宜采用一次上升的管屏结构。图 5-14 所示为 FW 公司为 600MW 的 1950t/h 燃油锅炉设计的直流锅炉水冷壁。炉膛下部的下辐射区采用多次上升，而上辐射区则采用一次上升垂直管屏设计。

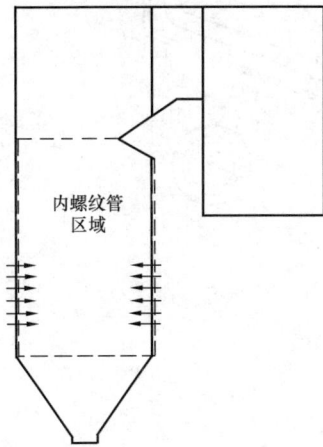

图 5-12 某 1000MW 超超临界压力直流炉采用内水冷壁螺纹管部位示意

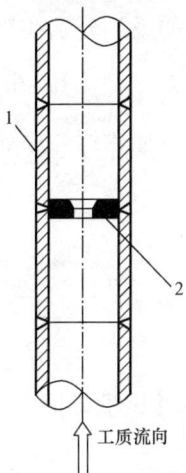

图 5-13 某 1000MW 超超临界压力直流锅炉水冷壁进口部位加装节流孔板示意
1—管子；2—节流孔板

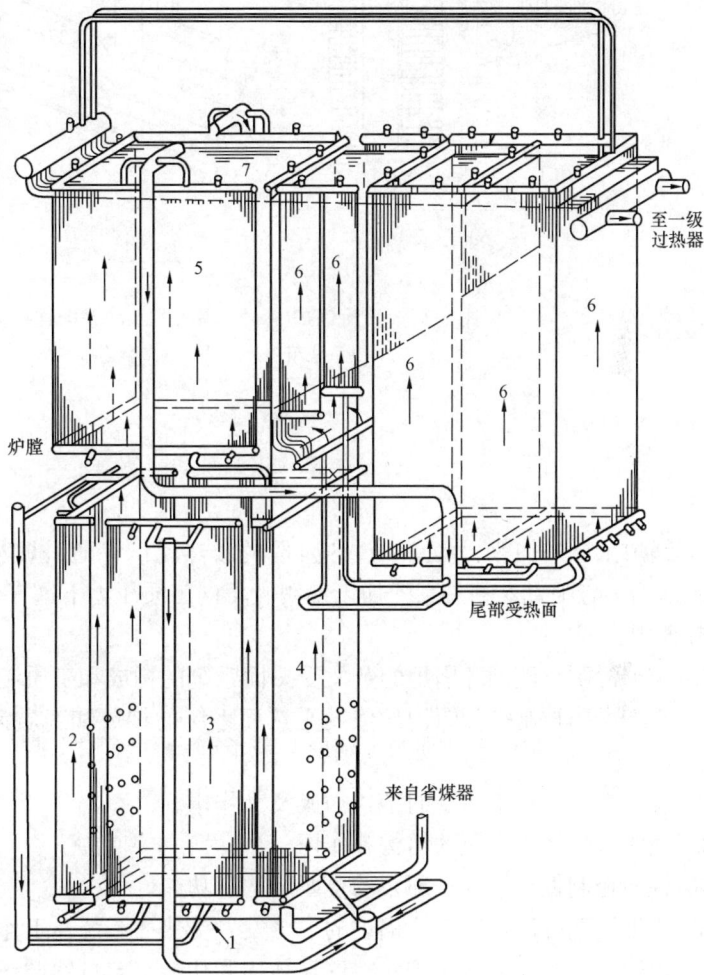

图 5-14 下辐射区多次上升和上辐射区一次上升垂直管屏
1—下辐射区回路 1，炉膛底部；2—下辐射区回路 2，前墙和两侧墙前部；3—下辐射区回路 3，两侧墙中间；4—下辐射区回路 4，后墙及两侧墙后部；5—上辐射区回路 5；6—对流烟道包覆管；7—顶棚

上、下辐射区水冷壁之间的连接有两种方式，即通过联箱（混合联箱）进行连接和通过分叉管进行连接，如图 5-15 所示。

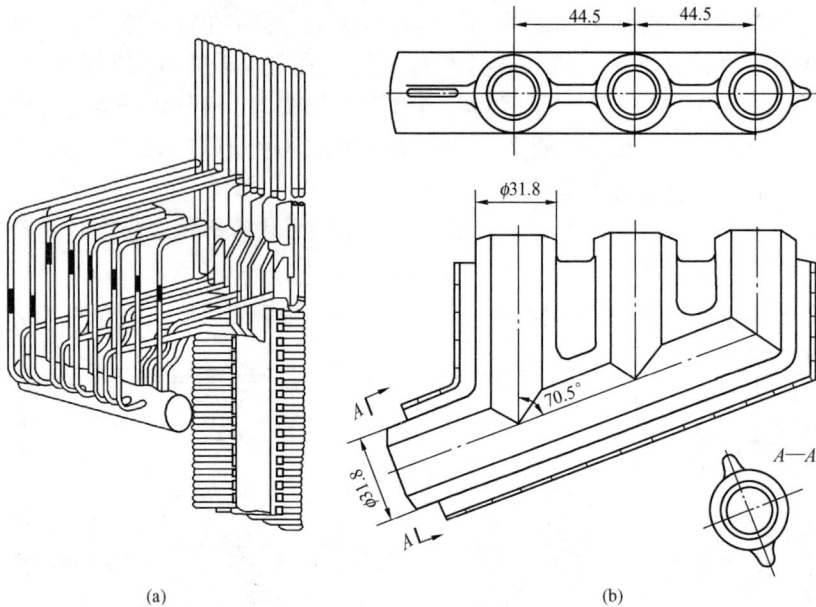

(a)　　　　　　　　　　　　　　　　　　　　　(b)

图 5-15　直流锅炉上、下辐射区水冷壁的连接方法
（a）联箱连接；（b）分叉管连接

复 习 思 考 题

1. 锅炉工质的加热、蒸发和过热阶段的吸热比例，随锅炉蒸汽压力如何变化？试绘制一张工质焓 i 与压力 p 的关系图加以说明。不同工质压力下这三个阶段的吸热分别在锅炉哪些受热面内完成？

2. 详细说明自然循环锅炉的蒸发受热面系统的构成和工质流程。

3. 详细说明控制循环锅炉的蒸发受热面系统的构成和工质流程，并分析与自然循环锅炉系统的区别。

4. 说明汽包锅炉水冷壁的型式构成及其作用。

5. 说明汽包锅炉汽包的结构和作用。

6. 说明控制循环锅炉循环泵的主要结构和功能。

7. 详细说明变压运行直流锅炉的"蒸发"受热面系统及工作原理。

8. 说明变压运行直流锅炉水冷壁在结构和功能上与自然循环锅炉水冷壁的异同。

第六章　过热器和再热器

第一节　过热器和再热器的作用和工作特点

过热器和再热器是锅炉的重要组成部分,其目的是提高蒸汽的焓值,以提高电厂热力循环效率。过热器的作用是将饱和蒸汽加热成为具有一定温度的过热蒸汽。再热器的作用是将汽轮机高压缸的排汽加热到与过热蒸汽温度相等(或相近)的再热温度,然后再送到中压缸及低压缸中膨胀做功。

在电站锅炉中,提高蒸汽的初参数(如压力和温度)是提高火力发电厂热经济性的重要途径。但是,蒸汽温度的进一步提高受到高温钢材的耐温限制。只提高压力而不相应地提高过热蒸汽的温度,会使蒸汽在汽轮机内膨胀终止时的湿度过高,影响汽轮机的安全。再热循环的采用(相应地在锅炉内装置再热器),一方面可以进一步提高循环的热效率(采用一次再热可使循环热效率提高4%～6%,二次再热可再提高约2%),另一方面可以使汽轮机末级叶片的蒸汽湿度控制在允许范围内。

过热器和再热器是锅炉内工质温度最高的部件,且过热蒸汽,特别是再热蒸汽的吸热能力(冷却管子的能力)较差,如何使管子金属能长期安全工作就成为过热器和再热器设计和运行中的重要问题。表6-1表示以往锅炉受热面常用钢材的使用温度上限。表6-2列出了超临界压力锅炉部分金属材料的允许温度上限。为了尽量避免采用更高级别的合金钢,设计过热器和再热器时,选用的管子金属几乎都工作于接近其温度的极限值。这时,10～20℃的超温也会使金属许用应力下降很多。因此,在过热器和再热器的设计和运行中,应注意如下问题:

(1) 运行中应保持汽温稳定,汽温的波动不应超过±(5～10)℃;

(2) 过热器和再热器要有可靠的调温手段,使运行工况在一定范围内变化时能维持额定的汽温;

(3) 尽量防止或减少平行管子之间的热偏差。

表6-1　　　　　　　　　　锅炉受热面常用钢材的使用温度上限

钢　号	壁温上限(℃)	钢　号	壁温上限(℃)
20	480～500	钢102(2CrMoWVB)	600
15CrMo(1Cr0.5Mo)	530～550	Ⅱ11(3Cr1MoVSiTiB)	600
12Cr1MoV(1CrMoV)	560～580		

表6-2　　超临界压力锅炉部分金属材料(联箱和主蒸汽管、水冷壁、过/再热器)允许温度上限

部　件	钢　号	允许壁温(℃)
联箱	9CrMoVNb(P91)	600
	9CrMoVNbW(P92)(E911)	620
	12Cr0.5Mo2WCuVNb(P122、HCM12A)	620
水冷壁	2.25Cr1.6WVNb(T23、HCM2S)	580
	2.25Cr1MoBN(T24或7CrMoVTiB1010)	580

续表

部　件	钢　　号	允许壁温(℃)
过热器再热器管	9CrMoVNb(T91)	600
	9CrMoVNbW(T92、NF616、E911)	620
	12CrMoV(X20CrMoV121)	620
	12CrMoVW(X22CrMoV121)	620
	12CrMoVNbW(HCM12)	620
	12CrMoVNbWCo(NF12，SAVE12)	620
	18Cr-8Ni(TP304H，Super304H，TP347H，TP347HFG)	650
	25Cr-20NiNbN(TP310NbN、HR3C)	700

第二节　过热器和再热器的型式和结构

根据传热方式，过热器和再热器可以分为对流式、半辐射式和辐射式。在大型电厂锅炉中通常采用上述三种型式的串级布置系统。

一、对流式

对流式是指布置在锅炉对流烟道内，主要是吸收烟气对流热的过热器和再热器。根据烟气和管内蒸汽的相互流向，又可分为逆流、顺流和混合流三种传热方式（见图 6-1）。逆流式对流受热面如图 6-1（a）所示，具有最大的传热温压。采取这种布置方式，可以节省金属耗量，但蒸汽出口处恰恰是受热面中烟气和蒸汽温度最高的区域，金属壁温可能很高。顺流布置方式如图 6-1（b）所示，则相反，蒸汽出口处烟气温度最低，金属壁温自然也较低。从过热器和再热器工作的安全性考虑，这种布置方式是有利的，但是其传热温压小，所需受热面较多。逆流布置方式常用于过热器和再热器的低温级（进口级）；顺流传热方式多用于蒸汽温度较高的最末级（即高温级）。混合流为折中的布置方式，如图 6-1（c）所示，蒸汽在其中先流经逆流传热段，然后流过顺流传热段。

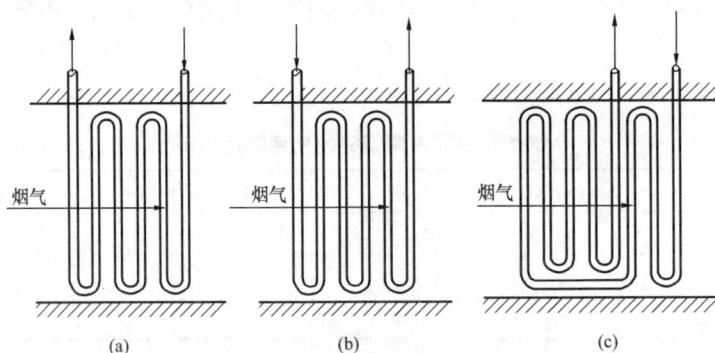

图 6-1　对流式过热器和再热器示意图
(a) 逆流；(b) 顺流；(c) 混合流

根据管子的布置方式，对流式过热器和再热器可分为立式和卧式。蛇形管垂直放置的立式布置与蛇形管水平放置的卧式布置，各有不同的特点。卧式受热面容易在停炉时排去管内存水，立式受热面的存水却不易排出。但立式受热面的支吊结构比较简便，可用吊钩把蛇形管的上弯头吊挂在锅炉钢架上。卧式受热面的支吊结构比较复杂，常以有工质冷却的受热面管子（如省煤器管子）作为它的悬吊管。这种过热器在塔式和箱式锅炉中很普遍，在Ⅱ型锅炉的尾部竖井中也常使用。

过热器和再热器的蛇形管可做成单管圈、双管圈和多管圈（图6-2），这与锅炉的容量和管内必须维持的蒸汽速度有关。大容量锅炉一般采用多管圈结构。

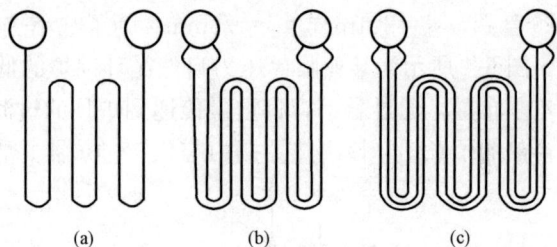

图 6-2　蛇形管圈
(a) 单管圈；(b) 双管圈；(c) 多管圈

图 6-3 所示为某超临界压力 1900t/h 锅炉的高温过热器，逆流立式布置在水平烟道的后侧（这里烟气温度相对较低），由 984 根直径为 38mm 的管子组成，并列分成 82 片，每片有

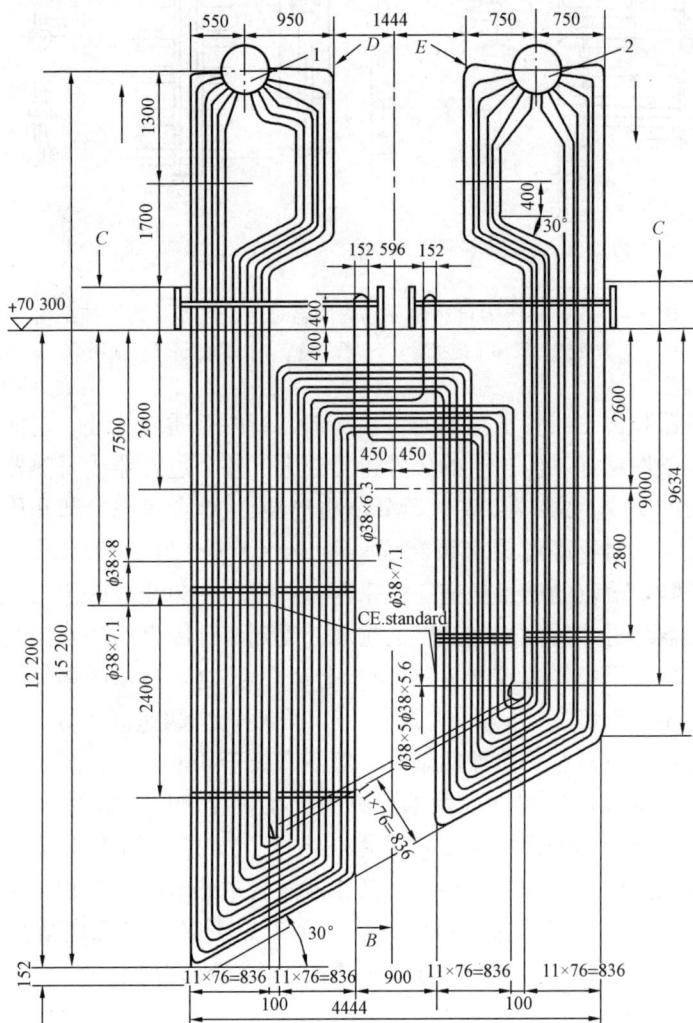

图 6-3　高温对流过热器示意
1—出口联箱；2—进口联箱

12 个管圈，$s_1 = 224\text{mm}$，$s_2 = 76\text{mm}$。为了减小热偏差，内、外管圈还交换了位置。

图 6-4 所示为某亚临界压力自然循环锅炉的低温对流过热器及其吊挂结构，其受热面管子水平布置，通过悬吊管将重量传递到炉顶的过渡梁上。图 6-5 所示为某超临界压力锅炉低温再热器示意图，该再热器是由与包覆过热器并联的过热器管作悬吊管的。

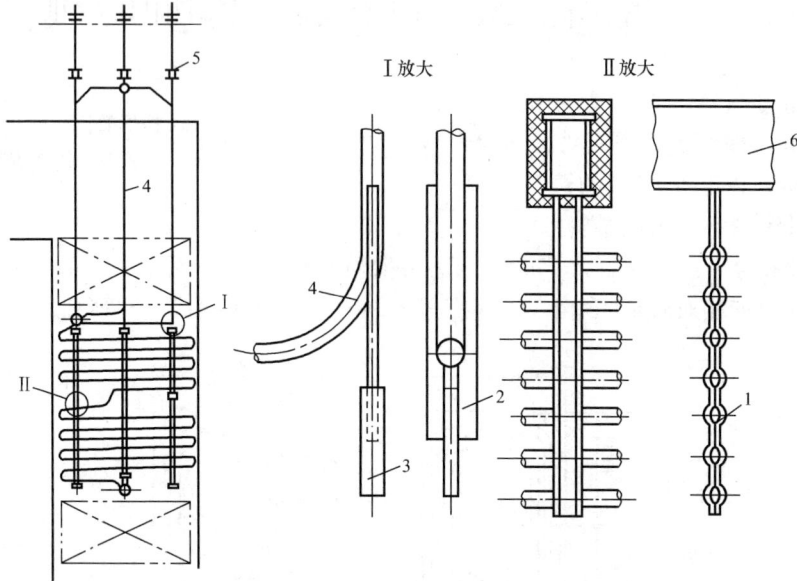

图 6-4　亚临界压力自然循环锅炉低温对流过热器及其吊挂结构
1—管夹；2、3—连接管；4—悬吊管；5—过渡梁；6—横梁

为了保证过热器和再热器管子金属的可靠冷却，管内工质应保证一定的质量流速。速度越高，管子的冷却条件越好，但工质的压降也会越大。整个过热器或再热器的压降，一般不应超过其工作压力的 10%（过热器）或 0.2MPa（再热器）。综合考虑冷却和压降两个因素，对流过热器的质量流速，对于高温最末级建议采用 $\rho w = 800 \sim 1100\text{kg/(m}^2 \cdot \text{s)}$；对于对流再热器，为了减小压降，蒸汽的质量流速一般采用 $\rho w = 250 \sim 400\text{kg/(m}^2 \cdot \text{s)}$。

流经对流过热器和再热器的烟气速度的选取，受到多种因素的相互制约。高的烟气速度可提高传热系数，但管子磨损也较严重（见第十七章）；反之，过低的烟气流速，除传热性能较差外，还导致管子严重积灰（见第十七章）。已经发现，当烟速低于 3m/s 时，管子堵灰严重。因此，在额定负荷时对流受热面的烟速一般不宜低于 6m/s。烟速的上限，受磨损限制，与燃料种类、灰分含量和灰的特性以及烟温有关。在炉膛出口之后的水平烟道中，烟温较高，灰粒较软，对受热面的磨损较轻，常采用 10～12m/s 以上的流速。在靠近炉膛出口的高温区域中，由于飞灰的黏结和烧结性能，防止或减轻过热器的高温积灰可能成为受热面设计和运行的主要问题之一。当烟温下降至 600～700℃ 以下时，生成烧结性积灰的可能性显著减小，但由于灰粒变硬，磨损加剧，在一般情况下烟速不宜高于 9m/s。

二、半辐射式

半辐射式过/再热器是指布置在炉膛上部或炉膛出口烟窗处，既接收炉内的直接辐射热，又吸收烟气的对流热的受热面，通常也称为屏式过热器和屏式再热器。它是由许多管子紧密排列的管片(管屏)所组成的,烟气在屏与屏之间的空间流过,屏间距离(即横向节距)较大,相对纵向节距很小,一般 $s_2/d=1.1\sim1.25$。

在大型锅炉中,屏式过(再)热器有前屏(又称为大屏或分隔屏)和后屏之分。前屏一般布置在炉膛上部,节距较大,一般为 2500~4000mm,其主要作用是降低炉膛出口烟温,减少烟气扰动和旋转,改善过热蒸汽或再热蒸汽的汽温特性。后屏布置在炉膛出口处,能有效地降低进入密集的对流受热面的烟气温度,防止对流受热面结渣。后屏比前屏横向节距小,屏与屏之间的节距为 500~1000mm。

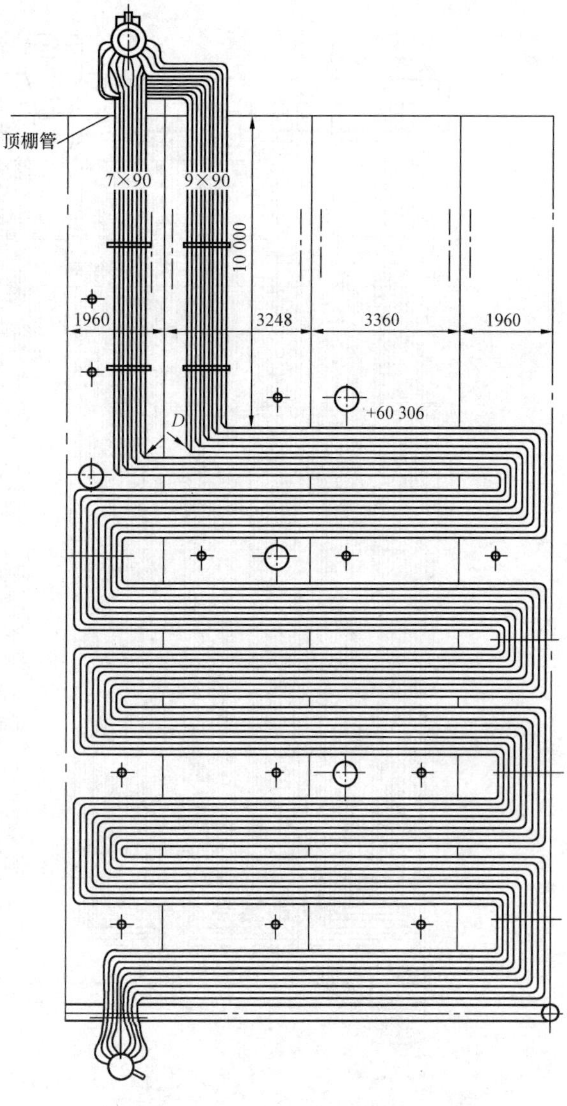

图 6-6、图 6-7 所示为屏式过热器的结构示意。管屏用自身的管子作为夹持管,将管屏夹紧,以免管子从屏的平面凸出,并将内圈管子适当加长,外圈管子缩短,以减少热偏差。为保持管屏平整,每片屏抽出一根管子作包扎管,将其余扎紧,如图 6-8 所示。相邻两片屏间采用横穿前屏和后屏的汽冷夹管来使屏平整和保持间距,图 6-8(a)所示的汽冷夹管由前屏进口联箱接至后屏出口联箱,在水平方向交叉构成夹持管,以夹紧前屏和后屏。汽冷管还用拉件与水冷壁固定。图 6-8

图 6-5 低温对流再热器示意

(c)所示为水平布置屏式过热器汽冷管夹和支撑管子的结构。

在大型锅炉的屏式受热面区域中,烟气温度为 1200~1400℃,烟气流速一般为 5~8m/s,受热面除吸收炉膛直接辐射热外,还吸收烟气的对流热。因此,屏式受热面的热负荷是相当高的;管片中平行工作管子所接受的炉内辐射热及所接触的烟气温度有明显的差别,也就是说,平行工作管子之间的吸热偏差较大。此外,平行管子之间的管长相差较大,导致各管中蒸汽流量不同。有时发现平行管子的蒸汽温度或管壁温度,相差竟达 80~90℃。另外,在机组启动时,屏式受热面也容易出现管壁超温现象。这些特征和现象说明,屏式受热面是过热器系统安全运行的薄弱环节。

为了提高屏式受热面工作的安全性,应当采用较高的质量速度[800~1200kg/(㎡·s)],以保证管子的冷却;对于接受炉内辐射热最多的外圈管子除用更好的材料外,在结构上采取措施,如图 6-9 所示,即外圈或吸热量较多的管子采用较短长度或用较大的管径、内外圈管子

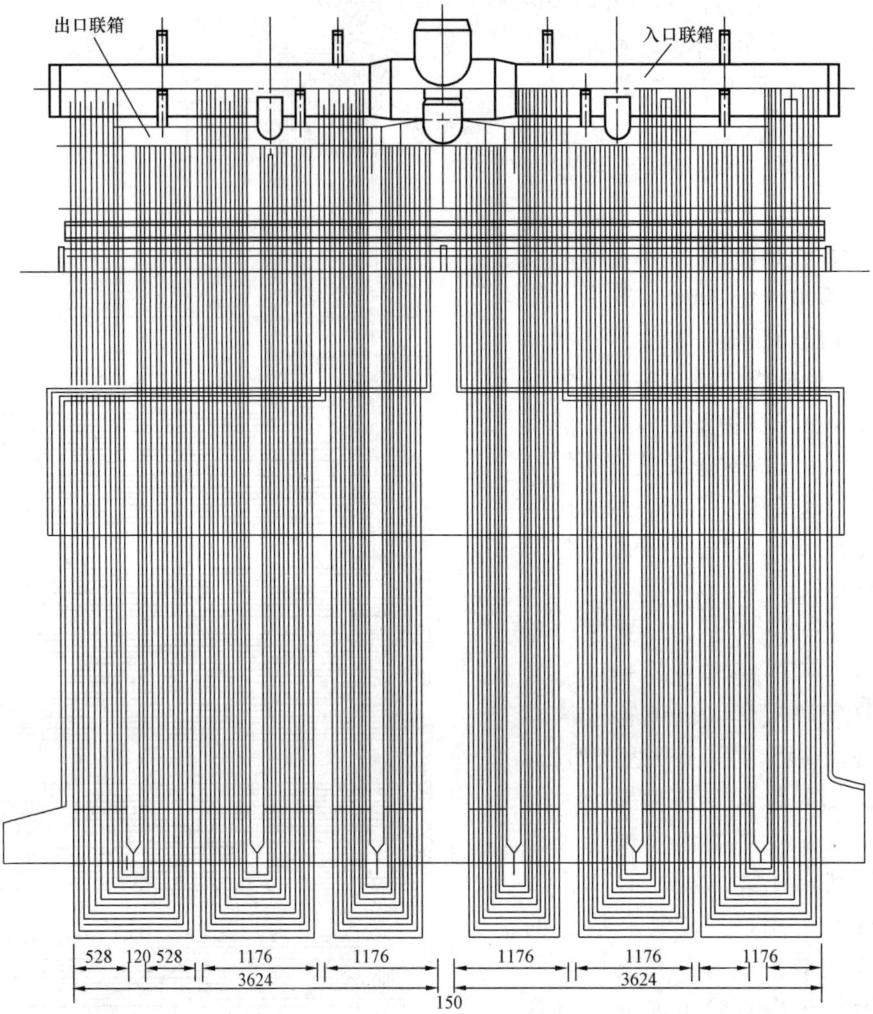

图 6-6 前屏过热器

交叉等。

三、辐射式过热器

布置在炉内壁面上直接吸收炉膛辐射热的过热器，称为辐射式过热器，一般是指布置在直流锅炉的上辐射区。

由于受火焰的高温辐射，为避免辐射式过热器的管壁温度较高，常将它作为过热器的低温段使用，并将管中质量流速提高到 $1000 \sim 1500 \text{kg}/(\text{m}^2 \cdot \text{s})$，以保证其冷却条件。

四、顶棚过热器和包覆过热器

顶棚过热器布置在炉膛的顶部，一般采用膜式受热面结构，它的吸热量不大，主要用于支承炉顶的耐火材料和保温材料，并保持锅炉的严密性。顶棚过热器一般采用图 6-10 所示的悬吊方法。

包覆过热器布置在水平烟道和尾部竖井的壁面上，其管径与对流过热器基本相同，相对节距对光管 $s_1/d \leqslant 1.25$，对膜式壁 $s_1/d = 2 \sim 3$。由于靠近炉墙处的烟气温度和烟气流速都

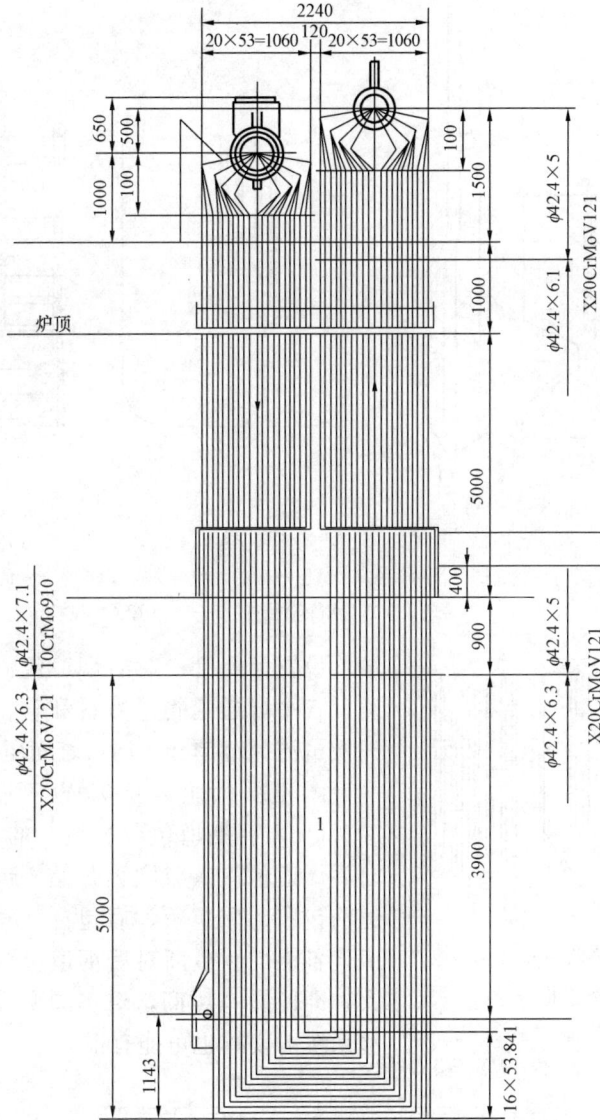

图 6-7 后屏过热器

较低，因此包覆过热器的辐射和对流吸热量都很少。包覆过热器的主要作用是形成烟道壁面并成为敷管炉墙的载体，同时提高炉墙的严密性，减少烟道漏风。

对流烟道内的顶棚和包覆过热器，在相应对流受热面的计算中是作为附加受热面处理的，其结构安排主要是考虑保证一定冷却能力的质量流速，依烟温水平在 $700\sim1000\ kg/(m^2\cdot s)$ 的范围内，并且应尽量控制工质流动的压降数值，工质压降损失将降低机组的循环热效率。

由于机组容量增加时，锅炉的外形尺寸不能按相同比例增大（详见第十二章），所以在炉膛宽度范围内所能安排顶棚管的数量和流通截面积不能按比例增加。为了减少顶棚和包覆过热器中蒸汽流动的压降，一般采取的措施有：①部分蒸汽绕过炉膛和水平烟道的顶棚管旁通至顶棚管的出口联箱（或称后烟道包覆入口联箱），如机组容量 300MW 以上（含）的锅

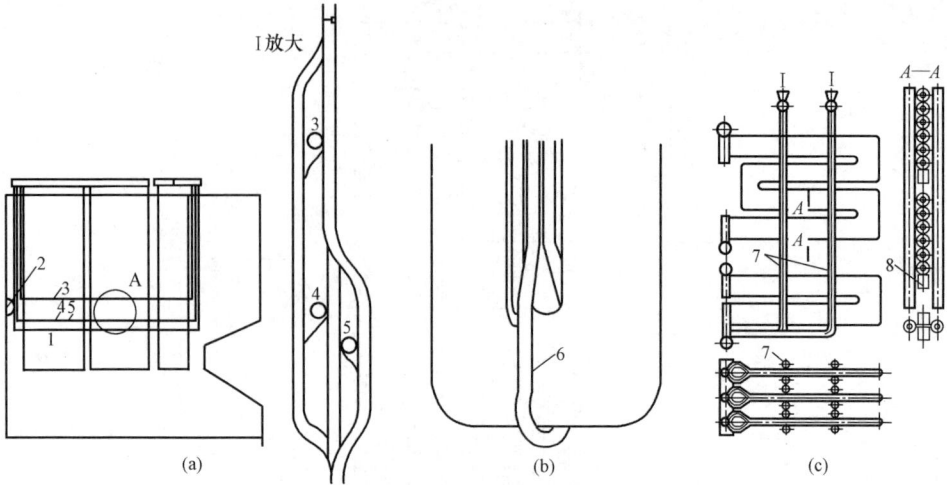

图 6-8　汽冷管夹类型

(a)固定屏间距与平整管屏的汽冷管夹；(b)屏底部的汽冷管夹；(c)水平布置的汽冷管夹

1、3～7—汽冷管夹；2—水冷壁拉件；8—支承管子的结构

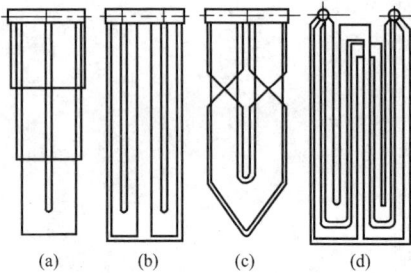

图 6-9　屏式过热器防止外圈
管子超温的改进措施

(a)外圈两管子截短；(b)外圈管子短路；(c)内外圈
管子交叉；(d) 外圈管子短路与内外圈管子交叉

炉均设置旁路管；②后烟道包覆管采取多条平行通道，各平行通道管子数目和管径的选取，应符合上述质量流速范围和进出口之间压降大致相同的原则。

图 6-11 所示为 600MW 亚临界压力锅炉（$D=$ 2027t/h）后烟道包覆过热器的布置图，可以看出，自后烟道包覆入口联箱开始，包覆过热器就有后烟道前包覆、侧包覆、后包覆、隔墙管等多条平行通道，各锅炉制造商对后烟道包覆系统的设计差别甚大，即使同一厂商，对不同型号的锅炉，后烟道包覆系统的安排也可能有很大差别。

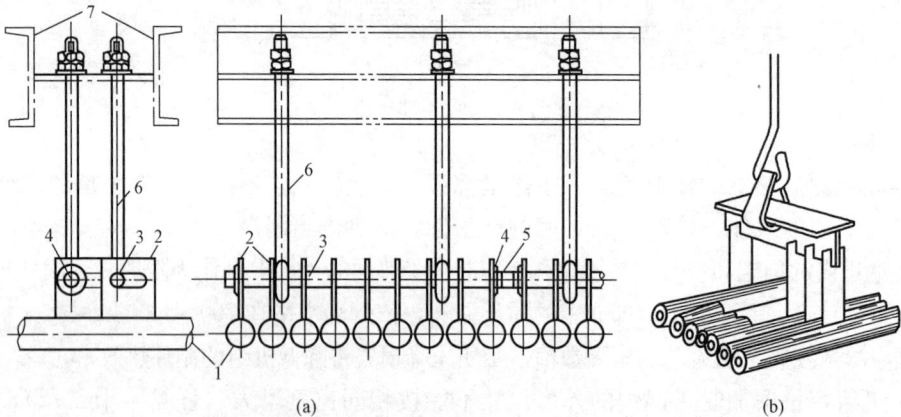

图 6-10　顶棚过热器的支承结构

(a) 通过插销悬吊；(b) 通过吊板悬吊

1—顶棚管；2—承载块；3—销轴；4、5—销轴固定件；6—吊钩；7—承载梁

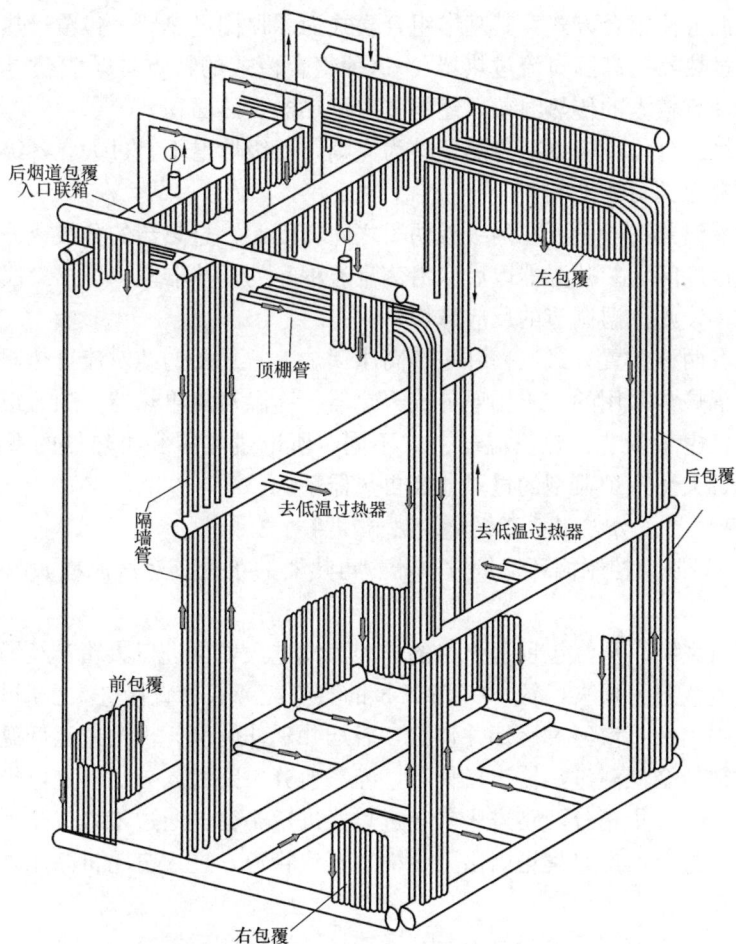

图 6-11　某 2027t/h 锅炉后部烟道过热器布置

第三节　过热器和再热器的系统

过热器的系统布置，应能满足蒸汽参数的要求，并具有灵活的调温手段，还应保证运行中管壁不超温和具有较高的经济性等，其复杂性与锅炉的参数有关。

当蒸汽参数（特别是蒸汽压力）提高时，水的加热热增大，汽化热减小，水蒸气的过热热增大，使锅炉受热面的布置也相应发生变化。

对于中压锅炉，一般容量不大，炉膛的辐射传热基本上与蒸发所需的热量相当，需要的过热热较少，因此，只采用直接布置于锅炉凝渣管束后面（沿烟气流向）的对流式过热器，系统比较简单，主要考虑顺流、逆流的合理布置，以保证管壁的安全和尽量节省金属用量。

对于高压以上锅炉，由于水的汽化热减少，需要的蒸发受热面少，为了防止结渣，限制炉膛出口烟温，则需要将部分过热器移到炉膛内部，即采用辐射－对流组合式过热器系统。

辐射式过热器由于热负荷较高，应作为低温过热器。对于国产高压以上锅炉的过热器系统都采用了串联混合流组合方式，其基本组合模式为"顶棚过热器—包覆过热器—低温对流过热器—半辐射过热器—高温对流过热器"。这种组合模式的特点是既能获得比较平稳的汽温特性，又能保证有较大的传热温差，还能节省过热器受热面积。

过热器的分级或分段，应以减少热偏差为原则，每级焓增不宜过大。各级或各段间的蒸汽温度的选取应考虑钢材的性能。

过热蒸汽的减温器一般设置在两级或两段之间。因此，过热器的分级或分段，还应考虑汽温调节的反应速度问题。减温器以后（沿蒸汽流程）的过热器段（即出口段）的受热面越少，工质焓增越小，则汽温调节的反应越快。

再热器系统有两种布置方式，一种是超高压锅炉上常采用的纯对流再热器；另一种是亚临界及以上压力锅炉常采用的"半辐射屏式再热器—高温对流再热器"顺流组合模式。对于现代大容量锅炉，由于调节再热汽温的方式不同，所以过热器和再热器的系统布置也不相同。下面介绍几种大型锅炉典型的过热器和再热器系统。

1. 2028t/h 亚临界压力控制循环锅炉过热器和再热器系统

2028t/h 亚临界压力控制循环锅炉过热器、再热器的布置及蒸汽流程如图 6-12、图 6-13 所示。

（1）过热蒸汽系统。从汽包顶部引出的饱和蒸汽进入炉顶进口集箱，经炉顶管至炉顶出口集箱，为减少蒸汽阻力损失，约 39％BMCR 的蒸汽经旁通管直接进入后烟井包覆上集箱。从炉顶出口集箱引出的蒸汽经过后烟井包覆，后烟井延伸侧墙，再汇总至低温过热器进口集箱，流经低温过热器至低温过热器出口集箱，经三通分二路引入分隔屏进口集箱，流经分隔屏和后屏，从后屏出口集箱分两路进入末级过热器进口集箱，通过末级过热器到末过出口集箱，再由两只末级过热器出口集箱引出至两根主蒸汽管道，进入汽轮机高压缸，其流程如图 6-12 所示。

各级过热器之间均采用大直径管道及三通连接，这使介质能充分混合，并简化布置。包覆过热器布置成几个回路，其目的是降低系统的阻力。

蒸汽冷却定位管由分隔屏进口集箱引出，将分隔屏定位夹持后引入后屏出口集箱，防止分隔屏偏斜摆动。

（2）再热蒸汽系统。自汽轮机高压缸排出的蒸汽分成两路引入墙式辐射再热器进口集箱，经过墙式辐射再热器，再由炉顶上部的出口集箱引出，通过 4 根连接管引至屏式再热器进口集箱，依次经过屏式再热器和末级再热器，然后由末级再热器出口集箱上方引出至再热器蒸汽管道，分两路进入汽轮机中压缸。在墙式再热器进口管道上布置有事故喷水减温器，其流程如图 6-13 所示。

各级再热器间都采用大直径管道及三通连接，以便增加充分混合的条件。并在屏式再热器和末级再热器之间通过连接管道进行左右交叉，以减少因炉膛左右侧烟温偏差而引起的再热蒸汽温度偏差。

2. 600MW 超临界参数机组锅炉过热器和再热器系统

600MW 超临界参数机组锅炉过热器、再热器的布置及蒸汽流程如图 6-14、图 6-15 所示。

（1）过热蒸汽系统。从汽水分离器引出的蒸汽进入炉顶进口集箱，经前炉顶管至炉顶出口集箱，为减少蒸汽阻力损失，在 BMCR 工况下约 35.6％BMCR 的蒸汽经旁路管直接进入

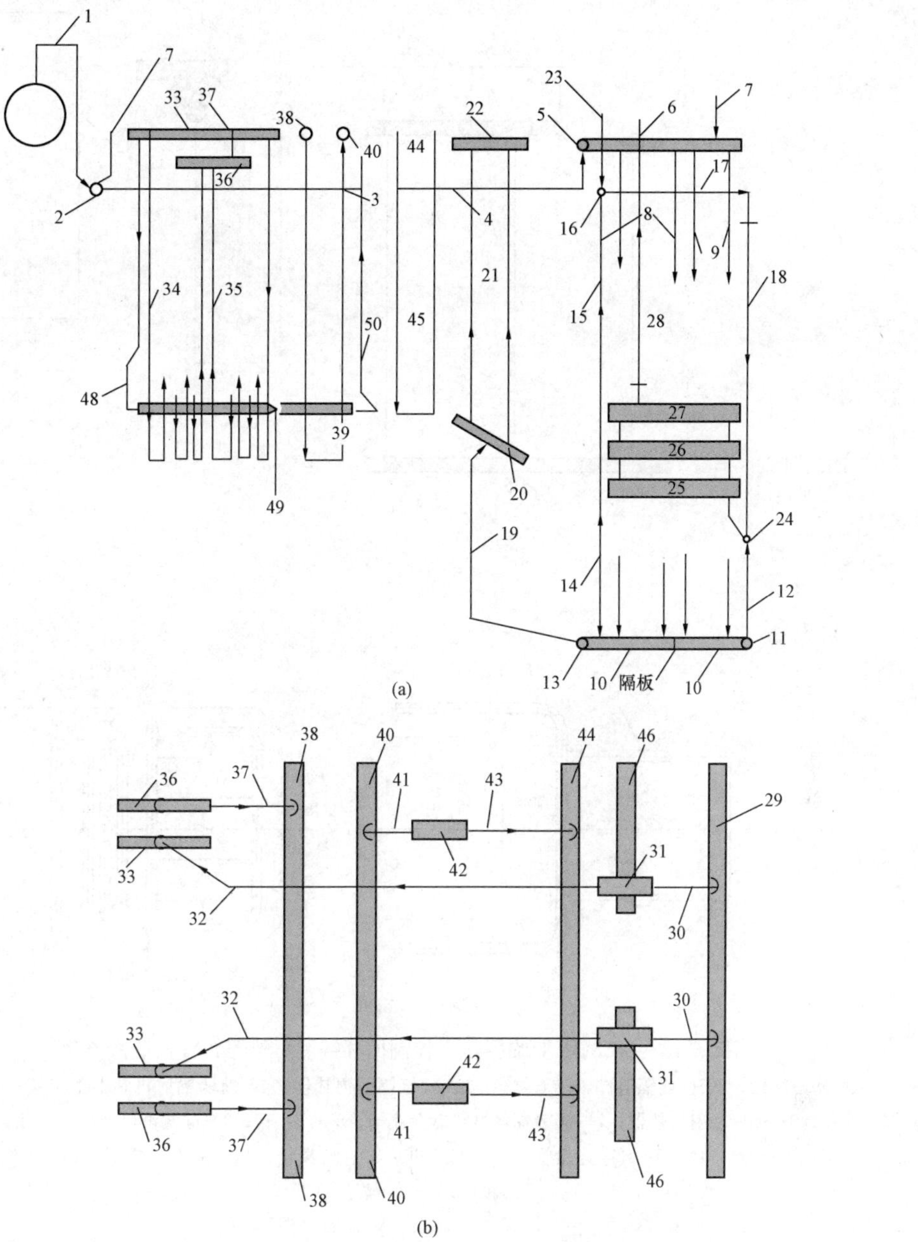

图 6-12 2028t/h 亚临界压力控制循环锅炉过热器布置及蒸汽流程

(a) 过热器系统；(b) 炉顶集箱、减温器和连接管

1—蒸汽引出管；2—炉顶进口集箱；3—炉膛顶棚管；4—水平烟道顶棚管；5—炉顶管出口集箱；6—尾部烟井侧包覆进口集箱；7—顶棚管旁路管；8、9—尾部烟井侧包覆；10—尾部烟井侧包覆出口集箱；11—后包覆下集箱；12—后包覆下段；13—尾部烟井前包覆下集箱；14—尾部烟井前包覆；15—第二悬吊管（尾部烟井前包覆延伸管）；16—前包覆出口集箱；17—尾部烟井顶棚管；18—后包覆上段；19—水平烟道侧墙包覆供给管；20—水平烟道侧墙包覆下集箱；21—水平烟道侧墙包覆；22—水平烟道侧墙包覆上集箱；23—连接管（连接件号 22 与件号 16）；24—低温过热器进口集箱；25~28—低温过热器；29—低温过热器出口集箱；30—连接管；31—Ⅰ级减温器；32—连接管；33—分隔屏进口集箱；34、35—分隔屏（前、后）；36—分隔屏出口集箱；37—连接管；38—后屏过热器进口集箱；39—后屏过热器；40—后屏过热器出口集箱；41—连接管；42—Ⅱ级减温器；43—连接管；44—末级过热器进口集箱；45—末级过热器；46—末级过热器出口集箱；47—主蒸汽管（图中未画出）；48~50—定位管

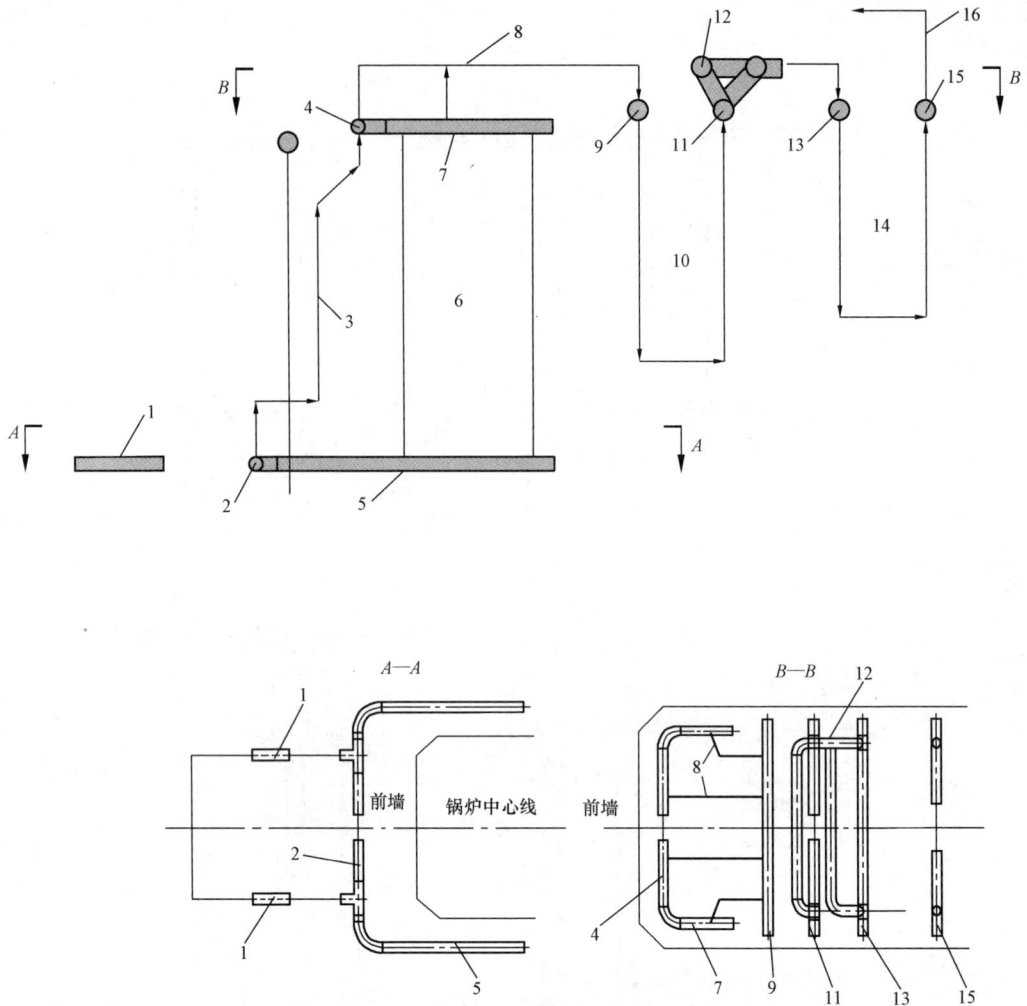

图 6-13 2028t/h 亚临界压力控制循环锅炉再热器布置及蒸汽流程

1—事故喷水减温器；2—前墙辐射再热器下集箱；3—前墙辐射再热器；4—前墙辐射再热器上集箱；5—侧墙辐射再热器下集箱；6—侧墙辐射再热器；7—侧墙辐射再热器上集箱；8—连接管；9—屏式再热器进口集箱；10—屏式再热器；11—屏式再热器出口集箱；12—连接管；13—末级再热器进口集箱；14—末级再热器；15—末级再热器出口集箱；16—再热蒸汽总管

炉顶出口集箱。从炉顶出口集箱引出的蒸汽经过后炉顶管、后烟井包覆、后烟井延伸侧墙，再汇总至后烟井侧墙上集箱，分四路引入分隔屏进口集箱，流经分隔屏后进入分隔屏出口集箱，再分两路经 I 级喷水减温后进入后屏过热器进口集箱，流经后屏并进入后屏过热器出口集箱，从后屏过热器出口集箱分两路经 II 级喷水减温后进入末级过热器进口集箱，通过末级过热器到末级过热器出口集箱，再由两根末级过热器出口集箱引出至两根主蒸汽管道并送往汽轮机高压缸，其流程如图 6-15 所示。

各级过热器之间均采用大直径管道及三通连接，这使介质能充分混合，并能简化布置。

蒸汽冷却定位管（共 6 根）由分隔屏过热器进口集箱引出，通过分隔屏过热器、后屏过

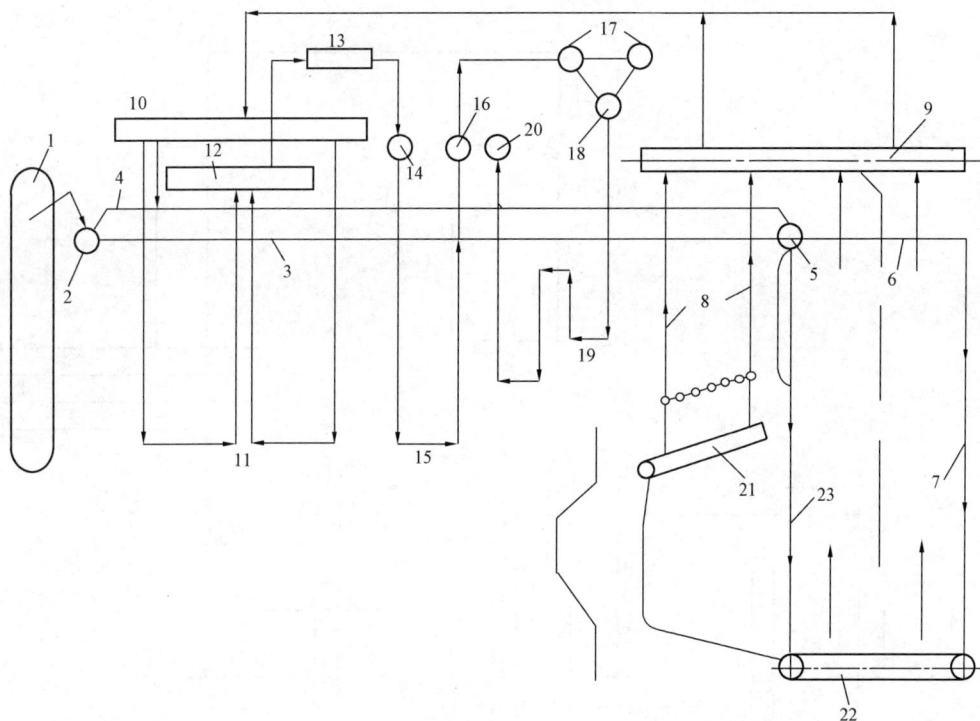

图 6-14　600MW 超临界机组锅炉过热器布置及蒸汽流程图

1—分离器；2—炉顶进口集箱；3—前炉顶管；4—炉顶管旁路管；5—炉顶出口集
箱；6—后炉顶管；7—后烟井包覆；8—后烟井延伸侧墙；9—后烟井侧墙上集箱；
10—前屏进口集箱；11—前屏过热器；12—前屏出口集箱；13—第一级减温器；
14—后屏进口集箱；15—后屏过热器；16—后屏出口集箱；17—第二级减温器；
18—末级过热器进口集箱；19—末级过热器；20—末级过热器出口集箱；21—水平
烟道侧墙进口集箱；22—后烟井包覆侧墙下集箱；23—尾部竖井前墙及悬吊管

热器，再引入分隔屏过热器出口集箱，将分隔屏过热器和后屏过热器定位夹持，防止屏偏
斜。流体冷却定位管（共 4 根）由后烟井延伸侧墙下集箱引出经末级再热器和末级过热器，
再引入后屏出口集箱，横向固定受热面。低温再热器进口集箱悬吊管（共 20 根）由后烟井
左右侧下集箱引出，沿后烟井左右侧墙内上升，在低温再热器进口集箱处形成支吊结构，再
引入后烟井侧墙上集箱。

（2）再热蒸汽系统。自汽轮机高压缸排出的蒸汽分成两路经事故喷水减温器后引入低温
再热器进口集箱，经过低温再热器后进入低温再热器出口集箱，再通过两根连接管道引至末
级再热器进口集箱，经过末级再热器后从末级再热器出口集箱上引出两根蒸汽管道，送往汽
轮机中压缸，其流程如图 6-15 所示。

两级再热器间采用大直径管道端部连接。低温再热器和末级再热器之间通过连接管道进
行左右交叉，以减少因炉膛左右侧烟温偏差而引起的再热蒸汽温度偏差。

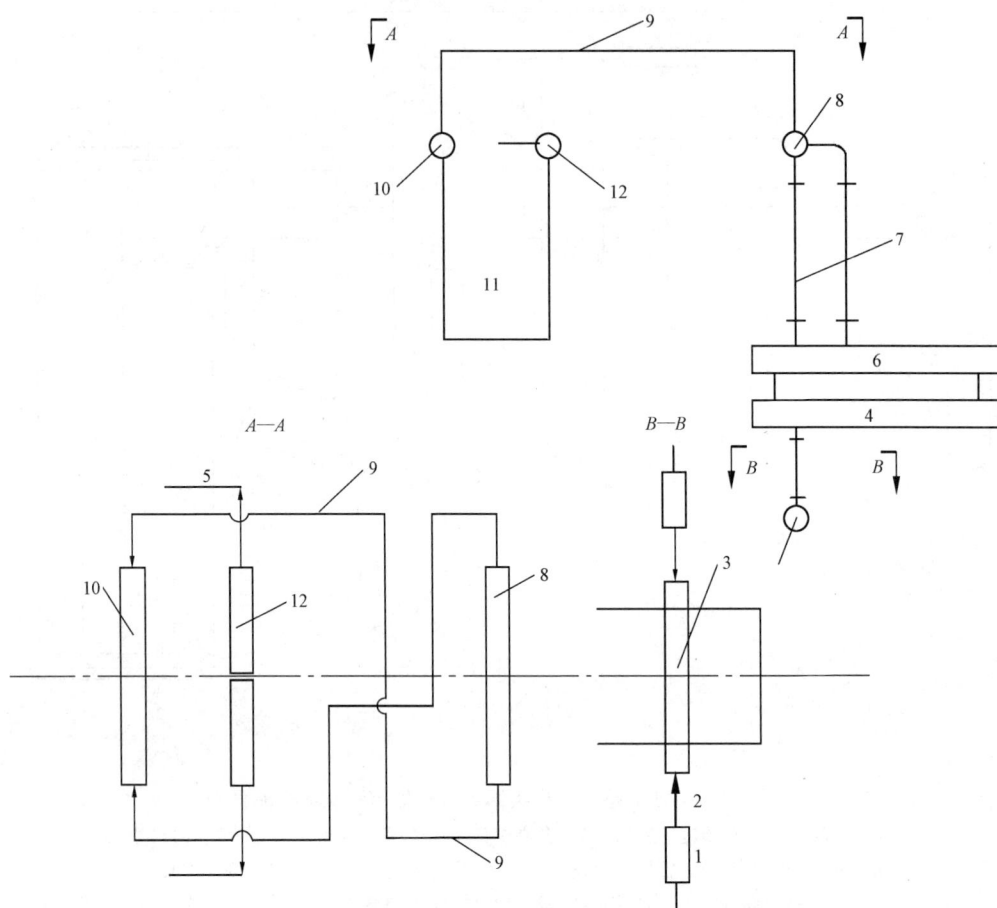

图 6-15　600MW 超临界参数机组锅炉再热器布置及蒸汽流程图

1—事故喷水减温器；2—连接管；3—低温再热器进口集箱；4、6—低温再热器水平段；5—再热蒸汽总管；7—
低温再热器垂直段；8—低温再热器出口集箱；9—连接管；10—末级再热器进口集箱；11—末级再热器；12—末
级再热器出口集箱

第四节　过热器和再热器的汽温特性

所谓汽温特性，是指过热器或再热器出口蒸汽温度与锅炉负荷（或工质流量）之间的关系。

辐射式过热器只吸收炉内的直接辐射热。随着锅炉负荷的增加，辐射式过热器中工质的流量和锅炉的燃料耗量按比例增大，但炉内辐射热并不按相同比例增加，这是因为炉内火焰温度的升高不太多。也就是说，随锅炉负荷的增加，炉内辐射热的份额相对下降，辐射式过热器中蒸汽的焓增减少，出口蒸汽温度下降，如图 6-16 中曲线 1 所示。当锅炉负荷增大时，将有较多的热量随烟气离开炉膛，被对流过热器等受热面所吸收；对流过热器中的烟速和烟温提高，过热器中工质的焓增随之增大。因此，对流式过热器的出口汽温是随锅炉负荷的提高而增加的。过热器布置远离炉膛出口时，汽温随锅炉负荷的提高而增加的趋势更加明显，如图 6-16 中曲线 2、3 所示。可以预期，屏式过热器的汽温特性将稍微平稳一些，因它以炉内辐射和烟气对流两种方式吸收热量。不过它的汽温特性有可能是在高负荷时对流传热占优势，而低负荷时则辐射传热占优势。

再热器的汽温特性原则上与过热器的汽温特性相似，但又有其不同的特点。在再热器中，其工质进口参数决定于汽轮机高压缸的排汽参数。定压运行锅炉在负荷降低时，汽轮机高压缸排汽温度降低，再热器的进口汽温也随之降低，所以再热出口汽温一般是随负荷降低而下降的。为了保持再热

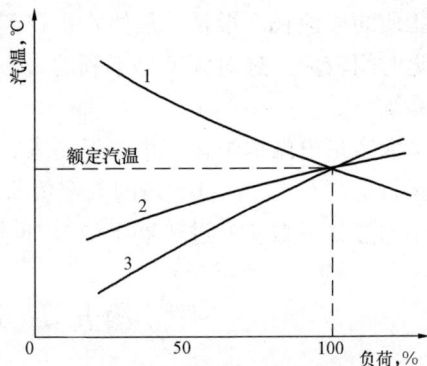

图 6-16　过热器的汽温特性
1—辐射式过热器；2—对流式过热器；
3—远离炉膛出口的对流式过热器

器出口汽温不变，必须吸收更多的热量。当锅炉负荷从额定值降到 70% 负荷时，定压运行的锅炉再热器进口汽温下降 30～50℃，再加上再热蒸汽的压力较低（2.0～5.0MPa），蒸汽比热容较小，因此，再热汽温的变化幅度较大。若再热器采用较多的辐射和半辐射式受热面，其汽温特性将得到改善。

当机组采用变压运行方式时，机组负荷变化是通过改变锅炉出口蒸汽压力来适应的，而过热汽温和再热汽温则仍维持在额定值。因此，变压运行时，负荷变化而再热器进口温度基本保持不变。且由于压力降低，蒸汽的比热容减少，加热至相同温度所需的热量减少，因此，过热汽温和再热汽温比定压运行时都容易保持稳定。

现在大型亚临界和超临界压力的电站锅炉均采用复杂的辐射、对流多级布置的过热器（再热器）系统，采用适当比例的辐射与对流特性的受热面的目的是获得比较平稳的汽温特性。大容量电站锅炉的大屏、半大屏（也称前屏）、壁式过热器（再热器）呈辐射特性；后屏过热器（再热器）因处于炉膛出口受烟气的冲刷和火焰的辐射，呈半辐射特性；布置在水平烟道中的对流过热器则具有明显的对流特性。国产大容量高压、超高压锅炉设计时，屏的焓增约占过热器（再热器）系统总焓增的 30%～50%。亚临界及超临界压力锅炉设计的过热器（再热器）系统，其辐射受热面与对流受热面吸热量基本相同，从而使过热蒸汽（再热蒸汽）系统汽温变化比较平稳，调温幅度较小，有利于过热器（再热器）调温，可以采用微量喷水减温来调节（详见第五节）。

直流锅炉的汽温变化特性则与汽包锅炉不同，在蒸发受热面与过热受热面之间没有固定的分界线，随工况的变动而变动。当给水量保持不变时，如果减少燃料量，则加热段和蒸发段的长度增加，而使过热段的长度减小，过热器的出口汽温就要降低。要保持原来的蒸汽温度，就必须增加燃料量或减少给水量。要保持过热蒸汽温度不变，燃料量 B 与给水量 G 必须保持一定的比例。在直流锅炉中，只要保持这一比例，就能保持一定的汽温。如果汽温偏低，可增加燃料量或减少给水量，使汽温升高到额定值；汽温偏高，可减少燃料量或增加给水量，使汽温降低到额定值。因此，在直流锅炉中用保持给水—燃料比的方法能在 30%～100% 额定负荷范围内维持过热汽温为额定值。但是，在直流锅炉中，由于水容量小，工况变化对汽温变化的敏感性很大。此外，改变给水—燃料的比例需要有一定的时间，从得到温度变化的信号并作用到调节机构，在此期间就可能发生大的汽温偏差。另外，由于直流锅炉

中工质的通流长度很长，从给水进口到过热器出口的总长度有 $600\sim700m$，因此直流锅炉的延迟时间较大，这对调节是不利的。为此，直流锅炉仍需要采用喷水减温这一比较灵敏的调节系统。

大容量电站锅炉运行中一般要求，定压运行负荷在 $70\%\sim100\%$ 的额定负荷范围内和变压运行负荷在 $60\%\sim100\%$ 的额定负荷范围内时，过热蒸汽和再热蒸汽温度与额定值的偏差应不超过如下数值：过热器 $\pm5℃$，再热器 $+5℃$ 和 $-10℃$。

第五节　运行中影响汽温的因素

影响汽温的运行因素是多种多样的，这些因素常常还可能同时发生影响。而汽包锅炉和直流锅炉两者的汽温特性不相同，因而各个因素对汽包锅炉和直流锅炉汽温的影响也不同。下面针对汽包锅炉和直流锅炉分别叙述各个因素对汽温的影响。

一、影响汽包锅炉汽温变化的主要因素

1. 锅炉负荷

如前所述，过热器一般具有对流汽温特性，即锅炉负荷升高（或下降），汽温也随之上升（或降低）。

2. 过量空气系数

过量空气增大时，燃烧生成的烟气量增多，烟气流速增大，对流传热加强，导致过热汽温升高。

3. 给水温度

给水温度升高，产生一定蒸汽量所需的燃料量减少，燃烧产物的容积也随之减少，同时炉膛出口烟温降低。所以，过热汽温将下降。在电厂运行中，高压加热器的投停会使给水温度有很大变化，因而会使过热汽温发生显著的变化。

4. 受热面的污染情况

炉膛受热面的结渣或积灰，会使炉内辐射传热量减少，过热器区域的烟气温度提高，因而使过热汽温上升。反之，过热器本身的结渣或积灰将导致汽温下降。

5. 饱和蒸汽用汽量

当锅炉采用饱和蒸汽作为吹灰等用途时，流经受热面的蒸汽量减少，将使过热汽温升高。

锅炉的排污量对汽温也有影响，但因排污水的熔值低，故影响不大。

6. 燃烧器的运行方式

摆动燃烧器喷嘴向上倾斜，会因火焰中心提高而使过热汽温升高。但是，对流受热面距炉膛越远，喷嘴倾角对其吸热量和出口温度的影响就越小。

对于沿炉膛高度具有多排燃烧器的锅炉，运行中不同标高的燃烧器组的投入，也会影响过热蒸汽的温度。

7. 燃料种类和成分

当燃煤锅炉改为燃油时，由于炉膛辐射热的份额增大，过热汽温将下降。在煤粉锅炉中，煤粉变粗、水分增大或灰分增加，都会使过热汽温有所提高。

表 6-3 列出了某些因素对汽包锅炉过热汽温影响的大致数据，可作参考。

表 6-3		某些因素对过热汽温的影响	
影 响 因 素	汽温变化（℃）	影 响 因 素	汽温变化（℃）
锅炉负荷±10%	±10	燃煤水分±1%	±1.5
炉膛过量空气系数±10%	±10～20	燃煤灰分±10%	±5
给水温度±10℃	∓4～5		

二、影响直流锅炉汽温变化的主要因素

1. 燃水比

在直流锅炉中，过热汽温的调节主要是通过给水量 G 与燃料量 B 的调整来实现的。要保持稳定汽温的关键是要保持固定的燃水比，若给水量 G 不变而增大燃料量 B，受热面热负荷成比例增加，热水段长度和蒸发段长度必然缩短，而过热段长度延长，过热汽温会升高，若燃料量 B 不变而增大给水量 G，由于热负荷并未改变，所以热水段和蒸发段必然延伸，而过热段长度会缩短，过热汽温就会降低。

2. 给水温度

给水温度降低，在同样给水量和煤水比的情况下，直流锅炉的加热段将延长，过热段缩短，过热汽温会随之降低，再热汽温也会因为高压缸排汽温度的降低而随之降低。

3. 过量空气系数

增大过量空气系数时，炉膛出口烟温基本不变。但炉内平均温度下降，炉膛水冷壁吸热减少，使过热器进口汽温降低，虽然对流式过热器的吸热量有一定增加，但前者影响更大，在煤水比不变的情况下，过热器出口温度将降低，反之亦然。

4. 受热面的污染情况

在煤水比不变的情况下，炉膛结渣或积灰会使过热汽温降低。因为炉膛结渣使炉膛传热量减少，排烟温度升高，锅炉效率降低，工质的总吸热量减少，而工质的加热热和蒸发热之和一定，所以过热吸热（包括过热器和再热器）减少。过热汽温度会降低，但再热吸热因炉膛出口烟温升高而增加，因而影响相对较小。

5. 炉膛火焰中心高度

炉膛火焰中心高度的不同对辐射、对流换热特性不同的各受热面起到相反的作用，提高火焰中心，水冷壁辐射吸热减少，而使得蒸发段延长，但过热器、再热器等对流特性的换热面吸热增加，但对于过热器而言，蒸发段延长影响更大，所以上提火焰中心过热蒸汽温整体呈降低趋势，而再热汽温则会升高。

第六节　蒸汽温度的调节方法

维持稳定的汽温是保证机组安全和经济运行所必需的。汽温过高会使金属许用应力下降，将影响机组的安全运行；汽温降低则会影响机组的循环热效率。据计算，过热器在超温 $10～20℃$ 下长期运行，其寿命会缩短一半以上；而汽温每降低 $10℃$，会使循环热效率相应降低 0.5%。运行中一般规定汽温偏离额定值的波动不能超过 $-10～+5℃$。因此，要求锅炉设置适当的调温手段，以修正运行因素对汽温波动的影响。

汽温的调节方法可以归结为两大类：蒸汽侧的调节和烟气侧的调节。

一、蒸汽侧调节汽温

所谓蒸汽侧的调节，是指通过改变蒸汽的热焓来调节汽温。其方法包括喷水减温器、表面式减温器和汽—汽热交换器。现代电站锅炉很少采用后两种方法。

喷水减温器又称混合式减温器，其原理是将减温水通过喷嘴雾化后直接喷入过热蒸汽中，使其雾化、吸热蒸发，达到降低蒸汽温度的目的，是一种最简便的汽温调节方式，有着结构简单，操作方便、调节灵敏等一系列优点，是过热蒸汽的主要调温手段。喷水减温器的减温水直接与蒸汽接触，因而对水质要求高，必须是高纯度的除盐水或凝结水，以保证过热蒸汽不被喷射水所污染（详见第十五章）。在直流锅炉中以及在以除盐水、凝结水或蒸馏水作为补给水的汽包锅炉中，可直接采用给水作为喷水水源，其连接系统如图 6-17 所示。对于给水品质不高的中小容量锅炉，可采用自制冷凝水，即将部分饱和蒸汽凝结作为减温水，但系统较复杂。

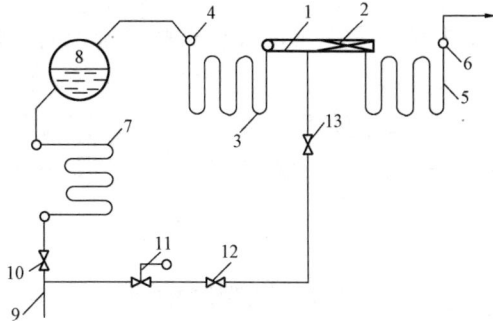

图 6-17 喷水减温器的连接系统
1—喷头；2—联箱；3、5—过热器蛇形管；4、6—蒸汽进出口联箱；7—省煤器；8—汽包；9—给水管；10—结水阀；11—喷水调节阀；12—止回阀；13—隔离阀

现在大型电站锅炉过热蒸汽温度的调节都采用喷水减温的方法，对于多级布置的过热器系统，为减少热偏差，可采用 2～3 级喷水减温。高压和超高压锅炉的过热器，一般采用两级喷水减温器，总喷水量为锅炉额定负荷的 5%～8%。第一级喷水减温器，一般布置在屏式过热器之前，喷水量稍大于总喷水量的 1/2，作为整个过热器蒸汽温度的粗调，同时也起保护屏式过热器的作用；第二级喷水减温器，放置在末级过热器之前，作为出口汽温的细调。亚临界、特别是超临界压力锅炉的过热器，常采用三级喷水减温设备。

对于再热蒸汽，喷水使再热蒸汽的流量增加，会使汽轮机中低压缸的做功能力增大，排挤高压蒸汽的做功，降低电站的循环效率。例如，对于定压运行超高压机组，当再热器喷水量为蒸发量的 1% 时，循环热效率将降低 0.1%～0.2%。所以，在再热蒸汽温度的调节中，喷水减温只是作为烟气侧调温的辅助手段和事故喷水之用。

喷水减温器有多种结构型式，主要有笛形管式、旋涡式和文氏管式等。

笛形管式减温器，其结构如图 6-18 所示，主要由多孔管、保护套管及外壳等组成，通常安装在过热器联箱中或两级过热器的连接管道上。喷管的外径 50～76mm，上面开有若干直径 5～7mm 的喷孔，减温水从小孔中喷出，喷水速度 3～5m/s。护套管长 4～5m，保证水滴在套管长度内蒸发完毕，防止水滴接触外壳产生热应力。笛形管式减温器结构简单，制造安装方便，调温效果好，在减温水量小时雾化质量较差。

旋涡式喷水减温器，其结构如图 6-19 所示，由旋涡式喷嘴、文丘里管和混合管组成，也是布置在过热蒸汽的中间联箱或连接管内。文丘里管用于使蒸汽加速，促进蒸汽和雾化水滴的混合。减温水在喷嘴内强烈旋转，喷出后水雾形成伞面，与蒸汽充分接触，雾化质量好，易蒸发，完成减温水雾化和与蒸汽充分混合所需的保护套管（混合管）的长度较短。这种减温器的减温幅度大，雾化完善，能适应减温水量的频繁变化，特别适用于减温水量变化范围较大的情况。其缺点是压力损失较大，若减温水压头无富裕则不宜采用。此外，悬臂结

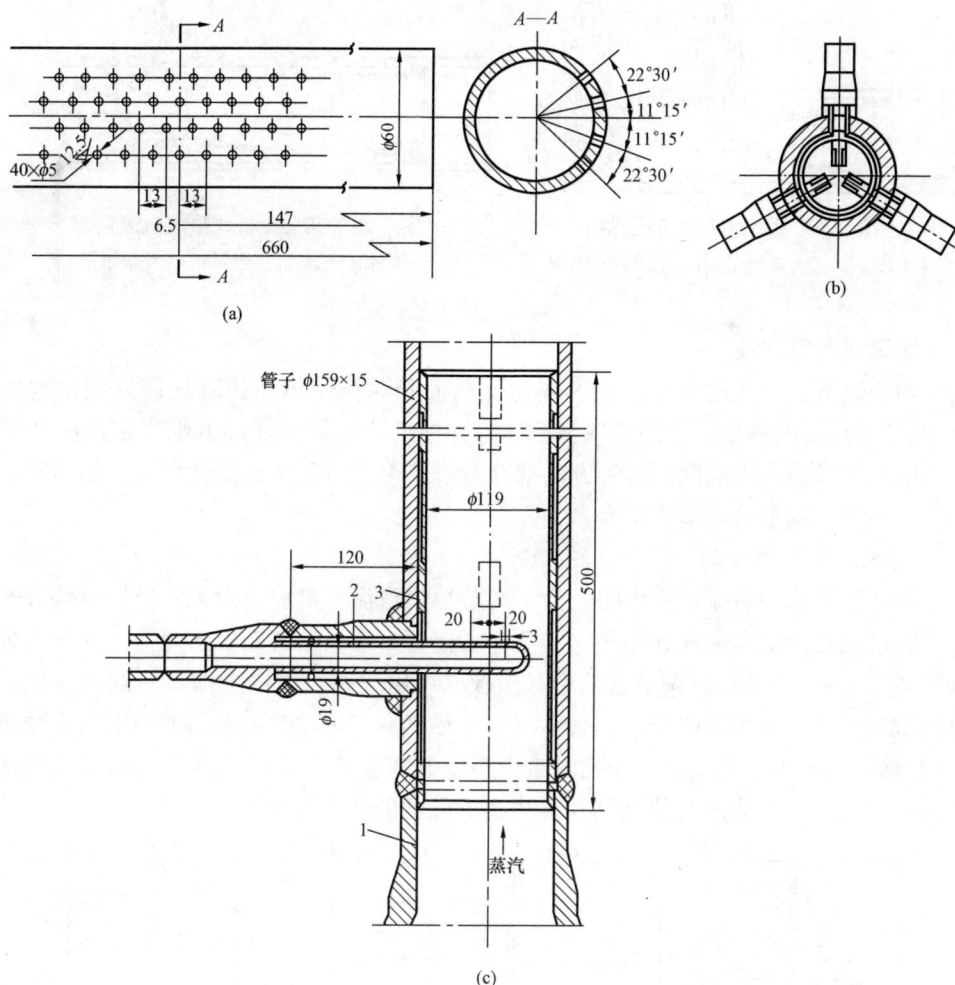

图 6-18　笛形管式喷水减温器
（a）笛形管多孔喷头结构；（b）三根笛形管结构；（c）单根笛形管结构
1—喷水减温器外壳；2—喷管；3—保护套管

构易产生共振而导致喷嘴断裂。

　　文丘里管喷水减温器的结构见图 6-20，由文丘里管、水室及混合管组成。文丘里管喉口处的蒸汽流速为 70～120m/s，形成局部负压。喉口外侧为环形水室，喉口壁上开有许多个直径为 3mm 的喷水孔，喷孔水速约 1m/s。渐扩管的最佳角度为 6°～8°。一般将文丘里管蒸汽进口端固定，允许出口端自由伸缩。这种减温器的蒸汽流动阻力约 50kPa。其缺点是结构较复杂，变截面多，焊缝也多，用给水作减温水时温差较大，喷水量频繁变化时会产生较大的温差应力，易引起水室裂纹等损坏事故。

　　喷水式减温器是用冷却水来降低汽温的。因此，过热器设计时，其受热面要设计得大些，吸热能力要有余量，以便在负荷的低限时能维持额定汽温，而在高负荷时，投入减温器。

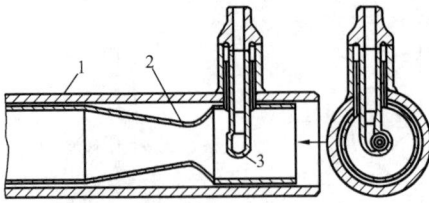

图 6-19　旋涡式喷水减温器
1—混合管；2—文丘里管；3—旋涡式喷嘴

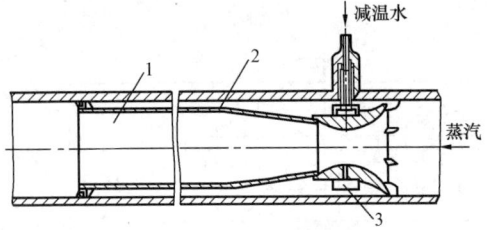

图 6-20　文丘里管式喷水减温器
1—混合管；2—文丘里管；3—环形水室

二、烟气侧调节汽温

烟气侧的调节，是通过改变锅炉内辐射受热面和对流受热面的吸热量分配比例的方法（例如，调节燃烧器的倾角，采用烟气再循环等）或改变流经过热器的烟气量的方法（如调节烟气挡板）来调节蒸汽温度。两种方法都存在着调温滞后和调节精确度不高的问题，常作为粗调节，多用于调节再热蒸汽温度。

1. 分隔烟道挡板调节器

再热器布置在锅炉对流烟道内时，为了调节再热汽温，有时将对流烟道用隔墙分开，而将再热器和过热器分别布置在互相隔开的两个烟道中，在其后再布置省煤器，在出口处设有可调烟气挡板（见图 6-21）。调节这些烟气挡板，可以改变流经两个烟道的烟气流量，从而调节再热汽温。烟气流量的改变，也会影响到过热汽温，可调节减温器的喷水量来维持过热汽温稳定。图 6-22（a）示出负荷变化时由于挡板的调节使流经两个烟道的烟气量变化的情况。图 6-22（b）、（c）表示过热蒸汽和再热蒸汽温度的变化情况。

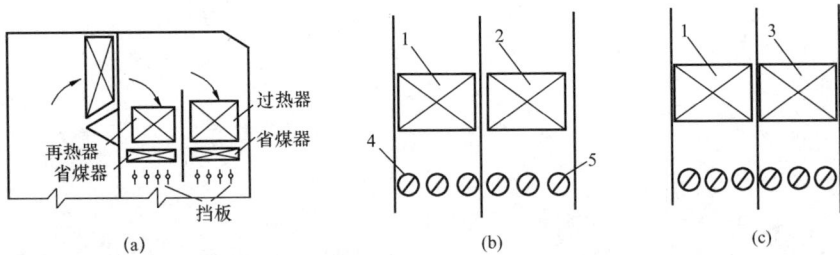

图 6-21　烟气挡板调节汽温装置
（a）再热器与过热器并联结构；（b）再热器与过热器并联的平行烟道；
（c）再热器与省煤器并联的平行烟道
1—再热器；2—过热器；3—省煤器；4、5—烟气挡板

2. 烟气再循环

用再循环风机从锅炉尾部低温烟道中（一般为省煤器后）抽出一部分温度为 $300 \sim 350{}^{\circ}\mathrm{C}$ 的烟气送回至炉子底部（如冷灰斗下部），如图 6-23 所示，可以改变锅炉各受热面的吸热分配，从而达到调节汽温的目的。再循环烟气送入炉内的地点应远离燃烧中心，以免影响燃料的燃烧。再循环烟气量常以再循环风机抽出的烟气量对抽气点后的烟气流量的百分比（或分数）来表示。由于低温再循环烟气的掺入，炉内整个温度水平就要降低，炉内辐射吸热量随之减少，一般情况下，炉膛出口处的烟温变化不大，但因烟气流量增加，过热器、再

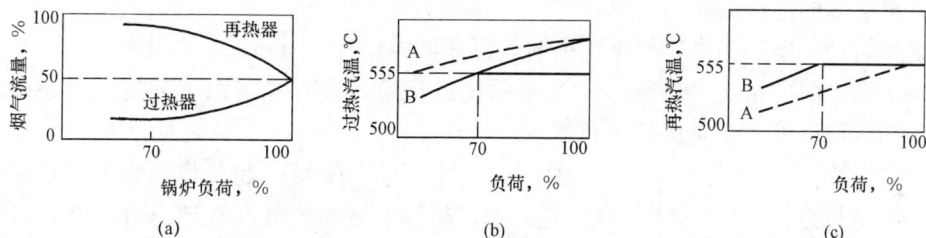

图 6-22 再热器与过热器并联方式挡板调节汽温原理
(a) 再热器、过热器烟气流量随负荷变化；(b) 过热汽温随负荷变化；
(c) 再热汽温随负荷变化
A—调节前；B—调节后

热器和省煤器等对流受热面的吸热量增大。而且，受热面离炉膛出口越远，吸热量的增加就越显著。其原因是：采用烟气再循环时，在炉膛出口附近的高温对流受热面中，烟气流量是增加了（因而传热系数也增大了），但传热温压变化不大（有时还甚至降低）；在以后的受热面中，传热系数和传热温压都是增加的。因此，在采用烟气再循环来调节再热汽温时，不宜将再热器受热面布置在炉膛出口处，而应稍微移后一些，例如布置在过热器之后。

图 6-24 所示为烟气再循环调节再热汽温的特性。在100%负荷时，烟气再循环不投入，汽温保持额定值。负荷降低时，要靠烟气再循环来维持再热汽温。在70%负荷以下，汽温已无法维持额定值。

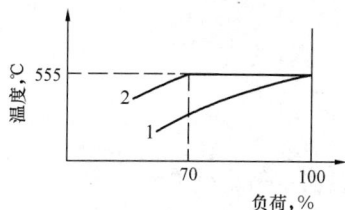

图 6-23 烟气再循环系统

在某些锅炉中，再循环烟气在炉膛出口处送入炉内（图 6-22 中的虚线），这种再循环的作用是为了降低炉膛出口烟温，以减少或防止炉膛出口处和高温过热器结渣。

采用烟气再循环调节法，要装置能承受高温（约350℃）和耐磨的再循环风机。此外，烟气再循环会使燃料的未完全燃烧损失和排烟热损失有所增加。这种调温方式一般用于燃油锅炉的再热汽温的调节。

3. 摆动式燃烧器

调节摆动式燃烧器喷嘴的上下倾角，可以改变炉内高温火焰中心的位置。例如，当喷嘴向上倾斜时，火焰中心上移，炉内吸热量将减少，炉膛出口烟温会升高，对流受热面的吸热量就要增大。这时，受热面离炉膛出口越远，吸热量的增加就越少。

采用摆动燃烧器来调节再热汽温灵敏度高，调节简便，在亚临界和超临界压力锅炉中采用较多，而且，一般将高温对流再热器布置在炉膛出口处，位于高温对流过热器之前（见图6-14）。但是燃烧器的倾角不可能太大，过大的上倾角会增加燃料的未完全燃烧损失；下倾角过大又会造成冷灰斗的结渣。

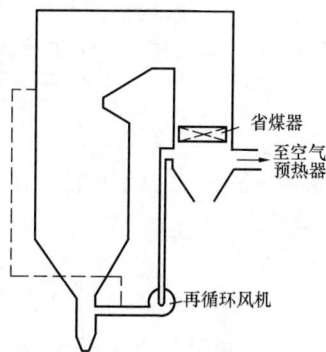

图 6-24 烟气再循环调节
再热汽温的特性
1—未投入烟气再循环；
2—投入烟气再循环

三、再热器的运行保护

当锅炉启动、停炉和汽轮机甩负荷时，再热器内没有工质通过，在这些情况下，再热器的冷却要采取专门的措施。许多具有再热系统的机组，设有旁路系统，其作用是在锅炉启动、停炉和汽轮机甩负荷时保护再热器。

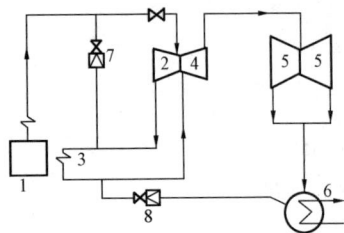

图 6-25 所示为某 600MW 超临界压力再热机组旁路系统示意。在过热器出口的主蒸汽管道与再热器入口管道之间设置的高压旁路（简称 I 级旁路），可以在锅炉启动或停炉而汽轮机没有蒸汽流过或汽轮机组突然甩负荷时，将主蒸汽管内的蒸汽经减温减压后送入再热器，使其得到冷却。这些蒸汽随后经低压旁路（或称 II 级旁路）送至凝汽器。

图 6-25 保护再热器的旁路
系统示意图

1—锅炉；2—高压缸；3—再热器；4—中压缸；5—低压缸；6—凝汽器；7—高压旁路；8—低压旁路

旁路系统除保护再热器外，还具有以下作用：

（1）在汽轮机甩负荷或负荷较少时，锅炉可以在较高负荷下运行以维持燃烧稳定，多余的蒸汽经旁路送入凝汽器，使过热和再热汽温尽量接近额定值；

（2）在汽轮机启动时，尤其是热态启动时，会发生蒸汽温度和汽缸壁温不相协调的情况，可以通过旁路系统来使锅炉汽温满足汽轮机的要求。

复 习 思 考 题

1. 过热器与再热器的作用是什么？有何工作特点？

2. 按照受热面的传热方式不同，过热器可分为几种型式？每种型式在锅炉的布置情况如何？

3. 屏式过热器有哪些作用？

4. 什么是汽温特性？不同型式过热器的汽温特性如何？

5. 汽温调节的方法有哪些？调温原理及调温对象是什么？

6. 直流锅炉汽温调节有什么特点？

7. 喷水减温器的布置原则是什么？大型电站锅炉的减温器一般如何布置？

8. 再热蒸汽与过热蒸汽相比，有哪些特性？为什么再热汽温用喷水调节会降低机组经济性？

9. 再热汽温调节有哪些方法？其调节原理是怎样的？在汽温调节上各有何特点？

第七章 省煤器和空气预热器

第一节 尾部受热面的作用和工作特点

省煤器和空气预热器布置在锅炉对流烟道的最后，进入这些受热面的烟气温度已经不高，故常把这两个部件统称为尾部受热面或低温受热面。

省煤器在锅炉中的主要作用是：第一，吸收低温烟气的热量以降低排烟温度，提高锅炉效率，节省燃料；第二，由于给水在进入蒸发受热面之前，先在省煤器内加热，这样就减少了水在蒸发受热面内的吸热量；第三，在汽包锅炉中提高了进入汽包的给水温度，减少了给水与汽包壁之间的温差，从而使汽包热应力降低。省煤器的这些作用，使其已成为现代锅炉必不可少的换热部件。

空气预热器是利用烟气的热量来加热燃烧所需空气的热交换设备。一方面由于它工作在烟气温度最低的区域，回收了烟气的热量，降低了排烟温度，因而提高了锅炉效率；另一方面也由于空气被预热，有利于燃料的破碎和研磨，同时也强化了燃料的着火和燃烧过程，减少了燃料不完全燃烧热损失，进一步提高了锅炉效率。预热后的空气能提高炉膛内烟气温度，强化炉内辐射换热。因此，空气预热器是现代锅炉的一个重要组成部分。

按照换热方式可将空气预热器分为两大类：传热式和蓄热式（或称再生式）。在传热式空气预热器中，热量是连续地通过传热面由烟气传给空气，且烟气和空气各有自己的通路。在蓄热式空气预热器中，烟气和空气交替地通过受热面。当烟气流过受热面时，热量由烟气传给受热面金属，并被金属积蓄起来；当空气通过受热面时，金属就将积蓄的热量再传给空气。依靠这样连续不断地循环，来加热空气。在电站锅炉中，最常用的传热式空气预热器是管式空气预热器；蓄热式是回转式空气预热器。

在承受压力的受热面中，省煤器金属的温度最低；在整个锅炉机组受热面中，空气预热器金属的温度最低。由于受热面金属温度低，烟气中水蒸气和硫酸蒸气有可能在壁面上凝结，从而导致金属产生低温腐蚀。另外，夹带大量灰粒的烟气以一定速度冲刷受热面时，还会造成受热面的飞灰磨损和积灰。因而腐蚀、积灰和磨损就成为低温受热面运行中突出的问题。

第二节 省 煤 器

一、省煤器的类型及结构特点

目前大中容量锅炉广泛采用钢管省煤器，其优点是强度高，能承受冲击，工作可靠，传热性能好，重量轻，体积小，价格低廉；缺点是耐腐蚀性差。现代锅炉给水都经严格处理，管内腐蚀已彻底得到解决。

1. 按出口参数分类

省煤器按出口水温可分为沸腾式省煤器和非沸腾式省煤器。

沸腾式省煤器是指出口水温达到饱和温度，并且还有部分水蒸发汽化的省煤器。汽化水量一般占给水量的 $10\%\sim15\%$，最多不超过 20%，以免省煤器中介质的流动阻力过大。

非沸腾式省煤器的出口水温低于该压力下的沸点，即未达到饱和状态，一般低于沸点20～25℃。

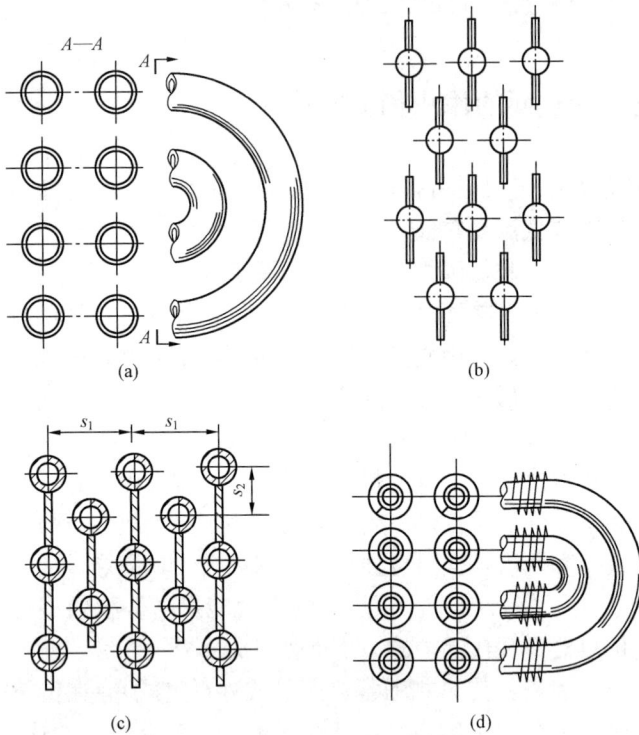

图 7-1　省煤器的结构
(a) 光管；(b) 鳍片管；(c) 膜片管；(d) 螺旋肋片管

中压锅炉多采用沸腾式省煤器，这是因为中压锅炉水的压力低，汽化潜热大，加热水的热量小，蒸发所需热量大，故需把一部分水的蒸发放到省煤器中进行，以防止炉膛温度过低引起燃烧不稳定和炉膛出口烟温过低，并造成过热器等受热面金属耗量增加，此外也有助于发挥省煤器的作用。

高压以上锅炉多采用非沸腾式省煤器。因为随着压力的提高，水的汽化热相应减小，加热水的热量相应增大，蒸发所需热量减少，故需把水的部分加热过程转移到炉内水冷壁管中进行，以防止炉膛温度和炉膛出口烟温过高，引起炉内及炉膛出口受热面结焦。

2. 按结构形式分类

省煤器按结构形式分为光管式、鳍片式、膜片管式（简称膜式）和螺旋肋片管式四种。

光管式省煤器的结构如图 7-1 (a) 和图 7-2 所示，它是由进、出口联箱和许多并列的蛇形光管组成。蛇形管与联箱的连接一般采用焊接。

鳍片管省煤器是在光管直段部分的外表面上、下各焊上一条通长的扁钢使烟气侧的外表面得到扩展，增加传热面积和传热效果，如图 7-1 (b) 所示。

膜片式省煤器与鳍片式省煤器相似，如图 7-1 (c) 所示。膜片式省煤器是在两个光管蛇形管直段部分之间焊有连续的扁钢膜片，扁钢膜片的厚度为 2～3mm。膜片式省煤器的传热效果比光管省煤器好，且在同样传热条件

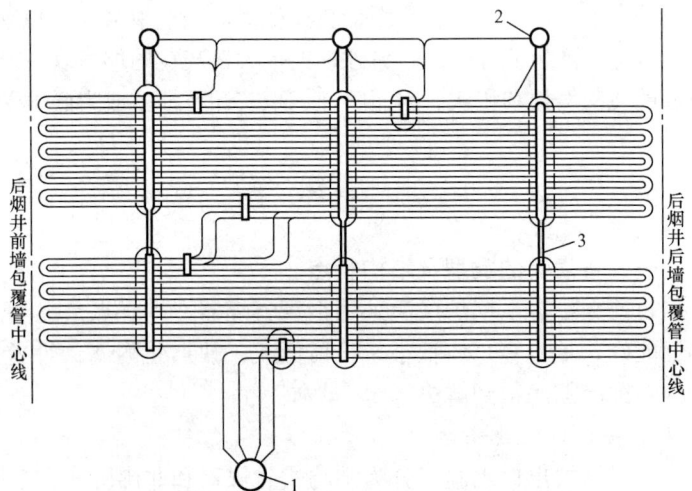

图 7-2　1025t/h 亚临界压力控制循环锅炉的省煤器
1—进口集箱；2—中间集箱；3—悬吊管

下，前者的金属耗量要少、成本低、磨损轻、运行可靠，比鳍片式省煤器容易吹灰。

螺旋肋片管式省煤器是在光管外表面焊上横向肋片，如图 7-1（d）和图 7-3 所示。这类省煤器传热面积增加幅度比鳍片和膜片式大、传热量可大幅度增加。当燃煤灰分黏结性较强时，在这种省煤器的设计中应注意积灰问题。

3. 按管子排列方式分类

省煤器按蛇形管的排列方式分为错列和顺列两种，图 7-1（a）和（d）为顺列、（b）和（c）为错列。错列布置传热效果好，结构紧凑，并能减少积灰，但磨损比顺列布置严重，吹灰困难；顺列布置容易对管子进行吹灰，磨损轻，但积灰严重。

二、省煤器的布置方式

省煤器在尾部烟道中多为卧式布置，这样既有利于停炉排除积水，减轻停炉期间的腐蚀，也有利于改善传热，节约金属。其工作原理是水在蛇形管内自下而上流动，烟气在管外自上而下横向冲刷管壁，以实现烟气与给水之间的热量交换。这种换热方式，由于水在蛇形管内自下而上流动便于排除空气，从而可避免引起局部的氧腐蚀。而烟气在管外自上而下流动，不但有助于吹灰，还使烟气与水呈逆向流动，从而可增大传热平均温差，提高对流传热量。

省煤器按蛇形管在烟道中的布置方式分为垂直于或平行于锅炉前墙两种。前者是指蛇形管管轴方向与锅炉的前墙垂直，如图 7-4（a）所示。此种布置的特点是，由于尾部烟道的宽度大于深度，所以管子较短，支吊比较简单，且平行工作的管子数目较多，因而水的流速较低，流动阻力

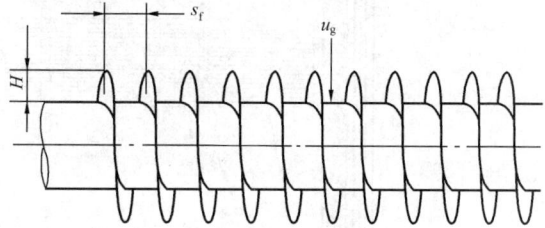

图 7-3　螺旋肋片管

较小。但这种布置的全部蛇形管都要穿过烟道后墙，穿墙管过多，容易造成大量漏风。为此现代电厂锅炉常将省煤器进、出口联箱都放在烟道内（并加以保温），如图 7-3 所示，以减少大量蛇形管穿墙可能造成的漏风。这种布置方式的另一缺点是，当烟气从水平烟道流入尾部烟道时，拐弯将产生离心力，使烟气中大灰粒多集中在靠近后墙的一侧，会造成全部蛇形管产生局部磨损，检修时需要更换全部磨损管段。蛇形管平行于锅炉前墙的布置方式，如图 7-4（b）和（c）所示。此种布置的特点是平行工作的管数少，因而水速高，流动阻力大，且管子较长，支吊比较复杂。但因其只有少数几根蛇形管靠近后墙，从而使管子所遭受的磨损仅局限于靠近烟道后墙的几根管子，故防护和维修比较简便。为了改进这种布置方式因水速高而导致流动阻力过大的缺点，可以采用双管圈或双面进水方式，蛇形管平行于前墙双面

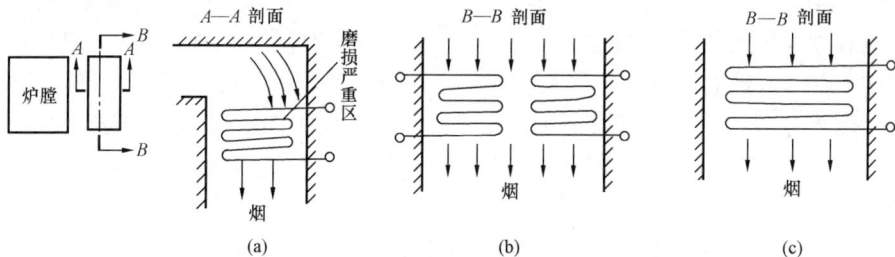

图 7-4　省煤蛇形管在烟道中的布置方式

（a）蛇形管垂直于锅炉前墙布置；（b）、（c）蛇形管平行于锅炉前墙布置

进水布置方式如图 7-4（b）所示。此种布置方式在中小型燃煤锅炉中得到广泛采用。燃油炉和燃气炉不存在飞灰磨损问题，省煤器的布置主要取决于水速条件。现代大容量锅炉多采用蛇形管垂直于前（后）墙顺列布置，如图 7-3 所示。

为便于检修，省煤器管组的高度是有限制的。当管子为紧密布置（$s_2/d \leqslant 1.5$）时，管组的高度不得大于 1m；布置较稀时，则不得大于 1.5m。如果省煤器受热面较多，沿烟气行程的高度较大时，就应把它分成几个管组。管组之间留有高度不小于 600～800mm 的空间。省煤器和其相邻的空气预热器间的空间高度应不小于 800～1000mm，以便进行检修和清除受热面上的积灰。

三、省煤器的支吊方式

省煤器的支吊方式有支承结构与悬吊结构两种。中小型锅炉省煤器采用支撑结构，如图 7-5 所示，蛇形管通过固定支架（也称为管夹）支承在支持梁上。支持梁做成空心，中间通空气冷却，外部用绝热材料包裹，以防变形和烧坏。固定支架还能使蛇形管间保持一定的距离。

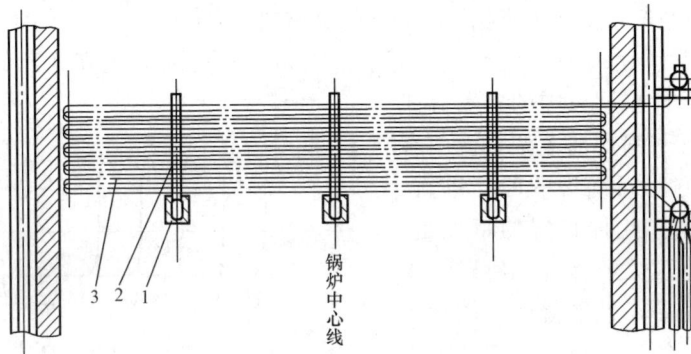

图 7-5　省煤器的支承结构简图
1—支持梁；2—管夹；3—蛇形管

大型锅炉的省煤器大多数采用悬吊结构，如图 7-2 所示。其联箱被安放在烟道中间用于吊挂或支吊省煤器管。一般省煤器的出口联箱引出管就是悬吊管，用省煤器出口给水来进行冷却，故工作可靠。联箱放在烟道内的最大优点是大大减少了因蛇形管穿墙所造成的漏风，但检修不便。

四、省煤器的启动保护

在自然循环和控制循环锅炉中，省煤器在启动时，常常是间断给水。当停止给水时，省煤器中的水处于不流动状态。这时由于高温烟气的不断加热，会使部分水汽化，生成的蒸汽就会附着在管壁上或集结在省煤器上段，造成管壁超温烧坏。因此，省煤器在启动时应进行保护。

一般的保护方法是在省煤器进口与汽包下部或水冷壁供水包之间装设不受热的再循环管，如图 7-6 所示。借助于再循环管与省煤器中工质的密度差，使省煤器中的水不断循环流动，管壁也因不断得到冷却而不被烧坏。正常运行时，应关闭省煤器再循环门，避免给水由再循环管短路进入汽包，导致省煤器缺水而烧坏，同时大量给水冲入汽包，还会引起水面波动，使蒸汽品质恶化。

用再循环管保护省煤器所存在的问题是循环压头低，不易建立良好的流动工况。因此，有的锅炉在省煤器出口与除氧器或疏水箱之间装有一根带阀门的再循环管，如图 7-7 所示。当汽包不进水时，用阀门切换，使流经省煤器的水回到除氧器或疏水箱。这样，在整个启动过程中可保持省煤器不断进水，以达到启动过程中保护省煤器的目的。

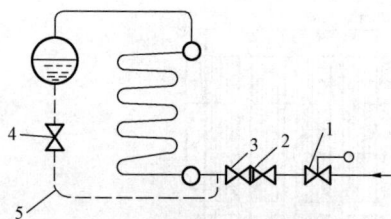

图 7-6　省煤器的再循环管

1—自动调节阀；2—止回阀；3—进口阀；

4—再循环阀；5—再循环管

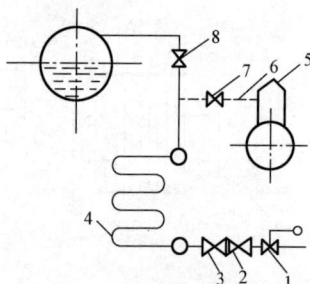

图 7-7　省煤器与除氧器之间的再循环管

1—自动调节阀；2—逆止阀；3—进口阀；

4—省煤器；5—除氧器；6—再循环管；

7—再循环阀；8—出口阀

第三节　管式空气预热器

管式空气预热器一般常采用立式布置，它由若干个标准尺寸的立方形管箱、连通风罩以及密封装置组成，其结构如图 7-8 所示。管箱一般由许多平行直立的有缝薄壁钢管和上、下管板组成。管子外径为 40～51mm，壁厚为 1.5mm，管子两端焊接到上下管板上。承受预热器重量的下管板通过支架支承在锅炉钢架上。通常烟气自上而下在管内纵向流动，空气在管外的空间横向绕流过管子，两者成交叉流动，烟气的热量通过管壁连续传给空气。

为使结构紧凑和增加传热，管子常采用小节距错列布置。为了使空气能作多次交叉流动，水平方向装有中间管板。中间管板用夹环固定在个别管子上。有时为防止预热器在运行中可能发生的振动和噪声，在每个管箱的中心线顺空气流动方向，还装有垂直布置的防振隔板。

为便于安装和运输，在制造厂中都将管式空气预热器做成若干管箱。组装时，为防止空气经过相邻管箱间的间隙漏到烟气中，在间隙处加装密封膨胀节或把相邻管箱的管板直接焊接起来。

管式空气预热器的布置要适合于锅炉的整体布置。图 7-9 所示为管式空气预热器的几种典型布置方式。

按照空气流程的不同，管式空气预热器有单道和多道之分。当受热面

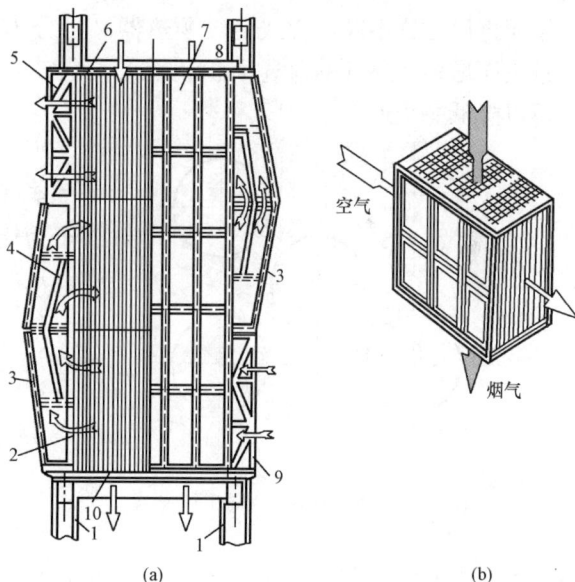

图 7-8　管式空气预热器

(a) 空气预热器组纵剖面图；(b) 管箱

1—锅炉钢架；2—空气预热器管子；3—空气连通罩；4—导流板；

5—热风道的连接法兰；6—上管板；7—预热器墙板；8—膨胀节；

9—冷风道的连接法兰；10—下管板

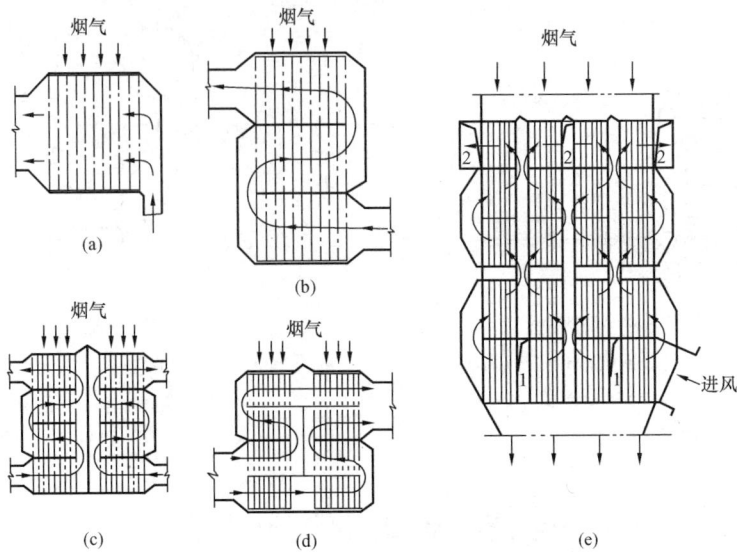

图 7-9　管式空气预热器布置方式

(a) 单道单面进风；(b) 多道单面进风；(c) 多道双面进风；
(d) 多道单面双股平行进风；(e) 多道多面进风

积不变时，通道数目的增加会使每一个通道的高度减小[试比较图 7-9(a)与(b)]，因而空气流速增大。另外，通道数目增多，也使交叉流动的次数增多，这时空气预热器的传热效果就会更加接近逆流工况，从而可以得到较大的传热温压。

按照进风方式不同，管式空气预热器又可分为单面进风、双面进风和多面进风。很明显，进风面增多，空气的流通面积就增大，空气流速就可降低。或者当维持空气流速不变时，可以降低每个通道的高度。

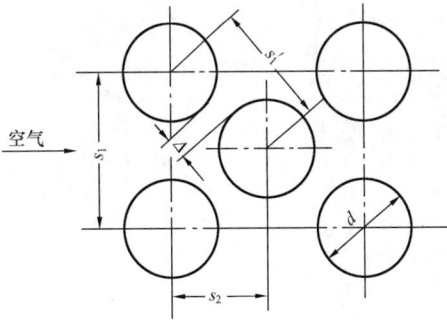

图 7-10　空气预热器管子的节距

为了避免积灰，烟气应以较大的速度流经管子。空气在管外作横向冲刷，且沿空气流动方向管子为错列布置，这样可以提高空气侧的放热系数。从结构上考虑，管子对角方向的最小间隙 $\Delta = (s'_2 - d)$ 应不小于 10mm（见图 7-10）。但 Δ 过大又会增大预热器的体积。通过横向间隙 $s_1 - d$ 的空气分为左右两股，由两个斜向间隙流出。当 $s_1 - d = 2\Delta$ 时，空气流没有过多的压缩和膨胀，因而流动阻力较小。

由于烟气是在管内纵向流动的，所以飞灰对管子的磨损较小，一般可采用 $10 \sim 14 \text{m/s}$ 的流速。空气预热器的传热系数既取决于烟气侧的放热系数 α_g，也决定于空气侧的放热系数 α_a。为了经济地使用受热面，应尽可能使 $\alpha_g \approx \alpha_a$。为达到这一目的，空气流速 w_a 和烟气流速 w_g 的比值 w_a/w_g 等于 0.4~0.55 为宜。

管式空预器具有结构简单，制造、安装方便，漏风量小等优点；但其结构尺寸大，金属用量大，在大型电厂尤其是热空气温度要求较高时，由于体积大而给尾部受热面布置带来困难。目前在我国容量为 670t/h 及以下的锅炉采用管式的较多。此外，由于管式空预器具有漏风量小的优点，在循环流化床锅炉上被广泛应用。

第四节　回转式空气预热器

一、回转式空气预热器的型式

我国大型电站锅炉多采用结构紧凑，重量较轻的回转式空气预热器。

回转式空气预热器是一种蓄热式预热器，它利用烟气和空气交替地通过金属受热面（蓄热板传热元件）来加热空气。与管式空气预热器相比，回转式预热器结构较复杂，但很紧凑，外形尺寸和所占空间小；在相同条件下，回转式预热器受热面壁温较高，因而烟气腐蚀较管式轻，而且蓄热板的腐蚀只影响介质的流通，不影响预热器的漏风。主要缺点是密封结构要求高，否则漏风量大；此外，蓄热板的流通间隙小，容易造成积灰、堵灰，必须带有吹灰设备，并经常进行吹扫。

回转式空气预器可分为受热面回转式和风罩回转式两种，前者又称容克式，后者又称罗特米勒式。

图 7-11 所示为受热面回转式空气预热器。受热面安放于可转动的圆筒形转子中，转子被径向隔板分割成若干个扇形仓格，每个扇形仓又由横向（周向）隔板分成多个梯形小室，并在其中放置受热元件的篮子。圆形（大型预热器常用八角形）外壳的顶部和底部，上下对应地被分隔成烟气流通区、空气流通区和密封区三部分。烟气流通区与烟道相连，空气流通区与风道相接。装有受热面的转子由电机通过传动装置驱动，以 1～3r/min 的转速旋转。因此，受热面不断地交替通过烟气流通区和空气流通区。当受热面转到烟气流通区时，烟气自上而下将蓄热板传热元件加热；当它转到空气流通区时，传热元件将积蓄的热量传递给自下而上流动的空气。这样循环地进行下去，转子每转一周，就完成一个热交换过程。由于烟气容积流量比空气大，故烟气流通区占有转子总截面约 46%，空气通道区占 38%～42%，其余部分为密封区扇形板所占。

图 7-12 所示为风罩回转式空气预热器。它由静子，上、下风罩以及传动装置等部件组成。静子部分的结构与受热面转动式预热器的转子相似。但在这里它是固定不动的，故称静子或定子。上下烟道与静子的外壳相连接。静子的上下端面装有可转动的上下风罩。上、下风罩

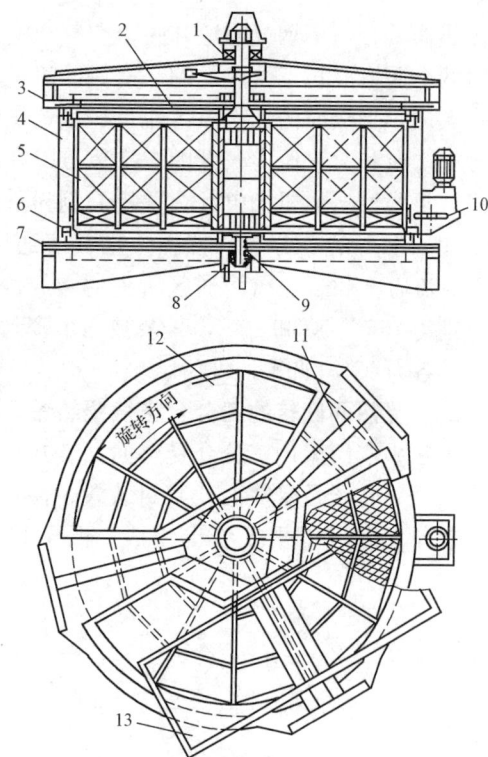

图 7-11　受热面回转式空气预热器

1—上轴承；2—径向密封；3—上端板（上梁）；4—外壳；5—转子；6—旁路密封；7—下端板（下梁）；8—下轴承；9—主轴；10—传动装置；11—三叉梁；12—空气出口；13—烟气进口

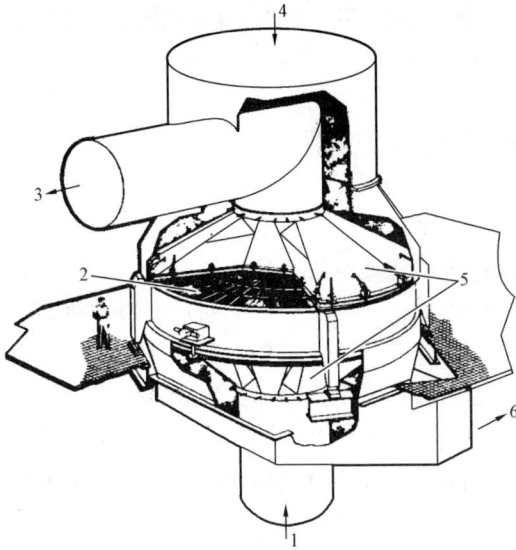

图 7-12　风罩回转式空气预热器

1—冷空气入口；2—静子；3—热空气出口；

4—烟气进口；5—转动的上、下风罩；6—烟气出口

用中心轴相连。电机通过传动装置带动下风罩旋转，上风罩也跟随同步转动，上、下风罩里的空气通道是呈同心相对的"8"字形。它将静子的截面分为三部分：烟气流通区、空气流通区和密封区。冷空气经下部固定的冷风道进入旋转的下风罩，裤衩型的下风罩把空气分成两股气流，自下而上流经静子受热面而被加热。加热后的空气由旋转的上风罩汇集后流向固定的热风道。烟气在风罩以外的区域也分成两部分自上而下流经静子，加热其中的受热面。这样，当风罩转动一周，静子中的受热面进行两次吸热和放热。因此，风罩转动式预热器的转速要比受热面转动式慢些。

我国电站锅炉广泛采用的受热面回转式空气预热器中，有二分仓和三分仓预热器之分。以上介绍的预热器均为二分仓预热器，即预热器具有一个烟气通道和一个空气通道。三分仓式空气预热器，将空气分为一次风和二次风两个通道。转子受热面的一次风区流过冷一次风机供应制粉系统作为磨煤干燥和输送剂的一次风，受热面的二次风区流过送风机供应燃烧器作二次风的空气。三分仓预热器将少量高压一次风和大量压力较低的二次风分隔在两个空气区内进行加热，使二次风可采用低压头风机，可降低送风机的电耗，并提高制粉系统运行的可靠性和经济性。

我国生产的三分仓预热器，烟气流通区、一次风流通区和二次风流通区所占的圆周角一般分别为165°、50°和100°，其余被三个密封区所占，各为15°，如图7-13所示。

二、受热面回转的三分仓空气预热器

电厂中广泛采用三分仓受热面回转式预热器由机壳、转子及受热面、密封装置、传动装置、轴承座及其润滑系统等组成。图7-14所

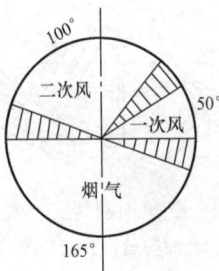

图 7-13　空气预热器的

三分仓圆周角度分配

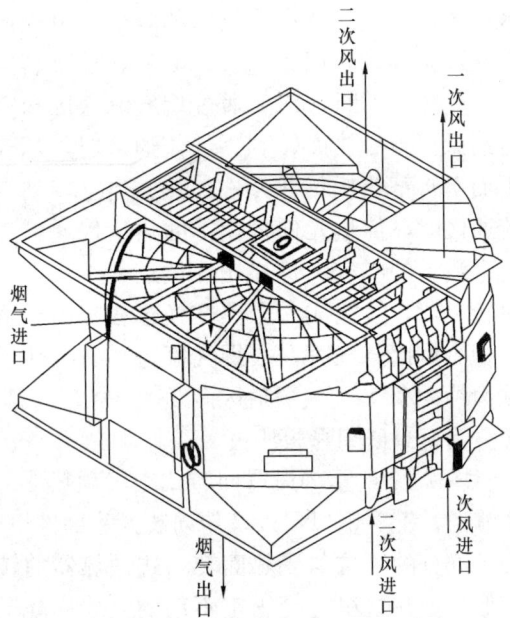

图 7-14　三分仓受热面回转式空气预热器

示为典型的三分仓受热面回转式空气预热器的立体外形图，图 7-15 所示为三分仓受热面回转式空气预热器的结构分解图。这里主要介绍机壳、转子及受热面以及密封装置。

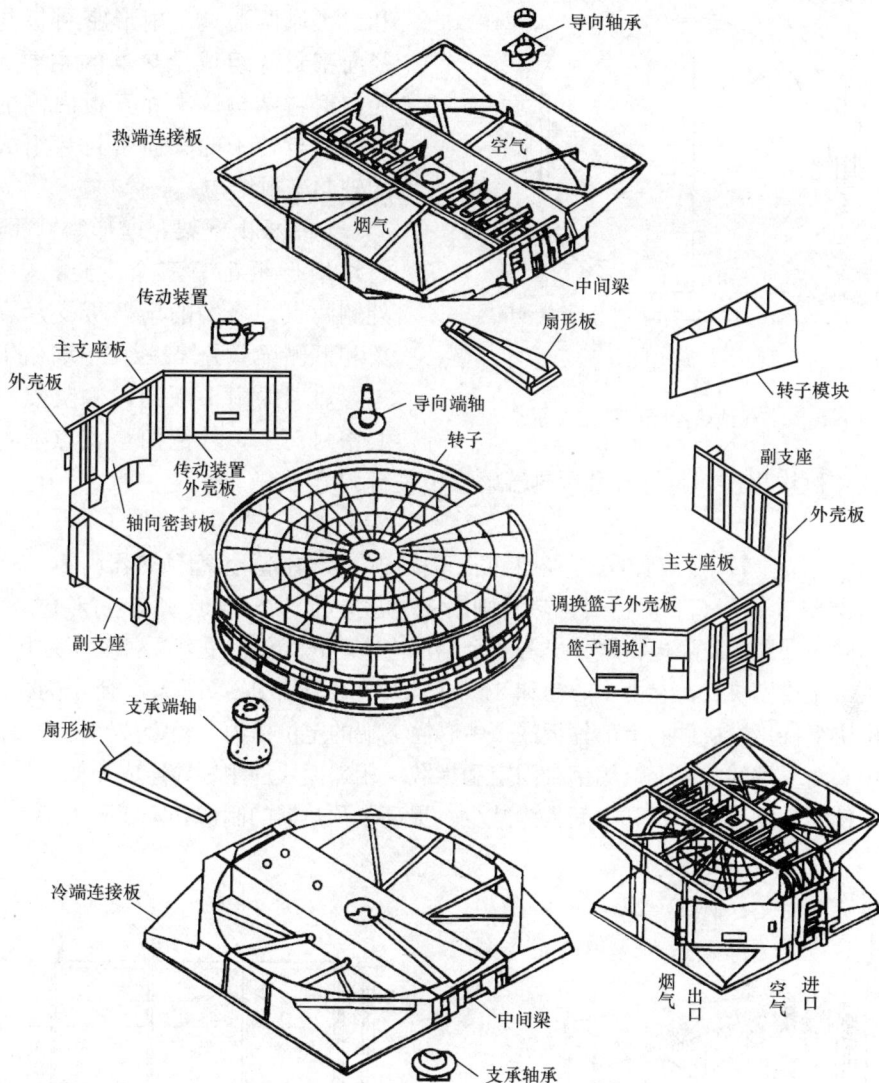

图 7-15　三分仓受热面回转式空气预热器结构分解图

1. 机壳

大型预热器机壳近似呈八角形，由主、副外壳板（主、副支座板），侧外壳板，上、下中间梁及侧梁和扇形板等组成的热端（上端）和冷端（下端）连接板等构成。

每台三分仓预热器的机壳有主外壳板三块、副外壳板两块，如图 7-15、图 7-16 所示。主外壳板Ⅰ、Ⅱ和两块副外壳板各呈对面布置，并各带两根立柱，用于将预热器的重量传递给锅炉的构架。主外壳板Ⅰ、Ⅱ、Ⅲ的内侧设有弧形的轴向密封装置。

上、下端连接板由上下中间梁、上下侧梁、扇形板、腹板等组成，上、下中间梁与主外壳板Ⅰ、Ⅱ连接（焊接），形成一个密闭的框架，成为支承预热器转动件的主要结构。下中间梁的中心放置推力轴承，支承全部转子的重量。

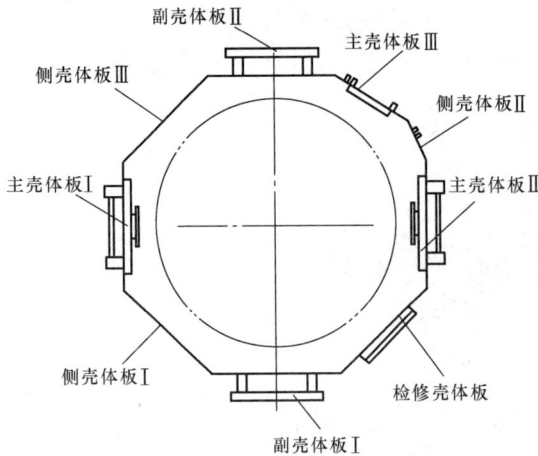

图 7-16　空气预热器壳体的结构示意

上、下中间梁分隔了烟气和空气通道，上、下侧梁将空气区分隔成一次风和二次风两通道。扇形密封板与转子的径向密封片组成预热器的主要密封——径向密封结构；主外壳板内侧的轴向密封装置与转子的轴向密封片组成预热器的轴向密封结构。

扇形板由框架和扇形密封平板构成。每块扇形板都有三个支点，内侧一点，外侧两点。冷端的扇形板支承在下中间梁和下侧梁（分隔一、二次风的密封区）上，热端的扇形板的内侧支点支承在中心密封筒上，外侧两个支点通过吊杆与径向密封调整机构相连，运行时可对热端扇形板进行调节。

2. 转子

转子由中心筒、转子外壳和若干径向和若干横向隔板构成。大型预热器由 24 块径向隔板将转子分隔成 24 个扇形仓。双密封预热器则由 48 块径向隔板分隔成 48 个扇形仓。每个扇形仓又有若干横向（周向）隔板将之分成若干个梯形小室，作为放置受热元件篮子之用。大型预热器的转子常做成模块式，它由中心筒和 24 个扇形模块组件构成，图 7-17 所示为模块式转子的结构和模块组件。模块件的上部耳板嵌入中心筒上端的定位槽内，用定位销轴连接。下部耳板搁置在中心筒下端的凸肩上，用销轴固定和承载。相邻模块件用螺栓连成一体。采用模块件转子结构，使工地安装工作量和时间大为减少，提高了预热器的制造和安装质量。

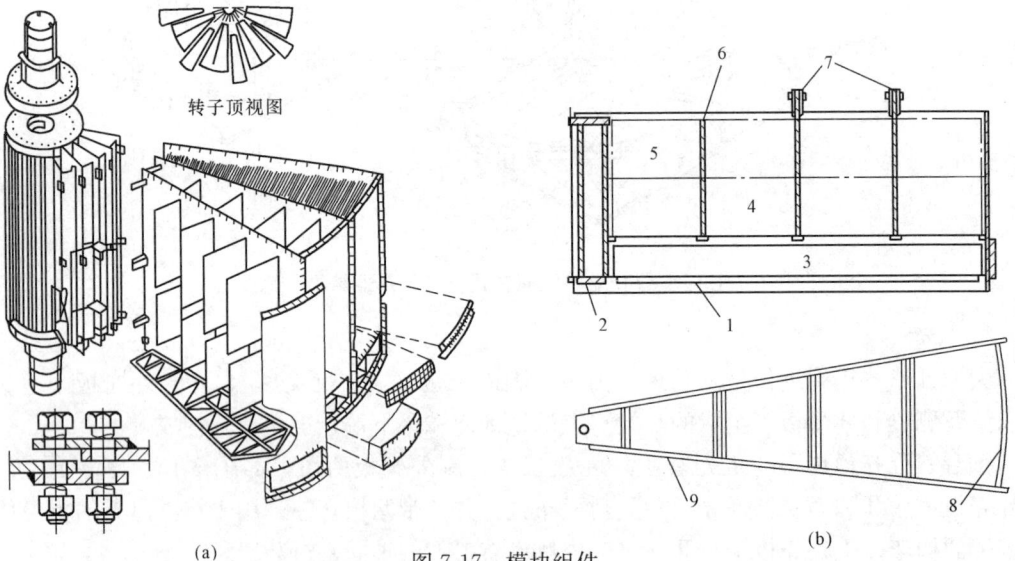

图 7-17　模块组件

（a）模块式转子结构；（b）模块件

1—栅架；2—装配凸耳座；3—冷端层；4—中间层；5—热端层；6—横向隔板；7—起吊架；

8—转子壳板；9—径向隔板

转子壳板下部装有一圈围带销。电动机和传动机构通过围带销带动转子旋转。转子中冷端受热元件制成抽屉式结构，可通过冷段传热元件调换门进行更换。在转子壳板外侧上、下端焊有弧形的角钢和 T 形钢（参见图 7-22）。后者与旁路密封片组成预热器的旁路密封结构。

3. 传热元件（受热面）

传热元件都安放在篮子结构的框盒内，便于安装和检修更换。沿转子高度，传热元件一般分成数段，自上而下称热段、中间段和冷段。热段和中间段（或称热段的中间段）传热元件的壁温较高，不易遭受腐蚀，可用厚度 0.5～0.6mm 的普通钢板制造；冷段容易遭受腐蚀，一般用厚度 1.0～1.2mm 的耐腐蚀材料制造。

板式传热元件一般有 DU、CU 和 NF 三种结构，可分别称双面强化蓄热板、单面强化蓄热板和平板蓄热板，分别由波纹板（波形板）与定位波纹板、波纹板与平板定位板和平板与平板定位板组成，如图 7-18 所示。波纹板带平板定位板传热元件（CU 型）安排紧凑，单位容积传热面积大，一般用于燃气锅炉。燃煤锅炉的回转式预热器，热段传热元件采用 DU 型，以强化预热器的传热，冷段采用 NF 型平板式传热元件，以便于清除受热面上的积灰。

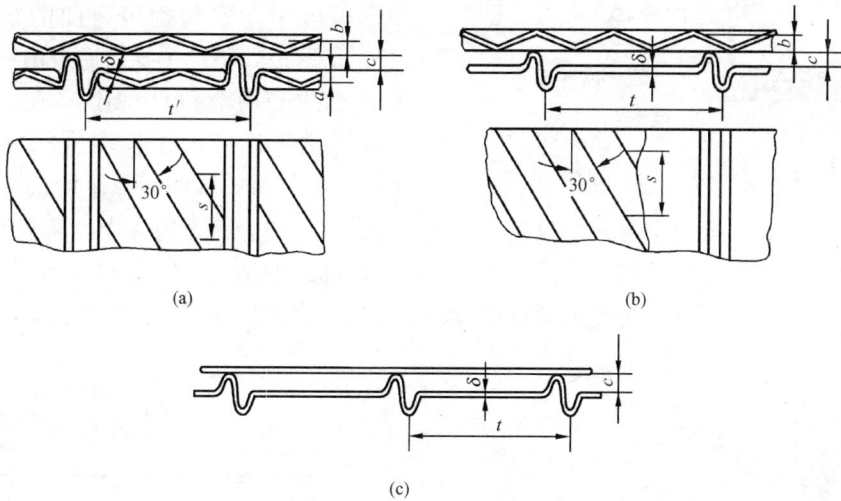

图 7-18 回转式空气预热器蓄热板结构
(a) 波纹板带定位波纹板（DU 型）；(b) 波纹板带平板定位板（CU 型）；(c) 平板带平板定位板（NF 型）

4. 密封装置

预热器的密封装置是为防止或减少空气与烟气之间的泄漏（漏风）而设置的。回转式预热器的漏风有携带漏风和间隙漏风两种。由于转子回转速度低，携带漏风量所占比例很小，主要考虑间隙漏风。回转式预热器在运行中，高压空气会通过间隙向低压烟气泄漏。漏风使预热器传热能力下降，排烟温度升高，还会增加输送烟气和空气介质的阻力，增加送引风机的电耗，严重时甚至影响燃烧器的正常运行。为减少预热器的漏风，回转式预热器设置了多种密封装置。

（1）径向密封。一般来说，径向间隙的漏风量最大，占预热器总漏风量约 2/3。径向密封装置用以防止或减少预热器中空气通过转子的上、下端面的间隙漏到烟气区的漏风量，也可减少一次风区的空气沿转子上、下端面的间隙漏到二次风区的漏风量。

径向密封装置由扇形板的板面与转子的径向密封片构成。在转子的24块（双密封时为48块）径向隔板的上、下端，各装一列由1.5mm厚的低合金高强度钢制作的径向密封片。密封片沿转子径向分成数段，用螺栓固定在转子的径向隔板上，如图7-19、图7-20所示。径向密封片是随转子一起转动的。预热器运行时，转子上端（热端）比下端（冷端）的温度高，上端径向热膨胀比下端大，加上转子的重量大，故运行中转子会产生所谓蘑菇状变形。而预热器热端的漏风对预热器传热能力的影响甚大，故应特别注意防止热端径向漏风量过大。为此，预热器热端的扇形板可采用密封面可弯曲的结构，见图7-21。扇形板外侧两个支点通过吊杆与控制调节系统的电动执行机构相连。在电动执行机构的驱动下，扇形板外端可跟着作缓慢升降，以对外端的径向间隙作相应的调整。

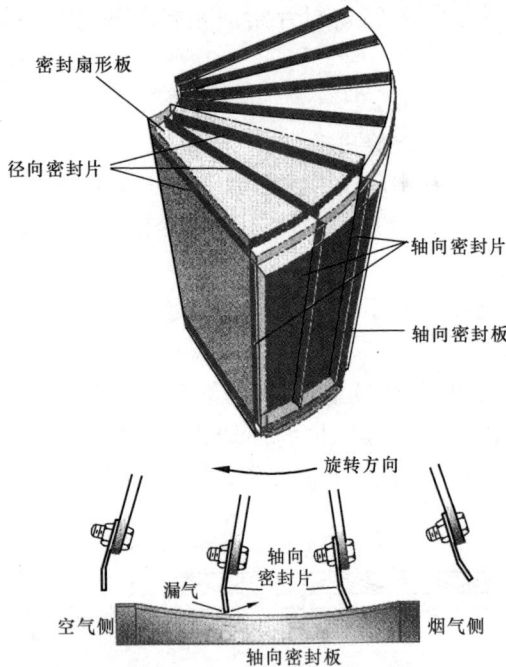

图 7-19　密封系统示意

（2）环向密封。环向密封装置包括转子外周上、下端的旁路密封和中心筒密封两部分。

旁路密封是用来减少经转子与机壳之间空间旁路通过的烟气或空气量，防止或减少部分烟气或空气不流经转子中的受热面而直接从转子与机壳之间的间隙中短路通过。

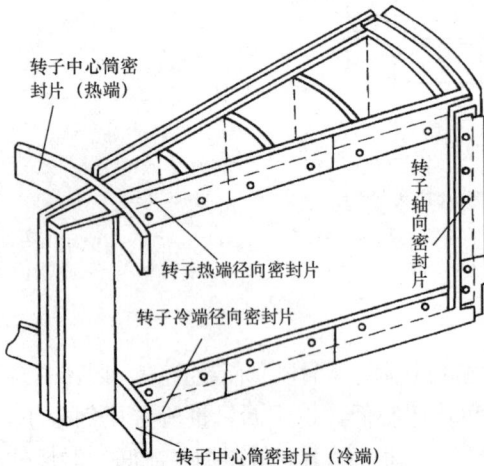

图 7-20　转子中心筒密封装置

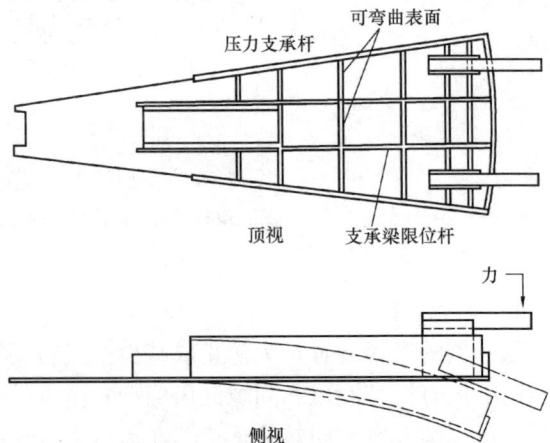

图 7-21　可弯曲的热端扇形板

旁路密封也称周向或环向密封，结构如图7-22所示，由转子上、下端外圆周上设置的圆弧形T型钢与固定在机壳相应部位的旁路密封片组成。旁路密封片沿机壳上、下端连接板的腹板的圆弧形角钢呈圆形布置，在扇形板处断开，另设密封件。转子外周上的 T 型钢，随转子一起转动，旁路密封片是静止不动的。

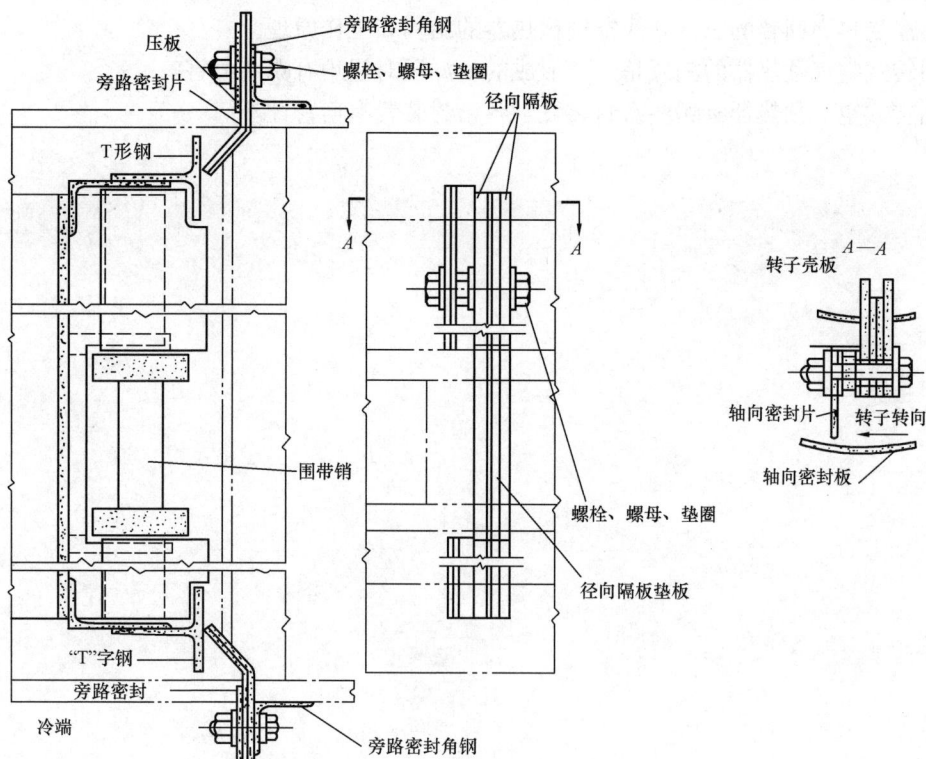

图 7-22　旁路密封和轴向密封结构

　　中心筒密封片是固定在转子中心筒上、下端的圆周上，并随转子一起旋转，其结构见图 7-20。中心筒密封装置可以看做是径向密封在转子中心部分的延伸，对减少漏风也起一定作用。

　　（3）轴向密封。轴向密封用来减少在转子周围沿周向漏入烟气区的空气量，由预热器主外壳板内侧的轴向密封板与固定在转子 24 块径向隔板外端的轴向密封片构成（见图 7-19、图 7-20）。预热器的轴向密封板共三块，分别装设在主外壳板Ⅰ、Ⅱ、Ⅲ的内侧（见图7-16）对应于一、二次风和烟气分隔处，轴向密封片是通过螺栓固定在转子的所有（24 块）径向隔板的外圆周上，随转子一起转动，如图 7-22 所示。轴向密封片沿转子高度分成两段，在围带销处断开。位于围带销上面的为热端轴向密封片，围带销以下的为冷端轴向密封片。

复　习　思　考　题

1. 尾部受热面的工作特点有哪些？
2. 省煤器的作用有哪些？如何分类？各类都有什么特点？

3. 省煤器在烟道中的布置方式有几种？各有什么特点？

4. 空气预热器的作用有哪些？空气预热器分为几种类型？工作原理如何？

5. 蓄热式空气预热器有几种？其结构如何？

6. 简述受热面回转的三分仓式空气预热器的结构和工作原理。

7. 回转式空气预热器的漏风是怎样形成的？漏风对锅炉有哪些危害？

8. 回转式空气预热器有哪些密封装置？各密封装置有何特性？

第三篇　锅炉热力计算

第八章　锅炉热平衡计算

第一节　锅炉机组热平衡

　　锅炉机组的热平衡是指其输入的热量和输出热量之间的平衡。输出热量包括用于生产蒸汽或热水的有效利用热量和生产过程中的各项热量损失。输入热量主要来源于燃料燃烧放出的热量。由于各种原因，进入炉内的燃料不可能完全燃烧，而且燃料放出的热量也不会被全部有效地利用，不可避免地要产生一部分损失。热平衡可以反映燃料的热量有多少被有效地利用，有多少变为热损失，这些损失又表现在哪些方面。研究它的目的是找出引起热量损失的原因，提出减少损失的措施，有效地提高锅炉效率，以节约能源。

　　图 8-1 所示为煤粉锅炉机组的热平衡。

　　在锅炉机组稳定运行的热力状态下，1kg 燃料带入炉内的热量、锅炉的有效利用热量和热损失之间有如下的关系：

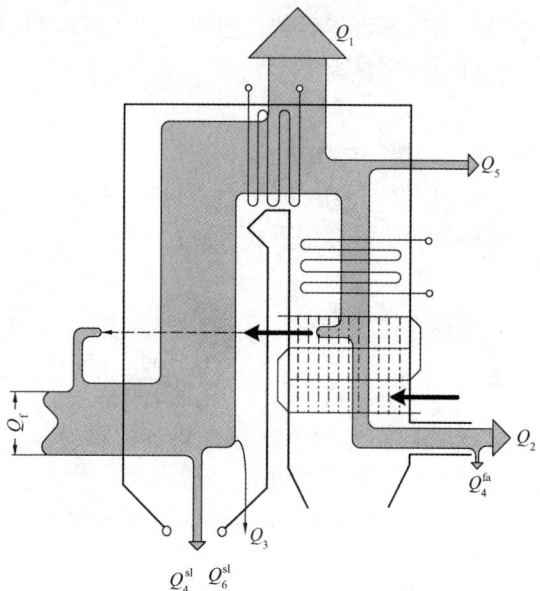

图 8-1　煤粉锅炉机组热平衡示意

$$Q_f = Q_1 + Q_2 + Q_3 + Q_4 + Q_5 + Q_6 \quad kJ/kg \tag{8-1}$$

式中　Q_f——1kg 燃料带入炉内的热量，kJ/kg；

　　　Q_1——锅炉有效利用热量，kJ/kg；

　　　Q_2——排烟热损失，kJ/kg；

　　　Q_3——化学（气体）未完全燃烧热损失，kJ/kg；

　　　Q_4——机械（固体）未完全燃烧热损失，kJ/kg；

　　　Q_5——锅炉散热损失，kJ/kg；

　　　Q_6——其他热损失，kJ/kg。

　　将上式两边都除以 Q_f，则锅炉的热平衡可以用占输入热量的百分比来表示

$$100 = q_1 + q_2 + q_3 + q_4 + q_5 + q_6 \tag{8-2}$$

式中　q_i——有效利用热或各项热损失占输入热量的百分比，$q_i = \dfrac{Q_i}{Q_f} \times 100$。

　　锅炉效率为

$$\eta_b = q_1 = \frac{Q_1}{Q_f} \times 100 = 100 - (q_2 + q_3 + q_4 + q_5 + q_6) \tag{8-3}$$

一、输入热量 Q_f

对于燃煤或燃油锅炉，每千克燃料带入锅炉的热量为

$$Q_f = Q_{net,ar} + Q_{ph} + Q_{ex} + Q_{at} \quad kJ/kg \tag{8-4}$$

式中　$Q_{net,ar}$——燃料收到基低位发热量，kJ/kg；

　　　Q_{ph}——燃料的物理显热，kJ/kg；

　　　Q_{ex}——用锅炉以外的热量加热空气时，空气带入锅炉的热量，kJ/kg；

　　　Q_{at}——用蒸汽雾化燃料油时，雾化蒸汽带入锅炉的热量，kJ/kg。

输入热量中最主要的是燃料的燃烧热。由于锅炉排烟的温度都不低于 $110\sim120℃$，烟气中的水蒸气不可能凝结，因而锅炉中所能利用的只是燃料的低位发热量 $Q_{net,ar}$。

燃料的物理热为

$$Q_{ph} = c_f t_f \quad kJ/kg \tag{8-5}$$

式中　t_f——燃料的温度，℃；

　　　c_f——燃料的比热容，kJ/(kg·℃)。

燃料油的比热容按下式计算：

$$c_f = 1.74 + 0.0025 t_f \quad kJ/(kg·℃) \tag{8-6}$$

固体燃料比热容

$$c_f = 4.19 \frac{M_{ar}}{100} + \frac{100 - M_{ar}}{100} c_{f,d} \quad kJ/(kg·℃) \tag{8-7}$$

式中　$c_{f,d}$——燃煤的干燥基比热容，kJ/(kg·℃)，无烟煤和贫煤为 0.92，烟煤为 1.09，褐煤为 1.13。

对于燃煤锅炉，Q_{ph} 的值相对较小。如果没有外界热量加热燃料时，只有当燃煤的水分 $M_{ar} \geqslant \dfrac{Q_{net,ar}}{630}$ 时，才考虑这项热量。

用蒸汽雾化燃料油时，还应计入蒸汽带入的热量 Q_{at}，按下式计算：

$$Q_{at} = G_{at}(i_{at} - 2510) \quad kJ/kg \tag{8-8}$$

式中　G_{at}——雾化燃料油的汽耗量，kg(蒸汽)/kg(油)；

　　　i_{at}——雾化蒸汽的焓，kJ/kg；

　　　2510——雾化蒸汽随排烟离开锅炉时的焓，取其汽化潜热，即 2510kJ/kg。

燃烧所需空气在预热器中接受烟气的热量，进入炉膛以后这部分热量转化为烟气焓的一部分，以后在空气预热器中又由烟气传给空气，如此循环不已，如图 8-1 所示，故在锅炉热平衡计算中不予考虑。

如果空气在进入锅炉之前采用外界热量进行预热，如在前置预热器(暖风器)中利用汽轮机抽汽加热空气，此时空气带入热量可按下式计算：

$$Q_{ex} = \beta V^0(c_2 t_2 - c_1 t_1) \quad kJ/kg \tag{8-9}$$

式中　β——通过暖风器的空气量与理论空气量之比；

　　c_2、c_1——暖风器出入口处空气的比热容，kJ/(m³·℃)(标准状况下)；

　　t_2、t_1——暖风器出入口处空气的温度，℃。

对于燃煤锅炉，如果燃料和空气没有利用外界热量进行预热，且燃煤水分 $M_{ar} < \dfrac{Q_{net,ar}}{630}$，那么，输入热量 $Q_f = Q_{net,ar}$。

二、机械未完全燃烧热损失 Q_4

机械未完全燃烧热损失是指部分固体燃料颗粒在炉内未能燃尽就被排出炉外而造成的热损失。这些未燃尽的颗粒可能随灰渣从炉膛中被排除掉，或以飞灰形式随烟气一起逸出。不同的燃烧方式，机械未完全燃烧热损失包含的内容也不相同。

对于煤粉炉

$$\left.\begin{array}{l} Q_4 = Q_4^{fa} + Q_4^{sl} \\ q_4 = q_4^{fa} + q_4^{sl} \end{array}\right\} \tag{8-10}$$

式中　$Q_4^{fa}(q_4^{fa})$——排烟携带的飞灰中未燃尽的炭粒造成的机械未完全燃烧热损失，kJ/kg；

$Q_4^{sl}(q_4^{sl})$——锅炉冷灰斗排除的灰渣（也称炉渣）中未参加燃烧或未燃尽的炭粒造成的机械未完全燃烧热损失，kJ/kg。

进行锅炉设计时，机械未完全燃烧热损失 q_4 按经验推荐数据来选取。对于运行的锅炉，可通过热平衡试验来测定。测定机械未完全燃烧损失需要收集每小时飞灰和灰渣的质量，并测出它们所含的可燃物的百分数。但在热平衡试验中，很难直接测准飞灰量，通常是通过灰平衡来求得。灰平衡是指入炉煤的含灰量应该等于燃烧后飞灰和灰渣中灰的量之和。

对于煤粉炉，进入炉内燃料的总灰量应该等于飞灰和灰渣中灰量之和，灰平衡式为

$$B \frac{A_{ar}}{100} = G_{fa} \frac{100 - C_{fa}}{100} + G_{sl} \frac{100 - C_{sl}}{100} \tag{8-11}$$

式中　B——锅炉燃料消耗量，kg/s；

G_{fa}、G_{sl}——飞灰、灰渣的质量（包括其中的可燃物），kg/s；

C_{fa}、C_{sl}——飞灰、灰渣可燃物的含量占飞灰、灰渣量的百分数。

将上式两边都除以 $B \dfrac{A_{ar}}{100}$，可得

$$1 = \frac{G_{fa}(100 - C_{fa})}{BA_{ar}} + \frac{G_{sl}(100 - C_{sl})}{BA_{ar}} \tag{8-12}$$

若定义飞灰系数（或称飞灰份额）α_{fa} 来表示飞灰中灰量占入炉总灰量的份额

$$\alpha_{fa} = \frac{G_{fa}(100 - C_{fa})}{BA_{ar}} \tag{8-13}$$

定义排渣率 α_{sl} 来表示灰渣中灰量占入炉总灰量的份额

$$\alpha_{sl} = \frac{G_{sl}(100 - C_{sl})}{BA_{ar}} \tag{8-14}$$

则
$$\alpha_{fa} + \alpha_{sl} = 1 \tag{8-15}$$

飞灰和灰渣中造成机械未完全燃烧的可燃物含量为

$$G_{fa}^c = \frac{C_{fa}}{100}G_{fa} \quad kg/s \left.\right\}$$
$$G_{sl}^c = \frac{C_{sl}}{100}G_{sl} \quad kg/s$$
(8-16)

由式(8-13)、式(8-14)可以求得 G_{fa} 和 G_{sl}，并将其结果代入式(8-16)，可得

$$G_{fa}^c = \frac{C_{fa}}{100}\frac{\alpha_{fa}BA_{ar}}{100-C_{fa}} \quad kg/s \left.\right\}$$
$$G_{sl}^c = \frac{C_{sl}}{100}\frac{\alpha_{sl}BA_{ar}}{100-C_{sl}} \quad kg/s$$
(8-17)

通常认为飞灰和灰渣中残留的可燃物为纯碳，取其发热量为 32 700kJ/kg，因此。相对于 1kg 燃料来说，总的机械未完全燃烧热损失为

$$\begin{aligned}Q_4 &= Q_4^{fa} + Q_4^{sl}\\&= \frac{32\ 700(G_{fa}^c + G_{sl}^c)}{B}\\&= 327A_{ar}\left(\alpha_{fa}\frac{C_{fa}}{100-C_{fa}} + \alpha_{sl}\frac{C_{sl}}{100-C_{sl}}\right) \quad kJ/kg\\q_4 &= q_4^{fa} + q_4^{sl}\\&= \frac{327A_{ar}}{Q_f}\left(\alpha_{fa}\frac{C_{fa}}{100-C_{fa}} + \alpha_{sl}\frac{C_{sl}}{100-C_{sl}}\right) \times 100\%\end{aligned}\left.\right\}$$
(8-18)

机械未完全燃烧热损失是燃煤锅炉主要的热损失之一，通常仅次于排烟热损失。影响这项损失的主要因素有燃烧方式、燃料性质、过量空气系数、燃烧器和炉膛结构以及运行工况等。对固态排渣煤粉炉来说，这项损失一般在 $0.5\%\sim5\%$，大型电厂锅炉在燃用烟煤时，此项损失只有 $0.5\%\sim0.8\%$，而燃用气体或液体燃料的锅炉，在正常情况下这项损失近似为 0。

煤粉炉中，落到冷灰斗中的灰渣只占入炉总灰量的一小部分，所以由灰渣中的可燃物造成的机械未完全燃烧热损失通常只有 $0.1\%\sim1.0\%$，绝大部分机械未完全燃烧热损失是由飞灰中的可燃物造成的。燃煤的挥发分越高，煤粉越细，灰分越少，则这项损失也就越小。

炉膛出口过量空气系数 α_f'' 对 q_4 的影响趋势相对复杂一点：当 α_f'' 的值比较小，以至不能保证燃料燃烧的空气量需求时，显然 q_4 是比较大的，而增大 α_f'' 将降低 q_4；但若 α_f'' 已经能够满足燃烧的需求，此时增大 α_f'' 将使烟气的流速增加，燃料在炉膛内的停留时间缩短，且烟气对大颗粒燃料的携带能力增强，都将使机械未完全燃烧热损失增大。因此，存在一个最佳的 α_f''，既能保证燃料燃烧的空气量需求，又能保证燃烧的时间长度需求，这时锅炉 q_4 将达到最小值。

三、化学未完全燃烧热损失 Q_3

化学未完全燃烧热损失也叫可燃气体未完全燃烧热损失。它是指锅炉排烟中残留的可燃气体如 CO、H_2、CH_4 和重碳氢化合物 C_mH_n 等未放出其燃烧热而造成的热损失。一般烟气中 C_mH_n 的数量极少，可略去不计。

$1Nm^3$ 一氧化碳的发热量为 12 640kJ，氢为 10 800kJ，甲烷为 35 820kJ。化学未完全燃

烧热损失应等于烟气中各可燃气体的容积与其发热量乘积的总和

$$Q_3 = V_{dg}(126.4CO + 108H_2 + 358.2CH_4)\left(1 - \frac{q_4}{100}\right) \quad kJ/kg \tag{8-19}$$

式中 CO、H_2、CH_4——干烟气中一氧化碳、氢、甲烷所占的容积份额。

在计算式中乘以 $\left(1 - \dfrac{q_4}{100}\right)$，是因为有机械未完全燃烧存在时，每 kg 燃料中只有

$\left(1 - \dfrac{q_4}{100}\right)$kg 的燃料参与燃烧并生成烟气，故应对生成的干烟气容积进行修正。

燃用固体燃料时，气体未完全燃烧产物只考虑一氧化碳，故

$$\left.\begin{aligned} Q_3 &= 236(C_{ar} + 0.375S_{ar})\frac{CO}{RO_2 + CO}\left(1 - \frac{q_4}{100}\right) \quad kJ/kg \\[2mm] q_3 &= \frac{Q_3}{Q_f} \times 100 = 236(C_{ar} + 0.375S_{ar})\frac{CO}{RO_2 + CO}\frac{100 - q_4}{Q_f} \end{aligned}\right\} \tag{8-20}$$

煤粉炉中 q_3 一般不超过 0.5%。

化学未完全燃烧热损失与燃料性质、炉膛过量空气系数、炉膛结构以及运行工况等因素有关。

一般燃用挥发分较多的燃料时，炉内可燃气体量增多，容易出现不完全燃烧。

炉膛容积过小、烟气在炉内流程过短时，会使一部分可燃气体来不及燃尽就离开炉膛，从而使 q_3 增大。

炉膛过量空气系数的大小和燃烧过程的组织方式直接影响炉内可燃气体与氧气的混合工况，所以它们与未完全燃烧损失密切相关。若过量空气系数 α''_f 取得过小，可燃气体将得不到充足的氧气而无法燃尽；若 α''_f 取得过大，又会使炉内温度降低，不利于燃烧反应的进行，这都会增大 q_3。因此应该根据燃料性质和燃烧方式取用合理的过量空气系数 α''_f。

四、排烟热损失 Q_2

烟气离开锅炉机组的最后一个受热面时，还具有相当高的温度，该烟温称为排烟温度，以 ϑ_{exg} 表示。排烟所拥有的热量将随烟气排入大气而不能得到利用，造成排烟热损失。但排烟的热量并非全部来自于输入热量，其中包括冷空气带入炉内的那部分热量。因此，在计算排烟热损失时应扣除这部分热量。故锅炉的排烟热损失为

$$\left.\begin{aligned} Q_2 &= (I_{exg} - I_{ca})\left(1 - \frac{q_4}{100}\right) = \left[I_{exg} - \alpha_{exg}V^0(ct)_{ca}\right]\left(1 - \frac{q_4}{100}\right) \quad kJ/kg \\[2mm] q_2 &= \frac{Q_2}{Q_f} \times 100 \end{aligned}\right\} \tag{8-21}$$

式中 I_{exg}——排烟焓，按排烟过量空气系数 α_{exg} 和排烟温度 ϑ_{exg} 计算，kJ/kg；

$\quad\quad I_{ca}$——冷空气的焓，kJ/kg；

$(ct)_{ca}$——1m³（标准状况下）冷空气的焓，kJ/m³，计算中一般取 $t_{ca}=20\sim30℃$。

排烟热损失是锅炉机组热损失中最大的一项，现代电厂锅炉的排烟热损失一般为 5%～6%。排烟温度 ϑ_{exg} 越高，则排烟损失就越大。一般 ϑ_{exg} 每增高 15～20℃，会使 q_2 增加约 1%。降低排烟温度虽然可以节约燃料，但锅炉机组最后受热面的传热温差减小，需要用更多的受热面积。其结果是，锅炉金属耗量增加，通风阻力和风机电耗也随之增加，而且为了布置更多的受热面，锅炉的外形也得加大。

合理的排烟温度应该根据排烟热损失和受热面的金属消耗费用，通过技术经济比较来确定。目前电厂锅炉的排烟温度 ϑ_{exg} 一般为 110～150℃。

排烟热损失的大小还与燃料性质有关。当燃用水分和含硫量较高的煤时，为了避免或减轻低温受热面的腐蚀，不得不采用较高的排烟温度。同时燃煤水分增大，排烟容积也增大，结果都会使排烟热损失变大。

炉膛出口过量空气系数 α_f'' 以及沿烟气流程各处烟道的漏风，都会影响排烟的过量空气系数 α_{exg}，因而也将影响排烟热损失。漏风使 q_z 增大的原因，不仅是由于它增大了排烟的容积，同时也会使排烟温度升高。这是因为漏入烟道的冷空气使漏风点处的烟气温度降低，从而使漏风点以后所有受热面的传热量都减小，故会使排烟温度升高，而且漏风点越靠近炉膛，这个影响就越大。

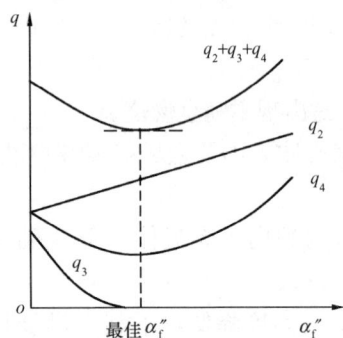

图 8-2　最佳过量空气系数

锅炉运行中，当某些受热面上发生结渣、积灰或结垢时，烟气与这部分受热面的传热量减小，锅炉的排烟温度也会升高。因此，为了保证锅炉的经济运行，必须保持受热面的清洁。

综合上述分析，炉膛出口过量空气系数不仅影响排烟热损失 q_2，而且也会影响化学和机械未完全燃烧损失 q_3 和 q_4，如图 8-2 所示，最合理的炉膛出口过量空气系数应当使 $(q_2+q_3+q_4)$ 为最小，一般是通过燃烧调整试验来确定的。

五、散热损失 Q_5

当锅炉工作时，炉墙、金属结构以及锅炉机组范围内的烟风道、汽水管道和联箱外表面温度高于周围环境温度，这样就会通过自然对流和辐射向周围散热，这个热量称为散热损失。散热损失的大小主要决定于锅炉散热表面积的大小、水冷壁的敷设程度、管道的保温以及周围环境情况等。散热损失可按下式计算：

$$\left.\begin{aligned} Q_5 &= \frac{\sum S_{hds}}{B}(\alpha_c+\alpha_r)(t_{hds}-t_0) \quad \text{kJ/kg} \\[2mm] q_5 &= \frac{Q_5}{Q_f}\times100 \end{aligned}\right\} \tag{8-22}$$

式中　$\sum S_{hds}$——锅炉散热表面积，m²；

$\quad\quad\ \ \alpha_c$——对流放热损失，kW/(m²·℃)；

$\quad\quad\ \ \alpha_r$——辐射放热损失，kW/(m²·℃)；

$\quad\quad\ \ t_{hds}$——锅炉散热表面温度，℃；

t_0——周围空气温度，℃；

B——燃料消耗量，kg/s。

随着锅炉容量的增大，燃料消耗量 B 与其近似成正比地增加，但锅炉的散热表面积 $\sum S_{hds}$ 却增加得慢些，因此相对 1kg 燃料的散热表面积 $\sum S_{hds}/B$ 是减小的。故散热损失 Q_5 与 q_5 随锅炉容量增大而减小。

当锅炉在非额定容量下运行时，散热表面的温度变化不大，总的散热量也就变化不大。但相对于 1kg 燃料的 Q_5 却有明显变化。可以近似地认为散热损失与锅炉运行负荷是成反比变化的，即

$$q'_5 = q_5 \frac{D}{D'} \tag{8-23}$$

式中　q_5、q'_5——锅炉额定容量、运行容量下的散热损失；

D、D'——锅炉额定容量、运行容量，kg/s。

锅炉热力计算时，要涉及各段受热面所在烟道的散热损失。为了简化计算，忽略了各段烟道在结构以及所处环境上的差别，而假定各段烟道的散热损失仅与该烟道中烟气传给受热面的热量成正比，并用所谓保热系数 φ 来考虑：

$$\varphi = \frac{受热面传给工质的热量}{烟气放热量} = \frac{受热面传给工质的热量}{受热面传给工质的热量 + 烟道的散热量} \tag{8-24}$$

即

$$1 - \varphi = \frac{烟道的散热量}{烟气放热量}$$

当锅炉没有空气预热器或空气预热器的吸热量相对锅炉有效利用热量 Q_1 很小时，保热系数为

$$\varphi = 1 - \frac{q_5}{\eta_b + q_5} \tag{8-25}$$

式中　η_b——锅炉机组的效率。

由于散热损失的测量非常困难，所以工程上都是根据锅炉额定容量由图 8-3 来查取确定 q_5。曲线 1 和曲线 2 是由前苏联的热力计算标准规定的，没有尾部受热面的锅炉，可根据曲线 1 来确定散热损失，有尾部受热面的锅炉，可根据曲线 2 来确定散热损失。对于容量更大

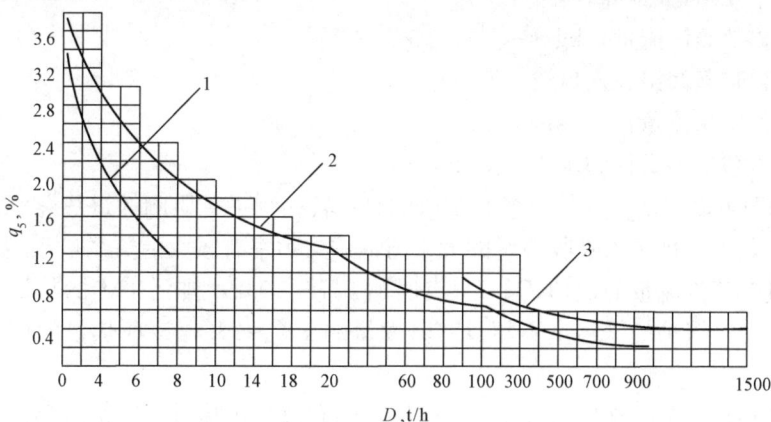

图 8-3　额定容量下锅炉的散热损失

1—前苏联标准(无尾部受热面)；2—前苏联标准(有尾部受热面)；3—我国国家标准

的电厂锅炉，我国国家标准补充并修正了散热损失的数值，即曲线3，其值要比前苏联的标准大。例如，一台1000t/h的电厂锅炉，前苏联标准的散热损失为0.2%，而我国标准为0.4%。

六、其他热损失 Q_6

锅炉机组的其他热损失主要是指灰渣带走的物理热损失 Q_6^{sl}。

燃用固体燃料时，由于从锅炉中排除的灰渣还具有相当高的温度（600～800℃）而造成的热量损失称为灰渣热物理损失。它的大小取决于燃料的灰分、燃料的发热量和排渣方式等。灰分高或发热量低或排渣率高的锅炉这项热损失就大。例如，液态排渣方式的锅炉以及沸腾炉等锅炉，灰渣物理热损失就比较大。对于固态排渣的煤粉炉，只有当燃用多灰燃料 $\left(A_{ar} \geqslant \dfrac{Q_{net,ar}}{419}\right)$ 时才计及灰渣物理热损失，其损失以下式计算：

$$\left.\begin{aligned} Q_6^{sl} &= \alpha_{sl}(ct)_{sl}\frac{A_{ar}}{100} \quad \text{kJ/kg} \\[2mm] q_6^{sl} &= \frac{Q_6^{sl}}{Q_f} \times 100 \end{aligned}\right\} \tag{8-26}$$

式中　$(ct)_{sl}$——1kg灰渣的焓，根据灰渣温度由表1-5查取。

七、锅炉机组热效率和燃料消耗量

燃料带入锅炉机组的热量，大部分被工质吸收，将给水一直加热成过热蒸汽（或热水或饱和水），这部分热量称为锅炉机组的有效利用热 Q_1（kJ/kg），其值按下式计算：

$$Q_1 = \frac{D_{sh}(i''_{sh} - i_{fw}) + D_{rh}(i''_{rh} - i'_{rh}) + D_{bl}(i' - i_{fw})}{B} \quad \text{kJ/kg} \tag{8-27}$$

式中　B——燃料消耗量，kg/s；

　　　D_{sh}——过热蒸汽流量，kg/s；

　　　i''_{sh}——过热蒸汽焓，kJ/kg；

　　　i_{fw}——给水焓，kJ/kg；

　　　D_{rh}——再热蒸汽流量，kg/s；

i''_{rh}、i'_{rh}——再热蒸汽出、入口焓，kJ/kg；

　　　D_{bl}——排污水流量，kg/s；

　　　i'——汽包压力下饱和水焓，kJ/kg。

从式(8-27)可以看出，锅炉将燃料带入的热量转移到了工质侧的过热蒸汽、再热蒸汽和锅炉排污水。其中，排污水吸收热量的大小与锅炉排污率有较大的关系，小型的工业锅炉排污水流量与过热蒸汽流量的比值 D_{bl}/D_{sh} 有时达5%～10%，排污带走的热量是很大的；而在凝汽式电站中，锅炉的排污量不超过其蒸发量的1%～2%，该项热量的值就很小，甚至可略去不计。

需要特别指出的是，在以式(8-27)计算锅炉的有效利用热时，锅炉排污的吸热是作为一种有效热量来处理的。从电站锅炉所在的机组系统角度分析，锅炉排污水吸收的热量与过热蒸汽及再热蒸汽吸热有本质的不同，后两者的吸热将会被机组系统转化为最终的产品，如电能或热能，并供给用户；而排污热量并不会转化成机组系统的产品，最多会被回收利用一部分。因此，从机组系统的角度看，排污吸收的热量是一种损失，故若要提高机组系统的整体效率，锅炉排污的吸热应是越少越好。若简单地由式(8-27)分析，则排污的吸热将增加锅炉的有效利用热量，似乎对提高机组效率有利，这显然是不符合实际的。

根据锅炉机组的有效利用热 Q_1、输入热量 Q_f 和燃料消耗量 B，可以计算锅炉机组的热效率 η_b；或者如果已知输入热量 Q_f、有效利用热 Q_1 及热效率 η_b，可以求出锅炉机组的燃料消耗量 B

$$\eta_b = \frac{Q_1}{Q_f} \times 100 = \frac{100}{BQ_f}[D_{sh}(i''_{sh}-i_{fw}) + D_{rh}(i''_{rh}-i'_{rh}) + D_{bl}(i'-i_{fw})] \quad (8\text{-}28)$$

$$B = \frac{100}{\eta_b Q_f}[D_{sh}(i''_{sh}-i_{fw}) + D_{rh}(i''_{rh}-i'_{rh}) + D_{bl}(i'-i_{fw})] \quad \text{kg/s} \quad (8\text{-}29)$$

在进行燃料的燃烧计算时，假定燃料是完全燃烧的，但由于机械未完全燃烧损失 q_4，实际上 1kg 入炉燃料只有 $\left(1-\frac{q_4}{100}\right)$ kg 燃料参加燃烧反应。因而实际燃烧所需空气的容积以及生成的烟气的容积均应相应减小，为此，在计算这些容积时，要考虑对燃料量进行修正，即按所谓计算燃料消耗量 B_{cal} 进行

$$B_{cal} = B\left(1-\frac{q_4}{100}\right) \quad \text{kg/s} \quad (8\text{-}30)$$

但在燃料供应和制粉系统的计算中，则应按实际燃料消耗量 B 进行。

第二节 锅炉机组热平衡试验

在锅炉制造厂对锅炉新产品移交验收的鉴定试验中，锅炉使用单位对新投产锅炉的运行试验中，改造后的锅炉进行热工技术性能鉴定试验以及运行锅炉燃烧调整试验中，都必须进行热平衡试验。热平衡试验的目的如下：

(1) 确定锅炉的热效率 η_b；

(2) 确定锅炉的各项热损失，并分析造成各项热损失的原因和寻求降低热损失的方法；

(3) 确定不同工况下锅炉各项工作指标，如过量空气系数，干烟气中二氧化碳容积百分数、排烟温度及过热蒸汽温度等与锅炉负荷的关系。

锅炉热平衡试验的核心确定锅炉机组的热效率，为此，需要进行大量的试验工作，测定大量的数据，如煤种特性、锅炉运行数据等，还需要根据经验确定一些参数，在此基础上，通过一系列的计算，才能获得锅炉机组的热效率。

为保证锅炉热平衡试验的准确性和一致性，世界各国都制定了各具特色的锅炉性能试验标准，如我国在前苏联标准的基础上，制定了《电站锅炉性能试验规程》（GB/T 10184—1988）。近年来，我国和欧美日等国的交流增加，安装运行了一批西方制造的电厂锅炉，引进了其设计制造技术，近十年来，我国的先进电厂锅炉还出口至其他国家。在这些活动中，西方有关锅炉性能试验的标准开始在我国应用，典型的如美国 ASME 协会的 PTC 4—1988/

2008。这些标准在规定锅炉试验中数据的测定、处理以及热效率的计算方面有不小的差别，但是其基本思想是一致的，测定的最终结果也相差无几。

我国标准和 ASME 标准都明确热平衡试验的方法有正平衡和反平衡两种。

正平衡方法是在试验过程中直接确定锅炉机组的有效利用热量 Q_1、燃料消耗量 B 及燃煤的低位发热量等，然后按照式（8-28）计算出锅炉热效率 η_b，此热效率也称输入-输出法效率。为此，在试验中需要测量燃料消耗量以及用以确定有效利用热的锅炉工质的有关数值，如工质的流量和相应的状态参数等。

正平衡方法要求锅炉在比较长的时间内保持稳定的运行工况。即保持试验期间锅炉压力、负荷一定，试验始末燃烧状态和汽包水位相同，这在锅炉运行中是难以精确做到的。对于大型燃煤锅炉机组，尤其是中间储仓式制粉系统，测量燃料消耗量是相当困难而又不易测准的。此外，正平衡方法只能求出锅炉机组的热效率，未能找出影响锅炉效率的各种原因和提高热效率的途径。

正因为如此，大型电站锅炉主要采用反平衡法来确定锅炉的热效率。

所谓反平衡确定锅炉热效率的方法，就是通过试验测定出锅炉的各项热损失 q_2、q_3、q_4、q_5 和 q_6，然后按下式计算出锅炉机组的热效率：

$$\eta_b = 100 - \sum_{i=2}^{6} q_i \tag{8-31}$$

为了求出各项热损失，热平衡试验中需要测量许多值。如对于煤粉锅炉，需要测量烟气参数 α_{exg}、ϑ_{exg}、CO、RO_2 和 O_2，灰渣和飞灰中的可燃物含量 C_{sl} 和 C_{fa} 以及燃料的工业分析和发热量等。但反平衡试验并不要求试验期间内锅炉负荷严格保持不变，同时它能求出锅炉各项热损失的具体数据，因而可以了解锅炉机组的工作情况并能找出提高锅炉热效率的措施。

复习思考题

1. 锅炉的输入热量包括哪几项？
2. 锅炉有哪几项热损失？其中主要热损失是哪几项？如何降低主要热损失？
3. 为什么在讨论锅炉热损失时，首先要讨论机械未完全燃烧损失？
4. 锅炉机械未完全燃烧损失 q_4 的确定需测量哪些基本参数？
5. 在锅炉机组热平衡的各项热损失计算中，哪些热损失要用 q_4 修正，为什么？
6. 排烟热损失 q_2 的确定需测定哪几项参数？
7. 最佳过量空气系数是如何确定的？
8. 具有再热循环系统及连续排污的锅炉有效利用热是如何计算的？
9. 散热损失和锅炉容量之间的关系是怎样的？
10. 如何通过正平衡试验确定锅炉的效率？
11. 如何通过反平衡试验确定锅炉的效率？
12. 某 1000MW 的电厂锅炉，选用第一章习题中的燃料，其蒸汽、给水以及环境温度、排烟温度等参数如下：

序号	参数	单位	数值
1	过热蒸汽流量	D_{sh}	2950
2	过热蒸汽温度	t_{sh}	605
3	过热蒸汽压力	p_{sh}	26.25
4	再热蒸汽流量	D_{rh}	2402.1
5	再热蒸汽进口温度	t'_{rh}	356.3
6	再热蒸汽进口压力	p'_{rh}	5.11
7	再热蒸汽出口温度	t''_{rh}	603
8	再热蒸汽出口压力	p''_{rh}	4.85
9	给水温度	t_{fw}	295
10	给水压力	p_{fw}	29.50
11	环境温度	t_{ca}	20
12	设计排烟温度	θ_{exg}	120

试根据以上数据计算该锅炉的燃料耗量。

第九章 炉内辐射传热计算

第一节 炉内辐射传热基本概念

一、物体的辐射

燃料在炉内燃烧时，放出大量热量，把燃烧产物（烟气）加热到很高温度。在火焰中心区，温度高达 1500℃～1600℃。当燃烧产物离开炉膛进入对流烟道时，其温度也在 1000～1250℃之间。为了吸收炉内高温火焰的热量，在炉膛四周，布满了内部工质为水，汽水混合物或蒸汽的水冷壁管作为吸收热量的受热面。高温烟气以辐射方式将热量传递给受热面，并加热其内部工质。烟气在炉膛内上升的流动速度相对较低，对流传热所占比例较小，一般认为约 5%。随着锅炉单位容量增加，烟气对流传热所占比例增大，尤其是在燃烧器布置区域，对流传热所占比例远大于 5%。但为简化计算，多数炉内传热计算方法仍按辐射方式处理数据。

辐射是一切物体所固有的特性，任何物体都在不断地发射能量。所谓物体的自身辐射 E，是指单位面积该物体在半球形范围内向各个方向所发射的各种波长能量的总和，kW/m^2。它的数值取决于物体的温度和物理性质。例如，对于黑体和灰体，自身辐射总能量分别以 E_b 和 E 表示：

$$\left.\begin{array}{l} E_b = \sigma_0 T^4 \\ E = \varepsilon\sigma_0 T^4 = \varepsilon E_b \end{array}\right\} \tag{9-1}$$

式中　T——物体的（绝对）温度，K；

　　　σ_0——斯忒藩-玻尔兹曼常量（简称辐射常数），$\sigma_0 = 5.67\times10^{-11} kW/(m^2 \cdot K^4)$；

　　　ε——灰体的黑度。

二、介质的吸收率和黑度

燃料在炉内燃烧后所生成的火焰，即高温燃烧产物，除含有气体（包括有辐射和吸收能力的三原子气体 CO_2 和 H_2O 等）外，还有燃料的灰分和燃烧初期所产生焦炭或炭黑的固体颗粒。烟气中的三原子气体和固体颗粒有吸收辐射能和自身辐射的特性，它们构成炉内火焰的"辐射介质"。

由于辐射介质的吸收等性能，当辐射源穿过辐射介质进行传递时，辐射强度因吸收而降低。设一单位立体角原始辐射强度 $I(0)$，$kW/(m^2 \cdot sr)$，沿 x 向穿经充满具有吸收介质的辐射层 S，如图 9-1 所示。经验证明辐射能的变化取决于当地的辐射强度 $I(x)$，并正比于辐射减弱系数。在坐标为 x 的微元厚度介质层 dx 中，辐射强度的变化可写为

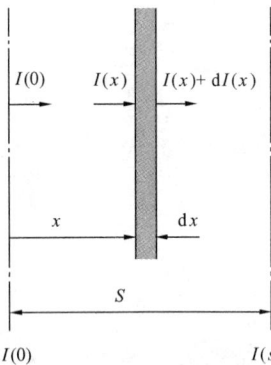
图 9-1　介质对辐射能的吸收

$$I(x)-[I(x)+dI(x)] = k_a I(x)dx$$

或

$$dI(x) = -k_a I(x)dx \tag{9-2}$$

式中　k_a——比例系数，称为辐射介质的吸收减弱系数，m^{-1}。

由分离变量后积分，假定 k_a 沿行程为常数

$$\int_{I=I(0)}^{I=I(s)} \frac{\mathrm{d}I(x)}{I(x)} = -k_a \int_{x=0}^{x=s} \mathrm{d}x$$

得

$$\frac{I(s)}{I(0)} = \mathrm{e}^{-k_a S} \quad , \quad I(s) = I(0)\mathrm{e}^{-k_a S} \tag{9-3}$$

或

$$\frac{I(0)-I(s)}{I(0)} = 1 - \mathrm{e}^{-k_a S} \tag{9-4}$$

式（9-3）表示辐射能穿经辐射层 S 后辐射强度因被吸收的减弱程度；式（9-4）表示辐射能穿经辐射层 S 被介质吸收后，辐射强度的降低值与原始辐射强度的比值，称为介质的吸收率 a。根据克希霍夫定律，在等温条件下介质的黑度 ε 等于其吸收率。因此

$$\varepsilon = a = 1 - \mathrm{e}^{-k_a S} = 1 - \mathrm{e}^{-\tau} \tag{9-5}$$

$$\tau = k_a S \tag{9-5a}$$

式中　τ——光学厚度或光学密度，也称为无量纲布格尔准则数。

三、炉内火焰黑度

炉内火焰介质的辐射能力取决于火焰温度与辐射介质的特点。炉内介质中的二原子气体，如 N_2、O_2、H_2 等，其辐射和吸收能力微不足道，完全可以忽略不计。三原子气体，如 CO_2、H_2O、SO_2 等和碳氢化合物气体（如煤粉燃烧时少量 CH_4），在很广的温度范围内具有实际意义的辐射力（黑度）和吸收率。在一般情况下，火焰中碳氢化合物气体含量极少，也可不予考虑。因此，炉内气体辐射介质只考虑三原子气体。

气体的辐射带有选择性，主要集中在红外线的波长范围，其辐射力取决于温度、辐射介质的容积比（分压力）和辐射层的有效厚度等因素。与固体物质相比，在相同温度下气体具有较低的辐射力。三原子气体辐射的黑度随温度的提高而下降。

火焰中的固体颗粒从其表面发射能量，其辐射力和吸收率取决于颗粒的尺寸（或表面积）、浓度、温度及其特性。煤粉燃烧初期生成的焦炭颗粒的尺寸为 $10\sim250\mu m$。就其单位辐射强度而言，已接近于绝对黑体，但火焰中焦炭颗粒的浓度不高（约 $0.01\mathrm{kg/m^3}$），而且基本上集中在燃烧器区域。焦炭颗粒的辐射力占火焰总辐射力的 $25\%\sim30\%$。

火焰中的灰分颗粒大约具有和焦炭颗粒相同的尺寸，但充满整个炉膛。烟气中飞灰的浓度主要取决于燃料中灰分的含量和燃烧方式。在煤粉炉中灰分颗粒的辐射力占火焰总辐射能力的 $40\%\sim50\%$。固体颗粒的辐射力（黑度）随温度的升高而降低。

因此，在计算煤粉火焰的黑度或吸收率时，其减弱系数 k_a 或光学密度 τ 应由三原子气体、灰分颗粒和焦炭颗粒三部分组成。

四、入射辐射和有效辐射

物体的入射辐射 G，是指半球范围内从各个方向以各种波长进入该物体单位面积的能的总和，$\mathrm{kW/m^2}$。对于不透明的物体，被吸收的能量为 aG，从该物体反射出去的能量为 $(1-a)G = (1-\varepsilon)G$。物体的总辐射能，称为有效辐射 J，是在半球范围内离开该物体单位面积的总辐射能，包括入射辐射中的反射和物体的自身辐射，$\mathrm{kW/m^2}$，如图 9-2 所示。因此

$$J = \varepsilon E_b + (1-\varepsilon)G \tag{9-6}$$

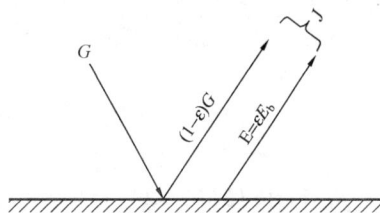

图 9-2　物体的总辐射力

五、两平行平面之间的辐射传热

对于两个相互进行辐射热交换的物体，两物体各种辐射参数分别以脚标 1 和 2 表示，则有

$$J_1 = \varepsilon_1 E_{b1} + (1 - \varepsilon_1) G_1 \tag{9-7}$$

$$J_2 = \varepsilon_2 E_{b2} + (1 - \varepsilon_2) G_2 \tag{9-8}$$

当两物体之间的介质没有吸收和辐射性能或两物体之间光学密度很小、其间介质的吸收和辐射可以忽略不计时，第一个物体的有效辐射，就是第二个物体的入射辐射，即 $J_1 = G_2$；第二个物体的有效辐射又是第一个物体的入射辐射，$J_2 = G_1$。因此得

$$J_1 = \varepsilon_1 E_{b1} + (1 - \varepsilon_1) J_2 \tag{9-9}$$

$$J_2 = \varepsilon_2 E_{b2} + (1 - \varepsilon_2) J_1 \tag{9-10}$$

传热学中最经典的辐射换热公式是两个无限大平行平面在充满透明介质（没有吸收和辐射性能）或光学密度小到可以忽略不计时的换热公式。在这种情况下，两物体之间的辐射热交换热流 q_R（kW/m²）可写为

$$q_R = J_1 - J_2 = J_1 - G_1 = G_2 - J_2 \tag{9-11}$$

为了推导方便，分别将两个平面的有效辐射与自身黑体辐射 E_b 和热交换热流 q_R 联系起来，即将式（9-11）分别代入式（9-9）消去 J_2 和式（9-10）消去 J_1，可得

$$J_1 = E_{b1} - \frac{1 - \varepsilon_1}{\varepsilon_1} q_R \tag{9-12}$$

$$J_2 = E_{b2} + \frac{1 - \varepsilon_2}{\varepsilon_2} q_R \tag{9-13}$$

再将式（9-12）和式（9-13）代入式（9-11），可得两个其间充以不参与换热反应介质的无限大平行平面的辐射传热公式

$$q_R = \frac{E_{b1} - E_{b2}}{\dfrac{1}{\varepsilon_1} + \dfrac{1}{\varepsilon_2} - 1} = \frac{\sigma_0 T_1^4 - \sigma_0 T_2^4}{\dfrac{1}{\varepsilon_1} + \dfrac{1}{\varepsilon_2} - 1} = \frac{\varepsilon_1 \varepsilon_2 (\sigma_0 T_1^4 - \sigma_0 T_2^4)}{1 - (1 - \varepsilon_1)(1 - \varepsilon_2)} \quad \text{kW/m}^2 \tag{9-14}$$

式中　T_1、T_2——高温和低温两个平面的绝对温度，K；

　　　ε_1、ε_2——两个平面的黑度。

第二节　炉内辐射传热特点

蒸汽锅炉炉内同时进行着燃料燃烧和放出热量、高温火焰对四周壁面的传热、烟气沿炉内的流动和飞灰在壁上的沉积等过程。炉内过程的复杂性给炉内辐射传热计算带来不少困难，至今纯理论方法远不能解决炉膛传热的计算问题，仍需依靠大量经验数据和简化假设。即使如此，目前简便的可以用于工程计算的方法基本上是零维的，即各计算参数，如烟温、烟气黑度、壁面温度和黑度等都取一个平均值，计算所得结果，如炉膛出口烟温和热流也是一个平均值。

实际上，炉内各参数不是均匀的，而是沿炉膛深度、宽度和高度变化的。炉内火焰温度表现出明显的不规则的三维特性。沿炉膛高度任一截面，一般都是靠近截面中心的温度较高，四周温度较低，接近水冷壁面时烟温水平最低。图 9-3 所示为沿炉膛横截面火焰温度变化的一个例子。沿炉子高度火焰温度也是变化的，图 9-4 所示为一台 800MW 燃煤锅炉炉内

火焰无量纲温度 θ 随无量纲高度 X 的变化。无量纲火焰温度是火焰温度（K）与理论（绝热）燃烧温度（K）的比值，无量纲高度是测量或计算点的高度与炉膛高度的比值。由图可见，大约在燃烧器布置区域火焰温度最高，随后，温度沿炉膛高度逐渐下降。

炉内火焰的黑度，严格说也是三维的，黑度沿炉膛截面变化的测量数据不多。煤粉锅炉火焰黑度随炉膛高度变化的测量结果表明，在燃烧器布置区域火焰黑度也是最高的。这是由于在这个区域，除三原子气体和灰分颗粒的辐射外，还存在煤粉焦炭颗粒的辐射；随后，虽然沿炉膛高度火焰温度逐渐降低，但因焦炭也逐渐燃尽，故火焰黑度呈缓慢下降的趋势。

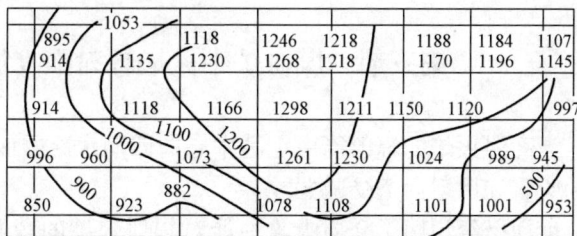

前墙（标高23.25m）

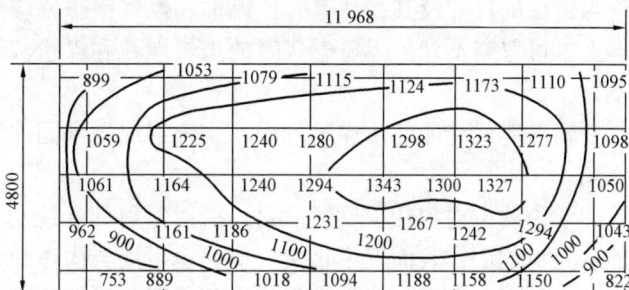

前墙（标高20.65m）

图 9-3　炉膛横截面火焰温度场示例

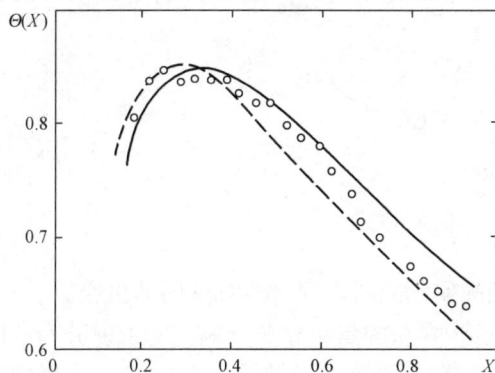

图 9-4　无量纲火焰温度沿炉膛高度的变化
○—试验值；曲线—不同火焰温度分布
描述方法的计算值

在炉内辐射传热计算中，一般都假设火焰黑度是均匀的，本书亦作如此假设。

炉内热交换为炉内高温火焰与四周壁面的热交换。某些炉内辐射传热计算方法采用两个平行平面的辐射传热公式，即式（9-14），把与水冷壁平面相切的假想平面（其大小与水冷壁平面相同）看做是具有火焰平均温度的火焰辐射表面。这种处理方法，假想火焰平面与受热面（水冷壁平面）之间距离很小，符合光学密度很小的条件。但作为炉内辐射传热计算方法的前提是，炉膛高度任一截面的介质为等温火焰。由于火焰沿截面的不等温性，当把假想火焰平面的火焰温度定为火焰平均温度，即式（9-14）中的 T_1 时，沿火焰截面的实际平均温度就要大于假想平面的火焰温度。因此炉内火焰与水冷壁受热面之间辐射热的传递就不是在火焰平均温度的四次方与水冷壁面温度的四次方之间进行，而是在某一比火焰平均温度高的火焰温度的四次方与水冷壁面温度的四次方之间进行。这种方法所得的炉膛辐射传热量要比实际值高，炉膛出口温度的计算值要比实际值低。

因此，在采用两个平行平面换热公式计算炉内辐射传热时，为能正确反映炉内换热的实际情况，应首先根据炉内火焰平均辐射强度求出靠近水冷壁面的假想火焰平面的辐射强度。

当介质具有吸收性能时，火焰辐射能在传递过程中的辐射强度因介质的吸收减弱而降低，但造成辐射强度减弱的还有介质的辐射散射作用。

第三节　煤粉炉中火焰辐射强度沿炉膛截面方向的减弱

当高温火焰的辐射能由炉膛中心向四周水冷壁面进行传递时，火焰的辐射强度因炉内介质的吸收和散射而遭受减弱。

前面已经说明了介质吸收性能对辐射强度的减弱［见式（9-3）］，这里扼要说明一下散射减弱问题。辐射散射是一个比较复杂的问题，气体散射作用极小，可以忽略，固体颗粒的散射与颗粒的尺寸及其物性有关。燃油、燃气锅炉燃烧时生成的微细炭黑粒子，其散射作用基本上也可忽略不计。煤粉燃烧时的焦炭颗粒和煤粉灰分颗粒具有较大的散射作用，不能忽略不计。

在辐射能或光能的传递过程中，当辐射线遇到固体颗粒时，固体颗粒对辐射能会发生散射作用。

光学中的散射包括了反射散射、折射散射和和绕射散射等机理。光线遇到固体颗粒时，可能从光滑的固体表面发生直接反射，也可能与固体颗粒在其边界处与之相互作用发生射线方向改变的折射散射；还会发生绕过固体颗粒继续前进的绕射散射。

散射使前进方向的辐射强度发生变化，当散射能量的方向偏离辐射能的传递方向时，散射作用与介质的吸收性能共同使辐射强度遭受减弱；当散射能量的方向与前进辐射能的方向一致时，如同绕射散射，则可认为散射对辐射强度不发生减弱作用。

当辐射能在传递过程中遇到具有吸收和散射性能的介质时，辐射强度的减弱，与式（9-2）的原理相似，可表示为

$$dI(x) = -kI(x)dx = -(k_a + \sigma_s^{is})I(x)dx \tag{9-15}$$

$$k = k_a + \sigma_s^{is} = k_a + kSc \tag{9-16}$$

$$Sc = \sigma_s^{is}/k \tag{9-16a}$$

式中　k——总辐射减弱系数，m^{-1}；

σ_s^{is}——各向同性散射减弱系数，m^{-1}；

Sc——Schuster 准则数，表示散射使辐射能的实际减弱占辐射能总减弱的份额。

依据散射辐射能量在射线方向的分布状况，可将煤粉的焦炭和灰分颗粒的散射分为各向同性散射（以 σ_s^{is} 表示）和绕射散射（以 σ_s^{D} 表示）。前者的散射能量沿各个方向大体呈均匀分布，在辐射能沿射线行程传递过程中使辐射强度遭受减弱；后者的散射能量基本上集中于辐射的传递方向，对辐射能沿射线行程不发生减弱作用，或减弱作用很小可以忽略不计。据介绍，在煤粉火焰的散射中，绕射散射系数占绕射和各向同性散射之和的总散射的比例 η 达 $60\% \sim 90\%$。根据煤粉颗粒的 Schuster 准则数的数据和 η 的数值，可获得总减弱系数 k 与吸收减弱系数 k_a 之间的如下关系：

$$k = (1.25 \sim 1.30)k_a \tag{9-17}$$

前已说明，辐射介质具有自身辐射性能，因此，可部分补偿辐射能传递过程中的减弱，此外，某些固体颗粒散射出去的能量对另外一些辐射介质又起到加强辐射的作用。因此，辐射能在具有吸收、自身辐射和散射性能介质中进行传递时，辐射强度的变化应由辐射能传递方程来描述。

在蒸汽锅炉中，炉膛四周布满了吸收火焰辐射能的水冷壁（受热面），当炉内充满具有

吸收和散射性能的介质时，炉膛横截面上从炉膛中心向水冷壁面方向存在很大的辐射强度（和温度）梯度。为确定辐射强度沿炉膛截面方向的减弱，作如下简化和假设。

（1）将炉膛截面的二维方形或矩形简化为等截面积的一维圆形，即把炉膛看做是两端封闭的、截面积与实际炉膛相同、半径为 R 的圆柱体。圆柱体的坐标如图 9-5 所示。只考虑火焰辐射强度沿径向（x 向）的变化。

（2）火焰辐射强度沿炉膛径向的变化呈线性（推导结果证明此假设合理）。因此，炉膛火焰相应于火焰平均温度 T_1 和平均辐射强度的有效辐射 J_1 的位置处于炉膛截面半径的中心（即处于 $x = R/2$ 的位置）。

（3）因煤粉锅炉的炉膛高度 h 比截面的当量半径 R 大很多，为推导方便，把炉膛看作

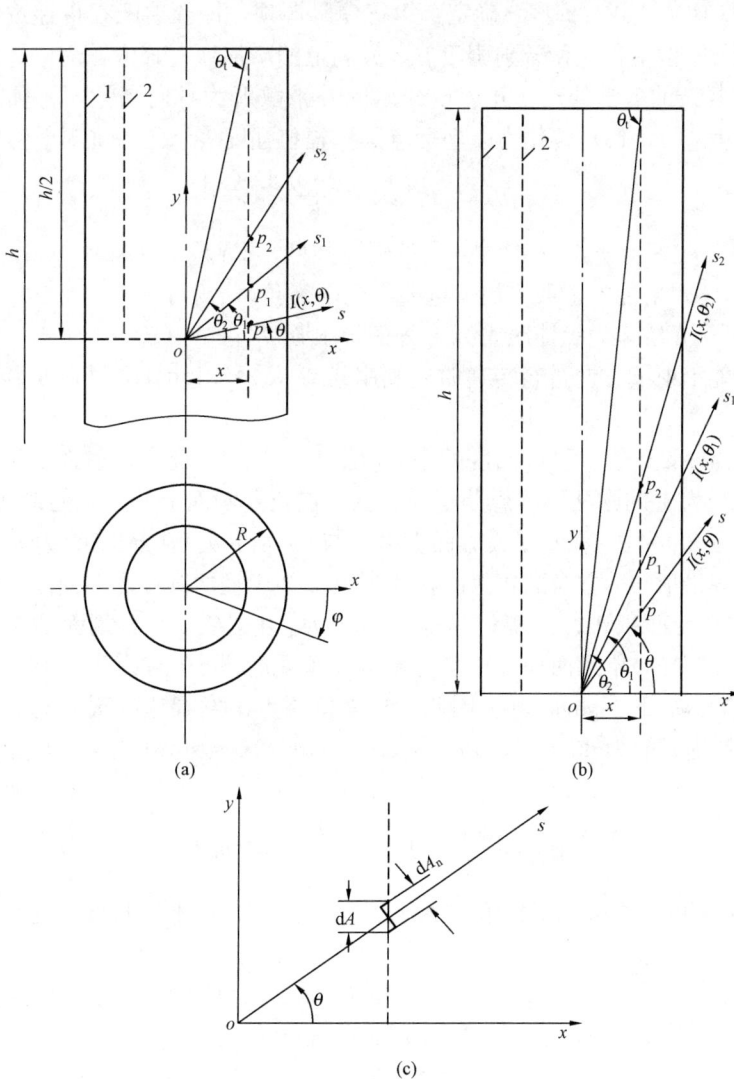

图 9-5　火焰辐射能由炉膛中心线通过假想分隔面向受热面的传递示意及其坐标系统
（a）坐标原点置于圆柱体高度 1/2 的炉膛中心线上；（b）坐标原点置于圆柱体端面的炉膛中心线上；
（c）dA_n 与 dA 的关系
1—圆柱体壁面（水冷壁受热面）；2—圆柱形火焰假想分隔面

无限高。这样处理造成的误差，在炉膛两端不安排受热面（即不封闭）时，不会超过3%；对两端封闭炉膛误差更小。

（4）炉膛介质为灰体，即辐射强度与介质的波长无关。

辐射能在具有吸收、自身辐射和散射作用的介质中进行传递时，辐射强度 I 沿射线 s 方向的变化可由如下辐射能传递方程描述

$$\frac{\mathrm{d}I(s)}{\mathrm{d}s} + kI(s) = I_s(s,\omega) \tag{9-18}$$

式中第一项为辐射强度沿射线方向的变化；第二项为辐射能在传递过程中因介质的吸收作用（吸收减弱系数为 k_a，m^{-1}）和散射作用（散射减弱系数为 σ_s，m^{-1}）的减弱项，介质的总减弱系数由式（9-16）或式（9-17）确定；第三项是源项，即辐射能在传递过程中因介质的自身辐射性能和外来散射作用使辐射强度在 s 方向上的增加项，其中 ω 为立体角。

Robert 通过复杂的数学处理，并假设介质的外来散射为各向同性，将辐射能沿射线方向变化的传递方程式（9-18）转化为以坐标点黑体辐射强度表示的一维辐射强度方程：

$$I(x,\theta) = I_b(x) - \frac{\cos\theta}{k}\frac{\mathrm{d}I_b(x)}{\mathrm{d}x} \tag{9-19}$$

式中　$I(x,\theta)$——坐标点 x 处沿射线方向的辐射强度，$\mathrm{kW/(m^2 \cdot sr)}$；

　　　　θ——辐射能的射线方向 s 与 x 方向的夹角（顶角）；

　　　　$I_b(x)$——介质作为黑体时坐标 x 处的辐射强度，$\mathrm{kW/(m^2 \cdot sr)}$。

当火焰辐射能沿射线方向进行传递时，利用式（9-19）可以计算辐射强度沿圆柱体径向的变化。

先将坐标原点 o 设于 1/2 炉膛高度的中心[见图 9-5(a)]。此点辐射强度最高，为 I_0。在圆柱体内作一半径为 x 的圆柱形假想分割面。从 o 点至分割面上任一点的射线方向为 s，它与 ox 轴的夹角（顶角）为 θ，在水平投影面上射线与 ox 轴的夹角（方位角）为 ϕ。

从坐标原点 o 沿射线 s 方向的辐射能在达到以 x 为半径的圆柱形分割面上时，单位立体角 $\mathrm{d}\omega$、法线方向单元面积 $\mathrm{d}A_n$ 的辐射强度为 $I(x,\theta)$。在射线 s 与分割面的交点处，垂直于射线 s 的（即法线方向的）单元面积 $\mathrm{d}A_n$ 与分割面上单元面积 $\mathrm{d}A$ 的关系为 $\mathrm{d}A = \mathrm{d}A_n/\cos\theta$。单元立体角 $\mathrm{d}\omega$ 可表示为 $\mathrm{d}\omega = \sin\theta\mathrm{d}\theta\mathrm{d}\phi$。因此，从坐标原点出发到达分割面上单位立体角单元分割面面积 $\mathrm{d}A$ 的辐射能为 $\mathrm{d}Q = I(x,\theta)\mathrm{d}A_n\mathrm{d}\omega = I(x,\theta)\cos\theta\sin\theta\mathrm{d}\theta\mathrm{d}\phi\mathrm{d}A$，或单位分割面面积的热流为

$$\mathrm{d}q = \frac{\mathrm{d}Q}{\mathrm{d}A} = I(x,\theta)\cos\theta\sin\theta\mathrm{d}\theta\mathrm{d}\phi \tag{9-20}$$

在以 ox 为分界的半个分割面上取点 p_1、p_2、$\cdots$、p_n，从坐标原点出发通过这些点的辐射热流分别为

$$\mathrm{d}q_1 = I(x,\theta_1)\cos\theta_1\sin\theta_1\mathrm{d}\theta_1\mathrm{d}\phi$$

$$\mathrm{d}q_2 = I(x,\theta_2)\cos\theta_2\sin\theta_2\mathrm{d}\theta_2\mathrm{d}\phi$$

$$\vdots$$

$$\mathrm{d}q_n = I(x,\theta_n)\cos\theta_n\sin\theta_n\mathrm{d}\theta_n\mathrm{d}\phi$$

从坐标原点通过半个分割面的辐射热流为 $q_{1/2} = \sum\mathrm{d}q_n$，即

$$q_{1/2} = \int_{\phi=0}^{\phi=2\pi}\int_{\theta=0}^{\theta=\theta_t} I(x,\theta)\cos\theta\sin\theta\mathrm{d}\theta\mathrm{d}\phi$$

通过整体分割面的热流则为

$$q = 2q_{1/2} = 2\int_{\phi=0}^{\phi=2\pi}\int_{\theta=0}^{\theta=\theta_t} I(x,\theta)\cos\theta\sin\theta\mathrm{d}\theta\mathrm{d}\phi \tag{9-21}$$

通过分割面单元面积 $\mathrm{d}A$ 的辐射强度，以来自辐射源向壁面的方向为正，以 $I^+(x,\theta)$ 表示，相应的热流以 q^+ 表示。将式(9-19)代入式(9-21)，当假设 h/R 为无限大时，可得从坐标原点通过整个分割面向四周壁面的正向热流

$$q^+ = 2\int_{\phi=0}^{\phi=2\pi}\mathrm{d}\phi\int_{\theta=0}^{\theta=\pi/2}\left[I_b(x) - \frac{\cos\theta}{k}\frac{\mathrm{d}I_b(x)}{\mathrm{d}x}\right]\cos\theta\mathrm{d}(\cos\theta) \tag{9-22}$$

因只考虑辐射强度的一维(径向)变化，辐射强度与方位角 ϕ 无关；此外，介质看作黑体时的辐射强度与方向无关，故式(9-22)中的 $I_b(x)$ 和 $\dfrac{\mathrm{d}I_b(x)}{\mathrm{d}x}$ 都可提到积分符号外面进行积分。

通过分割面反方向的辐射为负向，在分割面上向着坐标原点的负向辐射强度以 $I^-(x,\theta)$ 表示，则通过整个分割面返回坐标原点的热流为

$$q^- = 2\int_{\phi=0}^{\phi=2\pi}\mathrm{d}\phi\int_{\theta=0}^{\theta=\pi/2} I^-(x,\theta)\cos\theta\sin\theta\mathrm{d}\theta$$

$$= 2\int_{\phi=0}^{\phi=2\pi}\mathrm{d}\phi\int_{\theta=0}^{\theta=\pi/2}\left[I_b(x) + \frac{\cos\theta}{k}\frac{\mathrm{d}I_b(x)}{\mathrm{d}x}\right]\cos\theta\mathrm{d}(\cos\theta) \tag{9-23}$$

通过分割面上单元面积离开坐标原点的热流 q^+ 与返回坐标原点的热流 q^- 之差，就是通过分割面单元面积向圆柱体四周壁面传递的净热流 q_R，即 $q_R = q^+ - q^-$。将式(9-22)和式(9-23)代入并进行积分可得

$$q_R = q^+ - q^- = -\frac{8}{3k}\frac{\mathrm{d}E_b(x)}{\mathrm{d}x} \tag{9-24}$$

式中 $E_b(x)$ ——坐标为 x 的分割面上介质作为黑体的总辐射能力，$E_b(x) = \pi I_b(x)$，kW/m^2。

当坐标原点设置在圆柱体任一端面的中心时[见图 9-5(b)]，对式(9-20)沿顶角由 $\theta=0$ 至 $\theta=\pi/2$，方位角由 $\phi=0$ 至 $\phi=2\pi$ 进行积分得到的是从坐标原点通过整个分割面的指向圆柱体四周壁面的热流(正向 q^+)或通过整个分割面返回坐标原点的热流(负向 q^-)。在这种情况下，通过分割面单元面积向圆柱体四周壁面传递的净热流为

$$q_R = q^+ - q^- = -\frac{4}{3k}\frac{\mathrm{d}E_b(x)}{\mathrm{d}x} \tag{9-25}$$

从式(9-24)和式(9-25)看出，从圆柱体半高中心和端面中心，向壁面所传递的热流 q_R 与辐射强度梯度 $\dfrac{\mathrm{d}E_b(x)}{\mathrm{d}x}$ 的关系在数量上是有差别的。本文以圆柱体半高中心和端面中心所传递热流的平均值作为整个炉膛的平均值来确定辐射强度的梯度，即 q_R 采用式(9-24)和式(9-25)的平均值：

$$q_R = -\frac{6}{3k}\frac{\mathrm{d}E_b(x)}{\mathrm{d}x} = -\frac{2}{k}\frac{\mathrm{d}E_b(x)}{\mathrm{d}x} \tag{9-26}$$

将式(9-26)在稳态下($q_R=$ 常数)对 x 由 $R/2$ 至 R 进行积分，注意 $x_1=R/2$ 对应的是炉

膛火焰的平均辐射强度，此时，火焰看作黑体时的辐射力为 E_{b1}；$x_2 = R$ 时，火焰黑体辐射力为 E'_{b1}，可得 x_1 至 x_2 火焰辐射力的降低值

$$\Delta E_b = E_{b1} - E'_{b1} = \frac{1}{4} k R q_R \tag{9-27}$$

由此可见，火焰辐射强度的减弱程度，与传递的热流、火焰总减弱系数和炉膛截面尺寸（当量半径）的大小成正比。

第四节 煤粉锅炉炉内传热计算方法

考虑火焰辐射强度减弱后，假想火焰平面的有效辐射公式(9-12)应写为

$$J'_1 = E'_{b1} - \frac{1-\varepsilon_1}{\varepsilon_1} q_R = E_{b1} - \frac{1-\varepsilon_1}{\varepsilon_1} q_R - \frac{1}{4} k R q_R \tag{9-28}$$

这样，假想火焰平面与水冷壁平面之间的热交换热流应为

$$q_R = J'_1 - J_2 \tag{9-29}$$

一、炉内辐射传热公式

将式(9-28)和式(9-13)代入式(9-29)，整理可得考虑介质吸收、自身辐射和散射作用时炉内火焰与水冷壁面之间的辐射传热公式：

$$q_R = \frac{\sigma_0 T_1^4 - \sigma_0 T_2^4}{\frac{1}{4} k R + \frac{1}{\varepsilon_1} + \frac{1}{\varepsilon_2} - 1} \quad \text{kW/m}^2 \tag{9-30}$$

和

$$Q_R = \frac{q_R F}{B_{cal}} \quad \text{kJ/kg} \tag{9-31}$$

式中　Q_R——炉内辐射传热量，kJ/kg；

B_{cal}——锅炉的计算燃料消耗量，kg/s；

　F——炉内水冷壁的吸热表面积（见本章第六节），m^2。

对于煤粉炉 k 取(9-17)的平均值，即 $k = 1.28 k_a$，可得煤粉炉的炉内辐射传热公式

$$q_R = \frac{\sigma_0 T_1^4 - \sigma_0 T_2^4}{0.32 k_a R + \frac{1}{\varepsilon_1} + \frac{1}{\varepsilon_2} - 1} \tag{9-32}$$

上式等号右边分母第一项为介质对辐射能传递时的减弱项，第二项是介质的自身辐射项，两项均与火焰的吸收减弱系数 k_a 有关。将这两项合并，定义一个火焰综合黑度 ε_{syn}

$$\left. \begin{array}{l} \dfrac{1}{\varepsilon_{syn}} = 0.32 k_a R + \dfrac{1}{\varepsilon_1} \\[3mm] \varepsilon_{syn} = \dfrac{\varepsilon_1}{0.32 k_a R \varepsilon_1 + 1} \end{array} \right\} \tag{9-33}$$

或

则煤粉炉炉内辐射传热公式可写为

$$q_R = \frac{\sigma_0 T_1^4 - \sigma_0 T_2^4}{\dfrac{1}{\varepsilon_{syn}} + \dfrac{1}{\varepsilon_2} - 1} = C_{syn}(\sigma_0 T_1^4 - \sigma_0 T_2^4) \quad \text{kW/m}^2 \left.\vphantom{\frac{\dfrac{1}{\varepsilon}}{\dfrac{1}{\varepsilon}}}\right\}$$

$$\dot{Q}_R = C_{syn} F \sigma_0 (T_1^4 - T_2^4) \quad \text{kW} \tag{9-34}$$

$$C_{syn} = \frac{1}{\dfrac{1}{\varepsilon_{syn}} + \dfrac{1}{\varepsilon_2} - 1} \tag{9-34a}$$

式中　C_{syn}——辐射热交换综合系数。

二、火焰平均温度

炉内传热计算的一个任务是求出炉膛出口的烟温 T_f''。炉膛火焰的平均温度 T_1 是指整个炉膛的平均值。它的数值应介于绝热燃烧状态下的理论燃烧温度 T_{th} 和炉膛出口温度 T_f'' 之间。从辐射传热公式和烟气放热公式出发,有些文献将火焰平均温度和炉膛出口温度之间的关系,用它们与理论燃烧温度之比值的无量纲温度的形式表达出来,即

$$\theta_1^4 = f(\theta_f''^4) \tag{9-35}$$

$$\theta_1 = \frac{T_1}{T_{th}}, \theta_f' = \frac{T_f''}{T_{th}} \tag{9-36}$$

式中　θ_1、θ_f'——无量纲火焰平均温度和无量纲炉膛出口温度。

许多作者研究了炉内火焰平均温度的计算并提出了各自的计算公式,对于固态排渣煤粉炉,伯劳赫的理论近似公式比较合理,在一定范围内与某些作者的试验数据比较接近。日前暂推荐按该方法计算火焰平均温度,该公式为

$$\theta_1^4 = \left(\frac{T_1}{T_{th}}\right)^4 = \frac{3(1-x_m)}{\left(\dfrac{T_{th}}{T_f''}\right) + \left(\dfrac{T_{th}}{T_f''}\right)^2 + \left(\dfrac{T_{th}}{T_f''}\right)^3} \tag{9-37}$$

式中　x_m——炉膛火焰最高温度位置的相对高度,近似取燃烧器布置的相对高度 x_B。

x_B 的计算式为

$$x_B = \frac{h_B}{h_f} \tag{9-38}$$

式中　h_f——炉膛计算高度,以炉膛出口的计算点至冷灰斗中部平面的距离计算(参见图 9-6 的 h),m;

　　　h_B——燃烧器的布置高度,为燃烧器中心线至冷灰斗中部平面的距离,燃烧器多层布置时,该值取加权平均值,m。

燃烧器布置高度加权平均值计算式

$$h_B = \frac{\sum_1^i n_i B_i h_{Bi}}{\sum_1 n_i B_i} \tag{9-39}$$

式中　n_i、B_i、h_{Bi}——第 i 排燃烧器的个数、每只燃烧器的燃料耗量和布置高度。

对于采用式(9-37)计算火焰平均温度进而计算炉内热交换热流的方法,有两点限制应作说明:

（1）式（9-37）中 x_m 的上限值大约为 0.4。

（2）炉膛热交换计算结果，按式（9-37）计算出的火焰平均温度 T_1 应高于炉膛出口烟温 T_f''。若发现计算结果 T_f'' 十分接近于 T_1，或甚至超过 T_1 时，应采取其他火焰平均温度的计算方法。

三、理论燃烧温度

理论燃烧温度是在绝热条件下燃料燃烧所产生的热量可将燃烧产物加热达到的温度，以 1kg 计算燃料为基准的带入炉内的有效热，包括燃料的有效放热和随燃烧空气带入的热量，由燃烧产物的焓—温关系式求出，或由焓—温表查出。

1kg 燃料的炉内有效热为

$$Q_f^{ef} = Q_f \frac{100 - q_3 - q_4 - q_6}{100 - q_4} + Q_a \quad \text{kJ/kg} \tag{9-40}$$

式中　Q_f——1kg 消耗燃料带入锅炉的热量（见第八章），kJ/kg；

　　　Q_a——随 1kg 燃料带入炉内的空气（含漏风）的热量：

$$Q_a = (\alpha_f'' - \Delta\alpha_f - \Delta\alpha_{pcs})I_{ha}^0 + (\Delta\alpha_f + \Delta\alpha_{pcs})I_{ca}^0 \quad \text{kJ/kg} \tag{9-41}$$

式中　　　α_f''——炉膛出口过量空气系数；

　$\Delta\alpha_f$、$\Delta\alpha_{pcs}$——炉膛和制粉系统的漏风系数，可由相关推荐数据确定；

　　I_{ha}^0、I_{ca}^0——理论的热空气焓和冷空气焓，kJ/kg。

有关各项热损失 q_3、q_4 和 q_6 见第八章。

在炉膛传热计算中各物理量的计算均以炉膛出口截面上的参数（T_f''、α_f'' 等）作为定性参数。

四、吸收减弱系数与火焰黑度

煤粉燃烧火焰的吸收减弱系数和火焰黑度，由三原子气体、灰分颗粒和焦炭颗粒三部分组成，对于炉膛在常压（$p \approx 0.1\text{MPa}$）下工作的煤粉炉，其计算式为

$$\left. \begin{array}{l} k_a = k_g r + k_{ash}\mu_{ash} + k_{cok}\mu_{cok} \\ \varepsilon_1 = 1 - e^{-k_a S} \end{array} \right\} \tag{9-42}$$

式中　　　　　　　S——辐射层有效厚度，m；

$k_g r$、$k_{ash}\mu_{ash}$、$k_{cok}\mu_{cok}$——烟气中三原子气体、灰分颗粒和焦炭颗粒的减弱系数，m^{-1}。

伯劳赫提供了这些减弱系数的计算方法，其公式为

$$k_g r = \left(\frac{0.78 + 1.6 r_{H_2O}}{\sqrt{rS}} - 0.1 \right) \left(1 - 0.37 \frac{T_f''}{1000} \right) r \tag{9-43}$$

$$k_{ash}\mu_{ash} = \frac{5330\mu_{ash,m}}{(T_f'' d_{ash})^{2/3}} \left[1 - \frac{0.65}{1 + 0.0177/(\mu_{ash,m}S)^2} \right] \tag{9-44}$$

$$k_{cok}\mu_{cok} = \frac{10\mu_{cok,v}}{(T_f'' d_{cok})^{2/3}} \tag{9-45}$$

$$r = r_{RO_2} + r_{H_2O} \tag{9-46}$$

式中　r_{H_2O}、r_{RO_2}、r——烟气中的水蒸气、二氧化碳（及二氧化硫）占烟气的容积份额和三原子气体总的容积份额；

T''_f——炉膛出口烟温，K；

d_{ash}、d_{cok}——灰分颗粒、焦炭颗粒的平均粒径，μm；

$\mu_{ash,m}$——烟气中灰分颗粒的质量浓度，kg/kg；

$\mu_{cok,v}$——烟气中焦炭颗粒的容积浓度，g/m³（标准状态下）。

灰分颗粒的质量浓度的计算在燃烧产物的计算中已经列出。灰分浓度若以容积浓度表示，则灰分颗粒的减弱系数公式可写为

$$k_{ash}\mu_{ash} = \frac{4.1\mu_{ash,v}}{(T''_f d_{ash})^{2/3}}\left[1 - \frac{0.65}{1+30\times10^3/(\mu_{ash,v}S)^2}\right] \tag{9-47}$$

式中　$\mu_{ash,v}$——烟气中灰分颗粒的容积浓度，g/m³（标准状态下）。

炉膛火焰中平均的焦炭颗粒浓度可按下式计算：

$$\mu_{cok,v} = \frac{5.5C_{ar}(10+q_4)}{(100+V_{daf})V_g}\left(1+\frac{h_t-h_{un}}{h_f}\right) \quad \text{g/m³（标准状态下）} \tag{9-48}$$

式中　C_{ar}——燃料收到基含碳量，%；

V_{daf}——燃料干燥无灰基挥发分含量，%；

V_g——烟气容积，m³/kg（标准状态下）；

h_t、h_{un}——最上排和最下排燃烧器的布置高度（即图9-6中的$h_{B,4}$和$h_{B,1}$），m；

h_f——炉膛计算高度，m。

煤粉炉灰分和焦炭颗粒的平均直径分别由表9-1和表9-2查取。

表9-1　固态排渣煤粉炉灰分颗粒

平均尺寸 d_{ash}		（μm）
磨煤机型式	燃　料	d_{ash}
筒式球磨机	无烟煤	8～10
	贫　煤	10～13
	烟　煤	14
中速磨煤机	烟　煤	11～13
锤式磨煤机	褐　煤	15～18

表9-2　煤粉炉焦炭颗粒平均尺寸 d_{cok} （μm）

煤　料	d_{cok}
无烟煤	24
烟　煤	38
褐　煤	70

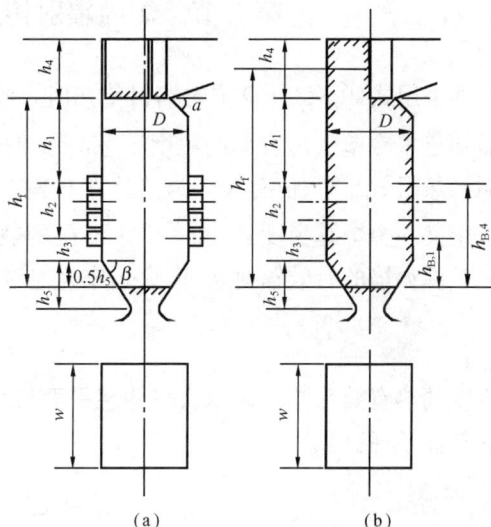

图9-6　炉膛有效容积及其边界示意
（a）炉子上部布置前屏和后屏的炉膛；
（b）在出口烟窗布置后屏的炉膛

另外，对煤粉锅炉而言，煤粉灰分的平均粒径 d_{ash} 与磨制煤粉的细度和燃烧方式等因素有关。根据统计数据，固态排渣煤粉炉的灰分平均粒径可按下式计算：

$$d_{ash} = d^0_{ash} + 0.1R_{90} \tag{9-49}$$

式中　d^0_{ash}——灰分颗粒的基本粒径，$d^0_{ash}=14\mu m$。

当煤粉细度 R_{90} 已知时，用式（9-49）确定灰分的粒径比较合理。

五、水冷壁灰污表面的壁温和黑度

锅炉正常工作时水冷壁管子外表面总积有一层灰垢，灰垢导热系数很小，炉内热流很高，灰垢层即使很薄，也会在灰层内造成很大的温度差，使灰垢层表面的温度达到 $900 \sim 1100{}^\circ\!\mathrm{C}$ 或更高的水平。若水冷壁不积灰，绝对干净，管子金属外表的温度与管内工质温度的差值一般很小，在传热计算中往往可以忽略不计。炉内火焰与水冷壁之间的辐射热交换，实际上是火焰与管子灰垢层外表面的热交换，管壁温度 T_2 应为灰垢层外表面的温度，其炉内平均值可由下式求出：

$$T_2 = T_\mathrm{w} + R_\mathrm{f} q_\mathrm{R} \quad \mathrm{K} \tag{9-50}$$

式中 q_R——炉内单位面积的热流，$\mathrm{kW/m^2}$，在按式(9-34)求出 q_R 之前，先假定一个炉膛出口烟温，由烟气放热公式求出 $Q_\mathrm{R}(\mathrm{kJ/kg})$，再按式(9-31)求出；

      T_w——管子外表平均壁温，可近似取水冷壁管内工质的平均温度，K；

      R_f——水冷壁灰垢层的热阻，也称污染系数或灰污系数，$\mathrm{m^2 \cdot {}^\circ\!C/kW}$ 或 $\mathrm{m^2 \cdot {}^\circ\!C/W}$，对于煤粉燃烧，水冷壁的污垢热阻取决于灰垢层的成分、厚度和状态(松软或熔化)等因素，因而与燃料种类、煤灰成分、燃烧和温度工况、是否吹灰等有关，对固态排渣煤粉炉，一般建议值在 $0.003 \sim 0.005\mathrm{m^2 \cdot {}^\circ\!C/W}$ 之间。

水冷壁灰污表面的黑度 ε_2 对炉内辐射传热有很大影响。光滑金属表面的黑度不高，但灰污的粗糙表面的黑度较高。水冷壁灰污表面的黑度取决于灰层的化学成分、灰层结构、表面粗糙度、温度等。ε_2 的建议数据在 $0.75 \sim 0.85$ 之间，一般采用 $\varepsilon_2 = 0.8$。

第五节   炉内辐射传热计算的热有效系数法

在采用式(9-34)计算炉内辐射传热时，除计算火焰平均温度 T_1、火焰综合黑度 ε_syn 外，还需知道水冷壁灰污表面的黑度 ε_2 和求出的灰污表面温度 T_2，而灰污表面温度还与选取的污垢层热阻 R_f 的数值有关。为使计算方法适当简化，作如下处理。

定义一个炉膛黑度 $\varepsilon_\mathrm{f}^\mathrm{syn}$ 和一个水冷壁的热有效系数 ψ。炉膛黑度是一个假想黑度，用以表示炉膛火焰的有效辐射 J_1 占火焰作为绝对黑体时的辐射力的份额，即

$$J_1 = \varepsilon_\mathrm{f}^\mathrm{syn} \sigma_0 T_1^4 \tag{9-51}$$

水冷壁的热有效系数 ψ 表示火焰假想平面与水冷壁平面之间辐射热交换热流 q_R 占火焰有效辐射热流 J_1 的份额，即

$$q_\mathrm{R} = \psi J_1 = \psi \varepsilon_\mathrm{f}^\mathrm{syn} \sigma_0 T_1^4 \tag{9-52}$$

为了确定炉膛黑度 $\varepsilon_\mathrm{f}^\mathrm{syn}$ 与火焰综合黑度 ε_syn 等参数的关系，将式(9-34)等号右边的分母分子同时乘以 $\psi \varepsilon_\mathrm{f}^\mathrm{syn}$ 得

$$q_\mathrm{R} = \cfrac{\psi \varepsilon_\mathrm{f}^\mathrm{syn} \sigma_0 T_1^4 \left(1 - \dfrac{T_2^4}{T_1^4}\right)}{\psi \varepsilon_\mathrm{f}^\mathrm{syn} \left(\dfrac{1}{\varepsilon_\mathrm{syn}} + \dfrac{1}{\varepsilon_2} - 1\right)}$$

将式(9-52)代入消去 q_R 可得

$$\psi \varepsilon_f^{syn} \left(\frac{1}{\varepsilon_{syn}} + \frac{1}{\varepsilon_2} - 1 \right) = 1 - \left(\frac{T_2}{T_1} \right)^4$$

由此式进一步推导可得到炉膛黑度的表达式

$$\varepsilon_f^{syn} = \frac{\varepsilon_{syn}}{\varepsilon_{syn} + (1 - \varepsilon_{syn})\psi} \tag{9-53}$$

因此，若有热有效系数 ψ 的试验数据，在按式(9-33)和式(9-37)分别计算出火焰的综合黑度 ε_{syn} 和火焰的平均温度 T_1 后，也可利用式(9-52)和式(9-53)进行炉内辐射热交换热流 q_R 的计算。

以上列出了炉内辐射传热的两个计算公式，即式(9-34)和式(9-52)。当遵守如下公式选取相关参数时，两个公式的计算结果是相同的：

$$\psi = \varepsilon_2 \left[1 - \frac{1}{\varepsilon_f^{syn}} \left(\frac{T_2}{T_1} \right)^4 \right] \tag{9-54}$$

这个公式是根据式(9-51)和式(9-52)的定义，由式(9-34)推导炉膛黑度 ε_f^{syn} 表达式(9-53)的过程中得到的中间公式。它表示水冷壁的热有效系数 ψ 与其黑度 ε_2、污垢层热阻 R_f（影响水冷壁灰污表面温度 T_2）以及火焰平均温度 T_1 和炉膛黑度 ε_f^{syn} 之间的关系。

采用式(9-53)或式(9-52)可计算出炉内传热的热流 q_R，进而求出炉内传热量 Q_R，然后由热平衡求出炉膛出口烟温。

若将式(9-52)作适当处理，可使炉内计算公式更加直观。根据炉内传热与烟气放热的平衡（$\dot{Q}_R = \dot{Q}_f^{re}$）可得

$$\dot{Q}_f^{re} = \psi F \varepsilon_f^{syn} \sigma_0 T_1^4 = \varphi B_{cal} (Q_f^{ef} - I_f'') = \varphi B_{cal} \overline{VC}_{av} T_{th} \left(1 - \frac{T_f''}{T_{th}} \right) \quad kW \tag{9-55}$$

$$\overline{VC}_{av} = \frac{Q_f^{ef} - I_f''}{T_{th} - T_f''} \tag{9-55a}$$

式中　$\overline{VC}_{av}$——炉内烟气在理论燃烧温度至炉膛出口温度区间内的平均比热容，$kJ/(kg \cdot K)$。

式(9-55)可整理为

$$T_1^4 = \frac{\varphi B_{cal} \overline{VC}_{av}}{\psi F \varepsilon_f^{syn} \sigma_0} T_{th} \left(1 - \frac{T_f''}{T_{th}} \right)$$

或写成无量纲温度形式

$$\theta_1^4 = \left(\frac{T_1}{T_{th}} \right)^4 = \frac{Bo}{\varepsilon_f^{syn}} (1 - \theta_f') \tag{9-55b}$$

$$Bo = \frac{\varphi B_{cal} \overline{VC}_{av}}{\psi F \sigma_0 T_{th}^3} \tag{9-56}$$

式中　Bo——玻尔兹曼准则数；

　　　φ——保热系数；

　　　ψ——水冷壁平均热有效系数；

F——包围炉膛的总表面积，m^2；

T_{th}——理论燃烧温度，K；

T''_f——炉膛出口温度，K。

将无量纲烟气平均温度 θ_1 的式(9-37)代入式(9-55a)，经整理可获得炉膛出口烟温的计算公式

$$\theta''_f = \frac{T''_f}{T_{th}} = \left[\frac{1}{1 + 3(1 - x_m)\varepsilon_f^{syn}/Bo}\right]^{1/3} = \left[\frac{Bo}{3(1 - x_m)\varepsilon_f^{syn} + Bo}\right]^{1/3} \tag{9-57}$$

第六节 炉膛水冷壁结构特征

炉膛辐射传热计算中的水冷壁面积 F，以包围炉膛有效容积的平面面积计算。固态排渣煤粉炉包围炉膛有效容积的平面面积，包括炉膛四周布置的水冷壁的中心线所构成的平面面积、炉膛出口(烟窗)的平面面积和冷灰斗高度中心点的平面(冷灰斗高度二等分水平平面)的面积。

当炉膛上部布置着几乎充满炉子上部整个深度的屏式受热面(前屏和后屏)时，炉膛出口(烟窗)以屏区底部管子中心线为边界[见图9-6(a)]；当炉膛上部只在出口烟窗布置后屏受热面时，炉膛出口以后屏第一排管子中心线为边界[见图9-6(b)]。炉膛水冷壁面积为所有包围炉膛有效容积的各平面面积之和

$$F = \sum F_i$$

炉内辐射层有效厚度 S 按下式计算：

$$S = \frac{3.6V_f}{F} \tag{9-58}$$

式中 V_f——炉膛有效容积 m^3，可按炉膛侧墙水冷壁面积 F_s 乘以炉膛宽度 W 求出。

第七节 水冷壁热有效系数

热有效系数 ψ 表示炉内热交换热流 q_R 占火焰平均温度下有效辐射 J_1 的份额，是根据热流测量获得的试验数据。煤粉炉水冷壁热有效系数的数值可按表9-3查取。

表 9-3　　　　　　　　　　　煤粉炉水冷壁热有效系数的数值

水冷壁型式	煤的种类	ψ
管子紧靠的水冷壁和膜式水冷壁	无烟煤 $C_{fa} > 12\%$ 贫煤 $C_{fa} > 8\%$ 烟煤和褐煤	0.45
	无烟煤 $C_{fa} < 12\%$ 贫煤 $C_{fa} < 8\%$ 劣质(高灰)烟煤($A_{red} \geqslant 9\%$)	0.35~0.4
以水冷壁管上所焊销钉固定覆盖的耐火涂料		0.2
无销钉耐火涂料水冷壁		0.1

注 C_{fa}—飞灰含碳量；A_{red}—折算灰分含量。

对于管子节距 s 与管径 d 之比大于 1.0 的非膜式水冷壁,应考虑辐射能投射过程中落到水冷壁管上的份额,即角系数 x,此时管子的热有效系数应乘以 x,即 $\psi_i = x\psi$,其值由图 9-7 查出。现代锅炉水冷壁均采用膜式壁,故 $x = 1$。若有部分炉墙未敷设水冷壁(如布置燃烧器的炉墙面积),这部分面积的 $\psi_i = 0$。

炉膛出口烟窗虽是一个节距(屏片间距)很大的平面,从炉膛辐射到这个平面的热量,虽然大部分被屏区受热面吸收,但不是全部被吸收。屏区受热面吸收的炉内辐射热占炉膛辐射到这个平面(炉膛出口烟窗平面)的热量份额,取决于屏的结构(屏片间距,屏的深度和高度)等因素。在炉膛传热计算中,作为一种近似,将水冷壁的热有效系数 ψ 打一折扣作为炉膛出口烟窗平面的角系数 $\psi_{out} = \beta\psi$。β 值根据经验数据选取,若无实验数据,对炉膛上部布满前屏和后屏的炉膛[见图 9-6(a)]取 $\beta = 0.8 \sim 0.9$;当在炉膛出口烟窗只布置后屏时,可取 $\beta = 0.7 \sim 0.8$。

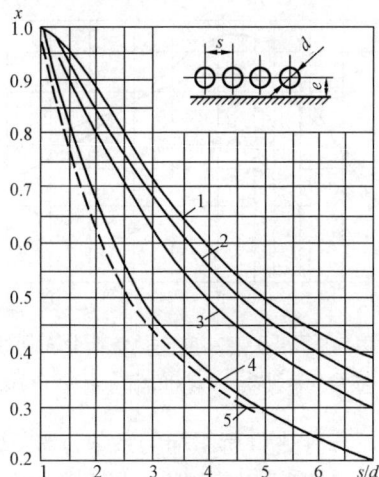

图 9-7　水冷壁角系数
1~4—包括炉墙的反射曲线,

其中:$1—e/d \geqslant 1.4$;$2—e/d = 0.8$;$3—e/d = 0.5$;
$4—e/d = 0$;$5—$不包括炉墙的反射曲线,$e/d \geqslant 0.5$

这样,炉膛水冷壁面积的平均热有效系数应为各部分的加权平均值:

$$\psi_{av} = \frac{\sum \psi_i F_i}{F} \tag{9-59}$$

第八节　炉内热负荷的分布规律

根据以上各节可以计算出炉膛出口烟温 $T''_f(K)$,或 $\vartheta''_f = T''_f - 273(℃)$ 及相应烟焓 I''_f,并进而求出炉内水冷壁总的吸热量 Q_R,后者与烟气在炉内的放热量 Q^{re}_f 平衡

$$Q_R = Q^{re}_f = \varphi(Q^{ef}_f - I''_f) \quad kJ/kg \tag{9-60}$$

炉内水冷壁单位表面积的平均吸热量(平均热负荷或热流密度)为

$$q_{av} = \frac{B_{cal} Q^{re}_f}{F} \quad kW/m^2 \tag{9-61}$$

在锅炉设计或运行管理中有时要计算炉内某一区域或水冷壁某一回路的吸热量,由于炉内温度场、黑度场等的不均匀性,要精确计算其热负荷或吸热量,是比较复杂的。

根据炉膛相应区域的热负荷不均匀系数 η_i(某区域或区段的热负荷 q_i 与炉内平均热负荷 q_{av} 之比值),可求出该区域的热负荷和相应的吸热量:

$$\left. \begin{array}{l} q_i = \eta_i q_{av} \quad kW/m^2 \\ Q_i = \dfrac{q_i F_i}{B_{cal}} = \eta_i \dfrac{F_i}{F} Q^{re}_f \quad kJ/kg \end{array} \right\} \tag{9-62}$$

式中　F_i——计算区域的水冷壁面积,m^2。

锅炉四周各水冷壁的热负荷,对于四角切圆燃烧方式,可近似认为是相同的,即各炉墙

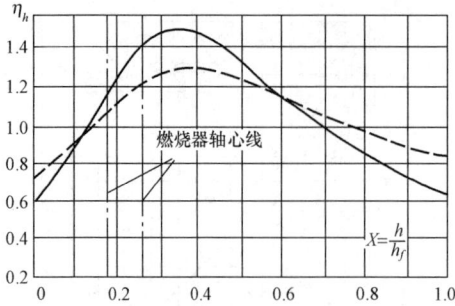

图 9-8　沿炉膛高度的热负荷分布曲线
实线—无烟煤、贫煤和烟煤；虚线—褐煤

的热负荷不均匀系数 $\eta_i = 1$。对于前后墙燃烧器对冲布置的炉膛，前、后墙比两侧墙的热负荷稍高，一般前、后墙取 $\eta_i = 1.1 \sim 1.15$。沿炉墙宽度的热负荷分布一般是中部高，两边部低，可按经验数值确定。沿炉膛高度炉内热负荷 η_h 也是不均匀的，在布置燃烧器区域，热负荷最高，炉膛底部和炉膛出口烟窗，热负荷最低。图 9-8 所示为固体排渣煤粉炉沿炉膛高度热负荷分布的典型曲线。

当计算炉内某区域热负荷（吸热热流）或吸热量时，若有热负荷不均匀系数 η_i 的试验数据，则可不必确定该区的火焰温度，由式（9-62）求取。若缺乏试验数据，沿炉膛高度的热负荷不均匀系数可近似由图 9-8 的曲线查出。

局部区域的热负荷 q_i 也可由下式求出：

$$q_i = \psi_i \varepsilon_f^{syn} \sigma_0 T_i^4 \quad \text{kW/m}^2 \tag{9-63}$$

式中　ε_f^{syn}——考虑辐射强度减弱时的炉膛黑度，由式（9-53）求出；

　　　T_i——该区烟气温度，K；

　　　ψ_i——该区受热面的热有效系数，根据试验数据或表 9-3 和式（9-54）的关系选取，在缺少试验数据时，可近似作如下方式处理：对于布置燃烧器的高温区，ψ_i 值取比表 9-3 的数值高 10%；对于远离燃烧器的区域，如冷灰斗和炉膛出口区域，ψ_i 值取比表 9-3 低 10%～20% 的数值。

第九节　基于苏联 1973 年炉膛传热计算框架的方法

一、苏联 1973 年炉膛传热计算方法

在苏联 1973 年的锅炉机组热力计算标准方法中，对炉膛的辐射热交换计算，没有考虑炉内火焰的辐射能在向水冷壁面传递过程中辐射强度因介质的吸收和散射性能导致的减弱。实际上是把炉膛横截面内的火焰看做是等温介质。在这种情况下，辐射强度沿射线行程不发生变化。

该方法采用炉膛黑度和热有效系数作为计算参数，不单独计算炉膛火焰的平均温度，认为处于理论燃烧温度和炉膛出口温度之间的火焰平均温度（以无量纲温度表示）与表征炉膛热负荷的玻尔兹曼准则数、炉膛黑度、炉内火焰最高温度位置和无量纲炉膛出口温度等有关。并根据早期试验数据确定炉膛出口温度的计算公式。

当不考虑辐射强度沿射线行程的减弱时，有关公式中火焰综合黑度 ε_{syn} 就由火焰黑度 ε_1 代替，火焰有效辐射热流 J_1 和炉膛黑度 ε_f 的公式可写为

$$J_1 = \varepsilon_f \sigma_0 T_1^4 \tag{9-64}$$

$$\varepsilon_f = \frac{\varepsilon_1}{\varepsilon_1 + (1 - \varepsilon_1)\psi} \tag{9-65}$$

式中火焰黑度由式（9-42）求出。

无量纲炉膛出口温度由如下经验公式确定：

$$\theta'_f = \frac{T''_f}{T_{th}} = \frac{1}{1 + M\,(\varepsilon_f/Bo)^{0.6}} \tag{9-66}$$

式中　M——表征火焰最高温度位置的参数，与燃烧器布置相对高度 x_B 等有关。

式(9-66)中，对于反应性能高的烟煤、褐煤，$M = 0.59 - 0.5(x_B + \Delta x)$；对于反应性能低的无烟煤、贫煤，$M = 0.56 - 0.5(x_B + \Delta x)$。对于四角切圆燃烧，$\Delta x = 0$；对于燃烧器前后墙对冲布置，$\Delta x = 0.05$；对摆动式燃烧器，当上下摆动 20° 时，$\Delta x = \pm 0.1$，$\Delta x$ 为考虑火焰最高温度位置偏离燃烧器布置相对高度的修正值。

在按该方法采用式(9-66)进行炉膛传热计算时，炉膛黑度计算式(9-65)中的火焰黑度 ε_1 仍按式(9-42)计算，但在计算灰分颗粒减弱系数 $k_{ash}\mu_{ash}$ 时，在式(9-44)中，以 5590 取代 5330，方括号项取等于 1；灰分的粒径 $d_{ash}(\mu m)$ 对筒式球磨机和中速磨煤机分别取 $d_{ash} = 13$ 和 $d_{ash} = 16$；焦炭颗粒减弱系数不按式(9-45)计算，对无烟煤和贫煤取 $k_{cok}\mu_{cok} = 0.1$；对烟煤和褐煤取 $k_{cok}\mu_{cok} = 0.05$。

二、基于苏联 1973 年炉膛传热计算框架的方法

苏联 1973 年炉内传热计算方法，即式(9-66)，没有考虑辐射强度沿射线行程的减弱，计算出的炉膛出口烟温比实测值偏低，对燃用不同煤种的电站锅炉，偏低值为 50~120℃。

自 20 世纪八九十年代以来，俄罗斯学者对苏联 1973 年炉膛计算方法提出了许多修改意见，其中一种意见是，保持 1973 年炉膛计算方法的框架，仅对炉膛的火焰黑度 ε_1 用 Sc 准则数进行修正，以考虑固体颗粒散射减弱的影响，并提出了修正后火焰黑度的计算公式。

火焰辐射强度沿射线行程的减弱，是由介质的吸收性能和固体颗粒的散射共同造成的[见式(9-15)、式(9-16)和式(9-19)]。式(9-33)表示的火焰综合黑度 ε_{syn} 描述了介质的吸收和固体颗粒散射减弱对火焰辐射强度的综合影响。因此，若在式(9-66)中采用考虑辐射强度沿射线方向减弱的炉膛黑度 ε_f^{syn}[见式(9-53)]替代不考虑辐射强度减弱的炉膛黑度 ε_f[见式(9-65)]，则炉膛出口温度的计算公式保持了苏联 1973 年炉膛计算方法的框架，又考虑了火焰辐射强度沿射线行程减弱的影响。因此，炉膛出口烟温的计算公式也可写为

$$\theta'_f = \frac{T''_f}{T_{th}} = \frac{1}{1 + M\,(\varepsilon_f^{syn}/Bo)^{0.6}} \tag{9-67}$$

当考虑沿炉膛截面方向辐射强度的减弱时，式(9-57)和式(9-67)都可用来计算炉膛出口烟温。式(9-57)是采取若干假设后的理论推导公式，但目前尚缺少不同因素对炉内最高温度位置相对高度 x_m 影响的数据，只是近似取 $x_m = x_B$。而式(9-67)可以借助前苏联 1973 年炉膛计算公式中的 M 值考虑不同煤种、不同燃烧器型式和燃烧器摆动对炉膛出口烟温的影响。

复 习 思 考 题

1. 何谓物体的自身辐射和有效辐射？黑体和灰体的自身辐射如何表达？试写出灰体有效辐射的表达式。

2. 对于两个无限大的平行平面，若其间充满透明介质（即不会发生辐射反应），能否推导出两者辐射的热交换热流（kW/m²）公式？

3. 写出考虑火焰辐射能沿射线行程变化（减弱）时，炉膛火焰对水冷壁受热面的传热公式，说明公式中各项的物理意义。

4. 何谓理论燃烧温度，如何求出？

5. 煤粉火焰的吸收减弱系数和火焰黑度如何计算？

6. 炉膛火焰中哪些介质有吸收性能，哪些有散射性能？

7. 炉膛黑度是指什么，什么叫水冷壁热有效系数？

8. 对辐射能沿射线行程发生或不发生减弱两种情况，分别列出炉膛黑度表达式。

9. 何谓火焰综合黑度？列出其表达式并说明各项物理意义。

10. 说明炉膛传热计算经验公式中参数 M 的意义、表达式，它与燃烧器布置高度的关系，对炉膛出口温度的影响。

第十章 对流受热面传热计算

第一节 对流传热计算的基本公式

烟气离开以辐射方式进行热交换的炉膛后，进入半辐射受热面（即屏式受热面，如前屏、后屏等）。布置在炉膛出口部位的屏式受热面，既接收炉内高温烟气对它的直接辐射，也接受屏区空间烟气的容积辐射；同时，还接受烟气流的对流传热，故也称半辐射受热面，其传热计算，将在下一章讨论。

在 II 型布置锅炉中，烟气离开屏式受热面后，一般流经布置在水平烟道中的高温级对流过热器和高温级再热器，经转向室下行，再流经低温过热器/再热器，省煤器和空气预热器等。这些受热面主要以对流方式吸收烟气中的热量。对流传热计算的基本公式是

$$Q_c^{tr} = \frac{KH\Delta T}{B_{cal}} \quad kJ/kg \tag{10-1}$$

式中　Q_c^{tr}——以对流方式传递的热量，kJ/kg；

　　　B_{cal}——计算燃料耗量，kg/s；

　　　H——受热面的面积，m^2；

　　　ΔT——传热温压，℃；

　　　K——受热面的总传热系数，简称传热系数，$kW/(m^2 \cdot ℃)$。

对流受热面以对流方式从烟气中吸取热量，并用于加热受热面内的工质（如水、蒸汽、空气等），因此，对一个具体受热面而言，对流传热、烟气放热和工质吸热应保持平衡。

一、烟气对流放热量

当烟气流经对流受热面时，烟气放热给受热面，烟气温度由入口的 ϑ' 降至出口的 ϑ''。受热面内工质温度则由进口 t' 加热提高到出口 t''，如图 10-1 所示。当受热面因管子穿墙或四周壁面不严密有外界空气漏入（其量以漏风系数 $\Delta\alpha$，温度以 t_1 表示）时，其温度由漏入的 t_1 加热到烟气出口的 ϑ''。在考虑到烟道不可能百分之百地保温（绝热），对外界有散热损失（此损失以保热系数 φ 表示），则烟气在流经受热面时所放出的热量 Q_c^{re} 为

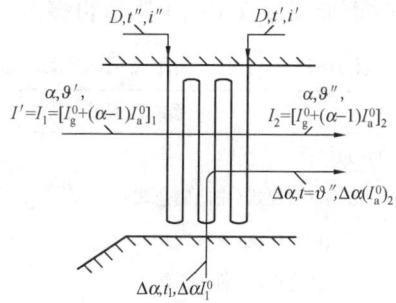

图 10-1　对流受热面热量平衡图

$$Q_c^{re} = \varphi\{[I_g^0 + (\alpha-1)I_a^0]_1 - [I_g^0 + (\alpha-1)I_a^0]_2 - \Delta\alpha[(I_a^0)_2 - I_1^0]\}$$

或
$$Q_c^{re} = \varphi(I' - I'' + \Delta\alpha I_1^0) \quad kJ/kg \tag{10-2}$$

式中　I'——受热面前烟气焓，按受热面前烟温和过量空气系数确定，$I' = [I_g^0 + (\alpha-1)I_a^0]_1$，kJ/kg；

　　　I''——受热面后烟气焓，按受热面后烟温和过量空气系数确定，$I'' = [I_g^0 + (\alpha+\Delta\alpha-1)I_a^0]_2$，kJ/kg；

　　　α、$\Delta\alpha$——受热面前的过量空气系数和受热面烟道的漏风系数；

　　　I_1^0——$\alpha=1$ 时漏入空气的焓，kJ/kg；

φ——考虑散热损失的保热系数。

式(10-2)适用于锅炉的承压受热面(如过热器、省煤器等)，这时烟道的漏风来自外界冷空气，计算漏入空气焓 I_1^0 时，其温度取冷空气温度 t_{ca}(一般为 20～30℃)，即漏风焓 I_1^0 取为冷空气的焓 I_{ca}^0；对于空气预热器，漏风主要是由空气预热器的空气侧漏入烟气侧。对于管式空气预热器，漏风焓是按空气预热器进、出口空气平均温度 $t_{av}=0.5(t'+t'')$ 来计算的，这时烟气放热量的公式为

$$Q_c^{re} = \varphi\left[I' - I'' + \frac{\Delta\alpha}{2}(I_a^{0\prime} + I_a^{0\prime\prime})\right] \tag{10-2a}$$

对于再生回转式空气预热器，可以考虑漏风按冷段和热段来平分，前者的漏风焓按冷空气温度计算，后者按热空气温度计算。

因此，再生回转式空气预热器的放热量可写为

$$Q_c^{re} = \varphi(I' - I'' + \Delta\alpha_h I_a^{0\prime\prime} + \Delta\alpha_c I_a^{0\prime})\quad kJ/kg \tag{10-2b}$$

式中　$\Delta\alpha_h$、$\Delta\alpha_c$——预热器热段和冷段的漏风系数，且 $\Delta\alpha_h+\Delta\alpha_c=\Delta\alpha$；

$I_a^{0\prime\prime}(I_{ha}^0)$、$I_a^{0\prime}(I_{ca}^0)$——预热器理论状态下空气出口(热风)和进口(冷风)空气焓，kJ/kg。

对流受热面各烟道的漏风系数，按实验数据选取，如果缺乏实验数据，可以参考表10-1的相关数据。对于过热器、再热器和省煤器，漏风系数的参考数据是按水平烟道和下行竖井四周壁面布满包覆管膜式壁时给出的，当四周壁面不装置包覆管时，漏风系数会稍为大些。漏风系数的大小，在很大程度上取决于受热面的设计、制造和安装质量以及维护状况。对于现代锅炉，水平烟道和下行对流烟道四周壁面都采用膜式结构，在炉膛出口至省煤器出口的区间内，累加漏风系数是很小的，最多不超过 $\sum\Delta\alpha\approx0.05$，常采用 $\sum\Delta\alpha\approx0$。对于再生回转式空气预热器，若采用双密封或英国 Howden 公司的 VN 密封技术，或密封区扇形板与转子之间的间隙自动可调系统，漏风系数可采用表 10-1 中的下限值。老式回转预热器的漏风系数可能超过表中的上限值很多。

表 10-1　　　　额定负荷时制粉系统、炉膛和各对流受热面漏风系数参考数据

系统或烟道名称	漏风系数 $\Delta\alpha$
制粉系统	
钢球磨煤机(中间储仓式)	0.06～0.1
钢球磨煤机(直吹式)	0.04～0.06
中速磨煤机(负压系统)	0.04
炉膛(含前屏和后屏)	0.04～0.05
高温级过热器、再热器(布置在水平烟道)	0～0.02
低温级过热器、再热器(布置在下行竖井)	0～0.025
省煤器(单级或每一级)	0～0.02
管式空气预热器	
单级布置	0.03～0.05
两级布置的每一级	0.02～0.03
再生回转式空气预热器	0.08～0.12

对于采用烟气挡板调节再热汽温的两个平行烟道，每一烟道只有部分烟气量流过。在这

种情况下式(10-1)应改写为

$$Q_c^{re} = \varphi(I' - I'' + \Delta\alpha I_1^0)g \quad kJ/kg \tag{10-3}$$

式中　g——流经该受热面的烟气质量份额，由两平行烟道内所布置受热面的阻力比值确定。

两股或多股烟气流在受热面后混合时，进入下一级受热面的烟气平均温度，按混合烟焓 I_m 计算。

二、工质对流吸热量

1. 过热器、再热器和省煤器

对于过热器、再热器和省煤器，一般按下式计算工质的对流吸热量 Q_c^{ab}：

$$Q_c^{ab} = \frac{D}{B_{cal}}(i'' - i') \quad kJ/kg \tag{10-4}$$

式中　D——受热面内工质的流量，kg/s；

i'、i''——受热面进、出口工质的焓按进、出口工质温度及压力查取，kJ/kg。

对于布置在屏式受热面出口烟道内的高温级对流过热器或再热器，因其吸收穿经屏区的来自炉膛和屏空间的辐射热 Q_r[●]（详见第十一章），其对流吸热量应为

$$Q_c^{ab} = \frac{D}{B_{cal}}(i'' - i') - Q_r \quad kJ/kg \tag{10-5}$$

现代火力发电厂锅炉的过热器一般由多级组成（多达 4～5 级），并在级间设有 2～3 级减温喷水设备以调节汽温。在这种情况下，过热器的计算应分级进行。式(10-4)和式(10-5)则为过热器某一级的工质吸热量，相应的工质流量和进、出口工质焓也为该级过热器的数值。

当两级过热器之间设有喷水减温器时，在计算中应考虑各级蒸汽流量和蒸汽进（出）口温度的相应变化。现以两级过热器之间带有一个喷水减温器的过热器为例（图 10-2）加以说明。计算从烟气流向前一级（图 10-2 中的第一级）过热器开始，已知条件为进口烟温 ϑ_1'、工质流量 D_1 和工质进口温度 t_1'（或焓 i_1'）和受热面的具体结构。传热计算结果可确定烟气出口温度 ϑ_1'' 和工质出口温度 t_1''（或焓 i_1''）。为要对下一级（图 10-2 中的第二级）进行计算，需先进行减温器的热平衡计算，以确定第二级过热器工质的进口温度 t_2'（i_2'）。减温器的喷水量由第六章所述的调温幅度确定。减温器的热平衡和质量平衡公式为

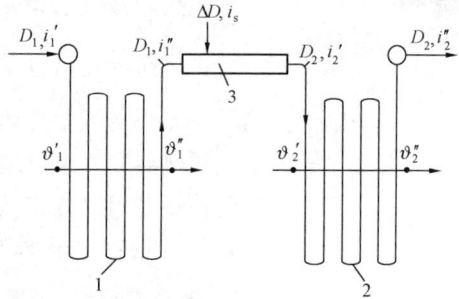

图 10-2　带喷水减温器的过热器示意

1—沿烟气流向第一级过热器；

2—第二级过热器；3—喷水减温器

$$\left.\begin{array}{l} D_1 i_1'' + \Delta D i_s = D_2 i_2' \\ D_1 + \Delta D = D_2 \end{array}\right\} \tag{10-6}$$

第二级过热器工质进口焓 i_2' 则为

$$i_2' = \frac{D_1 i_1'' + \Delta D i_s}{D_1 + \Delta D} \tag{10-7}$$

式中　i_s——喷水的焓值，kJ/kg。

[●]　沿烟气流动方向只有布置在屏式受热面（后屏）后的第一级对流受热面，计算其吸收来自炉膛和屏间空间的穿透辐射热 Q_r，并认为这个辐射热不再穿透给下一级受热面。

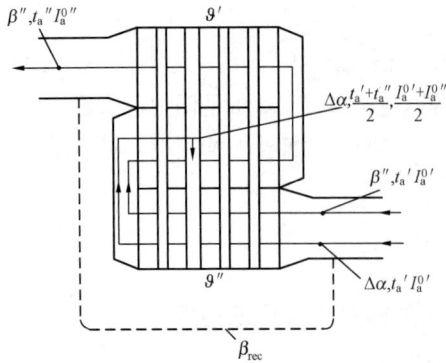

图 10-3 管式空气预热器空气吸热量的计算

这样，第二级过热器进口烟温、进口汽温和工质流量已经确定，即可进行其传热计算。

2. 空气预热器

对于空气预热器先以管式空气预热器（图10-3）加以说明。假定漏风沿预热器均匀分布，即按预热器进出口的空气平均温度 $t_{av}=0.5(t'_a+t''_a)$ 计算漏风焓。空气的吸热按下式计算：

$$Q_c^{ab}=\beta'(I^{0''}_a-I^{0'}_a)+\Delta\alpha\left(\frac{I^{0'}_a+I^{0''}_a}{2}-I^{0'}_a\right)$$

或 $Q_c^{ab}=\left(\beta'+\frac{\Delta\alpha}{2}\right)(I^{0''}_a-I^{0'}_a)=\bar{\beta}(I^{0''}_a-I^{0'}_a)$

$$(10-8)$$

对于带热风再循环的空气预热器（图10-3中的虚线），其吸热公式为

$$Q_c^{ab}=\left(\beta'+\frac{\Delta\alpha}{2}+\beta_{rec}\right)(I^{0''}_a-I^{0'}_a)=(\bar{\beta}+\beta_{rec})(I^{0''}_a-I^{0'}_a) \qquad (10-9)$$

由式（10-8）与式（10-2a）的平衡，可得预热器的烟气焓降与空气进、出口焓之间的如下关系：

$$I'-I''=\left(\frac{\bar{\beta}}{\varphi}-\frac{\Delta\alpha}{2}\right)I^{0''}_a-\left(\frac{\bar{\beta}}{\varphi}+\frac{\Delta\alpha}{2}\right)I^{0'}_a \qquad (10-10)$$

上两式中 $\Delta\alpha$——空气预热器漏风系数；

$\bar{\beta}$——空气预热器进、出口平均的空气量与理论空气量之比，$\bar{\beta}=\beta'+\dfrac{\Delta\alpha}{2}$；

β_{rec}——热风再循环空气量与理论空气量之比值；

$I^{0'}_a$、$I^{0''}_a$——空气预热器进、出口理论空气焓，kJ/kg；

β'——空气预热器出口处空气量与理论空气量的比值，当炉膛出口过量空气系数 α''_f 已经选定，根据炉膛漏风系数 $\Delta\alpha_f$ 和制粉系统漏风系数 $\Delta\alpha_{pcs}$（见表10-1）由 $\beta'=\alpha''_f-(\Delta\alpha_f+\Delta\alpha_{pcs})$ 求出。

回转式空气预热器一般都分热段（热端）和冷段（冷端），两段受热面的布置和传热元件的板型完全不同，故应分开进行计算。回转式空气预热器的漏风主要来自冷热两个端面，按照回转式空气预热器漏风焓计算的上述假设，热段和冷段（分别以脚标 h 和 c 表示）的对流吸热量分别为

$$\left.\begin{array}{l}Q_{c,h}^{ab}=(\beta'_h+\Delta\alpha_h/2)(I^{0''}_{a,h}-I^{0'}_{a,h})\\[2mm]Q_{c,c}^{ab}=(\beta'_c+\Delta\alpha_c/2)(I^{0''}_{a,c}-I^{0'}_{a,c})\\[2mm]I^{0'}_{a,h}=I^{0''}_{a,c}\\[2mm]\beta'_h=\beta_h-\Delta\alpha_h, \quad \beta'_h=\beta'_c=\beta'_c-\Delta\alpha_c\end{array}\right\} \qquad (10-11)$$

当回转式空气预热器冷、热段混合起来计算时，或冷、热段分开计算但为简化时，空气吸热量也可近似按管式预热器的公式进行计算，即

$$Q_c^{ab}=\bar{\beta}(I^{0''}_a-I^{0'}_a) \qquad (10-11a)$$

第二节 传 热 温 压

传热温压 Δt 是参与热交换的两种介质相对于整个受热面热阻的传热温差。温压的大小除与两种介质在受热面进、出口的温度或温差有关外，还与两种介质相互间的流动方向有关。但若其中一种介质的温度在受热面中保持不变，则温压大小与流动方向无关。

多数锅炉受热面采用顺流或逆流的流动方式，逆流方式传热温压最大，顺流方式温压最小，其他方式的温压，介于两者之间。顺流和逆流传热温压的计算公式是相同的，均由受热面进、出口两种介质的温差（端差）按下式求出，但端差的大小对顺流和逆流方式是不同的

$$\Delta t = \frac{\Delta t_{lar} - \Delta t_{sma}}{\ln \dfrac{\Delta t_{lar}}{\Delta t_{sma}}} = \frac{\Delta t_{lar} - \Delta t_{sma}}{2.3\lg \dfrac{\Delta t_{lar}}{\Delta t_{sma}}} \tag{10-12}$$

式中　Δt_{lar}——受热面两端差中较大的温差，℃；

Δt_{sma}——较小一端的温差。

当端差之比≤1.7 时，采用算术平均温差，即两种介质在受热面中的平均温度之差来计算，已满足锅炉计算精确度的要求。这时

$$\Delta t = \frac{\Delta t_{lar} + \Delta t_{sma}}{2} = \vartheta_{av} - t_{av} \tag{10-13}$$

在锅炉的承压对流受热面中，常采用顺流或逆流传热方式，但也有过热器或再热器采用类似于图 10-4 所示的混合流动方式。对于这种流动方式，可以按混合流计算其传热温压，即将纯逆流温压乘以一个小于 1 的修正系数，但最好将其划分为顺流和逆流两部分，在这两部分之间设置一个中间烟气温度和相应的介质中间温度，分别对顺流和逆流部分进行计算。

对于按交叉流方式传热（见图 10-5）的管式预热器，其温压按逆流温压 Δt_{cou} 乘以修正系数 ψ 计算

$$\Delta t = \psi \Delta t_{cou} \tag{10-14}$$

系数 ψ 按图 10-6 查出。

在利用图 10-6 确定逆流修正系数 ψ 时，应先计算一些辅助参数，即

$$\left. \begin{array}{l} R = \dfrac{\tau_{lar}}{\tau_{sma}} \\[3mm] P = \dfrac{\tau_{sma}}{\vartheta' - t'} \end{array} \right\} \tag{10-15}$$

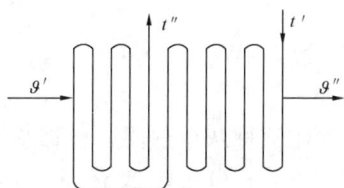

图 10-4　对流受热面的混合流动方式

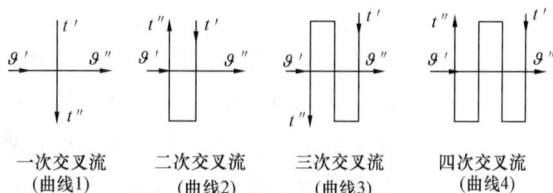

一次交叉流 （曲线1）　二次交叉流 （曲线2）　三次交叉流 （曲线3）　四次交叉流 （曲线4）

图 10-5　两种介质的交叉流动方式

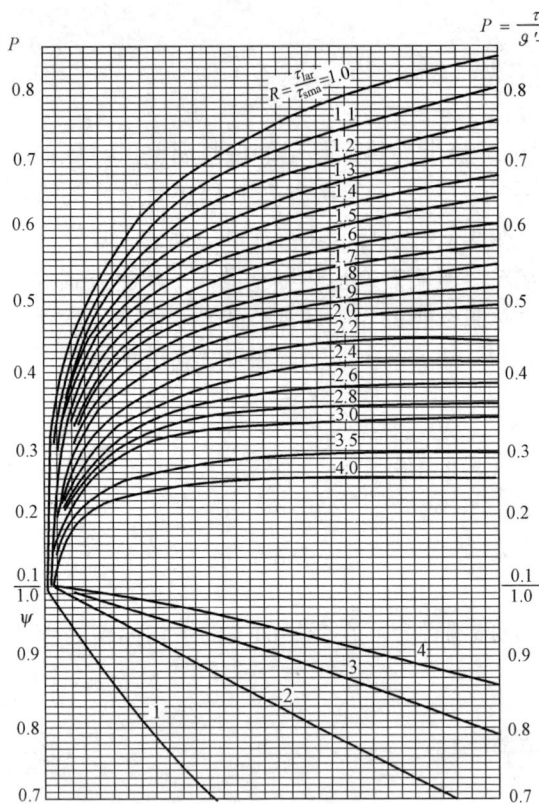

图 10-6　交叉流动方式的温压修正系数 ψ

1——一次交叉流；2——二次交叉流；

3——三次交叉流；4——四次交叉流

$$P = \frac{\tau_{sma}}{\vartheta' - t'}$$

式中　ϑ'、t'——受热面中加热介质和
受热介质的初温，℃；

τ_{lar}、τ_{sma}——两种介质在受热面中
温降，τ_{lar} 为温降较大
的那一种介质的温降，
τ_{sma} 为温降较小的介质
的温降，℃。

图 10-6 适合于各个行程受热面积相
等或相差不大且两种介质相互流动总趋
向为逆流的场合，当各行程受热面积相
差较大以及相互流向趋于顺流的交叉流，
可参考有关专著进行计算。交叉次数在
五次或五次以上时，温压按逆流方式计
算。在采用计算机程序进行计算时，修
正系数 ψ 的表达式可参考有关专著。

对于任何一种复杂的流动方式，当
顺流温压 Δt_{par} 和逆流温压 Δt_{cou} 之间满足
如下条件时

$$\Delta t_{par} \geqslant 0.92 \Delta t_{cou} \qquad (10\text{-}16)$$

其温压可按下式计算

$$\Delta t = \frac{\Delta t_{par} + \Delta t_{cou}}{2} \qquad (10\text{-}17)$$

当式(10-16)的条件不能满足，应分段计算受热面的温压。

第三节　传　热　系　数

一、管式承压受热面传热系数

锅炉管式承压受热面均采用烟气在管外、工质(水和蒸汽)在管内流动的管式受热面。为
简化其传热系数按平壁计算。在这种情况下，受热面的面积应按放热系数较小一侧的管子表
面积，即外表面积进行计算，以减小这种简化带来的误差。对于管子外表面积灰、内表面结
垢的受热面，传热系数的公式为

$$K = \frac{1}{\dfrac{1}{\alpha_1} + \dfrac{\delta_{ash}}{\lambda_{ash}} + \dfrac{\delta_m}{\lambda_m} + \dfrac{\delta_{sc}}{\lambda_{sc}} + \dfrac{1}{\alpha_2}} \qquad kW/(m^2 \cdot ℃) \qquad (10\text{-}18)$$

式中　α_1、α_2——加热介质对管壁和管壁对受热介质的放热系数，$kW/(m^2 \cdot ℃)$；

δ_m、λ_m——金属管壁的厚度及其导热系数，m、$kW/(m \cdot ℃)$；

δ_{ash}、λ_{ash}——烟气侧积灰层的厚度及其导热系数，两者的比值称灰层热阻，也称灰污系
数或污染系数(以 ε 或 R_f 表示，$\varepsilon = \delta_{ash}/\lambda_{ash}$，$m^2 \cdot ℃/kW$ 或 $m^2 \cdot ℃/W$)，
m、$kW/(m \cdot ℃)$；

δ_{sc}、λ_{sc}——管内工质侧结垢层的厚度及其导热系数，m、kW/(m·℃)。

与烟气侧或工质侧热阻（$1/\alpha_1$ 和 $1/\alpha_2$）相比，金属管壁的热阻 δ_m/λ_m 很小，可以忽略不计。在锅炉正常运行工况，明显影响传热的结垢是不允许的，因此，其热阻 δ_{sc}/λ_{sc} 也可不予计算，这样，传热系数公式可写为

$$K = \frac{1}{\frac{1}{\alpha_1} + \varepsilon + \frac{1}{\alpha_2}} = \frac{\alpha_1}{1 + \left(\varepsilon + \frac{1}{\alpha_2}\right)\alpha_1} \tag{10-19}$$

目前，对各种不同燃料，不同冲刷和排列方式的受热面，还缺乏完整可靠的灰污热阻的实验数据。在煤粉燃烧烟气横向冲刷错列管束时，松散积灰的污染系数的数据还算可靠。在这种情况下，受热面的传热系数 K 采用式（10-19）计算。在其他情况下则采用热有效系数法计算受热面的传热系数。

当管子外表面不存在积灰（$\varepsilon=0$）时，管子的传热系数称为清洁管子的传热系数 K_0：

$$K_0 = \frac{1}{\frac{1}{\alpha_1} + \frac{1}{\alpha_2}} \tag{10-20}$$

对流受热面的热有效系数 ψ 定义为管子污染状况下的传热系数 K 与清洁状况下传热系数 K_0 的比值

$$\psi = \frac{K}{K_0} \tag{10-21}$$

由式（10-20）和式（10-21）可得

$$K = \frac{\psi}{\frac{1}{\alpha_1} + \frac{1}{\alpha_2}} = \frac{\psi\alpha_1}{1 + \frac{\alpha_1}{\alpha_2}} \tag{10-22}$$

因此，对锅炉承压受热面而言，就有如下传热系数的不同计算方法：

（1）燃用固体燃料时，错列布置的横向冲刷光管管束，其灰层热阻用灰污系数 ε 考虑，对过热器和再热器按式（10-19）计算其传热系数。对于管内为水、汽水混合物或超临界压力以上的过热蒸汽，因管壁对工质的放热系数很大，$1/\alpha_2$ 可以忽略不计，此时传热系数公式可以简化为

$$K = \frac{\alpha_1}{1 + \varepsilon\alpha_1} \tag{10-23}$$

（2）燃用固体燃料时，顺列布置的横向冲刷光管管束，燃用气体燃料和液体燃料的横向冲刷光管管束（错列和顺列），以及燃用任何燃料的纵向冲刷光管管束，其灰层热阻用热有效系数 ψ 考虑，对过热器和再热器按式（10-22）计算传热系数。对受热介质为水、汽水混合物和超临界压力以上的过热蒸汽，传热系数按下式计算：

$$K = \psi\alpha_1 \tag{10-24}$$

二、扩展表面式承压受热面传热系数

在换热器中广泛采用的扩展表面式换热面，也称强化传热式换热面。与普通受热面相比，采用强化传热技术的受热面，在节省材料和布置场地（受热面的紧凑性）、降低流阻（节能）、减轻磨损、提高或降低受热面壁温以增加运行可靠性等方面更加优越。在锅炉承压对流受热面中，采用外表面扩展式受热面最多的是省煤器，其次是低温过热器或低温再热器。

外表面扩展式受热面有鳍片式和肋片式两类。鳍片式是指扩展表面（鳍片）平行于管轴方向（纵向），鳍片管、膜式受热面属于这一类。肋片式是指垂直于管轴方向（横向）的扩展表面，有横向（也称径向）肋片管和螺旋肋片管受热面。

对于扩展表面式受热面，由于鳍片或肋片本身的传热性能与管壁有差异，应将扩展表面（鳍片或肋片）和管子本身表面区分开来。对于省煤器（$1/\alpha_2=0$），以热有效系数 ψ 或污染系数 ε 考虑灰层污染时，按烟气侧全部表面积 ΣH（包括鳍片或肋片表面积 H_f 和管子无鳍或无肋部分的表面积 H_t）计算的传热系数分别为

$$K = \psi \left(\frac{H_f}{\Sigma H}\eta_f + \frac{H_t}{\Sigma H} \right)\alpha_1 = \psi\, \eta_{hs}\alpha_1 \tag{10-25}$$

$$K = \frac{1}{\left(\frac{1}{\alpha_1} + \varepsilon \right)\frac{1}{\eta_{hs}}} = \eta_{hs}\frac{\alpha_1}{1+\varepsilon\alpha_1} \tag{10-26}$$

$$\eta_{hs} = \frac{H_f}{\Sigma H}\eta_f + \frac{H_t}{\Sigma H} = 1 - \frac{H_f}{\Sigma H}(1-\eta_f) \tag{10-27}$$

式中　α_1 ——烟气对扩展表面式受热面的放热系数，对于肋片式受热面，烟气的辐射层厚度因有大量肋片而变得很小，辐射放热系数可不考虑，故 α_1 取烟气的对流放热系数，kW/(m²·℃)；

η_f ——鳍片或肋片效率，它是鳍片或肋片的实际传热量与假设鳍片或肋片全部表面都处于鳍根或肋根温度（即管子表面温度）时的理想传热量之比，对于锅炉受热面，由于扩展表面的吸热需经管子本身传递给管内工质，即存在从鳍（肋）端到鳍（肋）根的径向热流，在鳍片或肋片高度方向（径向）表面温度是变化的，并沿热流方向降低，在鳍根或肋根达到与圆管表明相同的温度，因此，鳍片或肋片效率 η_f 的数值总是小于 1 的；

ΣH ——鳍片或肋片式受热面烟气侧的总受热面积，$\Sigma H = H_f + H_t$，m²；

η_{hs} ——鳍片管或肋片管的受热面效率。

三、空气预热器传热系数

对于管式空气预热器，采用受热面的利用系数 ξ 来综合考虑灰分对管子的污染、烟气和空气对管子冲刷的不完善以及空气通过中间管板管孔的短路泄漏等影响，其传热系数按下式计算：

$$K = \frac{\xi}{\frac{1}{\alpha_1} + \frac{1}{\alpha_2}} = \xi\frac{\alpha_1\alpha_2}{\alpha_1+\alpha_2} \tag{10-28}$$

对于二分仓式回转式空气预热器，以全部蓄热板两侧面积（蓄热板全部面积的两倍）计算的传热系数公式为

$$K = \frac{\xi\pi}{\frac{1}{x_1\alpha_1} + \frac{1}{x_2\alpha_2}} \tag{10-29}$$

式中　x_1 ——烟气流过的那部分受热面的面积 H_g 或流通断面积 F_g 占总受热面积 H 或总流通断面积 F 的份额，$x_1 = \frac{H_g}{H} = \frac{F_g}{F}$；

x_2 ——空气流过的那部分受热面的面积 H_a 或流通断面积 F_a 所占的份额，x_2

$$= H_a/H = F_a/F;$$

α_1、α_2 ——烟气对蓄热板、蓄热板对空气的对流放热系数；

ξ ——利用系数；

π ——考虑热交换不稳定性影响的修正系数，对于蓄热板厚度 $\delta = 0.6 \sim 1.2mm$ 的再生回转式空气预热器，π 值与回转速度（r/min）有关，见表 10-2。

表 10-2 π 值与回转速度的关系

n（r/min）	0.5	1.0	$\geqslant 1.5$
π	0.85	0.97	1.0

电厂锅炉回转式空气预热器的转速都在 1r/min 以上，可取 $\pi = 1$。

第四节 放 热 系 数

烟气对管壁的放热系数 α_1，一般包括烟气的对流放热系数 α_c 和管间烟气容积的辐射放热系数 α_r。故对流受热面烟气侧放热系数为

$$\alpha_1 = \xi(\alpha_c + \alpha_r) \quad kW/(m^2 \cdot ℃) \tag{10-30}$$

式中 ξ ——对流受热面冲刷不完善系数，也称受热面利用系数，是考虑烟气对受热面冲刷的不均匀性、部分烟气跨越受热面的绕流以及存在停滞区等使吸热量减少的影响，现代锅炉机组的对流受热面管束，冲刷状况完善，利用系数 ξ 可取为 1；对于一些冲刷情况复杂的管束，ξ 值可查阅有关资料。

一、光管对流受热面的对流放热系数

对于锅炉机组采用最多的光管对流受热面，对流放热系数与烟气流速和温度、管子尺寸、管束的冲刷状况（纵向或横向冲刷）、管束的布置方式（顺列或错列布置，管子节距和排数等）和冲刷介质的物性等有关。

在锅炉的受热面中，介质的流动均为强迫流动。在一般情况下，自然对流的影响可以忽略不计。对于"常物性"（介质物性不随温度变化）的强迫对流，稳定段（入口段除外）的放热系数准则关系式为

$$Nu = f(Re, Pr) \tag{10-31}$$

当温度对物性的影响不能忽略时，即所谓"变物性"强迫对流的准则关系式为

$$Nu = f\left(Re, Pr, \frac{\lambda_w}{\lambda}, \frac{c_{pw}}{c_p}, \frac{\mu_w}{\mu}, \frac{\rho_w}{\rho}\right) \tag{10-32}$$

式中 Nu ——努塞尔数，$Nu = \dfrac{\alpha_c d}{\lambda}$；

   Re ——雷诺数，$Re = \dfrac{wd}{v}$；

   Pr ——普朗特数，$Pr = \dfrac{\mu c_p}{\lambda}$；

λ、c_p 和 ρ ——流体的导热系数、比定压热容和密度；

  w 和 d ——流体的流速和管子直径；

  μ 和 v ——流体的动力黏度和运动黏度，$v = \mu/\rho$。

上述公式中，凡不加下标 w 的，取流体温度作定性温度，下标 w 表示物性是按壁面温度求出的。式（10-32）中等号右边的物性比值项，是考虑介质物性随温度变化的影响。

实际上，在锅炉机组的烟气侧对流放热系数的计算中，一般是按常物性考虑的。

1. 横向冲刷

对气流横向冲刷光管管束对流传热进行最广泛研究的是前苏联的 A. A. Zhukauskas。他对以层流为主的流动工况（ $Re < 10^3$ ）、亚临界流动工况（ $Re = 10^3 \sim 2 \times 10^5$ ）和超临界流动工况（ $Re > 2 \times 10^5$ ）的顺列和错列管束的传热都进行了研究。对常物性、管子排数为 10 排以上和以最小流通截面积上的流速计算雷诺数的光管管束的对流放热系数，A. A. Zhukauskas 给出如下准则关系式：

$$Nu = C\,Re^m Pr^{0.36} \tag{10-33}$$

式中，系数 C 和 m 是与流动工况（ Re 数）和管子排列状况（顺列或错列）及管子节距（横向节距 s_1 和纵向节距 s_2 ）有关的常数。对于锅炉对流受热面的管束，烟气流动一般处于亚临界流工况。A. A. Zhukauskas 对于这一工况给出的 C 和 m 的数值列于表 10-3 中。对于纵向（沿烟气流动方向）管排数 $Z_2 < 10$ 的管束，式（10-33）右边还要乘以一个小于 1 的管子排数的修正系数 C_Z 。

表 10-3　　　　　　　　　　式（10-32）中的系数 C 和 m 的数值

雷诺数 Re	顺列管束[①]		错列管束		
	C	m	C		m
			$s_1/s_2 < 2$	$s_1/s_2 > 2$	
$10^3 \sim 2 \times 10^5$	0.27	0.63	0.35 $(s_1/s_2)^{0.2}$	0.40	0.6

①　建议不采用 $s_1/s_2 < 0.7$ 的顺列管束，此时放热系数明显下降。

A. A. Zhukauskas 上述计算管束横向冲刷对流放热系数的公式，虽然在各国文献中引用较多，但用于锅炉实际计算的报告很少，估计与其计算值较其他公式偏高有关。

A. A. Zhukauskas 还提供了单排管子对流放热系数的如下计算公式：

$$Nu = 0.26Re^{0.6}Pr^{0.37} \tag{10-34}$$

此式适用的雷诺数范围为 $Re = 10^3 \sim 2 \times 10^5$ ，可用于横向节距较大（ $s_1/d > 4$ ）的单排管子（如后墙悬吊管）的计算。也可用于 $s_1/d > 4$ 的顺列管束或屏式受热面的计算。

对于管束的横向冲刷热交换，许多计算公式都引入管子节距（ s_1 和 s_2 ）或管子相对节距（ s_1/d 和 s_2/d ）的修正系数。但各公式的修正值差别很大，有些公式管子节距的修正系数还与流体的雷诺数的数值有关。

对于错列布置管束，管子节距与流体流经各管排的流通截面积的相互关系如图 10-7 所示。图中只示出两排管子。以一个管子节距的范围为例，流体流经第一排管子的流通截面积为横向截面积（ $s_1 - d$ ），经过第一排管子的截面 I-I 后，流体一分为二，分别流过 II-II 和 III-III 两个斜向截面积（ $s_2' - d$ ），其中 $s_2' = \sqrt{(s_1/2)^2 + s_2^2}$ 为斜向节距，总流通截面积为 2（ $s_2' - d$ ）。从传热和流动的角度，理

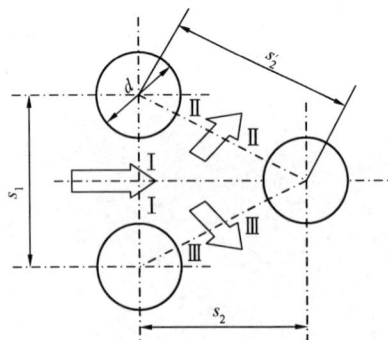

图 10-7　错列布置管束流体的流动

想的设计是 $s_1-d=2(s'_2-d)$。这时，在横向和斜向截面上流速相同，传热流动综合性能较佳；但纯粹从传热的角度考虑时，不一定追求横向流通截面与斜向流通截面相等。当传热公式中的雷诺数是以横向截面（截面 Ⅰ-Ⅰ）作为流通截面计算流速时，则流体流经截面 Ⅰ-Ⅰ 后进入斜向截面（截面 Ⅱ-Ⅱ 和 Ⅲ-Ⅲ）时，在斜向截面上的流体速度大小会对管束的传热产生影响。若流体在斜向截面上的流速 $w_Ⅱ$ 高于横向截面上的流速 $w_Ⅰ$（即定性流速），则斜向截面上管子表面的传热优于横向截面上的管子表面；相反，若斜向截面上的流速小于横向截面的流速，则斜向截面上管子表面的传热要比横向截面上的管子表面差。

对于错列管束，管子节距（横向节距 s_1，纵向节距 s_2，斜向节距 s'_2）或相对节距（横向相对节距 $\sigma_1=s_1/d$，纵向相对节距 $\sigma_2=s_2/d$，斜向相对节距 $\sigma'_2=s'_2/d$）对传热的影响，实际上是反映流体流过上述各流通截面时速度大小对传热的影响。

节距的影响可以采用节距的比值 s_1/s_2（或 σ_1/σ_2）来考虑，但在锅炉行业，更多的是采用与节距有关的参数 β 来考虑节距的影响，β 的定义为

$$\beta=\frac{s_1-d}{s'_2-d}=\frac{\sigma_1-1}{\sigma'_2-1} \tag{10-35}$$

式中 β——管束排列几何参数。

流体的斜向截面对横向截面的速度比与两个截面面积的比值成反比例，即 $w_Ⅱ/w_Ⅰ=(s_1-d)/[2(s'_2-d)]=\beta/2$。

因此，本书采用参数 φ 来考虑管子节距对传热的影响，其表达式为

$$\varphi=\frac{\beta}{2}=\frac{\sigma_1-1}{2(\sigma'_2-1)} \tag{10-36}$$

φ 的物理意义很清晰，$\varphi=1$ 表示流体在横向和斜向截面上流速相等；$\varphi>1$，则 $w_Ⅱ>w_Ⅰ$；$\varphi<1$，则 $w_Ⅱ<w_Ⅰ$。对于一定的横向截面流速（即定性流速）而言，$w_Ⅱ$ 越大，管束的整体传热能力就越强。

错列管束的传热，在雷诺数 $Re=10^3\sim2\times10^5$ 的范围内，认为与 $Re^{0.6}$ 成正比，这样错列管束的换热公式可表达为

$$Nu=A\varphi^nRe^{0.6}Pr^{0.36} \tag{10-37}$$

式中 A——常数；

n——指数。

当管束纵向相对节距较大，如 $\sigma_2\geq6$ 时，管束的传热状况与单排管子传热无多大区别，即 $A\varphi^n\approx0.26$；等边三角形布置错列管束（$\sigma_1=\sigma'_2$）的某些试验数据，支持 $A\varphi^n\approx0.33$。据此，错列布置管束的放热公式可表示为

$$Nu=0.35\varphi^{0.1}Re^{0.6}Pr^{0.36} \tag{10-38}$$

这个公式也与某些研究人员对密集布置错列管束（$\sigma_1<2$，$\sigma_2/\sigma_1\leq0.5$）的计算结果基本吻合，即 $A\varphi^n\approx0.4$。

与文献上诸多公式相比，式（10-38）的计算结果，属中等稍微偏低。本书推荐计算结果中等偏低公式的目的，是为了避免锅炉设计时出现受热面不足的现象。

对于顺列布置管束，当 $\sigma_1\leq4$ 时，建议采用英国工程设计导则的公式计算其对流换热，即

$$Nu = 0.21Re^{0.65}Pr^{0.34} \tag{10-39}$$

该式适合于 $Re = 10^3 \sim 2 \times 10^5$，$s_1/d = 1.2 \sim 4.0$，$s_2/d \geqslant 1.15$ 的场合，计算结果适中。当 $\sigma_1 > 4$ 时，按单排管子公式进行计算。

式（10-38）和式（10-39）中，Re 是以横向管子中心线上的流通截面的流速作定性流速，各准则数的物性均以流体进、出口的平均值作定性温度，定性尺寸均为管子直径(外径)。

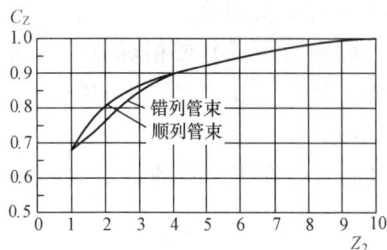

图 10-8　横向冲刷管束的管排数修正

当沿流动方向管子的排数 $Z_2 < 10$ 时，考虑到流体在前面几排管子中的扰动性未达到稳定状态，传热较差，故管束传热要进行管排数的修正。这时式（10-38）和式（10-39）都要乘以一个小于 1 的管排数修正系数 C_z. 其值可根据管子排数由图 10-8 查出。

2. 纵向冲刷

在锅炉对流受热面中，烟气在管外空间作纵向冲刷管束的流动工况，因传热性能差已经很少采用。在过热器、再热器和省煤器中，受热介质（蒸汽、水等）在管内作纵向流动；在管式空气预热器中，加热介质烟气多数也是在管内作纵向流动的。应用最广泛的纵向流动传热公式为

$$Nu = 0.023Re^{0.8}Pr^{0.4}C_LC_t \tag{10-40}$$

式中　Nu、Re、Pr——按定性尺寸为管子内径 d_i 或当量直径 d_{eq}，物性的定性温度为介质进、出口的平均温度 t 计算的努塞尔特数、雷诺数、普朗特数；

C_L——考虑管子入口效应的相对管长修正系数，在锅炉受热面中相对管长 L/d 一般都大于 50，取 $C_L = 1.0$；

C_t——考虑介质温度 $T (T = t + 273)$ 与壁温 $T_w (T_w = t_w + 273)$ 差别对物性影响的系数，对于气体，一般认为 $C_t = (T/T_w)^{0.5}$。

对于烟气、空气及压力较低的水和蒸汽，因物性随温度变化不显著或介质温度与壁温差别不大，取 $C_t = 1.0$。

在锅炉热力计算中，水的放热系数很大，热阻很小，通常可以忽略不计，故不需要计算其对流放热系数。对于压力处于或低于亚临界压力的过热蒸汽在管内的流动，式（10-40）已作成线算图，如图 10-9 所示。

近期研究表明，对于管内的纵向流动，式（10-40）中的常数 0.023，若用 0.021 （或 0.022）取代，结果将更加准确，普朗特数的指数也有被 0.43～0.55 代替的趋势。

超临界和超超临界压力过热蒸汽的放热系数也很大，其热阻也可忽略不计，故在锅炉热力计算中一般也不计算其放热系数。但在水冷壁和过热器的壁温计算时，必须计算水或过热蒸汽的放热系数。

对于超临界压力水，当介质温度 t 低于准临界温度 t_{psc} 时，管内放热系数可按周强泰和 Watts 公式计算：

$$Nu = 0.021Re^{0.8}\overline{Pr}^{0.55}(\rho_w/\rho)^{0.35} = 0.021Re^{0.8}Pr^{0.55}\left(\frac{\overline{c_p}}{c_p}\right)^{0.55}\left(\frac{\rho_w}{\rho}\right)^{0.35} \tag{10-41}$$

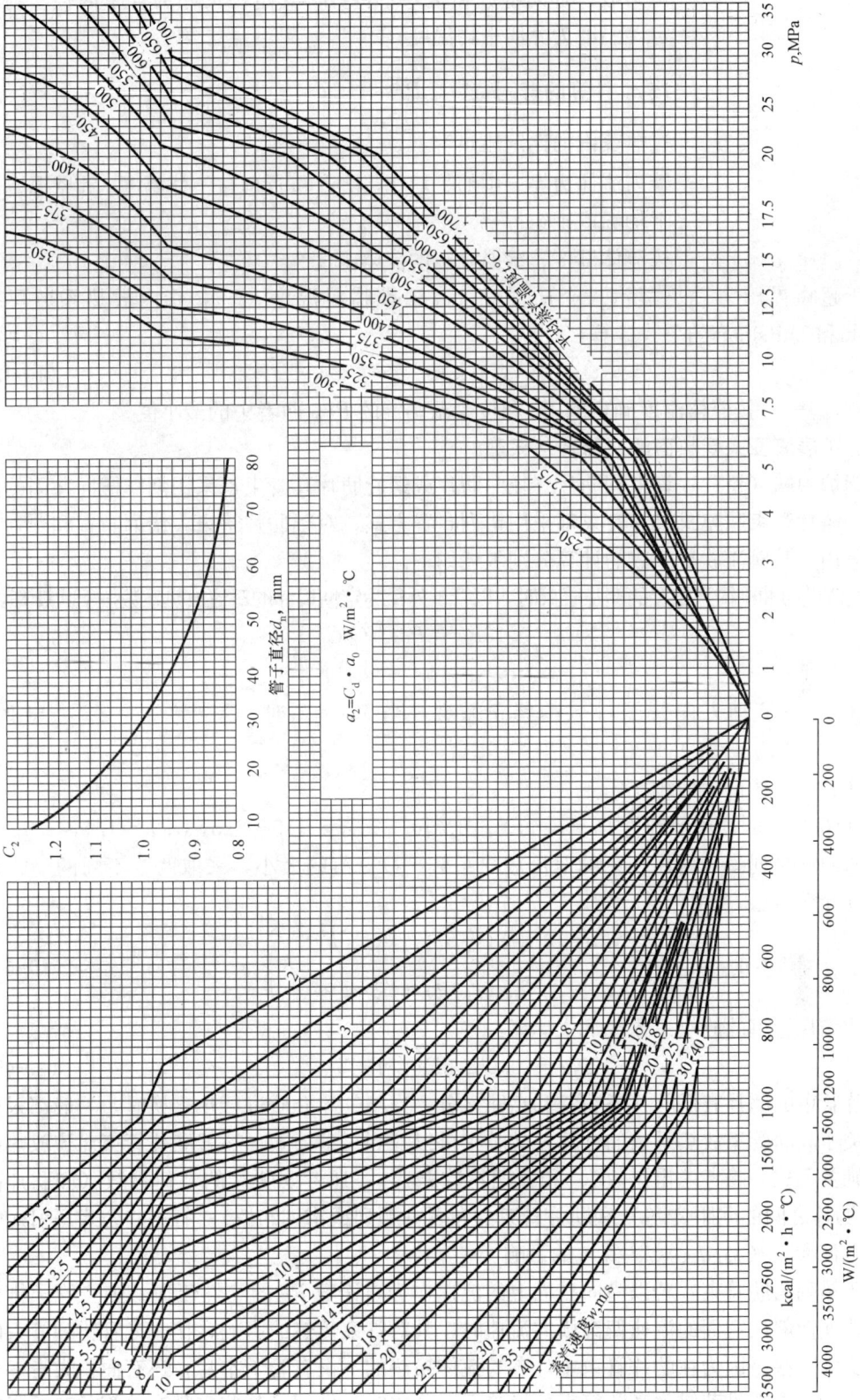

图 10-9　过热蒸汽在管内流动时的放热系数(只能用于低于临界压力)

式中 Re、Pr、Nu ——雷诺数、普朗特数和努塞尔特数，其定性尺寸为管子内径，物性定性温度为介质平均温度；

$\overline{Pr}$ ——按 $\overline{c_p}$ 计算的普朗特数，$\overline{Pr}=\dfrac{\mu\,\overline{c_p}}{\lambda}$；

c_p ——过热蒸汽的比定压热容；

$\overline{c_p}$ ——管内流体边界层中的平均比热容，可近似按流体温度 t 和壁温 t_b 的平均温度确定；

ρ、ρ_w ——按流体温度、壁温确定的流体密度。

对于超临界压力过热蒸汽（介质温度 t 高于准临界温度 t_{psc}），管内放热系数可按 Miroplski 和 Shitsman 的公式计算：

$$Nu = 0.023Re^{0.8}Pr_{\min}^{0.8} \tag{10-42}$$

式中 $Pr_{\min}$ ——按流体温度确定的 Pr 和按壁温确定的 Pr_w 两者中的最小值。

二、扩展表面式受热面的对流放热系数

在锅炉中鳍（翅）片管束和肋片（径向肋片或螺旋肋片）管束都采用烟气横向冲刷的流动方式。鳍片管束和膜式鳍片管束都采用错列布置方式；对于肋片管束，错列布置和顺列布置都有采用。其对流放热系数的计算分别叙述如下。

当气流横向冲刷错列布置的鳍片管束时，以管子外径为定性尺寸的对流放热系数按下式计算：

$$\left.\begin{aligned} Nu &= 0.16Re^{0.68}Pr^{0.36}C_ZC_s \\ C_s &= \beta^{0.24} \end{aligned}\right\} \tag{10-43}$$

式中 C_Z ——流动方向管子排数的修正系数，当 $Z_2 = 5$ 时，$C_z = 0.95$，$Z_2 \geqslant 10$ 时，$C_Z = 1.0$；

C_s ——管子节距的修正。

式（10-43）的适用范围为 $Re=8\times10^3\sim8\times10^4$，$s_1/d=1.5\sim2.5$，$s_2/d=1.1\sim2.5$。

横向冲刷错列膜式鳍片管束的对流放热系数，按 β 值的大小，采取两个不同的公式计算，当 $0.6\leqslant\beta\leqslant2.0$ 时

当 $2.0<\beta\leqslant4.0$ 时

$$\left.\begin{aligned} Nu &= 0.169\,(s_2'/d)^{-0.4}Re^{0.7}Pr^{1/3} \\ Nu &= 0.143\,(s_2'/d)^{-0.7}Re^{0.7}Pr^{1/3} \end{aligned}\right\} \tag{10-44}$$

顺列膜式鳍片管束的放热系数按下式计算：

$$Nu = 0.057\,5Re^{0.75}Pr^{1/3} \tag{10-45}$$

肋片管束的肋片有低肋（矮肋）和高肋之分。当与气体介质进行热交换时，一般都采用高肋。关于高肋管束放热系数的计算，文献中可以找到很多公式。一般肋片管束对流放热系数的准则关系式，除考虑雷诺数 Re 和普朗特数 Pr 外，还考虑肋片的几何参数（如肋片高度 h_f、肋片之间的间距 s_f 等）和肋片管束的布置（顺列或错列布置）。有一些公式还引入管束排列几何参数（s_1/d、s_2/d 等）的影响。

对于错列高肋管束，若以横向截面上的流速作为雷诺数 Re 的定性流速，则当管子排列的节距改变使斜向截面的流速偏离横向流速时，其对管束传热的影响，比对光管错列管束的影响还要大一些。因为在肋片管束中，参与流体换热的不仅有管子本身，还有面积大得多的肋片表面。本书在推荐错列高肋管束的换热系数公式时，借用了某些文献有关管子节距影响

的修正值，雷诺数和肋片几何参数（以肋化系数表示）的指数采取中间值，建议采取计算结果中等稍微偏低的公式进行计算，即

$$Nu = 0.38\varphi^{0.2}Re^{0.63}Pr^{0.333}\varepsilon_{ex}^{-0.27} \tag{10-46}$$

式中　ε_{ex}——考虑肋片高度和节距影响的肋化系数，它是肋片管全部外表面积与光管外表面积的比值，可用如下简化公式求出：

$$\varepsilon_{ex} = 1 + \frac{2h_f}{ds_f}(d + h_f + \delta_f) \tag{10-47}$$

式中　h_f、s_f、δ_f——肋片的高度、肋间节距和肋片厚度；

　　　d——管子直径（外径）。

式（10-46）适用的雷诺数为 $Re = 5×10^2 \sim 1×10^4$。

对于顺列布置肋片管束的换热系数，推荐使用式（10-48）计算，即

$$Nu = 0.25Re^{0.63}Pr^{0.333}\varepsilon_{ex}^{-0.27} \tag{10-48}$$

三、回转式空气预热器的对流放热系数

回转式空气预热器以蓄热板当量直径 d_{eq} 为定性尺寸，流体进、出口平均温度为定性温度，其烟气侧和空气侧对流放热系数均采用下式进行计算：

$$Nu = CRe^{0.8}Pr^{0.4}C_L C_t \tag{10-49}$$

式中　C_L、C_t——与式（10-40）相同，对于回转式空气预热器，这两个系数一般都取等于1；

　　　C——与蓄热板的板型有关的系数。

在回转式空气预热器中，一般有三种结构的传热元件：①双面强化型蓄热板（DU 型），传热元件为波纹板（波形板）带波纹定位板；②单面强化型蓄热板（CU 型），传热元件为波纹板带平板定位板；③普通平板型蓄热板（NF 型），传热元件为平板带平板定位板。

CU 型蓄热板，单位容积安放的受热面多，间隙小，一般用于燃气锅炉。对于燃煤锅炉的回转式空气预热器，热段都采用 DU 型蓄热板以强化传热，冷段则采用 NF 型蓄热板以减少灰分堵塞。

对于这三种蓄热板，式（10-49）中系数 C 的数值是不同的。

对于 NF 型蓄热板，取 $C=0.021$；

对于 CU 型蓄热板，取 $C=0.027$；

对于 DU 型蓄热板，C 的数值还与波纹板和定位波纹板的排列状况有关。当两板的波纹成交错排列时，取 $C=0.037$；当两板的波纹成同向排列时，取 $C=0.040$。对于镀有搪瓷表面的板面，C 值应降低 6%～8%。

四、辐射放热系数

在对流受热面中，除对流传热外，管间空间的高温烟气与受热面之间还进行着辐射热交换。

锅炉对流受热面管子布置比较密集，管子之间相对节距 s_1/d 和 s_2/d 都比较小，管间空间烟气的辐射层有效厚度很小。因此，烟气对管子受热面的辐射，不必像炉膛空间辐射和屏式受热面的屏间空间辐射那样，考虑辐射强度沿射线行程的减弱，即对流受热面烟气的管间空间辐射可以采用两个其间充满透明介质（介质不发生吸收和散射减弱作用）的平行平面的热交换公式计算。在锅炉对流受热面中，传热以对流为主，辐射放热所占份额较小，为简化计算，一般采用一次性辐射热交换的方法进行计算。为对以一次性辐射热交换替代原本为多

次性吸收和反射热交换带来的传热量的减少，采取加大受热壁面吸收率的方法加以补偿。

设烟气（平均）温度为 T_1（K），黑度为 ε_1，受热面灰污表面的温度为 T_2（K），黑度为 ε_2；一般假定物体的黑度 ε 与其吸收率 a 的数值相等，故烟气与灰污受热壁面的一次性辐射的热流为

$$q_R = a_2\varepsilon_1\sigma_0 T_1^4 - a_1\varepsilon_2\sigma_0 T_2^4 = \varepsilon_1\varepsilon_2\sigma_0(T_1^4 - T_2^4) \tag{10-50}$$

灰污表面的黑度一般为 0.8，为对一次性热交换进行补偿，将灰污表面的黑度取实际黑度和绝对黑体黑度的平均值，即取 $\dfrac{\varepsilon_2+1}{2} \approx 0.9$。

在对流传热计算中，将辐射热流按下式转变为烟气对壁面的辐射放热系数 α_r：

$$\alpha_r = \frac{q_R}{T_1 - T_2} \tag{10-51}$$

将式（10-50）代入式（10-51）可得辐射放热系数的计算式：

$$\alpha_r = 0.9\varepsilon_1\sigma_0 T_1^3 \frac{1-(T_2/T_1)^4}{1-(T_2/T_1)} \quad \text{kW/(m}^2 \cdot ℃) \tag{10-52}$$

其中，ε_1 为烟气在 T(K) 时的黑度，按下式计算：

$$\varepsilon_1 = 1 - e^{-k_a S} \tag{10-53}$$

式（10-53）中，k_a 为介质的吸收减弱系数，对于常压锅炉由下式确定：

$$k_a = k_g r + k_{ash}\mu_{ash} \quad \text{m}^{-1} \tag{10-54}$$

其中，三原子气体和灰分的减弱系数，分别按式（9-43）和式（9-44）计算。封闭空间内烟气容积向周围受热面辐射的辐射层有效厚度，按下式计算：

$$S = \frac{3.6V}{\sum F} \quad \text{m} \tag{10-55}$$

式中 V——辐射空间的容积，m^3；

$\sum F$——参与辐射热交换的周界表面积，m^2。

对于直径和长度为 d 和 l，横向节距和排数为 s_1 和 Z_1，纵向节距和排数为 s_2 和 Z_2 的光管管束，若不考虑烟气向四周炉墙的辐射（如烟道的炉墙为耐火保温材料时）则辐射层厚度的计算式为

$$S \approx 3.6 \frac{Z_1 Z_2 s_1 s_2 l - Z_1 Z_2 \frac{\pi d^2}{4} l}{Z_1 Z_2 \pi d l}$$

或

$$S = 0.9d\left(\frac{4}{\pi}\frac{s_1 s_2}{d^2} - 1\right) \tag{10-56}$$

现代锅炉对流烟道的炉墙上均装有膜式包覆管，也吸收烟气的辐射热。在这种情况下，辐射层有效厚度仍按式（10-55）计算，并将膜式壁的表面积加入该式等号右边的 $\sum F$ 中。

烟气在管内作纵向流动时，辐射层有效厚度的计算式为

$$S = 3.6 \frac{(\pi/4)d_i^2 l}{\pi d_i l} = 0.9d_i \tag{10-57}$$

鳍片管束的受热面包括管子部分的表面积和鳍片的表面积。一般鳍片管束的总外表面积与光管表面积的比值（即鳍化系数）为 2.3～2.8，作为近似计算，鳍片管束的辐射层有效厚度取光管管束求得的数值再乘以系数 0.4。

膜式鳍片管束的辐射层厚度可近似按单个通道用式（10-55）计算。

　　肋片管束因管子上有密集布置的肋片，辐射层有效厚度很小，一般将辐射放热系数忽略不计。考虑到燃煤锅炉采用的肋片管束，其肋化系数很少超过 $\varepsilon_{ex}=4$，当肋片管束处于烟气温度较高的区域，辐射放热系数不应忽略时，肋片管束的辐射层有效厚度可按光管管束求得的数值乘以 0.25 求得。

　　计算辐射放热系数所需的灰污表面温度 T_2，由下式进行计算：

$$T_2 = (t+273) + \left(\varepsilon + \frac{1}{\alpha_2}\right) \frac{B_{cal}(Q_c + Q_r)}{H} \quad \text{K} \tag{10-58}$$

式中　t——管内受热介质的温度（平均温度），℃；

　　B_{cal}——计算燃料消耗量，kg/s；

　　　H——受热面面积，m^2；

　　　α_2——管壁对受热介质的放热系数，$\text{kW}/(\text{m}^2 \cdot \text{℃})$，对于水和超临界压力以上的过热蒸汽，取 $1/\alpha_2 = 0$；

　　　Q_c——受热面从烟气中应以对流方式吸取的热量，kJ/kg，按式（10-4）或式（10-5）求出；

　　　Q_r——受热面以直接辐射或穿透辐射方式从布置在该受热面前面（沿烟气流向）的高温烟气中获取的辐射热，kJ/kg；

　　　ε——受热面的污染系数，$\text{m}^2 \cdot \text{℃/kW}$。

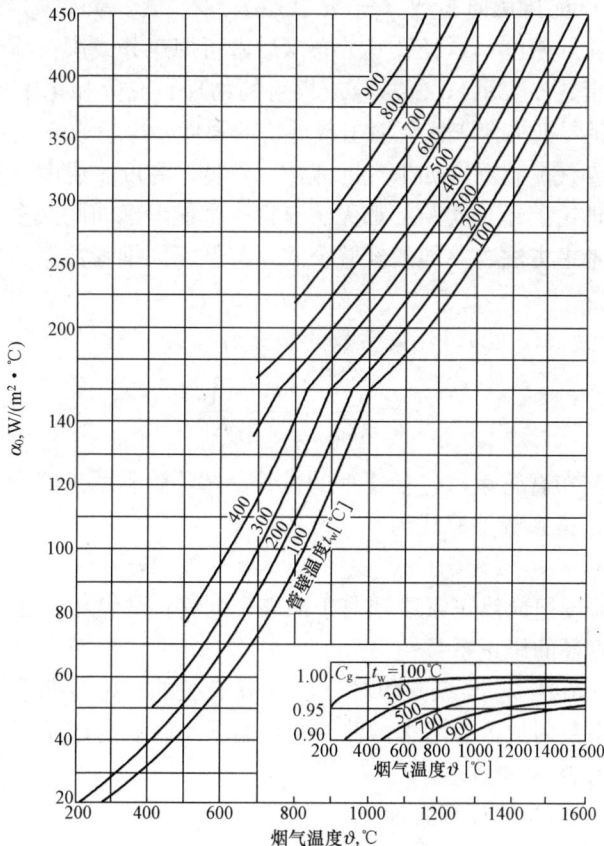

图 10-10　烟气辐射放热系数

对于含灰气流 $\alpha_r = \varepsilon_1 \alpha_0$；对于不含灰气流 $\alpha_r = C_g \varepsilon_1 \alpha_0$［黑度 ε_1 按式（10-53）计算］

煤粉锅炉错列布置过热器污染系数的选取，将在本章第五节中叙述；对于煤粉锅炉顺列布置的过热器以及贴墙管(包覆管)，取 $\varepsilon = 0.004\,3\times10^3\,\mathrm{m^2\cdot ℃/kW} = 0.004\,3\,\mathrm{m^2\cdot ℃/W}$。

对于省煤器灰污壁温的计算，可以采取如下简化公式：

$$T_2 = (t+273) + \Delta T \quad \mathrm{K} \tag{10-59}$$

对于入口烟温 $\vartheta' > 400\,℃$ 的省煤器，取 $\Delta T = 60℃$，当 $\vartheta' < 400\,℃$ 时 ΔT 值可相应减小，但不低于 $\Delta T = 25℃$。

为方便计算，式（10-52）已绘成线算图，如图 10-10 所示。

第五节　污染系数、热有效系数、利用系数和鳍（肋）片效率

换热器的污染系数或热有效系数和利用系数，目前尚缺乏完整可靠的试验数据，换热器的污染也常被称为换热器设计中尚未解决的问题。

锅炉受热面被烟气中的飞灰或粉尘污染的热阻与很多因素有关，可以列举的因素有：①受热面的结构因素，如受热面的型式（光管或扩展表面式）、排列（错列或顺列）、管子排数、布置（节距大小）及其几何参数（s_1/d、s_2/d、Z_2、ε_{ex} 等）；②灰分或煤粉的结构状况，如灰分或煤粉颗粒的密度、粒径及其分布（后者可用灰分或煤粉筛分剩余量或颗粒的中线直径及颗粒的均匀指数 n 表示）；③灰分或煤粉的物理、成分和化学特性，如积灰层的导热系数 λ_{ash}、积灰沉淀层抵抗含灰气流撞击或剪切的强度、煤粉或灰分颗粒的磨损特性，以及灰分的黏结性等；④气流状况，如烟气的流速、密度、黏度、温度，及其冲刷状况等，相当复杂。目前无论在理论上还是实验上都无法获得一个能考虑如此众多影响因素的污染热阻的计算方法。不同的考虑方法、不同的经验公式，甚至不同推荐数据的出现也是很自然的。

一、污染系数

按式（10-18）～式（10-20），污染系数的定义为

$$\varepsilon = \frac{\delta_{ash}}{\lambda_{ash}} = \frac{1}{K} - \frac{1}{K_0} \tag{10-60}$$

在燃煤锅炉中错列布置管束（包括错列的光管、鳍片管和肋片管管束）的传热按污染系数计算，目前推荐的污染系数计算式为

$$\varepsilon = C_{gr}C_d\varepsilon_0 + \Delta\varepsilon \quad \mathrm{m^2\cdot ℃/W} \tag{10-61}$$

式中　C_{gr} ——灰的粒度组成修正系数，对于褐煤、烟煤、贫煤和无烟煤，均取 $C_{gr}=1.0$；

　　　C_d ——管子直径的修正系数；

　　　ε_0 ——与烟气流速 w_g 与纵向相对节距 s_2/d 有关的原始污染系数；

　　　$\Delta\varepsilon$ ——灰污系数附加值，考虑试验台在低温下实验室的试验值与实际运行条件的差异，由表 10-4 查取。

式（10-61）中 ε_0 和 C_d 的计算式为

$$\left.\begin{array}{l}\varepsilon_0 = 0.012\,6\times10^{-n_s w_g} \\ n_s = 0.052 + 0.094/(s_2/d^4)\end{array}\right\} \tag{10-62}$$

$$C_d = 5.26 + \ln d / 0.767\,6 \tag{10-63}$$

式中 d——管子直径（外径），m。

表 10-4 　　　　　　　　　　　　灰污系数附加值 $\Delta\varepsilon$ 　　　　　　　　　　　($m^2 \cdot \text{℃/W}$)

受热面名称或进口烟温（℃）	$\Delta\varepsilon$	
	松散积灰或带吹灰	黏结积灰、无烟煤不带吹灰
过热器、再热器	0.002 6	0.003 5~0.004 3
省煤器：		
$\vartheta' > 400$	0.001 7	0.002 6~0.004 3
$\vartheta' < 400$	0	0~0.001 7

为方便计算，式（10-61）~式（10-63）已绘成线算图，如图 10-11 所示。

实践表明，当扩展表面式（鳍片式和肋片式）受热面设计良好时，其污染系数的数值与光管管束大体相同，而且与管径关系不大，故可近似按 $d = 40\text{mm}$ 光管管束的数据选取。

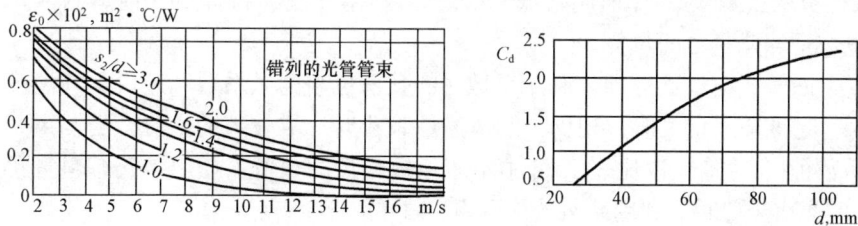

图 10-11　燃用固体燃料时错列管束的污染系数

二、热有效系数

在锅炉对流受热面中，布置在高温水平烟道的对流式过热器和再热器都采用管束的顺列布置方式，布置在低温尾部下行烟道中的低温过热器和省煤器，以往多采用错列布置方式。但在现代锅炉中尾部下行烟道布置的低温过热器，低温再热器和省煤器也多采用管束的顺列布置方式，以减轻飞灰的磨损和方便于清灰（吹灰）。顺列布置的过热器、再热器和省煤器在燃用固体燃料时的热有效系数可大致按表 10-5 查取。燃煤锅炉（包括 300 和 800MW 机组）高温水平烟道顺列布置过热器和再热器热有效系数的现场试验数据表明，对不同的煤种，ψ 值在 0.48~0.58 之间，平均为 $\psi = 0.53$，并随所布置受热面区域烟温的升高而略微下降。

表 10-5　　　　　　　　　　燃用固体燃料时顺列布置管束的热有效系数

燃料种类	有吹灰设备并吹灰时的 ψ 值[①]	燃料种类	有吹灰设备并吹灰时的 ψ 值[①]
无烟煤和贫煤	0.6		
烟煤和褐煤	0.65	页岩	0.5

[①] 不吹灰时 ψ 值应降低 0.05~0.1。

实际上，对于任何布置（排列）方式的受热面，热有效系数 ψ 和污染系数 ε 之间存在一定的相互关系。当假设清净管子和污染管子的管外放热系数 α_1 相同时，由式（10-19）、式（10-20）、式（10-21）和式（10-60）可得 ψ 与 ε 之间存在如下关系：

$$\psi = 1 - \frac{\varepsilon\alpha_1}{1 + (\varepsilon + 1/\alpha_2)\alpha_1} \tag{10-64}$$

当管内放热系数很大，其热阻 $1/\alpha_2$ 可以忽略不计时，则有

$$\left.\begin{array}{l} \psi = \dfrac{1}{1+\varepsilon\alpha_1} \\[3mm] \varepsilon = \dfrac{1-\psi}{\psi\alpha_1} \end{array}\right\} \tag{10-65}$$

式（10-64）和式（10-65）可作为选取 ψ 值或 ε 值时两者之间应遵守的相互关系式。

三、利用系数

承压对流受热面的利用系数 ξ 是考虑气流对受热面横向冲刷不完善的影响，对于近代锅炉机组的横向冲刷管束，式（10-30）中的利用系数取 $\xi=1.0$。

对于空气预热器，利用系数 ξ 是考虑受热面积灰（污染）和气流冲刷不完善以及漏风等的综合影响，可根据空气预热器的型式（管式或回转式）等具体条件由表 10-6 中查出。

对于管式空气预热器，表中给出的是管箱只有两端管板没有中间隔板的空气预热器的 ξ 值，当空气行程之间用不全焊的中间隔板隔开时，ξ 值应适当降低。只有一块中间隔板时，ξ 值降低 0.1；有两块隔板时，ξ 值应降低 0.15。当燃用含硫燃料且空气预热器入口空气温度 t'_a 较低，也应适当降低 ξ 的数值。

对于再生回转式空气预热器，利用系数 ξ 的数值也与漏风系数和入口空气温度有关。漏风系数大时，选取较小的 ξ 值；相反，漏风系数较小时，取较大的 ξ 值。当漏风系数大于表 10-1 中所示数值时，ξ 值应取比表 10-6 中下限值还稍低的数值。燃用含硫燃料且预热器入口空气温度 t'_a 低于 60℃时，利用系数值应降低 0.1。

表 10-6　　　　　　　　　　　管式和回转式空气预热器的 值

燃料种类	管式和空气预热器（没有中间管板）		再生回转式空气预热器
	低温级	高温级	
无烟煤	0.8	0.75	0.85~0.9
烟煤、褐煤	0.85	0.85	

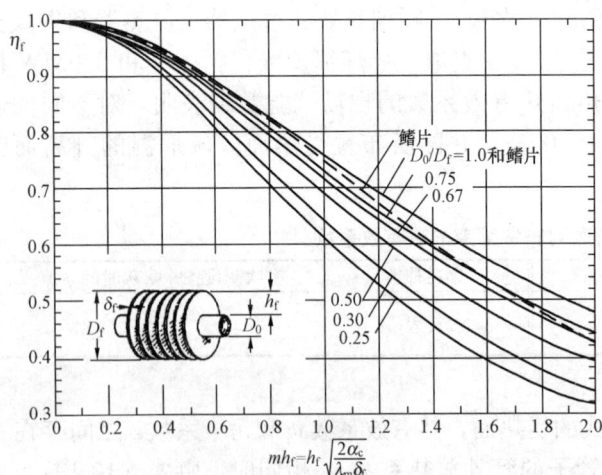

图 10-12　等厚度肋片和鳍片的肋片（鳍片）效率

——肋片效率；-‒‒鳍片效率 ［按 $\eta=1/(1+m^2h_f^2/3)$］；
$D_0/D_f=1.0$—鳍片效率

四、鳍（肋）片效率

如本章第三节所述，鳍（肋）片效率是鳍片或肋片的实际吸热量与假设鳍片或肋片全部处于鳍根或肋根管子表面的温度时的理想吸热量的比值。

扩展表面的效率 η_f，与扩展表面的型式（鳍片或肋片）、扩展表面的横截面形状（等厚矩形、三角形、抛物线形等）、扩展表面的几何参数（鳍片或肋片的高度 h_f、厚度 δ_f）和材料的导热系数 λ_m 以及气流（烟气）的对流放热系数 α_c 等有关。对于矩形截面形状的鳍片和肋片，其效率 η_f 与参数 $h_f m = h_f\sqrt{\dfrac{2\alpha_c}{\lambda_m\delta_f}}$ 的关系如图 10-12 所

示。图中肋片效率用几个不同肋根直径（即管子外径）D_0 与肋端（肋顶）直径（肋片直径 D_f）的比值（D_0/D_f）的实线表示出来；鳍片效率按图 10-12 中 $D_0/D_f = 1.0$ 的曲线查取；图中的虚线为按鳍片效率的近似公式 $\eta_f = 1/(1 + m^2 h_f^2/3)$ 计算的鳍片效率，可用于 $m h_f \leqslant 1.0$ 以下的场合。扩展表面效率 η_f 的数学表达式可查阅有关专著或传热学手册。

第六节 对流受热面的面积、介质流速、流通截面积和附加受热面

一、对流受热面的面积

当管式受热面按平壁公式计算传热系数时，为减少计算误差，应按下述原则确定受热面的面积 H：

（1）当壁面两侧的放热系数相差悬殊时，取放热系数较小一侧的管子表面积作为计算受热面积。

（2）当管子壁面两侧的放热系数同属一个数量级，相差不大时，则取相应于管子平均直径的面积作为计算受热面积。

因此，对于管内介质为水、汽水混合物和蒸汽的管式受热面，取管子外侧表面积为受热面积；对于管式空气预热器，取管子平均直径计算的面积为计算受热面积；对于回转式空气预热器，取蓄热板板面面积的两倍作为受热面积。

对于倒 U 形（即 Π 型）布置锅炉的水平烟道、转向室及其后（沿烟气的流动方向）的下行烟道，在四周炉墙上都布以内部有工质流通的管子并与翅片构成包覆膜式壁，既可简化炉墙施工、减轻炉墙重量、增加烟道的密封性能，还可作为受热面（称附加受热面）吸收烟气的部分热量。附加受热面的面积 H，按炉墙表面积 F，乘以由管子的 s/d 查出的角系数 x 求出。对于包覆管组成的膜式壁，$x = 1.0$，即 $H = F$。

二、介质流速和流通截面积

烟气流速 w_g 按进、出口平均温度和流通最窄截面积计算：

$$w_g = \frac{B_{cal} V_g (\vartheta_{av} + 273)}{273 F} \quad \text{m/s} \tag{10-66}$$

式中　B_{cal}——计算燃料消耗量，kg/s；

　　　V_g——在计算受热面所在烟道的进、出口平均过量空气系数下，以 1 kg 燃料为基准的标准烟气体积，m^3/kg（标准状况下）；

　　　F——烟气流通截面积，m^2；

　　　ϑ_{av}——烟气平均温度，℃。

空气预热器中空气的流速按下式进行计算：

$$w_a = \frac{B_{cal} \bar{\beta} V^0 (t_{av} + 273)}{273 F} \quad \text{m/s} \tag{10-67}$$

式中　V^0——燃料所需理论空气量，m^3/kg（标准状况下）；

　　　$\bar{\beta}$——空气预热器进、出口的平均空气量与理论所需空气量的比值；

　　　t_{av}——空气平均温度，℃；

F —— 空气流通截面积，m^2。

水和蒸气的流速为

$$w = \frac{D v_{av}}{f} \quad m/s \tag{10-68}$$

式中　D —— 工质的流量，kg/s；

　　　v_{av} —— 工质的平均比体积，m^3/kg；

　　　f —— 工质流通截面积，m^3。

介质在管内流动时，流通截面积为

$$F(\text{或} f) = Z \frac{\pi d_i^2}{4} \quad m^2 \tag{10-69}$$

式中　d_i —— 管子内径，m^2；

　　　Z —— 并列管子的总数目。

烟气横向冲刷管束时，其流通截面积按下式计算：

$$F = ab - Z_1 dl \quad m^2 \tag{10-70}$$

式中　a、b —— 烟道截面的尺寸，m；

　　　d、l —— 管子外径、长度，对蛇形管束，取其投影长度，m；

　　　Z_1 —— 管子横向排数，对错列管束，取平均值。

如果烟道的进、出口截面积不同，可取几何平均值计算：

$$F = \frac{2F'F''}{F' + F''} \tag{10-70a}$$

式中　F'、F'' —— 烟道的进、出口截面积。

三、回转式空气预热器的受热面积、流通截面积和当量直径

回转式预热器的结构，一般按单台预热器进行计算。本章所述的计算方法也是按单台预热器阐述的。

回转式预热器的受热面积按蓄热板板面面积的两倍计算，对波纹型蓄热板应将波纹板和定位波纹板拉成平板计算面积。国内波纹板拉平后的实际长度与波纹板的设计长度比值，平均为1.14~1.15，故可将波纹板设计长度乘以系数 1.14~1.15 作为波纹板受热面积的计算长度。

由于预热器中波纹板的数量很多，计算繁琐。有时采用简化的方法进行计算，即按预热器中单位有效容积所能安放蓄热板的有效面积（按板面两倍面积计）（m^2/m^3），乘以预热器的有效容积计算其受热面积。预热器安放蓄热板的有效容积，为其有效面积 F_a 乘以蓄热板的高度 h。安放蓄热板的有效面积为

$$F_a = \pi (R_t^2 - R_0^2) - n_r (L_r \delta_r - \Sigma L_c \delta_c - \Sigma f_b - \Sigma f_m) \quad m^2 \tag{10-71}$$

式中　R_t、R_0 —— 回转式预热器转子和中心筒的半径，m；

　　　n_r —— 预热器转子被径向隔板分隔的仓室数，即径向隔板的数目，一般 $n_r = 24$，双密封预热器 $n_r = 48$；

　　　L_r —— 径向隔板的长度，$L_r = R_t - R_0$，m；

δ_r、δ_c——径向和横向（周向）隔板的厚度，m；

ΣL_c——一个分隔仓中横向隔板的总长度，m；

Σf_b——一个分隔仓中安放蓄热板的元件盒（篮子）的边框所占的截面积，m^2，按元件盒边框的板厚和总长度计算；

Σf_m——一个分隔仓中应扣除的其他面积，包括某些预热器的扇形分隔仓内外端的弧形被截成梯形应扣除的截面积，取决于预热器的设计，若缺乏结构数据时，该项面积可大致取为 $\pi(R_t^2 - R_0^2)$ 的 $1\% \sim 3\%$，m^2。

实际上在回转式预热器的型号性能资料中，已经列出每种型号预热器的每一扇形分隔仓的有效面积 f_a，将其乘以分隔仓的数目 n_r，即为式（10-71）的 F_a 值，$F_a = n_r f_a$。几种 300～1000MW 机组采用的回转式预热器的型号及结构特性列于表 10-7 中。

预热器蓄热板的受热面积也可按下式计算：

$$H = C_F F_a h \rho_F \quad m^2 \tag{10-72}$$

式中　h——蓄热板的高度，m；

ρ_F——单位体积的受热面积（按两面计算），即蓄热板的面积密度，取自制造厂数据或由表 10-8 查出，m^2/m^3；

C_F——考虑转子的有效截面积被蓄热板充满程度的系数，取决于预热器的设计。设计良好的预热器 C_F 可达 $0.98 \sim 0.99$，因此，可近似取 $C_F = 1.0$。

表 10-7　　　　　　　　　　回转式预热器型号及主要结构特性

型　号	28	28.5	29	29.5	31.5[1]	32[2]	32.5[3]	33[4]	34[5]	34.5
转子内径（mm）	9470	9925	10 330	10 840	12 950	13 500	14 250	15 000	16 400	17 260
分隔仓数	12	24	24	24	24	24	24	24	24	24
分隔仓角度（°）	30	15	15	15	15	15	15	15	15	15
每个分隔仓的有效面积（未安放传热元件）f_a（m^2）	5.249 6	2.758 6	3.023 2	3.339 7	4.921 1	5.396 5	5.900 1	6.491 6	7.853 1	8.638 3

[1] 上海石洞口和扬州二电厂 600MW 超临界压力机组回转式预热器采用。

[2] 镇江电厂 600MW 超临界压力机组回转式预热器采用。

[3] 邹县电厂 600MW 亚临界压力机组回转式预热器采用。

[4] 平圩电厂 600MW 亚临界压力机组回转式预热器采用。

[5] 哈锅和上锅国产 1000MW 超超临界压力机组采用。

预热器蓄热板的受热面积还可按制造厂提供的蓄热板总重量 ΣG（kg），除以蓄热板每平方米面积（按双面计算）的质量 m_F（kg/m^2）算出，即

$$H = \frac{\Sigma G}{m_F} \quad m^2 \tag{10-73}$$

对于不同厚度的波纹板，ρ_F 和 m_F 的数值已列入表 10-8 中。

表 10-8 不同厚度波纹板的结构特性

型式	结 构 简 图	板厚 δ (mm)	当量直径 d_{eq} (mm)	蓄热板的面积密度 ρ_F (m²/m³)	蓄热板单位面积的重量 m_F (kg/m²)	结构尺寸 (mm)
DU		0.5	9.1	396	1.963	$a=b=c=2.9, t=38$
		0.5	7.4	475	1.963	
		0.6	8.57(8.6)	407	2.355	$a=b=3.05, c=2.5, t=38$
		0.63	9.60	365	2.473	
CU		0.63	7.80	440	2.473	
NF		1.0	10.1	330	3.925	
		1.20	9.8(9.87)	326	4.71	$c=6.05, t=37.1$

回转式预热器的烟气或空气流通截面积 F_i，由安放蓄热板的有效面积 F_a 扣除去蓄热板所占截面积 Σf_{hs} 后，乘以烟气或空气的流通份额求得

$$F_i = (F_a - \Sigma f_{hs})x_i \quad \text{m}^2 \tag{10-74}$$

式中 F_i——每台预热器烟气或空气的流通面积，m²；

x_i——预热器中烟气或空气的流通截面积占总流通面积的份额，由烟气或空气流通面积所占圆周角度算出；

Σf_{hs}——预热器蓄热板所占的截面积，m²，可由蓄热板的数目、长度（拉平）和厚度确定，或由每台预热器受热面的面积 H 求出，其计算式见式（10-75）。

$$\left. \begin{aligned} \Sigma f_{hs} &= \Sigma l_{hs} \delta_{hs} \\ \Sigma f_{hs} &= \frac{H\delta_{hs}}{2h} \\ \Sigma l_{hs} &= \frac{H}{2h} \end{aligned} \right\} \tag{10-75}$$

式中 Σl_{hs}——蓄热板拉成平板后的总长度，m；

δ_{hs}——蓄热板的厚度，m；

H——受热面积，m²；

h——蓄热板的高度，m。

回转式预热器蓄热板的当量直径按下式计算：

$$d_{eq} = \frac{4F}{U} = \frac{2(F_a - \Sigma f_{hs})}{\Sigma l_{hs}} \quad \text{m} \tag{10-76}$$

式中 F——介质流通截面积，m²；

U——介质与蓄热板接触的总周长，m。

不同型号和厚度蓄热板当量直径的数值已列入表 10-8 中。

四、附加受热面的计算

附加受热面采取如下方法进行传热计算。

对于受热面积超过主受热面5％的附加受热面，在计算主受热面时，烟气出口温度的确定，需预先估计相应的附加受热面的对流吸热量，并加入主受热面的对流吸热量中。附加受热面对流吸热量可根据受热面积占主受热面的大约相同的比例进行假设。计算最后校核附加受热面对流吸热量的假设值是否正确。

附加受热面的传热系数，均取与主受热面相同。

当附加受热面与主受热面成并联布置（按烟气流向）时，它的传热温压取为 $\Delta t = \vartheta_{av} - t_{av}$，其中 t_{av} 为附加受热面中工质的平均温度。对于串联布置在主受热面之后（按烟气流向）的附加受热面，传热温压可取 $\Delta t = \vartheta'' - t_{av}$，其中 ϑ'' 为烟道出口处的烟温。

根据上述附加受热面的面积、传热系数和温压计算其传热量，当计算传热量与原先假设的附加受热面的对流吸热量相差在 $\pm 10\%$ 以内时，计算可告结束。

当附加受热面的面积未超过主受热面的5％时，就不单独进行附加受热面的计算，而把它包括在内部工质与它串联的主受热面中进行计算。

第七节　三分仓回转式预热器的计算

现代锅炉采用的回转式空气预热器均为三分仓式，其空气通道被划分为一、二次风两个通道，其间有扇形密封区分隔，如图 10-13 所示。一次风通道专门用于加热供给磨煤机制粉和输送煤粉的空气（一次风），二次风通道用于加热供给燃料燃烧的空气（二次风）。这两个空气通道各自流过一次风机和锅炉送风机供给的空气，其空气流量、流速和在预热器内的加热状态是不同的。现代锅炉回转式预热器在结构上都区分为热段和冷段（有时还设中间段），其蓄热板传热元件的结构和传热特性是不同的。对于三分仓预热器，空气侧又划分为流速和传热能力不同的一次风和二次风通道，使传热计算复杂很多。

为简化计算采用如下假设：

（1）对一、二次风通道，冷、热段的空气流量或空气流量份额 g 取相同数值。

（2）预热器冷、热段的漏风系数相等。为整个预热器漏风系数的 $1/2$，并按管式预热器漏风的处理方法进行漏风焓和空气吸热量的计算。

（3）在确定预热器各通道蓄热板的壁温时，认为预热器保温良好，忽略其散热损失。

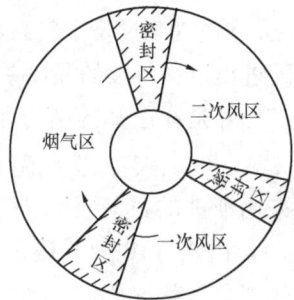

图 10-13　三分仓回转式预热器流体分区示意图

一、烟气放热量、空气吸热量及其平衡

根据假设 2，对三分仓预热器烟气放热量式（10-2a）可写为

$$Q_g = Q_c^{re} = \varphi \left[I' - I'' + \frac{\Delta\alpha}{2} (\bar{I}_a^{0'} + \bar{I}_a^{0''}) \right] \quad kJ/kg \qquad (10\text{-}77)$$

式中　$\bar{I}_a^{0'}$、$\bar{I}_a^{0''}$——预热器进、出口按一、二次风流量加权平均的理论空气焓。

$$\left.\begin{array}{l} \overline{I}_a' = g_1 I_{a1}^{0'} + g_2 I_{a2}^{0'} \\[2mm] \overline{I}_a'' = g_1 I_{a1}^{0''} + g_2 I_{a2}^{0''} \end{array}\right\} \qquad (10\text{-}78)$$

式中　$I_{a1}^{0'}$、$I_{a1}^{0''}$——一次风的进、出口理论焓；

　　　$I_{a2}^{0'}$、$I_{a2}^{0''}$——二次风的进、出口理论焓。

三分仓回转式预热器的空气吸热量，由式（10-11a）可写成

$$Q_a = Q_c^{ab} = \overline{\beta}(\overline{I}_a'' - \overline{I}_a') = \overline{\beta} \left[g_1(I_{a1}^{0''} - I_{a1}^{0'}) + g_2(I_{a2}^{0''} - I_{a2}^{0'}) \right] \qquad (10\text{-}79)$$

并可分解为一次风和二次风的吸热量，kJ/kg

$$\left.\begin{array}{l} Q_a = g_1 Q_{a1} + g_2 Q_{a2} \\[2mm] Q_{a1} = \overline{\beta}(I_{a1}^{0''} - I_{a1}^{0'}) \\[2mm] Q_{a2} = \overline{\beta}(I_{a2}^{0''} - I_{a2}^{0'}) \end{array}\right\} \qquad (10\text{-}80)$$

根据烟气放热与空气吸热的平衡可得

$$I' - I'' = \left(\frac{\overline{\beta}}{\varphi} - \frac{\Delta\alpha}{2} \right) \overline{I}_a'' - \left(\frac{\overline{\beta}}{\varphi} + \frac{\Delta\alpha}{2} \right) \overline{I}_a' \qquad (10\text{-}81)$$

或　　　$$I' - I'' = \left(\frac{\overline{\beta}}{\varphi} - \frac{\Delta\alpha}{2} \right)(g_1 I_{a1}^{0''} + g_2 I_{a2}^{0''}) - \left(\frac{\overline{\beta}}{\varphi} + \frac{\Delta\alpha}{2} \right)(g_1 I_{a1}^{0'} + g_2 I_{a2}^{0'}) \qquad (10\text{-}82)$$

上述公式既适合于空气预热器整体，也适合于预热器各段（热段或冷段）的计算。在进行整体（含热段和冷段）计算时，进、出口参数是指整个预热器的进、出口的数值，漏风系数 $\Delta\alpha$ 和空气侧过量空气系数的平均值 $\overline{\beta}$ 为整个预热器的数值；在分段计算时，则分别指各段的进出口、各段的漏风系数和各段的空气侧过量空气系数的平均值。

计算是在已知的结构和一、二次风的风量配比（g_1 和 g_2 的数值）以及预热器进口烟温 ϑ'、进口一、二次风温 t_{a1}'、t_{a2}'（及计算的加权平均进口风温 $\overline{t}_a'$）等条件下进行的。计算采用渐进的试算法，对整个预热器假定一个预热器的出口烟温 ϑ''（即锅炉排烟温度 ϑ_{exg}），由式（10-81）确定一个相应的加权平均的出口空气焓 $\overline{I}_a''$ 及出口平均风温 $\overline{t}_a''$。根据预热器分区状况假定一个二次风出口风温 t_{a2}''。对于图 10-13 所示的情况，假定的二次风出口风温 t_{a2}'' 应比平均风温 $\overline{t}_a''$ 高出 3～8℃，并由式（10-82）计算出一次风出口的空气焓 $I_{a1}^{0''}$ 及出口风温 t_{a1}''。

然后，对预热器的热段和冷段分别进行传热计算，以验证锅炉排烟温度假设的正确性。再对预热器三个通道（烟气、二次风和一次风）的平均放热系数和平均壁温进行计算，以验证二次风出口风温假设的正确性。

二、三分仓预热器热段和冷段的传热计算

在进行三分仓预热器热段或冷段传热计算时，烟气、二次风和一次风（分别以下标 g、a2 和 a1 表示）三个通道介质的平均流速参照式（10-66）和式（10-67）用如下公式计算。在进行一、二次风通道空气流速的计算时，作了进一步简化，即忽略一、二次风通道中空气温度微小差别对流速和换热的影响，都采用两空气通道按流量加权平均空气温度 $\overline{t}_a$ 进行计算，即

$$W_g(h,c) = \dfrac{B_{cal}V_g(h,c)\left[\bar{\vartheta}(h,c)+273\right]}{273F_g(h,c)}$$

$$W_{a2}(h,c) = \dfrac{g_2 B_{cal}\bar{\beta}(h,c)V^0\left[\bar{t}_a(h,c)+273\right]}{273F_{a2}(h,c)}$$

$$W_{a1}(h,c) = \dfrac{g_1 B_{cal}\bar{\beta}(h,c)V^0\left[\bar{t}_a(h,c)+273\right]}{273F_{a1}(h,c)} \tag{10-83}$$

式中各符号的意义参见式（10-66）和式（10-67），括号内的 h 和 c 分别表示热段和冷段。

热段和冷段的对流放热系数按式（10-49）采取不同的系数 C 值进行计算。三分仓预热器按全部受热面积计算的传热系数 $K(h,c)$ 由下式求出：

$$K(h,c) = \dfrac{\xi(h,c)}{\dfrac{1}{x_g\alpha_g(h,c)}+\dfrac{1}{x_{a1}\alpha_{a1}(h,c)+x_{a2}\alpha_{a2}(h,c)}} \tag{10-84}$$

式中　x_g、x_{a1}、x_{a2}——烟气、一次风和二次风通道的受热面积（或介质流通截面积）占总受热面积（或总流通截面积）的份额。

在我国生产的三分仓预热器中，烟气区、一次风区和二次分区所占的圆周角度，一般分别为 $165°$、$50°$ 和 $100°$，余下圆周角度被三个密封区所占，分别为 $15°$。所以 x_g、x_{a1} 和 x_{a2} 的数值分别为 0.458、0.139 和 0.278。

预热器热段和冷段传热温压均按逆流传热方式求出。

根据预热器热段和冷段传热计算结果，可以确定预热器出口烟温假定的正确性。

三、三分仓预热器各通道平均放热系数的计算

在进行了预热器热段和冷段的传热计算后，对于预热器的三个通道，已经分别计算出热段和冷段的放热系数，为确定各通道蓄热板的平均壁温，需求出按冷、热段受热面积加权平均的三个通道的放热系数

$$\bar{\alpha}_g = \dfrac{\sum\alpha_g(h,c)H(h,c)}{\sum H} = r(c)\alpha_g(c)+r(h)\alpha_g(h)$$

$$\bar{\alpha}_{a1} = r(c)\alpha_{a1}(c)+r(h)\alpha_{a1}(h)$$

$$\bar{\alpha}_{a2} = r(c)\alpha_{a2}(c)+r(h)\alpha_{a2}(h) \tag{10-85}$$

式中 $r(c)$、$r(h)$ 分别为冷段和热段的受热面积占总受热面积的份额，其计算式为

$$r(c) = \dfrac{H(c)}{\left[H(c)+H(h)\right]}$$

$$r(h) = 1-r(c)$$

四、三分仓预热器各通道分界面上蓄热板壁温的计算

当介质流经蓄热板时，在每个通道内，无论沿介质的流动方向或蓄热板随转子的旋转方向，介质温度 ϑ、t 和蓄热板的壁面温度 t_w^{hs} 都是变化的。假定在这两个方向上，介质和壁面温度都呈线性变化（烟气进口温度 ϑ' 和空气进口温度 t' 除外，这两个温度沿蓄热板的旋转方向是不变的）。因此，对每个通道的流动介质和壁面，都可采用沿流动和旋转方向的平均温度 $\bar{\vartheta}$、$\bar{t}$ 和 $\bar{t}_w$ 作定性温度进行介质与蓄热板之间的表面热交换。对于烟气、二次风和一次风这三个通道，其表面换热公式分别为

$$B_{cal}Q_g = \xi\bar{\alpha}_g x_g H(\bar{\vartheta} - \bar{t}_{w,g}) = \xi\bar{\alpha}_g x_g H[\bar{\vartheta} - 0.5(t'_{w,g} + t''_{w,g})] \left.\right\}$$
$$g_2 B_{cal}Q_{a2} = \xi\bar{\alpha}_{a2} x_{a2} H(\bar{t}_{w,a2} - \bar{t}_{a2}) = \xi\bar{\alpha}_{a2} x_{a2} H[0.5(t'_{w,a2} + t''_{w,a2}) - \bar{t}_{a2}] \left.\right\}\ \text{kW}$$
$$g_1 B_{cal}Q_{a1} = \xi\bar{\alpha}_{a1} x_{a1} H(\bar{t}_{w,a1} - \bar{t}_{a1}) = \xi\bar{\alpha}_{a1} x_{a1} H[0.5(t'_{w,a1} + t''_{w,a1}) - \bar{t}_{a1}] \left.\right\}$$

$$(10\text{-}86)$$

保温良好的图 10-13 所示三分仓预热器的边界条件为

$$t'_{w,a2} = t''_{w,g}, \quad t''_{w,a2} = t'_{w,a1}, \quad t''_{w,a1} = t'_{w,g} \tag{10-87}$$

根据边界条件式（10-87），式（10-86）可改写为

$$t'_{w,g} + t''_{w,g} = 2\bar{\vartheta} - \frac{2B_{cal}Q_g}{\xi\bar{\alpha}_g x_g H} = a \left.\right\}$$
$$t''_{w,g} + t''_{w,a2} = \frac{2g_2 B_{cal}Q_{a2}}{\xi\bar{\alpha}_{a2} x_{a2} H} + 2\bar{t}_{a2} = b \left.\right\} \tag{10-88}$$
$$t''_{w,a2} + t'_{w,g} = \frac{2g_1 B_{cal}Q_{a1}}{\xi\bar{\alpha}_{a1} x_{a1} H} + 2\bar{t}_{a1} = c \left.\right\}$$

将式（10-88）中三个公式联立求解，可求出三个未知量

$$t'_{w,g} = \frac{a - b + c}{2} \left.\right\}$$
$$t''_{w,g} = \frac{a + b - c}{2} \left.\right\} \tag{10-89}$$
$$t''_{w,a2} = \frac{b + c - a}{2} \left.\right\}$$

五、一、二次风出口温度的校核

上述确定一、二次风出口温度的方法，虽然满足烟气放热量与空气吸热量的总体平衡，但不同的二次风出口温度 t''_{a2} 的假设（相应地一次风出口温度 t''_{a1} 也不同），会给出预热器分界面不同的壁面温度以及不同的烟气对蓄热板的加热量和不同的蓄热板对空气的加热量，因此，是否满足介质与蓄热板之间的热交换要求还需进行校验。

在平衡条件下，烟气对蓄热板的加热，蓄热板对空气的加热，烟气在烟气区的放热，空气在空气区的吸热是相等的。因此，在校核一、二次风出口温度计算结果的正确性时，只需校验烟气的放热量与烟气区烟气对蓄热板的加热量是否平衡即可。

回转式预热器的转速为 n（r/min），蓄热板传热元件的总质量为 G（kg），预热器在旋转过程中单位圆周角进入烟气通道的金属质量为 $G/360$（kg/°），预热器转子单位时间的转动角度为 $\frac{n}{60}\times 360$（°/s），则单位时间内进入烟气区的蓄热板的金属质量为 $Gn/60$（kg/s），其温度为 $t'_{w,g}$；与此同时，也有相同质量的蓄热板离开预热器的烟气区，但温度为 $t''_{w,g}$。因此蓄热板在烟气区由壁温 $t'_{w,g}$ 加热至壁温 $t''_{w,g}$ 所需的热量为

$$\dot{Q}_{hs} = \frac{G\,nc_p^{hs}}{60}(t''_{w,g} - t'_{w,g}) \quad \text{kW} \left.\right\}$$
$$Q_{hs} = \dot{Q}_{hs}/B_{cal} = \frac{G\,nc_p^{hs}}{60B_j}(t''_{w,g} - t'_{w,g}) \quad \text{kJ/kg} \left.\right\} \tag{10-90}$$

式中　c_p^{hs}——蓄热板的比热容。与蓄热板材料的成分和壁温有关，对于一般碳钢，在预热器工作温度范围内可取 $c_p^{hs} = 0.487\text{kJ/(kg · ℃)}$。

将式（10-89）求出的 $t'_{w,g}$ 和 $t''_{w,g}$ 代入式（10-90），求出蓄热板在烟气区加热所需热量 Q_{hs} 与式（10-77）计算的烟气放热量 Q_g 相比，若误差在 ±2% 以内，可认为假定的 t''_{a2} 正确；否则重新假定 t''_{a2} 的数值，重复上述计算，直至误差得到满足为止。

六、烟气——次风—二次风三分仓预热器的计算

上述三分仓预热器的计算是按蓄热板被烟气加热后先进入空气的二次风区加热二次风后，再进入一次风区加热一次风的条件进行的，其流动工况如图 10-13 所示。这种预热器可称为烟气—二次风——次风三分仓预热器。当加热后的蓄热板先进入一次风区，然后再进入二次风区时，即对所谓的烟气——次风—二次风三分仓预热器，上述计算公式，除式（10-87）～式（10-89）外，仍然有效。边界条件式（10-87）和蓄热板壁温计算式（10-88）和式（10-89）应做相应的修改。

对于烟气——次风—二次风三分仓预热器，边界条件公式（10-87）应改为式（10-91）

$$t'_{w,a1} = t''_{w,g}, \quad t''_{w,a1} = t'_{w,a2}, \quad t''_{w,a2} = t'_{w,g} \tag{10-91}$$

根据边界条件式（10-91），由式（10-86）可得

$$\left.\begin{aligned}
t'_{w,g} + t''_{w,g} &= 2\bar{\vartheta} - \frac{2B_{cal}Q_g}{\xi\alpha_g x_g H} = a \\[2mm]
t''_{w,g} + t''_{w,a1} &= \frac{2g_1 B_{cal}Q_{a1}}{\xi\alpha_{a1} x_{a1} H} + 2\bar{t}_{a1} = b \\[2mm]
t''_{w,a1} + t''_{w,g} &= \frac{2g_2 B_{cal}Q_{a2}}{\xi\alpha_{a2} x_{a2} H} + 2\bar{t}_{a2} = c
\end{aligned}\right\} \tag{10-92}$$

将式（10-92）中三个公式联立求解，可得

$$\left.\begin{aligned}
t'_{w,g} &= \frac{a-b+c}{2} \\[2mm]
t''_{w,g} &= \frac{a+b-c}{2} \\[2mm]
t''_{w,a1} &= \frac{b-a+c}{2}
\end{aligned}\right\} \tag{10-93}$$

对于烟气——次风—二次风三分仓预热器，计算程序依然是：①依据预热器出口烟温 ν' 和加权平均的进口风温 $\bar{t}'_a$，对整个预热器用渐近的试算法计算预热器的出口烟温 ν'' 和加权平均出口风温 $\bar{t}''_a$；②根据假定的二次风（或一次风）出口风温，按预热器热平衡公式（式 10-82）计算一次风（或二次风）的出口风温。在进行这一计算时，假定或计算的二次风出口风温 $\bar{t}''_{a2}$，在一般情况下应比平均出口风温 $\bar{t}''_a$ 高 5～10℃；③分别对预热器的热段和冷段进行传热计算并确定各分仓流体的平均放热系数；④按式（10-92）和式（10-93）计算各分仓蓄热板的壁温并依据式（10-90）对一、二次风出口温度的计算正确性进行校核。

复 习 思 考 题

1. 写出对流受热面所在烟道烟气放热量的公式，式中各符号的意义，并说明漏风在其中起什么作用？

2. 对于过热器和省煤器受热面，写出工质吸热量公式并掌握公式及各符号的意义。

3. 空气预热器中空气的吸热量如何计算？对管式和回转式空气预热器，漏风的影响如

何考虑？

4. 分别说明管式空气预热器和蒸发管（如水冷壁悬吊管）传热温压的计算方法。

5. 分别对燃煤锅炉错列和顺列两种布置方式的过热器和省煤器列出传热系数的计算公式。

6. 当省煤器采用扩展表面式（如肋片管式）受热面时，写出其传热系数的计算式，并说明各符号的意义。

7. 锅炉对流受热面传热系数的计算中将管式受热面按平壁受热面计算，为什么要这么做？如何能减少这种处理方法给传热系数的计算带来的误差？

8. 烟气横掠错列和顺列布置的光管管束的对流放热系数如何计算？横掠肋片管、鳍片管等管束的放热系数又如何计算？

9. 对流烟道内对流受热面的管间空间烟气的辐射用什么方法计算？分析其与炉膛火焰辐射和屏式过热器的屏空间辐射计算的共同点与不同点。

10. 分析对流受热面的污染系数、热有效系数和利用系数的物理意义，以及污染系数和热有效系数之间的相互关系。

11. 说明鳍片效率和肋片效率的物理意义以及其影响因素。

12. 在对流烟道的四周壁面上敷设的贴墙受热面（附加受热面），其对流传热应如何进行计算？

13. 对三分仓回转式空气预热器，其受热面积、烟气和空气流通截面积以及对流传热如何进行计算？

14. 试从传热理论推导出三分仓回转式预热器传热系数的公式。

第十一章　半辐射受热面的计算

第一节　半辐射受热面及其传热特点

前两章已分别对炉内辐射传热和对流受热面的传热计算作了介绍。炉膛内火焰的温度很高，炉膛容积很大，辐射传热能力很强，但烟气流速不高（一般在 $5\sim8m/s$ 以内），对流传热所占比例较小，因此炉膛按辐射传热方式进行计算；在对流受热面的传热计算中，除接触烟气的纯对流外，还考虑密集管束的管间空间辐射，并把份额不大的管间空间辐射折算到对流传热方式进行计算。

在锅炉受热面中，在高温的炉膛水冷壁辐射受热面与烟温相对不高的对流受热面之间，还存在一类受热面，既吸收来自炉内的辐射（也称来自炉内的直接辐射），还吸收（布置）受热面所在空间的烟气辐射（也简称空间辐射），也吸收接触烟气的纯对流热。这就是布置在炉膛上部或炉膛出口部位的屏式受热面（如前屏或称大屏、分隔屏和后屏等），称为半辐射式受热面。

屏式受热面是由多个并列的"屏片"组成的受热面，片与片之间的间距，即垂直于气流流动方向（横向）的节距（s_1）一般都很大；组成每一屏片的管子则靠得很近，管子之间的节距，即平行于气流流动方向（纵向）的节距（s_2），都很小（s_2/d 接近于1）。屏式受热面与顺列布置管束的区别主要在于横向节距 s_1 的数值。对屏式受热面与顺列布置管束之间 s_1（或 s_1/d）值的分界线，目前还没有一致的看法。有些把 $s_1/d>4$ 看做屏式受热面，有的把 $s_1\geqslant457mm$ 的受热面列入可看做炉膛辐射计算的屏式受热面。不过，在实际锅炉中，布置在炉膛出口部位的半辐射受热面，其 s_1/d 值远大于4。

对于屏式受热面的传热，各国的计算方法并不一致，有些把屏式受热面列入炉膛辐射受热面之中。本书采取如下处理方法，即对四周布满水冷壁的炉膛空容积（空炉膛），按辐射传热方法（第九章）进行计算；对于接受少量炉内直接辐射热，主要接受屏区空间烟气的辐射热和接受接触烟气的对流热的屏式受热面（前屏、后屏等），从炉膛计算中分离出来，按半辐射传热方式进行计算。

半辐射受热面的传热具有以下特点：

（1）除吸收部分来自炉膛出口的炉内直接辐射热外，还吸收屏间空间（烟气的）辐射热和接触烟气的对流热。一般来说屏间空间辐射所占份额最大。

（2）炉膛出口热流对屏的直接辐射只有部分照射在屏区的受热面上并被其吸收，相对于炉膛出口面积而言，屏被照射的角系数小于1，透过屏区的那一部分直接辐射则落到该屏后的其他受热面上。

（3）在半辐射受热面中，工质（蒸汽）的温升是炉内直接辐射热、屏间烟气的空间辐射热和接触烟气的对流热共同加热的结果。

（4）在半辐射受热面区域，烟气的焓降应与该区域的全部受热面（包括屏本身受热面和屏区周围墙壁的水冷壁或包覆管、顶棚管等附加受热面）的空间辐射热、纯对流热和该区空间向后穿透至下一级受热面的辐射热的总和相平衡。不考虑该区空间向上一级（沿烟气流向）受热面的穿透辐射热。

（5）在半辐射受热面区域，高温烟气与受热面发生直接接触，受热面的积灰状况一般比炉内水冷壁要严重一些；此外，炉内高温火焰在流到屏间空间时，其中的焦炭已经基本燃烧完毕。因此在计算中，对屏区的热有效系数和有关黑度应作必要的修正。

（6）屏式受热面的计算受热面积 H_p 为屏片最外圈管子的外轮廓线所围成的平面面积 F_p 的 2 倍再乘以屏片的角系数 x_p，即 $H_p = 2x_p F_p$。屏式受热面的角系数 x_p，由屏片的 s_2/d 值，在不考虑炉墙反射的曲线（即图 9-7）上查取。

（7）在半辐射受热面的传热计算中，屏空间辐射与接触烟气的纯对流传热应合并在一起，按对流传热方式进行计算。即把屏间烟气的空间辐射折算成烟气的辐射放热系数 α_r 后，与烟气的纯对流放热系数 α_c 相加来计算烟气侧的总放热系数 α_1。此外，与一般对流受热面的传热计算有两点不同。第一，与不吸收炉内直接辐射的普通对流受热面相比，在其他条件相同时，半辐射受热面的壁温因同时接受炉内直接辐射而相对高一些，致使传热能力有所下降，因此对传热系数公式要进行必要的修正。第二，屏所吸收的空间辐射热比纯对流热要大，故烟气侧放热系数 α_1 中的纯对流分量（即纯对流放热系数 α_c），要折算到按屏的计算受热面积进行计算。

第二节　半辐射受热面传热系数的计算

一、屏式受热面传热系数公式

如上所述，在屏式受热面传热计算时，应考虑来自炉膛出口的直接辐射使管子灰层外表面温度升高，导致对流传热减少的影响。试比较没有炉内直接辐射的对流受热面［见图 11-1 (a)］和接受炉内直接辐射的半辐射受热面［见图 11-1 (b)］的传热情况。纯对流受热面只有对流热流 q_c；半辐射受热面除对流热流 q_c 外，还附加一个炉内的辐射热流 q_r。在管外烟气温度 ϑ 和管内工质温度 t 相同时，半辐射受热面的管壁金属温度 t'_m 和灰层外表面的温度 t'_{ash} 就要比纯对流受热面的相应温度（t_m 和 t_{ash}）高。按一般推导传热系数的方法，可以获得存在辐射热流时屏式受热面传热系数的计算式：

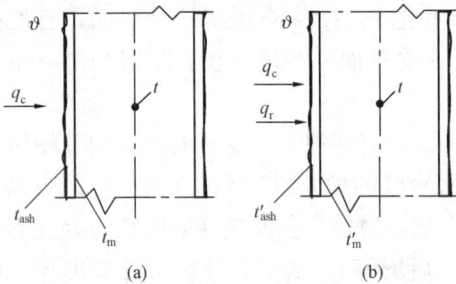

图 11-1　纯对流受热面和半辐射受热面传热的比较

$$K = \frac{\alpha_1}{1 + \left(1 + \frac{q_r}{q_c}\right)\left(R_f + \frac{1}{\alpha_2}\right)\alpha_1} = \frac{\alpha_1}{1 + \left(1 + \frac{Q_r}{Q_c}\right)\left(R_f + \frac{1}{\alpha_2}\right)\alpha_1} \quad (11-1)$$

式中　α_1、α_2——烟气对管壁和管壁对工质的放热系数，kW/(m²·℃)或 W/(m²·℃)；

　　　R_f——管外灰污层的热阻，亦称污染系数，m²·℃/kW 或 m²·℃/W；

　　Q_c、Q_r——屏式受热面的对流(含屏空间辐射)热和接受炉内的辐射热，kJ/kg。

二、屏式受热面烟气放热系数

烟气对管壁的放热系数 α_1 包括对流放热系数 α_c 和屏间空间辐射放热系数 α_r。屏式受热面的计算受热面积是取屏风面积（屏最外圈管子的外轮廓线所围成的平面面积）的两倍再乘以屏片的角系数，故只适用于空间辐射的计算。纯对流放热系数 α_c，是与全部管子的外表面积相对应的，因此以屏风面积计算传热时要对 α_c 进行折算。折算后的烟气对管壁的放热系数应为

$$\alpha_1 = \xi\left(\frac{\pi d}{2s_2 x_p}\alpha_c + \alpha_r\right) \tag{11-2}$$

式中　d——管子外径，m；

s_2——屏片中管子间的节距，m；

x_p——屏片的角系数，由 s_2/d 从图 9-7 中查出；

ξ——考虑烟气对屏式受热面横向冲刷不均匀性及烟气进口和出口截面偏离相互平行的修正系数（对于前屏，烟气的横向冲刷不均匀，其进、出口截面相互垂直，取 $\xi \approx 0.6$；对于后屏，烟气冲刷均匀性已有改善，屏进、出口截面基本上相互平行，取 $\xi \approx 0.85$）。

三、屏式受热面烟气对流放热系数

现代锅炉中烟气对受热面的流动方式多属横向绕流（横向冲刷），故多采用横向绕流的公式计算。屏式受热面因 s_1/d 的数值一般很大，不能按顺列布置管束（s_1/d 一般小于 3～3.5）的公式计算其对流放热系数 α_c，应按单排管子公式计算。此外，在屏式受热面区域，烟气温度很高，烟气的黏度很大；而烟气流速不高，一般为 4～8m/s，流动状态可能处于以层流为主导的流动工况（$Re \leqslant 10^3$）或过渡工况（$Re = 10^3 \sim 2\times10^5$）的范围。对于这两个区域，横向绕流单排管子的公式是不同的。

当 $Re \leqslant 10^3$ 时　　　　$Nu = \dfrac{\alpha_c d}{\lambda} = 0.51Re_d^{0.5}Pr^{0.37}$ 　　　　　(11-3)

当 $Re > 10^3$ 时　　　　$Nu = \dfrac{\alpha_c d}{\lambda} = 0.26Re_d^{0.6}Pr^{0.37}$ 　　　　　(11-4)

上两式中　λ——烟气的导热系数，W/(m·℃)或 kW/(m·℃)；

Pr——烟气的普朗特数；

Re_d——以管子外径 d 为定性尺寸和横向冲刷流速计算的雷诺数。

确定流体物性的定性温度，取进出口的平均温度。

四、屏间空间烟气辐射放热系数

在一般对流受热面管束中，管间辐射的计算是采用中间充满透明介质的两个相互平行平面的换热公式，即式（9-14），并对简化的一次吸收作适当补偿的方法进行计算的[见式(10-50)]。对于半辐射受热面，特别是前屏，屏间空间的尺寸比对流受热面管间空间的尺寸大很多，如果采用中间充满透明介质的两个平行平面公式进行计算，会造成很大的误差，故应考虑充满介质的吸收和散射性能造成的辐射强度的减弱。在计算炉膛火焰对四周水冷壁的辐射传热时，由于炉膛矩形横截面一般比较接近方形，采取截面积相等的当量圆形截面来考虑辐射强度的一维减弱。这样处理既简便，又比较接近实际状况。对于屏式受热面，其空间水平截面积一般呈狭长方形，横向节距 s_1 的尺寸要比屏片深度 D 小很多；此外，在屏空间的水平横截面上，只有两面（后屏）或至多三面（布置于靠近前墙的炉膛上部空间的前屏）布置着受热面积，所以采用炉膛辐射的计算方法可能会带来较大的误差。

对其间充满带吸收、自身辐射和散射性能介质的两个无限大平行平面[见图 11-2（a）]

的辐射传递，Robert S 和 John R H 推导了其辐射热流公式，即

$$q_R = \frac{\sigma_0 T_1^4 - \sigma_0 T_2^4}{\frac{3}{4} k d + \frac{1}{\varepsilon_1} + \frac{1}{\varepsilon_2} - 1} \quad \text{kW/m}^2 \tag{11-5}$$

式中　d——两平面之间的距离，m。

其他符号意义与式（9-30）相同。

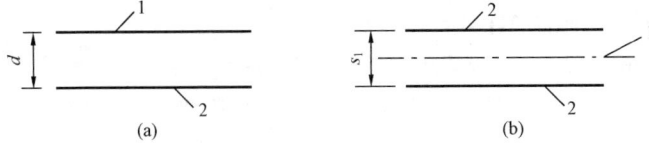

图 11-2　屏间或空间辐射

（a）两个平面之间的辐射；（b）火焰辐射面与屏片吸热面之间的辐射

1—高温辐射平面（a）或火焰辐射平面（b），其温度为 T_1；

2—低温平面，其温度为 T_2

对于屏式受热面，将假想火焰辐射面置于屏空间横截面的对称中心线上［见图 11-2（b）］，火焰辐射强度由火焰辐射面向屏片受热面方向逐渐减弱，这与屏空间烟气对屏式受热面的辐射状况相符。因此可近似采用式（11-5）来计算屏空间火焰的辐射传热。此时 $d = s_1/2$，同时考虑介质散射作用，介质总减弱系数 k 与吸收减弱系数 k_a 的关系为 $k = 1.28k_a$（见第九章）。将这些关系式代入式（11-5），得到屏区烟气对屏式受热面辐射传热热流的计算式如下：

$$q_R^p = \frac{\sigma_0 T_1^4 - \sigma_0 T_2^4}{\frac{3}{8} k s_1 + \frac{1}{\varepsilon_1} + \frac{1}{\varepsilon_2} - 1} = \frac{\sigma_0 T_1^4 - \sigma_0 T_2^4}{0.48 k_a s_1 + \frac{1}{\varepsilon_p} + \frac{1}{\varepsilon_2} - 1} = \frac{\sigma_0 T_1^4 - \sigma_0 T_2^4}{\frac{1}{\varepsilon_{syn}^p} + \frac{1}{\varepsilon_2} - 1} \tag{11-6}$$

$$\varepsilon_{syn}^p = \frac{\varepsilon_p}{0.48 k_a s_1 \varepsilon_p + 1} \tag{11-7}$$

式中　s_1　——屏的横向节距，m；

k_a　——屏空间介质（三原子气体和灰分颗粒）的吸收减弱系数，m^{-1}；

ε_p　——屏空间烟气（火焰）的黑度，$\varepsilon_p = \varepsilon_1$；

ε_{syn}^p　——屏区烟气的综合黑度；

ε_2　——屏式受热面的黑度。

式（11-6）也可写为

$$\left. \begin{array}{l} q_R^p = C_{syn} (\sigma_0 T_1^4 - \sigma_0 T_2^4) \\[2mm] C_{syn} = \dfrac{1}{\dfrac{1}{\varepsilon_{syn}^p} + \dfrac{1}{\varepsilon_2} - 1} \end{array} \right\} \tag{11-8}$$

式中　C_{syn}——辐射热交换综合系数。

屏区烟气的黑度和介质的吸收减弱系数（只考虑烟气中三原子气体和灰分颗粒，不考虑已燃尽的焦炭颗粒的减弱）由以下公式求出：

$$\varepsilon_p = 1 - e^{-k_a S_p} \tag{11-9}$$

$$k_a = k_g r + k_{ash} \mu_{ash} \tag{11-10}$$

式中　　S_p——屏空间辐射层的有效厚度，按式（9-58）计算，m；

$k_g r$、$k_{ash}\mu_{ash}$——分别按式（9-43）和式（9-44）计算。

屏空间辐射放热系数 α_r 可由屏空间辐射热流求出，即

$$\alpha_r = \frac{q_R^p}{T_1 - T_2} \quad kW/(m^2 \cdot ℃) \tag{11-11}$$

屏区烟气温度 T_1 按屏区进出口烟温的平均值计算。在计算屏式受热面灰污表面温度 T_2 时，需要灰垢层热阻（灰污系数）的数据。如前所述，屏式受热面的灰垢层热阻 R_f 的数值比炉膛水冷壁的要高一些，取决于燃料的特性（特别是灰分中易熔和容易造成结渣成分的含量）、屏区烟温、是否装设吹灰装置及其投运情况等因素。一般建议燃煤锅炉屏式受热面 R_f 的数值为 $0.004\ 5 \sim 0.009 m^2 \cdot ℃/W$；对于不结焦的煤种可取 $R_f = 0.005 \sim 0.006$ $m^2 \cdot ℃/W$；当结焦性较严重又未装设吹灰器时，可考虑取 $R_f = 0.008 \sim 0.009 m^2 \cdot ℃/W$。烟气温度较高时应取较大值。

第三节　屏空间透过屏区出口的穿透辐射

由于屏片之间的间距（s_1）较大，屏间空间的高温烟气除向屏区受热面进行辐射外，还会透过屏的出口截面（没有布置受热面的开口截面）向下一级受热面进行辐射。为了与下面所述来自炉膛出口的直接辐射的穿透辐射（本章第四节）相区别，本节把这种穿透辐射称为屏（区）空间穿透辐射。在计算屏式受热面的屏空间穿透辐射时，其下一级受热面的相关参数（如壁面温度 T_2 等）为未知数。因此，采取简化的方法来确定屏空间穿透辐射 $Q''_{p,S}$，即采用与计算炉膛出口对屏式受热面的直接辐射类似的方法来进行计算。

依据式（9-51）和式（9-53）的原理，屏区烟气的有效热流 J_p 和屏空间黑度 $\varepsilon_{p,S}^{syn}$ 可表示为

$$J_p = \varepsilon_{p,S}^{syn} E_{b,S} = \varepsilon_{p,S}^{syn} \sigma_0 T_p^4 \tag{11-12}$$

$$\varepsilon_{p,S}^{syn} = \frac{\varepsilon_{syn}^p}{\varepsilon_{syn}^p + (1 - \varepsilon_{syn}^p)\psi_{p,S}} \tag{11-13}$$

式中　T_p——屏区烟气的平均温度，即式（11-6）中的 T_1，K；

　　　$\varepsilon_{p,S}^{syn}$——考虑辐射强度减弱时的屏空间黑度（与炉内换热中炉膛黑度的意义相同）；

　　　ε_{syn}^p——屏区烟气的综合黑度，见式（11-7）；

　　　$\psi_{p,S}$——计算级屏式受热面获取屏空间辐射的热有效系数。

透过屏出口落在下一级受热面上并被其吸收的辐射热流，即屏空间穿透辐射热流 $q''_{p,S}$，应为其出口截面有效热流 J''_p 与下一级受热面获取该级屏空间辐射的热有效系数 $\psi''_{p,S}$ 的乘积：

$$q''_{p,S} = \psi''_{p,S} J''_p = \psi''_{p,S} \varepsilon_{p,S}^{syn} \sigma_0 T''^4_p \tag{11-14}$$

式中　T''_p——屏区出口对下一级受热面进行穿透辐射时的烟气温度，取屏出口烟温，K。

屏空间穿透辐射热则为

$$Q''_{p,S} = \frac{q''_{p,S} F_{ou}}{B_{cal}} \quad kJ/kg \tag{11-15}$$

式中　F_{ou}——计算级屏式受热面出口处的截面积，m^2。

在进行屏空间及其穿透辐射计算时，应注意区分屏空间辐射的热有效系数 $\psi_{p,S}$ 和透过屏空间辐射给下一级受热面的热有效系数 $\psi''_{p,S}$。前者是本级屏空间烟气对本级屏式受热面的

热有效系数，后者是本级屏区出口烟气对下一级受热面的热有效系数。两者的数值往往是不同的，应根据每一级受热面的灰污条件进行选取，同时应根据关系式（9-54）考虑热有效系数 ψ 和灰垢层热阻 R_f 等的相互关系。

第四节　半辐射受热面吸收的炉内直接辐射

本书对炉膛出口的分界线依屏式受热面布置在炉膛出口烟窗［见图 11-3（a）］和炉膛上部布置前屏（分割屏、大屏）和后屏［见图 11-3（b）］两种情况作不同处理。图中 abc 组成的平面为炉膛出口截面。当炉膛上部布置有前屏和后屏时，前屏与后屏之间也有分界面，如图 11-3（b）中的 bd 平面所示。

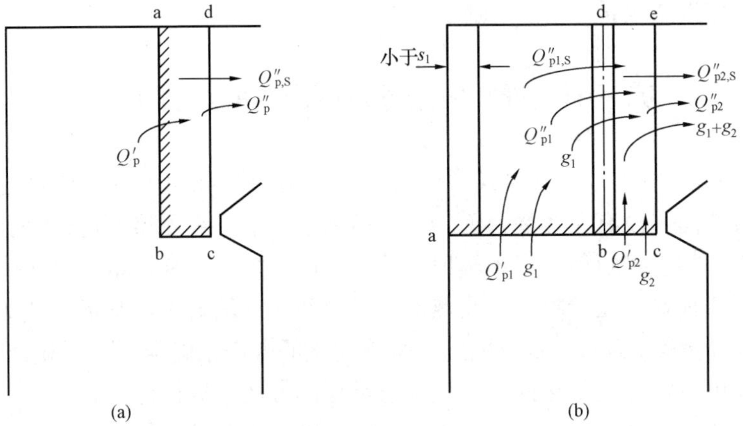

图 11-3　屏式受热面布置及炉膛出口分界面
（a）屏式过热器布置在炉膛出口；（b）在炉膛上部布置前屏和后屏

对半辐射受热面进行传热计算时，首先要确定其进口截面和出口截面。进口截面为炉内直接辐射与其进行热交换的界面，也是烟气从炉膛出口进入该受热面的界面；出口截面为该受热面向布置在其后的下一级受热面进行辐射（穿透辐射）的热交换的分界面，也是烟气的流出界面。当屏式受热面布置在炉膛出口烟窗的位置［见图 11-3（a）］时，屏的进口截面即为炉膛的出口界面（abc 平面），出口截面为 cd 平面。

当炉膛上部布置着前屏和后屏受热面［见图 11-3（b）］时，前屏的进口截面为部分炉膛的出口界面（abc 中的 ab 平面）。炉膛出口的烟气也只有部分经进口截面 ab 进入前屏，这部分烟气流的份额以 g_1 表示。前屏出口截面为 bd 平面，份额为 g_1 的烟气流也经此截面流出前屏，进入后屏。后屏的进口截面由两部分构成，即前屏的出口截面 bd 和部分炉膛的出口界面（bc 平面）。后屏的部分进口截面 bd 平面，接受前屏的穿透辐射和份额为 g_1 的烟气流；另一部分进口截面，即为炉膛出口的部分界面（bc 平面），接受来自炉膛出口的辐射和由炉膛出口直接流入份额为 g_2（$g_2=1-g_1$）的烟气流；后屏的出口截面为 ce 平面。

下面将对图 11-3 所示两种情况分别说明半辐射受热面吸收炉内直接辐射的计算方法。

一、屏布置在炉膛出口烟窗时来自炉内的直接辐射

屏的这种布置状况如图 11-3（a）所示，炉膛出口对屏区的直接辐射热流或有效热流可依据具体情况采取如下方法计算。当已有炉膛水冷壁热负荷沿炉膛高度分布的可靠数据时，炉膛出口

区域的辐射热负荷可按第九章第八节所述方法求出；在缺乏可靠数据时采取如下方法计算：

炉膛出口区域有效热流 J''_1 按式（9-51）的原理计算，即

$$J''_1 = \varepsilon_f^{syn} E_{bf} = \varepsilon_f^{syn} \sigma_0 T''^4_f \tag{11-16}$$

式中　T''_f ——炉膛出口烟温，K；

　　　　ε_f^{syn} ——考虑辐射强度沿射线行程减弱时的炉膛黑度，按式（9-53）计算。

进入屏区的来自炉膛的直接辐射热流为

$$q''_f = \psi_{p,f} J''_1 = \psi_{p,f} \varepsilon_f^{syn} \sigma_0 T''^4_f \tag{11-17}$$

式中　$\psi_{p,f}$ ❶ ——屏式受热面获取炉内直接辐射的热有效系数，可近似取炉膛出口区域的热有效系数。

进入屏区的辐射热 Q'_p，是来自炉膛出口直接辐射热 $Q''_{p,f}$，即

$$Q'_p = Q''_{p,f} = q''_f \frac{F_{abc}}{B_{cal}} \tag{11-18}$$

式中　F_{abc} ——炉膛出口烟窗的面积 ［见图 11-3（a）］，m^2。

在讨论屏式受热面吸收炉膛出口的直接辐射时，一般假设炉膛出口的直接辐射不是被屏式受热面吸收，就是透过屏区被布置在屏后（按烟气流向）的下一级受热面所吸收。进入屏区的炉膛直接辐射热流透过屏区辐射到下一级受热面的份额，以穿透屏区的角系数 φ_p 表示。

在计算炉膛出口辐射热流被屏式受热面吸收份额时，本书作简化处理，即假设屏间火焰介质不参与该热流与屏式受热面之间的热交换。这样，炉膛出口辐射穿透屏区的热量为

$$Q''_p = Q'_p \varphi_p^p = Q''_{p,f} \varphi_p^p \tag{11-19}$$

其中穿透角系数 φ_p^p 的上角标 p，表示屏区入口断面（即炉膛出口截面）与屏出口断面基本上平行的。

屏区受热面（包括屏式受热面和所在区域的附加受热面）从炉膛出口辐射中获得的直接辐射热为

$$Q_p = Q'_p - Q''_p = Q''_{p,f}(1 - \varphi_p^p) \tag{11-20}$$

屏区获得的炉内直接辐射热应在屏式过热器和屏区附加受热面之间进行分配，一般按面积比例进行。故屏式受热面本身获得的直接辐射热为

$$Q_p^r = Q_p \frac{H_p}{\sum H_P} \tag{11-21}$$

$$\sum H_P = H_p + \Delta H_p$$

式中　H_p ——屏式受热面的面积，m^2；

　　　　$\sum H_P$ ——屏区受热面总面积，m^2；

　　　　ΔH_p ——屏区附加受热面的面积，m^2。

透过屏区出口落到下一级受热面上的总辐射热应为炉膛直接辐射的穿透辐射和屏空间辐射的穿透辐射之和，即

$$\sum Q''_p = Q''_{p,f} \varphi_p^p + Q''_{p,s} \tag{11-22}$$

式中　$Q''_{p,s}$ ——屏空间穿透辐射热，按式（11-14）和式（11-15）计算。

---

❶ 屏式受热面获取炉内直接辐射的热有效系数的选取，在第九章第七、八节中已有说明。对于布满炉膛上部的前屏和后屏，获取炉内直接辐射的热有效系数可近似取相同的数值。

二、在炉膛上部布置前屏和后屏时来自炉内的直接辐射

屏的这种布置方式如图 11-3（b）所示。炉膛出口截面 F_{abc} 应划分为前屏区的 F_{ab} 和后屏区的 F_{bc} 两部分，并分别计算进入前屏和后屏的炉内直接辐射。若以角标 1 和 2 分别代表前屏和后屏的相关量，则有

$$Q''_{p1,f} = q''_f \frac{F_{ab}}{B_{cal}} \tag{11-23}$$

$$Q''_{p2,f} = q''_f \frac{F_{bc}}{B_{cal}} \tag{11-24}$$

式中 q''_f ——来自炉膛出口的直接辐射热流，按式（11-17）计算。

（一）前屏

对于前屏，来自炉膛出口截面［图 11-3（b）中 ab 平面］的辐射热及其透过前屏出口截面（bd 平面）落到下一级受热面（后屏）上的部分分别为

$$\left. \begin{array}{l} Q'_{p,1} = Q''_{p1,f} \\ Q'_{p,1} = Q''_{p1,f}\varphi^v_{p,1} \end{array} \right\} \tag{11-25}$$

式中 $\varphi^v_{p,1}$ ——前屏入口截面 ab 的直接辐射中透过前屏出口截面 bd 的穿透角系数，上角标 v 表示 ab 和 bd 两个平面相互垂直。

前屏区从炉膛直接辐射中吸收的辐射热为

$$Q_{p,1} = Q'_{p,1} - Q'_{p,1} = Q''_{p1,f}(1 - \varphi^v_{p,1}) \tag{11-26}$$

透过前屏出口落到后屏区的总辐射热，则为透过前屏的炉膛直接辐射中的穿透辐射与前屏空间穿透辐射之和，即

$$\Sigma Q''_{p,1} = Q''_{p1,f}\varphi^v_{p,1} + Q''_{p1,s} \tag{11-27}$$

式中 $Q''_{p1,s}$ ——前屏空间穿透辐射，按式（11-14）式（11-15）进行计算，$Q''_{p1,s} = \dfrac{q''_{p1,s}F_{ou,1}}{B_{cal}}$。

（二）后屏

对于后屏，进入该区域的辐射热，除来前屏的穿透辐射 $\Sigma Q''_{p,1}$ 外，还有直接来自炉膛出口的直接辐射热 $Q'_{p2,f}$ ［见式（11-24）］。进入后屏区的总辐射热为

$$\Sigma Q'_{p,2} = Q''_{p2,f} + \Sigma Q''_{p,1} = \frac{q''_f F_{bc}}{B_{cal}} + Q''_{p1,f}\varphi^v_{p,1} + q''_{p1,s}\frac{F_{ou,1}}{B_{cal}} \tag{11-28}$$

在计算透过后屏出口截面进入下一级受热面（如高温对流过热器）的穿透辐射热 $Q''_{p,2}$ 时，应区分来自炉膛出口的直接辐射和来自前屏区的辐射。对于前者穿透角系数为两个相互垂直平面的角系数（$\varphi^v_{p,2}$），对于后者则是两个平行平面的角系数 $\varphi^p_{p,2}$，故

$$Q''_{p,2} = (Q''_{p2,f}\varphi^v_{p,2} + \Sigma Q''_{p,1}\varphi^p_{p,2}) \tag{11-29}$$

式中，$\Sigma Q''_{p,1}$ 按式（11-27）计算。

后屏区获得的辐射热为进、出口辐射热之差值，即

$$Q_{p,2} = \Sigma Q'_{p,2} - Q''_{p,2} \tag{11-30}$$

在进行后屏的下一级受热面，如高温对流过热器的计算时，从后屏出口截面吸收的总穿透辐射热 $\Sigma Q''_{p,2}$，除 $Q''_{p,2}$ 外，还有后屏空间辐射的穿透辐射 $Q''_{p2,s}$，即

$$\Sigma\, Q''_{p,2} = Q''_{p,2} + Q''_{p2,s} = Q''_{p,2} + q''_{p2,s}\frac{F_{ou,2}}{B_{cal}} \tag{11-31}$$

三、穿透屏区角系数的计算

在计算炉膛辐射透过屏式受热面的角系数时，涉及传热学中的两个相互平行矩形平面和两个相互垂直矩形平面的穿透角系数。例如，式（11-29）中的 $\varphi^p_{p,2}$ 和 $\varphi^v_{p,2}$，前者是两个相互平行矩形平面的角系数；后者为两个相互垂直矩形平面的角系数。这两个角系数的曲线图如图 11-4 和图 11-5 所示。

为了说明在屏的计算中如何应用这两个图来确定屏的穿透角系数，以屏片距（即横向节距）、屏高和屏深分别为 s_1、L 和 D 的两个屏片 abcd 和 a'b'c'd' 作为例子（图 11-6）。当计算两个相互平行的进口截面 abb'a' 对出口截面 cdd'c' 的穿透角系数时，以 s_1/D 和 L/D 作参数从图 11-4 中查出角系数 φ^p_p；当计算相互垂直的进口截面 bb'c'c 对出口截面 cdd'c' 的穿透辐射时，以 L/s_1 和 D/s_1 作参数从图 11-5 中查出角系数 φ^v_p。

对于两个相互平行的矩形平面，若相对于屏的深度 D 而言，屏的高度 L 很大，可以认为 $L/D \to \infty$，则可采用较简单的推导角系数的方法得到两个平行矩形平面的穿透角系数，即

$$\varphi^p = \sqrt{\left(\frac{D}{s_1}\right)^2 + 1} - \frac{D}{s_1} \tag{11-32}$$

在图 11-4 中，最上面的曲线（虚线）所示数值即为式（11-32）的计算值。

图 11-4 和图 11-5 中的曲线是由完整数学表达式计算得到的。这些表达式比较复杂，在编程计算中可参阅热辐射传热专著或传热学手册。

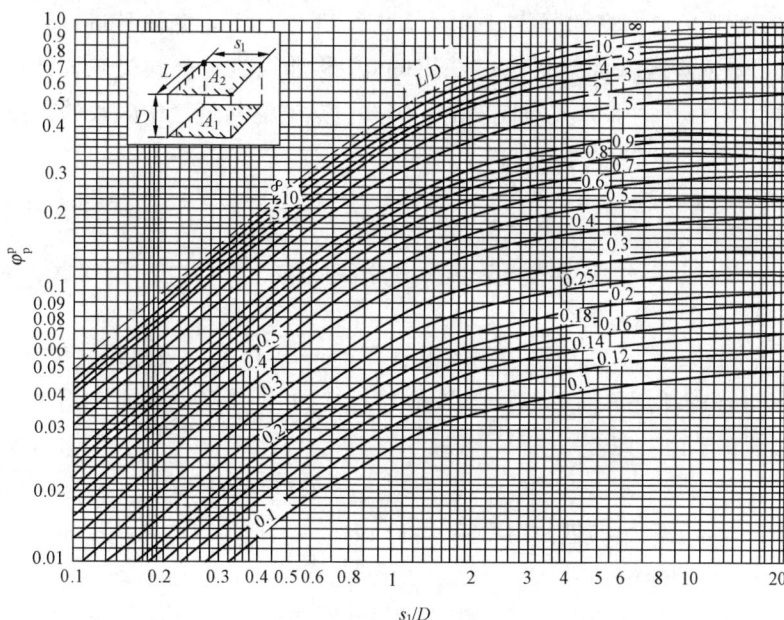

图 11-4　两个相互平行矩形平面的角系数

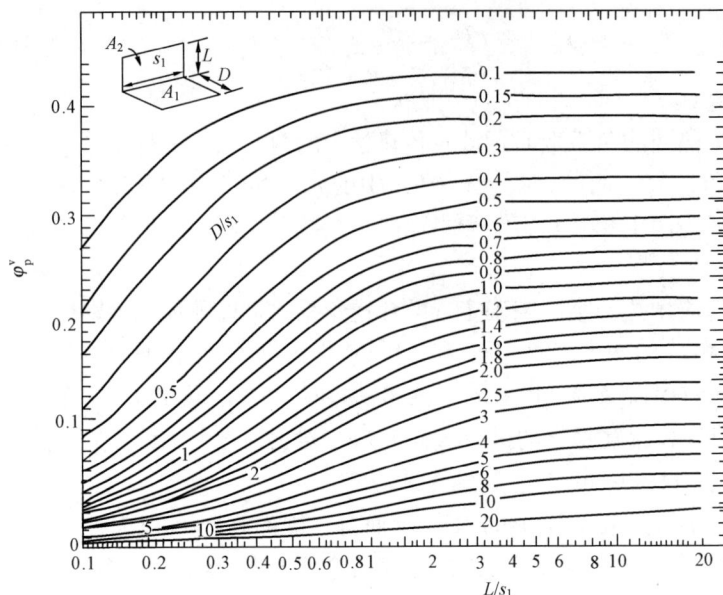

图 11-5　两个相互垂直矩形平面的角系数

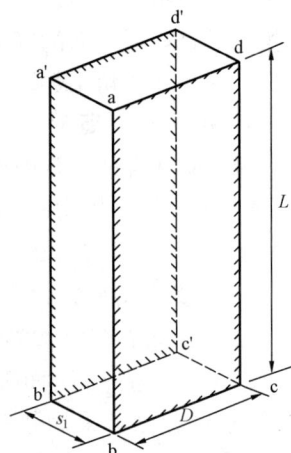

图 11-6　两屏片（屏片 abcd
和屏片 a'b'c'd'）空间
及尺寸示意

第五节　半辐射受热面工质侧和烟气侧热平衡方程

对于布置在炉膛出口烟窗的屏式过热器［见图 11-3（a）］，蒸汽从进口焓 i' 加热至出口焓 i'' 所需热量，是由炉膛直接辐射热中获得的 Q_p^r 和烟气流经屏式受热面时吸收的对流热（含屏间空间辐射热）Q_p^c 两部分共同提供的。屏式过热器需从烟气中吸收的对流热为

$$Q_p^c = \frac{D}{B_{cal}}(i'' - i') - Q_p^r \quad kJ/kg \tag{11-33}$$

式中　D——流经屏式过热器的蒸汽流量，kg/s；

Q_p^r——屏式过热器从炉膛的直接辐射热中吸收的热量，由式（11-20）和式（11-21）求出。

在屏式受热面区域，烟气的进、出口的焓降，应与屏区对流吸热量（包括屏式受热面对流吸热量 Q_p^c 和屏区附加受热面的对流吸热量 $Q_{p,add}^c$）和屏区空间向下一级受热面的穿透辐射热 $Q_{p,s}''$ 的总和相平衡，即

$$\varphi(I' - I'') = Q_p^c + Q_{p,add}^c + Q_{p,s}'' \quad kJ/kg \tag{11-34}$$

式中　I'、I''——屏区烟气的进、出口焓，kJ/kg；

φ——保热系数；

$Q_{p,s}''$——屏空间穿透辐射热，按式（11-14）和式（11-15）计算。

当炉膛上部布置前屏和后屏受热面［见图 11-3（b）］时，对于后屏的计算，以上两个公式也完全适用。对于前屏，因炉膛出口只有部分烟气（份额 $g_1 < 1$）流过，故烟气侧平衡方程为

$$\varphi(I_1' - I_1'')g_1 = Q_{p,1}^c + Q_{p,add,1}^c + Q_{p1,S}'' \quad \text{kJ/kg} \tag{11-35}$$

同时，在计算前屏的烟气流速时也应引入烟气流量份额 g_1，即

$$W_{g1} = \frac{g_1 B_{cal} V_g T_{pl}}{273 F_1} \quad \text{m/s} \tag{11-36}$$

式中　V_g——前屏区烟气容积，m^3/kg（标准状态下）；

　　　T_{pl}——前屏区烟气平均温度，K；

　　　F_1——前屏区烟气的流通截面积，一般按横向冲刷计算，m^2。

当烟气进入后屏区时，流经前屏区的烟气流（流量份额为 g_1）与从炉膛直接进入后屏区的烟气流（流量份额为 g_2）汇合在一起，$g_1 + g_2 = 1$。后屏区的进口烟温按炉膛出口烟焓和前屏出口烟焓的加权平均，由焓—温表查出。后屏进口烟焓为

$$I_2' = g_1 I_f'' + g_2 I_1'' \tag{11-37}$$

式中　I_1''——前屏出口烟焓，kJ/kg；

　　　I_f''——炉膛出口烟焓，kJ/kg。

第六节　转向室空间辐射计算

锅炉各受热面之间往往留出一些不安排受热面或只在墙壁安排包覆管的烟道空间，以方便受热面的检查和维修工作。当这些空间烟气温度还比较高、空间尺寸也比较大时，烟气介质具有一定的辐射能力。

烟气空间的辐射一般不单独进行计算，可以采取把空间一分为二分别归入上、下级受热面中，用增加辐射层有效厚度的方法加以处理。但对于空间很大的锅炉转向室，应单独对其空间辐射进行计算。

锅炉转向室空间尺寸较大，辐射能在其中沿射线行程传递时辐射强度的减弱比较明显。转向室的形状近似立方体，但最高辐射强度不是处于转向室的空间中心。因此不宜按当量球体来考虑沿半径方向的一维辐射强度的减弱。

转向室的特点是在垂直的进口截面（即水平烟道的出口截面），烟气的温度最高，沿烟气行程烟温逐渐下降，在转向室四周膜式壁面附近和转向室的水平出口截面，烟气温度最低；在转向室的进口截面上，一般也是在截面中心烟温最高，并沿截面的左右和上下方向逐渐下降。为了能获得转向室简化的辐射强度沿射线方向减弱的计算方法，本书作如下处理。把转向室近似看做以转向室进口截面为底面、体积与转向室相同的半球体。半球体的半径为 R。假设半球体中心（坐标原点）的辐射强度最高，为 I_0（有效辐射为 J_0），沿辐射能传递方向（半球体的半径方向）由于介质的吸收减弱，辐射强度逐渐降低，至 $x=R$ 的半球体表面（按假设即为包围转向室的四周吸热壁面），辐射强度降低至最低值。假设辐射强度沿半球体径向呈线性变化，与转向室进、出口平均烟温对应的介质有效辐射强度 J_1，应处于半球体半径中间点（$x=0.5R$ 处）的位置上，且只考虑烟气介质的吸收减弱，忽略介质的散射作用。

将半径方向上某点辐射强度沿整个半球进行积分，考虑正负方向辐射热流之差即为辐射传热热流 q_R，从而获得黑体介质辐射强度梯度沿径向变化与热流 q_R 的关系。然后，对黑体介质辐射强度梯度沿半球体由 $x=0.5R$ 至 $x=R$ 进行积分，便可求得对应于转向室进、出

口平均烟温的黑体介质辐射力 E_{b1} 与紧靠受热壁面（膜式壁等）的黑体介质辐射力 E'_{b1} 的差值，即

$$\Delta E_b = E_{b1} - E'_{b1} = \frac{1}{4} k_a R q_R \tag{11-38}$$

$$R = \left(\frac{3V}{8\pi}\right)^3$$

式中　R——转向室作为半球体时的当量半径，m；

　　　k_a——烟气介质（三原子气体和灰分颗粒）的吸收减弱系数，m^{-1}；

　　　V——转向室空间的容积，m^3；

　　　q_R——转向室中烟气的辐射热流，kW/m^2。

与转向室壁面平行的假想烟气辐射面的有效辐射 J'_1 可写为

$$J'_1 = E'_{b1} - \frac{1-\varepsilon_1}{\varepsilon_1} q_R = E_{b1} - \frac{1-\varepsilon_1}{\varepsilon_1} q_R - \frac{1}{4} k_a R q_R \tag{11-39}$$

将式（11-39）的 J'_1 和式（9-13）的 J_2 代入式（9-29），整理可得转向室中烟气对四周壁面进行辐射的热流计算公式：

$$q_R = \frac{\sigma_0 T_1^4 - \sigma_0 T_2^4}{\frac{1}{4} k_a R + \frac{1}{\varepsilon_1} + \frac{1}{\varepsilon_2} - 1} \tag{11-40}$$

式中，下标 1 和 2 分别代表转向室中烟气的平均值和壁面值。

对于转向室同样可写出烟气的综合黑度公式

$$\varepsilon_{syn} = \frac{\varepsilon_1}{0.25 k_a R \varepsilon_1 + 1} \tag{11-41}$$

和以烟气综合黑度表达的辐射热交换热流公式

$$q_R = \frac{\sigma_0 T_1^4 - \sigma_0 T_2^4}{\frac{1}{\varepsilon_{syn}} + \frac{1}{\varepsilon_2} - 1} \tag{11-42}$$

转向室烟气平均温度 T_1 取转向室进、出口烟气的平均温度。在计算转向室包覆管（贴墙管）的灰污表面温度 T_2 时，需有贴墙管的灰污层热阻 R_f 的数据，但公开文献中提供的数据极少。根据壁面灰污机理，与炉膛水冷壁相比，转向室包覆管的灰污环境要稍好一些；同时，煤灰中高温下处于挥发（升华）状态的气态钠、钾成分，在烟气进入这个区域之前已经基本上或大部分完成了凝结过程。因此，对转向室包覆管的 R_f，建议取比炉膛水冷壁稍低的数值。

烟气空间的辐射传热量 Q_r 按下式计算：

$$Q_r = \frac{q_R F}{B_{cal}} \quad kJ/kg \tag{11-43}$$

式中　F——烟气空间或转向室的受热壁面的面积，按第九章第六和第七节的原则计算，m^2。

当转向室中有悬吊管穿过时，还应考虑烟气对悬吊管的对流传热。

复 习 思 考 题

1. 什么叫半辐射受热面？它有哪些吸热和传热特点？

2. 半辐射受热面的传热计算与一般对流受热面有什么不同？

3. 半辐射受热面传热计算时，其受热面积和传热系数如何计算？

4. 半辐射受热面传热中所谓烟气侧放热系数包括哪些换热机理，屏间空间辐射如何折算为烟气辐射放热系数？

5. 在计算屏式受热面烟气的对流放热系数时，为什么不采用顺列布置管束的计算公式？该用什么公式进行计算？

6. 当屏式过热器布置在炉膛出口烟窗时，屏式过热器从炉膛吸收的直接辐射热如何计算？

7. 当炉膛上部布置有前屏和后屏时，前屏过热器和后屏过热器从炉膛吸收的直接辐射热如何计算？

8. 对屏空间烟气对下一级受热面的辐射，即屏空间穿透辐射，如何进行计算？

9. 从炉膛出口截面对屏区的直接辐射热是否全部被屏式受热面吸收？分析该热量的去向和计算方法。

10. 对于一个矩形立方体各组成平面之间的辐射角系数如何进行计算？

11. 对于屏式受热面，列出工质侧和烟气侧的热平衡方程，说明其中各项的意义，以及它与一般对流受热面计算的差别。

12. 当有悬吊管穿过转向室时，烟气对四周包覆管和对悬吊管的传热如何计算？

第十二章　锅炉机组的设计和布置

第一节　锅炉热力计算的程序和方法

一、校核计算和设计计算

锅炉机组的热力计算，一般都从燃料的燃烧和热平衡计算开始，然后按烟气流向对锅炉机组的各个受热面（炉膛、屏式过热器、对流过热器等）进行计算。锅炉热力计算分为设计计算和校核计算。两者的计算方法基本相同，其区别在于计算任务和所需求的数据不同。

设计计算的任务是根据给定的锅炉容量、参数和燃料特性去确定锅炉机组的炉子尺寸和各个部件各受热面面积，并确定锅炉的燃料消耗量、锅炉效率、各受热面交界处的温度和焓、各受热面的吸热量和介质速度等参数，为选择辅助设备和进行空气动力计算、水动力计算、管子金属壁温计算和强度计算等提供原始资料。

校核计算的任务是在给定锅炉负荷和燃料特性的前提下，按锅炉机组已有的结构和尺寸，去确定各个受热面交界处的水温、汽温、空气和烟气温度、锅炉效率、燃料消耗量以及空气和烟气的流量和流速。进行校核计算是为了估计锅炉机组按指定燃料运行的经济指标，寻求必要的改进锅炉结构的措施，选择辅助设备（或检验原有辅助设备的适用性）以及为空气动力、水动力、壁温和强度等计算提供原始资料。

对锅炉机组做校核计算时，不仅烟气的中间温度和内部介质温度是未知数，而且排烟温度和热空气温度（空气预热器出口的空气温度），有时连过热蒸汽的温度也是未知数。因此，在进行计算时，上述温度需先假定，然后用渐近法（渐次逼近法）去确定。

对锅炉机组的各个部件也分设计计算和校核计算两种方法，但经常是采用后一种方法，即先布置好各个部件的受热面，然后用校核——渐近计算法去确定它们的吸热量，详见第九章、第十章和第十一章。

二、尾部受热面单级布置时的校核计算程序和方法

先以尾部受热面单级布置为例来说明校核计算的程序和方法。

预先估计（假定）锅炉的排烟温度和热空气温度，以此确定锅炉的热损失、锅炉效率及燃料消耗量。接着进行炉膛的计算，确定炉膛出口烟温及其吸热量。随后，再用渐近法进行炉膛与省煤器之间各受热面（如过热器等）的计算，并确定各受热面后的烟温。

省煤器的（吸热量等）计算也可用渐近法去进行。这时，省煤器的进口烟温（由前一受热面的热力计算中求出）和进口水温（一般给定）均为已知值。省煤器后的烟温和出口水温则需通过计算去确定。

接下去进行空气预热器的计算，其进口烟温（由省煤器计算中求出）和进口空气温度（一般给定）均属已知，排烟温度和热空气温度则由渐近法去确定。

如果计算所得的排烟温度的数值与原先假定值之差不超过±10℃，而热空气温度的计算值和假定值之差不超过±40℃的话，则受热面的计算可告结束。计算所得的温度即为所求之温度，因为即使继续采用渐近法去重复计算，也只能使上述计算温度再准确2～3℃（在估计热空气温度时，如果误差达到40℃，炉膛出口烟温的变化不会超过±10℃，这对以后各

个受热面的计算结果实际上并无影响）。

现代锅炉机组，在水平烟道和尾部下行烟道的墙壁上都敷设有贴墙管，且多作为过热器的一部分，称为包覆过热器，其管内蒸汽一般来自顶棚过热器出口。在这种情况下，当炉膛出口烟温确定后进行过热器计算时，应先作某些假设。

现以某亚临界压力 600MW 锅炉过热器为例，其过热器布置图示于图 6-12。过热器工质流程简图如图 12-1 所示（前、后屏用屏式过热器 5 简化）。在炉膛出口烟温确定后，以下计

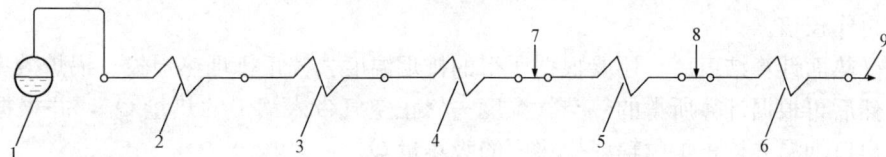

图 12-1　600MW 过热器工质流程示意
1—汽包；2—顶棚管；3—包覆过热器；4—低温对流过热器；5—屏式过热器；
6—高温对流过热器；7—喷水Ⅰ；8—喷水Ⅱ；9—至汽轮机

算从屏式过热器 5 开始。在蒸汽流程上的顶棚 2、包覆 3 和低温对流过热器 4 都还没有进行计算，工质焓增为未知数，在进行屏式过热器计算时，应根据汽包出口的饱和蒸汽焓，预估（假设）顶棚、包覆和低温对流过热器的焓增和工质压降来确定（假设）屏式过热器的入口汽焓、汽温和压力，并进行屏式过热器的计算，然后，逐一进行高温对流过热器、高温再热器、转向室、低温再热器、低温过热器和省煤器的计算。在这些计算完成以后，顶棚、包覆和低温过热器的吸热量和工质焓增便已获知。若其与预估值的误差不超过相关规定，则省煤器之前（含省煤器）受热面的热力计算可以结束。若屏式过热器入口汽温的假定值与计算结果相差超过规定值（如±3～5℃），则应再作假设，重复进行计算，直至误差得到满足为止。

对于超临界和超超临界压力锅炉，没有亚临界压力以下锅炉所设的汽包，但一般都设有汽水分离器，现以图 12-2 所示的 1000MW 锅炉汽水系统为例说明炉膛出口烟温确定后，过热

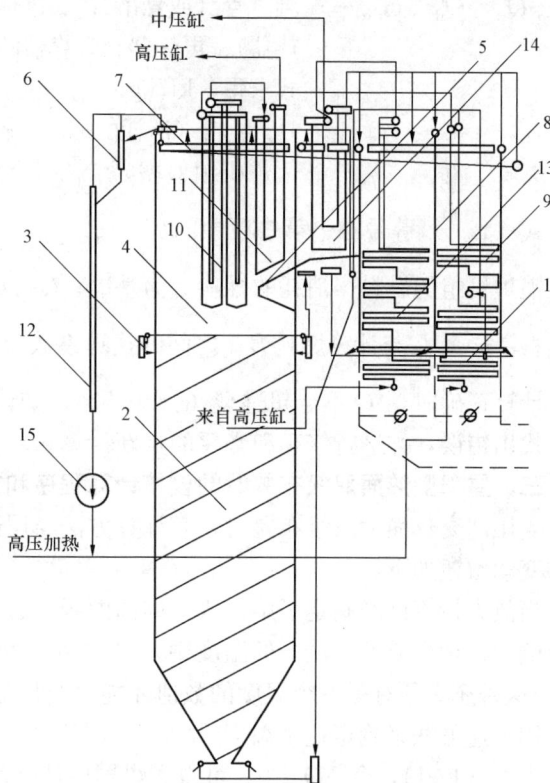

图 12-2　超临界参数 1000MW 锅炉
1—省煤器；2—螺旋水冷壁；3—螺旋水冷壁出口混合集箱；4—上部水冷壁；5—折焰角；6—汽水分离器；7—顶棚过热器；8—隔墙过热器；9—低温过热器；10—屏式过热器；11—末级过热器；12—储水罐；13—低温再热器；14—高温再热器；15—锅炉循环泵

器的计算方法。来自省煤器 1 的工质经下辐射区（螺旋水冷壁）2 和上辐射区（上部水冷壁）4 加热后进入汽水分离器 6，然后进入顶棚过热器 7，经包覆过热器和低温（对流）过热器 9 后进入屏式过热器 10，最后经高温对流过热器（末级过热器）11 输出。

在完成炉膛热力计算之后，炉膛出口烟温（即屏式过热器 10 的进口烟温）已经确定，在进行过热器热力计算时（从屏式过热器 10 开始），还应比亚临界压力锅炉多假定一个参数，即分离器出口汽温。这个汽温假设的正确性，要到所有承压受热面（直至省煤器）计算完成以后再作校核。

各个受热面计算结束后，还要根据所得的排烟温度去校正排烟热损失、锅炉效率、燃料消耗量。然后再根据计算所得的热空气温度去修正空气带入锅炉的热量 Q_a，并根据前面计算的炉膛出口烟温去校正炉膛辐射受热面的吸热量 Q_R。

锅炉机组吸热量应与燃料送入锅炉的热量相平衡，其误差

$$\Delta Q = Q_f \frac{\eta_b}{100} - \left(Q_R + Q_{sc}^c + Q_{sh}^c + Q_{rh}^c + Q_{eco}^c\right)\left(1 - \frac{q_4}{100}\right) \quad \text{kJ/kg} \tag{12-1}$$

式中　　　　　Q_R——锅炉辐射吸热量，kJ/kg，由式（9-26）求得；

Q_{sc}^c、Q_{sh}^c、Q_{rh}^c、Q_{eco}^c——凝渣管（或悬吊管）、过热器（包括屏式过热器，但不包括辐射式过热器）、再热器、省煤器的对流吸热量，均由各受热面的烟气放热公式求得，kJ/kg；

Q_f——1kg 燃料（消耗的燃料）输入锅炉机组的热量（见第八章），kJ/kg；

η_b——锅炉机组效率，%。

式（12-1）等号右边第二项中的 $\left(1 - \frac{q_4}{100}\right)$，是考虑燃料基准不同的换算，$Q_f$ 是以 1kg 送入锅炉机组的燃料（消耗的燃料）为基准；Q_R、Q_{sc}^c、……，则是以 1kg 计算燃料为基准。而燃料消耗量 B 与计算燃料 B_{cal} 之间的换算系数应为 $\left(1 - \frac{q_4}{100}\right)$（见第八章）。

计算正确时，ΔQ 不会超过 Q_f 的 $\pm 0.5\%$。如误差超过此范围，必须对计算进行认真检查，找出错误，并进行修正和必要的重新计算。

三、尾部受热面双级布置时的校核计算程序和方法

当尾部受热面为双级布置时，其计算方法与尾部受热面为单级布置时基本相同，某些必要的变动叙述如下。

当热力计算已经确定了第二级（即高温级）省煤器的进口烟温时，在受热面进、出口介质两端（每种介质的两端）的温度中，只知道一种介质一端的温度（第二级省煤器进口烟温）。这时还必须有另一个温度的数值才能进行以后受热面（如第二级省煤器）的计算。建议采用下述方法来确定这个温度。

由式（12-1），令 $\Delta Q = 0$，可得省煤器应从烟气中吸收的对流热量 Q_{eco}^c 的计算式为

$$Q_{eco}^c = Q_f \frac{\eta_b}{100 - q_4} - \left(Q_R + Q_{sc}^c + Q_{sh}^c + Q_{rh}^c\right) \quad \text{kJ/kg} \tag{12-2}$$

式中　　　Q_{eco}^c——整个省煤器的对流吸热量（即两级省煤器的吸热量），kJ/kg。

第二级省煤器出水焓 i_{eco}'' 应为

$$i_{eco}'' = i_{fw} + \frac{Q_{eco}^c B_{cal}}{D_{eco}} + \Delta i_{ds} \quad \text{kJ/kg} \tag{12-3}$$

式中　　i_{fw}——给水焓，即第一级（低温级）省煤器的进水焓，kJ/kg；

　　　　D_{eco}——省煤器工质流量，kg/s；

　　　　Δi_{ds}——由自制冷凝器或表面式减温器对冷却介质的加热而回到省煤器的热量，kJ/kg。

直接用给水作为减温水的锅炉，Δi_{ds} 等于零。在这种情况下，应注意省煤器水流量与锅炉蒸汽流量的差别。

由上述方法确定的 i''_{eco}，即可求出第二级省煤器的出水温度。这样，对该省煤器，即可用渐近法去进行计算，并求出第二级省煤器的出口烟温（也是第二级空气预热器的进口烟温）。第二级空气预热器可根据其进口烟温和出口空气温度（即炉膛计算中所采用的热空气温度）去进行计算。

第一级省煤器的热力计算，可根据在第二级空气预热器的计算中已经求出的该级省煤器的进口烟温和指定的给水温度（该级省煤器的进口水温）去进行，并确定其出口烟温和出口水温。在一般情况下，所求出的第一级省煤器的出口水温，未必与第二级省煤器计算中所确定的进口水温相符。

对于第一级空气预热器，可根据已经确定的进口烟温和指定的空气预热器入口空气温度去进行计算，求出口空气温度和排烟温度。

如果计算中所求出的排烟温度与计算开始时所采用的数值之差不超过 ±10℃，而且，在第一、第二两级省煤器和空气预热器的计算中所求出的水温和空气温度的中间值之差也未超过 ±10℃，则热力计算可告结束。最后只需校准热平衡各项数值，并按下述方法去确定锅炉机组热平衡的误差。

根据第八章，锅炉机组的有效利用热应为（在不考虑排污和辅助用汽量时）

$$\dot{Q}_1 = D_{sh}(i''_{sh} - i_{fw}) + D_{rh}(i''_{rh} - i'_{rh}) \quad kW \tag{12-4}$$

或

$$Q_1 = \frac{\dot{Q}_1}{B} = Q_f \frac{\eta_b}{100} = \frac{D_{sh}(i''_{sh} - i_{fw}) + D_{rh}(i''_{rh} - i'_{rh})}{B} \quad kJ/kg \tag{12-4a}$$

式中　　Q_1——对应于 1kg 消耗燃料而言的锅炉有效利用热，kJ/kg；

　D_{sh}、D_{rh}——过热蒸汽和再热蒸汽的流量，kg/s；

　　　i''_{sh}——过热蒸汽的出口焓，kJ/kg；

　　　i_{fw}——给水焓，kJ/kg；

　i''_{rh}、i'_{rh}——再热蒸汽的进口焓和出口焓，kJ/kg。

该热量（Q_1）应由锅炉所有承压受热面从烟气中吸收的总热量 ΣQ 来提供，即

$$\Sigma Q = \left(Q_R + Q^c_{sc} + Q^c_{sh} + Q^c_{rh} + Q^c_{eco}\right)\left(1 - \frac{q_4}{100}\right) \quad kJ/kg \tag{12-5}$$

两者之间的误差

$$\Delta Q = Q_1 - \Sigma Q$$

不应超过 Q_f 的 ±0.5%。

如果计算求出的排烟温度数值与原先采用的数值之差未超过 ±10℃，但水或空气的中间温度的差值超过了 ±10℃ 的话，则省煤器和空气预热器必须重新计算。重新计算时，第二级省煤器的进口水温和第二级空气预热器的进口空气温度，取为等于前一计算中求得的相应温度。

当排烟温度的计算值与原先采用值之间的差值大于±10℃时，则整个锅炉机组都需重新计算。重新计算时，热空气温度可取为等于或接近于前次计算的第一级空气预热器的出口空气温度加上第二级空气预热器的温升值。

四、尾部竖井分隔为前后烟道布置时的校核计算程序和方法

当采用分隔烟道挡板调节再热蒸汽温度时，尾部竖井分为前后两个烟道，分别布置低温再热器和低温过热器，如图 6-21 所示。从水平烟道出来的烟气分两股分别流经前后烟道，在出口处混合流进其后的受热面。

针对这种受热面布置方式进行校核计算时，各受热面的主要计算步骤和方法与不分前后烟道时基本相同。主要区别是流经各烟道受热面的烟气量不是与计算燃料量对应的总烟气量，各烟道烟气量之和等于总的烟气量。在计算前要假设流经各烟道的烟气份额，计算烟气流速、对流传热量等时，所涉及的计算燃料量均用此份额与总计算燃料量的乘积替代。如烟气流速计算式（10-66）应为

$$w_g = \frac{gB_{cal}V_g(\vartheta_{av}+273)}{273F} \quad m/s$$

式中 g——流经该烟道的烟气份额。

计算后如受热面的进口或出口工质温度达不到要求，可调整前面所假设的烟气份额大小。

尾部竖井前后烟道的分隔墙也是受热面，通常作为附加受热面处理。

第二节 主要设计参数的选择

一、炉膛热强度

炉膛热强度是锅炉的主要设计热力参数，包括炉膛容积热强度 q_V、炉膛断面热强度 q_A、燃烧器区域壁面热强度 q_B、燃尽区容积热强度 q_{bo} 等。各参数的物理意义、对锅炉工作的影响以及不同条件下的取值范围已在第四章第八节作了详细说明。

二、炉膛主要尺寸

如前所述，炉膛的主要尺寸是宽度、深度和高度。炉膛尺寸和炉膛的热强度是紧密联系在一起的。

炉膛深度 D 的选取，应保证火焰在炉膛断面内的自由发展，使高温火焰核心不致冲刷炉墙水冷壁，并保证炉内良好的空气动力工况。它的数值与燃烧器的型式和燃烧器的布置情况等有关。当采用大功率燃烧器（此时，燃烧器喷口的直径较大）或在炉墙上布置多层燃烧器时，炉膛深度应适当增加。因此，随锅炉容量的增加，D 值一般稍为增大。

炉膛宽度 W 与炉膛容量和燃料的种类有关，其数值的选取还应考虑燃烧器的型式。炉膛的宽度 W 和深度 D，应保证所选取的炉膛断面热负荷 q_A 不超过相应燃料所规定的数值。随着锅炉容量的增大，W 值也增加，但并不是按比例增加。这说明炉膛断面热强度和烟气速度相应有所提高。

炉膛高度 h，应保证燃料在炉内能完全燃烧以及布置足够的水冷壁面积，以使烟气冷却至给定的出口温度 ϑ_l''。

按完全燃烧条件所需的炉膛高度，应等于炉膛断面的平均烟气速度乘以燃料完全燃烧所需的时间。在煤粉炉内，根据燃料的性质和煤粉颗粒的粗细，燃料完全燃烧的时间为 1～

2.5s。对于固体燃料，根据燃烧条件所确定的炉膛高度和炉膛容积，一般不能满足冷却烟气的要求。而这一要求，是锅炉安全运行所必须保证的。因此，不得不把炉膛尺寸（特别是炉膛高度）加大。随着锅炉容量的增大，炉膛容积的增加比水冷壁面积的增大来得快（见第三节）。因此，单位炉膛容积的冷却面积减少。为了不使锅炉变得过分笨重，锅炉容量增加时，炉膛出口温度 ϑ''_l 有时选得稍高一些。但在任何情况下，对流受热面之前的烟温都不应超过灰分开始变形的温度 t_1。

三、炉膛出口烟气温度 ϑ''_l

炉膛出口烟温如果选取过高，即炉内的辐射受热面布置得太少，则会使出口处对流受热面结渣；如果此温度过低，即炉内辐射受热面布置得太多，则相应的炉温也低，会影响换热强度。根据锅炉受热面的辐射和对流传热的最佳比值，维持炉膛出口烟温约为1250℃是最经济的。但是，对于大多数燃料，这是做不到的。因为炉膛出口处的对流受热面前的烟温，不应超过灰分开始变形的温度 t_1，以防对流受热面的结渣。当没有可靠的灰熔点资料时，这一烟温不应超过1050℃。当炉膛出口处布置着屏式受热面时，炉膛出口烟温 ϑ''_l 一般取 $1100 \sim 1200$℃，但是对于易结渣的燃料，这一温度应保持在 $1000 \sim 1050$℃的水平。

对于不受结渣条件限制的燃料，如液体和气体燃料，炉膛出口烟温可适当提高。但考虑过热器壁温和高温腐蚀（第十六章第五节）的限制，炉膛出口烟温 ϑ''_l 一般也不应超过1250℃，而且，进入对流受热面前的烟温，一般不宜超过1050℃。

四、排烟温度

锅炉的排烟温度主要是根据燃料的价格和锅炉尾部受热面金属耗量的经济比较来选择。较低的排烟温度，对应于较小的排烟热损失 q_2 和较高的锅炉热效率，燃料消耗量也较少；但是，由于尾部受热面的传热温压降低，其金属耗量也就增多。锅炉的最佳排烟温度，应该是燃料费用和尾部受热面金属费用总和最少时所对应的温度。

最佳排烟温度的选取，还与锅炉的给水温度、燃料的性质（燃料的水分和硫分）、省煤器与空气预热器的金属价格比值等因素有关。给水温度较高时，尾部受热面的传热温压下降，最佳的排烟温度应稍为提高。燃料中水分增加时，空气和烟气的热容之比减小，则最经济的排烟温度趋于升高。表12-1示出蒸发量大于 $75t/h(20.8kg/s)$ 锅炉的排烟温度的推荐值，可供参考。我国单机功率在600MW以上（含600MW）机组的排烟温度一般不超过130℃。

表 12-1　　　　　　　　　　　　$D>75t/h(20.8kg/s)$ 锅炉的排烟温度　　　　　　　　　　　　（℃）

给水温度 t_{fw}（℃）		150	$215 \sim 235$	265
燃料折算水分	干燃料（$W_{red} < 3$）	$110 \sim 120$	$110 \sim 130$	$110 \sim 140$
	湿燃料（$W_{red} = 4 \sim 20$）	$110 \sim 130$	$120 \sim 150$	$130 \sim 160$
	很湿燃料（$W_{red} > 20$）	$130 \sim 140$	$160 \sim 170$	$170 \sim 180$

当燃料含硫量较多，金属壁温低于烟气露点温度时，为保证锅炉排烟温度能按上述数值选取，空气预热器必须采取防止低温腐蚀的措施。

此外，排烟温度的选择还与尾部除尘和烟气净化设备有关。

五、热空气温度

锅炉热空气温度的选取，与燃料的燃烧方式、燃料的种类和特性、锅炉的排渣方式等因素有关。煤粉锅炉一般要求采用温度较高的预热空气。

室燃炉热空气温度的选取，主要取决于燃料的性质和空气预热器的型式。着火性能好和水分低的燃料，可以采用较低的热空气温度 t_{ha}。着火性能差或水分较多的燃料，一般要求采用较高的 t_{ha} 值。此外，所需之 t_{ha} 值还与制粉系统的干燥剂种类、锅炉排渣方式等有关。表 12-2 列出锅炉热空气温度的推荐值及空气预热器的布置方式，可供参考。

现代大型电站锅炉几乎都采用单级布置的回转式空气预热器，热风温度可按表 12-2 单级布置方式的数值选取。

表 12-2　　　　　　　电厂锅炉一般采用的热空气温度的数值

燃　料	无烟煤	贫煤、劣质烟煤	褐　煤		烟煤、洗中煤	重油、天然气
			热风干燥剂	烟气干燥剂		
热空气温度 t_{ha}（℃）	380～400	330～380	350～400	300～350	280～350	250～300
空气预热器的布置方式	两级	两级	两级	单级或两级	单级或两级	单级

注　对于液态排渣炉，可取 $t_{ha}=350～400$℃。

六、工质的质量流速

受热面中水和蒸汽的质量流速，对受热面运行的安全性和经济性有很大影响。以过热器为例。如果蒸汽速度选得太低，蒸汽的传热能力下降，过热器管金属温度很高，将影响过热器的安全运行；反之，如果速度选得太高，蒸汽的流动阻力就很大。根据受热面内工质的特性以及各受热面所处的烟温及其对循环经济性影响的不同，质量流速的推荐值列于表 12-3 中。超临界压力受热面中工质质量流速的数值列于表 12-4 中。对于非沸腾式省煤器，质量流速的下限由排除受热面内部（氧）腐蚀的条件来确定；对于沸腾式省煤器，则由消除汽水分层的条件来确定。

表 12-3　　工质质量流速 ρw 的推荐值　［kg/(m²·s)］

受热面		质量流速
对流省煤器	非沸腾式	500～600
	沸腾式	800
对流式再热器		300～400
高压过热器	对流式	500～1000
	屏式	800～1000
	辐射式	1000～1500

表 12-4　　超临界压力受热面中工质 ρw 的推荐值　［kg/(m²·s)］

燃料	下辐射区[①]	上辐射区[①]	屏式受热面	过热器
重油	达 2500	1500～1800	1400～1500	1500～1600
煤	达 2000	1000～1500		
气体燃料	达 1500	1000		

①当采用工质再循环时，ρw 值可降低 25%。

七、烟气速度

烟气速度对受热面运行的安全性和经济性也有影响。烟速 w_g 选得过低，除需布置更多的受热面外，还会加重受热面的灰分污染。一般在锅炉额定负荷下，对于横向冲刷的对流受热面，w_g 应大于 6m/s。烟气流速的上限受飞灰磨损的限制，这是因为管子金属的磨损速率同烟气流速的三至四次方成正比。飞灰磨损还与受热面处的烟气温度 ϑ（烟温影响灰粒的软硬程度）、飞灰的浓度和颗粒的特性等因素有关。当 $\vartheta \leqslant 700$℃，飞灰颗粒变硬，磨损问题相对突出。这时，按磨损条件所确定的横向冲刷受热面的极限烟速，对于一般的煤为 9～10m/s；对于灰多和灰分磨蚀性较强的燃料为 7～8m/s；对于灰少和磨蚀

性较弱的煤为 $10\sim12\text{m/s}$。

第三节　影响锅炉布置的因素

影响机组和受热面布置的因素很多，主要有蒸汽参数、锅炉容量、燃料性质等。

一、蒸汽参数

蒸汽参数对锅炉的布置有重大影响。它除了对炉型的选择有决定性影响外，还影响到锅炉受热面的布置。

在锅炉受热面中，工质的加热过程可分为水的预热（由给水温度加热至饱和温度）、水的蒸发（由饱和水转化为饱和蒸汽）和蒸汽的过热（加热到额定的蒸汽温度）三个阶段。这三个阶段吸收的热量的比例，是随着蒸汽压力而变化的。第五章表 5-1 列出了不同参数下工质吸收热量的分配比例。

由表 5-1 中的数据看出，高压锅炉的过热吸热比例约为 30%；而蒸发吸热的比例约为 50%，与炉膛辐射热占燃料总放热的比例大体相当。这时炉膛内可不布置过热器受热面，也可以布置少量过热器受热面，如辐射式顶棚过热器、辐射式炉膛出口屏式过热器。

当蒸汽参数提高时，蒸发热所占比例减少，过热热和再热热的比例明显提高，有必要将更多的过热器受热面移入炉内，并在锅炉烟道内布置再热器。与高压锅炉相比，超高参数及以上的再热锅炉通常会在炉膛上部多布置一个前屏过热器，再热器则布置在高温过热器和高温省煤器之间。图 12-2 所示为东方锅炉股份有限公司与日本巴布科克—日立公司联合设计的一种超临界参数机组的再热锅炉，混合集箱 3 以上的水冷壁是用于蒸汽过热。此外，在炉膛上部还布置了一屏式过热器；尾部前后烟道，分别布置低温再热器和低温过热器。

二、锅炉容量

锅炉容量和蒸汽参数往往具有相应的关系，即大容量的锅炉，蒸汽参数往往也高。

除蒸汽参数外，锅炉容量对锅炉的布置也有重大影响。为了定性讨论容量对锅炉布置的影响，假设炉膛断面热强度 q_A 或壁面热强度 q_f 不随锅炉容量的变化而变化[1]。

锅炉的容量（以蒸发量 D_{sh} 表示）与燃料输入炉内的热量 $BQ_{net,ar}$ 的关系，可以认为是线性关系。根据上述假设，由式（4-7）可以得知，炉膛的断面积随锅炉容量的增加而增加，即

$$A = WD \propto BQ_{net,ar} \propto D_{sh} \tag{12-6}$$

或

$$W(D) \propto \sqrt{D_{sh}} \tag{12-7}$$

根据炉膛壁面热强度 q_f 的上述假设，也可以得出炉膛高度 h 与容量 D_{sh} 之间具有与式（12-7）相同的关系。因此

$$W(D,h) \propto \sqrt{D_{sh}} \tag{12-7a}$$

炉膛断面的周界 U 与容量的关系为

$$U = 2(W + D) \propto \sqrt{D_{sh}} \tag{12-8}$$

---

[1]　q_A 和 q_f 一般都随锅炉容量的增加而稍微增大，这里假设只是为了定性讨论的方便而作的。

炉膛容积 V_f 及炉膛容积热强度 q_V 与容量的关系

$$V_f \approx WDh \propto D_{sh}^{3/2} \tag{12-9}$$

$$q_V = \frac{BQ_{net,ar}}{V_f} \propto \frac{D_{sh}}{D_{sh}^{3/2}} \propto D_{sh}^{-1/2} \tag{12-10}$$

由上述分析可以看出，随着锅炉容量的增大，炉膛的线性尺寸（宽度、深度、高度或周界）增大（但并不是按线性的关系），炉膛的容积 V_f 和炉膛的断面积 A 也增大，而且 V_f 的增加比 A 迅速。由上述分析还可看出，炉膛容积热强度 q_V 随锅炉容量的增加反而下降。

锅炉容量的变化也影响到炉膛中所能布置的水冷壁管子的数目，因而对水冷壁管子中工质流速有影响。因为水冷壁管数

$$Z = \frac{U}{s} = \frac{U}{\frac{s}{d}d} \propto \frac{1}{d}\sqrt{D_{sh}} \tag{12-11}$$

水冷壁管子中工质的流通断面为

$$Z\frac{\pi d_i^2}{4} = Z\frac{\pi d^2}{4\beta^2} \propto d\sqrt{D_{sh}} \tag{12-12}$$

故工质的质量流速为

$$\rho w = \frac{D}{Z\frac{\pi d_i^2}{4}} \propto \frac{1}{d}\sqrt{D_{sh}} \tag{12-13}$$

上几式中　　D_{sh}——锅炉蒸发量，kg/s；

　　　　d、d_i——水冷壁管的外径和内径，m；

　　　　　　β——外内径比，一般可假设不变，$\beta = d/d_i$；

　　　　　　s——水冷壁管的节距；

　　　　s/d——相对节距，一般可假设不变。

在强制流动锅炉中，水冷壁管子中的质量流速是锅炉安全运行的重要指标之一。由式（12-13）看出，当锅炉容量不大时，水冷壁的质量流速也小。为了保证水冷壁安全所需的质量流速，在直流锅炉中，有时不得不采用小直径的管子（例如在一次上升流动的直流锅炉中）或采用多次上升或盘旋上升式直流锅炉，或采用复合循环方式的锅炉。

按照上述假设，当锅炉容量增大时，炉膛容积增加过快，超出锅炉容量的增大［式（12-10）］；锅炉容积热强度降低太多，锅炉显得过分笨重。因此，在许多锅炉厂家的设计中，当锅炉容量增大时，容许炉膛断面热强度有所提高。在这种情况下，当锅炉容量增大时，炉膛容积热强度仍有所降低，但并不按式（12-10）的比例。炉墙面积的增加落后于锅炉容量的增大，炉膛出口烟气温度将提高。为了使炉膛出口烟温不致增加过多，以保证烟气有足够的冷却，有些厂家采用双面（受辐射的）水冷壁或在炉膛上部布置较多的屏式受热面。

随着锅炉容量的增大，按单位蒸发量而言的炉膛线性尺寸相对减小（锅炉宽度也相对变小），为了保持对流烟道的烟速（不使过高），锅炉对流烟道的尺寸往往可以接近炉膛尺寸，甚至超过炉膛的尺寸。一些国家，为了减小对流烟道的尺寸，以保证烟气流场的均匀性，在大型锅炉中采用"T型"布置方式（即炉膛两侧都有对流烟道的布置方式）。

当锅炉容量增大时，锅炉的宽度相对减小，单位锅炉宽度的蒸汽量增大，过热器和再热

器的管束布置也将相应改变。对于小容量锅炉，过热器采用单管圈的布置方式。随着容量的增大，单管圈和双管圈（见第七章）的过热器布置方式已不能满足要求。中等容量的锅炉，过热器已采用双管圈或三管圈蛇形管；大容量锅炉，过热器和再热器则采用更多并列管数的管圈。

三、燃料

燃料种类和性质对锅炉的布置也有影响。就固体燃料而言，挥发分、水分、灰分、硫分的含量和灰分的性质的影响较为显著。

挥发分低的煤，一般不容易着火和燃尽。燃用这种燃料的锅炉，炉膛容积热强度一般取得小些，使炉膛的容积大些，以保证燃料在炉内有足够的燃烧时间。为了保证这种燃料的稳定着火，经常采用的措施有：采用热风送粉，并采用较高的热空气温度，这就要求在锅炉中布置较多的空气预热器受热面并采用两级的布置方式（见下），以致尾部竖井的高度相应增高；在布置燃烧器区域的水冷壁面上敷设卫燃带，减少燃烧区域水冷壁的吸热量，以保持燃烧区域的高温，给燃料的稳定着火创造有利条件；适当增大炉膛断面热强度，这同样也是为了有利于燃料的着火燃烧。这样，燃烧低挥发分燃料的锅炉，往往炉膛断面较小，高度增大，这对保证燃料的稳定着火和燃烧是有利的，也是尾部受热面的合理布置所要求的。

对于挥发分低的煤种，有些锅炉厂家建议放弃 Π 型布置锅炉的切圆或对冲燃烧方式，而采取 W 型火焰燃烧方式（见第四章）。当采用这种燃烧方式时，制粉系统和热风温度可按常规选取。

燃料水分的增多，将引起炉温下降，使炉内辐射传热量减少，对流受热面的吸热量增大。此外，对于水分多的燃料，要求较高的热空气温度，因此，空气预热器的受热面要布置多些。这样对于 Π 型布置的锅炉来说，要求炉膛的高度较小，尾部对流竖井的高度较大，给锅炉的整体布置带来不便。

燃料的灰分增多，将加剧对流受热面的磨损，在设计对流受热面时，应采用较低的烟速或其他减轻磨损的措施。当含灰的烟气流转弯时，由于离心力的作用，灰分浓度分布非常不均匀，局部地方灰分浓度很大，使处于转弯部分及其后面的对流受热面遭到严重的局部磨损。一些国家，对于燃用多灰燃料的锅炉采用"塔型"布置方式（见本章第四节），烟气在对流烟道中不改变流动方向，这对减少受热面的磨损是有利的。

此外，灰分的性质，如灰熔点和灰的成分，对锅炉的布置也有影响。对于灰熔点低的燃料，在锅炉设计时，必须采用较低的炉膛断面热强度 q_A、燃烧器区域壁面热强度 q_B 和炉膛容积热强度 q_V 等措施，以保证在炉膛及其后面的对流烟道不发生结渣。对于灰熔点太低的燃料，还得采用液态排渣的燃烧方式。燃料中灰分的成分，对高温过热器（再热器）的布置也有影响（见第六和第十六章）。

燃料的硫分对锅炉低温受热面的腐蚀和高温腐蚀都有影响，因此，对于燃用多硫燃料的锅炉，在设计时应注意有关参数的选取和受热面的布置，并采用相应的措施。

燃料的各种性质，往往又是相互牵连的，有时还会出现几种不利因素结合在一起的情况。例如，对于高灰分、高水分和低发热量的燃料，在锅炉设计和布置上会遇到更多的问题。

四、热空气温度——尾部受热面的分级布置

如前所述，对于不同的燃料，应采用不同的热空气温度（表 12-2）。当热空气温度比较

低时，空气预热器可以采用单级布置。当锅炉燃用的燃料要求较高的热空气温度（>350℃）时，空气预热器的单级布置已经不能满足要求，就要求空气预热器分为两级，与省煤器交错布置，组成两级布置的尾部受热面。

尾部受热面采用两级布置的原因，是因为烟气的流量 G_g 和比热容 c_{st} 均比空气为大。因此，烟气的热容量大于空气的热容量：$(Gc_p)_g > (Gc_p)_a$，在空气预热器中，烟气的温降就小于空气的温升，$(\vartheta' - \vartheta'') < (t'' - t')$［见图 12-3（a）］。如果所采用的热空气温度很高，在空气预热器的空气出口处，温差 $(\vartheta'_{ah} - t''_{ah})$ 就会很小［见图 12-3（b）］。这时，单级布置的空气预热器的平均传热温压也就很低，为了保证空气预热器的吸热量，其所需的传热面积和金属耗量也就很大。

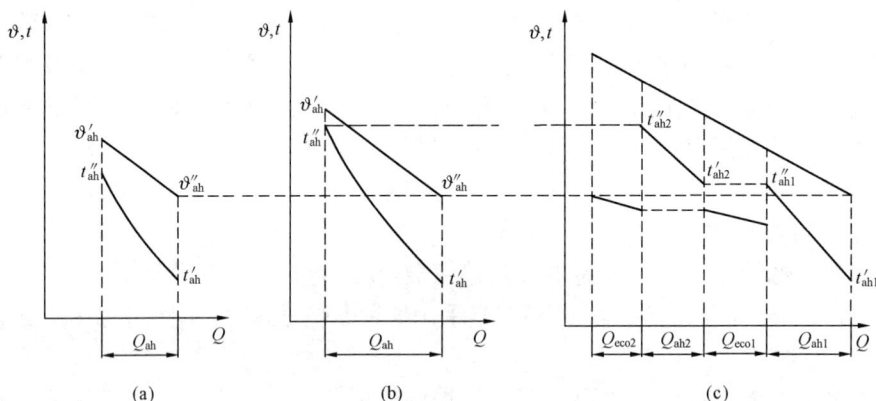

图 12-3　空气预热器中烟气和空气温度的变化

(a)、(b) 单级布置；(c) 两级布置

当尾部受热面采用两级布置时，把整个空气预热器分为两级，并把沿空气流动方向的第二级（高温级）移至烟气温度较高的区域。在两级空气预热器之间布置第一级（沿水的流动方向）省煤器［见图 12-3（c）］。省煤器的第二级（高温级）则布置在第二级空气预热器之前（沿烟气流动方向）。这样做提高了第二级空气预热器的温压，降低了第一级省煤器的温压。因为省煤器中水的热容量比烟气的大得多，所以，在传热过程中，水的温升要比烟气的温降值小得多。当要求的热空气温度较高时，采用两级布置后，第二级空气预热器传热温压的提高将明显地超过第一级省煤器温压的下降，因而总的经济性是有利的。

一般来说，当热空气温度在 300℃ 以下时，采用单级布置比较合适；当热空气温度更高时，管式空气预热器宜采用两级布置。对于再生式空气预热器来说采用单级布置的热空气温度的上限可以适当提高（有的厂家采用 350℃）。

当尾部受热面采用两级布置时，第二级空气预热器一般采用管式，而管式空气预热器的管板一般由碳素钢制成，因此，第二级空气预热器的进口烟温一般不超过 500～550℃，以免管板烧坏。

第四节　锅炉的典型布置

锅炉的整体布置是指炉膛（及炉膛辐射受热面）和对流烟道（及对流受热面）之间的相

互关系（及相对位置）。因锅炉容量、参数和燃料性质等具体条件的不同，会产生很多不同的整体布置方案。其中比较典型的大中型锅炉的布置方案如图 12-4 所示。

一、Ⅱ 型布置

这种布置方式［见图 12-4（a）］是大中型锅炉最广泛采用的一种布置方式，由垂直柱体炉膛、水平烟道和下行对流烟道三部分组成。

采用这种方案，锅炉和厂房的高度都较低，转动机械和笨重设备，如送吸风机、除尘器和烟囱等均可作低位布置（建筑在地面上），因此，减轻了厂房和锅炉构架的负载。在水平烟道中，可以采用支吊方式比较简便的悬吊式受热面。在下行对流竖井中，受热面易于布置成逆流传热方式。这种布置方案使尾部受热面的检修比较方便。Ⅱ 型布置的主要缺点是占地面积较大，烟气从炉膛进入对流烟道时要改变流动方向（转弯），从而造成烟气速度场和飞灰浓度场的不均匀性，影响传热性能和受热面的局部磨损。

二、Γ 型布置

这种布置方案［见图 12-4（b）］与 Ⅱ 型方案相近似，只是取消了水平烟道（因而也取消了 Ⅱ 型布置的中间走廊）。尾部受热面和炉膛一样完全采用悬吊结构。这种布置可以节省钢材，但尾部受热面的检修比较不方便。在采用管式空气预热器时，因为不便支吊，不宜采用这种方案。

三、塔型布置

在塔型布置［见图 12-4（d）］中，对流烟道就布置在炉膛的上方，锅炉垂直向上发展。

这种布置的优点是取消了不宜布置传热面的转弯室，锅炉炉墙表面和占地面积均较小；锅炉对流烟道有自身通风作用，烟气阻力有所降低（和 Ⅱ 型方案相比）；过热器和再热器均采用水平布置方式，容易清除管内的沉积物，便于进行酸洗；在炉膛上部的对流受热面，烟气速度场及温度场分布较均匀，减小了流场不均匀造成的热偏差，有利于提高金属材料的安全裕度；同时受热面的局部磨损也可以减轻，对于多灰燃料非常有利。但是塔型锅炉的高度很大，过热器、再热器和省煤器都布置得很高，汽、水管道较长；在这种布置中，空气预热器、送吸风机、除尘器和烟囱都采用高位布置（布置在锅炉顶部），加重了锅炉构架和厂房的负载，使造价提高。

为了减轻转动机械和笨重设备施加给锅炉和厂房的载荷，一般将空气预热器、送吸风机、除尘器和烟囱等布置在地面，构成所谓半塔型布置［见图 12-4（e）］。

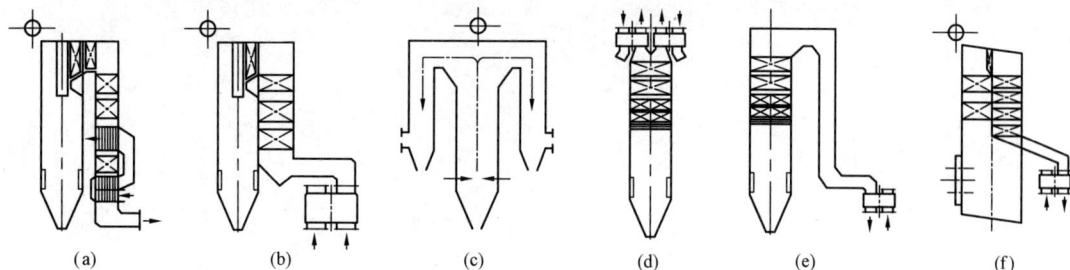

(a)　　　　(b)　　　　(c)　　　　(d)　　　　(e)　　　　(f)

图 12-4　锅炉的典型布置方案

(a) Ⅱ 形；(b) Γ 形；(c) T 形；(d) 塔形；(e) 半塔形；(f) 箱形

四、箱型布置

箱型布置［见图 12-4（f）］主要用于燃油和燃气锅炉，因为炉膛容积可以相对减小，又可以省去或简化凝渣管束，可以把锅炉布置成箱形，并在炉膛上布置对流受热面。这种方案的特点是锅炉的布置很紧凑。

其他布置方案，如 T 型［见图 12-4（c）］、N 型、L 型、U 型等国内很少采用，这里不一一叙述。

复 习 思 考 题

1. 锅炉热力计算方法有哪几种？各方法有什么特点，应用时要注意什么问题？
2. 尾部受热面单级布置和双级布置时，校核计算中有什么差异？
3. 炉膛的尺寸主要受哪些因素影响？炉膛出口温度与炉膛尺寸、形状的关系。
4. 热空气温度如何选择？对应的空气预热器的类型和布置方式应该如何确定？
5. 尾部受热面何时采用双级布置？这时采用单级布置有何缺点？
6. 超超临界参数锅炉采用 Π 形布置，说明主要受热面布置位置和原因。
7. 与 Π 形布置相比较，塔式布置有什么优点和不足？
8. 说明蒸汽参数、燃料特性、容量大小对锅炉受热面布置的影响。

第四篇 锅炉内部过程

第十三章 蒸发受热面的工质流动和传热

第一节 两相流动和传热

一、两相流动和传热的基本概念

当单相水在垂直管中向上流动时,管子横截面上的水流速度是不均匀的。由于水的黏性作用,近壁面的水流速度较低,速度梯度较大;管子中心的水流速度最大、速度梯度为零。当靠近壁面的水中含有蒸汽泡而气泡又不太大时,由于浮力作用,气泡的上升速度要比水速大。由于水流速度梯度的影响,气泡外侧遇到较大的阻力,气泡本身会产生内侧向上外侧向下的旋转运动。旋转引起的压差将气泡推向管子中心。这样,上升两相流中气泡上升较快并相对集中在管子中心部位,即集中在水速较大的地域。与此相反,在下降的两相流中气泡的下降较慢,并集中在管子截面的外圈,即水速较低的地域。

在水平或接近水平的管内两相流中,气泡在浮力的作用下偏向截面的上部。流速越小则这种现象越明显,严重时会出现汽水分层。

在管内两相流中,汽水两相的分布是不均匀的,它们的流速也不相同。由于管径、混合物的含汽率以及流速的不同,两相组成的流型也不一样。不同流型的两相流体,其流动阻力和传热机理是不同的,而流速的大小和传热的强弱又会反过来影响到两相流型。

图 13-1 所示为均匀受热垂直上升蒸发管内的两相流型和传热工况。未饱和水由管子下部进入,完全蒸发后生成的过热蒸汽由上部流出。如果受热不太强烈,区域 A 为单相水的对流传热,水温低于饱和温度,管壁金属温度稍高于水温。在 B 区内,紧贴壁面的水虽然达到饱和温度并产生气泡,但管内大量的水仍然处于未饱和状态。这时生成的气泡脱离壁面后与未饱和水混合,又凝结成水。这个区域内的壁温高于饱和温度,进行着过冷核态沸腾传热。水在进入 C 区时全部达到饱和温度,传热转变为饱和核态沸腾方

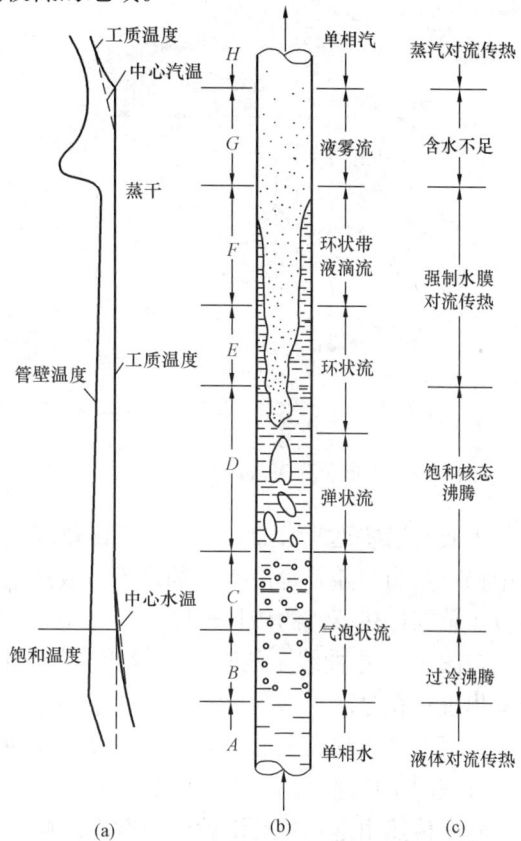

图 13-1 垂直上升蒸发管中的两相流型和传热
(a) 管壁和流体温度;(b) 流型;(c) 传热工况

式，此后生成的气泡不再凝结，沿流动方向的含汽率逐渐增大，气泡分散在水中。这种流型称为气泡状流动。在 D 区内，气泡增多，小气泡在管子中心聚合成大汽弹，形成所谓的弹状流型。汽弹与汽弹之间有水层。当汽量增多汽弹相互连接时，就形成中心为汽而周围有一圈水膜的环状流型（E 区）。在环状流型的后期，中心蒸汽流量很大，其中带有小水滴，同时周围的环状水流逐渐变薄，形成所谓带液滴的环状流型（F 区）。环状水膜减薄后的导热能力很强，使壁面处的过热度不足以产生核态沸腾，转而变为强制水膜对流传热，热量由管壁经强制对流水膜传至水膜同中心汽流之间的表面上，并在此表面上蒸发。当壁面上的水膜完全被"蒸干"后就形成所谓雾状流型（G 区）。这时汽流中虽仍有一些水滴，但对管壁的冷却作用不够，传热恶化，管壁金属温度会突然升高。此后随汽流中水滴的蒸发，蒸汽流速增大，壁温又逐渐下降。最后在过热蒸汽区（H 区）中，由于汽温逐渐上升，管壁温度又逐渐升高。

二、两相传热恶化

随着管内工质吸热、蒸发过程的进行，两相流体的流型和传热工况将发生改变，管内壁上的放热系数 α_2 也就发生变化。在没有内部结垢的情况下，各处的放热系数等于该处的局部热负荷除以管壁与工质的温度差。图 13-1 中示出了沿流程管壁与工质的温度变化，图 13-2 则示出了沿流程的放热系数与受热面热负荷和含汽率 x 之间的关系。

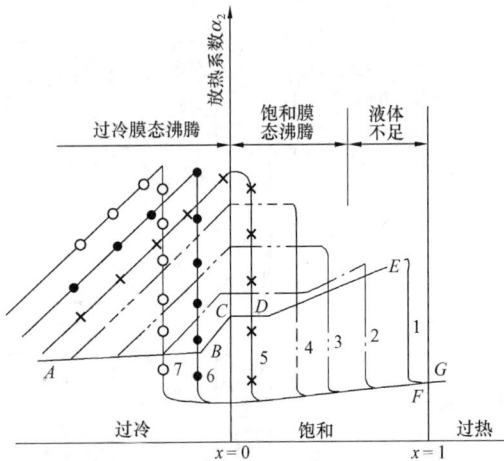

图 13-2 不同负荷时放热系数与 x 的关系

图 13-2 中曲线 1～曲线 7 分别代表由小到大的 7 种热负荷。曲线 1 的 AB 段为单相水的对流传热段，这里的放热系数基本不变，只是随水温的升高使水的物性有所改变，放热系数稍有增加。BC 段为过冷核态沸腾段，沿管长随过冷沸腾核心数目的增多，放热系数成直线增大。CD 段为饱和核态沸腾段，放热系数基本保持不变。DE 段为强制水膜对流传热段，沿管长随液膜的减薄，放热系数不断增大。E 点为"蒸干"点，这时管壁上液膜消失，管内工质处于含水不足状态，传热方式接近于管壁与干饱和蒸汽之间的对流传热，放热系数迅速下降，而管壁与工质的温差迅速增加，即出现了传热恶化。FG 段为含水不足段，管壁上没有水膜但汽流中仍有水滴，随着含汽率 x 的增大，放热系数略有增大。G 点以后为过热段，其放热系数对应于单相过热蒸汽的传热规律。

在图 13-2 中曲线 1 的基础上增加热负荷时，放热系数的变化如曲线 2 所示，过冷沸腾提前出现，在过冷和饱和核态沸腾区中的放热系数增大，两相强迫对流区中的放热系数基本不变，蒸干点出现在更低的含汽率 x 处。热负荷再增加，过冷沸腾出现更早，并且使得壁面上气泡的生成速度超过气泡的脱离速度，从而在壁面上形成一层连续的汽膜把壁面与水分开，管内传热由饱和核态沸腾变成膜态沸腾，放热系数迅速下降，出现传热恶化，如曲线 3 所示。热负荷进一步增加，则如曲线 4～7 所示，过冷沸腾将出现得更早，并且会在 x 很低处甚至在 $x=0$ 的未饱和区就出现膜态沸腾。

通常把因为膜态沸腾引起的传热恶化，称为第一类传热恶化；把因为含水不足引起的传热恶化，称为第二类传热恶化。

由于出现第一类传热恶化的直接原因是热负荷 q 过高，所以把出现第一类传热恶化时的热负荷称为临界热负荷 q_{cr}。出现第二类传热恶化的直接原因是含汽率 x 过高，所以把出现第二类传热恶化时的含汽率称为临界含汽率 x_{cr}。影响 q_{cr}、x_{cr} 的主要因素有工质的压力 p、质量流速（工质的密度与流速的乘积 ρw）、管径 d、含汽率 x（或热负荷 q）等，具体的关系式通过试验整理得到。

三、超临界压力下的传热

超临界压力下的工质在由水变成蒸汽的吸热过程中，不存在汽水共存的两相流状态。但是在超临界压力下的大比热容区内，工质与管壁的传热却类似于亚临界压力下的沸腾换热，这主要是由于工质在该区域内的物性参数变化特性所决定的。

一般认为，超临界压力下最大比热容点可作为该压力下水和水蒸气的分界点，把该点对应的温度称为拟临界温度（或准临界温度），并把比热容 c_p 大于 8.4kJ/(kg·℃) 的区域称为大比热容区（见图 13-3）。由图 13-4 可知，在大比热容区内工质的比体积 v 以及导热系数 λ 和黏度 μ 都会出现急剧的变化。比体积的变化特点还使得受热管的流动截面上存在工质密度的不均匀性，浮力对流动和传热的影响不能忽略，在水平受热管内也会出现分层流动的现象，所有这些特点正好与亚临界压力下工质在两相区的特点类似。

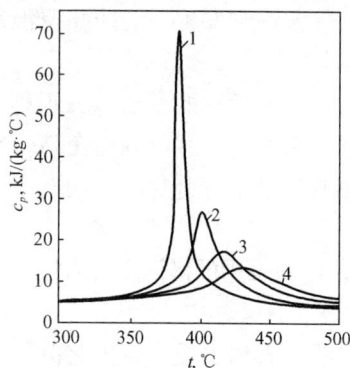

图 13-3　超临界压力下水和蒸汽的比热容变化
曲线 1～曲线 4 分别对应压力
$p=25$、30、35、40MPa

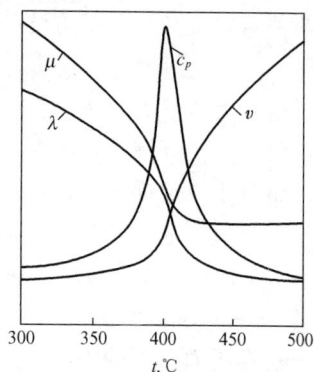

图 13-4　30MPa 压力下水和蒸汽的
物性参数变化
c_p—比热容；v—比体积；λ—导热系数；μ—动力黏度

在超临界压力大比热容区以外，水和水蒸气的传热规律与亚临界压力下的单相流体相同，其对流放热系数 α 可按单相流体进行计算。在大比热容区内，α 受热负荷与质量流速之比 $q/\rho w$ 的影响比较大，工质在管内垂直上升流动时的对流放热系数可按下式计算：

$$\alpha = A\alpha_0 \quad \text{W/(m}^2 \cdot \text{℃)} \tag{13-1}$$

式中　A——根据试验得到的修正系数，按图 13-5 确定；

α_0——超临界压力下焓 $i=840\text{kJ/kg}$ 的水与管壁的对流放热系数，按下式计算：

$$\alpha_0 = 0.021\frac{\lambda}{d}Re^{0.8}Pr^{0.4} \quad \text{W/(m}^2 \cdot \text{℃)} \tag{13-2}$$

根据图 13-5 可知，修正系数 A 随 $q/\rho w$ 的大小呈现出不同的变化特性：

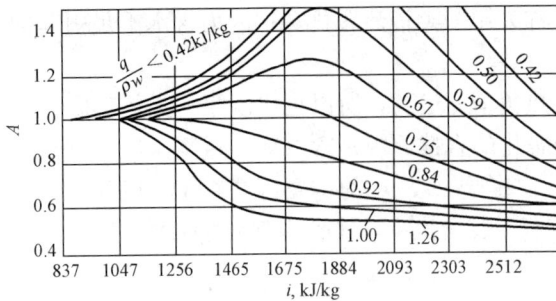

图 13-5 式 (13-1) 的修正系数 A

当 $q/\rho w < 0.42kJ/kg$ 时，在整个计算范围内的 A 值都是大于 1，表明这时工质在大比热容区内物性参数的变化起到了强化传热的效果；当 $q/\rho w$ 为 $0.42 \sim 0.84kJ/kg$ 时，在整个计算范围内的 A 值有时大于 1，有时小于 1，即传热有时被强化，有时被弱化，具体视管内工质的焓值 i 而定，$q/\rho w$ 越大则发生传热恶化时所对应的 i 越小；当 $q/\rho w > 0.84kJ/kg$ 时，在整个计算范围内的 A 值都是小于 1，表明是处于传热恶化的状态。由于这种传热恶化类似于亚临界压力下的膜态沸腾，所以也称为类膜态沸腾。

对于水平和微倾斜管的放热系数，一般通过在垂直管放热系数的基础上乘以修正系数的方法得到。

四、传热恶化的防止措施

出现传热恶化时，工质与管壁之间的放热系数迅速下降，导致管壁金属温度明显升高，甚至导致管子烧坏。另外，在传热恶化状态下还会使管壁的温度发生波动，造成金属疲劳损坏。因此在锅炉的设计和运行过程中，对于传热恶化应有适当的防止措施。

有两种对付传热恶化的方法：一是防止它的产生；二是允许它发生，但防止壁温超过容许值。

关于第一类传热恶化，应该防止受热面的热负荷过高，以避免它的发生。关于第二类传热恶化，对自然循环锅炉，只要保证蒸发管出口的含汽率不是过高，就可以避免该传热恶化的出现；而对于直流锅炉，蒸发管内出现含水不足的传热恶化是不可避免的，因此要设法减少传热恶化时壁温的上升幅度，而不是防止它的产生。

为了防止传热恶化、减小传热恶化时壁温的上升幅度，目前采用的措施主要有以下几个。

1. 保证一定的质量流速

对于临界压力以下的锅炉蒸发管，提高质量流速可以改善管内工质与管壁之间的传热效果，减小蒸发管传热恶化时壁温上升的幅度。也有利于防止或减轻水平蒸发管中出现的汽水分层现象，从而减轻因上下壁温差以及壁温波动引起的金属疲劳损坏。

在超临界压力下，提高质量流速，避免 $q/\rho w$ 过大，也是防止传热恶化的有效措施，由图 13-5 可知，当 $q/\rho w < 0.42kJ/kg$ 时，可避免大比热容区内传热恶化的发生。

2. 使流体在管内产生旋转流动或破坏汽膜边界层

采用过高的质量流速，必然要增大流动阻力和给水泵的功率，因此不能完全依靠提高工质的质量流速来防止传热恶化。实践证明，防止传热恶化的另一个有效措施是使管内流体产生强烈扰动或旋转运动，破坏壁面的汽膜边层，其具体方法如下：

（1）采用内螺纹管。内螺纹管是在管子内壁上开出单头或多头螺旋形槽道的管子，工质在内螺纹管内流动时发生强烈扰动，将水压向壁面并迫使气泡脱离壁面被水带走，从而破坏汽膜层的形成，使管内壁温度降低。

图 13-6 所示为一种内螺纹管结构及其产生的降温效果。内螺纹管的作用一方面强化了传热，另一方面使传热恶化大大推迟，从而使发生传热恶化的受热管位置离炉膛火焰中心比

较远，对应的热负荷较低，而且汽水流速比较高。这两方面的作用使得管壁温度不会因传热恶化而大幅上升。

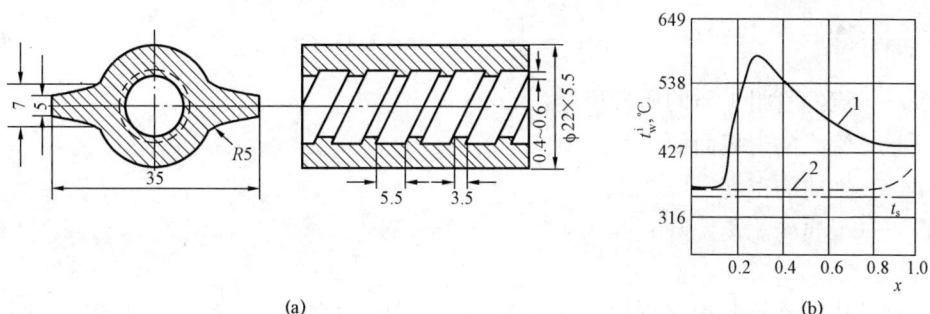

图 13-6　内螺纹管

（a）结构；（b）内壁温度变化

1—光管；2—内螺纹管

（2）加装扰流子。在锅炉蒸发管内加装扰流子也可降低传热恶化时的管壁温度。扰流子是塞在管中的螺旋状金属薄片，其两端固定在管壁上，每隔一段长度留有定位凸缘。在推迟传热恶化和降低壁温方面，扰流子可起到与内螺纹管相类似的作用。根据理论分析和一些应用经验，扰流子在强化传热方面不及内螺纹管。

3. 降低受热面的热负荷

传热恶化区管壁温度的峰值与该处受热面的热负荷有直接关系，热负荷越高，则壁温峰值越大（图13-7）。为了降低传热恶化时的壁温峰值，可将炉膛燃烧器沿高度方向拉开，采用多个功率较小的燃烧器，设法减小炉内的热偏差等方

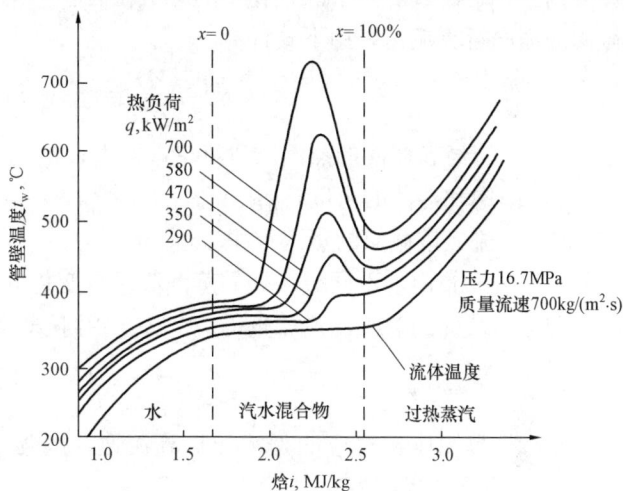

图 13-7　热负荷对管壁温度的影响

式，以减小炉内局部热负荷。在燃油及燃气锅炉上采用烟气再循环，对降低传热恶化时的壁温也是有效的。

第二节　两相流的基本参数和流动压降

一、两相流的基本参数

研究两相流体时所用的流动特性参数可分为两类，第一类是根据流过的工质的质量平衡或能量平衡计算得到的参数，称为流量参数；第二类为表示流体（汽相、液相或汽液混合物）流动时的真实状态的参数，称为真实流动特性参数。

（一）流量参数

1. 质量流速

单位时间内流经单位流通截面的工质质量称为质量流速，用下式计算：

$$\rho w = \frac{G}{F} \quad \mathrm{kg/(m^2 \cdot s)} \tag{13-3}$$

式中　G——流经管组工质的质量流量，kg/s；

F——管组的内截面面积，$\mathrm{m^2}$；

ρ——工质的密度，$\mathrm{kg/m^3}$；

w——工质的流速，m/s。

2. 循环流速

循环回路中水在饱和温度下按上升管入口截面计算的水流速度称为循环流速，即

$$w_0 = \frac{G}{\rho' F} = \frac{\rho w}{\rho'} \quad \mathrm{m/s} \tag{13-4}$$

式中　ρ'——饱和水的密度，$\mathrm{kg/m^3}$。

3. 折算流速

汽水混合物是由汽和水两相组成的，两者的流速也不相同。为计算方便，常采用所谓的折算流速。假定流过的汽水混合物中的蒸汽占有管子全部截面时，计算所得的蒸汽流速称为该截面的蒸汽折算流速，用下式计算：

$$w_0'' = \frac{D}{\rho'' F} = \frac{V''}{F} \quad \mathrm{m/s} \tag{13-5}$$

式中　D——流经该截面的蒸汽质量流量，kg/s；

ρ''——饱和蒸汽的密度，$\mathrm{kg/m^3}$；

V''——流经该截面的蒸汽容积流量，$\mathrm{m^3/s}$。

在受热蒸发管内，不同截面处的蒸汽流量是变化的，管段的平均蒸汽折算流速可根据管段入口和出口截面的蒸汽质量流量 D_{in} 和 D_{ou}，用下式计算：

$$\overline{w_0''} = \frac{D_{\mathrm{in}} + D_{\mathrm{ou}}}{2\rho'' F} \quad \mathrm{m/s} \tag{13-6}$$

与蒸汽折算流速相对应的是水的折算流速，因为汽水混合物中水的质量流量为 $(G-D)$，所以水的折算流速为

$$w_0' = \frac{G-D}{\rho' F} = \frac{V'}{F} \quad \mathrm{m/s} \tag{13-7}$$

式中　ρ'——饱和水的密度，$\mathrm{kg/m^3}$；

V'——流经该截面的水的容积流量，$\mathrm{m^3/s}$。

由式（13-4）、式（13-5）和式（13-7），可得到循环流速与折算流速之间的关系式

$$w_0 = w_0' + w_0'' \frac{\rho''}{\rho'} \quad \mathrm{m/s} \tag{13-8}$$

4. 混合物流速

流经管子截面的混合物容积等于流过的水容积 V' 与汽容积 V'' 之和，混合物流速为

$$w_{\mathrm{m}} = \frac{V' + V''}{F} = w_0' + w_0'' \quad \mathrm{m/s} \tag{13-9}$$

把式（13-8）代入上式，得

$$w_m = w_0 + w_0'' \left(1 - \frac{\rho''}{\rho'}\right) \quad \text{m/s} \tag{13-10}$$

5. 质量含汽率

蒸汽的质量流量 D 与工质总的质量流量 G 之比称为质量含汽率（又称：蒸汽干度），并以 x 表示：

$$x = \frac{D}{G} = \frac{F w_0'' \rho''}{F w_0 \rho'} = \frac{w_0'' \rho''}{w_0 \rho'} \tag{13-11}$$

也可根据能量平衡关系，得到任一截面上的质量含汽率：

$$x = \frac{D}{G} = \frac{i - i'}{r} = \left[\frac{\dot{Q}}{G} - (i' - i_{in})\right]\frac{1}{r} \tag{13-12}$$

式中　i——该截面上工质的焓，kJ/kg；

　　　i'——饱和水的焓，kJ/kg；

　　　r——饱和水的汽化潜热，kJ/kg；

　　　$\dot{Q}$——工质从管段入口到该截面之间的吸热率，kJ/s；

　　　i_{in}——管段入口工质的焓，kJ/kg。

对于沿管长均匀受热的管段，可根据入口和出口质量含汽率 x_{in} 和 x_{ou}，用下式计算管段平均质量含汽率：

$$\bar{x} = \frac{x_{in} + x_{ou}}{2} \tag{13-13}$$

把式（13-11）代入式（13-10），可得到 w_m 与 x 的关系式

$$w_m = w_0 \left[1 + x\left(\frac{\rho'}{\rho''} - 1\right)\right] \quad \text{m/s} \tag{13-14}$$

6. 容积含汽率

流经管子某一截面的蒸汽容积流量与混合物的总容积流量之比，称为该截面上的容积含汽率，用 β 表示：

$$\beta = \frac{V''}{V' + V''} = \frac{w_0'' F}{w_m F} = \frac{w_0''}{w_0 + w_0''\left(1 - \frac{\rho''}{\rho'}\right)} \tag{13-15}$$

把式（13-11）代入上式，可得到容积含汽率 β 与质量含汽率 x 之间的关系式，即

$$\beta = \frac{1}{1 + \frac{\rho''}{\rho'}\left(\frac{1}{x} - 1\right)} \tag{13-16}$$

由上式可知，β 与 x 之间的关系取决于饱和汽与饱和水的密度差，也就是取决于汽水混合物压力的高低。压力低时，因为 ρ'' 比 ρ' 小得多，所以这时即使 x 比较小，β 也比较大。随着 x 的增加，β 的增加逐渐趋缓，压力越低这种变化特性越明显。

7. 流量密度

汽水混合物的质量流量与体积流量之比，称为流量密度，用 ρ_m 表示，即

$$\rho_m = \frac{G}{V} = \frac{\rho'' V'' + \rho' V'}{V'' + V'} = \beta \rho'' + (1 - \beta)\rho' \quad \text{kg/m}^3 \tag{13-17}$$

（二）真实流动特性参数

以上介绍的流量参数，都是根据工质"流过"某个截面的流量计算得到的参数，而不是

工质真正在该流通截面上的"当地"参数（真实流动特性参数）。造成这种差别的原因是两相流中汽和水的流速不一样，两者之间有相对运动。

在某些情况下，需要用真实流动特性参数进行计算，例如：管内工质状态、重位压头等的计算。

1. 真实流速

用 F' 和 F'' 分别表示水和汽所占管子截面的面积，则该截面上水的真实流速为

$$w' = \frac{G-D}{F'\rho'} = \frac{V'}{F'} \quad \text{m/s} \tag{13-18}$$

而汽的真实流速为

$$w'' = \frac{D}{F''\rho''} = \frac{V''}{F''} \quad \text{m/s} \tag{13-19}$$

汽水两相真实流速之比称为汽水滑动比 S，即

$$S = \frac{w''}{w'} \tag{13-20}$$

2. 截面含汽率

在某一截面上，蒸汽所占截面积 F'' 与管子总截面积 F 之比，称为截面含汽率，即

$$\varphi = \frac{F''}{F} \tag{13-21}$$

根据
$$\beta = \frac{V''}{V'+V''} = \frac{w''F''}{w_m F} = \frac{w''}{w_m}\varphi$$

令 $\frac{w_m}{w''} = C$，得
$$\varphi = C\beta \tag{13-22}$$

容积含汽率 β 和汽水混合物流速 w_m 是根据汽水混合物的体积流量计算得到的，并没有考虑汽水两相之间速度差别的影响。在实际过程中，w_m 的大小介于汽、水真实流速 w'' 和 w' 之间，因此 φ 与 β 一般是不相等的，比例系数 C 正是反映了汽水两相速度差的影响。

在向上流动时，$w'' > w_m > w'$，所以 $C < 1$，$\varphi < \beta$；向下流动时，$w'' < w_m < w'$，所以 $C > 1$，$\varphi > \beta$。随着压力的升高，汽和水的相对流速减小，在达到临界压力时，$w'' = w_m = w'$，这时 $C = 1$，$\varphi = \beta$。C 的具体数值与工质的压力和流速有关，通过试验确定，并整理成线算图或经验公式供实际应用。

φ 与 β 之间的关系也可以用汽水滑动比 S 表示，即

$$\varphi = \frac{1}{1+S\left(\frac{1}{\beta}-1\right)} \tag{13-23}$$

与比例系数 C 一样，S 的具体数值也要通过试验确定。

3. 真实密度

流通截面上的工质密度，称为真实密度，按下式计算：

$$\rho_{tr} = \varphi\rho'' + (1-\varphi)\rho' \quad \text{kg/m}^3 \tag{13-24}$$

汽水混合物向上流动时，$w'' > w_m > w'$，这种速度差使饱和汽所占的截面份额 φ 变小，而饱和水占的截面份额 $(1-\varphi)$ 变大，所以这时的真实密度 ρ_{tr} 大于流量密度 ρ_m。随着压力升高，这两种密度的差别逐渐减小。

二、两相流动的压降

当工质流经某个管段时，在进出口截面 1、2 之间的压力降 Δp 可表示为

$$\Delta p = p_1 - p_2 = \Delta p_{fr} + \Delta p_{ac} \pm \Delta p_{gr} \tag{13-25}$$

式中　p_1、p_2——截面 1、2 处的静压；

　　　Δp_{fr}——流动阻力（摩擦阻力和局部阻力）损失；

　　　Δp_{ac}——流体加速引起的静压降；

　　　Δp_{gr}——重位压头，向上流动时为正，向下流动时为负。

因为两相流体流动时的压降与流型和流体中的含汽率等有很大关系，所以对于两相流体的流动阻力，不能直接采用单相流体的计算方法。下面介绍在锅炉水动力计算中一般采用的均相模型加修正系数的计算方法。

1. 两相流体的摩擦阻力

对于均匀混合的汽水混合物，可按混合物流速 w_m 和混合物流量密度 ρ_m 来计算流体在管内流动的摩擦阻力：

$$\Delta p_f = \lambda \frac{l}{d} \frac{w_m^2 \rho_m}{2} \quad \text{Pa} \tag{13-26}$$

式中　λ——摩擦阻力系数；

　l、d——管子的长度、内径，m。

在稳定流动情况下，根据前述混合物流速 w_m 与循环流速 w_0 之间的关系式，式（13-26）可表示为

$$\Delta p_f = \lambda \frac{l}{d} \frac{w_0^2 \rho'}{2} \left[1 + x \left(\frac{\rho'}{\rho''} - 1 \right) \right] \tag{13-27}$$

以上计算式中的摩擦阻力系数 λ 是按单相流体计算的，由于计算式中没有反映两相流动特性对流动阻力的影响，所以计算所得的阻力与实测值有较大的偏差。因此在实际计算中对以上均相模型引入了修正系数，以反映两相流动特性的影响。在我国电站锅炉水动力计算方法中，采用的摩擦阻力计算公式为

$$\Delta p_f = \psi \lambda \frac{l}{d} \frac{w_0^2 \rho'}{2} \left[1 + x \left(\frac{\rho'}{\rho''} - 1 \right) \right] \tag{13-28}$$

式中　ψ——反映两相流动特性对摩擦阻力影响的校正系数，通过试验整理得到。

2. 两相流体的局部阻力

流体流动过程中的局部阻力，包括流经管子弯头、管子进口、管子出口、阀门和分叉管时，因流动方向改变或流通截面改变而产生的流动阻力。

局部阻力所引起的压力损失可按下式计算：

$$\Delta p_{lo} = \zeta \frac{w_0^2 \rho'}{2} \left[1 + x \left(\frac{\rho'}{\rho''} - 1 \right) \right] \quad \text{Pa} \tag{13-29}$$

式中　ζ——两相流体局部阻力系数，通过试验方法确定，其值一般比单相流体局部阻力系数稍大，可根据不同局部情况由有关手册查出。

如果计算的局部阻力位置在流通截面积发生改变之处，应该注意式中流速 w_0 计算所用的流通截面积，要与查得的 ζ 相对应。

3. 重位压差

当两流通截面之间的高度差为 h 时，两相流体的重位压差为

$$\Delta p_{gr} = h\bar{\rho}g \quad Pa \tag{13-30}$$

式中　$\bar{\rho}$——管段内工质的平均真实密度。

$\bar{\rho}$ 的计算式为

$$\bar{\rho} = \bar{\varphi}\rho'' + (1-\bar{\varphi})\rho' \quad kg/m^3 \tag{13-31}$$

式中　$\bar{\varphi}$——管段内的平均截面含汽率。

4. 流体加速压降

流体在管内因受热或压力变动等原因，其流速会发生改变，并由此使得流体沿流程的动量及其对应的静压发生改变，这种因动量改变引起的静压变化量就是流体的加速压降。在均相模型中（即假定汽水混合物均匀混合），对于等截面管段的流体加速压降按下式计算：

$$\Delta p_{ac} = \rho w (w_{m,2} - w_{m,1}) \quad Pa \tag{13-32}$$

式中　$w_{m,1}$、$w_{m,2}$——管子进、出口截面的混合物流速，m/s。

分别对管子进口截面（质量含汽率为 x_1）和出口截面（质量含汽率为 x_2）应用式（13-14），并代入上式，可得

$$\Delta p_{ac} = (\rho w)^2 \left(\frac{1}{\rho''} - \frac{1}{\rho'}\right)(x_2 - x_1) \tag{13-33}$$

第三节　自然循环原理及计算

一、自然水循环原理

(一) 自然循环回路

水的沸腾是具有相变的传热过程，工况良好时具有很高的放热系数，能有效地冷却受热面金属，维持长期安全工作。吸收火焰或烟气的热量而使水产生蒸汽的受热面称为蒸发受热面。锅炉炉膛内的高温火焰向周围大量辐射热量，故在炉膛墙壁上应装设水冷壁管，构成吸收辐射热的蒸发受热面。

为维持蒸发受热面中良好的沸腾放热，受热管子中的工质要有足够大的流速。在超临界压力时要用泵来推动工质的流动，这是一种强制流动方式；低于临界压力时也可采用强制流动方式，但更多的是利用汽、水密度差形成的自然循环或带循环泵的控制循环流动方式。

图 13-8 所示为简单自然循环回路的示意，包括有炉内受热的上升管和炉外不受热的下降管。两种管子的上下两端分别由汽包和下联箱连接成封闭回路。汽包具有较大的容积，其中的下半部充满水，上半部为蒸汽空间，两者之间的分界面叫做蒸发面。整个回路中的水统称为锅水。

在上升管中水受热达到饱和温度并产生部分蒸汽，而下降管内为来自汽包的饱和水与省煤器来的给水混合后的未饱和水。由于上升管中汽水混合物的密度小于下降管中水的密度，下联箱左右两侧将产生压力差，推动上升管中的汽水混合物向上流动，进入汽包，并在汽包内进行汽和水的分离。分离出来的饱和汽被送入过热器；分离出来的

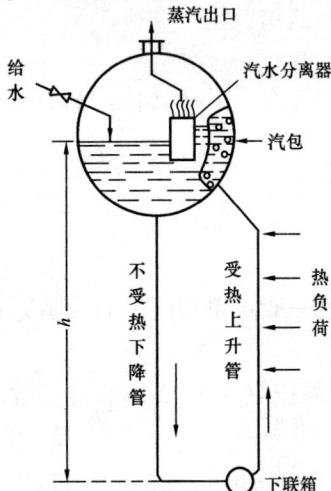

图 13-8　简单自然循环回路

饱和水与省煤器来的给水混合后流入下降管，继续循环。

实际自然循环锅炉的蒸发区会分成多个循环回路，每一回路中均有许多并列的上升管和数目较少而直径较大的下降管。

（二）循环压头

下降管中的工质柱重和上升管中的工质柱重之差是自然循环回路的推动力，称为运动压头，以 S_{dr} 表示，即

$$S_{dr} = h\bar{\rho}_{dc}g - h\bar{\rho}_{ri}g \quad Pa \tag{13-34}$$

式中　h——循环回路高度，m；

$\bar{\rho}_{dc}$——下降管中工质的平均密度，kg/m³；

$\bar{\rho}_{ri}$——上升管内工质的平均密度，kg/m³。

运动压头的大小取决于饱和水与饱和汽的密度、上升管中的平均含汽率和循环回路的高度。随着压力的增高，饱和水和汽的密度差减小，运动压头也将减小；但如能适当增大上升管中的含汽率和回路高度，仍可维持足够的运动压头，目前自然循环锅炉的最高汽包压力可达到 19MPa 左右。

工质流经受热上升管时，沿管长各处的含汽率也是变化的，因此上升管中汽水混合物的密度要分段计算。

根据自然循环回路中的压差流量关系，运动压头将用于克服整个循环回路的流动阻力，包括下降管、上升管和汽水分离装置中的流动阻力，即

$$S_{dr} = \Delta p_{dc} + \Delta p_{ri} \tag{13-35}$$

式中　Δp_{dc}——下降管中的流动阻力，Pa；

Δp_{ri}——上升管和汽水分离装置中的流动阻力，Pa。

Δp_{ri} 的值在一定的工作压力下，取决于上升管的结构（直径、长度）、阻力系数、循环流速和管内产汽率等，见式（13-27）和式（13-28）。

如果把下降管流动阻力单独分开计算，则式（13-35）可写为

$$S_{ef} = S_{dr} - \Delta p_{ri} = \Delta p_{dc} \tag{13-36}$$

式中　S_{ef}——自然循环回路的有效压头，在数值上等于循环回路运动压头与上升管和分离装置阻力损失之差；可用它来克服下降管中的流动阻力。

式（13-34）和式（13-35）还可以表示成

$$h\bar{\rho}_{dc}g - \Delta p_{dc} = h\bar{\rho}_{ri}g + \Delta p_{ri} \tag{13-37}$$

该式表示下降管、上升管两侧从汽包到下联箱之间的压差是相等的。

式（13-35）～式（13-37）是锅炉自然水循环计算的基本公式，它们以不同的形式表示了自然循环回路中的重位压头与流动阻力之间的平衡关系，它们的本质是一样的，相互之间可以转换。根据各等式左右变量物理概念的不同，把用这三个公式进行水循环计算的方法分别称为运动压头法、有效压头法、压差法。

（三）循环流速和循环倍率

循环流速和循环倍率是自然循环回路两个重要的安全性指标。

循环流速 w_0 是指循环回路中水在饱和温度下按上升管入口截面计算的水流速度。如果 w_0 很小甚至为负值，就会出现循环停滞、倒流等非正常工况，并发生传热恶化，使上升管

因超温而受到破坏。因而需要根据循环回路的压头和流动阻力以及热负荷分布，检查回路的 w_0 是否正常。表 13-1 给出不同参数的自然循环锅炉在额定负荷下循环流速的推荐值。

表 13-1 　　　　　　　　　　　　　　　　**上升管入口循环流速推荐值**

	汽包压力	MPa	4～6	10～12	14～16	17～19
	锅炉蒸发量	t/h	35～240	160～420	400～670	≥800
循环流速	直接引入汽包的水冷壁	m/s	0.5～1	1～1.5	1～1.5	1.5～2.5
	有上联箱的水冷壁		0.4～0.8	0.7～1.2	1～1.5	1.5～2.5
	双面水冷壁		—	1～1.5	1.5～2	2.5～3.5
	蒸发管束		0.4～0.7	0.5～1	—	—

进入上升管的循环水流量 G 与上升管出口蒸汽流量 D 之比叫做循环倍率，以 K 表示。设上升管出口汽水混合物的质量含汽率为 x，对应的上升管出口蒸汽流量等于 Gx，则有

$$K = \frac{G}{D} = \frac{G}{Gx} = \frac{1}{x} \tag{13-38}$$

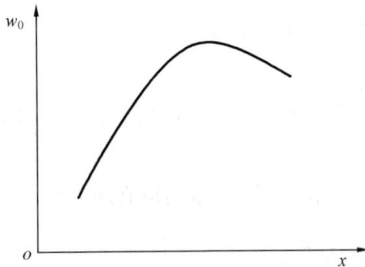

图 13-9　上升管 w_0 与 x 的关系

根据式（13-38），出口含汽率 x 越大，循环倍率 K 就越小。随着锅炉的工作压力增高，饱和水与饱和汽的密度差减小，为使回路有足够的运动压头，维持合理的循环流速 w_0，就应设法增大上升管中的含汽率 x。在 x 不太高的情况下，x 增加时运动压头的增加幅度大于流动阻力的增加幅度，所以循环流速 w_0 随 x 的增加而增加，这同时也意味着热负荷高的上升管对应的循环流速也高，这就是所谓的自然循环自补偿能力。但是 x 过大时，又会使管子中的流动阻力增加超过运动压头的增加，因而使 w_0 随 x 的增加反而降低，如图 13-9 曲线峰值后的线段所示，这也意味着自补偿能力的丧失，其结果是热负荷高的管子中的循环流速反而低，从而可能出现传热恶化。通常把开始失去自补偿能力时的循环倍率称为界限循环倍率 K_{th}。此外，如果循环倍率过低（即含汽率过高），还会使上升管出现含水不足的传热恶化现象，所以对受热最强管子的出口含汽率 x 一般应限制在 0.4 以下，即循环倍率要大于 2.5。

表 13-2 示出不同参数自然循环锅炉循环倍率的推荐值。表中推荐循环倍率是指锅炉额定负荷下回路的平均计算循环倍率。在低于额定负荷下工作时，可按下式估算循环倍率 K：

$$K = \frac{1}{0.15 + 0.85\dfrac{D}{D_{rat}}} K_{rat} \tag{13-39}$$

式中　D_{rat}、D——锅炉额定蒸发量和实际蒸发量；

　　　K_{rat}——额定负荷下的循环倍率。

表 13-2 　　　　　　　　　　　　　　　　**界限循环倍率和推荐循环倍率**

汽包压力（MPa）		4～6	10～12	14～16	17～19
锅炉蒸发量（t/h）		35～240	160～420	185～670	≥800
界限循环倍率		10	5	3	≥2.5
推荐循环倍率	燃煤锅炉	15～25	8～15	5～8	4～6
	燃油锅炉	12～20	7～12	4～6	3.5～5

二、水循环计算

对于设计合理、运行正常的锅炉自然循环回路，循环水在吸热产汽的同时，能维持足够的循环流速和循环倍率，使工质与受热管之间保持良好的传热，以保证管子的壁温处于许可的安全范围内。

锅炉水循环计算的任务，就是根据循环回路工质流动过程中压差与流量的平衡关系，计算确定回路的循环流速和循环倍率，校验循环回路中蒸发受热面的安全性。

对新设计的或对循环系统有较大改动的锅炉一般都要进行水循环计算，以检查循环回路工作是否安全。通常只按额定负荷和额定参数进行计算，在一般情况下锅炉负荷的变动对水循环安全影响不大。降压运行一般不会降低循环的安全性，故可不必进行验算。

在一台锅炉中各循环回路的结构和受热情况是不同的，且各回路间常常互相影响。原则上对每个回路均应进行计算，但对结构与受热情况基本一致的回路，可只计算其中一个。水循环计算前需进行锅炉的热力计算，并确定好回路的结构尺寸。

简单循环回路是指循环回路中并列的下降管、上升管分别因结构、流动和传热特性相近，而可抽象成一根下降管和一根上升管时，所构成的独立循环回路。

由于整个循环回路中不同管路的结构布置、流动或传热特性的差异，需要对各管路的压差、流量单独计算，再按串联、并联关系相结合的循环回路，称为复杂循环回路。

图 13-10 所示为一个简单循环回路，在上、下联箱之间有多根并列受热的蒸发管，生成的汽水混合物经由不受热的上联箱和导管引入汽包。汽水混合物在汽包内进行分离，蒸汽由顶部送出，而饱和水则与给水混合后进入下降管。

给水有欠焓时，进入上升管的水要吸收一些热量后，才能到达饱和温度。因此上升管的下部有一段不含汽的热水段（h_{hw}），而上部为含汽段（h_{vc}）。在含汽段中由于管子受热，其中的含汽率是变化的。导管不受热，其中含汽率保持不变。由上联箱至汽包水位一段导管（h_{lp}）仍可产生运动压头，但高于汽包水位的一段导管（h_{ov}）产生的运动压头小于零，所以把它视为阻力损失 Δp_{ov}。

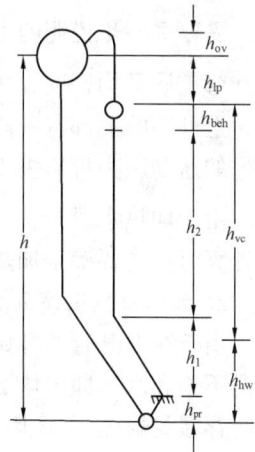

图 13-10　简单循环回路

1. 基本方程

图 13-10 下联箱左右两侧的压力平衡式为

$$h\bar{\rho}_{dc}g - \Delta p_{dc} = \sum h_i\bar{\rho}_i g + \Delta p_{ri} + h_{lp}\rho_{lp}g + \Delta p_{lp} + \Delta p_{ov} + \Delta p_{se} + \Delta p_{ac} \qquad (13\text{-}40)$$

式中　$\sum h_i\bar{\rho}_i g$——上升管（$h_{hw}+h_{vc}$）内工质的柱重；

　　　　Δp_{ri}——上升管（$h_{hw}+h_{vc}$）的流动阻力；

　　　$h_{lp}\rho_{lp}g$——导管（h_{lp}）内工质的柱重；

　　　　Δp_{lp}——上联箱与汽包之间的汽水导管的流动阻力；

　　　　Δp_{se}——汽包内汽水分离装置的流动阻力；

　　　　Δp_{ac}——循环回路中流体的加速压降；

　　　　Δp_{ov}——因 h_{ov} 段的重位差而造成的流动阻力，可按式（13-41）计算。

$$\Delta p_{ov} = h_{ov}g(\rho_{ov} - \rho'') = h_{ov}g(1 - \varphi_{ov})(\rho' - \rho'') \qquad (13\text{-}41)$$

式中 ρ_{ov}——h_{ov}段的真实密度，kg/m^3；

φ_{ov}——h_{ov}段的截面含汽率。

式（13-41）计算的重位差 Δp_{ov} 会比其实际值稍大一点（也就是偏保守一点），因为 h_{ov} 段中向下流入汽包的那一段中工质是汽水混合物，而不是饱和蒸汽，密度要大于 ρ''。

由于下降管工质柱重与上升管中工质柱重之差等于自然循环回路的运动压头，所以图 13-10 循环回路的运动压头为

$$S_{dr} = h\overline{\rho}_{dc}g - (\sum h_i\overline{\rho}_i + h_{lp}\rho_{lp})g \qquad (13\text{-}42)$$

回路的有效压头 S_{ef} 等于运动压头与上升管阻力之差，即

$$S_{ef} = S_{dr} - (\Delta p_{ri} + \Delta p_{lp} + \Delta p_{ov} + \Delta p_{se} + \Delta p_{ac}) = \Delta p_{dc} \qquad (13\text{-}43)$$

式（13-40）和式（13-43）分别与式（13-37）和式（13-36）相对应，所以用式（13-40）和式（13-43）进行水循环计算的方法分别称为压差法和有效压头法。

在式（13-40）和式（13-43）中，不含汽的下降管和上升管中热水段的工质柱重和流动阻力可以按单相流体进行计算，上升管含汽段及其以后的汽水导管的流动阻力按第二节介绍的两相流体流动阻力计算方法进行计算，汽水导管的工质柱重按上升管出口的截面含汽率计算。需要进一步说明的主要是上升管（$h_{hw}+h_{vc}$）中工质重位压头 $\sum h_i\overline{\rho}_ig$ 的计算，也就是上升管工质平均密度 $\overline{\rho}_i$ 的计算。

上升管的下部有一段为加热水段，其中的工质是低于饱和温度的水，在一般情况下它所产生的运动压头可略去不计。在加热水段中还可能有表面沸腾，计算水循环时也略去不计。

由于加热水段与含汽段的工质密度有很大的差别，所以在进行上升管工质平均密度 $\overline{\rho}_i$ 的计算时首先要确定加热水段的高度 h_{hw}。

2. 加热水段高度 h_{hw} 的计算

由于在上升管的开始部分存在不受热的热前段 h_{pr}，而且上升管吸热段进口的工质一般都是不饱和水，即欠焓 $\Delta i = i' - i > 0$，所以在上升管中存在加热水段。

存在欠焓 Δi 的原因，一是从汽包进入下降管的工质本身一般都存在欠焓，其欠焓值为 Δi_{uh}；二是工质沿流程的压力变化，会改变工质在当地的欠焓，其中流动阻力使欠焓减小，而重位压头的影响是在下降流动时使欠焓增大，在上升流动时则使欠焓减小。

当加热水段处在图 13-10 所示的 h_1 段内时，h_{hw} 可按下式计算：

$$h_{hw} = h_{pr} + \frac{\Delta i}{\Delta q_1} = h_{pr} + \frac{\Delta i_{uh} + [\rho'g(h-h_{pr}) - (\Delta p_{dc} + \Delta p_{pr})]\dfrac{\partial i'}{\partial p}}{\dfrac{\dot{Q}_1}{h_1G} + \dfrac{\partial i'}{\partial p}(\rho'g + \Delta\dot{p}_1)} \quad m \qquad (13\text{-}44)$$

式中 Δi——上升管吸热段进口的工质欠焓，kJ/kg；

Δq_1——因吸热和压力变化，h_1 段每米高度工质的当量吸热，$kJ/(kg\cdot m)$；

Δp_{dc}、Δp_{pr}——下降管、上升管热前段的流动阻力，Pa；

$\dfrac{\partial i'}{\partial p}$——饱和水焓随压力的变化率，$kJ/(kg\cdot Pa)$；

$\dot{Q}_1$——h_1 段在单位时间内的吸热量，kW；

G——工质流量，kg/s；

$\Delta\dot{p}_1$——h_1 段单位高度的流动阻力，Pa/m。

下降管进口工质的欠焓 Δi_{uh}，可根据汽包进、出口工质的质量、能量平衡关系得到

$$\Delta i_{uh} = i' - i_{dc} = \frac{D}{G}(i'' - i_{eco}) - x(i'' - i') \quad \text{kJ/kg} \tag{13-45}$$

式中　D——汽包出口蒸汽流量，kg/s；

　　i_{eco}——由省煤器送入汽包的水焓，kJ/kg；

　　x——上升管出口工质的质量含汽率。

当上升管出口的蒸汽流量 Gx 等于 D 时，式（13-45）可表示为

$$\Delta i_{uh} = i' - i_{dc} = x(i' - i_{eco}) = \frac{i'' - i_{eco}}{K} \quad \text{kJ/kg} \tag{13-46}$$

3. 循环回路的工作点

根据上面的式（13-40）或式（13-43）及其相关的辅助计算式，可以计算确定该循环回路在某个热负荷下的工作点，也就是使等式成立的循环流速（或循环水流量）以及对应的压差、压头。按式（13-40）计算称为压差法，按式（13-43）计算称为有效压头法，其实两种方法计算得到的循环流速是相同的。

在具体进行计算时需先知道循环流速或循环水流量，而这正是水循环计算所要求的值。因此在计算机的计算中要用渐次接近法，在手算时则采用曲线图解法。

在用压差法绘制曲线时，首先选取三个不同的循环流速（或循环水流量），然后按每一循环流速根据式（13-40）算出对应的下降管侧总压差：

$$Y_{dc} = h\bar{\rho}_{dc}g - \Delta p_{dc} \quad \text{Pa} \tag{13-47}$$

和上升管侧总压差：

$$Y_{ri} = \Sigma h_i\bar{\rho}_i g + \Delta p_{ri} + h_{lp}\rho_{lp}g + \Delta p_{lp} + \Delta p_{ov} + \Delta p_{se} + \Delta p_{ac} \quad \text{Pa} \tag{13-48}$$

这样就有了三个 Y_{dc} 和三个 Y_{ri} 的值，按此可分别绘制出 Y_{dc}、Y_{ri} 与循环流量 G 之间的循环回路特性曲线（图13-11）。循环回路在稳定工况下应该满足：

（1）$Y_{dc} = Y_{ri}$，即等式（13-40）成立；

（2）下降管的工质流量与上升管的工质流量相等，即 $G_{dc} = G_{ri} = G$。

满足这两个条件的就是图13-11中两条曲线的交点，据此就可确定回路在工作点的循环水流量（流速）和压差。

与压差法类似，也可以根据式（13-43），即用有效压头法绘制出循环回路的 S_{ef} 和 Δp_{dc} 与循环流量 G 之间的特性曲线（图13-12），两条曲线的交点就是该循环回路的工作点。

图13-11 与图13-12 在工作点上的循环流量 G_0 应该是相等的。

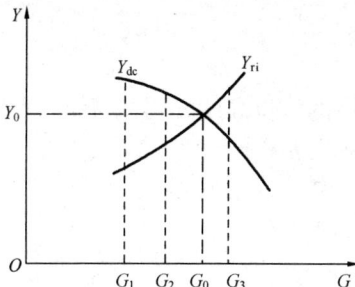

图13-11　循环回路特性曲线（压差法）　　　图13-12　循环回路特性曲线（有效压头法）

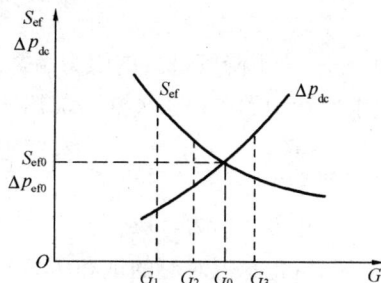

第四节 自然循环的安全性

一、上升管

在图 13-8 和图 13-10 所示的自然循环回路示意图中，其上升管只示出一根管子，其实在自然循环回路锅炉中，一个循环回路并联着许多上升管，而且还有许多循环回路并联地工作着，如图 5-1 和图 5-2 所示。同一回路中的各上升管，在炉膛内有不同的加热状况（如接触的烟温不同）和结构条件。一般来说，回路中受热强的上升管，产汽量多，管内工质的密度 $\bar{\rho}_{ri}$ 低，在相同下降管工质柱重下，其运动压头就高[见式(13-34)]；或在相同下降管压差下；能承受更大的上升管阻力[见式(13-37)]，也就是说，循环流速更高。相反，受热弱的管子，循环流速就小。这是自然循环的特性。

对循环回路的上升管而言，不允许发生循环停滞和循环倒流。

循环停滞是指回路中受热最弱的上升管内水的循环流速基本为零。这时炉内火焰与管子热交换的状况有可能恶化，甚至可能发生个别管段干烧损坏。

循环倒流是指上升管内水的流动方向与正常循环相反，由上往下运动。由于回路内平行（并联）工作上升管内受热条件的变化，若其中某上升管发生倒流时，有可能在另一根管子上发生循环停滞，这都是不允许的，还要求上升管内保持一定的循环流速。

二、下降管

当下降管内水中含有蒸汽时，下降管内工质的平均密度减小，加上流动阻力的增加，使循环回路的运动压头、有效压头减小，回路压差下降，会影响水循环的安全性。因此，下降管中工质带汽，不管蒸汽是来自汽包的水容积（即随水流进入下降管的蒸汽），还是来自因下降管进口阻力损失导致下降管口水静压降低所产生的汽化，还是来自汽包蒸汽空间（因水位过低），都是不允许的。

为防止下降管带汽，应采取以下措施：

（1）汽包内采用良好的汽水分离装置，尽可能对来自锅炉水冷壁的汽水混合物进行彻底的分离（见第十五章第四节），以减少汽包水容积中的含汽量。

（2）减少下降管进口的阻力损失，保持下降管口上面有足够的水位高度，以防在下降管入口处发生水的汽化。当汽包内的水处于饱和状态时，下降管口上面的水位高度 h 应满足下式要求：

$$h > (1 + \zeta_{in}) \frac{w_{dc}^2}{2g} \tag{13-49}$$

式中　ζ_{in} 和 w_{dc}——下降管进口的阻力系数和水速。

若汽包水容积中的水处于欠热（欠焓）状态，允许的水位高度 h 明显减小，此时

$$h > (1 + \zeta_{in}) \frac{w_{dc}^2}{2g} - \frac{p_v - p_s}{\rho g} \tag{13-50}$$

式中　p_v——汽包蒸汽压力，Pa；

　　　p_s——与汽包水温对应的饱和压力，Pa；

　　　ρ——汽包水（欠热状态）的密度。

（3）控制每根下降管的水流量。汽包水位高度 h 和水流量 Q 之间应保持如下经验关系，

以防汽包空间的蒸汽带入下降管

$$h \geqslant \frac{Q^{0.5}}{(gR_{dr})^{0.25}}$$ (13-51)

式中　Q——每根下降管水的容积流量，m^3/s；

R_{dr}——汽包的半径，m。

在循环回路中，对上升管而言，下降管起着供水作用，在任何运行条件下，应保证给上升管足够的供水。在自然循环锅炉中，下降管的水流量与汽包水位高度之间有着某种内在联系。在其他条件不变的情况下，下降管水流量增大，一般要求保持更高的极限水位高度 h_{cr}。对于大型汽包锅炉，单根下降管的水流量很大，为避免所需保持的极限水位过高，有时在汽包与下降管之间采用直径比下降管更大的一段过渡管将汽包与下降管连接起来。过渡管的直径 D_{tr} 大，水速较低，从汽包进入过渡段的阻力减小，汽包所需保持的极限水位随之下降。但过渡管直径大，应在其入口处应加装格栅或十字形挡板，以防在管口产生带汽的旋涡。

三、提高循环安全性的措施

自然循环锅炉的炉膛水冷壁是由蒸发管组成的，这里的受热最强，因而也容易发生事故，如何确保水循环系统工作的安全性是设计和运行人员的重要任务之一。

（一）减小并联管子的吸热不均

一个循环回路有许多并联的上升管，其中受热弱的管子中可能发生循环停滞或倒流，受热强的管子又可能发生换热恶化。炉膛中不同部位的水冷壁管受热是不同的，炉墙宽度的中间部分一般受热最强，而炉膛角上的管子受热最弱。各处热负荷的分布取决于燃料性质、燃烧器布置和燃烧工况，如果采用容易燃烧的燃料（如燃油）或单个容量很大的燃烧器，那么燃烧放热就比较集中，热负荷的不均匀性较大；四角布置燃烧器时，炉膛内的温度分布就均匀一些。

当整面水冷壁的管子组成一个循环回路时，回路中并联各管的吸热是很不均匀的。如果把这些管子分为几个独立的循环回路，每一回路有相应的上升管和下降管及与之连接的上下联箱和导管，这样每个回路的吸热不均性就明显减小，有利于水循环的安全。

运行工况也会影响到循环的安全性。燃烧火焰偏斜使吸热不均加剧；水冷壁管子上积灰和结渣是增大吸热不均的另一因素。结渣总是不均匀的，当回路中某些管子结渣时，它们的吸热就减少，使循环流速降低。当水冷壁管子的下部结渣时，它的加热水段增长而含汽段缩短，使循环推动力降低，不利于循环安全。当部分燃烧器停用时，应当注意有可能造成更大的吸热不均。锅炉在超负荷下运行，炉膛中火焰的充满度将改善，吸热不均将会有所减少，但整个炉膛辐射受热面的热负荷却增大，过大的热负荷可能引起换热恶化。

（二）减小下降管、汽水导管和汽水分离装置的流动阻力

减小下降管、并列上升管共用的上联箱与汽包之间的汽水导管和汽水分离装置的流动阻力，就增加了上升管进出口的压差，也就是增加了上升管内工质流动的推动力，因而可以提高回路的循环流速和循环倍率，有利于蒸发管的工作安全。

增加管子的流通截面、采用大直径的管子、减少管子的长度和弯头等均能降低流动阻力。在确定流通截面时，一个重要的指标是回路的下降管或汽水导管的总截面与上升管总截面之比。增加截面比可以降低管内工质的流速，这是减小流动阻力的有效措施，但同时也增加了金属耗量并使汽包的开孔增多。

由于摩擦阻力与管子直径成某种反比关系，所以即使总的管子流通截面和流速不变，增加管子直径也可使流动阻力减少很多。因此，对于大容量、高参数的锅炉，多采用为数不多的大直径下降管。

表 13-3 列出了下降管、汽水导管与上升管之间的截面比 F_{dc}/F_{ra}、F_{lp}/F_{ra} 的推荐值。可以看出，随着工作压力的升高，这两个截面比都增大。如果上升管系统的流动阻力较大（例如带有上联箱和汽水导管的系统），表中下降管的截面比应取上限数值。对于双面水冷壁，由于上升管的吸热很强，截面比应该更大。

表 13-3　　　　　　　　　　　下降管和汽水导管的设计推荐数据

汽包压力	MPa	4～6	10～12	14～16	17～19
蒸发量	t/h	35～240	160～420	400～670	≥800
分散下降管	F_{dc}/F_{ri}	0.2～0.35	0.35～0.45	0.5～0.6	0.6～0.7
集中大直径下降管	F_{dc}/F_{ri}	0.2～0.3	0.3～0.5	0.4～0.5	0.5～0.6
汽水导管	F_{lp}/F_{ri}	0.35～0.45	0.4～0.5	0.5～0.7	0.6～0.8
下降管入口流速	m/s	≤3	≤3.5	≤3.5	≤4

下降管带汽或水在下降管中汽化，均会破坏正常的水循环。下降管中有蒸汽时，工质的流动阻力增加，下降管中工质的柱重减小，因而使回路的运动压头减小。因此应尽量防止下降管带汽。锅炉运行中汽压突然下降时，下降管中的水也有可能汽化。因此，为保证水循环的安全，汽压降低的速度应该有一定的限制。

（三）合适的上升管高度、管径和流动阻力

自然循环的推动力就是下降管与上升管内工质的柱重差，从这一点上看，提高上升管高度对水循环是有利的；但是高度过高会使得出口的含汽率 x 过高，而可能导致传热恶化，另外过高的含汽率，可能会使循环倍率降到界限循环倍率以下，使循环回路失去自补偿能力。

上升管采用较小的管径不仅可以节省金属耗量，而且可以提高管内工质的含汽率，从而提高循环的运动压头。但是减小管径会增加流动阻力，而且如上面对提高水冷壁高度的分析所述，过高的含汽率 x 对水冷壁的安全性也是不利的。

上升管的流动阻力并不是如下降管、汽水导管那样越低越好。这是因为尽管上升管流动阻力增加会使循环流速和循环倍率降低，对水循环不利；但是上升管流动阻力过小，会使得上升管内工质流量随压差的变化太敏感，在由于吸热工况改变而引起各并列上升管的重位压差发生变化时，更容易使受热弱的上升管出现循环停滞和倒流。

表 13-4 为我国锅炉行业推荐的有关水冷壁管设计的数据。水冷壁管内径约在 30～60mm 之间，管子的壁厚取决于工作压力和所用钢材。

表 13-4　　　　　　　　　　　水冷壁管设计推荐值

汽包压力	MPa	4～6	10～12	14～16	17～19
锅炉蒸发量	t/h	35～240	160～420	400～670	≥850
水冷壁高度	m	10～21	20～40	25～45	30～55
水冷壁管子内径	mm	36～54	35～50	34～48	40～60

续表

汽包压力		MPa	4～6	10～12	14～16	17～19
水冷壁单位面积的蒸汽负荷	燃油	t/ (m²·h)	60～200	250～400	420～550	650～800
	燃煤		75～250	320～480	520～680	750～900
循环流速	上升管引入汽包	m/s	0.5～1	1～1.5	1～1.5	1.5～2.5
	有上联箱		0.4～0.8	0.7～1.2	1～1.5	1.5～2.5
	双面水冷壁		—	1～1.5	1.5～2	2.5～3.5
	蒸发管束		0.4～0.7	0.5～1	—	

需要说明的是，通过水循环计算虽然可以判断水循环的情况，但由于水循环问题比较复杂，计算中所选数据与实际情况也不一定完全相符，因此，有时需进行水循环试验以检验水循环回路的实际运行情况。

第五节　强制流动蒸发受热面的水动力特性

蒸发受热面中的水动力工况应能保证：各个受热管处于正常的温度水平；并列管子之间没有过大的水力偏差和热偏差；水动力特性是单值性的；流体不发生脉动；不发生流体的停滞和倒流；当系统中有循环泵时，泵内不发生汽化。

锅炉水动力特性是指在一定的热负荷下，受热面内工质的流量与压降的关系，即函数关系式 $\Delta p = f(\rho w)$。当工质为单相的水或蒸汽时，每一工质流量对应于一定的压降，即所谓流动的单值性。但在强制流动蒸发受热面中，工质为水和汽的两相混合物，在同一压降和差不多同样受热的条件下，由于某些原因可能会使各并列管子中工质的流量出现很大的差别，对蒸发受热面的安全运行带来不利影响。

一、蒸发管的流动阻力

蒸发管中总的压降是几项压降之和：

$$\Delta p = \Delta p_{fr} + \Delta p_{gr} + \Delta p_{ac} = \Delta p_f + \Delta p_{lo} + \Delta p_{gr} + \Delta p_{ac} \qquad (13\text{-}52)$$

式中　Δp_{fr}——流动阻力损失，等于摩擦阻力损失 Δp_f 和局部阻力损失 Δp_{lo} 之和；

Δp_{gr}——重位压头损失；

Δp_{ac}——加速压力损失。

具有平置和微斜管子的直流锅炉，每根管子的长度可达百米，管子又有许多弯头，故流动阻力损失 Δp_{fr} 很大，但管子的高度要比长度小很多，所以在总压降中重位压头 Δp_{gr} 所占比例是不大的。流体的加速所引起的压力损失也不大，尤其在压力很高时。因此，平置和微斜管子中的总压降可简化为

$$\Delta p = \Delta p_{fr} \qquad (13\text{-}53)$$

当流体在立置管中流动时，总压降中重位压头所占的比例不能忽略。这时的总压降为

$$\Delta p = \Delta p_{fr} \pm \Delta p_{gr} \qquad (13\text{-}54)$$

式中，Δp_{gr} 在流体向上流动时取正号，向下流动时取负号。

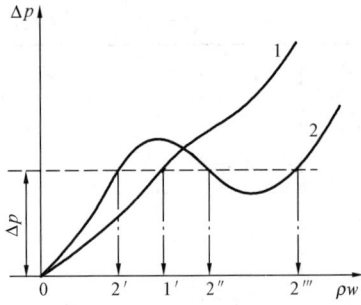

图 13-13　水动力特性曲线

流体流动的稳定性可用总压降与质量流量的函数式表示，即 $\Delta p = f(\rho w)$。如果一个压降值只对应于一个质量流量值，这种流动是单值性的（见图 13-13 曲线 1）；如果一个压降对应于多个不同的流量，这种流动就是多值性的（见图 13-13 曲线 2），也就是不稳定的。

流动的多值性主要是由于汽水混合物中水和蒸汽的比体积存在的差异造成的。工质的压力、流动方向、进口工质的焓值、管子的几何参数等都会通过对工质比体积的影响，改变水动力特性。下面分别对平置和立置蒸发管的水动力特性进行分析。

二、平置蒸发管的水动力特性

1. 平置蒸发管水动力特性的数学描述

根据图 13-14，当入口水有欠焓并且在临界压力以下时，蒸发管中的流动压降由热水段和蒸发段两部分压降组成：

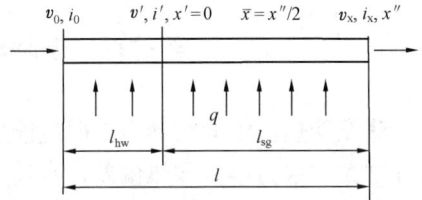

图 13-14　临界压力以下的受热管中
工质参数的变化

$$\Delta p = \frac{\lambda l_{hw}}{2d}(\rho w)^2 \overline{v}_{hw} + \psi \frac{\lambda l_{sg}}{2d}(\rho w)^2 \overline{v}_{sg} \quad \text{Pa}$$

$$(13\text{-}55)$$

式中，ψ 是反映两相流动特性的摩擦阻力校正系数；热水段中工质的平均比体积为

$$\overline{v}_{hw} = \frac{v_0 + v'}{2} \approx v' \quad \text{m}^3/\text{kg} \qquad (13\text{-}56)$$

当蒸发段中工质沿管子长度均匀受热时，其平均比体积可表示为

$$\overline{v}_{sg} = v' + \frac{x''(v'' - v')}{2} \quad \text{m}^3/\text{kg} \qquad (13\text{-}57)$$

由于管子均匀受热，所以热水段长度为

$$l_{hw} = \frac{(i' - i_0)G}{\dot{Q}/l} = \frac{\Delta i(\rho w)f}{q_1} \quad \text{m} \qquad (13\text{-}58)$$

式中　G——工质流量，kg/s；

$\quad\quad \dot{Q}$——管子总吸热量，kJ/s；

$\quad\quad \Delta i$——管子进口水的欠焓，kJ/kg；

$\quad\quad f$——管子的流通截面积，m^2；

$\quad\quad q_1$——单位长度管子的吸热量，$\dot{Q}/l$。

相应的蒸发段长度为

$$l_{sg} = l - l_{hw} \quad \text{m} \qquad (13\text{-}59)$$

蒸发管出口工质的质量含汽率 x'' 可表示为

$$x'' = \frac{q_1(l - l_{hw})}{(\rho w)fr} \qquad (13\text{-}60)$$

式中　r——水的汽化潜热，kJ/kg。

把式（13-56）~式（13-60）的各变量计算式代入式（13-55），为分析简化起见，取式（13-55）中的 $\psi=1$，可得蒸发管流动压降的表达式为

$$\Delta p = A(\rho w)^3 + B(\rho w)^2 + C(\rho w) \tag{13-61}$$

其中

$$A = \frac{\lambda(v'' - v')\Delta i^2 f}{4dq_1 r} \tag{13-62}$$

$$B = \frac{\lambda l}{2d}\left[v' - \frac{\Delta i}{r}(v'' - v')\right] \tag{13-63}$$

$$C = \frac{\lambda(v'' - v')l^2 q_1}{4dfr} \tag{13-64}$$

式（13-61）有实际意义的解有一个实根两个虚根与三个实根两种情况。在有一个实根和两个虚根时，Δp 没有极值，如图 13-13 的曲线 1，压降 Δp 与流量 ρw 之间是一一对应的单值关系；在有三个实根时，对应的水动力特性曲线有两个极值点，一个压降值可对应于三个不同的流量（见图 13-13 中的曲线 2），这就是流动的多值性，也称不稳定性。

与式（13-61）具有三个实根相对应的流动过程如图 13-15 所示：在受热一定而水流量很小，即 $\rho w <$ $(\rho w)_v$ 时，蒸发管内热水段和蒸发段占的份额很小，而主要是蒸汽的过热段；当水流量很大，即 $\rho w > (\rho w)_w$ 时，蒸发管的吸热不足以把水加热到饱和温度，这时不再生成蒸汽，整个蒸发管全部是热水段。在这两种极端情况下的阻力特性都是单值的单相流体水动力特性，其中在同样的质量流速 ρw 下，由于蒸汽的比体积大于水的比体积，所以蒸汽的流动阻力要比水的流动

图 13-15　多值性水动力特性曲线

阻力大。当蒸发管出口为汽水混合物，即 $(\rho w)_v < \rho w < (\rho w)_w$ 时，如果对应的流动阻力方程式（13-61）具有三个实根，就会出现水动力的多值性，即一个压降 Δp 可以对应三个质量流速 ρw。

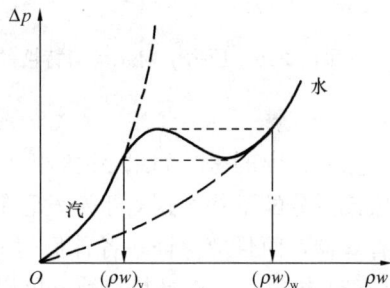

2. 影响水动力多值性的因素

造成蒸发管水动力多值性的根本原因，是蒸发管中既有热水段、又有蒸发段，而蒸发段工质的比体积 $\bar{v}_{sg}$ 要比热水段的 $\bar{v}_{hw}$ 大，并且 $\bar{v}_{sg}$ 受流量 ρw 的影响比较大。例如：当蒸发管进口的未饱和水流量 ρw 增加时，蒸发段长度和蒸发段内工质的平均比体积就会减小，蒸发段的流动压降就会因此而减小，如果这种减小的幅度足够大，这时随着流量 ρw 增加，整个蒸发管的流动阻力就会反而减小，从而出现图 13-13 曲线 2 或图 13-15 所示的水动力多值性。

对影响水动力多值性的各种因素进行详细、全面的分析是比较复杂的，把这些影响因素归纳起来主要有以下几个方面：

（1）工质压力。蒸发管出现水动力多值性的原因，是蒸汽和水两者的比体积存在差异，而这种差异是随着压力的提高而缩小，所以提高压力对防止水动力多值性是有利的（见图 13-16）。

（2）进口工质的欠焓 Δi。由式（13-61）、式（13-62）和式（13-63）可知，当进口工质的欠焓 Δi 等于零时，式（13-61）变成

$$\Delta p = B(\rho w)^2 + C(\rho w) \tag{13-65}$$

式中，系数 B、C 都大于零，压降 Δp 随流量 ρw 单调增加，所以这时的水动力特性是单值的。

锅炉蒸发管的 Δi 一般总是大于零的。总体上，降低 Δi 对防止水动力多值性是有利的。这是因为从蒸发管工质流量 ρw 的整个变化范围来看，降低 Δi 可以减少流量变化引起的蒸发管内工质平均比体积的变化幅度；而且在其他条件相同的情况下，Δi 低则蒸发管内工质的比体积大，流动阻力随流量增加得快，可以使水动力特性曲线更陡一些。图 13-17 是蒸发管进口工质欠焓对水动力特性影响的示意图。

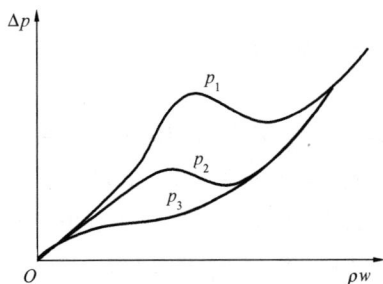

图 13-16 压力 p 对水动力特性的影响
$(p_3 > p_2 > p_1)$

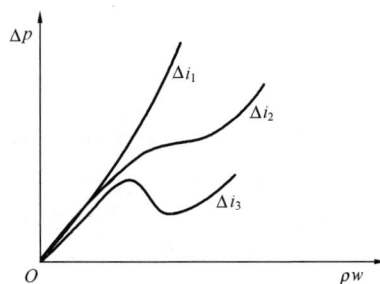

图 13-17 欠焓 Δi 对水动力特性的影响
$(\Delta i_3 > \Delta i_2 > \Delta i_1 = 0)$

需要指出的是，如果 Δi 太小，可能会使并联蒸发管进口的工质因工况变化而发生汽化，造成流量分配不均，这对于蒸发管的安全运行也是不利的。因此，直流锅炉必须采用非沸腾式省煤器，而且应保证在各种负荷下以及燃用不同燃料时，均不发生沸腾。

（3）热负荷。提高热负荷 q 可以起到类似于降低 Δi 的作用，因而从蒸发管工质流量 ρw 的整个变化范围来看，提高热负荷 q 对防止水动力多值性是有利的。当然，热负荷 q 等于零时，水动力特性也是稳定的，但这已不是蒸发管了。

（4）局部阻力。工质流动过程中的局部阻力可表示为

$$\Delta p_{lo} = \zeta \frac{(\rho w)^2}{2} v \quad \text{Pa} \tag{13-66}$$

由于工质状态的差异，蒸发管中热水段的局部阻力和蒸发段的局部阻力对水动力多值性的影响是不一样的。

在热水段中，工质比体积随流量 ρw 的变化很小，所以式（13-66）中压差与流量成二次方的正比关系，这对提高水动力稳定性有利；而在蒸发段中，工质比体积 v 随流量 ρw 的增加可能会有比较明显的减小，因而在某些工况下，可能会出现工质流量增加时压差反而减小的情况，而这对提高水动力稳定性是不利的。因此，为了提高蒸发管的水动力稳定性，可以适当增加热水段的局部阻力，通常采用的方法是在热水段进口加装节流圈或者在热水段采用较小的管径。

蒸发管进口加装节流圈后，总压降为蒸发管摩擦阻力 Δp_f 与节流圈局部阻力 Δp_{or} 之和，其对水动力特性的影响如图 13-18 所示。

在超临界压力下，蒸发管也会出现非单值性的流动特性。这是因为在超临界压力下，相

变点附近区域工质比体积 v 随温度 t 的变化很大（见图 13-19），因而与临界压力以下的工质类似，蒸发管内工质的比体积会明显受到流量 ρw 的影响，只是影响程度相对要小一些。所以在超临界压力下，提高进口水的焓值和蒸发管的热负荷同样可以提高水动力稳定性。由图 13-19 可知，提高工作压力可以减小工质比体积的变化，所以提高压力可以改善超临界压力下的水动力稳定性。

当蒸发管进出口高度的差别比较大时，工质的重位压头也是影响水动力多值性的一个重要因素，这将在下面的立置蒸发管水动力特性中进行分析。

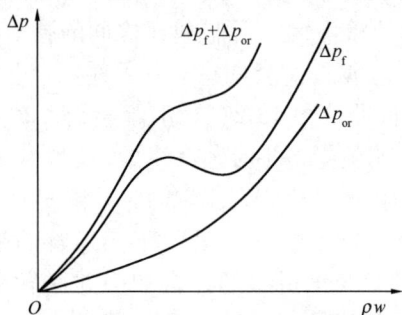

图 13-18　进口节流圈对水动力
特性的影响

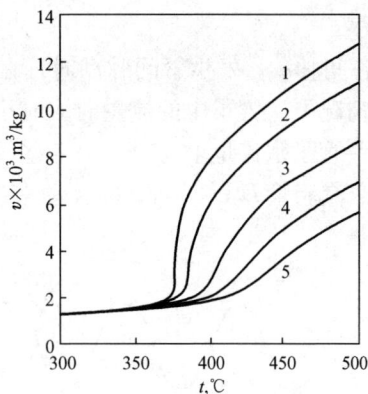

图 13-19　超临界压力下的比容变化
曲线 1～曲线 5 分别对应压力
p＝22.5、25、30、35、40MPa

三、立置蒸发管的水动力特性

在采用上升或上升—下降流动的立置管屏时，管子高度接近于管子长度，管内工质的水动力特性除了受到类似于水平蒸发管的各种因素影响之外，还与工质的重位压头 Δp_{gr} 有关。

在工质一次上升流动的立置管屏中，流动压差必须克服流动阻力 Δp_{fr} 和重位压头 Δp_{gr}，这时上、下联箱之间的压降为

$$\Delta p = \Delta p_{fr} + \Delta p_{gr} \tag{13-67}$$

在受热一定而工质流量又接近零时，管子中充满了过热蒸汽。由于过热蒸汽的密度比较低，这时的重位压头很小。随着工质流量增加，管子中水占的份额逐步增加，重位压头也相应增大。当工质的流量很大，使管子中完全被水所充满时，重位压头 Δp_{gr} 基本不再随工质流量而变，如图 13-20 所示。由该图可知，在工质向上流动的立置管屏中，重位压头有利于提高流动特性的稳定性。

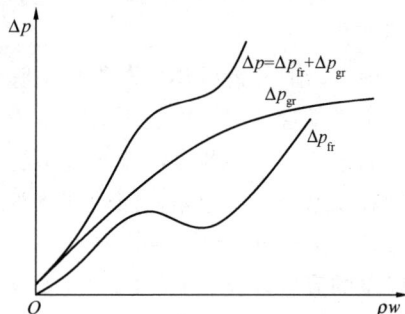

图 13-20　立置上升蒸发管的水动力特性

在下降流动中，重位压头 Δp_{gr} 与流动阻力 Δp_{fr} 的作用方向相反，这时管屏上下联箱间的压降为两者之差，即

$$\Delta p = \Delta p_{fr} - \Delta p_{gr} \tag{13-68}$$

比较式（13-67）和式（13-68），由图 13-20 可以推知，与上升流动中重位压头对水动力稳定性的作用刚好相反，下降流动中的重位压头反而不利于水动力的稳定性。

四、蒸发管中的脉动

直流锅炉在运行中，总会发生某些影响稳定工况的因素，从而引起工质流量的变动。这些因素有：热负荷、压力、主蒸汽流量、给水流量和温度等的变化。当工质流量呈周期性波动时，就称为脉动。平置和立置管屏，均会发生脉动现象，而且在锅炉启动和低负荷时更容易发生。

1. 脉动的表现形式

锅炉的脉动现象有三种表现形式：管间脉动、管屏（管带）间脉动和整体脉动，而以管间脉动居多。

（1）管间脉动。发生管间脉动时，在蒸发管屏（管带）进、出口联箱的压力和总流量基本不变的情况下，管子中的流量时大时小，出现不停的脉动。不同管子之间的脉动存在相位差，即某些管子水流量增大时，另一些管子的水流量减少。对同一根管子说来，进口水流量 G 和出口蒸汽流量 D 随时间 τ 的脉动有 $180°$ 的相位差（图 13-21），水流量最大时蒸汽流量最小，水流量最小时蒸汽流量则最大，但水流量的脉动幅度要比蒸汽流量的脉动幅度大。

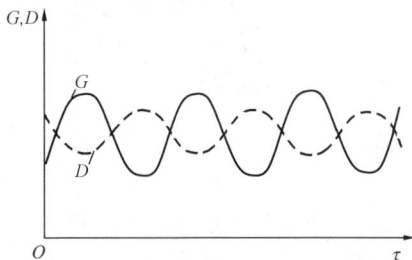

管间脉动的产生是由于蒸发管的吸热量或水流量的变化引起的。例如当并联管组中某根管子（尤其是在开始蒸发的区域）的吸热量迅速增加时，管内产汽量迅速增加，热水段长度缩短，含汽段长度增加，开始蒸发处的局部压力迅速增加。该局部压力的增加，一方面使得蒸发管进口的水流量减小，出口的蒸汽流量增加；另一方面使热水段的水温以及管壁金属温度提高（水流量减少也促进了管壁温度的提高），相应的蓄热量增加。随着进口水流量减小，出口蒸汽流量增加，以及流体流动惯性的作用，该处的局部压力又转而下降。局部压力的下降，一方面使得蒸发管进口的水流量增加，出口的蒸汽流量减小，即进出口流量的变化呈现 $180°$ 的相位差；另一方面使饱和温度下降，热水段的水以及管壁金属的蓄热量释放，再次使管内产汽量迅速增加，压力提高，从而使管内流量出现持续的周期性变化。

根据以上分析可知，发生管间脉动的根本原因是蒸发管内汽、水的比体积存在差异。

在立置管屏中，重位压头对流量的脉动有很大影响，尤其在低负荷时。热水段高度是随流量而改变的，因此重位压头也将随流量的脉动而脉动。重位压头的脉动幅度较大，而且比流量脉动迟一个相位角，因而立置管屏的脉动要比平置管带更严重些。

（2）管屏间脉动。在并联管屏（管带）之间也会出现与管间脉动相似的现象，这时进、出口总的流量以及总的压降并无显著变化，但在各个管屏相互之间存在有相位差的流量脉动。管屏间脉动在本质上与管间脉动相同。

（3）整体脉动。整体脉动是指在锅炉的所有并列管子中，工质流量发生同步的周期性波动。直流锅炉的整体脉动主要是由于燃料量、主蒸汽流量和给水流量以及压力的剧烈扰动而引起的。给水泵特性曲线平坦（压头随流量的变化不大），以及锅炉系统调节品质差，也容易导致锅炉的整体脉动。当扰动停止时，锅炉整体脉动的幅度会逐步衰减。

任何形式的脉动，尤其是管间和屏间脉动，都会给锅炉造成严重危害。给水量、产汽量

图 13-21　管间脉动时管子进出口流量的变化

的周期性波动，会使热水段、蒸发段、过热段的长度不断变化，从而各区段交界处的管壁经常与不同状态的工质接触，管壁温度相应地出现周期性变化，波动幅度有时可达 150℃ 之多，这必然会导致管壁发生疲劳破坏。此外，出现脉动时，并联各管之间会出现较大的热偏差，容易引起金属超温。

2. 防止管（屏）间脉动的措施

根据发生管间脉动的原因和影响因素，防止脉动的主要措施有：

（1）提高热水段阻力与蒸发区段阻力之比 $\Delta p_{hw}/\Delta p_{sg}$。这可由图 13-22 来说明，如果蒸发段

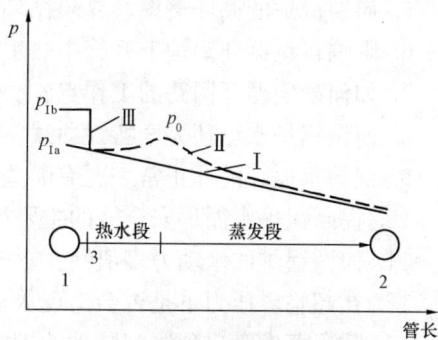

图 13-22　沿管长的压力变化

Ⅰ—无脉动；Ⅱ—有脉动；Ⅲ—节流圈的压降
1—进口联箱；2—出口联箱；3—节流圈

阻力不大，当产生的蒸汽增多时，在热水段与蒸发段之间的分界处压力升高不会太多；如果热水段的阻力很大，那么当两段分界处的压力变化时，热水段压降的相对变化量就很小，进入管子的水流量也就不会有大的变化。因此在设计直流锅炉蒸发受热面时，应适当加大热水段的阻力，减小蒸发段的阻力。热水段采用较小的管径或在热水段的进口加装节流圈，是提高热水段阻力最常用的方法。

（2）提高工作压力。提高工作压力可以减小汽水两相的比容体积差，因而可以减小管间脉动。在超临界压力下，由于在大比热容区内工质的比体积变化较大，所以也可能会出现脉动现象，只是脉动较少发生而且幅度也较小，但脉动的特性与亚临界压力是相近似的。

（3）提高质量流速。随着质量流速的增大，管内产汽量变化的相对影响减小，流量脉动将减轻。根据试验结果，可得到蒸发管的最小极限质量流速 $(\rho w)_{lim}$，质量流速低于此值时

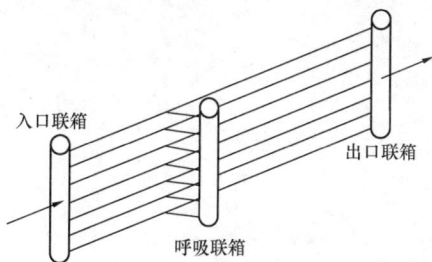

图 13-23　并联管的呼吸联箱

就容易出现脉动。极限质量流速取决于工作压力、热负荷、管子结构尺寸、管子进口的阻力系数和进口的工质欠焓。在实际应用时，管中的质量流速应大于极限质量流速，否则就要在进口加装节流圈来增加热水段的阻力。

（4）在蒸发段加装呼吸联箱（见图 13-23）。呼吸联箱用以把并联的各个蒸发管连通，借以平衡蒸发管中部的压力。采用呼吸联箱之后，只要保证热水段的阻力与呼吸联箱之前的蒸发段阻力大于一定的比值，即可消除脉动。由于呼吸联箱前的蒸发段阻力比整个蒸发段的阻力小得多，因而可相应降低热水段和节流圈的阻力。实践证明，呼吸联箱装在蒸发管含汽率 $x=10\%\sim15\%$ 的部位最好。

复 习 思 考 题

1. 何谓锅炉蒸发区的两类传热恶化？
2. 在超临界压力下的大比热容区内，工质的参数变化有何特点？
3. 防止蒸发管金属超温的主要措施有哪些？
4. 造成截面含汽率与容积含汽率两者不相等的原因是什么？

5. 何谓锅炉的循环倍率、界限循环倍率？

6. 影响自然循环锅炉上升管中热水段高度的因素有哪些？

7. 如何确定循环回路的工作点？

8. 何谓锅炉水循环完全特性曲线？

9. 锅炉水循环的非正常工况有哪些？

10. 提高锅炉水循环安全性的主要措施有哪些？

11. 何谓锅炉的水动力多值性？影响水动力多值性的主要因素有哪些？

12. 在超临界压力下是否会出现水动力多值性？

13. 防止蒸发管出现管间脉动的措施有哪些？

第十四章 受热面的热偏差和壁温计算

第一节 热偏差的基本概念

用于把工质由未饱和水加热到过热蒸汽的锅炉各级受热面，是由许多布置在进出口联箱之间的并联受热管组成的，它们包括省煤器、水冷壁（蒸发受热面）、过热器、再热器。当多根受热管并联工作时，各个管子的结构尺寸、内部阻力系数、进出口压差和热负荷会存在差异，对于蒸发管还存在水动力不稳定性等影响因素，因此并联布置的每根管子中工质的焓增 Δi 不尽相同，这种现象称为热偏差。

热偏差的大小通过热偏差系数 φ 表示：

$$\varphi = \frac{\Delta i_d}{\Delta i_0} \tag{14-1}$$

式中，脚标 0 和 d 分别表示整个管组的平均值和所检测管子（"偏差管"）的特定值。如果用脚标 1 和 2 分别表示管子进出口处的数值，则有

$$\Delta i_0 = i_{20} - i_{10} = \frac{q_0 H_0}{G_0} \quad \text{kJ/kg} \tag{14-2}$$

$$\Delta i_d = i_{2d} - i_{1d} = \frac{q_d H_d}{G} \quad \text{kJ/kg} \tag{14-3}$$

式中　q ——受热面的热负荷，kW/m^2；

　　　H——受热面的面积，m^2；

　　　G ——工质流量，kg/s。

把式（14-2）和式（14-3）代入式（14-1）得

$$\varphi = \frac{q_d}{q_0} \frac{H_d}{H_0} \frac{1}{\dfrac{G_d}{G_0}} = \frac{\eta_q \eta_H}{\eta_G} \tag{14-4}$$

式中，$\eta_q = q_d/q_0$、$\eta_H = H_d/H_0$ 和 $\eta_G = G_d/G_0$ 分别称为吸热不均系数、结构不均系数和流量不均系数。对于大多数受热面，管子之间受热面积的差异很小（$\eta_H \approx 1$），因此受热面的热偏差主要是由于吸热不均和流量不均所造成的。

在锅炉的实际运行过程中，所监测到的工质参数往往是混合后的平均值（例如：主蒸汽温度），由于并联受热管中存在热偏差，所以尽管其平均值处在锅炉安全运行的允许范围内，但是某些偏差管的参数却已经超出了安全运行的允许值。受热管中最危险的将是工质流量小，同时热负荷高（即热偏差系数 φ 最大）的偏差管，因为它最可能因为工质温度过高等原因而导致管壁超温的情况发生。因此，需要对热偏差的影响因素进行分析，并在锅炉的设计、运行过程中采取合适的措施，尽量减小并联受热管的热偏差，以保证受热管的安全运行。

第二节　过热器和再热器的热偏差

一、影响热偏差的因素

如上一节所述，受热面的热偏差主要是由于吸热不均和流量不均所造成的。

1. 吸热不均

影响过热器管圈之间吸热不均的因素较多，有结构因素，也有运行因素。

烟道流通截面上的烟气流速和烟温的分布不均等因素，会引起受热面的吸热不均。

受热面的污染（如过热器的结渣或积灰）会使并列管子的吸热严重不均，这是因为结渣和积灰总是不均匀的，部分管子结渣或积灰会使其本身的吸热减少，而其他管子的吸热增加。

炉内温度场和速度场的不均将影响辐射式和对流式过热器的吸热不均。沿炉膛宽度烟气温度分布的不均，将会不同程度地在对流烟道中延续下去，引起对流过热器的吸热不均，而且，离炉膛出口越近，这种影响就越大。运行中火焰中心的偏斜，四角切向燃烧器所产生的旋转气流在对流烟道中的残余扭转等等，也会影响到对流过热器的吸热不均。

一般来说，烟道中部的热负荷较大，沿宽度两侧的热负荷较小（见图 14-1），这时吸热不均系数 η_q 可能达到 1.1～1.3。如果将烟道沿宽度分为几部分，如图中所示的三部分，并在烟道宽度的两侧布置一级过热器，而在烟道中部布置另一级过热器，则过热器中并列管子的吸热不均匀性可减少很多。

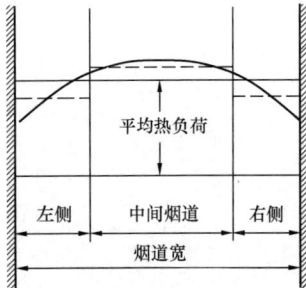

图 14-1　沿烟道宽度热负荷的分布

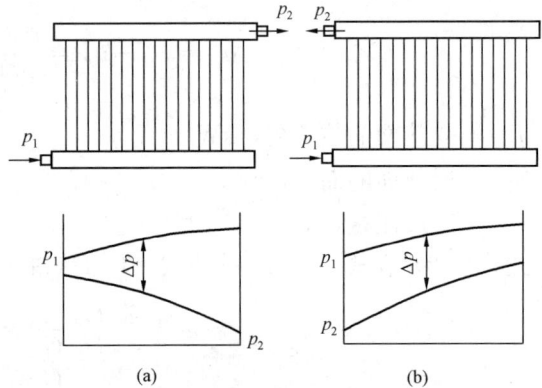

图 14-2　过热器的 Z 形和 U 形连接方式
(a) Z形；(b) U形

2. 流量不均

影响并列管子间流量不均的因素有：与联箱连接方式的不同，并行管之间重位压头的不同和管径、长度及阻力系数的差异等。吸热不均也会引起流量的不均。

过热器受热管与联箱之间连接方式的不同，会引起并列管子进出口端静压的差异。图 14-2 示出受热管与联箱的两种连接方式。在 Z 形连接的管组中［见图 14-2 (a)］，蒸汽由进口联箱左端引入，并从出口联箱的右端导出。在进口联箱中，沿联箱长度方向，工质流量因逐渐分配给各受热管而不断减少，在进口联箱右端，蒸汽流量下降到最小值。与此相对应，动能也沿联箱长度方向逐渐降低，而静压则逐步升高。

在水平布置的联箱内，工质流程上任意 a、b 两点的动能与静压 p 之间的关系，可根据伯努里方程得到：

$$p_a + \frac{\rho w_a^2}{2} = p_b + \frac{\rho w_b^2}{2} + \Delta p_{\mathrm{fr,ab}} \tag{14-5}$$

式中　ρ、w——联箱内工质的密度、流速，$\mathrm{kg/m^3}$、$\mathrm{m/s}$；

$\Delta p_{\mathrm{fr,ab}}$——a、b 两点之间的工质流动阻力（在具体计算时，要注意沿流程工质质量流量变化的影响），Pa。

根据式（14-5），进口联箱中静压的分布曲线如图 14-2 中曲线 p_1 所示；出口联箱中的静压变化则如图中曲线 p_2 所示。这样，在 Z 形连接管组中，各并行管子两端的压差 Δp 有很大差异，因而导致较大的流量不均，图中左边管子的工质流量最小，右边管子的流量最大。在 U 形连接管组中［见图 14-2（b）］，两个联箱内静压的变化有着相同的方向，因此并列管子之间两端压差 Δp 的差别较小。其流量不均比 Z 形连接方式要小。可以预期，在多管均匀引入和导出的连接系统（图 14-3）中，沿联箱长度静压的变化对流量不均的影响将进一步减小。另外，设法降低联箱中的静压变化量在该级受热面的总压降中所占的比例，也可以减小静压变化对流量不均的影响。

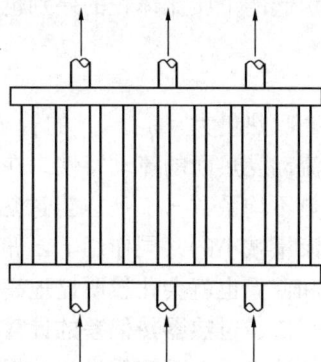

图 14-3　过热器的多管连接

即使假定沿联箱长度各点的静压相同，也就是各并列管子两端的压差 Δp 相等，也会产生流量不均。在这种情况下，对整个管组的平均工况有

$$\begin{aligned}
\Delta p_0 &= \left(\Sigma\zeta + \lambda\frac{l}{d}\right)_0 \frac{w_0^2}{2v_0} + \frac{h}{v_0}g \\
&= \left(\Sigma\zeta + \lambda\frac{l}{d}\right)_0 \frac{1}{2f_0^2}\left(\frac{fw}{v}\right)_0^2 v_0 + \frac{h}{v_0}g \\
&= K_0 G_0^2 v_0 + \frac{h}{v_0}g \quad \mathrm{Pa}
\end{aligned} \tag{14-6}$$

式中　ζ、λ——管子的局部阻力系数、摩擦阻力系数；

d、f、l——管子的内径、流通截面、长度，m、$\mathrm{m^2}$、m；

w、v、G——管内蒸汽的流速、比体积、质量流量，$\mathrm{m/s}$、$\mathrm{m^3/kg}$、$\mathrm{kg/s}$（$G = fw/v$）；

h——进出口联箱之间的高度差，m；

K——折算阻力系数，其值为 $\left(\Sigma\zeta + \lambda\frac{l}{d}\right)\frac{1}{2f^2}$。

脚标 0 表示整个管组的平均值。

对于某一偏差管（以脚标 d 表示）则有

$$\Delta p_d = K_d G_d^2 v_d + \frac{h}{v_d}g \quad \mathrm{Pa} \tag{14-7}$$

如果不考虑沿联箱长度静压的变化，则各并列管子的压差应当相等，即

$$\Delta p_d = \Delta p_0 = \Delta p \tag{14-8}$$

根据式（14-6）和式（14-7），有

$$K_0 G_0^2 v_0 + \frac{h}{v_0} g = K_d G_d^2 v_d + \frac{h}{v_d} g \tag{14-9}$$

对于过热蒸汽，流动压差中的重位压头所占的份额很小，可以不予考虑。这时上式可简化为

$$K_0 G_0^2 v_0 = K_d G_d^2 v_d \tag{14-10}$$

由此可得到相应的流量不均系数

$$\eta_G = \frac{G_d}{G_0} = \sqrt{\frac{K_0 v_0}{K_d v_d}} \tag{14-11}$$

由式（14-11）可以看出，即使并列管子的阻力系数完全相同，即 $K_0 = K_d$，由于吸热不均引起的工质比体积的差别也会导致流量不均。在这种情况下的流量不均系数

$$\eta_G = \frac{G_d}{G_0} = \sqrt{\frac{v_0}{v_d}} \tag{14-12}$$

吸热量大（$\eta_q > 1$）的管子，其工质比体积也大，管内工质流量就小（$\eta_G < 1$），这是强制流动受热面的流动特性。在这种情况下，由于吸热不均引起的受热面热偏差系数 φ 要大于吸热不均系数 η_q。所以当过热器并列管子中偏差管的吸热量偏大时，在其热负荷增加、工质流量减小的共同作用下，偏差管工质焓增就会有比较明显的增加，对应的管子出口工质温度和壁温也就会比较明显地高于平均值。

二、过热器热偏差的计算

计算时以下列假设为前提：

（1）不考虑沿联箱长度的静压变化，即遵守式（14-8）的条件。

（2）各并列管子的尺寸（长度、直径）和阻力系数完全相同，即 $K_p = K_0$。

（3）蒸汽在进入被计算的过热器前经过充分混合，即各管子进口工质的焓值相同（相应的温度也可认为相同）。在这种情况下，不同管子出口工质焓值的差异就完全是由于热偏差引起的。

（4）热负荷沿管长不变，而且工质物性（如比定压热容 c_p 等）不随温度变化。

（5）过热蒸汽被看做是理想气体。

采用如下符号和脚标：

t、T——管中工质的平均温度（$T = t + 273$），℃、K；

p——工质的压力，Pa；

R——理想气体常数，J/(kg·K)；

$\Delta \dot{Q}$、ΔG、Δt——偏差管与平均管的吸热量、工质流量、温度的差值；

1、2、w——管子进口、出口和管壁的脚标。

由假设（1）和（5），平均管和偏差管的比体积分别可表示为

$$v_0 = \frac{R}{p} T_0, \quad v_d = \frac{R}{p} T_d \quad \text{m}^3/\text{kg} \tag{14-13}$$

管中工质的平均温度可通过其进口温度、管子吸热量和工质流量来表示，根据

$$\dot{Q} = G c_p (T_2 - T_1) \quad \text{kJ/s} \tag{14-14}$$

得平均温度

$$T = \frac{T_1 + T_2}{2} = T_1 + \frac{1}{2} \frac{\dot{Q}}{G c_p} \quad \text{K} \tag{14-15}$$

将式（14-15）分别用于平均管和偏差管，并代入式（14-13）得

$$v_0 = \frac{R}{P}\left(T_{10} + \frac{1}{2}\frac{\dot{Q}_0}{G_0 c_{p0}}\right) \tag{14-16}$$

$$v_d = \frac{R}{P}\left(T_{1d} + \frac{1}{2}\frac{\dot{Q}_d}{G_d c_{pd}}\right) \tag{14-17}$$

因为 $\dot{Q}_d = \dot{Q}_0 + \Delta\dot{Q}$、$G_d = G_0 + \Delta G$，所以偏差管的阻力为

$$\Delta p_d = K_d G_d^2 v_d$$

$$= K_d (G_0 + \Delta G)^2 \frac{R}{P}\left[T_{1d} + \frac{\dot{Q}_0}{2c_{pd}(G_0 + \Delta G)} + \frac{\Delta\dot{Q}}{2c_{pd}(G_0 + \Delta G)}\right] \tag{14-18}$$

根据假设（3）、（4），$T_{1d} = T_{10}$、$c_{pd} = c_{p0}$。在式（14-18）右边，略去高阶微分量 $(\Delta G)^2$；并略去分母中 $G_0 + \Delta G$ 与 G_0 的差别。这样，式（14-18）可写为

$$\Delta p_d = K_d \frac{R}{P} T_0 G_0^2 \left(1 + \frac{\Delta\dot{Q}}{2c_{p0} G_0 T_0}\right)\left(1 + 2\frac{\Delta G}{G_0}\right) = K_d G_0^2 v_0 \left(1 + \frac{\Delta\dot{Q}}{2c_{p0} G_0 T_0}\right)\left(1 + 2\frac{\Delta G}{G_0}\right) \tag{14-19}$$

把假设（1）和（2）应用到上式，可得式中

$$\left(1 + \frac{\Delta\dot{Q}}{2c_{p0} G_0 T_0}\right)\left(1 + 2\frac{\Delta G}{G_0}\right) = 1 \tag{14-20}$$

或

$$\frac{\Delta G}{G_0} = -\frac{1}{4}\frac{\Delta\dot{Q}}{c_{p0} G_0 T_0} = -\frac{1}{4}\frac{(T_2 - T_1)_0}{T_0}\frac{\Delta\dot{Q}}{\dot{Q}_0} = -\frac{1}{4}\frac{(t_2 - t_1)_0}{t_0 + 273}\frac{\Delta\dot{Q}}{\dot{Q}_0} \tag{14-21}$$

式（14-21）表示吸热不均对流量不均的影响，公式中的负号说明，吸热大的管子，其工质流量就小。

管子出口工质温度按式（14-14）计算，即

$$t_2 = t_1 + \frac{\dot{Q}}{G c_p} \quad ℃ \tag{14-22}$$

对上式进行微分，并应用假设条件（3）、（4），可得

$$\Delta t_2 = \frac{1}{c_p}\Delta\left(\frac{\dot{Q}}{G}\right) = \frac{\Delta\dot{Q}}{c_p G_0} - \frac{\dot{Q}_0}{c_p G_0}\frac{\Delta G}{G_0} = \frac{\dot{Q}_0}{c_p G_0}\left(\frac{\Delta\dot{Q}}{\dot{Q}_0} - \frac{\Delta G}{G_0}\right) \tag{14-23}$$

将式（14-21）和式（14-22）代入式（14-23），可以得到该偏差管出口工质温度与管组出口工质温度平均值之间的偏差

$$\Delta t_2 = (t_2 - t_1)_0 \left[1 + \frac{1}{4}\frac{(t_2 - t_1)_0}{t_0 + 273}\right]\frac{\Delta\dot{Q}}{\dot{Q}_0} \tag{14-24}$$

以某级过热器内蒸汽温度由 492℃ 加热到 540℃ 为例：其平均温升 $(t_2 - t_1)_0 = 48℃$，由假设（4），工质温度沿管长呈线性变化，所以蒸汽的平均温度 $t_0 = \frac{(t_1 + t_2)_0}{2} = 516℃$。根据式（14-21）和式（14-24），10％的热偏差（$\Delta\dot{Q}/\dot{Q}_0 = 0.1$）引起的 $\Delta G/G_0 = -0.152\%$，$\Delta t_2 = 4.9℃$。如果该级过热器的吸热不均和蒸汽焓增（温升）加大，则所导致的流量不均和出口汽温以及对应的金属壁温的偏差也要随之增大。

三、减少热偏差的措施

锅炉受热面在运行过程中允许的热偏差大小，取决于受热面的具体工作条件。对于过热器和再热器，出口段的管子几乎是在极限温度下工作的，一般许可的热偏差不应超过其总吸热量的 15%。由于结构和运行方面的原因，锅炉受热面中并列受热管的热偏差总是存在的，但是可以在锅炉的结构布置和运行调整中采取合适的措施，减小受热面的热偏差。

(1) 受热面分级，每级之间通过联箱进行工质的混合。通过受热面分级，既可以减少每级受热面中工质的焓增，还由于中间进行工质混合，可以避免各级热偏差的累积。

据热偏差系数 φ 的定义式 (14-1)，可得

$$\Delta i_{\mathrm{d}} - \Delta i_0 = (\varphi - 1)\Delta i_0 \tag{14-25}$$

假设所有各管子进口的工质焓 i_1 相同，则偏差管与平均管的出口工质焓之差为

$$i_{2\mathrm{d}} - i_{20} = (\varphi - 1)\Delta i_0 \tag{14-26}$$

在 φ 一定时，这一焓差与管组的平均焓增 Δi_0 成正比。所以减小 Δi_0，可以使此焓差减小，从而减少并列管之间的温度差，也就是减小了热偏差系数 φ 的影响。

在管组中间使工质混合，可使前一管段中的热偏差，不致延续到下一管段。图 14-4 所示为管屏中工质沿流程进行三次混合时的效果，偏差管出口工质焓将比不混合时减小很多。

(2) 工质流程左右交叉。通过使工质流程左右交叉，可以减少因烟道左右侧烟温偏差和烟速偏差引起的吸热不均。图 14-5 所示的是采用中间联箱左右连通的方式，实现工质流程的左右交叉。也可以中间联箱左右不连通，而采用中间连接管左右交叉的方式，实现工质流程的左右交叉。

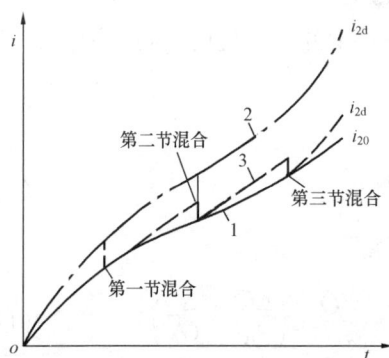

图 14-4　中间混合对热偏差的影响

1—平均管；2—偏差管（$\varphi>1$），无中间混合；
3—偏差管（$\varphi>1$），三次中间混合

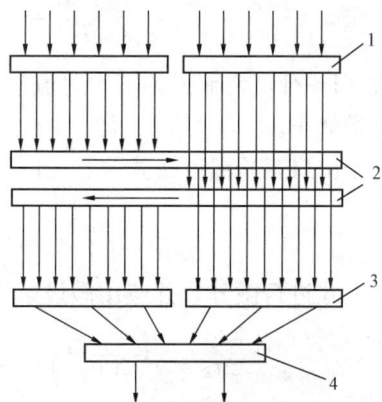

图 14-5　工质流程左右交叉布置

1—进口联箱；2—中间联箱；3—出口联箱；
4—集汽联箱

(3) 合理的联箱与受热面管子连接方式。由图 14-2 可知，与 Z 形连接方式相比，采用 U 形连接方式的各并列受热管进出口压差比较均匀，因而其流量不均相对较小。而采用图 14-3 所示的多管连接方式则可使流量不均更小。

降低联箱中工质流速以减少联箱中的静压变化，以及降低联箱中压力变化在整个流动压降中所占的比例，也可减少流量不均。另外还要尽量使并行管的结构以及阻力系数一致。

(4) 减少炉膛出口烟温、烟速的左右偏差。对于采用切圆燃烧方式的炉膛，可以让部分

二次风反切，以削弱炉膛出口的烟气旋流强度。另外炉膛上部布置的屏式受热面，也可以起到使进入对流烟道的烟气流速趋于均匀的作用。在运行方面，则要使炉膛有一个良好的燃烧工况，避免出现火焰偏斜等不正常情况。

（5）沿烟道宽度方向两侧与中间分级布置受热面。针对烟道中间烟温高而两侧烟温低的情况（图14-1），沿烟道宽度的两侧布置一级受热面，而在烟道中部布置另一级受热面，则可降低同级受热面中并列管子的吸热不均匀性。

（6）烟道的受热面布置要尽量使烟气的流通截面分布均匀，防止因局部流通截面偏大而形成烟气走廊，造成吸热不均。

（7）及时吹灰，防止或减少因受热面结渣、积灰引起的吸热不均。

（8）对于屏式过热器，由于其结构特点，不仅存在比较大的吸热不均和流量不均，而且还存在比较大的结构不均。因此在结构设计时，要设法减轻这些不均匀性造成的热偏差。例如：减小屏的最外圈管子流程，使热负荷高的管子所对应的工质流量也大，以减少热偏差；减少并列管子的根数、内外圈管子交叉等措施也可以减轻屏式受热面的热偏差。

第三节　蒸发受热面的热偏差

一、影响热偏差的因素

与过热器的热偏差类似，蒸发受热面的热偏差也主要是由于吸热不均和流量不均所造成的。但是引起蒸发受热面吸热不均和流量不均的因素与过热器不尽相同。

1. 吸热不均

炉内温度场和速度场均是三维的，炉膛和燃烧器的结构布置、燃料特性和配风方式、锅炉负荷高低、火焰中心的偏斜、水冷壁的积灰结渣等各种因素，造成了炉膛不同位置的热负荷各不相同，对于某一壁面，沿其高度、宽度的热负荷差别较大。图14-6和图14-7所示分别为切向燃烧固态排渣煤粉锅炉的热负荷不均系数沿高度和宽（深）度方向的变化。

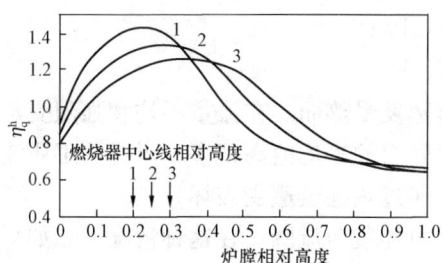

图14-6　沿炉膛高度的热负荷不均系数 $\eta_q^{\rm h}$
1、2、3—炉膛相对高度为 0.2、0.25、0.3
对应的曲线

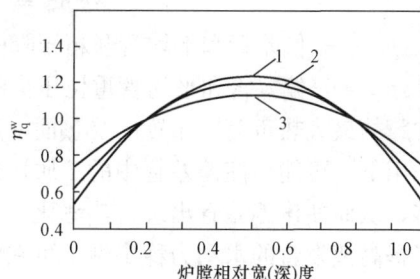

图14-7　沿炉膛宽度的热负荷不均系数 $\eta_q^{\rm w}$
1—燃烧器区域；2—整个炉墙；3—炉膛出口

炉膛内热负荷分布的不均对工质吸热不均的影响还与水冷壁的布置形式有关，水冷壁采用垂直管屏形式时，沿壁面宽度方向的热负荷差别对工质吸热不均的影响比较大，沿壁面高度方向的热负荷差别造成的影响则很小；而水冷壁采用螺旋管圈形式时，则是沿壁面高度方向的热负荷差别对工质吸热不均的影响比较大。另外同组水冷壁管并列的宽度越大，吸热不均也就越大。

2. 流量不均

为了说明蒸发管中的流量不均，可写出整个管组的平均总压降 Δp_0 和偏差管子的总压降 Δp_d 的表达式：

$$\Delta p_0 = \Delta p_{fr0} + \Delta p_{ac0} + \Delta p_{he0} + \Delta p_{gr0}$$

$$= \left(\Sigma\zeta_0 + \lambda\frac{l_0}{d_0}\right)\frac{(\rho w)_0^2}{2}\bar{v}_0 + (\rho w)_0^2(v_{20} - v_{10}) + \Delta p_{he0} + \Delta p_{gr0}$$

$$= Z_0\frac{(\rho w)_0^2}{2}\bar{v}_0 + (\rho w)_0^2(v_{20} - v_{10}) + \Delta p_{he0} + \Delta p_{gr0} \quad \text{Pa} \tag{14-27}$$

和

$$\Delta p_d = Z_d\frac{(\rho w)_d^2}{2}\bar{v}_d + (\rho w)_d^2(v_{2d} - v_{1d}) + \Delta p_{hed} + \Delta p_{grd} \quad \text{Pa} \tag{14-28}$$

上几式中　　Δp_{fr}——蒸发管中工质的流动阻力，Pa；

Δp_{ac}、Δp_{gr}——蒸发管中工质加速引起的压降和重位压降，Pa；

Δp_{he}——联箱中工质的压降，Pa；

Z——总阻力系数，$Z = \Sigma\zeta + \lambda l/d$。

脚标 0、d 和 1、2 分别表示平均管、偏差管，管子的进口、出口。

当并列管子数较多时，偏差管吸热的变动对管组总压降的影响可略去不计。这样 Δp_0 为一常数，而且 $\Delta p_d = \Delta p_0$。

由式（14-27）和式（14-28），当并列管子的流通截面积相同时，流量不均系数可表示为

$$\eta_G = \frac{(\rho w)_d}{(\rho w)_0} = \sqrt{\frac{Z_0\bar{v}_0 + 2(v_{20} - v_{10})}{Z_d\bar{v}_d + 2(v_{2d} - v_{1d})}\left(1 - \frac{\delta\Delta p_{he} + \delta\Delta p_{gr}}{\Delta p_{fr0} + \Delta p_{ac0}}\right)} \tag{14-29}$$

$$\delta\Delta p_{he} = \Delta p_{hed} - \Delta p_{he0}$$

$$\delta\Delta p_{gr} = \Delta p_{grd} - \Delta p_{gr0}$$

式中　　$\delta\Delta p_{he}$——偏差管和平均管联箱压降的差值，Pa；

$\delta\Delta p_{gr}$——偏差管和平均管重位压头的差值，Pa。

在炉膛的最大热负荷区布置的受热面一般都是蒸发受热面。在流量不均和强烈受热不均的共同作用下，可能会使偏差管中的工质比体积比管组的平均值高很多，对应的工质流量也就低很多，从而使该偏差管出现传热恶化，管子金属过热甚至遭受破坏。

为了提高蒸发管的水动力稳定性，可在管子进口加装节流圈。在这种情况下，如果计算中略去流体加速的压降 Δp_{ac} 和联箱中的压降 Δp_{he}，式（14-29）将变为

$$\eta_G = \sqrt{\frac{Z_0\bar{v}_0 + \zeta_{or0}v_{or0}}{Z_d\bar{v}_d + \zeta_{ord}v_{ord}}\left(1 - \frac{\delta\Delta p_{gr}}{\Delta p_{fr0}}\right)} \tag{14-30}$$

式中　ζ_{or0}、ζ_{ord}、v_{or0}、v_{ord}——平均管和偏差管的节流圈阻力系数和对应的工质比体积，m^3/kg。

偏差管和管组平均的重位压头之差可写为

$$\delta\Delta p_{gr} = \Delta p_{grd} - \Delta p_{gr0} = \pm gh(\bar{\rho}_d - \bar{\rho}_0) \quad \text{Pa} \tag{14-31}$$

式中等号右边的正号用于上升流动，负号用于下降流动。

大容量直流锅炉的炉膛水冷壁主要有螺旋管圈、立置管屏等形式。

在平置或螺旋管圈中，可忽略重位压头而只考虑节流圈对压降的影响，根据式（14-30），这时流量不均系数为

$$\eta_G = \sqrt{\frac{Z_0 \bar{v}_0 + \zeta_{or0} v_{or0}}{Z_d \bar{v}_d + \zeta_{ord} v_{ord}}} \qquad (14-32)$$

如果不加装节流圈，则上式可进一步简化为

$$\eta_G = \sqrt{\frac{Z_0 \bar{v}_0}{Z_d \bar{v}_d}} = \sqrt{\frac{1}{\eta_{fr}} \frac{\bar{v}_0}{\bar{v}_d}} \qquad (14-33)$$

式中　η_{fr}——偏差管的阻力系数与管组平均阻力系数之比 Z_d/Z_0。

在立置管屏中，重位压头是影响流量不均的重要因素。由式（14-30）和式（14-31）知，对于上升管屏，在未加装节流圈时的流量不均系数为

$$\eta_G = \sqrt{\frac{1}{\eta_{fr}} \frac{\bar{v}_0}{\bar{v}_d} \left[1 - \frac{2gh(\bar{\rho}_d - \bar{\rho}_0)}{Z_0 \bar{v}_0 (\rho w)_0^2} \right]} \qquad (14-34)$$

对于下降管屏，流量不均系数则为

$$\eta_G = \sqrt{\frac{1}{\eta_{fr}} \frac{\bar{v}_0}{\bar{v}_d} \left[1 + \frac{2gh(\bar{\rho}_d - \bar{\rho}_0)}{Z_0 \bar{v}_0 (\rho w)_0^2} \right]} \qquad (14-35)$$

以上关于 η_G 的各计算式表明，平置或螺旋管圈中的流量不均系数取决于偏差管和管组平均的热力特性和阻力特性；而立置管屏的重位压降 Δp_{gr} 以及重位压降与流动阻力之比（即 $\Delta p_{gr}/\Delta p_{fr}$）对流量不均有很大影响。

由式（14-29）～式（14-35）可以看出，流量不均系数的计算是比较烦琐的。计算往往是在某些特定（简化）条件下进行的，有时还绘制出偏差特性曲线，以分析吸热不均等因素对热偏差的影响。

根据给定的吸热不均系数 η_q 和计算所得的流量不均系数 η_G，可以计算出热偏差系数 φ。根据 φ 和管组的平均焓增 Δi_0，可以得到偏差管的焓增 $\Delta i_d = \varphi \Delta i_0$。再根据 Δi_d 和进口工质的焓，就可以求得偏差管出口工质的焓 i_{2d} 和温度 t_{2d}，然后绘制出偏差特性线，以反映流量不均系数 η_G 和偏差管出口工质温度 t_{2d} 与吸热不均系数 η_q 之间的关系：$\eta_G = f_1(\eta_q)$ 和 $t_{2d} = f_2(\eta_q)$。图 14-8 所示为在 $p=24$MPa 的超临界压力状态下，某个直流管组的偏差特性曲线。

根据图 14-8，对于受热强的偏差管（$\eta_q > 1$），随着吸热不均系数 η_q 的增大，流量不均也增大（$\eta_G < 1$，流量减小），工质出口温度 t_{2d} 上升。在曲线某一段中，曲线的斜率迅速增大，η_q 的微小增加会使流量迅速下降，并使工质出口温度 t_{2d} 迅速上升。这是由于在超临界压力下的大比热容区内，工质焓的增加会引起比体积的迅速增加，从而使流动阻力急剧增大。流动阻力的增大又会使流经这些管子

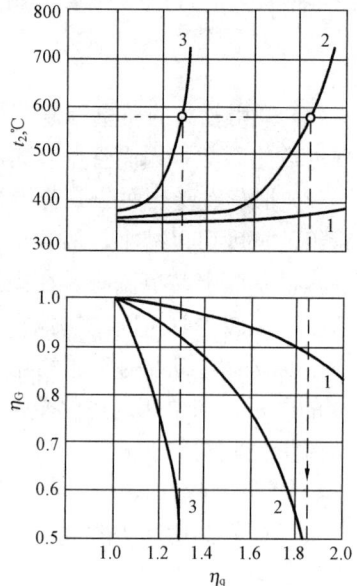

图 14-8　$p=24$MPa 时的直流管组偏差特性（$i_1 = 1200$kJ/kg）

Δi_0(kJ/kg)：1—400；2—600；3—1000

的流量减少，从而使热偏差进一步增大，其结果是吸热越多的偏差管中工质流量越小。而且随着偏差管内工质焓增的加大，出口工质状态逐步远离大比热容区，在工质焓值增加而比热容降低的共同作用下，工质温度的上升更加明显。

由图 14-8 还可以看到，工质的焓增 Δi_0 对偏差管出口工质温度的影响很大。

二、减少热偏差的措施

对于蒸发管，当流动工况不遭受破坏时，管内工质的放热系数很大，且工质的沸腾温度不太高，似乎可以允许有较大的热偏差。但是考虑到蒸发管的受热一般是很强烈的，传热工况一旦变坏，就很容易使受热面超温，因此蒸发管允许的热偏差一般不超过 $20\% \sim 40\%$。由于炉膛内客观存在着比较大的热负荷不均（见图 14-6 和图 14-7），因此要采取适当的措施，减少蒸发管的热偏差。

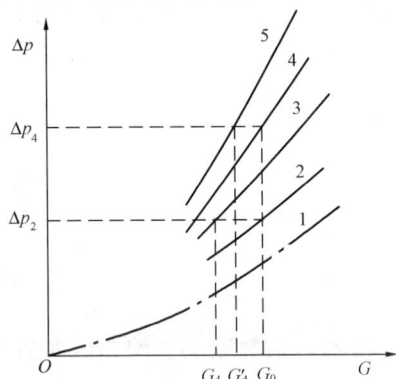

图 14-9　节流圈对流量分配的影响

1—节流圈阻力特性；2、4—加装节流圈前、后管组平均流动特性；3、5—加装节流圈前、后偏差管流动特性

（1）在蒸发管进口加装节流圈。由式（14-30）或式（14-32）可以看出，选取适当的节流圈阻力，可使流量不均系数 η_G 接近于 1。实际上，即使各管子加装同样阻力的节流圈，也可改善流量不均的特性。如图 14-9 所示，在未加装节流圈时，管组的进出口压差为 Δp_2，平均流量为 G_0，偏差管的工质流量为 G_d；加装节流圈后，如果管组的平均流量仍为 G_0，则对应的管组进出口压差变为 Δp_4，偏差管中工质流量变为 G'_d，比 G_d 更接近于 G_0。

节流圈除了可以减少热偏差之外，还可消除流动的多值性和流体的脉动，所以节流圈阻力及其孔径的选择首先应按三者分别计算，然后取用最大的阻力。但孔径不宜小于 6mm，以防管子堵塞。有些锅炉采用节流阀，其作用类似于节流圈。

（2）采用较高的质量流速。在其他条件相同时，取用较大的质量流速 ρw，可增大管子内壁的放热系数，因而管壁金属温度较低，可容许有较大的热偏差。

（3）把蒸发受热面分成若干并联管组（管屏）。把蒸发受热面分成若干并联管组，则每一管组的宽度可以减小，各管组中管子间的受热不均和流量不均也将减小。此外对每一管组可在其供水管上装节流阀，在锅炉调试期间可根据炉内热负荷分布情况调整各并联管组的工质流量，以减少管组间的热偏差。

（4）减少管组中的工质焓增，并使工质进行中间混合。其原理见过热器热偏差中对图 14-4 的分析。与单相的过热蒸汽不同的是，要注意蒸发区汽水混合物在进行中间混合后的汽水流量分配均匀性问题。

（5）组织好炉内燃烧。一般认为，四角切向燃烧具有较好的火焰充满度，热负荷较为均匀，火焰中心温度和炉膛局部最高热负荷也较低，因而受热不均匀性较小。多层布置燃烧器也能起到类似的作用。

良好地组织烟气再循环，也可使炉膛热负荷趋于均匀，有利于减少受热不均。

运行中应尽可能减轻产生热偏差的各种因素。各个燃烧器的给粉量和配风应尽可能均匀，燃烧器的投入和停运要力求对称均匀，避免火焰中心偏斜。并及时吹灰，防止或减少因炉膛壁面结渣、积灰引起的吸热不均。

此外，还要防止蒸发管内结垢或腐蚀，从而避免引起流动阻力系数的偏差。

第四节　受热面的壁温计算

过热器和再热器是锅炉中受热介质温度最高的部件，布置在烟温较高的烟道中，而且管内工质与管壁之间的换热系数比蒸发管和省煤器要低，因此其壁面温度在受热面中往往是最高的。蒸发管内的工质对管壁的冷却效果要比过热器好得多，但是由于蒸发管一般处于锅炉的最高烟温区，热流密度大，所以一旦出现工况异常，很容易使蒸发管因超温而遭受破坏。因此锅炉在设计和运行中，通常都要对锅炉的过热器、再热器和水冷壁管的壁温进行计算和检验。

一、均匀受热管的壁温计算

图 14-10 所示为外径为 d_o、内径为 d_i（壁厚为 δ）的管子，在沿管长的微元段 dl 上，管子内、外表面和内部工质的温度分别为 t_i、t_o 和 t_{wm}。在稳定工况下，其传热公式为

$$q\pi d_o dl = 2\pi r dl \frac{\lambda dt}{dr} \tag{14-36}$$

或

$$dt = \frac{q d_o}{2\lambda r} dr \tag{14-37}$$

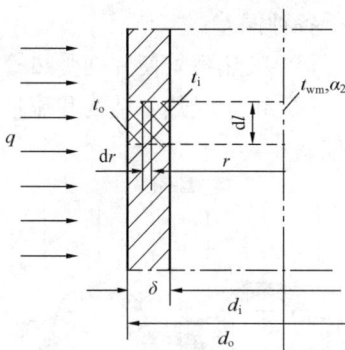

图 14-10　推导管子壁温计算
公式示意

式中　q——外壁热流密度，kW/m^2；

　　　r——径向距离，m（从管子轴心算起）；

　　　λ——管子金属的导热系数，$kW/(m \cdot ℃)$；

　　　dt——沿径向 dr 上的温度降，℃。

将式（14-37）沿径向积分可得

$$t_o = t_i + \frac{q d_o}{2\lambda}\ln\beta \quad ℃ \tag{14-38}$$

式中　β——外径与内径之比 d_o/d_i。

在稳定传热工况下有

$$q\pi d_o dl = \pi d_i dl \alpha_2 (t_i - t_{wm}) \tag{14-39}$$

即

$$t_i = t_{wm} + \frac{q\beta}{\alpha_2} \quad ℃ \tag{14-40}$$

式中　α_2——工质侧放热系数，$kW/(m^2 \cdot ℃)$。

把式（14-40）代入式（14-38）得

$$t_o = t_{wm} + \beta q \left(\frac{1}{\alpha_2} + \frac{d_i}{2\lambda}\ln\beta\right) \tag{14-41}$$

根据式（14-40）和式（14-41）可得壁面的平均温度

$$t_w = \frac{t_o + t_i}{2} = t_{wm} + \beta q \left(\frac{1}{\alpha_2} + \frac{d_i}{4\lambda}\ln\beta\right) \tag{14-42}$$

为了简化，也可以把管壁的导热当作平壁导热看待。这时式（14-36）变成

$$q\pi d_o \mathrm{d}l = \pi \frac{d_o + d_i}{2}\mathrm{d}l \frac{t_o - t_i}{\dfrac{\delta}{\lambda}} \tag{14-43}$$

式中　δ——管壁的厚度，m。

由此可得

$$t_o = t_i + \frac{2\beta}{1+\beta}\frac{\delta}{\lambda}q = t_{wm} + \beta q\left(\frac{1}{\alpha_2} + \frac{2}{1+\beta}\frac{\delta}{\lambda}\right) \tag{14-44}$$

及

$$t_w = t_{wm} + \beta q\left(\frac{1}{\alpha_2} + \frac{1}{1+\beta}\frac{\delta}{\lambda}\right) \tag{14-45}$$

二、不均匀受热管的壁温计算

以上介绍的各壁温计算公式是针对管子热流密度均匀、并列管子之间工质没有温度偏差并且只有径向热量传递情况下的壁温计算。在实际情况下，计算受热管壁面温度时还应考虑如下各种偏差：

（1）吸热不均使并列受热管的热流密度存在偏差；

（2）由于吸热、结构和流量等的不均匀性，并列管子之间的工质温度以及传热系数存在着偏差；

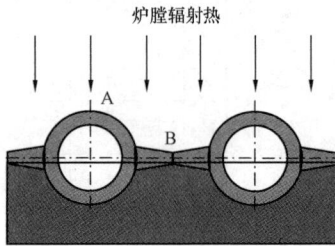

炉膛辐射热

图 14-11　膜式水冷壁管的受热

（3）由于受热程度的不同，在管子周界各点上存在着热流密度的偏差。例如：膜式水冷壁只有一面受热（图14-11）；在管子被烟气横向冲刷时，管子正面的热流密度要大于背面上的数值。由于这些热流密度的差别，所以不仅有径向的热传递，还有沿管子周界方向的热传递。

在式（14-44）和式（14-45）的基础上，结合上述情况，可以获得不均匀受热管的外壁温度以及内外壁平均温度的计算式为

$$t_o = t_{wm} + \Delta t_d + \beta\mu q_{max}\left(\frac{1}{\alpha_2} + \frac{2}{1+\beta}\frac{\delta}{\lambda}\right)　℃ \tag{14-46}$$

$$t_w = t_{wm} + \Delta t_d + \beta\mu q_{max}\left(\frac{1}{\alpha_2} + \frac{1}{1+\beta}\frac{\delta}{\lambda}\right)　℃ \tag{14-47}$$

式中　Δt_d——计算点的工质温度与对应的并列管工质平均温度 t_{wm} 之间的偏差值，℃；

　　　q_{max}——沿圆周方向换热最强处的热流密度，kW/m^2；

　　　μ——热量均流系数。

热量均流系数反映了沿管壁圆周方向存在的热传导对最高壁温值的影响。由于 $\mu=1$ 意味着管子沿圆周方向都处于最大热流密度 q_{max} 下，这时的管壁温度达到最大，所以实际的 μ 总是小于 1。各类受热面的 μ 值可参阅有关的锅炉计算标准或手册。

式（14-46）和式（14-47）求得的是光管在计算截面上沿圆周方向的最高壁温。对于如图14-11 所示的膜式水冷壁，最高壁温点的位置可能在向火面的最高点 A，也可能在鳍片的顶端 B 点。随着管内放热系数 α_2 的增大，管壁导热热阻对传热的影响增加，壁温最高点出现在鳍片顶端的可能性也随之增加，所以对膜式水冷壁还要对鳍片顶端的壁温进行计算和检验。

复 习 思 考 题

1. 何谓锅炉受热面的热偏差？
2. 影响热偏差的因素是什么？
3. 过热器的吸热不均与流量不均相互之间有何影响？
4. 减少过热器热偏差的措施有哪些？
5. 蒸发受热面的吸热不均与流量不均相互之间有何影响？
6. 减少蒸发受热面热偏差的措施有哪些？
7. 与均匀受热管相比，不均匀受热管的壁温计算中，要考虑哪些不均匀性的影响？

第十五章　蒸汽净化和锅炉水质

第一节　蒸汽品质及其污染原因

一、蒸汽品质

锅炉产生的蒸汽不仅要符合设计规定的压力和温度等参数要求,而且蒸汽中的杂质含量也不允许超过一定的限量。通常所说的蒸汽品质是指蒸汽中的杂质含量,也就是指蒸汽的清洁程度。在大型发电机组中,对锅炉蒸汽品质的要求是十分严格的,因为它对设备的安全性和经济性有很大影响。

蒸汽中的杂质包括气体和非气体杂质。O_2、N_2、CO_2、NH_3 等是常见的气体杂质,处理不当时这些气体可能腐蚀金属,而且 CO_2 还可参与沉淀过程。蒸汽中的非气体杂质也叫做蒸汽含盐。由锅炉汽包送出的蒸汽所含的盐分,一部分会沉积在过热器中,这将影响蒸汽的流动和传热,并使过热器管子金属温度升高;另一部分溶解于过热蒸汽中的盐分,可能会随着压力的降低而沉积在随后的管道、阀门、汽轮机的调节阀和叶片上。阀门上的积盐会使阀门动作失灵并影响其严密性。汽轮机叶片上的积盐会改变叶片的型线,降低效率;还会使蒸汽的流动阻力增加,降低汽轮机的功率,并增大轴向推力;当沿汽轮机圆周的积盐不均匀时,将影响转子的平衡,振动加大,甚至造成重大事故。

为了保证锅炉和汽轮机的长期安全运行,我国的火力发电厂蒸汽质量标准中对蒸汽中杂质的含量提出了表 15-1 的质量要求。

表 15-1　　　　　　　　　　　　　蒸 汽 质 量 要 求

炉型	压力(MPa)	钠(μg/kg)		二氧化硅(μg/kg)	铁(μg/kg)	铜(μg/kg)
		磷酸盐处理	挥发性处理			
汽包炉	3.8～5.8	≤15		≤20	≤20	≤5
	5.9～15.6	≤10	≤10[1]			
	15.7～18.3					≤5[2]
直流炉	5.9～15.6	≤10[1]		≤20	≤10[5]	≤5[5]
	15.7～18.3				≤10	≤5[2]
	18.4～25	<5[2]		<15[3]	≤10	≤5[4]

[1] 争取≤5μg/kg;
[2] 争取≤3μg/kg;
[3] 争取≤10μg/kg;
[4] 争取≤2μg/kg;
[5] 参考指标。

二、蒸汽污染的原因

给水进入锅炉后逐渐被加热并产生蒸汽,而锅炉的给水或多或少总含有杂质。对于汽包锅炉,给水中的杂质大部分转移到蒸发区的锅水中,因此锅水的杂质浓度要比给水高很多。由汽包送入过热器的饱和蒸汽会携带有锅水,这是污染蒸汽的第一个原因,也是中压和低压锅炉蒸汽污染的主要原因;蒸汽能溶解某些盐类,这是蒸汽污染的第二个原因。蒸汽对盐的溶解是有选择性的,并与工作压力有关。

蒸汽携带锅水叫做机械携带;蒸汽溶解盐类叫做溶解性携带或选择性携带。

　　机械携带盐量的多少取决于带出的锅水量和锅水的含盐浓度。蒸汽携带的锅水量可用蒸汽湿度 ω 来表示，即蒸汽所含水的质量占湿蒸汽总质量的百分数。当没有蒸汽清洗装置时，可以认为蒸汽带出的水分的含盐浓度与锅水的含盐浓度相同。这样，由于机械携带而产生的蒸汽含盐量 S_v^{ca} 为

$$S_v^{ca} = \frac{\omega}{100} S_w \quad mg/kg \tag{15-1}$$

式中　S_w——锅水的含盐量，mg/kg。

　　蒸汽对某种物质的溶解量以分配系数 α 表示。所谓分配系数，是指某物质溶解于蒸汽中的量 S_v^{so}（mg/kg），与该物质溶解于锅水中的量 S_w 之比，并以百分数表示，即

$$\alpha = \frac{S_v^{so}}{S_w} \times 100\% \tag{15-2}$$

当蒸汽既携带锅水又溶解盐类时，蒸汽中所含某一物质的总量为

$$S_v = S_v^{ca} + S_v^{so} = \frac{\omega + \alpha}{100} S_w \quad mg/kg \tag{15-3}$$

蒸汽的含盐量有时用携带系数 K 表示，也就是蒸汽中的含盐量相对于锅水含盐量的百分数，即

$$S_v = \frac{K}{100} S_w \quad mg/kg \tag{15-4}$$

　　从上述两式可以看出，蒸汽的携带系数 K 等于蒸汽湿度 ω 与分配系数 α 之和

$$K = \omega + \alpha \quad \% \tag{15-5}$$

　　由式（15-3）可知，降低蒸汽携带的盐量 S_v 的途径主要如下：

　　(1) 降低蒸汽的湿度 ω，也就是减少蒸汽携带的水量；

　　(2) 降低与蒸汽接触的水中所含的盐量 S_w，尤其是减少分配系数 α 高的盐分含量。

第二节　蒸汽的机械携带

　　汽包的下半部为水容积，上半部为蒸汽空间，两者的分界面称为蒸发面。蒸发管内的汽水混合物在引入汽包的水容积或蒸汽空间时，具有一定的动能。当蒸汽穿出蒸发面时，或当汽水混合物引入汽包的蒸汽空间时，可能在蒸汽空间形成飞溅的水滴。汽流撞击到蒸发面上也会生成大量水滴。形成的水滴向不同方向飞溅，质量较大的水滴具有较大的动能，升起的高度也较大。如汽包内蒸汽空间高度不够，就可能随蒸汽带出，使蒸汽大量带水。细小的水滴动能小，飞溅不高，但因质量小而可能被汽流卷吸带走。

　　上升汽流要把水滴卷吸带走，其卷吸水滴的力必须等于或大于圆球形水滴在蒸汽中的重力，即

$$\zeta \frac{w^2}{2} \rho'' \frac{\pi d^2}{4} \geqslant \frac{\pi d^3}{6} (\rho' - \rho'') g \tag{15-6}$$

由该式可得到卷吸水滴所需的最小汽流速度为

$$w = 1.155 \sqrt{\frac{d}{\zeta} \left(\frac{\rho'}{\rho''} - 1 \right) g} \quad m/s \tag{15-7}$$

式中　ρ'、ρ''——饱和水、饱和汽的密度，kg/m^3；

　　　　d——水滴直径，m；

　　　　ζ——球形水滴在汽流中的流动阻力系数。

由式（15-7）可知，水滴直径越小，带出水滴所需汽流速度就越低；工作压力提高，则水和汽的密度差减小，汽流可带出更大的水滴。

由式（15-7）还可看出，对于一定的汽流速度 w，有一个对应的水滴界限直径 d_{th}，直径小于 d_{th} 的水滴均可被汽流带走，这种水滴也称为输送水滴。汽流速度越高，带水能力也越大。由于各种各样的原因，在锅内装置中被汽流带走的往往不仅仅是输送水滴，一些直径稍大的水滴也会被带走。

影响机械携带的因素很多，诸如锅炉负荷、锅水含盐量、汽包中水位的高度和工作压力等，下面将分别予以说明。

一、锅炉负荷的影响

在汽包蒸汽空间内可能形成大大小小的水滴。大水滴具有较大的动能，可跃升到较大高度，待动能消失后又落回到水容积中。细水滴跃升的高度不大，但却容易被汽流带走。随蒸汽负荷的增大，进入汽包的汽水混合物具有更大的动能，将生成更多的水滴，同时汽包蒸汽空间的汽流速度也增大，因而蒸汽湿度也增大。

在锅水含盐量一定时，蒸汽湿度 ω 与负荷 D 的关系可表示为

$$\omega = AD^n \tag{15-8}$$

式中　A——与压力和汽水分离装置有关的系数；

　　　n——随负荷而变化的指数。

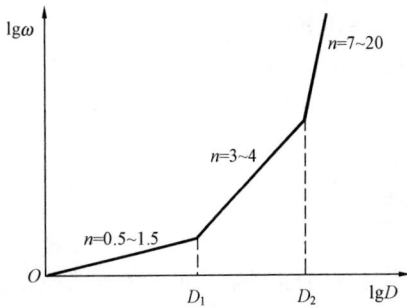

图 15-1　蒸汽湿度 ω 与负荷 D 的关系

这一关系如图 15-1 所示。图中把蒸汽负荷分为三个区域。在第一区域（$D<D_1$）内指数 n 为 $1\sim2$，蒸汽只带出细小的水滴，蒸汽湿度不超过 0.03%。在第二区域（$D_1<D<D_2$）内指数 n 为 $3\sim4$，由于蒸汽流速高，除输送小水滴外还带走一些较大的水滴，蒸汽湿度为 $0.03\%\sim0.2\%$。在第三区域（$D>D_2$）内指数 n 为 $7\sim20$，大量飞溅水滴被带走，这时蒸汽的湿度 $>0.2\%$。

一般锅炉均在第二负荷区域内工作，负荷 D_2 叫做临界蒸汽负荷。实际运行中的最大负荷应低于临界负荷，以免蒸汽湿度过大。

在设计汽包及其内部装置时，常用到蒸发面负荷 R_A 和蒸汽空间负荷 R_S 两个指标。蒸发面负荷是指相对于单位蒸发面积的蒸汽容积流量，即

$$R_A = \frac{Dv}{A} \quad m^3/(m^2 \cdot h) \tag{15-9}$$

而蒸汽空间负荷为

$$R_S = \frac{Dv}{V} \quad m^3/(m^3 \cdot h) \tag{15-10}$$

式中　D——蒸汽流量，kg/h；

v——饱和蒸汽的比体积，m^3/kg；

A——汽包中蒸发面的面积，m^2；

V——汽包蒸汽空间的容积，m^3。

蒸发面负荷 R_A 在一定程度上代表蒸汽在汽包蒸汽空间的平均上升速度，也代表蒸汽带走水滴的能力。蒸汽空间负荷 R_S 的单位为 $m^3/(m^3 \cdot h)$ 或 $1/h$，它表示蒸汽在汽包蒸汽空间逗留的时间的倒数。R_S 越小表示蒸汽逗留的时间越长，蒸汽中的水滴可有更多的机会重新落到水容积中。在实际设计时，由于条件的不同，如蒸汽分配的均匀性以及各种分离装置的不同效果等，R_A 和 R_S 的限额不完全一样，表 15-2 的 R_S 值可作参考。

表 15-2 蒸汽空间负荷 R_S 的设计参考值

汽包压力（MPa）	4.3	11	15
蒸汽空间负荷 $R_S[m^3/(m^3 \cdot h)]$	500~1000	350~400	250~300

二、锅水含盐量的影响

锅水含盐量影响水的表面张力和动力黏度，因此也影响蒸汽的带水量。锅水含盐增多，特别是碱性物质增多，会使溶液的表面张力减小，汽泡的直径也随之减小。随锅水含盐浓度的增高，相邻汽泡间的液体黏度增大，沿汽泡表面水层流动的摩擦阻力也增大，汽泡难以完成由小变大的合并过程。

由于生成的汽泡变小，汽泡对水的相对运动减慢，使得汽包水容积中的含汽量增多，促使水容积膨胀，蒸汽空间高度减小。其结果蒸汽带水增多。

汽泡直径越小，内部过剩压力越高，破裂时抛出的水滴也越多；汽泡液膜强度增大则汽泡只能在液膜很薄时才会破裂。液膜越薄，破裂时生成的水滴就越微小，更容易被蒸汽带走。

图 15-2 所示为蒸汽含盐量 S_v 与锅水含盐量 S_w 的关系。最初两者呈线性关系，说明在增大锅水含盐量时，蒸汽的带水量未发生变化，只是水中含盐增多才使蒸汽含盐增加。但是当锅水的含盐量增大到某个值后，蒸汽的含盐量突然增多，二者不再呈线性关系。锅水的这一含盐量称为临界含盐量。这时汽包蒸汽空间高度显著减小，蒸汽空间中的微小水滴明显增多，这种现象又称为汽水共腾。

图 15-2 所示为不同负荷下的两条关系曲线。随着锅炉负荷的增加，水容积中的含汽量增多，水容积膨胀加剧，因此锅水的临界含盐量降低。在实际运行过程中锅水的许可含盐量一般为临界含盐量的 70% 左右。

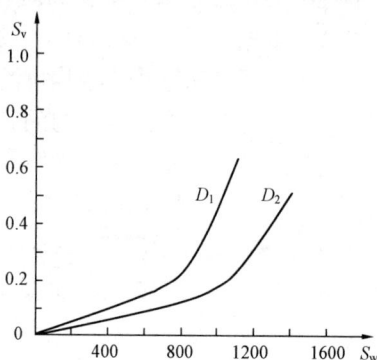

图 15-2 蒸汽含盐量与锅水含盐量的关系
（蒸发量 $D_1 > D_2$）

锅水最大许可含盐量除了与锅炉负荷有关外，还与工作压力、盐的成分、汽水分离装置、蒸汽空间高度等因素有关。

三、汽包水位的影响

汽包水位的高低影响到蒸汽空间的高度 H，因而也影响蒸汽的带水。当水位升高而使 H 减小时，飞溅的大水滴也会随蒸汽带出，蒸汽湿度 ω 将显著增加。大水滴的飞溅高度是

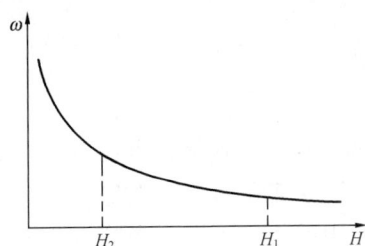

图 15-3 ω 与 H 的关系

有限度的，当 H 超过此限度时，飞溅出的大水滴在动能消失后又落回到水容积中，随蒸汽带出的是输送水滴，这时即使再增加 H，ω 的降低也很小，如图 15-3 所示。

四、工作压力的影响

随着工作压力的升高，饱和蒸汽与饱和水的密度差减小，汽水分离困难；压力高时蒸汽卷起水滴的能力增强，蒸汽更易带水；压力高时饱和温度也高，水的表面张力减小，更容易破碎成细水滴。所有这些均说明工作压力越高，蒸汽越容易带水。因此对于高压锅炉，蒸汽空间的许可负荷 R_S 要比中压锅炉低（见表 15-2）。

工作压力的急剧波动也会影响蒸汽带水。例如当汽轮机用汽量突然增大时，锅炉的蒸汽压力就会急剧下降。汽压降低使对应的饱和温度也降低，这时汽包和蒸发系统中的存水处于过饱和状态，因而放出热量产生附加蒸汽。同时蒸发系统的金属也会放出热量产生附加蒸汽。因此，蒸发管和汽包水容积中的含汽量突增，汽包水容积膨胀，蒸汽空间减小，并且穿过蒸发面的汽量增多，造成蒸汽大量带水。这时过热蒸汽温度将降低，严重时还可能造成进入汽轮机的蒸汽带水。

第三节 蒸汽的溶解性携带

当饱和蒸汽与饱和水接触时，水中溶解的盐有一部分会溶于蒸汽。随工作压力的升高，蒸汽的性能更接近于水，溶盐的能力也增强。蒸汽和水一样，对不同盐类的溶解能力是不同的，蒸汽的溶盐也是有选择性的，并具有下列特点：

（1）饱和蒸汽和过热蒸汽均可溶解盐类，但溶盐能力不同；

（2）蒸汽的溶盐能力随压力的升高而增大；

（3）蒸汽对不同盐类的溶解是有选择性的，在相同条件下不同盐类在蒸汽中的溶解度相差很大。

本章第一节提到物质溶于蒸汽的量可用分配系数 α 来表示。α 的大小同饱和蒸汽密度 ρ'' 与饱和水密度 ρ' 的比值有关。根据试验数据整理，二者的关系为

$$\alpha = \left(\frac{\rho''}{\rho'}\right)^n \tag{15-11}$$

式中 n——溶解指数，与盐的种类有关（表 15-3）。

表 15-3   几种盐类的溶解指数

盐类成分	SiO_2	$NaOH$	$NaCl$	Na_2SO_4	$CaSO_4$
n 值	1.8	4.1	4.4	8.4	8.4

由式（15-11）可知，分配系数 α 随压力的增加而增加，随溶解指数 n 的增加而减小。

根据饱和蒸汽的溶盐能力，可把锅水中常遇到的物质分为三类：

第一类物质是硅酸（H_2SiO_3、$H_2Si_2O_5$、H_4SiO_4 等，其通式为 $xSiO_2 \cdot yH_2O$）。硅酸的分配系数最大，表 15-4 中给出了不同压力下硅酸的分配系数 α_{SiO_2}。

表 15-4　　　　　　　　　　　　**不同压力下硅酸的分配系数**

工作压力（MPa）		4	6	8	10	11	14	15	16	18	20	22.5
α_{SiO_2}	pH＝7	—	—	0.5~0.6	0.8	1.0	2.8	—	—	8.0	16.3	100
（%）	pH＝10	0.033	0.07	0.16	0.6	0.92	2.2	2.8	3.8	7.3	—	100

可以看出，随着压力的提高，溶于蒸汽而被带出的硅酸要比正常的机械携带（ω＝ 0.01%~0.1%）大得多。

第二类物质为 NaOH、NaCl 和 CaCl$_2$ 等，这类物质在蒸汽中的溶解度比硅酸低很多，但是在超高压及更高压力的锅炉中，蒸汽对这类物质的溶解携带不能忽略。表 15-5 给出了不同压力下 NaCl 的分配系数 α_{NaCl}，在 11MPa 时 α_{NaCl} 很小，但在 15MPa 时，已相当于机械携带的 1~ 5 倍。

表 15-5　　**NaCl 的分配系数**

压力（MPa）	α_{NaCl}（%）
11	0.000 6
15	0.06
18.5	0.3

第三类物质为 Na$_2$SO$_4$、Na$_2$SiO$_3$、Na$_3$PO$_4$、Ca$_3$(PO$_4$)$_2$、CaSO$_4$ 和 MgSO$_4$ 等。这类物质的溶解度很低，压力在 20MPa 以下时，可以不考虑它们在蒸汽中的溶解问题。

对蒸汽锅炉最值得注意的是硅酸，它在蒸汽中的溶解度最大，并且会在汽轮机内随着压力的降低而沉积。一般锅水中同时存在有硅酸和硅酸盐，它们在饱和蒸汽中的溶解能力差别很大。硅酸按分配系数属于第一类物质，在饱和蒸汽中的溶解度很大；而硅酸盐（如 Na$_2$SiO$_3$、Na$_2$Si$_2$O$_5$）则属于第三类物质，很难溶于蒸汽。锅水中的硅酸和硅酸盐之间有下列平衡关系

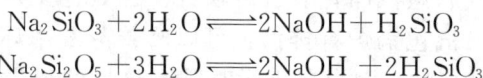

$$Na_2SiO_3 + 2H_2O \Longrightarrow 2NaOH + H_2SiO_3$$
$$Na_2Si_2O_5 + 3H_2O \Longrightarrow 2NaOH + 2H_2SiO_3$$

将上式写成离子式

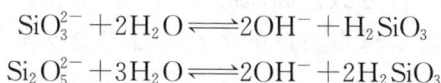

$$SiO_3^{2-} + 2H_2O \Longrightarrow 2OH^- + H_2SiO_3$$
$$Si_2O_5^{2-} + 3H_2O \Longrightarrow 2OH^- + 2H_2SiO_3$$

可见提高锅水碱度，即增大 pH 值，OH$^-$ 离子浓度增大，有利于硅酸转变为难溶于蒸汽的硅酸盐，从而使蒸汽中的硅酸含量减少。

锅水中有油脂或有机化合物时，如碱度增高则锅水易生泡沫，使蒸汽的机械携带剧增。而且碱度过大也可能引起金属的碱性腐蚀，因此不应使锅水的 pH 值过高。

在运行中可利用增大蒸发区的排污量，来降低锅水的硅酸含量，但应注意增大排污虽能降低水中的 SiO$_3^{2-}$，但也会使锅水的 pH 值降低，其结果是蒸汽中的硅酸可能反而增高。这是硅酸的一个特点。

当分配系数一定时，与蒸汽接触的水的含盐越少，蒸汽的溶盐也就越少。为了减少蒸汽中的硅酸含量常用清洁的给水来清洗蒸汽，这是改善高压蒸汽品质的一个有效方法。

如前所述，由汽包送入过热器的饱和蒸汽，其携带的杂质有两种来源：一种是蒸汽携带锅水，其中有溶解的杂质或少量悬浮渣；另一种是蒸汽本身溶解的杂质。前者主要是存在于水溶液中的钠盐，如 NaCl、NaOH、Na$_2$SiO$_4$ 等。后者主要是溶解在蒸汽中的硅酸和少量钠盐。随同蒸汽进入过热器的锅水中，溶解的物质远没有到达其饱和浓度，随着水分的蒸发，水滴中溶解的物质到达饱和浓度，并由溶液中分离出来，转为固相。由于锅水所含物质

的成分不同，各种物质在过热器中分离出来时所处的位置也不完全相同。

蒸汽中所含物质转为固相后，除少量被蒸汽带走外，大部沉积在过热器管子内。中压蒸汽溶盐能力很小，故饱和蒸汽中的非挥发性物质几乎全部沉积在过热器中。随压力的增高，过热蒸汽的溶盐能力增强，沉积在过热器中的物质就会少些。沉积在过热器中的物质主要是在蒸汽中溶解度低的物质（如硫酸钠、磷酸钠、碳酸钠、氢氧化钙和氢氧化镁），也有一些腐蚀产物（氧化铁等）。

当带盐的蒸汽进入汽轮机后，随蒸汽压力的下降，蒸汽中的溶盐逐渐分离出来并沉积在汽轮机通流部分。蒸汽中溶解度低的钠盐首先分离出，因而多沉积在汽轮机的高压级，而溶解度高的硅酸则沉积在较低压力的各级。钠盐能溶于水，但是叶片上沉积的硅酸几乎不能用水洗掉，有时要打开汽轮机用其他方法清理。

除了上述溶解于蒸汽中的各类物质外，铁、铜的氧化物在蒸汽中的溶解度也会随着压力的提高而有明显的增加。对于超临界压力发电机组，在汽轮机的沉积物中，铁、铜氧化物（尤其是 CuO）的含量比较多。因此在一些超临界压力发电机组中，汽轮机系统的低压加热器不是采用铜合金管，而是采用不锈钢管，以减少蒸汽中铜氧化物的含量。

第四节　汽水分离和蒸汽净化装置

一、对汽水分离装置的要求

在发电厂中对蒸汽净度的要求是很高的（见表 15-1）。对于汽包锅炉，蒸汽的净度取决于给水品质、运行方式和蒸汽净化装置的设计。当其他条件相同时，沸腾水中的杂质浓度越低则蒸汽越清洁。汽包锅炉有排污，可以改善蒸发循环系统中水的品质，但过多的排污又会降低锅炉的经济性，因为在排污时既有热量的损失又有水的损失。采用分段蒸发也是降低蒸汽含盐的一种方式。高压时采用蒸汽清洗，既可降低对给水的要求，也可取得合格的蒸汽。但是为了取得清洁的蒸汽，首先要使蒸汽干燥，也就是把汽包内蒸汽中携带的水分分离出来。

对于汽水分离系统提出的要求是：汽包送出蒸汽的湿度要低，单位蒸汽负荷要高，流动阻力要小。要想满足这些要求，应从下述几方面来考虑汽水分离装置的设计：

（1）首先应能消除汽水混合物的动能，并尽可能不把水滴打散，把大量的水与蒸汽分离开来，为进一步的细分离创造条件。

（2）分离装置应能使蒸汽沿汽包蒸汽空间水平截面均匀分配，以降低蒸汽的上升流速，从而减少蒸汽卷起的水滴。

（3）充分利用水和汽的密度差，通过重力、离心力、惯性力以及附着力等作用，把细微水滴从蒸汽中分离出来。

根据上述汽水分离装置设计思想，锅炉汽包中的汽水分离装置一般是由多种元件组合而成，以便获得较高的汽水分离效率。其中进口挡板、水下孔板、旋风分离器等元件用于汽水的初步分离，也称一次分离，把大量的水与蒸汽分离开来；波形板、均汽孔板等元件用于汽水的细分离，也称二次分离，在一次分离的基础上进一步把蒸汽中携带的细微水滴分离出来。

二、汽水分离装置

电站锅炉常用的汽水分离元件主要有旋风分离器、波形板（百叶窗）、均汽孔板等。

1. 旋风分离器

旋风分离器是初分离效果最好，用得最普遍的一种分离装置。它的结构型式很多，但工作的基本原理是相同的。如图 15-4 所示，汽水混合物沿切线方向进入筒体，产生旋转运动。由于离心力作用，水贴着筒壁旋转流下，蒸汽由筒体中心上升，筒内形成抛物面形的水位面。为了防止贴着筒壁的水膜层被上升汽流撕破，而使蒸汽重新带水，在筒的顶部装有溢流环，使上升水膜能完整地溢流出筒体。

为防止水向下排出时把蒸汽带出，筒底中心部分有一圆形底板，水只能由底板周围的环形通道排出。通道内装有倾斜导叶，使水稳定地排入汽包水容积中。由于水的旋转运动，有可能造成汽包水位面的偏斜，如果能使相邻旋风分离器内排水的旋转方向相反，就可将排水的旋转动能相互抵消，汽包的水位面就能保持平稳。为防止分离器的排水把蒸汽带入下降管，有的在筒底下方装有托斗。

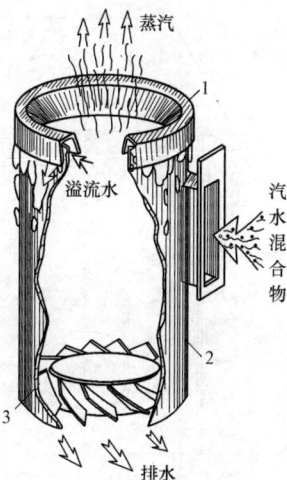

图 15-4　旋风分离器
1—溢流环；2—筒体；
3—筒底导叶

筒内的汽流是旋转上升的，各处汽流速度很不均匀，并携带有水滴。因此在旋风分离器的顶部出口还装有波形板组成的顶帽，既能均匀蒸汽的流速，又能再一次使汽水分离。顶帽通常有两种：一种是让汽流通过它垂直上升；另一种是使汽流转向 90°，沿径向通过波形板进行二次分离后流出。

旋风筒直径通常不超过 350mm，中压锅炉每只分离器的蒸汽负荷为 3000～4500kg/h，超高压锅炉由于工质的比体积小，同样大小的分离器，它的蒸汽容量可达中压锅炉的两倍或更多。一台大型锅炉需要用很多旋风分离器。汽水混合物引入旋风分离器的方式有三种：单位式、总联箱式和分联箱式（见图 15-5）。一根或几根汽水导管与一只分离器连接的方式称为单位式，其优点是阻力小，缺点是由于水冷壁管的受热不均，各只分离器的蒸汽负荷差别较大。由汽包一侧汽水导管来的汽水混合物汇集在一个总联箱内，然后导入很多并列分离器的方式称为总联箱式。它的缺点是：汽水流动阻力大，而且由于汽包的壁厚同联箱壁厚相差很大，故很长的焊缝容易裂开。把总联箱分段而形成的分联箱式是一种折中的办法。

在旋风分离器的结构形式上，控制循环锅炉常采用一种分离效率高，但流动阻力大的轴流式旋风分离器，又称为涡轮式分离器（见图 15-6）。该分离器的工作过程是：汽水混合物由底部进入，在向上流动的过程中，经过筒内的固定式导向叶片时产生强烈的旋转，在离心力的作用下，水贴着内筒壁旋转并向上流动到顶部，经过集汽短管与内筒壁之间的环形通道，进入内、外筒之间的夹层，向下流入汽包的水空间。蒸汽则在内筒

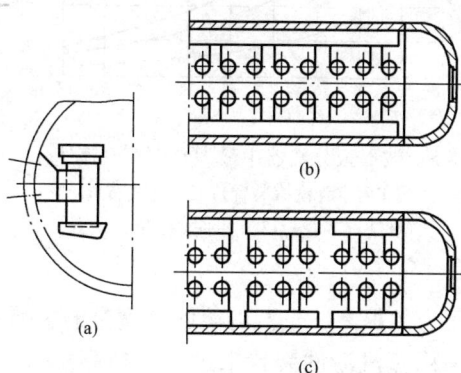

图 15-5　旋风分离器的连接方式
（a）单位式；（b）总联箱式；（c）分联箱式

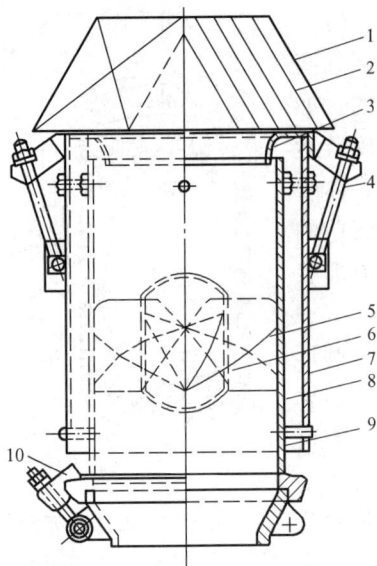

图 15-6　涡轮式分离器

1—梯形顶帽；2—波形板；3—集汽短管；
4—钩头螺栓；5—固定式导向叶片；6—涡轮
芯子；7—外筒；8—内筒；9—排水夹层；
10—支撑螺栓

的中间向上流动，经集汽短管和波形板顶帽的二次分离后，进入汽包的汽空间。

2. 波形板（百叶窗）

波形板分离器也称为百叶窗分离器，它由很多平行的波形板组成，板间的距离约为 10mm（见图 15-7）。波形板的布置形式有立式和水平式两种。

当携带水滴的蒸汽在波形板之间流经弯曲的通道时，依靠惯性力作用使水滴分离，细微水滴黏附在板壁上，并形成一层水膜，然后靠自身重力流下落入水容积中。蒸汽通过波形板的速度不能过高，否则会把已形成的水膜撕破，使蒸汽又重新带水，图 15-8 所示为不同压力下的最大许可蒸汽流速。压力升高会使蒸汽撕破水膜的能力增强，故蒸汽流速应当减小。当波形板立式布置时，疏水与汽流方向垂直，可允许有较大的蒸汽流速。

3. 均汽孔板

均汽孔板由钢板制成，装在蒸汽引出管之前的蒸汽空间。板上开有许多供蒸汽向上流动的小孔，孔径为 8～12mm。

均汽孔板实质上是对各处的上升汽流附加了一个流动阻力，故可促使汽包蒸汽空间各处上升汽流均匀。均匀的流速是最小的流速，可以减少蒸汽的机械携带。而且均汽孔板本身也能阻挡一部分小水滴，起到一定的细分离作用。

图 15-7　波形板

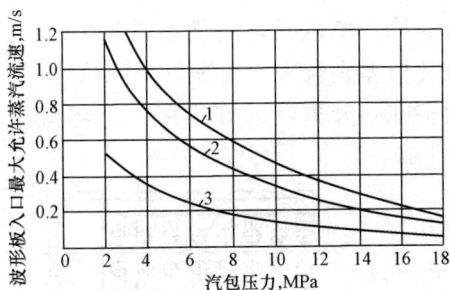

图 15-8　波形板分离器中最大允许蒸汽流速

1—立式布置（无洗汽装置）；2—立式布置（有洗汽装置）；3—水平式布置

三、蒸汽清洗

汽水分离只能减少蒸汽的机械携带，而随着压力的提高，蒸汽的溶解性携带的影响不断增加，所以在高压和超高压锅炉的汽包中，普遍采用蒸汽清洗装置来进一步提高蒸汽品质。蒸汽清洗的目的就是要降低蒸汽中溶解的盐，尤其是溶解度高的硅酸。由式（15-1）可知，压力一定时，分配系数 a 为常数，要减少蒸汽中溶解的硅酸，就只有设法降低与蒸汽接触的水的硅酸浓度。所谓蒸汽清洗，就是用含盐低的清洁水与蒸汽接触，使已溶于蒸汽的盐转移到清洗水中，从而减少蒸汽中溶解的盐。

经循环蒸发后，锅水的含盐浓度升高，所以由锅水产生的蒸汽溶解盐类较多。通过用清洁的给水来清洗蒸汽，这时与蒸汽最后接触的为含盐较低的给水，这样不仅蒸汽的溶盐少，而且携带水滴所带的盐也减少了，因为带出的水为含盐较低的清洗水，而不是锅水。

在蒸汽清洗装置中，蒸汽自下而上穿过清洗孔板及该孔板上面的清洗水层；进入汽包的一部分给水由配水装置均匀地送到清洗孔板上，以保持一定厚度的清洗水层，流过孔板后的给水经溢流挡板流入汽包水空间。影响蒸汽清洗效果的主要因素有：清洗水量和清洗水的品质、清洗水层厚度、蒸汽穿过清洗孔板时的流速、清洗前的蒸汽品质等。

对于亚临界压力锅炉，为了避免汽包出口蒸汽带水量增加，汽包中一般不再布置蒸汽清洗装置。

第五节　给水品质和锅炉水工况

一、给水品质

各种来源的水均含有一些杂质，有的是溶解于水的盐类和气体，有的是不溶解的悬浮物。杂质随给水进入锅炉后，会引起各种不良的后果：

(1) 影响蒸汽品质；

(2) 在锅炉受热面上生成水垢；

(3) 在过热器和汽轮机中产生盐质沉淀；

(4) 对锅炉、汽轮机和其他设备中的金属产生腐蚀。

因此对供给锅炉的给水的品质要求是很严格的，要事先经过一定的处理，去除水中的杂质。表 15-6 是我国火力发电厂汽水质量标准中对给水品质的要求。

表 15-6　　　　　　　　　　　　　　锅 炉 给 水 质 量 标 准

炉型	锅炉压力 (MPa)	硬度① ($\mu mol/L$)	溶氧 ($\mu g/L$)	铁 ($\mu g/L$)	铜 ($\mu g/L$)	钠 ($\mu g/L$)	二氧化硅 ($\mu g/L$)	pH 值 (25℃)	联氨 ($\mu g/L$)	油 (mg/L)
汽包锅炉	3.8～5.8	≤2.0	≤15	≤50	≤10	—	应保证蒸汽中二氧化硅符合标准	8.8～9.2	—	<1.0
	5.9～12.6	≤2.0	≤7	≤30	≤5	—		8.8～9.3 (有铜系统) 或 9.0～9.5 (无铜系统)	10～50 或 10～30 (挥发性处理) 或 20～50	
	12.7～15.6	≤1.0	≤7	≤20	≤5	—				≤0.3
	15.7～18.3	～0	≤7	≤20	≤5	—				
直流锅炉	5.9～18.3	～0	≤7	≤10	≤5②	≤10③	≤20			<0.1
	18.4～25	～0	≤7	≤10	≤5②	≤5	≤15④			

① 硬度表示水中钙盐和镁盐的总含量。有凝结水处理时，给水硬度应为 $0\mu mol/L$。

② 争取≤$3\mu g/L$。

③ 争取≤$5\mu g/L$。

④ 争取≤$10\mu g/L$。

在凝汽式电厂中，给水的主要部分为汽轮机的凝结水，同时由于锅炉排污、其他用汽和设备泄漏等原因会使机组在运行中有一定的汽水损失，因此要向机组增加对应的补给水以维持机组汽水质量的平衡。为保证良好的给水品质，对这部分补给水要进行净化处理。另外，在运行中还可能由于有未经处理的冷却水漏入凝结水中以及设备管道金属的腐蚀等原因，使凝结水受到污染，因此还需要对凝结水进行除盐处理。

二、补给水处理

锅炉的补给水来自天然水。在天然水中会含有比较多的杂质，从水处理的角度，这些杂质可按其颗粒大小，分为悬浮物、胶体和溶解物质。

悬浮物的颗粒尺寸一般在 10^{-4} mm 以上，水的混浊现象主要就是因为悬浮物的存在。这类杂质在静止的水中，可依据各自密度的大小而自然下沉或浮上水面，因而比较容易去除。在工业应用中，一般要向水中加入促进悬浮物凝聚的药剂，以加快悬浮物的沉降。

胶体的颗粒尺寸一般为 $10^{-6} \sim 10^{-4}$ mm，它们往往是许多分子或离子的集合体，并带有电荷。它们一般不能通过静置的方法自然分离出来。

溶解物质的颗粒尺寸一般在 10^{-6} mm 以下，它们以离子或溶解气体（O_2、CO_2 等）的状态存在于水中。水中 O_2、CO_2 等溶解气体对金属有腐蚀作用。

1. 预处理

对锅炉补给水的预处理，就是用混凝、澄清和过滤的方法，去除水中的悬浮物和胶体状态的物质。

水的混凝处理就是通过在水中加入混凝剂（铝盐、铁盐等），使水中颗粒尺寸相对比较小的悬浮物以及胶体结合成大的絮凝体，使它们易于在重力作用下沉淀分离出来。水的混凝和沉淀过程结合起来，实现了水的澄清过程。水经过滤料层去除其中悬浮物的过程称为过滤。经过澄清处理后的水，再进行过滤处理可进一步去除水中的杂质。

2. 离子交换处理

水经过混凝、澄清和过滤的预处理后，所含的悬浮物和胶体可基本被去除，但是仍含有大量的溶解性盐类。去除水中溶解盐类的方法主要有离子交换法、膜分离法和蒸馏法。在水处理过程中，以离子交换法最为普遍。离子交换法是指某些物质遇水后，能将其本身具有的离子与水中带同类电荷的离子进行交换反应的方法，这些物质称为离子交换剂。

水通过离子交换剂时，原先溶解在水中的阳离子和阴离子先后与阳离子和阴离子交换剂发生反应并与之结合而被除去。通过离子交换，可实现水的软化、除盐。电站锅炉的补给水一般都要经过二级除盐处理。

三、汽包锅炉的水工况

在汽包锅炉的蒸发区，由于盐类在水和汽之间的分配系数 α 小于 1，随着水的循环蒸发产汽，给水中的盐分不断被浓缩到锅水中。若锅水中的盐分过大，不仅会使产自锅水的蒸汽品质下降，影响过热器、汽轮机等设备的安全、经济运行，而且会使蒸发受热面本身产生结垢和腐蚀。因此要对锅水的含盐予以监督和处理。

去除锅水中含盐的方法包括校正处理（锅内加药）和排污两个过程，即通过向锅水加入化学药剂，使锅水中的杂质不会生成牢固附着在受热面上的水垢，而是生成呈悬浮状态或沉渣状态的水渣，或者是把已经生成的水垢转变成水渣，然后把水渣以及含盐浓度较高的锅水通过排污排出。

1. 校正处理

对锅水进行校正处理，就是向锅水中加入化学药剂（校正添加剂），把结垢物质转变为不沉淀的轻质水渣，通常采用的校正添加剂为磷酸盐（如磷酸三钠 Na_3PO_4）。

通过向锅水加入磷酸盐溶液，使锅水中保持有一定量的磷酸根（PO_4^{3-}），在锅水处于沸腾和碱性较高的状态下，水中的钙离子与磷酸根会发生以下反应：

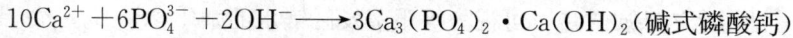

$$10Ca^{2+}+6PO_4^{3-}+2OH^- \longrightarrow 3Ca_3(PO_4)_2 \cdot Ca(OH)_2（碱式磷酸钙）$$

生成的碱式磷酸钙是一种松软的水渣，且不会转为二次水垢，易于通过排污从锅水中排除。

虽然 PO_4^{3-} 具有上述防止钙盐水垢（$CaSO_4$、$CaSiO_3$ 等）的效果，但是锅水中的 PO_4^{3-} 过高，会增加锅水的含盐量，影响蒸汽品质，而且会生成 $Mg_3(PO_4)_2$、$Fe_3(PO_4)_2$ 水垢。对于超高压以上的锅炉，锅水中的 PO_4^{3-} 含量一般应维持在 $0.5 \sim 3mg/L$。

在用磷酸盐处理时，磷酸离子发生水解而生成氢氧离子，会进一步提高水的碱度。其反应式为

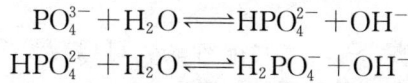

$$PO_4^{3-}+H_2O \Longleftrightarrow HPO_4^{2-}+OH^-$$

$$HPO_4^{2-}+H_2O \Longleftrightarrow H_2PO_4^-+OH^-$$

在磷酸—碱工况中，锅水中的氢氧碱度可能很大（$pH > 11$），会引起金属腐蚀。

当用汽轮机凝结水作锅炉给水时，为使锅水碱度不致太高，锅水添加剂可以是磷酸三钠 Na_3PO_4 与磷酸氢二钠 Na_2HPO_4 的混合物，用加药泵连续送入汽包的锅水中。

目前电厂锅炉的给水质量一般都比较高，同时由于汽轮机凝汽器漏水量的减少以及对凝结水的净化处理，凝结水质量也有很大提高，这样就可少用甚至不用磷酸处理。如能不用磷酸处理，就可不用校正添加剂，既可节约费用，还可节省加药设备，锅水中的含盐也减少，使蒸汽品质提高。

2. 排污

为了保证锅水含盐浓度维持在允许的范围内，就要将部分含盐较浓的锅水以及锅水中的水渣排出，并补充一些较为清洁的给水，这就是所谓的锅炉排污。

汽包锅炉的排污包括连续排污和定期排污。连续排污就是连续不断地从汽包中含盐浓度较高的部位排出一部分锅水，使锅水含盐浓度不致过高。锅水中可能有些沉渣和铁锈，这些杂质大多沉积在蒸发区的最低处，所以经过一定时间后要把这些杂质排出，这就是定期排污。

锅炉排污有锅水损失，也有热量损失，因此锅炉的排污量也应受到限制。排污量 D_{bl} 与锅炉蒸发量 D 之比称为排污率，即

$$p = \frac{D_{bl}}{D} \times 100\% \qquad (15\text{-}12)$$

我国规定，凝汽式电厂的锅炉排污率为 $1\% \sim 2\%$，热电厂为 $2\% \sim 5\%$。

锅炉的排污量可以按锅水中的杂质平衡算出。图15-9所示为锅水的杂质平衡关系。锅炉的蒸发量、给水量和排污量均以相对值表示，以锅炉的蒸发量作为 100%，排污率以 $p\%$ 表示，给水量则为 $(100+p)\%$。当蒸发区的杂质含量维持不变时，给水带入的杂质含量，应等于蒸汽带走的杂质含量与随同排污水排走的杂质含量之和，故可写出锅水的杂质平衡式

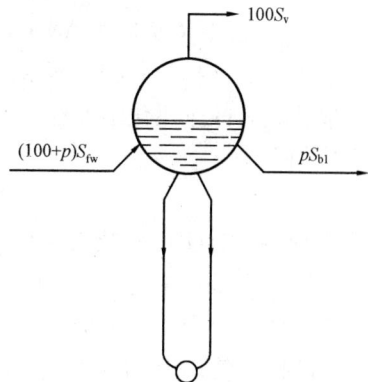

图 15-9　锅水中的杂质平衡关系

$$(100+p)\ S_{fw} = 100S_v + pS_{bl} \qquad\qquad (15\text{-}13)$$

式中 S_{fw}——给水的杂质含量，mg/kg；

   S_v——饱和蒸汽的杂质含量，mg/kg；

   S_{bl}——排污水的杂质含量，可视为等于蒸发区锅水的杂质含量 S_w，mg/kg。即

$$S_{bl} = S_w \qquad\qquad (15\text{-}14)$$

由上述两式可得排污率为

$$p = \frac{S_{fw} - S_v}{S_w - S_{fw}} \times 100\% \qquad\qquad (15\text{-}15)$$

这样，根据给水品质（S_{fw}）和锅水品质（S_w）以及允许的蒸汽品质（S_v），就可以计算出所需的锅炉排污率 p。

由式（15-15）可知：

(1) 对于一定的给水杂质含量 S_{fw}，增大排污率 p 可以减少锅水和蒸汽的含盐量 S_w、S_v。但是增大排污率将会同时增大工质和热量的损失。

(2) 对于一定的蒸汽品质（S_v）要求，降低给水中的杂质含量 S_{fw} 可以降低排污率，从而减少工质和热量的损失。

(3) 对于一定的排污率 p，降低给水中的杂质含量 S_{fw} 可以减少锅水和蒸汽的含盐量 S_w、S_v。

四、直流锅炉水工况

直流锅炉的给水，一次性通过锅炉的省煤器、蒸发受热面和过热器，以过热蒸汽的形式供给汽轮机。给水中的杂质，在蒸发受热面内浓缩后，不可能像汽包锅炉那样以排污的形式从锅炉中排出，要么沉积在锅炉受热面内，要么随蒸汽带出。现代锅炉机组受热面的温度和热负荷很高，容易产生腐蚀产物。沉积在锅炉受热面内的腐蚀产物和污垢，会造成管壁超温和损坏；随着过热蒸汽带出的杂质，会在汽轮机的阀门、喷嘴和叶片上发生沉积，轻则影响机组效率，重则造成安全事故。所以，直流锅炉给水品质的要求要比汽包锅炉高得多（见表15-6）。

为减轻和防止直流锅炉蒸发受热面（水冷壁）管内的腐蚀，除对给水和凝结水进行处理外，还要组织好直流锅炉的水工况。直流锅炉一般采用全挥发性水工况（all-volatile treatment，AVT），其中又分为还原性全挥发处理 AVT（R）和弱氧化性全挥发处理 AVT（O）两种工况。

1. 还原性全挥发处理 AVT（R）水工况

这种工况又称为联胺—氨水工况。因为热力除气不能保证从汽轮机凝结水中完全除去氧和二氧化碳，故采用化学处理方法补充热力除气的不足。采用联胺（N_2H_4）进行的辅助除氧反应如下：

$$N_2H_4 + O_2 \longrightarrow N_2 + 2H_2O$$

反应产物 N_2 和 H_2O 对热力系统无任何害处。为了尽可能去除热力除气后的残余氧，应保证给水泵入口处水中有 $20\sim30\mu g/L$ 的过量 N_2H_4。

在这种水工况中，还加入氨（NH_3），目的是去除游离的二氧化碳，保持水的碱性，即提高 pH 值，使水中 pH 值不低于 9.0。加入的氨量要保证完全中和给水中残余的 CO_2，生成碳酸铵（NH_4）$_2CO_3$，并具有不多的剩余氢氧化铵（NH_4OH）。

二氧化碳在水中可能以分子 CO_2（溶解的气体）和 H_2CO_3（碳酸液）的形式出现。碳酸与氨可直接生成碳酸铵；游离 CO_2 则与氨溶于水的氨水（氢氧化铵）生成碳酸铵，其反应如下：

$$CO_2 + H_2O \longrightarrow H_2CO_3$$
$$2NH_3 + H_2CO_3 \longrightarrow (NH_4)_2CO_3$$
$$NH_3 + H_2O \longrightarrow NH_4OH$$
$$2HN_4OH + 2CO_2 \longrightarrow (NH_4)_2CO_3 + H_2O$$

联胺—氨水工况是一种传统的水工况。以往在直流锅炉上采用较多。但某些运行实践表明，当水冷壁热负荷较高时，为避免水冷壁内沉积物过多，锅炉要定期进行化学清洗。

锅炉采用 AVT（R）水工况的目的是抑制氧对金属的腐蚀。在高温条件下，金属 Fe 会与 H_2O 发生反应生成 Fe_3O_4，即

$$3Fe + 4H_2O \longrightarrow Fe_3O_4 + 4H_2$$

Fe_3O_4 紧贴在金属表面上形成一层稳定密致的氧化膜，可阻止金属的进一步腐蚀。但水中的联胺具有还原性，在高温条件下会把晶体状的 Fe_3O_4 还原成随水流动的 $Fe(OH)_2$ 或 FeO，甚至铁原子 Fe，其反应为

$$2Fe_3O_4 + N_2H_4 \longrightarrow 6FeO + N_2 + 2H_2O$$
$$2FeO + N_2H_4 \longrightarrow 2Fe + N_2 + 2H_2O$$

氧化亚铁（FeO）质地疏松，不能阻止金属离子向氧化膜外扩散，所以这种水工况形成的氧化膜虽然内层比较稳定，但外层不坚固，在水流中容易脱落而形成腐蚀产物。

2. 弱氧化性全挥发处理 AVT（O）水工况

与力图除去给水中残余氧的 AVT（R）水工况不同，AVT（O）水工况对给水只进行热力除氧，不再采用化学药物辅助除氧，并允许给水中存在一定浓度的氧，同时通过加氨来调节给水的 pH 值。

给水中存在一定浓度氧量时，O_2 加速金属表面氧化膜的生成，首先生成的是磁性氧化膜 Fe_3O_4，即

$$3Fe + \frac{1}{2}O_2 + 3H_2O \longrightarrow Fe_3O_4 + 3H_2$$

水中氧与生成的 Fe_3O_4 氧化膜接触，会进一步氧化成 Fe_2O_3 氧化膜，即

$$2Fe_3O_4 + \frac{1}{2}O_2 \longrightarrow 3Fe_2O_3$$

并将 Fe_3O_4 膜层覆盖，使 Fe_3O_4 层更完整密实，而 Fe_2O_3 是比 Fe_3O_4 更加稳定的保护膜，不容易剥落，可以很好地保护管子。

对于 AVT(O)水工况，在给水中应加入氨水来调节水的 pH 值。此外，还应加入一定浓度的氧气，氧浓度大约为 $200\mu g/L$，以保证形成钝化了的密致氧化保护膜。

与 AVT(R)水工况相比，AVT(O)水工况取消了成本昂贵的联胺处理，还可减少锅炉下辐射区高热负荷水冷壁内生成氧化铁的沉积速度。

复 习 思 考 题

1. 汽水品质不良对热力设备有何影响？

2. 影响汽包出口蒸汽带盐量的因素有哪些?

3. 何谓蒸汽的机械携带、溶解性携带?

4. 影响机械携带的因素有哪些?

5. 影响分配系数的因素有哪些?

6. 沉积在过热器、汽轮机中的盐分在成分上有何区别?

7. 汽包内常用的汽水分离装置有哪些? 它们是基于哪些作用力实现汽水分离的?

8. 何谓蒸汽清洗?

9. 什么是排污率、连续排污、定期排污?

10. 与汽包锅炉相比,为何对直流锅炉的给水品质要求更高?

11. 分析给水品质、锅水品质、蒸汽品质、排污率之间的关系。

第五篇　锅炉外部过程及燃煤污染物净化技术

第十六章　结渣和高温积灰及高温腐蚀

第一节　煤粉锅炉受热面的积灰和腐蚀

烟气属污染性气体，含有固体杂质（如灰分等），还常含有害性气体（SO_2、H_2S、HCl等）。锅炉受热面的外表面与高温或低温烟气接触，由于物理或化学作用，其表面会发生灰分沉积，在一定条件下还会发生有害物质与受热面金属的物理化学作用而造成受热面损害。

锅炉受热面表面灰分的沉积大概可分为三种类型。

（1）炉膛水冷壁结渣（结焦）。在炉内燃烧区高温下，燃煤灰分中的易熔成分往往处于熔融状态，黏结性很强。当这些黏性熔化灰粒在未冷却到固态之前接触到受热面管子就会黏结于其上造成结渣。炉内水冷壁一旦开始结渣，往往会越来越严重，并影响固态排渣煤粉炉的可靠运行。

（2）高温黏结性积灰（高温对流受热面积灰）。在烟温高于 $700\sim800℃$ 的对流受热面上发生的这种积灰，其严重程度与煤种关系很大，特别是灰中钠、钾含量。煤灰中碱金属的化合物和硫酸盐以及部分碱土金属化合物，在温度 $700\sim800℃$ 时已处于熔化状态，碱金属在炉内高温区则处于升华状态（气态）。这些处于熔化状态的碱金属（和部分碱土金属）随烟气流到高温对流烟道，当接触到壁温低于 $700℃$ 的受热面时就在管子表面上凝结固化，并黏结成沉淀层。因此，煤灰中的碱金属化合物，虽然会存在于炉膛水冷壁的结渣中，但主要是在烟气与高温对流受热面接触时凝结在这些管子表面上形成高温积灰。

（3）中低温积灰。在烟气温度低于 $600\sim700℃$，但高于 $250\sim300℃$ 的受热面区域，气态碱金属的凝结过程已经终结，熔化灰粒已经固化，但含硫燃料烟气中的硫酸蒸汽的遇冷凝结尚未开始，受热面外表面的灰分沉积物是松散的，不具黏性，很容易清除。沿烟气流程，当烟气温度降低致使受热面（一般是空气预热器的低温段）的壁温到达或低于烟气中硫酸蒸汽的露点而发生硫酸蒸汽在受热面上凝结成黏性硫酸液时，烟气中的灰粒会大量黏附在受热面上，甚至形成通道的堵塞。这种积灰称为锅炉低温受热面积灰，是硫酸蒸汽凝结所引起，将在下一章中详细叙述。

锅炉中污染性烟气导致的受热面损坏也可分成三类。

（1）炉膛水冷壁高温腐蚀。这类腐蚀损坏与燃料硫含量和燃烧时缺氧气氛关系很大。一般认为煤粉在缺氧条件下高温燃烧会产生 H_2S 气体和游离态硫（单质硫 S），前者接触金属表面时会破坏金属表面原先生成的氧化保护层，使金属发生进一步氧化，随之保护层继续破坏，后者会穿过金属表面的保护层并沿金属晶界渗透，使氧化保护层疏松、脱落，从而造成金属的腐蚀。

（2）高温对流受热面的腐蚀（煤灰腐蚀）。高温对流受热面积灰的内灰层含有较多的碱金属。在内灰层的粗糙表面上会黏附煤灰中其他固体颗粒（包括 Fe_2O_3、Al_2O_3 等）形成松散的外灰层。烟气中的有害气体（SO_2、SO_3 等）通过松散外灰层从外向里渗透，在高温作用下生成熔融状（液态）碱金属的硫酸盐，对过热器和再热器管子产生强烈的腐蚀作用。

（3）低温受热面腐蚀（低温腐蚀）。当受热面（一般为空气预热器的低温段）的壁温低于烟气中硫酸蒸汽的露点时，在壁面上会形成硫酸液，并会对金属发生强烈的腐蚀作用。这种腐蚀将在下一章详细叙述。

此外，对于锅炉高温受热面（一般为高温过热器或再热器），当烟气或管内蒸汽的温度超过金属的氧化温度时，侵蚀性烟气或高温蒸汽会破坏金属的氧化保护层（氧化膜），使之脱落，造成高温氧化腐蚀。

第二节　燃煤矿物成分的化学物理特性

一、煤灰主要元素及其酸碱成分

煤粉中的杂质（灰分）由多种元素组成，其主要矿物成分是八种元素，即硅 Si、铝 Al、铁 Fe、钙 Ca、镁 Mg、钛 Ti、钾 K、钠 Na，一般占煤灰含量的 95％以上。

在灰分分析中，灰组分均以氧化物成分给出。煤灰中的金属离子，按其化学性质（反应性能）可分为碱性金属离子和酸性金属离子。煤灰中 8 种主要元素的金属离子及其氧化物酸碱性的区分列于表 16-1 中。

表 16-1　　　　　　　　　　煤灰成分酸碱性的区分

碱　　　性		酸　　　性	
金属离子	氧化物	金属离子	氧化物
Fe^{2+}	FeO（氧化亚铁）	Fe^{3+}	Fe_2O_3（氧化铁）
Ca^{2+}	CaO（氧化钙）	Si^{4+}	SiO_2（氧化硅）
Mg^{2+}	MgO（氧化镁）	Al^{3+}	Al_2O_3（氧化铝）
Na^+	Na_2O（氧化钠）	Ti^{4+}	TiO_2（氧化钛）
K^+	K_2O（氧化钾）		

在煤灰分析中，铁一般以三价铁 Fe_2O_3 给出。其实灰中铁元素约 90％以上是二价铁的化合物，尤其以硫铁矿（黄铁矿）FeS_2 居多，也有氧化亚铁 FeO 或 $FeSO_4$ 和 $FeCO_3$，只有不到 10％为三价铁 Fe_2O_3。

碱金属又分为强碱（如 Na^+、K^+）和弱碱（Ca^{2+} Mg^{2+} 和 Fe^{2+} 等）。碱金属常常与弱酸的阴离子（如硅酸、铝硅酸、黏土等阴离子）结合在一起，但在煤的燃烧过程中，会与烟气中的水蒸气发生水解作用，产生碱性化合物。

强碱（Na^+、K^+ 等）的水解反应如下（以硅酸钠水解为例）：

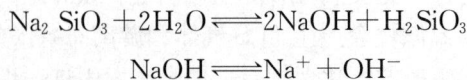

$$Na_2SiO_3 + 2H_2O \Longrightarrow 2NaOH + H_2SiO_3$$

$$NaOH \Longrightarrow Na^+ + OH^-$$

这个反应导致很强的碱性，因为 $Na^+ OH^-$ 几乎可以完全离解出 Na^+ 和 OH^-，而 H_2SiO_3 只能微弱地发生分解。

其他碱离子（Ca^{2+} Mg^{2+}、Fe^{2+} 等）与二价阴离子的弱碱（如 CO_3^{2-}、硫 S^{2-} 等）结合着，水解产生的碱性较弱。其反应式为

$$CaCO_3 + H_2O \Longrightarrow CaHCO_3^+ + OH^-$$
$$FeS_2 + H_2O \Longrightarrow FeOH^+ + HS_2^-$$
$$FeOH \Longrightarrow Fe^{2+} + OH^-$$

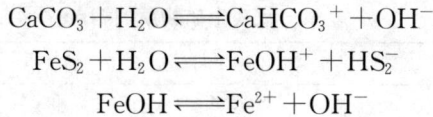

水解产生的化合物为弱酸或弱碱金属，水溶性较差。

碱性化合物的金属元素正电位较高，负电位较低，会产生迁移率（活动性的象征）很高的离散阳离子；酸性化合物的金属元素（Si、Al、Ti 等）正电位较低，负电位较高，所产生的离散阳离子少，阳离子的活动性也低。

碱性化合物（特别是强碱化合物）具有很强的化学反应性，在炉内结渣和高温积灰过程中成为结渣和积灰沉积物的中间媒介。

钠、钾化合物在高温时反应性更高，会发生分解和挥发，K_2O 在 350℃ 时发生分解，Na_2O 在 1275℃ 时发生升华。气态 K、Na 离子在温度降低到约 700℃ 时就发生凝结。所以气态高温碱金属在碰到壁温 700℃ 以下的受热面时，会凝结并牢固地黏附在受热面上。

由于煤灰中酸碱成分化学反应性的差别，在分析煤灰的结渣或积灰性能时，常常将酸碱成分分别归类，酸成分以 A 表示，碱成分以 B 表示。对于煤灰中 8 种主要金属元素的氧化物，可写出

$$\left. \begin{aligned} A &= SiO_2 + Al_2O_3 + TiO_2 + Fe_2O_3 \\ B &= Na_2O + K_2O + CaO + MgO + FeO \end{aligned} \right\} \tag{16-1}$$

煤灰的碱酸比为

$$\frac{B}{A} = \frac{Na_2O + K_2O + CaO + MgO + FeO}{SiO_2 + Al_2O_3 + TiO_2 + Fe_2O_3} \tag{16-2}$$

可以预期，比值 B/A 的数值越大，煤灰的结渣和高温积灰倾向越强。

传统上对煤灰中铁元素化合物的化学分析均以三价铁 Fe_2O_3 的数据给出，没有二价铁 FeO 的分析数据，并把 Fe_2O_3 的分析数据列入碱性成分，即

$$\left. \begin{aligned} A' &= SiO_2 + Al_2O_3 + TiO_2 \\ B' &= Na_2O + K_2O + CaO + MgO + Fe_2O_3 \end{aligned} \right\} \tag{16-3}$$

根据上述分析，比值 B'/A' 不能可靠地反映煤灰的结渣和高温积灰性能，但煤灰分析中又缺乏 FeO 的数据，因此实际上也不可能采用式（16-2）来判断煤种的结渣或高温积灰性能。

二、煤灰主要矿物质的熔化温度

煤灰中的矿物质，按熔化温度的高低大致可分为三类。

（1）低熔点化合物。其熔化温度为 700～850℃，主要是碱和碱土金属的氯化物、碳酸盐和部分硫酸盐，以及碱金属的氧化物。

（2）中熔点化合物。其熔化温度为 900～1100℃，如碱和碱土金属的硫酸盐、碱金属的硅酸盐。

（3）高熔点化合物。熔点在 1600℃ 以上，酸性成分的纯氧化物如 SiO_2、Al_2O_3、TiO_2 等熔点很高，为 1700～2000℃。碱土金属纯氧化物熔点更高，在 2600～2800℃ 之间。

表 16-2 列出某些煤灰化合物的熔化温度。纯氧化物，如 CaO、SiO_2、Al_2O_3 等熔点很高，但其与 Na_2O、FeO 或硅酸盐等组成的共熔体熔点较低，如 Al_2O_3-Na_2O-$6SiO_3$ 的熔点为 1100℃，$Na_3Al(SO_4)_3$ 熔点为 920℃，CaO-FeO-SiO_2 共熔体的熔点为 1093℃，SiO_2-CaO-Na_2O 的熔点更低，为 720℃。

表 16-2   **煤灰中矿物质的熔点**   ℃

化合物	熔点	化合物	熔点	化合物	熔点
Na_2O、K_2O	700	Na_2SO_4	884	SiO_2	1715
KCl	778	Na_4SiO_4	1018	Fe_2O_3	1565
NaCl	801	Na_2SiO_3	1080	Al_2O_3	2015
$Al_2(SO_4)_3$	700	K_2SO_4	1076	TiO_2	1838
$CaCl_2$	772	$MgSO_4$	1124	CaO	2570
$MgCl_2$	708	FeS_2、FeS	1170~1195	MgO	2800
$CaCO_3$	825		(700)		
$CaSO_4$	850	FeO	1030		

第三节　影响高温受热面灰污染的几个主要化学反应

一、黄铁矿 FeS_2 和菱铁矿 $FeCO_3$ 反应

煤中灰分的铁元素 90% 以上是以亚铁（二价铁）Fe^{2+} 的形式存在的，并以黄铁矿（硫铁矿）FeS_2 居多，中国某些地区煤灰中的铁元素，也以菱铁矿 $FeCO_3$ 的亚铁形式存在，此外，少量以硫酸亚铁 $FeSO_4$、含铁黏土等形式出现，只有不到 10% 是以正铁（三价铁）的形式存在。因此，煤粉燃烧过程中研究 FeS_2 和 $FeCO_3$ 的反应是分析炉内受热面污染不可缺少的。

FeS_2 易燃，含量较多时煤容易发生自燃。FeS_2 在较低温度时就会发生反应，其反应受环境气氛影响很大。

（1）氧化气氛中的反应。在氧化气氛中，FeS_2 可以通过直接或间接反应转化为 Fe_2O_3。当温度为 400~500℃ 时，FeS_2 就会与氧发生反应，直接生成 Fe_2O_3，并放出 SO_2：

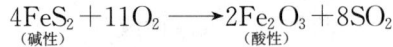

$$\underset{\text{(碱性)}}{4FeS_2} + 11O_2 \longrightarrow \underset{\text{(酸性)}}{2Fe_2O_3} + 8SO_2$$

Fe_2O_3 熔点高，约 1600℃。在上述温度范围内也有一定量 FeS_2 转化为硫酸铁 $Fe_2(SO_4)_3$：

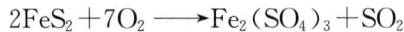

$$2FeS_2 + 7O_2 \longrightarrow Fe_2(SO_4)_3 + SO_2$$

$Fe_2(SO_4)_3$ 又会部分转化为 Fe_2O_3：

$$Fe_2(SO_4)_3 \longrightarrow Fe_2O_3 + 3SO_3$$

FeS_2 的热分解产物 FeS 在氧化气氛中还会部分转化为磁性氧化铁 Fe_3O_4：

$$3FeS + 5O_2 \longrightarrow Fe_3O_4 + 3SO_2$$

Fe_3O_4 也常写为 $FeO \cdot Fe_2O_3$，其中的亚铁部分在 540℃ 时会发生如下氧化反应：

$$\underset{\text{(碱性)}}{4FeO} + O_2 \longrightarrow \underset{\text{(酸性)}}{2Fe_2O_3}$$

煤粉在氧化气氛中燃烧时，煤灰中的铁主要转化为高熔点的三价铁 Fe^{3+} 的氧化物 Fe_2O_3，只有少量（约 10%）转化为 $Fe_2(SO_4)_3$。

（2）还原气氛中的反应。在缺氧的还原气氛中，黄铁矿在 200℃ 时开始发生分解，生成磁黄铁矿 FeS 或 Fe_nS（n 为小于 1 的数值），放出气态硫。FeS_2 在 700℃ 时完成全部分解。

$$FeS_2 \longrightarrow FeS + 1/2S_2$$

$$7FeS_2 \longrightarrow Fe_7S_8 + 3S_2$$

反应生成的磁黄铁矿 FeS（Fe_nS）是碱性铁，呈液态，在煤粉燃烧过程中，会与煤灰中其他杂质成分构成低熔点的复合物，也会直接黏附在水冷壁管子上造成结渣。

当温度在 1000℃ 或更高时，在还原气氛中，FeS 和 FeS_2 会将酸性三价铁 Fe^{3+}（高熔点的 Fe_2O_3）转化为低熔点的碱性二价铁（Fe^{2+}），即

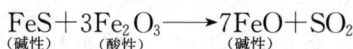

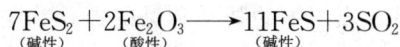

$$\underset{(碱性)}{FeS} + \underset{(酸性)}{3Fe_2O_3} \longrightarrow \underset{(碱性)}{7FeO} + SO_2$$

$$\underset{(碱性)}{7FeS_2} + \underset{(酸性)}{2Fe_2O_3} \longrightarrow 11FeS + 3SO_2$$

在还原气氛中，煤中的炭粒也会将三价铁 Fe^{3+} 转化为碱性二价铁：

$$\underset{(酸性)}{2Fe_2O_3} + C \longrightarrow \underset{(碱性)}{4FeO} + CO_2$$

亚铁的熔点低，一般为 1000℃ 左右。在还原气氛中亚铁还会与煤灰中酸性的二氧化硅发生反应，生成偏硅酸亚铁 $FeSiO_3$ 或正硅酸亚铁 Fe_2SiO_4：

$$FeO + SiO_2 \longrightarrow FeSiO_3$$

$$2FeO + SiO_2 \longrightarrow Fe_2SiO_4$$

硅酸亚铁是低熔点成分（熔点约 1150℃），还会与 FeS 组成低熔共晶体。此外，氧化亚铁 FeO 也是组成低熔共晶体的重要成分。其组成的共晶体，如 CaO-FeO、CaO-FeO-SiO_2 和 FeS-FeO 等熔点分别为 1130、1090℃ 和 940℃。

所以，在还原气氛中，灰的熔点随铁含量的增加而迅速降低。

一般认为煤中黄铁矿（硫铁矿）FeS_2 的含量与有机硫含量存在一定的正比例关系，而煤中硫含量的增加，主要是硫铁矿含量增加所致。因此，硫对锅炉受热面污染的影响与硫铁矿 FeS_2 的存在是相伴相随的。此外，硫铁矿在炉内缺氧气氛加热分解时放出的气态硫，随温度的升高越加活跃。还原气氛下生成的气态硫 S 和 H_2S，会通过灰渣层向管子表面扩散，对炉膛水冷壁的高温腐蚀起催化作用；在氧化条件下生成的 SO_2 和 SO_3，在高温对流受热面中通过灰层由外向里扩散，与管子表面的钠、钾、铁、铝等成分长时间作用会生成熔融性腐蚀介质，对高温对流受热面产生强烈的腐蚀作用。

煤灰中以碳酸盐形式存在的亚铁（即菱铁矿 $FeCO_3$）在温度约 800K 时开始分解，在炉内氧化气氛中 $FeCO_3$ 会生成高熔点的 Fe_2O_3 和 Fe_3O_4，其反应为

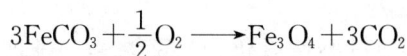

$$4FeCO_3 + O_2 \longrightarrow 2Fe_2O_3 + 4CO_2$$

$$3FeCO_3 + \frac{1}{2}O_2 \longrightarrow Fe_3O_4 + 3CO_2$$

但在缺氧还原气氛中则转变为氧化亚铁，即

$$FeCO_3 \longrightarrow FeO + CO_2$$

使煤灰熔点降低，还会与煤灰中的氧化硅生成低熔点的硅酸亚铁，并与之组成低熔共晶体的核心部分。

二、碱金属反应

与碱土金属（Ca^{2+}、Mg^{2+} 等）相比，煤中碱金属（Na^+、K^+）的含量不多。但碱金属最活跃，反应性高，熔点也低。对炉膛水冷壁结渣和高温对流受热面积灰有重要影响。

钠、钾化合物在中温时就开始分解和挥发，如 K_2O 在 350℃ 开始分解，Na_2O 在 1275℃ 就已升华。

煤灰中的钠、钾化合物常以与弱酸的阴离子（硅酸、铝硅酸、黏土等阴离子）相结合的形式存在，很容易形成 Na^+、K^+ 离子。在煤粉燃烧早期温度较低时，钠、钾化合物就会与水蒸气发生作用生成强碱 NaOH、KOH（见本章第二节），也可能通过氧化作用生成 Na_2O、

K_2O，再与水蒸气作用生成强碱：

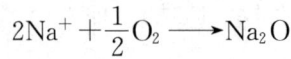

$$2Na^+ + \frac{1}{2}O_2 \longrightarrow Na_2O$$

$$Na_2O + H_2O \longrightarrow NaOH$$

在 $1000\sim1200℃$ 的温度下，煤灰中的盐类和碱的氧化物与水蒸气发生气相反应，也会生成气态强碱：

$$NaCl + H_2O \longrightarrow NaOH + HCl$$

燃料含硫对碱金属的行为有重要影响。烟气中的 SO_2、SO_3 在温度大于 $1200℃$ 时使碱金属生成低熔点的凝结性硫酸盐（熔化温度 $850\sim900℃$）：

$$Na_2O + SO_2 + \frac{1}{2}O_2 \longrightarrow Na_2SO_4$$

$$2NaOH + SO_2 + \frac{1}{2}O_2 \longrightarrow Na_2SO_4 + H_2O$$

$$2NaOH + SO_3 \longrightarrow Na_2SO_4 + H_2O$$

$$2NaCl + SO_2 + \frac{1}{2}O_2 + H_2O \longrightarrow Na_2SO_4 + 2HCl$$

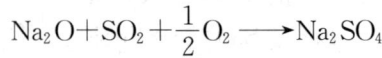

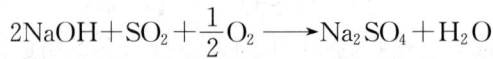

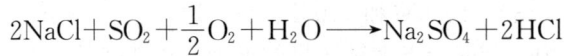

在高温（$1000\sim1600℃$）下，煤中挥发性钠与 SiO_2 反应生成硅酸钠。其中绝大多数 Na^+（75% 以上）为玻璃状黏性二硅酸钠 $Na_2Si_2O_5$，少数为偏硅酸钠 $NaSiO_3$ 和正硅酸钠 Na_4SiO_4。典型反应为

$$2NaOH + 2SiO_2 \longrightarrow Na_2Si_2O_5 + H_2O$$

当烟气中含有氧化硫时，二硅酸钠会生成附加的硫酸钠：

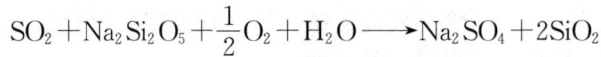

$$SO_2 + Na_2Si_2O_5 + \frac{1}{2}O_2 + H_2O \longrightarrow Na_2SO_4 + 2SiO_2$$

释放出的 SiO_2 又将碱金属钠转化为二硅酸钠，这样，在高温下，煤灰中的碱金属钠转化为凝结性 Na_2SO_4 和很黏的 $Na_2Si_2O_5$。气态碱金属和黏性很强的 $Na_2Si_2O_5$ 是高温积灰的重要媒介。凝结性 Na_2SO_4 在金属表面的反应则是造成高温对流受热面腐蚀的重要原因。

三、SiO_2 的反应和酸碱反应

二氧化硅一般认为是高熔点的酸性氧化物。SiO_2 是一种玻璃结晶体，在加热过程中随温度升高会发生晶型的转变。纯 SiO_2 在 $1700℃$ 以上转变为液态，气化温度更高。但在煤粉燃烧条件下，由于有碳、硫、氢等催化物质的存在，在炉内温度 $1500\sim1600℃$ 时就会发生气化反应：

$$SiO_2 + C \longrightarrow SiO + CO$$

$$SiO_2 + H_2 \longrightarrow SiO + H_2O$$

并生成气态一氧化硅 SiO。亚微米级雾状 SiO 遇到受热面时就会发生凝结，形成灰渣层。

由此可见，纯 SiO_2 熔点虽高，但在煤粉燃烧条件下，它会部分与碱金属、亚铁等形成黏性很强的低熔复合物；还会被催化气化，生成亚微米级气态 SiO，遇到受热面时就凝结固化，黏结在受热面上。

炉内煤粉燃烧时矿物质的行为十分复杂，甚至被认为会发生酸碱成分之间的反应，包括低熔点的碱性成分与高熔点的酸性成分之间的反应。酸碱之间的反应，常常生成低熔点的复合物或低熔共晶体。

前面已经提到，在还原气氛中，低熔点的碱性亚铁会将高熔点的酸性正铁（Fe_2O_3）转化为亚铁；也会使高熔点的二氧化硅 SiO_2 转化为低熔点的硅酸铁。

在还原气氛中，酸碱反应使熔化灰分的比例增加。碱性 FeO 通过与 Al_2O_3（酸性）和 SiO_2（酸性）组成低熔共晶体，使高熔点的 Al_2O_3 也进入熔化灰分的行列。

在氧化气氛中，煤灰中最重要的流动成分是钾。在 1200℃ 以下，钾与亚铁、二氧化硅组成低熔共晶体：K_2O（碱性）—FeO（碱性）—SiO_2（酸性）；当温度 1200℃ 以上时，碱土金属 Ca^{2+} 等高熔点氧化物也加入流动介质的行列。

第四节　炉膛水冷壁结渣和高温腐蚀

一、水冷壁结渣

锅炉水冷壁结渣轻则影响水冷壁的吸热，使炉膛出口温度和锅炉排烟温度升高；局部结渣影响水冷壁吸热的均匀性，也会导致高温对流受热面吸热不均；炉内结渣严重时，高温对流受热面甚至会出现超温现象。严重结渣会造成冷灰斗出渣不畅，大焦块的脱落甚至会损坏冷灰斗及水冷壁管，对锅炉安全运行构成重大危害。因此，在锅炉设计和运行中应力图避免水冷壁结渣。

1. 结渣过程

炉膛结渣受煤粉燃烧过程、煤灰中矿物质的反应和相变过程、气固多相流流动过程等多种因素的影响，成因异常复杂。一般认为，在炉内燃烧的高温状态下，煤灰中大部分成分处于熔融或半熔融的流动或半流动状态，具有很强的黏结能力，当接触或随气流冲刷到受热面（温度相对较低）时就会在受热面上发生凝结固化并牢牢地黏结在管子表面上。随着黏结灰层的积聚，灰层厚度增加，表面温度也随之升高，外层灰渣甚至也处于熔化状态。这时，灰中高熔点的未熔化成分也会被熔化灰层捕获，结渣层越来越厚，甚至成为很大的焦块。

深一层研究发现，结渣过程大致可分为两个阶段。在管子表面最先生成的第一灰渣层（与管子金属表面紧密结合的原生层），与黄铁矿 FeS_2 分解生成的液态碱性铁（FeS、FeO）、碱金属的气化（升华）—凝结、氧化硅的气化—凝结以及氧化硅与亚铁及碱金属的结合形成黏性低熔共晶体等过程有关。然后，在原生层外面形成的熔化和半熔化状态的外灰层，与矿物质之间反应生成的低熔复合物或低熔共晶体的黏附有关。

2. 影响结渣的主要因素

炉膛水冷壁结渣成因复杂，影响因素较多。

（1）炉内温度水平和炉内热负荷。炉内温度越高，处于熔融状态的灰分就越多，炉内结渣的可能性越大。

炉膛断面热负荷和燃烧器区域面积热负荷对燃烧区域的烟温水平有直接影响。对于结渣倾向较大的煤种，应严格控制这两个热负荷的数值。

（2）煤灰的熔点和灰分组成。煤灰熔点低的燃煤容易在炉内生成熔融状灰渣并造成水冷壁结渣。煤灰成分对炉膛水冷壁结渣有很大影响，一般来说碱性氧化物是降低煤灰熔点的成分，灰中硫铁矿和碱金属含量对水冷壁结渣及其发展过程有重要影响。

（3）炉内燃烧区的气氛。燃料在缺氧条件下燃烧，煤灰中的铁金属会转化为低熔点的亚铁，低熔点成分比例增加，一些高熔点的矿物也会转化为低熔共晶体。一般认为，在还原气氛下煤灰的熔点明显降低。

（4）炉内流场。煤粉气流的流动特性，如固相煤粉颗粒刷墙，煤粉气流的分离和存在旋涡死角，切圆燃烧时切圆直径过大，旋流燃烧时煤粉气流向炉墙水冷壁的扩散等，都会导致炉内熔化灰渣与水冷壁面的接触形成结渣。

3. 结渣趋势预测

由于结渣过程的复杂性和影响因素较多，对炉内结渣趋势难以准确预测。燃料结渣特性的预测是炉内结渣趋势分析的基础，在锅炉设计和运行中是不可缺少的。

现有预测燃煤结渣倾向的方法很多，如灰熔点法（包括灰熔融性温度判据）、灰渣黏度法、煤灰成分法（碱酸比、碱一硫一酸比、硅比、硅铝比、铁钙比）等，但至今还没有一个公认一致的简单方法。下面介绍某些预测方法供读者参考。

一般认为煤中碱性成分熔点低，容易造成结渣，而酸性成分熔点较高。煤灰中铁的含量在煤灰分析中均以三价铁（Fe_2O_3）给出并把它看做碱性成分。但实际上，其中的二价铁才是碱性，三价铁（Fe_2O_3）是酸性。因此，把灰中铁含量全部作为碱性或酸性成分都不合适。此外，煤灰中的硫主要是以二价铁相结合的黄铁矿的形式存在，硫在高温下很活跃，容易生成低熔化合物和低熔晶体。从上述分析看出，俄罗斯全俄热工研究院提出的燃煤结渣倾向如下判别式比较合理：

$$R_S = \sqrt{0.5\left\{\left[1-\frac{0.025(SiO_2+Al_2O_3+TiO_2)}{(CaO+MgO+K_2O+Na_2O)}\right]^2+\left(1-\frac{0.008A_d}{S_d}\right)^2\right\}} \quad (16-4)$$

式中 S_d、A_d——分别为煤中干燥基硫的含量和灰分含量，%；

SiO_2 等——灰中 SiO_2 等物质的含量，%。

$R_S>0.78$ 煤种结渣倾向严重；$R_S<0.65$ 煤种结渣倾向轻微。

判别煤种结渣特性轻重的上述边界数据是根据俄罗斯的煤种试验整理的，是否适合中国的燃煤，有待检验。

我国电力行业标准 DL/T 831—2002 建议采用一维火焰试验炉对煤粉燃烧的结渣（结焦）特性进行试验评价。根据试验结果，确定煤种的结渣特性指数 SI，并根据 SI 的大小确定结渣特性等级，如表 16-3 所示。当结渣特性指数 SI 与某些结渣评判指标进行相互关联对比时，发现结渣判据 R_T 与 SI 的关联度较好。结渣判据 R_T 的计算式为

表 16-3   **煤粉燃烧结渣特性等级**

SI	<2.5	2.5~4.5	4.5~6.5	>6.5
结渣特性等级	低	中	高	严重

$$R_T = \frac{HT_{max}+4DT_{min}}{5} \quad (16-5)$$

式中 HT_{max}——氧化气氛中灰的半球温度，℃；

DT_{min}——还原气氛中灰的变形温度，℃。

表 16-4 列出了采用判据 R_T 评判结渣特性等级的界限。

表 16-4   **结渣特性等级的界限**

R_T（℃）	>1400	1400~1320	1320~1250	<1250
结渣特性	低	中	高	严重

二、水冷壁高温腐蚀

在低温条件下水冷壁管子中的 Fe 也会发生氧化，但速度很慢，且氧化产物为密致稳定的氧化铁，形成防止 Fe 进一步氧化的保护层（保护膜）。金属铁的氧化层可能有不同的结构，其中 Fe_2O_3 比较稳定，与管子结合比较紧密；磁性氧化铁 Fe_3O_4（$FeO \cdot Fe_2O_3$）稍次，其中的 FeO 比较疏松，容易脱落。一般来说管子温度在 300℃ 以下时，腐蚀速度很低。

含硫燃料燃烧时产生的腐蚀性媒介与高温（350℃ 以上）水冷壁管接触时，会将管子的铁基体转变为 FeS，或进而转变为 FeO。这些产物质地疏松，不能阻止铁基体的进一步反应。而且，水冷壁管的温度越高，这种反应进行得越快，故称为水冷壁的高温腐蚀。经分析，水冷壁高温腐蚀，多为硫化物型腐蚀，其腐蚀前沿含较多的 FeS。

含硫燃料在还原气氛（缺氧）中燃烧会产生气相腐蚀性媒介：H_2S 气体和游离气态 [S]（原子硫）。当燃烧区过量空气系数 $\alpha < 1$ 时，甚至在 $\alpha \approx 1.0$ 附近就会产生 H_2S 气体，且其浓度随过量空气系数 α 的减小而迅速增加。气态原子硫 [S] 来源于黄铁矿 FeS_2 在还原气氛中的分解、硫化氢与二氧化硫的反应或高温分解：

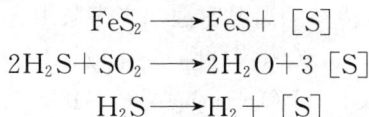

$$FeS_2 \longrightarrow FeS + [S]$$
$$2H_2S + SO_2 \longrightarrow 2H_2O + 3[S]$$
$$H_2S \longrightarrow H_2 + [S]$$

当水冷壁温度超过 350℃ 时，在还原气氛中 [S] 与金属 Fe 发生反应造成金属的腐蚀：

$$Fe + [S] \longrightarrow FeS$$

气态原子硫 [S] 还会以穿透方式透过氧化膜到达金属表面，并沿金属晶界渗透，促使内部金属硫化，同时使氧化保护膜疏松、开裂、甚至脱落。

腐蚀性气体 H_2S 也会破坏金属表面的氧化保护膜，特别是与磁性氧化铁 Fe_3O_4（$Fe_2O_3 \cdot FeO$）中的亚铁发生作用生成 FeS，也会与金属铁 Fe 直接发生反应：

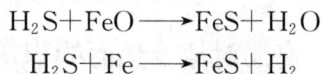

$$H_2S + FeO \longrightarrow FeS + H_2O$$
$$H_2S + Fe \longrightarrow FeS + H_2$$

生成的 FeS 是多孔疏松的，对金属不起保护作用，故腐蚀作用会继续下去。

影响水冷壁高温硫化物型腐蚀的因素，有燃料品质（特别是燃煤的含硫量、含氯量等）、炉内燃烧的气氛和流场、水冷壁温度等。燃料含硫是造成水冷壁腐蚀的关键因素，含硫量越高，产生的气态 H_2S 和 [S] 就越多，高温腐蚀就越严重。我国发生水冷壁高温腐蚀的锅炉，其燃煤含硫量大多大于 1%；炉内或局部燃烧区存在还原气氛是水冷壁发生高温腐蚀的重要原因。如上所述，炉内还原气氛会产生腐蚀性气态硫 [S] 和 H_2S 气体，还会产生其他不完全燃烧气体，如 CO、H_2 等。某些不完全燃烧气体，如 CO 也会破坏水冷壁的保护膜，将氧化保护膜还原成疏松多孔性氧化亚铁，加速金属的腐蚀：

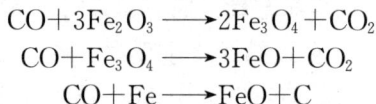

$$CO + 3Fe_2O_3 \longrightarrow 2Fe_3O_4 + CO_2$$
$$CO + Fe_3O_4 \longrightarrow 3FeO + CO_2$$
$$CO + Fe \longrightarrow FeO + C$$

含硫燃料在氧化气氛中燃烧产生的氧化硫 SO_2、SO_3 气体，对水冷壁管也会产生腐蚀作用，因酸性的 SO_3 有溶解氧化物的倾向，会将管子表面密致的 Fe_2O_3 保护膜转变为疏松的 $Fe_2(SO_4)_3$：

$$3SO_3 + Fe_2O_3 \longrightarrow Fe_2(SO_4)_3$$

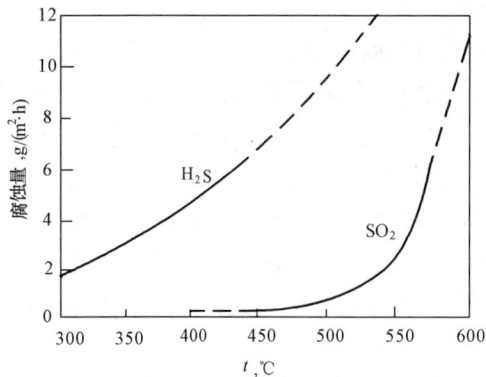

图 16-1　腐蚀性气体对碳钢的腐蚀与温度的关系

从而使管子的保护膜遭到破坏。但是与 H_2S 和 [S] 气体相比，SO_2、SO_3 的腐蚀速度较低。图 16-1 所示为 H_2S 和 SO_2 对碳钢的腐蚀速率与管子温度的关系曲线，可以看出，只有在较高温度下氧化硫才有显著的腐蚀速率。在水冷壁管一般壁温（小于 500℃）下，SO_2 对管子的腐蚀作用是不明显的。

水冷壁的温度对腐蚀的发展有很大影响。当壁温低于 350℃ 时，腐蚀速度较小，从 350℃ 开始腐蚀加快，当壁温大于 400℃ 时，H_2S 和 [S] 气体的腐蚀速率迅速增加。

炉内流场组织不良产生煤粉近壁燃烧或煤粉刷墙（管子表面氧化膜遭破坏）会加速水冷壁的高温腐蚀。

此外，燃料中含氯会加速水冷壁的高温腐蚀。当煤灰中含有 NaCl 时，在煤粉燃烧过程中即可能生成 $NaOH$、Na_2O 或 Na_2SO_4，与此同时生成 HCl：

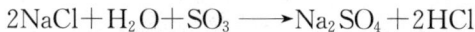

$$2NaCl + H_2O \longrightarrow Na_2O + 2HCl$$

$$NaCl + H_2O \longrightarrow NaOH + HCl$$

$$2NaCl + H_2O + SO_3 \longrightarrow Na_2SO_4 + 2HCl$$

HCl 气体具有破坏管子表面氧化保护膜的作用，并和金属铁发生反应：

$$2HCl + Fe_2O_3 + CO \longrightarrow FeO + FeCl_2 + H_2O + CO_2$$

$$2HCl + Fe \longrightarrow FeCl_2 + H_2$$

当燃煤含氯量较高（大于 0.35%）时，高温水冷壁会发生严重的氯化物型腐蚀。

第五节　高温对流受热面的积灰和腐蚀

一、高温积灰

高温对流烟道内布置的末级（即高温级）对流过热器和再热器，经常会发生黏结性高温积灰，不仅影响受热面的传热，还会引起高温过热器或再热器发生煤灰腐蚀（也称高温烟气腐蚀）。

在高温对流烟道中，烟气温度一般超过 700~800℃，但干净受热面的壁面温度一般处于 550~650℃ 的范围。燃煤灰分中的碱金属（Na^+、K^+）在炉内高温状态下处于气态，其凝结温度为 730℃ 左右。当炉内高温烟气进入对流烟道时，接触到壁温低于 700℃ 的受热面，气态钠、钾成分就会在管子表面发生凝结，形成碱金属化合物沉淀层，一些带有其他成分的灰粒也同时被黏附在管子表面。在煤粉燃烧过程中，碱金属在含硫烟气中生成的 Na_2SO_4、$Na_2Si_2O_5$ 等低熔化合物或低熔共晶体，也是在高温对流烟道的管子表面生成沉淀层的主要媒介。这些沉淀物经高温烟气长时间的硫酸化，即烧结作用，变成强度很高且密致的白色硫酸盐积灰层。烟气温度越高，灰中碱金属越多，烧结时间越长，积灰层的烧结强度就越大，积灰就越不容易清除。所以受热面上的积灰必须及时清除。

对燃煤高温积灰倾向的判别还没有一个一致公认的方法，但都一致认为煤灰中碱的含量对高温积灰有重要影响，其中又存在一种看法，认为 Na 是飞灰污染的最重要因素。

根据本章第二节分析，煤灰中碱性成分的化学反应性强，酸性成分相对比较稳定。而煤灰成分分析传统上是按式（16-3）进行酸碱归类的，但 Fe_2O_3 的分析数据又不能实际上反映其酸碱性能，故许多文献对燃煤高温积灰倾向采取如下判别式（称燃煤污染指数）：

$$R_F = \frac{B'}{A'}Na_2O = \frac{Na_2O + K_2O + CaO + MgO + Fe_2O_3}{SiO_2 + Al_2O_3 + TiO_2}Na_2O \qquad (16-6)$$

以 R_F 指数判别煤种污染程度轻重的数值为：$R_F < 0.2$——轻；$R_F = 0.3 \sim 0.5$——中等；$R_F = 0.5 \sim 1.0$——高；$R_F > 1.0$——严重。

有些文献认为，在判别燃煤污染程度轻重时应区分烟煤型灰（$Fe_2O_3 > CaO + MgO$）和褐煤型灰（$Fe_2O_3 < CaO + MgO$），并认为按指数 R_F 判别燃煤污染程度轻重的上述方法只适用于烟煤型灰；对褐煤型灰，则直接采用 Na_2O 的数值进行判别，但对判别污染轻重等级的具体数值的看法并不统一。

二、高温对流受热面的煤灰腐蚀

高温积灰不仅影响受热面的传热和烟气的流通，还是高温级过热器和再热器在一定条件下发生高温（煤灰）腐蚀的重要根源。含硫燃料燃烧时生成的 SO_2、SO_3 气体则是高温对流受热面产生煤灰腐蚀的重要条件。

当高温对流受热面的积灰中含有较多的碱金属成分时，烟气中的 SO_2、SO_3 气体与之接触会发生生成硫酸盐的反应：

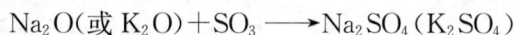

$$Na_2O(或 K_2O) + SO_3 \longrightarrow Na_2SO_4(K_2SO_4)$$

$$2NaOH + SO_3 \longrightarrow Na_2SO_4 + H_2O$$

高温烟气中的 SO_2、SO_3 还会透过积灰层向管子表面扩散，与管子表面的氧化保护膜发生作用，生成硫酸铁：

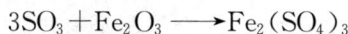

$$3SO_3 + Fe_2O_3 \longrightarrow Fe_2(SO_4)_3$$

氧化硫气体也会与积灰层中沉积的 Al_2O_3 发生反应生成硫酸铝：

$$3SO_3 + Al_2O_3 \longrightarrow Al_2(SO_4)_3$$

煤灰中生成的硫酸钠（钾）与硫酸铁或硫酸铝反应生成熔融状碱金属的复合硫酸盐：

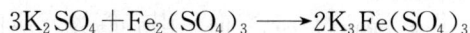

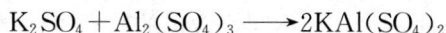

$$3K_2SO_4 + Fe_2(SO_4)_3 \longrightarrow 2K_3Fe(SO_4)_3$$

$$K_2SO_4 + Al_2(SO_4)_3 \longrightarrow 2KAl(SO_4)_2$$

也会发生如下反应：

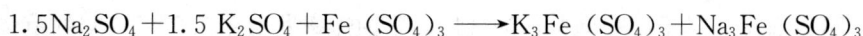

$$1.5Na_2SO_4 + 1.5 K_2SO_4 + Fe(SO_4)_3 \longrightarrow K_3Fe(SO_4)_3 + Na_3Fe(SO_4)_3$$

当复合硫酸盐具有 1∶1 的 Na∶K 摩尔比例时，在温度 $550 \sim 700℃$ 范围内具有最强的流动性。

熔融状态的复合硫酸盐 $Na_3Fe(SO_4)_3$ 在受热面壁温 590℃ 左右对金属的腐蚀性很强，在600℃ 以上则发生分解。当壁温在 $590 \sim 760℃$ 范围内，$K_3Fe(SO_4)_3$ 和 $KAl(SO_4)_3$ 最具腐蚀反应性。

这种看法认为，碱金属的复合硫酸盐 $K_3Fe(SO_4)$ 既是腐蚀产物，也是腐蚀媒介，它会与管子金属发生反应生成玻璃状熔融层：

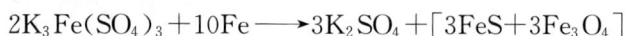

$$2K_3Fe(SO_4)_3 + 10Fe \longrightarrow 3K_2SO_4 + [3FeS + 3Fe_3O_4]$$

反应产物的方括号部分组成黑色的玻璃状熔融物。所产生的 K_2SO_4 可以使 $K_3Fe(SO_4)_3$ 得到再生，使金属的腐蚀继续进行下去：

$$18K_2SO_4 + 4Fe_3O_4 + 18SO_3 + O_2 \longrightarrow 12K_3Fe(SO_4)_3$$

同样，熔融状 $KAl(SO_4)_2$ 也会与 Fe 发生反应，不断将 Fe 氧化而使受热面遭受腐蚀：

$$2KAl(SO_4)_2 + 2Fe \longrightarrow K_2SO_4 + Al_2O_3 + Fe_2O_3 + 3SO_2$$

另一种看法，把碱的硫酸盐（Na_2SO_4、K_2SO_4）看作破坏金属氧化膜的腐蚀媒介，把碱金属的复合硫酸盐看作腐蚀产物

$$3Na_2SO_4 + Fe_2O_3 + 3SO_3 \longrightarrow 2Na_3Fe(SO_4)_3$$

当管子表面的氧化保护膜 Fe_2O_3 破坏后，扩散进来的过剩 SO_3 使金属铁发生进一步氧化而遭受腐蚀：

$$3SO_3 + 2Fe \longrightarrow Fe_2O_3 + FeS$$

Na_2SO_4（K_2SO_4）对金属腐蚀的另一种途径是通过产生的碱金属的焦性硫酸盐 $Na_2S_2O_7$，后者熔点低，呈熔融状，腐蚀性很强，会破坏金属的氧化膜，其反应如下：

$$Na_2SO_4 + SO_3 \longrightarrow Na_2S_2O_7$$

$$3Na_2S_2O_7 + Fe_2O_3 \longrightarrow 2Na_3Fe(SO_4)_3$$

高温对流受热面的积灰和腐蚀多发生在管子的迎风面；腐蚀区多处于迎风面与气流方向成 $30°\sim100°$ 的部位，如图 16-2 所示。

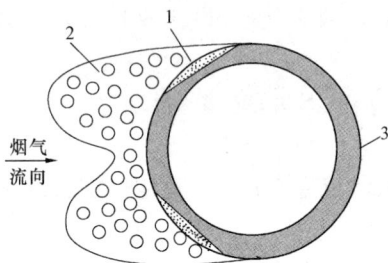

图 16-2   过热器管子积灰和腐蚀示意
1—内灰层腐蚀区；2—外灰层；3—管子

煤中含硫和煤灰含碱是引起高温对流受热面腐蚀的关键因素，腐蚀反应都要通过生成硫酸盐的阶段。所以多把这种腐蚀看作硫酸盐型腐蚀。

当燃料含有钒时（如某些重油），它与燃料中的氧化钠反应生成的钒酸钠，对壁面温度 $600℃$ 以上的各种钢材都有强烈的腐蚀作用。

金属材质和壁面温度是影响煤灰腐蚀进程的重要因素。钢材中所含的铬 Cr 是抗腐蚀元素，含 Cr 量越多，腐蚀速率越慢。壁温是影响腐蚀速度的重要因素。当壁温低于 $500℃$ 时煤灰腐蚀速率很小，从 $550℃$ 开始明显加快，最大腐蚀速率一般处于 $660\sim730℃$ 的区间。当壁温超过 $750℃$ 时，引起腐蚀反应的熔融状硫酸盐被完全蒸发，腐蚀速度降低。图 16-3 所示为几种不同铬含量的铁素体钢材，即 $2\sim2.5Cr$ 钢（T22），9Cr 钢（HCM9M、T91、HT9）和 12Cr 钢（HCM12）等在不同壁温下烟气的腐蚀速率的试验曲线，可以看出，对于这些钢材，烟气最高腐蚀速率发生在 $630\sim700℃$ 的范围。

对于超临界和超超临界压力锅炉，末级过热器和再热器的壁温很高，为避免过高的烟气腐蚀速率，至少要部分采用奥氏体高铬不锈钢。图 16-4 出示了普通奥氏体钢（即所谓的 18Cr-8Ni 钢）和高铬奥氏体钢在不同壁温下的煤灰腐蚀速率曲线。其中普通级奥氏体钢有 16Cr-12Ni 钢（TP316）、18Cr-10Ni 钢（TP321、TP347）和 18Cr-14Ni 钢（Tempaloy-2）；Cr-Ni 含量较高的奥氏体钢有 25Cr-20Ni 钢[1]（TP310）、21Cr-32Ni 钢（Alloy800H）；还有高Cr-高 Ni 钢：22Cr-54Ni 钢（Inconel 617）和 48Cr-52Ni 钢（Inconel 671）等。可见，钢材 Cr-Ni 含量提高对减慢其烟气腐蚀速率作用很大，但钢材价格也更昂贵。由图 16-4 还可看出，对于

---

❶ 我国超超临界压力锅炉末级过热器和末级再热器部分采用的 HR3C 奥氏体钢，也是 25Cr-20Ni 钢。

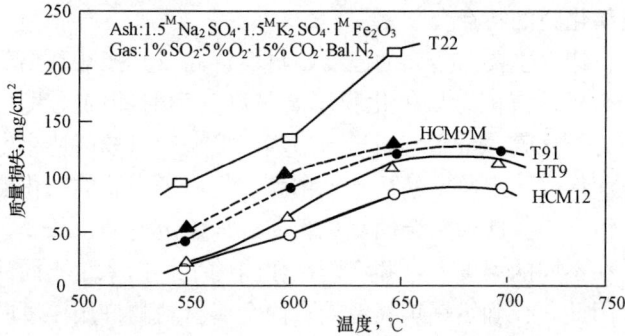

图 16-3　某些铁素体钢烟气腐蚀速率试验曲线（20×10³ h）

（烟气：1％SO₂，5％O₂，15％CO₂，其余为 N₂；

灰：1.5mol Na₂SO₄，1.5mol K₂SO₄，1mol Fe₂O₃）

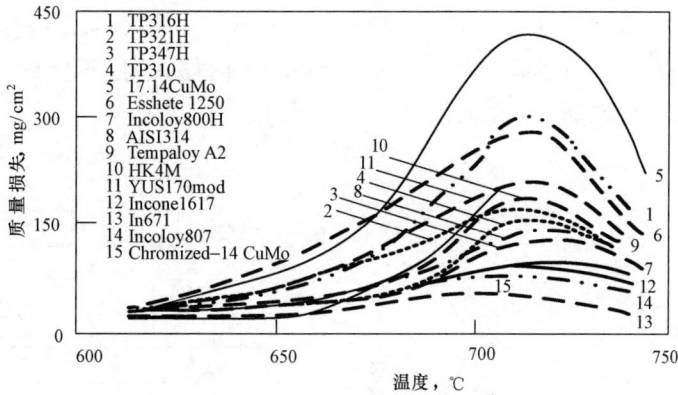

图 16-4　奥氏体钢烟气腐蚀性能

奥氏体钢，烟气最高腐蚀速率发生在壁温处于 680～740℃的范围。

　　受热面布置区域的烟气温度对煤灰腐蚀速率也有较大影响，在相同壁温条件下，烟气温度越高，腐蚀速率越大，据介绍，当壁温同处 600～680℃的情况下，布置在 1200℃烟温区的受热面，烟气腐蚀速率比烟温 1000℃时要高出约 50％；当受热面布置于 1400℃烟温区时，腐蚀速率又比 1200℃时要高出 60％～100％。因此，将末级过热器和再热器布置于烟温较低的区域，有利于减轻高温腐蚀。

第六节　对流受热面的蒸汽侧高温氧化

一、蒸汽侧高温氧化现象

　　早在 1929 年，就有研究发现金属可以在高温水蒸气中发生氧化，氧化所消耗的氧来源于水蒸气本身的结合氧，而不是水蒸气中的溶解氧。后来通过电子显微镜观察，进一步确定了铁和水蒸气会直接反应产生金属氧化膜，主要反应化学方程式为

$$3Fe+4H_2O \longrightarrow Fe_3O_4+4H_2$$

这种因高温水蒸气中的结合氧与受热面金属发生的氧化反应，就称为蒸汽侧高温氧化。

二、蒸汽侧金属氧化膜的特点

金属氧化膜的生长速率主要与金属的温度、材料特性及其接触高温蒸汽的时间有关。图16-5所示为一种低合金钢蒸汽侧金属氧化膜厚度与温度和时间的关系。对应一不变的金属温度，在初始阶段，无氧化膜的金属表面与高温蒸汽接触后以较高速率生成氧化膜。经过一较短的时间，金属表面形成一定厚度的初始氧化膜，削弱了金属的氧化能力，使生长速率逐渐降低，最后接近一恒定值。此后，金属氧化膜便以该恒定速率生长。

同一种金属材料在不同的温度下，蒸汽侧氧化膜的生长速率是不同的。温度越高，氧化膜的生长速率越高。因此，在确定锅炉高温受热面金属材料的许用温度时，除要考虑高温强度、焊接工艺和烟气侧腐蚀等外，还应注意材料蒸汽侧的抗氧化性能。

不同金属材料在同样的温度下，蒸汽侧氧化膜的生长速率是不同的。图16-6所示为锅炉高温受热面的几种常用金属在水蒸气下的氧化试验结果。其中TP347材料的抗氧化性能最强，常用于超临界参数锅炉末级过热器蒸汽出口处；T22的抗氧化性能最弱，常用于亚临界参数锅炉末级过热器的中间段。通常，合金材料中含Cr量越高，其抗氧化能力就越强。同一类型材料的晶粒度不同，相应的蒸汽侧抗氧化性能也不相同。如晶粒较细的TP347HFG，其抗氧化性能要优于普通的TP347H。

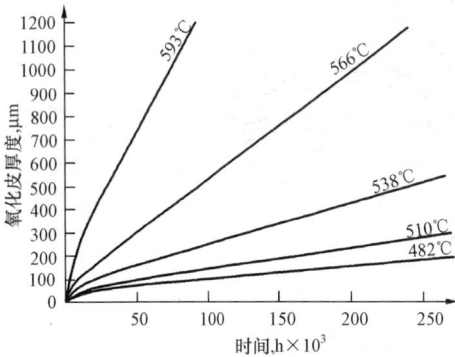

图 16-5　T22 金属汽侧氧化膜
与温度和时间的关系

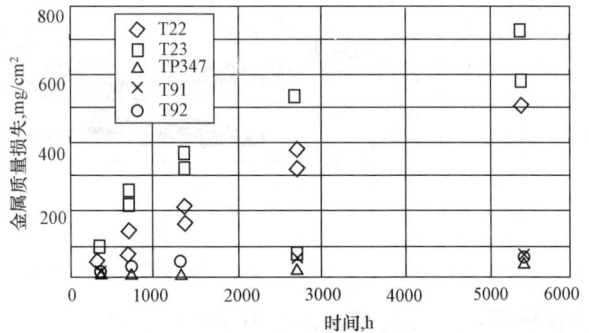

图 16-6　温度为 650℃时几种金属
在纯水蒸气下的氧化试验结果

锅炉蒸汽侧金属氧化膜的成分主要是 Fe_3O_4、Fe_2O_3 和 FeO，其中 Fe_3O_4 份额最大，FeO 的份额最小。不同金属所生成的氧化膜结构是不同的，金属的工作温度对氧化膜的结构也有影响。大多数铁素体钢所形成的氧化膜均呈双层膜结构，内层为等轴 Fe-Cr 尖晶石，随时间的增加，其 Cr 含量增加，使氧化膜的保护性增强；外层为多孔柱状晶粒的磁铁矿（Fe_3O_4）。内层是水的氧离子对铁直接氧化的结果；外层是由于铁离子向外扩散，水的氧离子向内扩散而形成的。两层中间的结合面就是原来金属未氧化前的原始表面。通常在磁铁矿（Fe_3O_4）层的外面还会出现不连续的 Fe_2O_3，但比较薄。

三、蒸汽侧高温氧化的影响

1. 减小金属部件的有效承载厚度

在金属的许用温度下，初期产生的金属氧化膜，结构致密，厚度较薄，能隔绝蒸汽与金属的直接接触，降低了金属进一步氧化的速率，主要起保护锅炉的作用，对金属强度几乎没有影响。在此温度下，氧化膜厚度随时间慢慢增加，不至于明显影响部件的允许使用寿命。

如果金属温度过高，氧化膜的生长速率过快，在短时间内会形成较厚的氧化膜，有效承载厚度减小，使金属强度明显下降，直接影响部件的剩余寿命。

2. 使受热面金属温度升高

蒸汽测氧化膜的导热系数比管壁基体的小得多。氧化膜的形成会使受热面管壁的总导热热阻增加，即金属导热热阻和氧化膜导热热阻之和增加。在热负荷和工质温度一定时，受热面管束的内外壁金属温度均会升高。

对于高温受热面，特别是末级过热器的出口段，一旦在蒸汽侧形成较厚的氧化膜后，容易导致金属超温运行，直接影响金属的高温强度以及蠕变断裂寿命。另外，外壁金属温度升高还会加剧烟气侧的高温腐蚀，详见本章上节。同样，内壁金属温度升高，对蒸汽侧的氧化也有加速作用。

3. 氧化膜的脱落

蒸汽侧氧化膜在一定条件下会发生脱落，脱落后的氧化膜有可能在受热管下部弯头处沉积，形成部分堵塞或全部堵塞，导致受堵管壁金属超温运行，甚至发生爆管事故。

脱落的氧化膜也可能会被蒸汽带入汽轮机，对汽轮机的调节级和高、中压缸第一级叶片产生固体颗粒侵蚀（SPE），带来汽轮机效率下降、检修间隔缩短、检修时间延长、维修费用增加等一系列问题。剥落的氧化膜还可能进入到汽机主汽阀本体，如阀杆、阀套、阀碟、阀腔内等，引起主汽阀卡涩，使主汽门不能正常工作，甚至会造成汽机超速等恶性事故。

四、蒸汽侧氧化膜危害的防止措施

防止或减轻蒸汽高温氧化危害的措施有两方面，即减缓氧化膜的生成速度和防止氧化膜的脱落。

1. 减缓氧化膜的生成速度

在高温受热面的设计中，应该根据锅炉参数合理选择抗氧化性能高的金属材料，从根本上减轻氧化膜的危害。目前超超临界参数锅炉，常采用 TP347HFG、Super304H、HR3C 等 Cr 含量较高的奥氏体不锈钢作为高温受热面出口段材料，在增加高温强度的同时也提高了材料的抗氧化性能。

在锅炉运行时，必须严格控制高温受热面的金属温度，不能超过金属的许用温度。同时要减小受热面的热偏差，防止热偏差较大的管束金属超温，导致抗氧化性能下降。

2. 防止氧化膜的脱落

蒸汽侧金属氧化膜的热膨胀系数与金属基体不同，这是导致氧化膜脱落的主要原因。高温下生成的氧化膜，在温度变化时，因其热膨胀量与金属基体不同会产生热应力。当热应力足够大时，氧化膜就可能发生脱落。通常，铁素体合金钢的热膨胀系数小于氧化膜，奥氏体不锈钢则大于氧化膜。一般前者的氧化膜会因拉应力而脱落，后者会因压应力而脱落。

实际运行中，控制高温受热面金属的温度变动速率是非常重要的。特别是在启停过程中，工况变化幅度大，容易导致金属氧化膜脱落，故更应严格控制升温或降温速率。

金属氧化膜越厚就越容易发生氧化膜脱落。为防止过厚的氧化膜脱落导致堵塞，可采用化学方法进行清洗，即利用酸性溶液清除蒸汽侧的金属氧化膜。

复 习 思 考 题

1. 锅炉受热面中存在哪些类型的积灰？试沿烟气流向以烟气温度分布和所处受热面设计一张锅炉受热面积灰（含结渣）分布和类型示意图。

2. 锅炉受热面存在哪些类型烟气侧的腐蚀？各种腐蚀的名称，也以烟气温度分布和所处受热面设计一张腐蚀类型说明示意图，并分析与相应受热面积灰是否存在相关关系。

3. 燃料的灰分由哪些主要元素组成？分析其氧化物的酸碱性及其对灰熔点的影响。

4. 说明煤粉燃烧过程中煤灰的黄铁矿（FeS_2）在炉内氧化和还原气氛中的主要反应和产物。

5. 说明煤灰中碱金属成分（以 Na 化合物为例）的特性及其在煤粉燃烧和烟气流动过程的行为。

6. 说明煤灰中氧化硅的特性和在炉内的行为。

7. 说明炉膛水冷壁结渣过程及其影响因素以及预防措施。

8. 说明水冷壁高温腐蚀机理及其影响因素以及预防措施。

9. 说明高温对流受热面积灰机理及主要影响因素以及减轻积灰的方法。

10. 说明高温对流受热面煤灰腐蚀机理及其影响因素以及应对方法。

11. 分析高温对流受热面水蒸气氧化的机理及其影响因素以及应对措施。

第十七章　尾部受热面的磨损和低温腐蚀及积灰

燃煤锅炉的尾部受热面烟气温度较低,烟气中的高速灰颗粒容易使受热面金属发生磨损。锅炉尾部的空气预热器的金属温度最低,与烟气接触时,烟气中的硫酸蒸汽可能在金属表面发生凝结,使金属发生严重腐蚀。本章主要针对燃煤锅炉介绍分析尾部受热面的磨损和低温腐蚀现象,以及相应的防治措施。

第一节　尾部受热面的飞灰磨损

一、对流受热面的磨损特征

影响受热面磨损的因素很多,但最根本的因素是流经受热面的烟气中携带大量含有磨蚀性灰粒的飞灰。一台配 200MW 机组的 670t/h 煤粉炉,燃烧含灰 25％的煤时,每年流经对流受热面的灰量就有 14 万 t。若受热面设计使用寿命为 10 年,则在此期间的总灰量达 140 万 t。因此,燃用含灰燃料,尤其是燃用含灰多的燃料的锅炉,在受热面设计和运行时,飞灰磨损不可忽视。

通常,燃煤锅炉的高温过热器和再热器的飞灰磨损较轻,除非工作不正常,出现局部烟速过高。因为这些处于高温区的受热面管壁的积灰有黏性,能吸收撞击颗粒的动能。被飞灰磨损的受热面往往出现于烟温低于 1150K、壁温低于 750K 区域的低温过热器、再热器和省煤器。因为这时管壁积灰不再有黏性,灰粒也相对变硬,金属易遭受飞灰颗粒的撞击磨损。

锅炉对流受热面的磨损是不均匀的,严重磨损都发生在某些特定的局部部位。

对于烟气横向绕流的管束,沿管子周界、长度方向,以及管排之间都会存在磨损不均。

图 17-1 所示为烟气横向冲刷周界磨损不均匀示意图。当灰粒与管子的迎风面撞击角度较小时,磨损量随切向力作用的增大而增加。迎风面撞击角为 30°～50°时,由于切向力和撞击力的双重作用最大,磨损量达到最大。当撞击角进一步增大,切向力和撞击力所产生的磨损也减小,直到背风区磨损不存在。

当烟气横向正面冲刷多排管束时,由于管束对气流的影响,第一排以后的各排管子,错列时磨损集中在 25°～30°区域,顺列时集中在 60°处。

横向冲刷的管束,各排管磨损情况不一样,错列和顺列方式的磨损轻重程度也不同。错列管束,$s_1/d = s_2/d = 2$ 时,最大磨损的管排是第二排。这是因为第一排管子烟速是进口烟道的流速,速度较低,灰粒对管壁的撞击较轻,此后气流速度增大,气流扰动明显,灰粒对管子产生撞击。而灰粒撞击第二排之后动能衰减,使下游

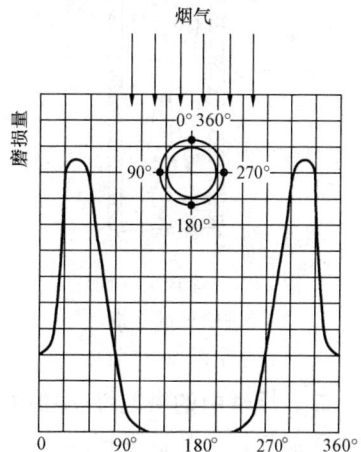

图 17-1　烟气在管外横向冲刷的管周界磨损特性

的各排管子的磨损趋于减轻。在管束排列较稀，$s_1/d > 2$ 时，由于灰粒在管束内加速明显，最大磨损的管排往往不是在第二排，而是移至管束深处。与错列管束相比，在相同条件下，顺列管束的磨损较轻。这是因为后面被冲刷的管子受到前面管子的屏蔽。顺列管束磨损最大的管排部位，一般在第五排之后的各排管上。

斜向冲刷时，灰粒对管壁的磨损主要发生在管子的正前方。

烟气在管内纵向流动时，因为灰粒运动平行于管壁，故磨损比烟气横向冲刷管外（特别是错列排列）时的磨损轻得多。纵向冲刷明显产生磨损的部位，只是在烟气进口约 $100\sim150mm$ 长的一段管壁处，如图 17-2 所示。因为这一段管内的烟气流动尚未稳定，气流的收缩和膨胀使得较多的颗粒撞击到壁面上。

锅炉对流受热面因局部磨损而造成管子严重损坏，通常都出现在水平烟道的过热器两侧及底部和尾部烟道的省煤器前后，因为这些区域易出现烟气走廊。烟气走廊的间隙是考虑金属受热膨胀而留下的，由于烟气走廊内无管束，故在与管束具有相同的烟气压差时，其局部烟速比平均烟速高 $2\sim3$ 倍，磨损严重得多。特别是省煤器区域，灰粒硬，磨损速度更快，走廊附近的管子很容易磨坏。

烟气流动方向变化时，气流外侧的烟气走廊的磨损会加剧和扩大。图 17-3 为一示例，从中可以看出，当烟气离开水平烟道进入下行尾部烟道时，由于气流 $90°$ 转弯，烟道中惯性大的粗颗粒和密度大的石英颗粒被抛向后墙，后墙烟气走廊附近飞灰和磨蚀性灰浓度增高，以致该侧的烟气走廊及其附近的管子遭受到更大的磨损。

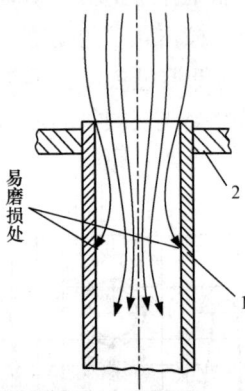

图 17-2　管式空气预热器
进口处的磨损
1—管子；2—上管板

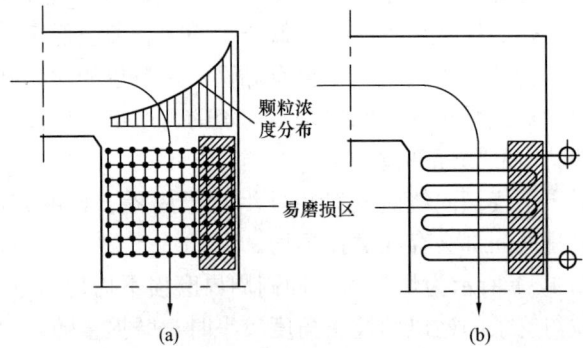

图 17-3　烟气转向后受热面的磨损
(a) 管束平行布置；(b) 管束垂直布置

二、原煤中的磨蚀性矿物质

引起锅炉受热面磨损的是飞灰中的磨蚀成分，它们主要来自原煤中一些具有磨蚀性能的矿物质。

对于含湿量一定的煤，其可磨性系数的大小取决于煤质的硬度，而影响煤质硬度的因素是煤中的含碳量。纯煤的硬度不高，维氏硬度在 $10\sim70$ 以内，比一般的锅炉用钢的维氏硬度（200 左右）低得多。因此，不含矿物质的纯煤不会引起明显的金属磨损。

表 17-1 列出了烟煤中不同矿物质的硬度值。从表中可以看出，高岭土、伊利石、白云母在煤中的含量虽多，但维氏硬度都低于 80，属软性矿物质。长石、蓝晶石、黄玉等硬度

虽高，但含量甚微，对磨损影响不大。只有石英、黄铁矿才是引起磨损的主要成分，这是因为它们的含量高，且硬度大。

黄铁矿是铁的二硫化物，其硬度与石英的接近，但所引起受热面的磨损比相同含量的石英的磨损轻得多。这是因为黄铁矿大部分是以分散的形式存在于煤基体或黏土内，为它们所包围，削弱了其磨蚀作用。石英化学式为 SiO_2，天然石英石的主要成分为石英，常含有少量杂质成分，如 Al_2O_3、CaO、MgO 等。煤中石英除一部分存在于黏土中与 Al_2O_3 及其他氧化物结合外，其余则以较大颗粒的自由形式存在，磨蚀性相对较强。撞击磨蚀试验表明，黄铁矿的磨蚀性约为石英的 0.3 倍。

表 17-1　　　　　　　　　　　　　　典型烟煤中矿物质的硬度值

成　　分	煤中质量百分数（%）	莫氏硬度	维氏硬度（×9.8N/mm²）
煤　质	85	1.5～2.6	10～70
石　英	1.6	7	1200～1300
黄铁矿	1.5	6～7	1100～1300
硅酸盐			
高岭土	5	2～2.5	30～40
伊利石	3	2～2.5	20～35
白云母	3	2～2.5	40～80
长石	<0.1	6	700～800
蓝晶石	<0.1	6～7	500～2150
黄玉	<0.1	8	1500～1700
碳酸盐			
方解石	0.5	3	130～170
菱镁矿	0.1	4	370～520
菱铁矿	0.2	4	370～430
矾土	稀少	9	1200

三、煤粉灰的磨蚀特性

煤中矿物质经过炉内燃烧以后，其磨蚀特性将发生很多变化。

1. 铝硅酸盐的玻璃化

煤灰中的铝硅酸盐，主要是软性矿物质高岭土、伊利石和白云母，多以小于 $5\mu m$ 尺寸的颗粒存在。在锅炉火焰中，非磨蚀性的铝硅酸盐颗粒玻璃化、聚集球化。代表性的铝硅酸盐球形颗粒，表面常有相同成分的尺寸为 $0.5\sim1\mu m$ 的小颗粒以及大量的由硫酸盐蒸汽凝结、固化而成的尺寸为 $0.1\sim0.3\mu m$ 的微粒。玻璃基质内部嵌有较硬的针状结晶。灰粒的维氏硬度可达 $(550\sim560)\times9.8N/mm^2$，与原煤中无磨蚀性的黏土矿物质相比，具有较大的磨蚀性。

2. 石英颗粒的部分玻璃化

石英是煤中最硬的矿物成分，常以较粗的颗粒出现。纯石英熔化温度接近 2000K，但由于煤中铝、铁和碱金属等成分的存在，石英在较低的温度下就被玻璃化和部分球化。石英玻璃化后，其含量通常比低温灰中的含量少，一般为 1%～10%。

粉煤灰中石英的形状与炉内火焰温度有关，炉温高的旋风炉，灰中尖角形石英颗粒较少，而煤粉炉中较多。灰中尖角形石英颗粒和不易玻璃化的粗颗粒灰一样，都具有较高的磨蚀性。

3. 黄铁矿转化成氧化铁球粒

火焰中黄铁矿迅速分解，在氧化气氛中氧化成磁性氧化铁（Fe_3O_4）。磁性氧化铁颗粒呈球形，表面似"橘皮"，硬度比黄铁矿硬度低。

4. 碳酸盐的分解

碳酸盐颗粒在煤粉火焰中分解，生成的碱金属氧化物，一部分被熔化的硅酸盐灰所捕获，剩余部分转变成以 $CaSO_4$ 和 $MgSO_4$ 为主的硫酸盐。后者颗粒尺寸小于 $1\mu m$，是组成蒸汽颗粒的主要成分，不至于引起撞击磨损。

5. 粉煤灰颗粒的外表特征

煤粉灰颗粒多呈球形，但表面不光滑；大部分表面被许多直径为 $0.1\sim0.3\mu m$ 的硫酸盐颗粒、难熔的硅酸盐晶体和氧化铁所覆盖。硫酸盐硬度低，不会提高基质颗粒的撞击强度。但粉煤灰表面上的晶体物质会增加磨损强度。因此，在颗粒大小和硬度相同时，晶体物质的磨损性能要比玻璃球强。

煤粉炉飞灰中，通常还有少量的尺寸为 $100\sim500\mu m$ 的大颗粒，这些大颗粒主要是吹灰吹落的烧结灰块。这些大的灰块呈非球形，磨损性强。

表 17-2 示出了表 17-1 中烟煤矿物质经过炉内火焰加热后生成的煤灰的硬度值。从表可以看出，除了少量的硫酸盐无磨蚀性外，粉煤灰粒硬度比锅炉钢的硬度高得多。其中，未燃尽的焦炭，因颗粒较大，有锐利的棱角和表层内含有硅酸盐小灰粒，其磨蚀特性和玻璃质硅酸盐相近。

表 17-2 煤 灰 的 硬 度 值

成 分	数量（%）	莫氏硬度	维氏硬度（$\times9.8N/mm^2$）
嵌有富钢红柱石针状晶体与石英晶体的玻璃质球粒	80	5	$550\sim600$
玻璃质少，较粗不规则的石英颗粒	10	$6\sim7$	$600\sim1200$
氧化铁球粒	5	$5\sim6$	$500\sim1100$
具有内部灰和外部灰的焦炭粒	3	$3\sim5$	$100\sim500$
硫酸盐颗粒	2		无磨蚀性

灰颗粒尺寸对磨损有显著的影响。用石英进行试验表明，粒径小于 $5\mu m$ 的灰粒，由于惯性小，易绕过管子被气流带走，管子的磨损较小。粒径 $5\sim45\mu m$ 的灰粒，管子的磨损将随灰粒变粗相应增加。但粒径更大时，磨损率变化减缓，近似保持为常数。表 17-3 列出了一些烟煤灰样的磨蚀指数的数值。与原煤粉相比，煤燃烧后生成煤灰的磨蚀指数大了一个数量级。

表 17-3 粉煤灰的磨蚀指数（烟煤）

灰样号	灰粒尺寸（%）			石英质量份额（%）		灰磨蚀指数
	$>45\mu m$	$5\sim45\mu m$	$<5\mu m$	$>45\mu m$	$5\sim45\mu m$	（I_{ab}）
1	25.5	64.7	9.8	4.5	3.3	0.25
2	7.5	69.5	23.0	5.1	4.0	0.18
3	27.0	64.0	9.0	5.3	4.7	0.27
4	12.8	68.2	19.0	5.7	4.8	0.21
5	16.2	69.5	14.3	6.7	5.3	0.23
6	24.0	65.6	10.4	11.0	9.7	0.28

注　$>45\mu m$ 的石英磨蚀指数取1，$<5\mu m$ 的石英和玻璃磨蚀指数取零。

综上所述，灰中化学组成、颗粒形状和尺寸是影响煤粉灰磨蚀性的重要因素。

四、煤粉灰的磨蚀特性的判断

对于低温受热面可用下列方法评价飞灰的磨蚀特性。

1. 灰的相对磨损指数 I_{ab}

$$I_{ab} = [x_1(1-l_1) + 0.5x_2(1-l_2)]I_{1g} + (x_1l_1 + 0.5x_2l_2)I_{1q} \tag{17-1}$$

式中　I_{1g}、I_{1q}——大于 $45\mu m$ 的玻璃质颗粒和石英颗粒的磨蚀指数；

　　　x_1、l_1——大于 $45\mu m$ 的灰粒和石英颗粒的质量份额；

　　　x_2、l_2——$5\sim 45\mu m$ 的灰粒和石英颗粒的质量份额。

当灰中石英份额不多时（$l_1<0.1$，$l_2<0.1$），有

$$I_{ab} = [x_1(l_1 + 0.4) + x_2(0.5l_2 + 0.2)]I_{1q} \tag{17-2}$$

式（17-2）是由式（17-1）简化而来，并根据试验数据取 $I_{1g}=0.4I_{1g}$。表 17-3 中的相对磨蚀指数就是根据此式计算得到的。

相对磨蚀指数越大，则灰的磨蚀性就越强。由式（17-2）可知，相对磨蚀指数与灰和石英的颗粒尺寸、质量份额有关。

2. 普华磨损特性指数

计算相对磨蚀指数时必须先知道灰中不同尺寸颗粒的份额，对于新机组设计来说较为不便。普华磨损特性指数主要基于燃用煤种煤灰的成分计算磨损特性指数，以此判定磨蚀程度。磨损特性指数为

$$H_{ab} = A(SiO_2 + 0.8Fe_2O_3 + 1.35Al_2O_3) \tag{17-3}$$

式中　　　　　　　A——收到基灰分的百分份额；

　SiO_2、Fe_2O_3、Al_2O_3——灰中 SiO_2、Fe_2O_3、Al_2O_3 的份额。

H_{ab} 越大，磨损越严重。表 17-4 所示为用磨损特性指数表征煤灰的磨蚀程度。

3. 根据灰中 SiO_2 含量判别灰磨损性

美国电力研究协会（EPRI）基于煤灰的化学成分分析，提出判别灰磨损性的等级界限，见表 17-5。

表 17-4	煤灰的磨蚀程度
H_{ab}	磨蚀程度
<10	轻微
10~20	中等
>20	严重

表 17-5	煤灰磨损性判别
灰中 SiO_2 含量（质量）（%）	灰的磨损性能
<40	低
40~50	中等
50~60	中至高

第二节　飞灰磨损速率

飞灰对金属的磨损，通常包括摩擦、撞击、刮痕等物理作用。从能量观点分析，金属的磨损是因为飞灰具有动能，飞灰颗粒撞击金属壁面时需消耗动能。

飞灰颗粒对金属壁面的撞击，有正向撞击和斜向撞击两种。斜向撞击又可分解为法线方向撞击力和切线方向切向力。法线方向的撞击力使被撞击的金属表面基体组织变形，表面局部破碎和剥离。切线方向的切向力，如同切削金属，将基体磨薄。实际上，这两个方向的磨损是同时发生的。一般来讲，脆性材料以变形磨损为主，而塑性材料则以切削机制产生的磨损为主。两者对基体表面作用的大小，取决于灰粒对壁面的撞击角度。当撞击角度由 $\pi/2$ 弧度变为 0 时，变形磨损变为切削磨损，即变形磨损相对于切削磨损随垂直速度与水平速度分量比值的减小而降低。某一利用石英进行撞击的研究表明，当撞击角度为 $\pi/5$ 弧度（36°）

时，软钢受变形磨损和切削磨损的双重作用最大，磨损率达到最大值（见图 17-4）。

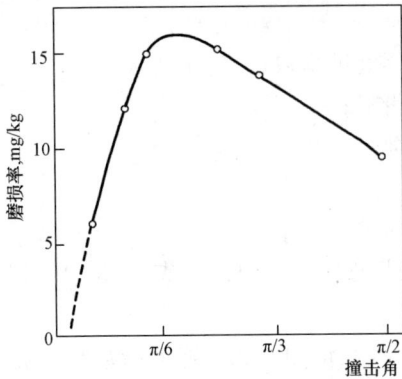

图 17-4　不同撞击角度下软钢的磨损率

飞灰磨损量的大小主要与飞灰量、灰中所含石英的相对量和颗粒速度密切相关。因飞灰引起的单位时间金属厚度最大磨损速度，称之为飞灰磨损速率。大部分研究表明，磨损速率与飞灰颗粒速度的 3～4 次方成正比关系。一般碳钢磨损速率的经验计算式为

$$E_{ab} = 3.49 \times 10^{-3} \mu_q w_{im}^{3.3} \quad nm/h \qquad (17\text{-}4)$$

式中　E_{ab}——碳钢磨损速率，nm/h（1nm=10^{-9}m）；

μ_q——烟气中石英颗粒浓度，g/m^3；

w_{im}——灰粒撞击速度，一般取烟气流速，m/s。

锅炉金属管子的磨损速率，也可通过灰量、灰磨蚀指数、灰粒速度、烟气温度等的关系进行估算，即

$$E_{ab} = \frac{57.2 I_{ab} R_{A/C} w_{im}^{3.3}}{T_g} \quad nm/h \qquad (17\text{-}5)$$

式中　I_{ab}——飞灰相对磨蚀指数；

$R_{A/C}$——煤中灰碳比；

T_g——烟气温度，K。

表 17-6 为对四种灰型按上式估算的省煤器磨损的结果，与实际磨损情况较吻合。从表中可看出，灰型 1 的磨损速度过高，属磨蚀性极强的特殊灰。磨损不重的普通烟煤灰的磨蚀指数 I_{ab} 为 0.18～0.28。灰型 2 的磨损速度 E_m=50nm/h，运行 100 000h 后省煤器将减薄 5mm。灰型 3、4 的 E_{ab} 比前两种灰的磨损速度低得多，是轻磨蚀性灰。可见煤灰中石英含量不同，磨蚀指数 I_{ab} 不同，金属磨损速度也不同。石英含量增多，磨损加剧。

表 17-6　　　省煤器受热面磨损速度

灰型	煤中灰量（%）	磨损指数 I_{ab}	锅炉烟气		磨损速度 E_{ab}（nm/h）
			速度（m/s）	温度（K）	
1	25	0.6	15	800	148
2	15	0.4	15	800	50
3	10	0.2	15	800	16
4	5	0.1	15	800	5

注　灰型 1—灰中含 60%石英；灰型 2、灰型 3—普通烟煤型灰，石英含量<15%；灰型 4—低二氧化硅非磨蚀性的次烟煤型灰。

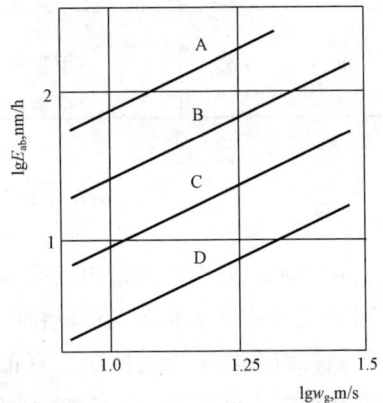

图 17-5　不同性质灰的磨损速率
与烟气流速的关系
A、B、C、D—对应表 17-6 中 1、2、3、4 灰型

图 17-5 给出了上述四种灰的磨损速度 E_{ab} 与烟气速度 w_g 的关系曲线。

旋风炉与一般煤粉炉相比，由于前者烟气中飞灰浓度低得多，灰颗粒又较小，石英含量也少，所以其飞灰磨蚀性很小。

第三节　尾部受热面防磨保护

对于一定炉体结构和燃烧条件的燃煤锅炉，主要可以从选取烟气速度、防止局部区域的飞灰速度和浓度过高、采用防磨装置等几方面来减轻和防止飞灰磨损。

一、选用适当的烟气速度

这是减轻和防止对流受热面磨损最主要的措施。通常金属磨损速率与烟气速度的 $3 \sim 4$ 次方成正比。烟速选择过高，磨损加剧，设备使用寿命大大缩短。因此，除采用必要的防磨措施外，设计烟速不应超过最大允许速度。

最大允许烟速 $w_{g,max}$，是在对流受热面管子的规定使用期限内和在允许最小管壁剩余厚度的前提下，根据飞灰磨损条件所确定的最大烟气速度，即对应于最大允许磨损速率和磨损厚度的烟气速度。

1. 苏联 1973 年锅炉热力计算方法推荐式

$$w_{g,max} = \frac{2.85 K_D}{\beta_w R_{90}^{0.2}} \left(\frac{\delta_{max}}{am\mu_p\beta_p\tau}\right)^{0.3} \left(\frac{s_1}{s_1-d}\right)^{0.6} \quad \text{m/s} \tag{17-6}$$

式中　β_w、β_p——对 Ⅱ 型布置锅炉，一般取 $\beta_w=1.25$，$\beta_p=1.2$，管束前烟气作 180°转弯的，取 $\beta_w=1.6$，$\beta_p=1.6$；

δ_{max}——取 $\delta_{max}=2$；

m——碳钢取 $m=1.0$，合金钢取 $m=0.7$；

a——不同煤种 a 在$(9 \sim 24) \times 10^{-9}$mm·s³/(g·h)内，缺少数据的煤种，可取 14×10^{-9}mm·s³/(g·h)；

K_D——锅炉额定负荷时烟速与平均负荷时烟速之比，对于蒸发量 $D=50 \sim 75$t/h，$K_D=1.4 \sim 1.3$，对于蒸发量 $D \geqslant 120$t/h 的锅炉，$K_D=1.15$；

τ——管材规定使用期限，h；

R_{90}——飞灰在 90μm 筛上剩余量，%；

s_1——管子横向节距，m；

d——管外径，m；

μ_p——飞灰浓度，g/m³。

上式是在式（17-5）的基础上提出的，应用时要注意该式有以下特点：

（1）未考虑颗粒与管子碰撞后的加速过程。横向冲撞错列管束的最大磨损管排定为烟气入口的第二排，相应的第二排磨损不均匀系数取为 1.5。

（2）未考虑管壁温度对金属磨损的影响。事实上，管壁金属温度不同其磨损程度不同，这取决于磨损机制。当温度升高，磨损率可能增加也可能减少。塑性金属在温度较高时磨损率较小，这是因为金属的热处理能使颗粒撞击引起的变形得以恢复。金属壁温的高低还影响颗粒对管子的撞击效应。温度升高时，小颗粒由于动量小难以穿过一层比原金属抗磨能力高的氧化层，而使磨损率降低；对动量大的中等、大颗粒则不然。某些研究表明，在管温低于

300℃时，20 号钢磨损率随壁温升高而降低；高于约 350℃，壁温升高磨损率又增加。合金钢在低于 350℃时，磨损率下降，高于 400℃以后磨损率增加。

在相同金属壁温时，金属材料不同磨损率也不同。普通碳钢管材比合金钢管材易磨损。

（3）未考虑颗粒沉降速度，即烟气流向上冲刷管束与向下冲刷管束对确定最大磨损速度有不同的影响。实际上，烟气向上冲刷的磨损比向下冲刷的磨损轻。

（4）未考虑烟气走廊的宽窄对磨损的影响。

国内某些研究和实践证明，采用式（17-6）计算出的最大允许烟速 $w_{g,max}$ 一般偏高3%～10%。

2. Raask（1985 年）推荐的计算式

由式（17-5）可得

$$w_{g\cdot max} = \left(\frac{E_{ab}T_g}{57.2P_a}\right)^{1/3.3} \quad \text{m/s} \tag{17-7}$$

式中 P_a——煤中灰碳比 $R_{A/C}$ 和灰的磨损指数 I_a 的乘积，其余符号同前。

采用式（17-7）算得 $w_{g\cdot max}$ 是管束内的平均烟速，不代表烟气内会出现的过高局部烟速。此外，该式是在假设金属磨损速度 E_{ab} 不随温度升高而减小的条件下推出的，约有 10% 的裕量。

通常根据燃料的折算灰分 $A_{ar,red}$ 选择省煤器的最大烟气流速，一般为 7～13m/s。当煤粉炉燃用多灰强磨蚀性煤种时，省煤器设计烟速可以低于 7m/s。

二、防止局部空间飞灰速度和浓度过高

为了保证设备在温度升高时能自由膨胀，在锅炉管束与炉墙之间和管束与管束之间都设置了间隙。烟气在这些间隙中的流动阻力很小，烟气流速比平均烟速高 50%～100%。为避免高速流动烟气加剧间隙处金属的磨损，可以在间隙入口处加装节流装置以降低烟气流速。图 17-6 是由试验得到的不同节流装置对烟气流速的影响。图 17-6（a）和（b）采用了单层节流板，尽管烟气走廊烟速下降了，但节流板后的低压区会使节流板周围的烟气流动加速，

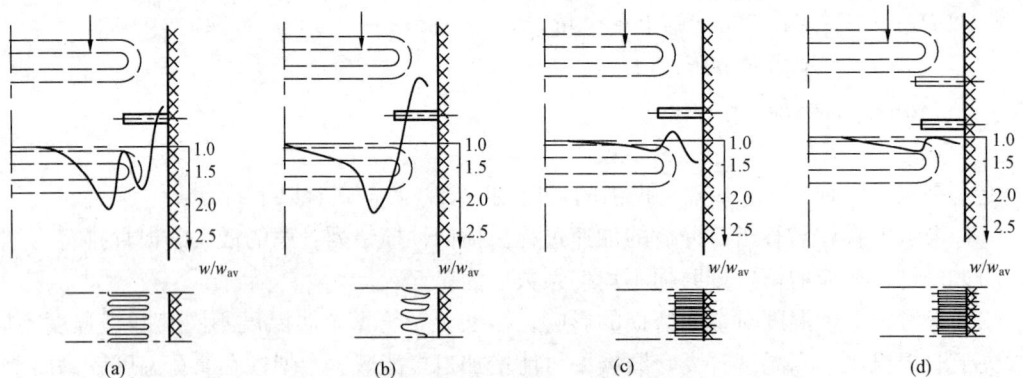

图 17-6 尾部烟道两侧防磨装置对烟气速度分布的影响
（a）密间距节流板；（b）宽间距节流板；（c）单排短棒；（d）两排短棒
w/w_{av}——烟气流速与平均流速比

磨损并未解决，只是磨损的地点改变了。采用节流短棒或两层节流短棒明显降低了烟气走廊的流速，如图 17-6 (c) 和 (d) 所示。

为防止 II 型布置的转弯气室靠后墙出现飞灰浓度和烟速过高，一般将蛇形管平行于前墙来布置，如图 17-3 (a) 所示，这样使磨损仅发生在靠后墙的少数几根管子上，减少总的管圈磨损；同时还可以在转向室中加装飞灰浓度均匀挡板，如图 17-7 所示。

为防止和减轻省煤器整体的磨损，也可采用鳍片省煤器。它既可改变烟气在鳍片内流动的均匀性，减轻局部磨损，又可增加烟气侧传热，节约金属。

当燃用高灰分煤种时，为减轻磨损，尾部烟道管束可采用顺列布置。

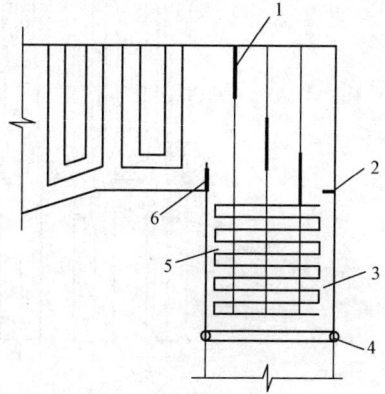

图 17-7　减轻省煤器磨损的措施
1—均匀挡板；2—沿后墙的水平挡板；
3—沿两侧墙的水平挡板；4—管子和联箱
上的挡板；5—省煤器；6—防渣格栅

三、采用防磨装置

采用防磨装置的目的是使受磨损的不是受热面管子而是防磨保护部件。检修时只需更换这些部件即可。

图 17-8 所示为几种用于省煤器或同类型结构的受热面上的防磨装置。

管式空气预热器的防磨装置，如图 17-9 所示。因为磨损主要是在烟气进口发生，因此可在管子入口套接或焊上一根 200mm 长的短管，以便磨损后更换。

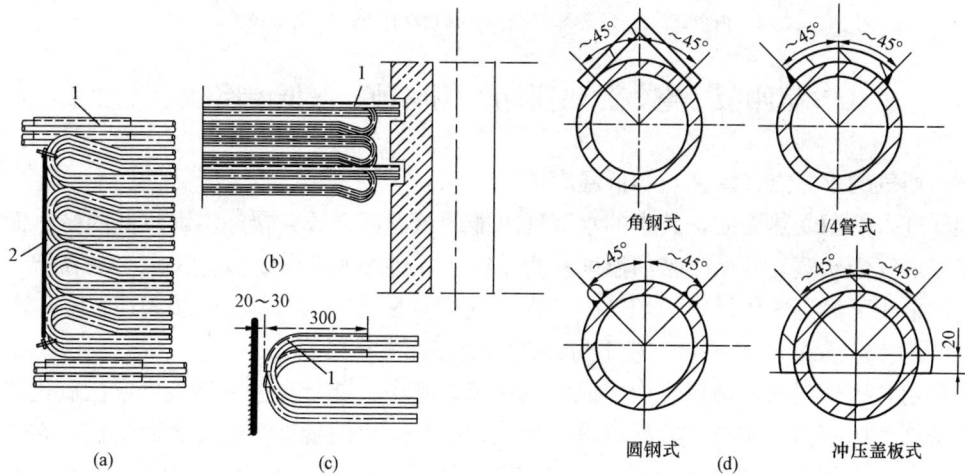

图 17-8　省煤器的防磨装置
(a) 弯头整体保护；(b)、(c) 单个弯头保护；(d) 局部防磨装置
1—护瓦；2—护帘

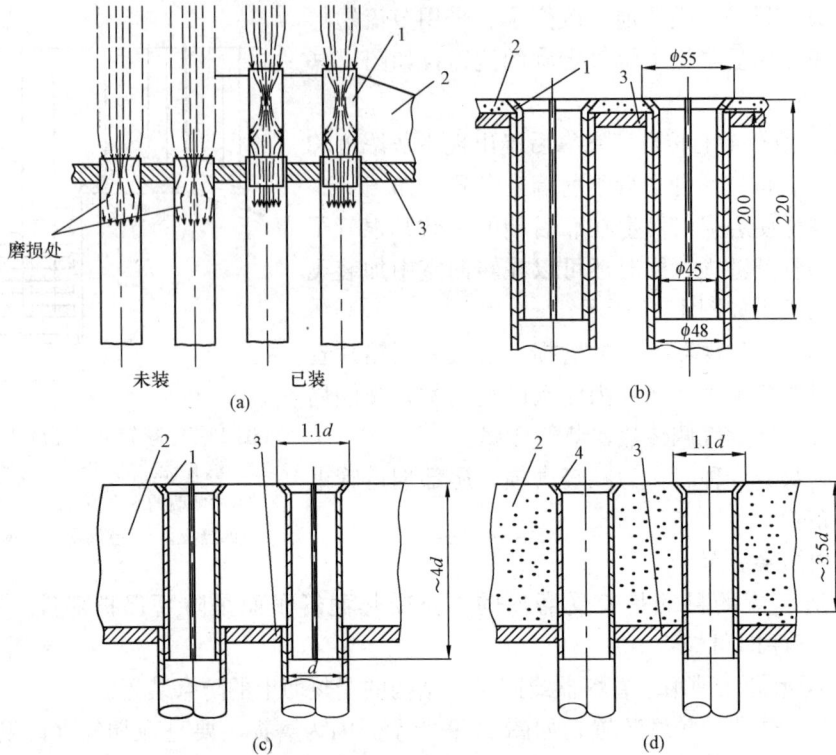

图 17-9 空气预热器管子的防磨保护装置

（a）磨损和防磨原理；（b）、（c）加装内部套管；（d）外部焊接短管

1—内套管；2—耐火混凝土；3—预热器管板；4—焊接短管

第四节 空气预热器烟气侧腐蚀——低温腐蚀

一、烟气的水露点、酸露点和低温腐蚀

烟气进入低温受热面后，其中的水蒸气可能因烟温降低或在接触温度较低的受热面时发生凝结。烟气中水蒸气开始凝结的温度称为水露点。纯净水蒸气的露点决定于它在烟气中的分压力。常压下燃用固体燃料的烟气中，水蒸气的分压力 $p_{H_2O}=0.01\sim0.015MPa$，水蒸气的露点低达 $45\sim54℃$。可见，一般不易在低温受热面发生结露。

当燃用含硫燃料时，硫燃烧后形成二氧化硫，其中一部分会进一步氧化成三氧化硫。三氧化硫与烟气中水蒸气结合成硫酸蒸汽。烟气中硫酸蒸汽的凝结温度称为酸露点。它比水露点要高很多。烟气中三氧化硫（或者说硫酸蒸汽）含量愈多，酸露点就愈高。酸露点可达 $140\sim160℃$ 甚至更高。烟气中硫酸蒸汽本身对受热面金属的工作影响不大，但当它在壁温低于酸露点的受热面上凝结下来时，就会对受热面金属产生严重腐蚀作用。这种由于金属壁温低于酸露点而引起的腐蚀称为低温腐蚀。

低温腐蚀通常发生在低温级空气预热器中空气和烟气温度最低的区域，会造成管式空气预热器管子穿孔，空气大量漏到烟气中，致使送风不足，炉内燃烧恶化，锅炉效率降低；也会使回转式空气预热器的蓄热元件严重腐蚀，影响传热效果；同时腐蚀也会加重堵灰，使烟道阻力增大。因此，低温腐蚀的发生会严重影响锅炉的经济运行。

烟气中二氧化硫进一步氧化成三氧化硫是在一定条件下发生的。第一，在炉膛高温作用下，部分氧分子会离解成原子状态，它能将 SO_2 氧化成 SO_3。因此，火焰中心温度越高，过量空气越多，火焰中氧原子的浓度也就越大，生成的 SO_3 就会越多。第二，烟气流过对流受热面时，SO_2 会遇到一些催化剂，如钢管表面的氧化铁膜 Fe_2O_3、受热面管子上的沉积物或燃油时可能出现的五氧化二钒 V_2O_5 等。受到催化作用后 SO_2 与烟气中剩余氧结合而生成 SO_3。第三，燃煤中的硫酸盐在燃烧时会分解出一部分 SO_3，但它在形成的 SO_3 总量中所占的比例甚小。烟气中 SO_3 的数量为 SO_2 的 0.5%~5%，占烟气总容积的 0.002%~0.010%。

二、烟气酸露点的确定

烟气对受热面的低温腐蚀程度常用酸露点的高低来表示。露点愈高，腐蚀范围愈广，腐蚀也愈严重。

烟气的酸露点与燃料含硫量和单位时间送入炉内的总硫量有关，而后者是随燃料发热量降低而增加的。两者对露点的影响，综合起来可用折算硫分 $S_{ar,red}$ 来表示。显然，$S_{ar,red}$ 越高，燃烧生成的 SO_2 就越多，进而 SO_3 也将增多，致使烟气酸露点升高。不同燃烧方式下，烟气酸露点与燃料折算硫分关系的工业试验结果如图 17-10 所示。

燃烧固体燃料时，烟气中带有大量的飞灰粒子。灰粒子含有钙和其他碱金属的化合物，它们可以部分地吸收烟气中的硫酸蒸汽，从而可以降低它在烟气中的浓度。由于烟气中硫酸蒸汽分压力的减小，酸露点也就降低。烟气中飞灰粒子数量越多，这个影响就越显著。一般来讲，层燃炉烟气露点要比煤粉炉高，主要就是这个原因。燃料中灰分对酸露点的影响可以用折算灰分 $A_{ar,red}$ 和飞灰系数 α_{fa} 来表示。

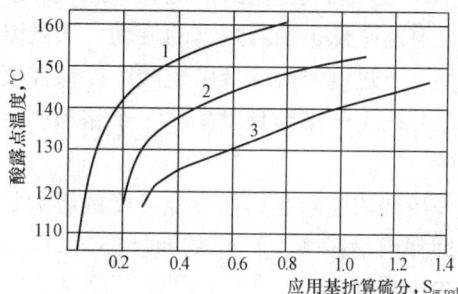

图 17-10　酸露点与燃料折算硫分的关系
1—燃油炉；2—链条炉；3—煤粉炉

综合上述各影响因素，常用下述经验公式来计算烟气的酸露点：

$$t_d^a = t_d + \frac{125\sqrt[3]{S_{ar,red}}}{1.05\alpha_{fa}A_{ar,red}} \quad ℃ \tag{17-8}$$

式中　　　t_d^a——烟气的酸露点，℃；

t_d——按烟气中水蒸气分压力计算的水露点，℃；

$S_{ar,red}$、$A_{ar,red}$——应用基燃料的折算硫分和折算灰分；

α_{fa}——飞灰系数。

三、腐蚀与堵灰

锅炉受热面的壁温低达酸露点时，受热面上将会凝结出液态硫酸，它不仅会腐蚀金属，而且还会黏结烟气中的灰粒子，使其沉积在潮湿的受热面上，严重时将造成烟气通道堵灰。同低温腐蚀一样，这也主要发生在低温段空气预热器。如果除尘器进口烟温低到酸露点时，也会造成除尘器堵灰。堵灰不仅影响传热，使排烟温度升高，降低锅炉运行经济性，而且由于烟气阻力剧增，会使引风机过载而限制锅炉出力，甚至造成设备损坏而被迫停炉。

腐蚀与堵灰往往是相互促进的。堵灰使传热减弱，受热面金属壁温降低，而且 350℃ 以下沉积的灰又能吸附 SO_3，这将加速腐蚀过程。管式空气预热器受热面腐蚀泄漏后，将发生漏风。漏风使烟温进一步降低，从而加速腐蚀和堵灰过程的进展，以致形成恶性循环。

四、腐蚀速度及受热面壁温

虽然烟气中 SO_3 所占容积份额很小，但只要有少量的硫酸蒸汽，就会使烟气露点显著升高。这一点可从硫酸蒸汽—水蒸气混合物的相平衡图中看出，其变化规律如图 17-11 所示。图中曲线 1 表示汽相开始凝结温度（即露点）与浓度的关系。由图可见，当硫酸蒸汽浓度为 0 时，即为纯水蒸气，曲线 1 与纵轴的交点即为水露点。只要混合物中有极少量硫酸蒸汽，此时的露点就会显著高于水露点。而且随着混合物中硫酸蒸汽浓度的增加，露点亦升高。若一定混合比的硫酸蒸汽—水蒸气混合物与低温受热面相遇受到冷却时，它们就按图中虚线降温并凝结下来。由于酸露点高，所以硫酸蒸汽比水蒸气更易凝结。因此，烟气中的水蒸气与硫酸蒸汽遇到低温受热面开始凝结时，凝结液中硫酸浓度很大。当有一部分蒸汽凝结下来以后，烟气中硫酸蒸汽和水蒸气的浓度都有所降低。因前者降低的幅度大，故烟气的露点也有所降低。随着烟气的流动会遇到温度更低受热面，烟气中硫酸蒸气和水蒸气还会继续凝结。不过这时凝结液中硫酸浓度却在逐渐降低。由此可知，烟气中硫酸蒸汽和水蒸气在低温受热面上的凝结是发生在一个相当广的范围内，而凝结出的硫酸浓度是随温度降低逐渐变小的。

硫酸浓度对受热面腐蚀速度的影响如图 17-12 所示。开始凝结时产生的浓硫酸对钢材的腐蚀作用很轻微。而当浓度为 56％时，腐蚀速度最高。硫酸浓度再进一步降低，腐蚀速度也逐渐降低。

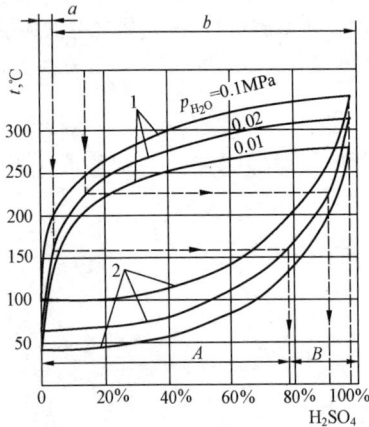

图 17-11　不同水蒸气分压下 H_2O—
H_2SO_4 系统相平衡图

1—汽相线（凝结线）；2—液相线（沸腾线）；a—H_2SO_4 蒸汽浓度；b—水蒸气浓度；A—凝结后的硫酸浓度；B—凝结后水的浓度

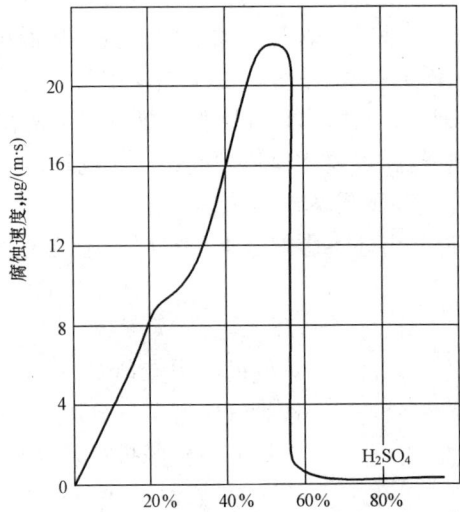

图 17-12　硫酸浓度对受热面腐蚀速度的影响

除浓度外，单位时间内在管壁上凝结的酸量也是影响腐蚀速度的因素之一。随着凝结酸量的增加，腐蚀加剧。管壁上凝结的酸量与管壁温度有一定关系，图 17-13 所示为煤粉炉中尾部受热面上凝结酸量随壁温的变化。受热面壁温除影响凝结酸量以外，还直接影响腐蚀化学反应的速度。随着壁温增高，腐蚀化学反应速度增大。

　　综上可知，尾部受热面金属实际的腐蚀速度既与壁面上凝结的硫酸浓度有关，又与壁温有关。图 17-14 所示为一台煤粉炉中尾部受热面腐蚀速度与管壁温度的关系。由图可知，腐蚀最严重的区域有两个：一个发生在壁温为水露点附近；另一个发生于壁温约低于酸露点 15℃的区域。壁温介于水露点和酸露点之间，有一个腐蚀较轻的安全区。

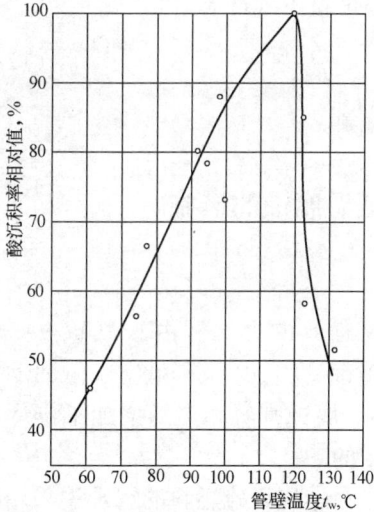

图 17-13　凝结酸量与管壁温度的关系　　　　　图 17-14　腐蚀速度与管壁温度的关系

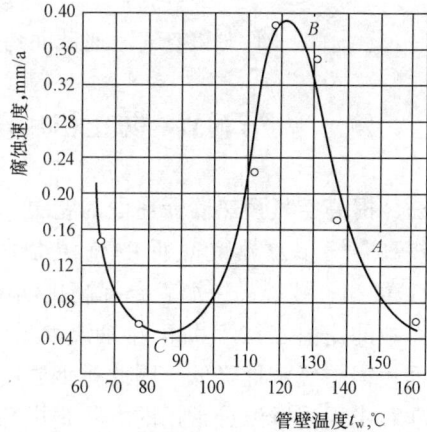

　　形成上述腐蚀变化规律的原因是：顺着烟气流向，当受热面壁温达到露点时，硫酸蒸汽开始凝结，腐蚀亦即发生，如图 17-14 中 A 点附近。此时虽然壁温较高，但凝结酸量较少，且浓度亦高，故腐蚀速度较低；随着壁温降低，硫酸凝结量逐渐增多，浓度却降低，并逐渐过渡到强烈腐蚀浓度区，因此腐蚀速度是逐渐加大的，至 B 点达到最大；壁温继续降低，凝结酸量开始减少，浓度也降至较弱腐蚀浓度区，此时腐蚀速度是随壁温降低而逐渐减少的，到 C 点达到最低。当壁温到达水露点时，管壁上的凝结水膜会同烟气中 SO_2 结合，生成 H_2SO_3 溶液，它对受热面金属也会产生强烈腐蚀。另外，烟气中的 HCl 也会溶于水膜中，对受热面金属产生一定的腐蚀作用。因此，随着壁温降低，腐蚀重又加剧。

　　对于管式空气预热器，不考虑灰污影响时，若单位受热面所传导的热量为 q，根据烟气侧和空气侧的热平衡可得

$$q = (\vartheta_g - t_w)\alpha_g = (t_w - t_a)\alpha_a \tag{17-9}$$

由此可得受热面壁温为

$$t_w = \frac{\alpha_a t_a + \alpha_g \vartheta_g}{\alpha_a + \alpha_g} = t_a + \frac{\vartheta_g - t_a}{1 + \dfrac{\alpha_a}{\alpha_g}} \tag{17-10}$$

式中　t_w——受热面金属壁温，℃；

　ϑ_g、t_a——烟气和空气温度，℃；

　α_g、α_a——烟气侧和空气侧的放热系数，kW/（m²·K）。

　　管式空气预热器壁温最低处位于受热面排烟端的空气入口部分，最低壁温为

$$(t_w)_{min} = \frac{0.8\alpha_g \vartheta_{exg} + \alpha_a t'_a}{0.95\alpha_g + \alpha_a} \tag{17-11}$$

式中　ϑ_{exg}——排烟温度，℃；

　　　　t'_a——低温段空气预热器空气入口温度，℃。

式中，0.8 和 0.95 为考虑烟气侧管壁污染和沿烟气流通截面烟气温度场分布不均匀的影响系数。

对于回转式空气预热器，烟气出口部分受热面金属温度按下式计算：

$$(t_w)_{\min} = \frac{x_g \alpha_g \vartheta_{\text{exg}} + x_a \alpha_a t'_a}{x_g \alpha_g + x_a \alpha_a} \approx \frac{x_g \vartheta_{\text{exg}} + x_a t'_a}{x_g + x_a} \tag{17-12}$$

式中　x_g、x_a——烟气和空气流通截面占总流通截面的份额。

第五节　防止和减轻空气预热器低温腐蚀的措施

一、提高空气预热器受热面的壁温

提高空气预热器受热面的壁温是防止低温腐蚀最有效的办法。由式（17-9）～式（17-11）可知，要提高壁温就要提高排烟温度 ϑ_{st} 和入口空气温度 t'_a 以及降低空气侧和烟气侧放热系数的比值 α_a/α_g。提高排烟温度虽然可使壁温升高、腐蚀减轻，但却增加了排烟热损失，而使锅炉经济性降低。因此排烟温度的提高是有限制的。

实践中提高壁温最常用的方法是提高空气入口温度。在燃烧高硫燃料的锅炉中采用暖风器（亦称前置式空气预热器）或热风再循环，把冷空气温度适当提高后，再进入空气预热器。图 17-15 示出热空气再循环的两种方式和暖风器的布置。图 17-15（a）中，部分热空气被送风机吸入，与冷空气混合后再进入预热器，故可提高进风温度；图 17-15（b）中，另加了一只再循环风机，将预热器出口热风送入预热器入口与冷风混合，以提高进风温度。再循环的风量越大，进风温度升高越多。但是进风温度升高会使排烟温度也升高，因而排烟热损失将增大。采用热风再循环的另一个缺点是送风机的电耗增大了。采用这种方式时通常只将冷空气温度提高到 50～65℃，因而锅炉效率降低不多。对于高硫燃料，烟气露点超过 120℃时，采用这种方式是不合宜的。

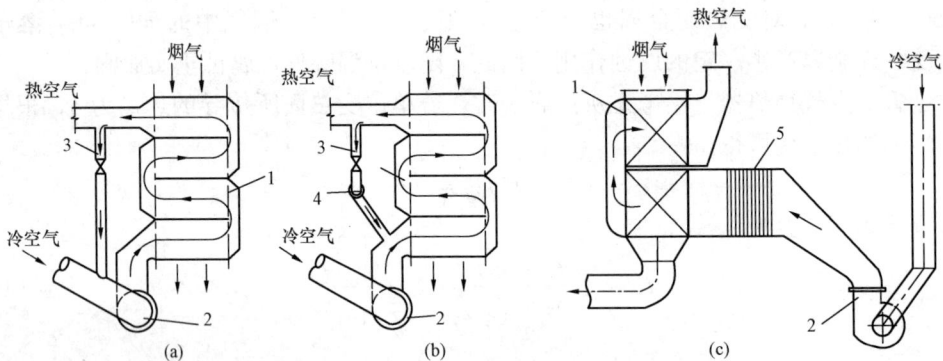

图 17-15　热风再循环和暖风器系统

（a）利用送风机再循环；（b）利用再循环风机；（c）加装暖风器

1—空气预热器；2—送风机；3—调节挡板；4—再循环风机；5—暖风机

另一种提高预热器入口空气温度的方法是采用暖风器，如图 17-15（c）所示。暖风器装在送风机与预热器之间。它本身是一种管式加热器，利用汽轮机的抽汽来加热冷风。采用这种方式仍会使锅炉排烟温度有所升高。

不同型式的空气预热器，空气侧和烟气侧放热系数之比是不相同的。管式空气预热器中 $\alpha_a/\alpha_g \approx 1.8$，回转式空气预热器中，$\alpha_a/\alpha_g \approx 1.0$。因此，在同样的条件下，回转式空气预热器的壁温要比管式高 $10\sim15$℃。

二、冷端受热面采用耐腐蚀材料

在燃用高硫燃料的锅炉中，管式空气预热器的低温段可采用耐腐蚀的玻璃管；回转式空气预热器中采用耐酸的搪瓷波形板或用陶瓷材料，也可用耐腐蚀的低合金钢制造冷端受热面。这些措施在防止受热面金属腐蚀方面都有一定的成效。

三、采用降低露点或抑制腐蚀的添加剂

使用最广的添加剂是石灰石或白云石。粉末状的白云石混入燃料中或直接吹入炉膛或吹入过热器后的烟道中，它会与烟气中的 SO_3（或 H_2SO_4）发生作用而生成 $CaSO_4$ 和 $MgSO_4$，从而能降低烟气中三氧化硫（或硫酸蒸汽）的分压力，减轻低温腐蚀。反应生成的硫酸盐是一种松散的粉尘，必须加强吹灰来予以清除。但长期使用后仍会使受热面积灰增多、污染加重，影响传热。

四、降低过量空气系数和减少漏风

烟气中过剩氧会增加 SO_3 的生成量。无论是送入炉膛的助燃空气还是烟道的漏风，对 SO_3 的生成量都有影响。因为在烟气流程中，只要有过剩氧存在，SO_2 仍能继续转变为 SO_3。因此，为防止低温腐蚀应尽可能采用较低的过量空气系数和减少烟道的漏风。适当降低过量空气还可提高锅炉的热效率。

第六节　尾部受热面的积灰与防止

一、尾部受热面的积灰

当带灰的烟气流经各受热面时，部分灰粒会沉积到受热面上而形成积灰，这是锅炉运行中常见的现象。积灰会影响传热和烟气的流通，尤其是通道截面较小的对流受热面，严重的积灰还会堵塞烟气通道，以致降低锅炉出力甚至被迫停炉。

低温受热面积灰与烟气流动、烟气温度、飞灰成分和壁面金属温度等因素有关。在烟温低于 $600\sim700$℃的尾部受热面上的积灰，大多是松散的积灰。这是因为烟气中碱金属盐蒸气的凝结已结束，在受热面管子外表面不再会有坚实的沉积层。这时的积灰可能有两种不同情况：一是由于气流扰动使烟气中携带的一些灰粒沉积到受热面上，形成松散性积灰层；另一种是由于烟气中的酸蒸汽和水蒸气在低温金属壁面上凝结，将灰粒黏聚而成的准松散性积灰或黏结性积灰。

1. 松散性积灰

烟气中的灰粒是一种宽筛分组成，但大都小于 $200\mu m$，其中多数为 $10\sim30\mu m$。当含灰气流横向冲刷管束时，管子背风面产生漩涡运动。较大的灰粒子由于惯性大，不会被卷进去。进入旋涡并沉积在管子背风面上的大多数是小于 $30\mu m$ 的灰粒子。灰粒之所以能黏附到管壁表面，是由于金属表面层原子的不饱和引力场所引起的。灰粒越小相对表面积越大，当它与管壁接触时，就很容易地被吸附到金属表面上。但灰中极微小的无惯性组分，可以沿气流的流线运动，在受热面上沉积的可能性也不大。实验证明，沉积在受热面上的主要是

$10\sim30\mu m$ 的灰粒。

对流受热面管子上的积灰，主要集中在管子的背风面，而迎风面很少。这是因为管子的正面部分从一开始就受到大灰粒的撞击，因此只有在烟速很低或飞灰中缺乏大颗粒时才出现积灰。而在管子的侧面，由于受到飞灰的强烈磨损，即使在很低的烟气速度下也不会有灰沉积。

灰粒在受热面上的沉积，最初增加很迅速，但很快达到动平衡状态。这时，一方面仍有细灰沉积，另一方面烟气流中的大灰粒又把沉积到受热面上的细灰粒剥落下来。达到积聚的灰和被大颗粒冲掉的灰相平衡时，就处于动平衡状态，积灰也就不再增加了。只有当外界条件改变，如烟气速度变化时，才会改变积灰情况，一直到建立新的动平衡为止。

受热面上松散灰的积聚情况与烟气速度有关。随着烟气速度的增大，管子背风面积灰逐渐减少，而迎风面甚至可能没有积灰，如图 17-16 所示。这是因为在错列管束中气流的扰动随烟速升高而加剧。气流速度较高时，松散积灰将被吹走。错列管束管子纵向节距越小，气流扰动越大，气流冲刷管子背风面的作用越强，管子上的积灰也就越小。反之，在顺列管束中，除第一排管子外，烟气冲刷不到其余管子的正面和背面，只能冲刷管子的两侧。因此，不论管子正面或背面均将会发生较严重积灰。

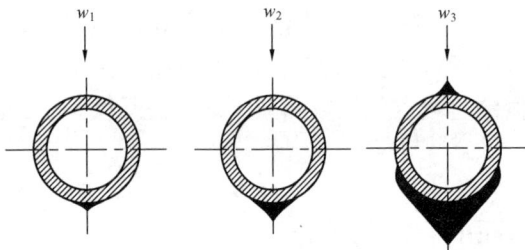

图 17-16   不同烟速下错列管束的积灰情况
$$w_1>w_2>w_3$$

研究还表明，积灰程度与气流横向冲刷受热面的方向无关。不论气流自上而下或自下而上，或者在水平方向流动，都会发生类似于图 17-16 所示的情况。

当烟气流速降低到 $2.5\sim3m/s$ 时，就很容易发生受热面堵灰。考虑到锅炉可能降低负荷运行，那么在设计锅炉时，额定负荷下尾部受热面内的烟速应不低于 $6m/s$。这样就可避免在低负荷运行时，因烟速过低而发生堵灰；但烟速也不能太高，否则受热面将受到严重的飞灰磨损。

2. 准松散性积灰或黏结性积灰

对于低温受热面的烟气出口冷端，烟气和工质温度均低。在金属壁面温度低于烟气酸露点时，飞灰除受物理作用产生松散性积灰外，同时还会受到硫酸甚至水的凝结作用。当硫酸凝结在清洁受热面上时，一方面要溶解管壁上的氧化膜（Fe_3O_4）和金属（Fe），另一方面会捕捉飞灰颗粒并与其中的某些成分发生化学反应，生成酸性凝结灰。当受热面已受到灰污染时（松散性积灰），硫酸蒸汽则会通过分子扩散凝结在受热面上，也会与沉积物中的成分及受热面金属发生化学反应，生成酸性凝结灰。酸性凝结灰的主要成分是 $Al_2(SO_4)_3$、$CaSO_4$、$Fe_2(SO_4)_3$。

由于硫酸在这两方面的作用，积灰层之间、积灰层与受热面表面之间的黏附强度明显提高，大量飞灰在毛细管效应、惯性效应和拦截效应等作用下沉积下来，造成黏结性积灰有无限蔓延趋势，且随着时效烧结和硬化，导致积灰难以用吹灰方法清除，最后造成搭桥和堵灰。与此同时，硫酸带来的低温腐蚀也伴随着出现，受热面金属遭到破坏。

二、空气预热器的积灰

1. 管式空气预热器积灰

管式空气预热器正常运行时，无论是管子的热端还是冷端，在管子进出口处都存在回流区灰的黏附。

图 17-17 所示为烟气在管内流动状态的示意图。上游烟道的烟气进入空气预热器内时，气流在进口一小段长范围内发生脱体，并形成自由剪切层。自由剪切层内压力梯度大，处于层流流动状态；而其下游，流态产生变化，气流以紊流边界层的形式撞击壁面，这便在管内四周形成灰分沉积的回流区。回流区的大小与烟气进口的速度及其紊流的特征有关，通常距管端 $1\sim3d$。同样，在管子出口处，由于管内气流扩入下游烟道内，也会产生一范围较小的回流区。

在飞灰中，粒径小的灰粒在紊流扩散、热泳力和静电力的作用下，将会被卷入回流区并大量黏附在回流区壁面上；粒径大的颗粒，因惯性大则不会被卷入回流区，或卷入后往往又被壁面弹回到气流中。通常，烟温高的预热器管进口热端，回流区积灰是松散性的，在一定雷诺数 Re 时积到一定程度后不再发展，出现飞灰中小颗粒黏附和大颗粒磨蚀的动平衡现象。而烟温低的预热器管出口冷端，往往由于凝结有较多的酸溶液，回流区不仅存有飞灰的小颗粒，而其较大飞灰颗粒亦会被捕捉，出现发展的低温黏结性积灰。

回流区沉积飞灰后，回流区处烟气对空气的热交换强度显著降低。回流区的金属壁温 t_w 不再是高于空气温度 t_a，而是近似相等，即 $t_w \approx t_a$（见图 17-17）。同时出口的烟温也相应提高。出口烟温的提高，意味着预热器热交换的平均烟温的提高，利于烟气酸沉积量的减少，灰沉积率降低。但应指出，管式空气预热器由许多并列管子所组成，烟气进入各管的温度和烟量客观上存在着偏差，管箱四周管子内的烟温和烟量通常要比中间管子低和少。此外，沿空气流程，空气进口温度比出口温度低得多。显然，就整个管式空气预热器而言，空气进口冷端的第一和第二排边管，其壁温最低。它们回流区的酸沉积量最多，酸沉积速度最快，最容易发生积灰和腐蚀。

当这些冷段的边管积灰后，最终往往会被堵塞。因为，在它们积灰后，管内气流冲刷能量（速度）明显地比中间管内低得多而导致积灰增多，继之进入烟量进一步减少，如此恶性循环，直至堵管。

当这些边管堵灰后，通过这些管子的烟气停止流动，

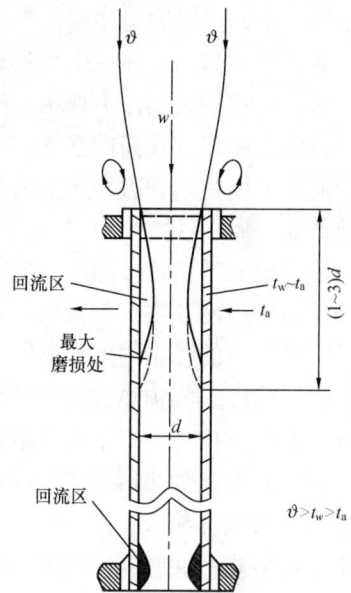

图 17-17　管式空气预热器进出口处形成回流区示意

热交换遭破坏，空气得不到加热而以同初温一样的温度流经后面的中间管，使中间管的壁温降低，相继发生堵塞，导致整个空气预热器堵管程度加大，使参与燃烧的热空气温度降低过多，导致排烟热损失明显增加，锅炉正常工作受到影响。

管式空气预热器的烟气进口热端，有时也会由于前面受热面的吹灰或上部省煤器随机落下的大灰块，而被堵塞。

2. 回转式空气预热器积灰

回转式空气预热器积灰的轻重，与其传热元件即波纹板的形式和板间间隙的大小有很重要的关系。

如第七章所述，DU 型传热元件由波纹板和波纹定位板组成，通常用于空气预热器的热端

和中间端。波纹板上的线型均与烟气流方向呈 30°角，能保证烟气流具有较高的湍流度，加强与空气的换热效能，但缺点是较容易积灰。积灰除将窄凹沟槽首先堵塞外，烟气流经波纹板时产生的小回流区也会发生积灰。CU 型传热元件由波纹板和平板定位板组成，传热效果不如 DU 型，但不容易积灰，且便于吹灰。NF 传热元件是由平板和平板定位板组成，传热效果不如前两种，但防积灰效果和吹灰效果更好。后两种传热元件常用于空气预热器的冷端。

回转式空气预热器积灰与管式空气预热器积灰相比的另一明显特征是，烟气进口热端容易被大灰块所堵塞。原因是波纹板间的间隙比管式空气预热器的管径窄小得多。回转式空气预热器堵塞的产生，往往是由于锅炉吹灰落入的渣块卡在进口板间狭窄通道内，随后再被飞灰沉积物堵塞。研究报道，一台 500MW 燃煤锅炉，8h 的吹灰间隔约有 50t 飞灰沉积在水冷壁和对流受热面上，其中大部分将在下一次吹灰时被吹掉。吹掉落下的颗粒，尺寸从不足 $1\mu m$ 到超过 $100\mu m$，有大的烧结和熔融灰片和灰块，也有小的松散的灰粒。其中，中等尺寸的颗粒和部分质量小而被烟气流输送至空气预热器的大颗粒，以及部分质量大靠自身重力而能落到空气预热器上的大颗粒，它们都会卡塞在波纹板间隙内，并捕捉烟气中携带的小颗粒以填满通道，造成通道堵塞。

省煤器的泄漏，往往会使回转式空气预热器进口被湿灰堵塞。由于水可起黏结媒介作用，湿的灰粒在表面张力作用下结合成紧密的颗粒团，颗粒团干燥后具有较高的强度。干燥的颗粒团之所以有较高的强度，原因是灰中通常含有 2%～5% 的可溶性物质。而这些可溶性物质又主要是钙和碱金属的硫酸盐和少量的可溶性硅酸盐成分。干燥时它们形成的针状或层状结晶基质，能牢固地阻塞空气预热器窄小的板间通道。研究发现，湿灰在无添加剂时，会形成 20mm 大小的球粒，能在 1200～1400K 烧结。而球粒在干燥后未烧结前的 400～1200K 内的强度，取决于高温水泥结晶基质的形成和数量。故对于含钙高的富钙灰遭水湿润后，其积灰的黏结强度很高。

回转式的空气预热器的烟气出口冷端的积灰和管式空气预热器一样，会形成低温黏结性积灰。黏结性积灰的严重程度取决于波纹板温度、排烟温度、酸露点和硫酸凝结量等因素。

回转式空气预热器受热面的运行特点是，烟气和空气反向交替运动，热段传热元件上的松散性积灰灰粒易被反向流过的空气吹走，而不致越积越多、越积越硬。但其传热元件间隙窄小，易堵塞。回转式空气预热器壁温较管式空气预热器高，凝结的液体对积灰的影响比管式空气预热器轻。

三、尾部受热面积灰的减轻与防止

在本章第五节介绍了防止低温腐蚀的措施，对防止和减轻尾部受热面准松散性积灰或黏结性积灰是非常重要的。这里主要介绍防止与减轻尾部受热面积灰的其他一些方法，应结合具体条件选用。

1. 改善布置

图 17-18（a）所示为布置在省煤器下部的回转空预器，热端进口易被灰块堵塞和易遭省煤器漏水堵灰。图 17-18（b）布置改变了气流流过预热器的方向，可减少进口堵灰，但因冷端板间隙比热端的宽，酸凝结将使冷端积灰深度增加。图 17-18（a）布置一般多用于燃煤锅炉；图（b）布置适用于低硫高钙煤。图 17-18（c）、（d）为两种水平布置方式，利于减轻热端进口的灰块堵塞。

为防止回转式空气预热器烟气进口灰块的堵塞，在过热器、再热器和省煤器烟道下部部

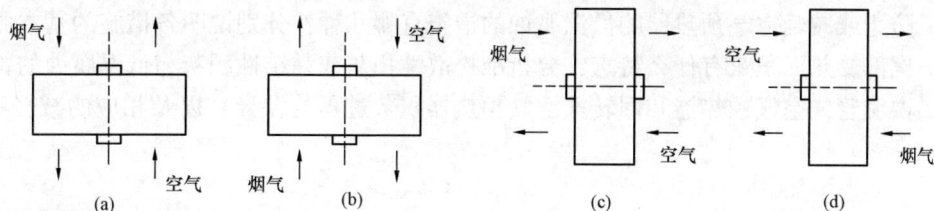

图 17-18 回转式空气预热器布置型式

(a) 立式，烟气/空气；(b) 立式，空气/烟气；(c) 卧式，烟气/空气；(d) 卧式，空气/烟气

位可装设灰斗或集灰器；在空气预热器入口烟道内可装设垂直棒栅和挡板。

2. 选择适当的烟气通道截面积

对燃烧易积灰和腐蚀的煤，除适当加厚传热元件的壁厚以延长其使用寿命外，必要时应加大烟气通道截面积。管式空预器管径可选择 $\phi15$ 代替 $\phi40$，并且可选择低温级的管径和管箱边界处管径，使其大于高温级和大于低温级中间管处的管径。

回转式预热器的下部冷端可采用 12～15mm 板间隙。热管式空气预热器烟气侧的肋片间距可取 8～10mm 或更高些。

3. 控制燃烧、防止炭黑生成

锅炉启停炉和低负荷运行期间，往往会由于燃烧不易控制好而生成较多的炭黑。炭黑会吸附硫酸使其黏性增加，导致受热面黏结性积灰。

4. 保证吹灰和定期清洗

运行中保证吹灰器按时吹灰十分必要。它可减轻受热面的积灰，并使积灰不至于通过烧结、硬结、时效和化学反应等过程，造成的积灰黏性硬度增加和腐蚀加重。对强黏结积灰，可用高压高速水射流进行清洗。

复 习 思 考 题

1. 烟气横向绕流管束时，产生的磨损是不均匀的。试从管子周界、长度方向和管排之间等方面说明不均匀情况。

2. 说明尾部受热面局部磨损的主要形式及防止或减轻局部磨损的措施。

3. 分析说明煤质特性和燃烧过程对飞灰磨蚀特性的影响。

4. 有哪些方法可用来评价飞灰的磨蚀特性？各方法有何特点？

5. 受热面的磨蚀率主要取决于哪些因素？其中哪种因素影响最大？

6. 选择尾部受热面的烟气流速时主要考虑哪些影响？如何确定最大允许烟气流速？

7. 采用单层节流板可以降低烟气走廊的烟气流速，但不能根本解决磨损问题。试分析原因。

8. 尾部受热面防磨装置有几种？简述各种装置的防磨原理。

9. 何谓水露点和酸露点？两者之间有什么联系？

10. 低温腐蚀与高温腐蚀有何不同？低温腐蚀的程度受哪些因素影响？为什么说硫酸蒸气和水蒸气在低温受热面上的凝结是发生在一个相当广的范围内？

11. 低温腐蚀对尾部受热面有什么危害？分析说明金属温度对低温腐蚀的影响。

12. 防止或减轻空气预热器的低温腐蚀的措施有哪几种？分别说明各措施的基本原理。

13. 尾部受热面积灰有什么特点？分析准松散性积灰或黏结性积灰与低温腐蚀的关系。

14. 说明管式空气预热器和回转式空气预热器积灰过程的差异，以及相应的减轻积灰的措施。

第十八章　燃煤污染物及控制技术

第一节　煤粉燃烧排放物对环境的污染

煤作为我国的主要一次能源，在电站锅炉、工业锅炉、各种相关工业领域的动力设备以及部分城市居民和广大农村居民的日常生活等能源消耗中占有很大的比例。随着我国经济的发展，对电的需求大幅度地增加，燃煤电站锅炉在燃烧过程中释放出的 CO_2、SO_2、NO_x、粉尘等带来了严重的污染问题。

CO_2 排放产生温室效应，带来的全球气候变暖是近年来世界普遍关注的问题。近 5 年来由于温室效应引起的全球变暖使得地球平均温度上升了 0.2℃，上升速度比以往正常情况提高了 100 倍，预计今后变暖速度还会加快。按此趋势发展下去，将出现气候异常，产生厄尔尼诺、拉尼娜现象，导致严重的自然灾害，对人类生命、健康和财产造成重大损失，后果不堪设想。数十年来，电力行业一直是 CO_2 排放的主要来源。因发电造成的 CO_2 排放占总排放量的 40%，其中 70% 来自燃煤电厂，20% 来自燃气电厂，10% 来自燃油电厂。我国是 CO_2 排放大国，有义务对 CO_2 排放进行严格控制，尤其是对燃煤电站 CO_2 排放的控制，这对解决或缓解全球气候变暖将产生积极的影响。

在稳定的情况下，自然界当中的硫不会产生危害。可是，一旦形成 SO_2 等硫化物并排放至大气中，便会对环境产生严重影响。SO_2 和 SO_3 等气体统称为 SO_x。SO_x 在大气中可停留一周左右的时间，如果在高空遇到水气，可变成硫酸雾，如果遇到雨水降到地面，就会形成酸雨（pH≤5.6），对环境产生严重影响。

酸雨会使土壤的 pH 值下降，改变植物生长所需的接近中性的土壤，使得植物生长缓慢，抗病能力下降，最终导致大面积枯萎死亡。酸雨还会使江河湖泊酸化，影响渔业生产。20 世纪 80 年代，酸雨对西欧各国的农作物就造成每年数十亿美元的损失。酸雨腐蚀桥梁，破坏机械设备，损害工业及民用建筑，威胁文明古迹的保护。

大气中 SO_x 直接影响人体的健康。气态的 SO_2 进入大气以后，主要刺激人的呼吸道而引起疾病。若 SO_2 浓度小于 1×10^{-6}，即使接触一个月影响也不大；如果达到 5×10^{-6}，接触半小时就会有生命危险，引起急性中毒。燃煤电厂作为集中的燃煤大户，降低其 SO_2 排放显得尤为紧迫和重要。对于火电厂，寻找一种投资少、脱硫效率高、技术成熟可靠、运行成本低的脱硫装置是十分必要的。

通常所说的氮氧化物主要包括 NO 和 NO_2，统称 NO_x，是大气的主要污染物之一。NO会与血液中的血红蛋白结合，使血液输氧能力下降，引起缺氧；NO 具有致癌作用，对细胞分裂和遗传信息有不良影响；在大气中，NO 会缓慢氧化成 NO_2，NO_2 是硝酸和亚硝酸的前驱体，会形成酸雨，生成的酸雨和光化学烟雾能引起农作物和森林大面积枯死，腐蚀建筑和设备；在紫外光照射下，NO_2 会与大气中碳氢化合物作用，生成光化学烟雾和臭氧，影响空气能见度；另外 NO_2 进入人体呼吸系统，会导致肺部和支气管疾病，严重的还会造成死亡。鉴于这些危害，各国对 NO_x 排放都作出严格的限制，其中日本新建大型燃气、燃油和燃煤电站的 NO_x 排放限值分别为 60×10^{-6}、130×10^{-6} 和 200×10^{-6}；欧洲新建大型燃气、燃油和燃煤电站的 NO_x 排放限值则分别为 $30\times10^{-6}\sim50\times10^{-6}$、$55\times10^{-6}\sim75\times10^{-6}$ 和 $50\times10^{-6}\sim100\times10^{-6}$。据统计在中国有约 70% 的 NO_x 来自煤的燃烧，如果要对 NO_x 进行有效的控制，燃煤电厂脱硝势在必行。

烟尘是煤燃烧引起的最明显的常见污染物。滚滚浓烟不仅会降低大气的透明度，妨害周围环境卫生，而且在浓烟中含有大量不完全燃烧的炭粒以及许多碳氢化合物，这些碳氢化合物都是由 C、H、S、O 等元素组成的复杂有机化合物。其中有些化合物如苯并芘、苯并蒽等还是致癌物质。因此，高效的除尘装置是电站锅炉必备的组成部分。

我国对 SO_2、NO_x 和粉尘等的排放制订了严格的国家标准。根据 2011 年颁布的 GB 13223—2011《火电厂大气污染物排放标准》，对于火电厂燃煤锅炉二氧化硫、氮氧化物和烟尘等的排放浓度，应不超过表 18-1 所列数值。

表 18-1　　　　电站煤粉锅炉大气污染排放标准（根据 GB 13223—2011）

适用地区	烟尘 (mg/m^3)[①]	二氧化硫 (mg/m^3)[①]		氮氧化物[④] (以 NO_2 计，mg/m^3)[①]	汞及其化合物 (mg/m^3)[①]	烟气黑度 (格林曼黑度，级)
		新建锅炉	现有锅炉			
一般地区[②]	30	100*	200**	100**	0.03	1
重点地区[③]	20	50		100	0.03	1

① 燃煤锅炉污染物的排放浓度，是在标准状况下折算到过量空气系数 $\alpha=1.4$（含氧量 6%）时的计算值。

② 一般地区是指除了重点地区和广西、四川、贵州、重庆之外的地区。

③ 重点地区是指根据环保要求，在国土开发密度较高，环境承载能力较弱（或大气环境容量较小、生态环境脆弱），容易发生严重大气环境污染问题而需要严格控制大气污染排放的地区。

④ 该氮氧化物的浓度除以 2.05 即为以 10^{-6} 计算的浓度值。

* 广西、四川、贵州、重庆地区为 200。

** 对于 W 形火焰炉膛锅炉以及 2003 年 12 月 31 日前建成投产的锅炉，SO_2 和 NO_2 的排放量限制分别是 400 和 200。

第二节　高效除尘技术

一、粉尘的分类

粉尘是指在机械过程和燃烧过程中产生的能较长时间悬浮在空气中的固体颗粒。燃烧过程产生的粉尘又称烟尘。本书中所述的除尘，主要是指除去烟尘。

粉尘的分类方法有多种。按粉尘的颗粒大小分类如下：

（1）可见粉尘：粒径大于 $10\mu m$，用眼睛可以分辨，对人体和环境有害。

（2）显微粉尘：粒径为 $0.25\sim10\mu m$，在普通显微镜下可以分辨，对人体和环境危害大。

（3）超显微粉尘：粒径小于 $0.25\mu m$，在超倍显微镜或电子显微镜下可以分辨，对人体和环境危害更大。

有时将粒径小于 $1\mu m$ 的粉尘称超微米粉尘或亚微米粉尘。

粒径大于 $100\mu m$ 的粉尘易沉降，粒径在 $0.1\sim100\mu m$ 的粉尘是除尘的主要对象，其中 $10\mu m$ 以下的粉尘对人体和环境危害最大，是除尘设备中必须要捕获收集的。

粉尘具有润湿性、黏附性、荷电性、导电性、磨损性等特性。根据粉尘的特性和不同的除尘原理，设计出不同的除尘器。目前，大型燃煤电站锅炉常用的除尘器为电除尘器，国外也有用布袋除尘器的。

二、布袋除尘器

布袋除尘器是含尘气体通过滤袋（也称布袋）滤去其中尘粒的除尘装置。图 18-1 所示为多室布袋除尘器。每个袋房中都装有一定数量的布袋，布袋的上端封闭且与振打机构相连，下端开口用卡箍固定在与壳体相连的开孔的底管板上。

含尘气流从除尘器侧部管道进入，再从底管板的开孔处进入布袋内部。灰尘被黏附在袋面滤层中，洁净气体透过滤层从布袋外表面逸出经排气管排出除尘器。经过一段时间后，布袋内表面捕集的粉尘越来越厚，滤层的阻力就越来越大，当阻力达到一定值时，就需要清除布袋内表面的积尘，称为清灰。

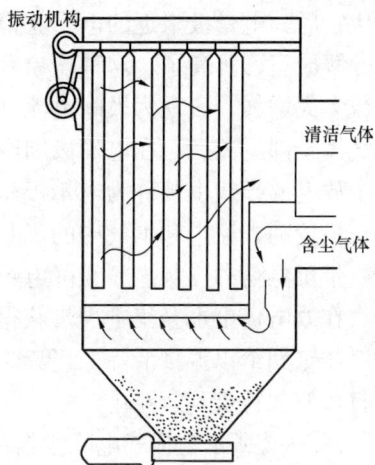

图 18-1　多室布袋除尘器

清灰的方法有机械振动法、反吹风法、脉冲喷吹法等，可根据需要选用。

袋房需要清灰时，先关闭排气阀，用压缩空气经反吹风阀吹入清灰的袋房中。压缩空气从布袋外表面穿过布袋及黏附在布袋内表面的积灰层，布袋内表面的积尘在压缩空气的吹动下脱落到灰斗内。机械振打装置是通过撞击吊装布袋的框架，用来振落布袋内没有清掉的粉尘。灰斗内的粉尘由排尘装置运出。袋房是交替地进行除尘和清灰的。

与其他类型的除尘器相比，它具有以下特点：

（1）除尘效率高。对于微米或亚微米数量级尘粒的除尘效率一般可达 99％，甚至可达 99.9％以上。

（2）处理气体量范围大。根据需要，可设计制造出处理每小时几立方米到几百万立方米烟气量的袋式除尘器。

（3）适应性强。可以捕集多种干性粉尘；不受粉尘比电阻的限制，特别对于高比电阻粉尘，除尘效率比电除尘器高得多；进口含尘气体浓度在相当大的范围内变化，对除尘效率和阻力影响不大。

（4）结构简单，使用灵活，运行稳定可靠，不存在水污染和污泥处理等问题。

布袋除尘器不适于处理黏结性和吸湿性强的含尘气体，特别是当烟气温度低于露点温度时，袋布上会结露，致使袋孔堵塞，破坏袋式除尘器的正常运作。

此外，布袋除尘的滤袋寿命较短，设备投资大，阻力较高。

布袋除尘器的应用主要受滤布的耐高温、耐腐蚀的影响，目前一般滤布的使用温度小于300℃。随着合成纤维滤布的应用和清灰技术的发展，大大扩大了布袋除尘器的应用范围。

三、电除尘器

电除尘器（EP）又称静电除尘器，是利用静电力（库仑力）使尘粒或液体粒子与气体分离的装置。电除尘器按集尘极的形式不同有管式和板式之分。图 18-2 所示为板式电除尘器的原理图。其中间是两端固定的金属导线，作为放电极（电晕极）。放电极接高压直流电源的负极。两边的平板为集尘极，接电源正极。在电场的作用下，气体中的自由离子要向两极移动，且电压越高，电场强度越大，离子运动的速度就越快。由于离子的运动，极间形成了电流。开始时，气体中的自由离子少，电流较小。当电压升高到一定数值（几万伏或十几万伏）后，电晕极附近的电子获得了较高的能量和速度，去撞击气体中的中性原子，中性原子分解成正、负离子，这种现象称为气体电离。气体电离后，由于连锁反应，极间运动的离子数大大增加，表现为极间电流（也称电晕电流）急剧增加，气体便成了导体。电晕极周围的气体全部电离后，在电晕极周围可以看见一圈淡蓝色的光环，这个光环称为电晕。因此，这个放电的导线也被称为电晕极。电晕极周围（电晕区）的负离子和电子在电场力的作用下向正极运动，途中和烟气中的飞灰尘粒互相撞击，并黏附在飞灰尘粒上，飞灰尘粒带电。这样，带负电荷的飞灰尘粒在静电场力的作用下移向正极（集尘极），并在此中和后沉积在上面。在放电极上也会集中少量获得正电荷的灰粒，它会导致放电极线肥大而影响除尘效果，所以需定期给以振打清除。当集尘极上的灰粒达到一定厚度后，将由振打装置进行周期性的振打，使灰粒落到灰斗中。

图 18-3 所示为板式电除尘器的结构。由上述分析可知，电除尘器的集尘主要是利用电晕电场中尘粒荷电后移向异性电极而从气流中分离出来的原理。为此，必须在高电场的作用下，首先要使气体电离，使尘粒荷电，然后荷电尘粒移向集尘电极。

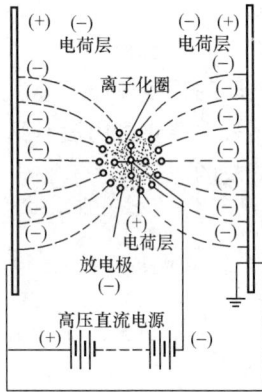

图 18-2 板式电除尘器原理

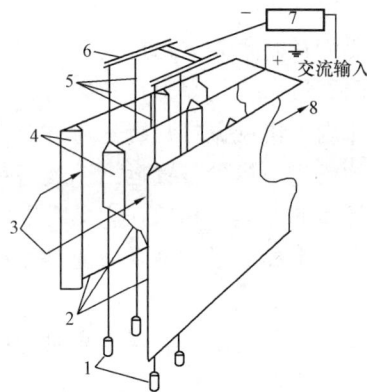

图 18-3 板式电除尘器的结构
1—重锤；2—收尘极板；3—气流入口；4—挡板；
5—放电极；6—高压电缆；7—高压电源；8—气流出口

根据气流的流动方式不同，电除尘器可分为立式和卧式两种，电厂中使用较多的是卧式电除尘器。在卧式电除尘器内，气流水平地通过。在长度方向根据结构及供电要求，通常每隔一定长度（如 3m）划分成单独的电场。对 300MW 机组来说，常用 2 或 3 个电场；对 600MW 的机组，除尘效率要求更高时，可增加至 4 或 5 个电场。电除尘器的适应性强，烟尘处理量大，可处理飞灰粒度为 $0.05 \sim 20 \mu m$，除尘效率基本上不受负荷变化的影响，阻力小，为 $100 \sim 150 Pa$，除尘效率高达 $90\% \sim 99\%$。但它的控制系统复杂，本体设备庞大，一次性投资大，对安装、检修、运行维护的要求高。

电除尘器的除尘效率与灰粒的比电阻有很大关系，如图 18-4 所示。灰粒的比电阻是指面积为 $1cm^2$ 的圆盘将灰粒自然堆至 $1cm$ 高并沿高度方向测得的电阻值，单位为 $\Omega \cdot cm$。烟气中尘粒到达集尘极后，依靠静电力和黏性附着在集尘极上，形成一定厚度的粉尘层。粉尘在集尘板上的附着力与粉尘的比电阻有关。粉尘的比电阻小，说明粉尘的导电性好。若比电阻 $\rho_b \leqslant 10^4 \Omega \cdot cm$ 时，粉尘到达集尘极后会很快放出电荷，并失去极板引力，容易产生二次飞扬。若比电阻 $\rho_b = 10^5 \sim 10^{10} \, \Omega \cdot cm$ 时，由于电性中和以适当的速度进行，能获得较好的除尘效率。当比电阻 $\rho_b > 10^{10} \, \Omega \cdot cm$ 时，粉尘到达集尘极后会很久不能放出电荷，在集尘极表面积聚一层带负电荷的粉尘层。由于同性相斥，随后而来的尘粒驱进速度不断下降。此时在集尘极板上因粉尘层两界面间的电位差逐渐升高而导致绝缘破坏，出现频繁的火花放电现象，除尘效

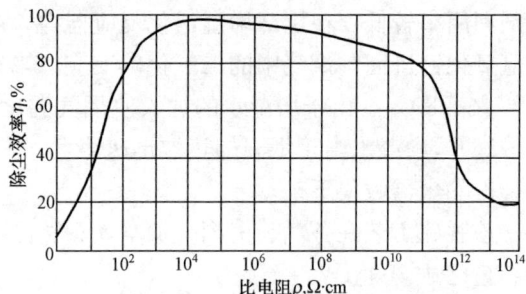

图 18-4 灰的比电阻与除尘效率

率下降。因此，在灰粒的比电阻较大时，为避免反电晕的产生，可在烟气进口处喷入适量的水蒸气或水，灰粒湿度增加，降低其比电阻值，以确保除尘效果。

我国燃煤电厂大多采用静电除尘器，其除尘效率受粉尘比电阻的限制，易产生反电晕及二次扬尘现象，且对微细粉尘（如 PM2.5）捕捉效率低。随着粉尘排放标准的提高，单纯采用电除尘器，已难以满足粉尘排放浓度新标准的要求（浓度为 $20 \sim 30 mg/m^3$）；单纯采用布袋除尘器，虽可满足新的排放标准，但除尘阻力较大。电—袋串联组合式除尘器结合了电除尘器粉尘处理量大和阻力小以及布袋除尘器不受粉尘比电阻影响和能有效控制微细粉尘的优点，除尘效率可达 99.9% 以上。此外，布袋式除尘器还能捕获挥发性重金属、氯化物、硫酸盐等物质。国内已经有在大型锅炉上应用这种组合式除尘器的先例，在除尘系统总阻力不大于 1000Pa 的条件下，使粉尘排放浓度达到不大于 $30 mg/m^3$ 的要求。

第三节 脱 硫 技 术

固体燃料中硫以三种形态存在：有机硫、黄铁矿硫和硫酸盐硫。煤中的含硫量一般为 0.5%～5%，以有机硫和黄铁矿硫形式存在的硫在燃烧过程中全部参加反应，氧化为 SO_2。而硫酸盐则不参与燃烧，往往有一部分留在底灰中，另一部分以飞灰形式排出。

脱硫的形式按脱硫工艺在燃烧过程中所处位置不同，分为燃烧前脱硫、燃烧中脱硫和燃烧后脱硫。目前应用于大型燃煤火力发电厂的脱硫技术主要是燃烧后脱硫。燃烧后脱硫即尾部烟气脱硫，目前应用最为广泛的是石灰石/石膏湿法脱硫，它也是目前唯一可以进行大规模商业运行的脱硫方式，占烟气脱硫 90% 以上。燃烧中脱硫主要用于中小型锅炉，如炉内喷钙和循环流化床锅炉脱硫。

一、燃烧前脱硫

燃烧前脱硫主要是洗煤、煤的气化和液化。洗煤仅能脱去煤中很少一部分硫，只可作为脱硫的一种辅助手段；煤气化和液化脱硫效果好，是解决煤炭作为今后能源进行处理的主要途径，但还需解决许多技术难题。

二、炉内喷钙尾部增湿烟气脱硫

炉内喷钙加尾部烟气增湿活化脱硫工艺是在炉内喷钙脱硫工艺的基础上在锅炉尾部增设了增湿段，以提高脱硫效率。该工艺多以石灰石粉为吸收剂，石灰石粉由气力喷入炉膛 850～1150℃温度区，石灰石受热分解为氧化钙和二氧化碳，氧化钙与烟气中的二氧化硫反应生成亚硫酸钙。由于反应在气固两相之间进行，受到传质过程的影响，反应速度较慢，吸

收剂利用率较低。在尾部增湿活化反应器内，增湿水以雾状喷入，与未反应的氧化钙接触生成氢氧化钙进而与烟气中的二氧化硫反应。当钙硫比控制在 2.0～2.5 时，系统脱硫率可达到 65%～80%。由于增湿水的加入使烟气温度下降，一般控制出口烟气温度高于露点温度10～15℃,增湿水由于烟温加热被迅速蒸发，未反应的吸收剂、反应产物呈干燥态随烟气排出，被除尘器收集下来。

该脱硫工艺在芬兰、美国、加拿大、法国等国家得到应用，采用这一脱硫技术的最大单机容量已达 300MW。

三、循环流化床脱硫

循环流化床烟气脱硫工艺采用循环流化床脱硫塔进行烟气脱硫，在脱硫塔内，烟气中SO₂ 与附着在烟尘及脱硫副产物颗粒表面的脱硫剂石灰浆液发生反应而被脱除，排出脱硫塔的固体物经旋风分离器分离后绝大部分返回脱硫塔进行再循环继续进行脱硫。该工艺在小型电站锅炉中有应用。

四、石灰石/石膏湿法脱硫

石灰石/石膏湿法烟气脱硫采用廉价易得的石灰石（CaCO₃）或石灰（CaO）作脱硫吸收剂，与烟气中的 SO₂ 反应，除去烟气中的氧化硫，并鼓入空气，生成副产品石膏，工艺流程系统如图 18-5 所示。该工艺是最早研究开发应用的烟气脱硫技术，现技术相当成熟，运行可靠，经济性较好，应用最广泛。德、美、日三国 90% 以上的脱硫设备为该湿法脱硫工艺。

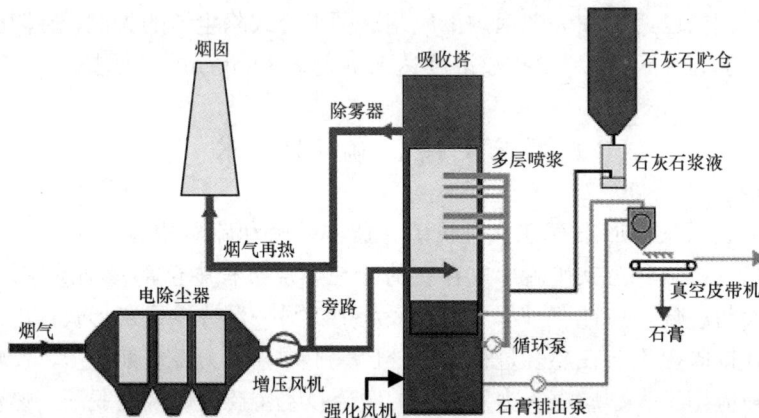

图 18-5 烟气脱硫系统示意

湿式石灰石（CaCO₃）脱硫法有自然氧化和强制氧化之分。当采用自然氧化（不额外鼓入空气）时，脱硫主要反应式为

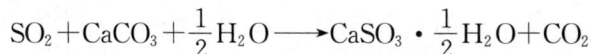

$$SO_2 + CaCO_3 + \frac{1}{2}H_2O \longrightarrow CaSO_3 \cdot \frac{1}{2}H_2O + CO_2$$

脱硫产物 CaSO₃（亚硫酸钙）不稳定，不容易脱水，烟气中少量剩余氧可使部分 CaSO₃ 氧化为 CaSO₄ 形成结晶：

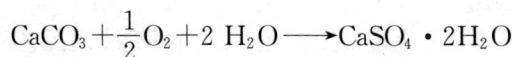

$$CaCO_3 + \frac{1}{2}O_2 + 2H_2O \longrightarrow CaSO_4 \cdot 2H_2O$$

因此，反应最终产物是 $CaSO_3 \cdot \frac{1}{2}H_2O$ 和 $CaSO_4 \cdot 2H_2O$ 的湿态混合物。

当脱硫反应采用强制氧化（鼓入空气）时，脱硫反应为

$$SO_2+CaCO_3+\frac{1}{2}O_2+2H_2O\longrightarrow CaSO_4\cdot2H_2O+CO_2$$

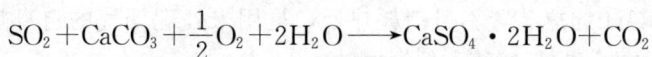

反应生成的二水硫酸钙（二水石膏）晶体，容易脱水回收。故也称石灰石/石膏湿法脱硫。

　　它的工作原理是：将石灰石粉加水制成浆液作为吸收剂泵入吸收塔与烟气充分接触混合，烟气中的二氧化硫与浆液中的碳酸钙以及从塔下部鼓入的空气进行氧化反应生成硫酸钙，硫酸钙达到一定饱和度后，结晶形成二水石膏。经吸收塔液池排出的石膏浆液经浓缩、脱水，使其含水量小于10%，然后用输送机送至石膏贮仓堆放，脱硫后的烟气经过除雾器除去雾滴，再经过换热器加热升温后，由烟囱排入大气。

　　在湿法石灰石脱硫中，吸收剂对SO_2的吸收是一个复杂的气—液多相反应，气体中的SO_2通过扩散过程转入液相，因此对SO_2的吸收实质上是液体中的离子反应。在强制氧化条件下，其反应过程如下，SO_2扩散到液相，被吸收形成H_2SO_3，并离解成H^+和HSO_3^-。其中HSO_3^-被氧化成SO_4^{2-}；浆液中$CaCO_3$在低pH值条件下离解出Ca^{2+}，与离子SO_4^{2-}形成稳定的二水石膏，反应过程如下：

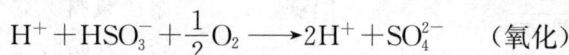

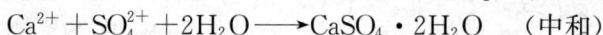

$$SO_2+H_2O\longrightarrow H_2SO_3\longrightarrow H^++HSO_3^-\quad（吸收—离解）$$
$$H^++HSO_3^-+\frac{1}{2}O_2\longrightarrow2H^++SO_4^{2-}\quad（氧化）$$
$$CaCO_3+2H^+\longrightarrow Ca^{2+}+H_2O+CO_2\quad（低pH值下离解）$$
$$Ca^{2+}+SO_4^{2+}+2H_2O\longrightarrow CaSO_4\cdot2H_2O\quad（中和）$$

　　石灰石/石膏湿法脱硫工艺系统主要有：烟气系统、吸收系统、浆液制备系统、石膏脱水系统、排放系统以及热工自控系统。

　　从运行情况看，湿法烟气脱硫特点是气液反应，其脱硫反应速度快，脱硫效率和钙利用率高，通常在Ca/S＝1时，脱硫效率可达90%以上。这种方法适合于大型燃煤电站锅炉的烟气脱硫，但是，湿法烟气脱硫有废水处理问题，其投资比较大，运行费用也较高。

　　该技术特点为：①技术成熟，脱硫效率高（燃煤含硫量为0.7%～2.5%，Ca/S＝1.0～1.5时可达90%～99%的脱硫效率），吸收剂的利用率高，吸收剂的来源广，价格低，副产品可以利用；②适应大容量机组的需要，煤种适应性强；③工艺系统较复杂占地面积大，有废水排放，一次性投资大，运行费用高。我国燃煤发电厂主要应用这种方法进行烟气脱硫。

　　常用的湿法烟气脱硫系统（见图18-5）使烟气温度下降大约50℃，此时烟气的浮力小，若直接排往烟囱，则从烟囱排出时，浮升高度下降，加上烟气出口速度也相应降低，导致随烟气从烟囱排出的残余SO_x、NO_x和粉尘等物质以及水雾不能充分地向外扩散，而散落在烟囱附近地带，这是环保所不允许的。因此，烟气湿法脱硫常配备烟气的换热设备（烟气-烟气换热器，GGH），如图18-6所示。经过GGH后，净化烟气的温度一般加热至不低于

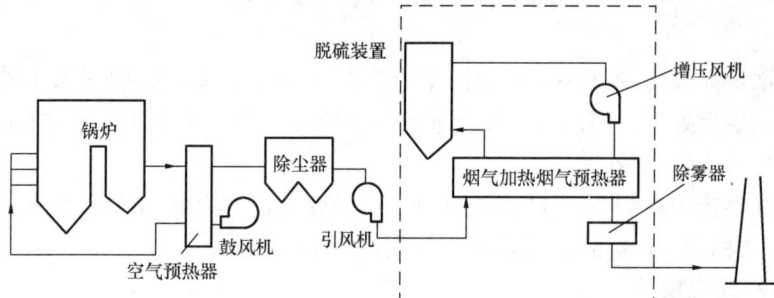

图18-6　湿法烟气脱硫系统及GGH装置

$80\sim100\,℃$。这种 GGH 加热装置不另消耗热量，是用未处理烟气的自身热量来加热已净化的烟气。运行中的主要问题是堵灰和低温腐蚀。

五、干法脱硫

干法脱硫多用于精脱硫，对无机硫和有机硫都有较高的净化度。不同的干法脱硫剂，适用于不同的工作温度区，由此可划分为低温（常温和低于 $100\,℃$）、中温（$100\sim400\,℃$）和高温（高于 $400\,℃$）脱硫剂。

干法脱硫技术与湿法相比具有工艺比较简单，运行费用低、维修方便、烟气无需再热等优点，但存在着钙硫比高、脱硫效率低、副产物不能商品化等缺点。

干法脱硫的反应是气—固相反应，反应速度低，设备庞大，目前还不具备在大型锅炉中应用的条件。

六、旋转喷雾干燥烟气脱硫

喷雾干燥法脱硫工艺（半干法）以消石灰 $[Ca(OH)_2]$ 浆为脱硫吸收剂，石灰经水解消化并加水制成消石灰浆，消石灰浆由泵打入位于吸收塔内的雾化装置，在吸收塔内，被雾化成细小液滴的吸收剂与烟气混合接触，与烟气中的 SO_2 发生化学反应生成 $CaSO_4$。与此同时，吸收剂带入的水分迅速被蒸发而干燥，烟气温度随之降低。脱硫反应产物及未被利用的吸收剂以干燥的颗粒物形式随烟气带出吸收塔，进入除尘器被收

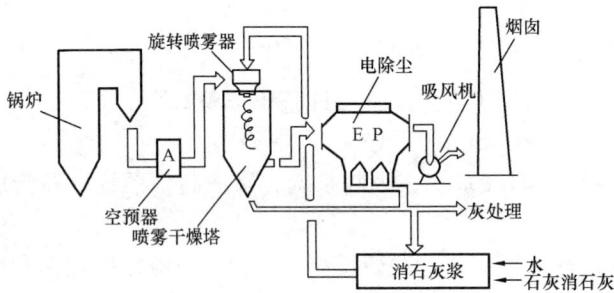

图 18-7 旋转喷雾干燥烟气脱硫

集下来。脱硫后的烟气经除尘器除尘后排放。为了提高脱硫吸收剂的利用率，一般将部分除尘器收集物加入制浆系统进行循环利用。该工艺有两种不同的雾化形式可供选择，一种为旋转喷雾雾化，如图 18-7 所示，另一种为气液两相流。

喷雾干燥法脱硫工艺具有技术成熟、工艺流程较为简单、系统可靠性高、不产生废水等特点。由于喷雾装置的雾化效果佳，气、液两相的接触面积大，脱硫率可达到 90% 以上。该工艺目前应用于小容量机组较多，在垃圾焚烧锅炉烟气脱硫处理中应用特别广泛。脱硫灰渣可用作制砖、筑路，但多为抛弃至灰场或回填废旧矿坑。

第四节 脱 硝 技 术

燃煤电站锅炉氮氧化物（NO_x）的控制方法有几十种之多，归纳起来不外乎是在燃烧前、燃烧中或燃烧后处理。当前有关燃烧前脱氮的研究很少，几乎所有研究和应用都集中在燃烧中和燃烧后对 NO_x 的处理。

国际上把在燃烧中控制 NO_x 的方法称为一次措施，也称为低 NO_x 燃烧技术；把燃烧后控制 NO_x 的方法称为二次措施，又称为烟气脱硝技术。

一、低 NO_x 燃烧技术

低 NO_x 燃烧技术包括低过量空气燃烧、浓淡偏差、空气分级、燃料分级、烟气再循环

和燃尽风等。低 NO_x 燃烧器在第四章中已经作了介绍，本节主要介绍其他低 NO_x 技术。

　　燃料 NO_x 的形成机理复杂，NO_x 的排放量与 HCN、NH_3 这两种中间产物和高温下产生的含氧原子的活化基释放量有很大关系。研究结果表明，HCN 由吡咯型氮和吡啶型氮降解形成，NH_3 部分源于煤热解脱挥发分时含 NH_i 的官能团或季胺型氮的直接热解，部分源于 HCN 和煤的微孔中 H 的二次反应。HCN 可以通过 CN、NCO 等中间产物转化为 NH_i。同时 NH_3 又是 NO_x 的还原剂，能够将 NO_x 还原成稳定的 N_2 分子，但由于 NH_3 与 NO_x 不是在同一阶段生成，接触范围有限，故在 HCN 和 NH_3 复杂的氧化过程中还涉及 NO_x 还原反应。降低氧含量是控制燃料燃烧氧化过程中 NO_x 生成的基本措施，方法有空气分级、浓淡偏差、低氧燃烧等。其中，空气分级和浓淡偏差方法可在燃烧区内形成局部贫氧区和富氧区，并增加煤粉在贫氧区的停留时间，从而可使 NO_x 的生成量降低。

　　1. 燃料分级

　　燃料分级，也称为"再燃"或"炉内 NO_x 还原"，具有较大幅度降低 NO_x 排放量的综合潜力。碳氢燃料、甲烷等可以作为 NO_x 的还原剂。1983 年，再燃技术首次应用到大型锅炉的脱硝过程，并取得了脱硝 50% 的效果。再燃脱硝的原理（见图 18-8）是在燃烧火焰上方喷入另外的碳氢燃料，建立一个富燃料区，利用 NO_x 与烃根 CH_i 和未完全燃烧产物 CO、H_2、C 和 C_nH_m 的反应，使 NO_x 转化为 HCN，并最终得到无害的 N_2。碳氢燃料（二次燃料）可为甲烷、天然气、

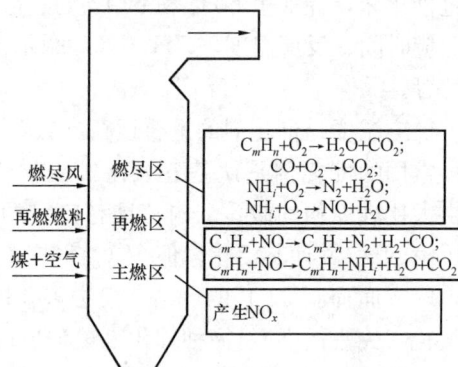

图 18-8　燃料再燃原理示意

高挥发分煤和同一煤种的煤粉等，不含燃料氮的天然气作为二次燃料，能使 NO_x 排放量降低 50% 以上，但其造价昂贵。采用其他燃料时，如同一煤种的煤粉，则需把煤粉磨得更细，否则会因为焦炭未燃尽而增大飞灰含碳量。

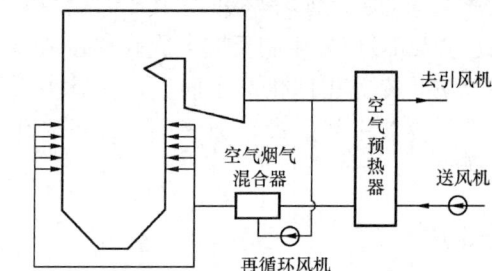

图 18-9　烟气再循环系统示意

　　2. 烟气再循环

　　烟气再循环的原理是将部分低温烟气直接送入炉内，或与空气（一次风或二次风）混合后送入炉内，如图 18-9 所示，因烟气吸热和稀释了氧浓度，使燃烧速度和炉内温度降低，因而 NO_x 生成量减少。一般而言，烟气再循环法对于燃气锅炉，NO_x 排放量降低最为显著，可减少 20%～70%；燃油锅炉可减少 10%～50%，燃煤锅炉则差一些，只降低 10%～15%。而且对燃煤锅炉，烟气再循环会加剧对流受热面的磨损；对于着火困难的燃煤，更受炉温和稳燃性能降低的限制，故很少采用。

　　二、尾部脱硝

　　将烟气中的 NO_x 用还原剂还原成稳定氮分子 N_2 的方法称为烟气脱硝，一般在锅炉尾部的中、低温区域进行。NO_x 的还原剂包括 NH_3、C、CO、H_2 及烃类等物质，在燃煤锅炉脱硝控制中，一般采用 NH_3 作为还原剂。在燃煤锅炉中，采用较多的烟气脱硝技术有选择性催化脱硝（SCR）和选择性非催化脱硝（SNCR）两种。

1. 选择性催化脱硝（SCR）

选择性催化脱硝是一种燃烧后降低 NO_x 生成的技术。选择性催化还原是基于氨（NH_3）和 NO_x 的反应。这种方法一般选择 NH_3 作为还原剂。反应过程如下：

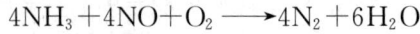

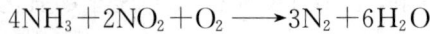

$$4NH_3 + 6NO \longrightarrow 5N_2 + 6H_2O$$

$$8NH_3 + 6NO_2 \longrightarrow 7N_2 + 12H_2O$$

$$4NH_3 + 4NO + O_2 \longrightarrow 4N_2 + 6H_2O$$

$$4NH_3 + 2NO_2 + O_2 \longrightarrow 3N_2 + 6H_2O$$

NO_x 的分解程度取决于催化剂的有效性。

比较典型的方法是将 NH_3 喷到省煤器和空气预热器之间的烟气中。NH_3 和烟气混合物通过催化床，在那里 NH_3 和 NO_x 反应生成气体 N_2 和水蒸气。影响脱 NO_x 程度的主要参数是反应时间、反应温度、NH_3/NO_x 摩尔比、NH_3 在烟气中分布的均匀性和催化剂种类及其活性等。

反应温度是催化剂的重要运行参数，每种催化剂有其最佳的反应温度范围。目前电厂锅炉最常用的催化剂是钛基五氧化二钒催化剂（TiO_2-V_2O_5-WO_3），以锐钛型 TiO_2 为载体，提供大比表面积的微孔结构，具有良好的抗硫性和稳定性。V_2O_5 是主要的催化-活性成分，能吸附 NH_3 并使其活化，但 V_2O_5 同时会促进 SO_2 向 SO_3 转化，故加入 WO_3 作为稳定助剂，一方面抑制 TiO_2 的烧结（失去多孔性），另一方面可减少 SO_2 在 TiO_2 表面的吸附并进而氧化（失去活性），这种催化剂最佳反应温度为 $300 \sim 420℃$，因而，布置在锅炉省煤器与空气预热器之间的烟道中比较合适，如图 18-10 所示。NH_3 则喷入催化剂反应器之前的烟道中（图中未标出）。

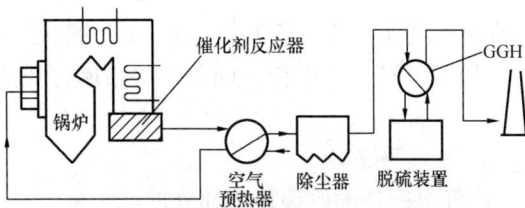

图 18-10   催化剂布置于省煤器与空气预热器之间的脱硝系统

在这种脱硝系统中，脱硝烟气尚未进行除尘和脱硫技术处理，烟气中飞灰和 SO_2 对催化剂的活性和寿命产生不利影响。飞灰会使催化剂堵塞并对其产生磨损，SO_2 会与 NH_3 发生副反应生成硫酸铵或硫酸氢铵并覆盖在催化剂表面上，使其失去活性（称催化剂中毒）和堵塞。副反应化学式如下：

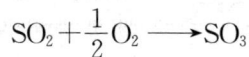

$$SO_2 + \frac{1}{2}O_2 \longrightarrow SO_3$$

$$2NH_3 + SO_3 + H_2O \longrightarrow (NH_4)_2SO_4$$

$$NH_3 + SO_3 + H_2O \longrightarrow NH_4HSO_4$$

所以，在这种脱硝系统中，对催化剂要经常进行清洗，催化剂材料寿命也较短，需要定期更换，运行维护费用较高。

理想状态下，NH_3/NO 摩尔比为 1 时，SCR 的脱硝率可达 $80\% \sim 90\%$，是目前能找到的最好的可以广泛用于 NO_x 治理的技术。实际运行中，由于氨量的控制误差、二次污染等原因，通常只能达 $65\% \sim 80\%$ 的净化效果。锅炉装设 SCR 脱硫设备后，烟气阻力一般约增加 1000Pa。

2. 选择性非催化脱硝（SNCR）

SNCR 是采用 NH_3 作还原剂但不使用催化剂的情况下，将 NO_x 还原成 N_2 和 H_2O 的技术。在没有催化剂时，NH_3 和 NO_x 反应最佳温度是 $900\sim1050℃$。该技术采用机械式喷枪将 NH_3 气或氨基还原剂溶液（如氨水、尿素等）喷入炉内烟温为 $900\sim1050℃$ 的区域（通常为锅炉对流换热区），将 NO_x 进行还原。但喷入炉内的 NH_3 会同时参与还原和氧化两个竞争反应。当温度超过 $1050℃$ 时，NH_3 的氧化反应加快，被氧化成 NO_x 成为主要反应；当温度低于 $1050℃$ 时，NH_3 的还原反应为主反应。

SNCR 也是一项成熟的脱硝技术，与 SCR 技术相比，脱硝效率较低，一般为 $20\%\sim50\%$。对于大容量机组，炉膛尺寸大，增加了在反应温度窗口喷入的 NH_3 与烟气均匀混合的难度，故脱硝效率降低。对于 600MW 机组，SNCR 的脱硝效率一般为 30%，300MW 等级以下的小容量机组，脱硫效率可达 40%。

由于不采用催化剂反应器，SNCR 技术设备简单，也不增加烟气阻力，运行维护费用较低，但还原剂消耗量大，脱硝效率低。

当锅炉的燃烧技术状况组织不佳，炉膛出口的 NO_x 浓度较高，单靠采用 SCR 脱硝技术无法使锅炉的 NO_x 排放量达到排放标准时，有时会采用 SNCR 和 SCR 联合脱硝技术。

第五节　CO_2 减排技术

CO_2 主要是在含碳燃料的燃烧过程中产生的。发电厂 CO_2 的减排可通过提高能源利用效率、CO_2 的分离捕集和 CO_2 的封存利用等几个方面来实现。

一、提高能源利用效率

CO_2 的排放量与能源的利用效率有关，能源效率每提高 1 个百分点，就可以减少大约 2% 的 CO_2 排放量。因此提高能量利用效率和转化效率，既可降低能源生产和利用成本，又可有效降低污染物和 CO_2 排放量，是实现 CO_2 减排最为现实的途径。

1. 煤炭的洗选技术

洗煤可将煤炭的灰分减少 50% 以上，黄铁矿 FeS_2 也大幅度减少，因而使热效率得到提高，从而减少了 CO_2 排放量，是一种改善煤炭能源利用效率的环保低成本手段。煤炭洗选还可大幅度降低 SO_2 排放量。

2. 提高锅炉热效率

提高锅炉热效率的关键是提高燃烧效率、降低排烟热损失。为此，可采用成熟的高效稳燃技术和燃烧技术，良好的配风结构，组织好炉内的空气动力场，以保证燃料的稳定着火、强烈而迅速燃烧，降低飞灰含碳量；采用换热强度高的锅炉尾部受热面，尤其是高效低漏风率的空气预热器，以降低锅炉的排烟温度，加强锅炉运行管理，采用高效吹灰设备，以保持受热面的干净，提高其换热效率；并尽可能减少厂用电耗。

3. 采用高效洁净煤燃烧技术

（1）超临界和超超临界技术。超临界和超超临界参数电厂是由蒸汽温度和压力来定义的。超临界参数电厂的蒸汽温度为 $540℃$ 或更高，而超超临界的蒸汽温度为 $580℃$ 或更高。蒸汽压力为 $24\sim26MPa$，温度为 $570℃$ 的超临界蒸汽循环已经在许多国家商业燃煤电厂中实现。

目前投入运行的效率最高的超超临界参数机组的效率可达 $45\%\sim47\%$，可大大降低

CO_2 的排放量。提高蒸汽初参数，采用二次中间再热能进一步提高循环热效率，进而降低煤耗。多数国家的实践表明，超临界参数机组投资仅比常规亚临界参数机组高出不到 5%，但单位发电量的燃料成本却显著降低，因此发展超临界和超超临界参数机组是实现 CO_2 减排的切实可行的有效途径。

（2）热电联产。热电联产遵循能量梯级利用的原则，高品位热能首先用于发电，中低品位热能以抽汽、排汽方式对外供热。这种系统因减少了冷端损失使其能源利用效率可达到 60% 以上，其煤耗比热电分产减少 20%～35%，CO_2 排放量相应减少。热电联产不仅自身热效率高，而且可以取代效率较低的工业锅炉，进一步降低 CO_2 排放总量。

（3）整体煤气化联合循环（IGCC）。在整体煤气化联合系统中，煤炭并不直接燃烧，而是生成以 H_2 和 CO 为主的粗煤气，粗煤气在清除杂质后送往燃气轮机、蒸汽轮机联合生产动力。整体煤气化联合循环技术能达到较高的发电效率，可以减少多达 95%～99% 的 NO_x 和 SO_x 排放量。随着整体煤气化联合循环技术的发展，未来系统效率有望大幅度提高。

IGCC 的优势在于几乎可以燃用所有的碳基燃料，包括煤、石油焦、渣油、生物质和城市固体废弃物。IGCC 电站实现 CO_2 捕集的成本要低于燃煤蒸汽循环，是一种实现二氧化碳气体减排的重要技术。

二、发展绿色能源

大力发展水力发电、核能发电、太阳能发电、风力发电、非碳基生物能发电等，以减少碳基化石燃料发电的比例，从而减少 CO_2 的排放。

三、化石燃料燃烧过程中 CO_2 的捕集处理

学术界对化石燃料燃烧过程中产生的 CO_2 的捕集处理提出了不少建议，开展了不少研究工作，包括 CO_2 从烟气中的分离。分离后 CO_2 的捕集、利用和填埋、封存、固化等。但一般来说，这种处理能量耗费巨大，技术经济性差。某些小规模的 CO_2 利用表现出有一定吸引力，如 CO_2 注入油田或煤层，用于原油或煤层开采、用氨吸收烟气中的 CO_2 生成化肥碳酸氢铵等。

四、发展可再生低碳生物质燃料发电技术

可作为可再生资源的生物质燃料，种类繁多，包括：有机固体废弃物，如城市生活垃圾；农业副产品，如各类秸秆（麦秆、玉米秆、稻秆、稻壳、棉花秆等）；林业砍伐和木材加工的边角料和废弃物，如树枝、树皮、木块、木屑等；某些工业生产的废弃物，如糖厂的甘蔗渣、生物质汽油提炼和酒厂生产的酒糟、造纸业的造纸废渣、污水处理厂的污泥等。生物质燃料的共同特点是含碳量较低、用其替代燃煤发电可以减少 CO_2 的排放。对于不同种类的生物质燃料，需要采用不同形式的燃烧设备，但主要是层燃和流化床两种燃烧形式。

1. 生物质燃烧锅炉

农作物秸秆（麦秆、玉米秆、稻秆等）是农业生产的副产品，是生物质能源的一个重要来源。我国年产农作物秸秆约 6.2 亿 t，资源拥有量居世界首位。农作物秸秆是可再生资源，具有取之不尽的优势。就世界范围而言，生物质能是继煤炭、石油、天然气之后的第四大能源。

生物质种类繁多，本节主要以农作物秸秆作为能源发电进行介绍。农作物秸秆是低碳（燃烧后 CO_2 排放量低）、低硫、低氮、低灰分和高挥发分的燃料，秸秆燃烧后产生的热量不低，低位发热量 $Q_{net,ar}$ 一般在 13～14MJ/h 之间，因此具有着火温度低、容易点燃、升温速度快、燃烧时间短等特点，若无组织在田间焚烧，不仅浪费资源，也会造成大气污染；作为发电厂的燃料，替代煤炭发电，不仅可节约部分煤炭，解决田间焚烧造成的大气污染，也可减少温室气体和污染物的排放，符合节能减排和经济可持续发展战略的要求。

当采用生物质作为发电厂燃料时，应注意生物质燃料的另一特点，即容易造成受热面结渣和积灰以及可能造成的高温腐蚀。因为多数生物质燃料含有氯元素和碱金属盐，特别是氯化钾含量较多。此外，生物质含 SiO_2 也较多。碱金属熔点低，灰中 SiO_2 还会生成低熔共晶体，容易造成受热面结渣和积灰。钾和钾化物在炉内高温状态下处于气态，其凝结温度为 $700\sim730℃$。当它接触到壁温低于 $700℃$ 的受热面时，就会在受热面上发生凝结，以黏稠的熔融状态黏附在上面，并捕获烟气中其他成分的固体灰粒造成灰分沉积。在对流受热面烟道，积灰容易造成通道堵塞；高温受热面的积灰还会引发受热面的高温腐蚀（详见第十六章）。

图 18-11 所示为专为燃用生物质燃料设计的锅炉。燃烧设备为倾斜水冷振动式炉排。这种燃烧设备有利于防止低灰熔点的秸秆燃烧时在炉排面上的结渣。

秸秆燃料被加工成一定尺寸后送到炉前的进料斗（图 18-11 中未示出），经给料装置（图 18-11 中未示出）送入炉内的水冷炉排面 2 上，秸秆燃料在倾斜炉排的振动下不断向炉后翻滚、燃烧，直至燃尽。燃烧产生的灰渣从排渣口排出，燃烧所产生的烟气在炉膛缩腰部位与高速二次风混合，然后流经烟气第 1 回程（燃烧室）、第 2 回程（冷却室）和在其中布置中、低温过热器的第 3 回程（对流烟道），然后进入尾部烟道，在加热省煤器和空气预热器之后送去进行烟气净化处理。

生物质燃料锅炉的烟气共有四个回程，在前三个回程（炉膛、冷却室和对流烟道）中，四周壁面均采用水冷壁的膜式结构。在第 1 和第 2 回程中，由于烟气温度较高，灰中钾、钠等成分均处于气相发挥状态，故不布置对流受热面，但可以布置屏式受热面。对于屏片距离较大的屏式受热面而言，虽然在受热面上会发生钾、钠成分的凝结和低灰熔点成分的黏附，但不至于形成灰分搭桥以阻碍烟气的流通。经第 1 和第 2 回程后，烟气已经冷却到 $600\sim650℃$。在这个温度下，钾、钠等成分已经完成其从气相到固相的凝结过程，此时和排列紧密的对流受热面接触也不致造成严重的灰分沉积。因此，在对流烟道内可布置对流式中、低温过热器。

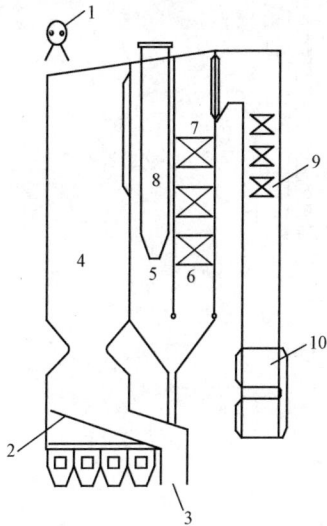

图 18-11 生物质燃料锅炉

1—汽包；2—倾斜水冷振动炉排；3—排渣口；4—燃烧室；5—冷却室；6—对流烟道；7—中、低温过热器；8—屏式（高温）过热器；9—尾部烟道（省煤器）；10—空气预热器

生物质燃料锅炉的蒸汽一般采用高压（9.8MPa）、高温（540℃）的参数，与低、中参数相比可提高热力循环的效率。考虑到秸秆燃烧产生的少量 HCl，Cl 离子和灰中较多的钾、钠盐类对高温受热面的腐蚀作用，过温过热器和屏式过热器应采用含 Cr、Ni 较多的抗高温、耐腐蚀的材料（如 SA213-TP347H 不锈钢）制造。

2. 垃圾焚烧锅炉

城市生活垃圾的处理是世界许多国家曾经面临或正在面临的难题。当前处理垃圾的方法主要有堆肥、填埋和焚烧。由于垃圾中存在许多有害物质，采用堆肥的处理方法已越来越少；填埋处理法占用大量城市周边土地，也造成填埋区域的污染；垃圾焚烧并用于产生蒸汽以供发电是城市生活垃圾减量化、无害化和资源化处理的较好技术。垃圾焚烧后需要处理的固态废物量可减少 $80\%\sim90\%$，在排放烟气中垃圾的有害物质和臭气基本上已被去除。所以，焚烧是世界各先进国家处理垃圾的主要方法。我国在垃圾焚烧发电方面起步较晚，但近年来发展十分迅速，数以百计的垃圾焚烧发电厂已在全国各地建立起来。

我国城市生活垃圾一般没有经过预先分拣，尺寸不均，成分复杂，含水量和含灰量高，热值低，低位发热量一般在 $Q_{net,ar}=4000\sim5000kJ/kg$ 之间，比较适合以层燃或循环流化床的燃烧方式进行焚烧处理。

城市生活垃圾含有许多有害成分，如塑料、二噁英、汞和其他重金属以及硫化物（SO_x）、氯化氢（HCl）、氟化氢（HF）等有害气体，应在垃圾焚烧过程中或烟气净化处理时彻底地去除干净。烟气中含量较多的 HCl 和 SO_x 的存在是导致锅炉受热面发生高、低温腐蚀的主要原因。

图 18-12 所示为一台焚烧垃圾的锅炉纵剖面。燃烧设备为倾斜逆推和水平顺推往复式炉排。生活垃圾由专用车辆运送到电厂，经称重计量后卸入处于负压状态的垃圾储坑（图中未

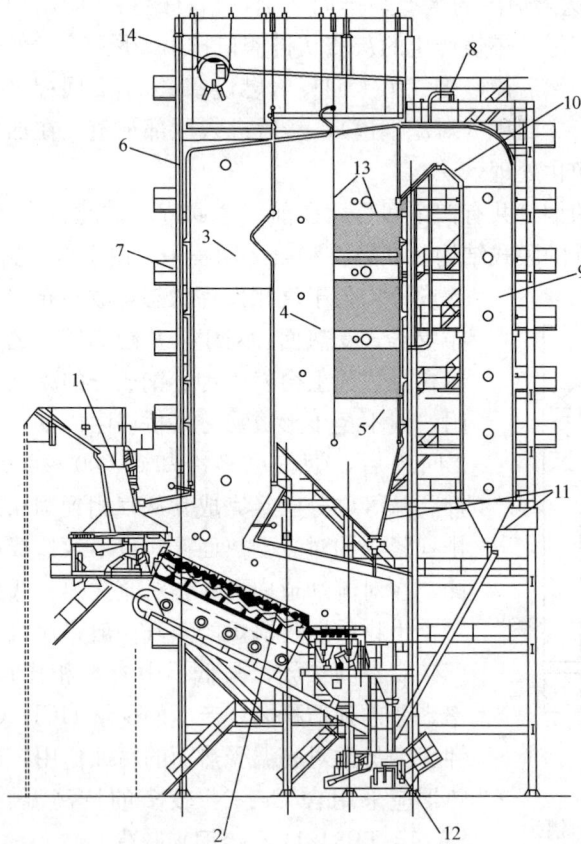

图 18-12 垃圾焚烧锅炉

1—进料斗；2—逆—顺推复合式炉排；3—炉膛；4—冷却室；5—对流烟道；6—锅炉钢架；7—平台；8—过热器出口集箱；9—尾部竖井；10—连接烟道；11—小灰斗；12—出渣机；13—过热器；14—汽包

示出）。

在储坑内垃圾经堆放厌氧发酵（可产生甲烷）后被抓斗吊车送入锅炉进料斗 1，进料斗下方的给料装置将之推送到倾斜炉排 2 上，垃圾在沿倾斜炉排下落过程中发生翻滚、搅拌，有利于垃圾的均匀受热，在炉内辐射热和一次风吹烘的加热下，垃圾在炉排上依次经过干燥、着火、燃烧等阶段，并最终在水平顺推炉排上燃尽，剩余灰渣经出渣机排至炉外，经除铁后送至灰渣储坑。

燃烧空气由风机从垃圾储坑上方空间抽取，将被污染带有恶臭的空气送入炉内作燃烧空气，其自身也在炉内进行高温除臭处理。这种空气供给系统可维持垃圾储坑的负压状态，避免其外逸污染周围环境。

垃圾燃烧后产生的烟气离开炉排，在炉膛的炉拱部位与从前、后墙上设置的二次风喷嘴喷出的高速二次风发生强烈的搅拌混合并产生旋涡，可强化可燃气体的燃烧，并延长烟气在炉膛（烟气第一回程）的停留时间，使烟气在炉内高温区（850℃ 或更高）的停留时间不少于 2s，以便二噁英完全分解。在炉膛下部，膜式水冷壁受热面一般用耐火材料覆盖形成相当高的卫燃带，以保持第一回程烟气温度不低于 850℃。垃圾焚烧炉在烟气第一回程和第二回程（冷却室）中均不布置对流或屏式受热面，以防发生高温腐蚀。垃圾焚烧炉的过热器一般为对流式，布置在温度低于 600～650℃ 的烟气第 3 回程（对流烟道）中，一方面是为避免过热器壁温太高造成高温腐蚀；另一方面可以减少对流受热面发生灰分搭桥，阻碍烟气的流通，因为垃圾中低灰熔点的钾、钠等成分在此温度时已经完成其从气相到固相的凝结过程，不会再在低温对流受热面上发生沉积。在烟气第 2 和第 3 回程的四周也布置有膜式水冷壁，以冷却烟气，使进入对流受热面的烟气温度降低到 600～650℃。烟气第 4 回程为尾部（竖井）烟道，在其中一般布置省煤器，若锅炉设置烟气—空气预热器，也布置在这一通道内。垃圾焚烧炉因烟气带有腐蚀性物质，空气预热器多采用蒸汽加热式或蒸汽加热（第一级）与烟气加热（第二级）相结合的形式。

垃圾焚烧锅炉多采用中压（$p = 4.0$MPa）自然循环方式，过热蒸汽温度一般为 395℃，过热器布置在 600～650℃ 以下的对流烟道内时，其壁温一般不会超过 450℃，所遭受的 HCl 腐蚀速率尚属轻微。超过此温度后，腐蚀速率明显加快。当壁温超过 500℃ 时，腐蚀严重。

在垃圾焚烧锅炉中，给水进入省煤器（布置在烟气第 4 回程 9 中）加热后送入汽包，锅炉水通过下降管（图中未示出）从汽包送到置于锅炉下部四周的水冷壁下集箱，然后分配给烟气第 1、第 2 和第 3 回程的四周水冷壁，在水冷壁内吸收各回程烟气的辐射热（在烟气第 3 回程中还吸收对流热）而产生蒸汽，从水冷壁出来的汽水混合物经导管回送至汽包，并在其中进行汽水分离后，蒸汽被送至过热器加热成过热蒸汽，再经过热器出口集箱送至汽轮机。汽水分离后的锅炉水与来自省煤器的给水一道经下降管进入下一个循环。

3. 垃圾焚烧炉烟气的净化

垃圾焚烧产生的烟气含有多种有害物质，在排放前需对其进行净化处理，以满足 GB 18485—2001《生活垃圾焚烧污染控制标准》的要求。

生活垃圾焚烧烟气所含的污染物大致可分为四类：①剧毒二噁英类卤族化合物；②酸性气体，主要有 SO_2、HCl、HF、NO_x 等；③有毒重金属，如 Hg、Pb、Cd、As、Cr 等；④粉尘、煤烟等颗粒物。本节将对垃圾焚烧污染物的净化与控制进行简要阐述。

（1）二噁英（$PCDD_s$、$PCDF_s$ 等）。二噁英实际上是化学结构和性质相似的同类物或异构体化合物的总称。其中少数种类毒性很强，是氰化钾毒性的 1000 倍以上，被国际癌症研究中心列为人类一级致癌物质；此外，还会提升人类糖尿病发生率和造成人体其他破坏。

生活垃圾焚烧过程中二噁英的生成机理相当复杂，大致可归结为：①生活垃圾本身含有二噁英。②由含氯前驱体生成二噁英。这些前驱体包括含氯塑料（聚氯乙烯、聚氯树脂等）、多氯联苯、石油产品等，在燃烧过程中通过分子重新排列、自由基缩合或与其他分子反应生成二噁英。③在炉内高温下，已分解的二噁英在烟气冷却过程中，特别是在 200～400℃ 区间内，在 HCl、$CuCl_2$ 和其他物质作为触媒（特别是铜等重金属）的催化下重新合成二噁英。

为控制烟气中二噁英的排放，应采取以下措施：①对垃圾进行分类收集或预先分拣，避免含二噁英物质、含有机氯高的废弃物（医疗废物、电子废物、塑料、农用地膜等）和含 Cu 化工产品进入垃圾焚烧炉。②按"3T＋E"原则组织炉内燃烧，即保持炉内 6%～11% 的 O_2 浓度，具有高湍流度的高温（850℃ 以上）烟气在炉内的停留时间不少于 2s，使二噁英得以全部分解。当生活垃圾中含氯有机物超过 1% 时，炉内烟气应在 1100℃ 的温度下停留不少于 2 秒的时间。③减少烟气冷却过程中二噁英的再合成，其低温再合成的最佳温度为 200～400℃。锅炉设计时，应减少烟气在这个温度区间的停留时间；锅炉运行时及时吹灰，减少飞灰在受热面上的沉积，从而减少吸附在飞灰表面上的铜、铁等化合物对前驱体的催化作用；除尘器入口温度应控制在 200℃ 以下。④采用加活性炭粉末与配备布袋除尘器来提高对粉尘、金属颗粒、未燃尽炭和二噁英的捕集效率。对于垃圾焚烧炉，静电除尘器被认为具有促进二噁英生成的环境，一般不推荐采用。

（2）酸性气体。垃圾焚烧产生的酸性气体，除 NO_x 外主要有 SO_x、HCl 和 HF 等。这些酸性气体的脱除方法有湿法、干法和半干法。湿法脱酸工艺与煤粉锅炉湿法脱硫相似，需要一个洗气吸收塔，以 $CaCO_3$（石灰石）为脱酸吸收剂。该工艺的最大优点是酸的脱除效率高（90% 以上），但用水量大，有大量污水排出，若处理不好会造成二次污染；干法脱酸是用压缩空气将碱性粉末（石灰 CaO 或碳酸氢钠 $NaHCO_3$）直接喷入烟道（或烟道中的反应器）内，使其与酸性气体发生气固两相反应。其优点是设备简单，不用水，无二次污染，但气固两相反应效率低，酸脱除效率为 60%～70%；半干法脱酸也需要一个洗气吸收塔，它实际上是一个喷雾干燥塔，利用高效雾化器将作为酸吸收剂的消石灰 $Ca(OH)_2$ 喷入喷雾干燥塔中，与烟气同向或逆向流动，并充分接触，产生酸碱中和反应。由于喷雾效果佳，气、液两相接触面积大，酸脱除效率可达 90% 以上。石灰浆中的水分在干燥塔内完全蒸发，既可有效降低烟气温度，又不致产生废水，反应的固态产物以干态从吸收塔中排出。这种系统的关键设备是雾化效果良好的雾化器。当喷雾干燥塔与布袋除尘器组合使用时，利用布袋表面的二次反应，可提高酸性气体的脱除效率（HCl 达 98%，SO_2 达 90% 以上），是垃圾焚烧炉的主流脱酸-除尘设备。

在喷雾干燥塔中，消石灰与酸性气体发生如下化学反应：

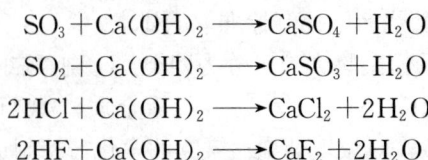

$$SO_3 + Ca(OH)_2 \longrightarrow CaSO_4 + H_2O$$
$$SO_2 + Ca(OH)_2 \longrightarrow CaSO_3 + H_2O$$
$$2HCl + Ca(OH)_2 \longrightarrow CaCl_2 + 2H_2O$$
$$2HF + Ca(OH)_2 \longrightarrow CaF_2 + 2H_2O$$

水分随烟气加热而蒸发；反应固态产物从干燥塔底部排出或在布袋除尘器中被截获。

（3）粉尘、重金属等颗粒物。垃圾焚烧炉烟气中的粉尘，也称为飞灰。主要为无机物，如灰分、无机盐类、可凝气体污染物和有害重金属等。垃圾焚烧产生的飞灰由于吸附作用较强，重金属、二噁英等污染物含量较高，属危险废物，一般用布袋除尘器加以捕集除去。考虑到布袋除尘器对 $1\mu m$ 以下超细粉尘的捕获效率不理想以及烟气中还可能携带二噁英，同时，也为更有效地除去重金属，在布袋除尘器前的烟道中喷入活性炭粉末。后者是多孔介质，比表面积大，具有很强的吸附能力。活性炭的加入，可以吸收烟气中的二噁英、Hg 和其他重金属、未燃尽炭、超细飞灰粉尘等，然后在布袋除尘器中被拦截下来，对提高除尘效率，减少二噁英和重金属的排放效果明显。

现在已建成的垃圾焚烧发电厂，大多采用"半干法除酸＋活性炭喷射＋布袋除尘器"工艺组合对烟气进行净化处理，其烟气流程如图 18-13 所示。

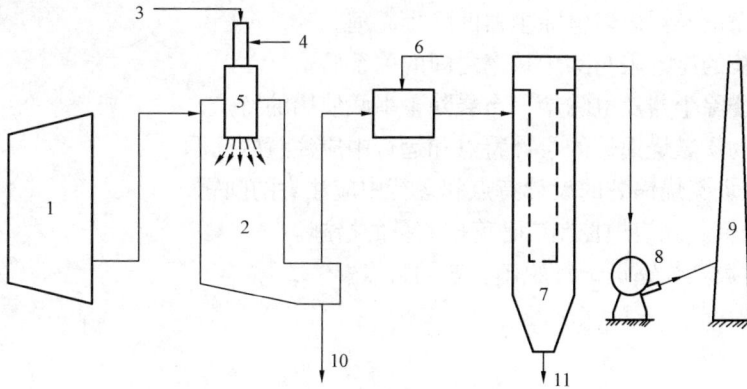

图 18-13　垃圾焚烧炉烟气净化系统
1—锅炉；2—半干法脱酸塔；3—消石灰浆液；4—冷却水；5—雾化器；6—活性炭粉末；7—布袋除尘器；8—引风机；9—烟囱；10—脱酸废物；11—重金属、飞灰及其所含污染物

（4）氮氧化物。垃圾焚烧炉一般采用将烟气脱硝装置（SCR）布置在脱酸和除尘工艺之后的脱硝系统，如图 18-14 所示。经过脱酸和除尘之后，烟气中所含 SO_2 和粉尘量都很少（SO_2 小于 $80mg/m^3$，粉尘 $20mg/m^3$），对脱硝催化剂的危害已经明显减轻。但由于进入脱硝装置的烟气温度较低（对于采用半干法脱酸法的垃圾焚烧炉，布袋除尘器的出口的烟气温度，一般在 $140\sim150℃$ 之间），不能满足催化剂最佳反应温度的要求，应采取加装换热器(如烟气—烟气换热器，GGH，蒸汽—烟气换热器，SGH 或燃烧燃料，如燃油）的方法将烟气加热到有利于反应进行的温度。加热器的级数取决于催化剂进行反应所要求的温度。图 18-14 所示的脱硝系统采用两级加热器（GGH 和 SGH），适宜用于反应温度为 $200\sim$

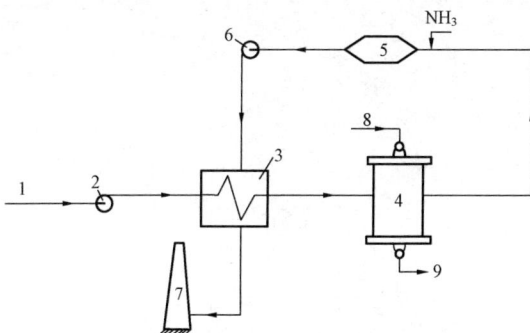

图 18-14　垃圾焚烧炉脱硝系统示意
1—脱酸除尘后的烟气；2—引风机；3—气—气换热器（GGH）；4—蒸汽—烟气换热器（SGH）；5—SCR 脱硝；6—增压风机；7—烟囱；8—加热用中压过热蒸汽；9—疏水

250℃的催化剂；若采用电厂常用的钛型 V_2O_5 催化剂，其最佳反应温度为 300～400℃，则除采用 GGH 和 SGH 外，还要附加燃油（或天然气）燃烧作为第三级加热器。

复 习 思 考 题

1. CO_2 有哪些危害？有哪些减排方法？
2. 湿法脱硫的原理是什么？简述湿法脱硫的特点。
3. 说明旋转喷雾干燥烟气脱硫的工作原理及特点。
4. 分析影响 NO_x 生成的因素，简述降低 NO_x 排放的方法。
5. 何谓脱硝技术？分析选择性烟气脱硝技术的工作原理。
6. 什么叫做电晕？简述电除尘器的除尘原理。
7. 简述灰粒的比电阻与除尘效率之间的关系。
8. 简述布袋除尘器及电除尘—布袋除尘串联使用的特点。
9. 分析生物质燃烧锅炉的设计特点和运行中应注意的问题。
10. 分析垃圾焚烧锅炉的设计特点和运行中应注意的问题。
11. 简述垃圾焚烧锅炉控制二噁英排放量的措施。
12. 分析垃圾焚烧锅炉烟气脱硝工艺的特点。

第六篇 锅 炉 运 行

第十九章 锅 炉 运 行

第一节 锅炉静态特性

锅炉运行的主要任务是要在保持长期安全和经济运行的前提下满足负荷要求。不论在工业生产还是在发电厂中,锅炉的蒸汽负荷都是经常变动的,即使发电厂担任基本负荷的机组,它的负荷也会有些变动,担任调峰负荷的机组,波动情况更为剧烈。

为了适应外界负荷的变动,在锅炉运行中就要采取一定的措施,如改变燃料量、空气量以及给水等。从锅炉运行的角度来看,蒸汽负荷的变动是一种来自外界的扰动,或称外扰。此外,即使没有蒸汽负荷的变动,锅炉工况也不是一成不变的。例如燃料量、燃料水分、受热面积灰等的变动也会影响锅炉的工作。这类变化是由锅炉设备本身引起的,故称为内扰。锅炉的工况经常受外扰和内扰而发生变化,任何工况的变动都将引起某些指标和参数的变化,如汽压、汽温和效率等。因此在工况改变时,运行人员或自动调节系统就要及时进行调整,以使各种指标和参数均在一定的限度内变动。

锅炉装置装有许多仪表,能随时指示各种参数,运行人员可根据仪表的指示和锅炉运行特性,进行全面分析,以作出正确判断和及时的调整。装有自动控制设备时,运行操作可由自动控制设备来完成。不论人工调节或自动调节,都必须正确理解锅炉的运行特性。锅炉运行特性包括静态和动态特性两个方面。当锅炉工作遇到扰动时,某些方面受到影响,引起参数的变化,但是变化方向和变动幅度如何,这类问题属于锅炉静态特性范畴。至于在变化过程中参数的变动速度和波折,也就是参数变量和时间之间的关系,则属于动态特性的问题。

锅炉的静态特性和动态特性,与锅炉的类型、容量、燃料种类以及运行方式等都有关系,很多科研工作者对此进行了大量的工作,获得了丰富的研究结果。本节仅对几个常见条件改变时锅炉的静态特性进行简单分析。

一、燃料量变动的影响

1. 炉内辐射传热特性

燃料量变动是锅炉运行中遇到的最常见情况。当送入炉膛的燃料量发生变化时,炉膛内的温度和燃料在炉内逗留的时间均将发生变化,并对燃烧效率产生影响。当锅炉负荷很高或过低时,炉内温度和燃料逗留时间变化的综合效果将使燃烧效率降低很多,尤其在燃用低挥发分煤时,燃烧损失增大。

燃料量变化时,炉膛出口烟气温度亦将改变。当燃料量变化不大时,炉膛出口烟温 T''_f 的变化由下式[见式(9-67)]作定性分析:

$$T''_f = \frac{T_{th}}{1 + M\left(\frac{\varepsilon_f^{syn}}{Bo}\right)^{0.6}} = \frac{T_{th}}{1 + M\left(\varepsilon_f^{syn}\frac{\sigma_0\psi FT_{th}^3}{\varphi B \overline{VC_{av}}}\right)^{0.6}} \tag{19-1}$$

对于具体的锅炉，如果只是燃料量有较小的变动，而其他条件不变，则上式中只有一个自变量 B 和一个因变量 T''_f，其余参数可近似当做常数。这样，随着燃料量 B 的增加，炉膛出口烟温 T''_f 升高。当理论燃烧温度 T_{th} 不变而炉膛出口温度 T''_f 升高时，炉内的平均温度水平也升高，又将增大炉内的辐射传热。

在计算出炉膛出口烟温后，就可算出单位燃料的炉膛出口烟气焓 I''_f。单位燃料量在炉内的辐射放热量 Q_f 为

$$Q_f = \varphi(Q_{th} - I''_f) \tag{19-2}$$

由此可知，当燃料量 B 增大时，炉膛出口烟温 T''_f 升高，炉膛出口烟焓 I''_f 也相应增大，但随同单位燃料量送入炉膛的热量 Q_{th} 未变，故单位燃料量在炉内的辐射热量 Q_f 减小了。

2. 对流传热特性

燃料量改变后，离开炉膛进入对流传热区的烟气流量和烟温均将改变，对流区各处的烟速、烟温和传热量也有改变。由前面所述可知，当增大燃料量，炉膛出口烟温和烟气量均增大，必然会增大对流受热面的总传热量。

单位燃料量的对流传热计算式为

$$Q_c = \frac{KH\Delta t}{B} \tag{19-3}$$

$$K = \psi(\alpha_c + \alpha_r)$$

式中　　K——传热系数，是由对流放热系数 α_c 和辐射传热系数 α_r 组成；

　　　　H——对流传热面面积，m^2；

　　　　Δt——传热温压(可看做是烟气平均温度 ϑ 与工质平均温度 t 之差，即 $\Delta t \approx \vartheta - t$)，℃。

当燃料量 B 增大时，放热系数 α_c 和 α_r 的相对增大和传热温压 Δt 的相对增高，一般都超过燃料量本身的相对增加，因此使单位燃料的对流传热量增大。

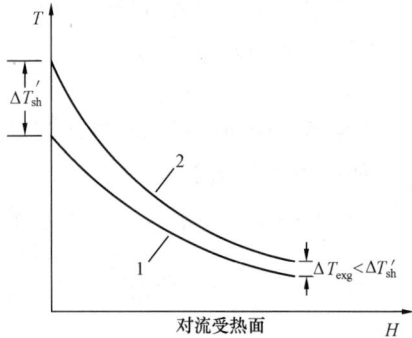

图 19-1　燃料量变化时对流区烟温的变化
1—燃料量为 B；2—燃料量为 $B+\Delta B$

如果从以对流传热为主的高温过热器开始分析，燃料量一定时，沿烟气行程的烟气温度是逐渐降低的，从高温过热器进口烟温 T'_{sh} 降至排烟温度 T_{exg}，如图 19-1 中的曲线 1 所示。这时如果燃料量有一增量 ΔB，高温过热器进口烟温将升高，升高值为 $\Delta T'_{sh}$，但沿烟气行程的烟温升高值 ΔT 越来越小，而排烟温度的升高值 ΔT_{exg} 最小。如图 19-1 中的曲线 2 所示，即高温过热器进口烟温的升高值 $\Delta T'_{sh}$ 大于排烟温度的增大值 ΔT_{exg}。

从对流区的热平衡来看，如略去漏风的影响，当燃料量为 B 时，单位燃料量的对流放热量 Q_B 为

$$Q_B = \varphi(I'_{sh} - I_{exg}) \tag{19-4}$$

或

$$Q_B = \varphi\overline{VC}(T'_{sh} - T_{exg}) \tag{19-5}$$

当燃料量为 $(B+\Delta B)$ 时，单位燃料量的对流放热量为 $Q_{(B+\Delta B)}$，其计算式为

$$Q_{(B+\Delta B)} \approx \varphi\overline{VC}[(T'_{sh} + \Delta T'_{sh}) - (T_{exg} + \Delta T_{exg})] \tag{19-6}$$

上三式中　I'_{sh}、I_{exg}——高温过热器进口和排烟的烟气焓；

　　　　　$\overline{VC}$——由高温过热器进口至排烟计算的烟气平均比热容。

将式（19-5）与式（19-6）进行对比，由于 $\Delta T'_{sh} > \Delta T_{exg}$，故 $Q_{(B+\Delta B)} > Q_B$。这说明，单位燃料量在对流区的放热量增大。实际上，当燃料量变动不大时，锅炉的效率可假定不变，这时，燃料量 B 和锅炉的蒸发量 D 成正比。这样，当燃料量增大时，单位燃料量的对流放热增大，也就说明提高负荷时，单位工质在对流区中的吸热量增多。这就是通常所说的锅炉对流传热特性。

对于大型电站锅炉，炉膛出口处经常布置一些屏式受热面，它们通过辐射方式和对流方式所吸收的热量大致相当，因而燃料量发生变化时，单位工质的吸热量变化反而不很明显。

二、过量空气系数改变的影响

第八章已经说明：炉膛内的过量空气系数有一最佳值，这时，各种损失的总和最小而锅炉的效率最高。当过量空气系数偏离最佳值时，锅炉效率将降低。

炉内过量空气系数是指炉膛出口处的过量空气系数，并以符号 α''_f 表示。当空气量增多时，所生成的烟气的热容 $\overline{VC}$ 增大，因而绝热燃烧温度 T_{th} 降低；空气量增多还会使炉膛黑度减小，并使火焰中心位置升高。所有这些均影响炉内的辐射传热。绝热燃烧温度降低，将使炉膛出口烟温降低，但炉内辐射传热的减少又会使炉膛出口烟温升高，一般情况下，少量的过量空气增加，对炉膛出口烟温的影响不大。

当炉内过量空气系数 α''_f 增大时，燃烧生成的烟气量增多，烟气在对流区中的温降减小，使排烟温度 ϑ_{st} 升高，烟气量的增多和排烟温度的升高，将使排烟热损失 q_2 增大（见图 19-2）。在一定范围内过量空气的增多有利于燃烧，使未燃尽损失 q_3 和 q_4 有所减小。锅炉效率是各种损失的总结果，当 α''_f 变动不大时，锅炉效率 η 可能略有升降或近于不变，但当 α''_f 过大时，锅炉效率必将显著降低。

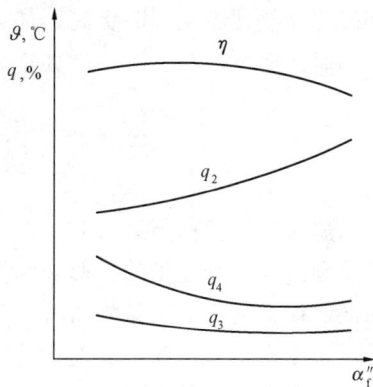

图 19-2 炉内过量空气系数 α''_f 同各种损失和锅炉效率 η 的关系

同增大燃料量时一样，加大炉内过量空气系数，会减小炉内单位辐射传热量而增大单位对流传热量，所有对流受热面工质的焓增均增加。

三、其他变动的影响

1. 燃料水分

燃料成分的变化对锅炉工作有各种不同的影响。燃煤的挥发分会影响燃料的着火和燃烧；灰分的含量和性质会影响未燃尽损失、受热面污染、磨损和环保；燃料水分不仅影响着火、燃烧和受热面腐蚀，而且还会使各受热面的烟温和传热量发生显著变化。

以燃料水分的变化为例，燃料水分增加则烟气容积增大，绝热温度降低。但是由于水分的比热容比空气大得多，影响程度就更为严重。随燃料水分的增加，绝热燃烧温度会显著降低，因而炉膛出口烟温也降低。这时，炉内辐射传热减少和对流传热增加的程度，要比增大炉内过量空气时更为显著。

2. 给水温度

汽轮机负荷降低或高压加热器停用，均会使锅炉的给水温度降低。这时单位工质在锅炉中的吸热就要增加，为了维持一定的蒸发量 D，就要增大燃料量 B。也就是说，给水温度降低时，比值 B/D 增大。

设 Q_c 代表单位燃料量在对流区中的传热量，单位工质在对流区中的吸热量为 BQ_c/D。当给水温度降低时，比值 B/D 增大，单位工质的对流吸热量必然也增大。自然循环锅炉的运行经验表明，当给水温度降低时，对流式过热器的吸热增多，必须加大蒸汽侧的减温。此外，给水温度的降低会增大省煤器中的传热温压，又会增加省煤器的吸热量，并降低出口烟温。至于排烟温度和预热空气温度下降的程度，要看空气预热器的面积大小而定。

3. 漏风

漏风同上述过量空气增多的影响是相似的，只是漏入的空气是冷空气，危害更为严重一些。漏风的地点不同，产生的影响也不同。燃烧器附近或炉膛下部的漏风，可能影响燃料的着火和燃烧，漏入的冷空气会使绝热燃烧温度有较大的降低，而且还会降低炉膛出口烟温。炉膛上部或炉膛出口附近的漏风，对燃料和辐射传热的影响会小一点，但会使炉膛出口烟温下降很多。

对流烟道的漏风将降低漏风点的烟温，使该段传热温压和传热量降低。至于离开该段的烟气温度是比无漏风时更高或更低，则要看漏风的位置而定。如果漏风点在炉膛出口附近，排烟温度往往比不漏风时更高；如果漏风点在排烟口附近，排烟温度可能低于原来温度。但无论如何，有漏风时，都会增大锅炉的排烟热损失。

第二节 汽包锅炉的动态特性和运行调节

锅炉在稳定负荷下运行时，送入锅炉的给水量和燃料量必须同送出的蒸汽量相适应，也就是要维持物质和能量的平衡。当发生外扰和内扰时，稳定的平衡状态将被破坏，锅炉本身及内部贮存的能量和质量均将有所变化，形成不稳定状态。这些不稳定状态将由一些参数的变动反映出来。这些参数的变化速度称为锅炉的动态特性。

一、蒸汽压力的变动

蒸汽压力是锅炉安全和经济运行的最重要指标之一。一般规定过热蒸汽的工作压力与额定值之间的偏差不能超过 $\pm$（$0.05\sim0.1$）MPa。当发生外扰或内扰时，汽压发生波动。若汽包压力的变动速度过大，可能会使水循环恶化。当循环回路下降管中水的流速不大、汽包压力又急剧下降时，水在下降管中可能汽化；当汽包压力急剧上升时，由于饱和温度升高，上升管中产生的汽量就会减小。所有这些都对水循环不利，因此要设法降低汽压的变动速度。

在稳定工况下，锅炉内部储存有一定的工质，同时工质和金属中储存有一定的热量。当受到外扰或内扰时，锅炉处于不稳定状态，工质和金属的储热均在变动。由稳定状态 1 转变至稳定状态 2 时，锅炉蒸发部分的储热变化 ΔQ_x，可由下式表示：

$$\Delta Q_x = \sum[(G_m c_m)t_2 + (G_{wm}i_{wm})_2] - \sum[(G_m c_m)t_1 + (G_{wm}i_{wm})_1] \qquad (19-7)$$

式中 G_{wm}、G_m——工质、金属的质量；

$\qquad i_{wm}$、c_m——工质的焓、金属的比热容。

当锅炉燃烧放热与送汽量不相适应时，汽压和相应的饱和温度就会变化，工质和金属的温度也将改变并使储热发生变化。例如，当外界蒸汽负荷突增而燃烧放热未变时，蒸汽压力和相应的饱和温度均下降，这时蒸发部分的工质和金属温度也将下降，放出部分储热并产生所谓附加蒸汽，从而缓和汽压的下降速度。蒸发部分的储热能力越大，扰动时的汽压变化速

度就越小，如果把锅炉蒸发部分看做是一个集中容器，就可写出不稳定工况下的物质和能量平衡式

$$\Delta D_{eco} - \Delta D_{sv} = \frac{d}{d\tau}(V'\rho' + V''\rho'') \tag{19-8}$$

$$\Delta Q_{sg} + \Delta D_{eco} i_{eco} - \Delta(D_{sv}i'') = \frac{d}{d\tau}(V'\rho'i' + V''\rho''i'' + G_m c_m t_m) \tag{19-9}$$

式中　D_{eco}、i_{eco}——由省煤器进入汽包的给水流量和给水焓；

$\quad\quad D_{sv}$——由汽包送出的饱和蒸汽的流量；

$\quad\quad Q_{sg}$——蒸发管单位时间的吸热量；

$\quad\quad \tau$——时间；

$\quad\quad i'$、i''——饱和水和饱和蒸汽的焓；

$\quad\quad \rho'$、ρ''——饱和水和饱和蒸汽的密度；

G_m、c_m、t_m——蒸发区有效金属的质量、比热容和温度。

由于蒸发区的总容积 V 为饱和水容积 V' 和饱和蒸汽容积 V'' 之和，故

$$-\frac{dV''}{d\tau} = \frac{dV'}{d\tau} \tag{19-10}$$

所谓有效金属质量是指在动态过程中，其温度变化速度非常接近饱和汽温变化速度的那部分金属的质量。对于管系和联箱取为全重；汽包金属较厚，在动态过程中温度变化速度缓慢，常取其 50％ 的质量作为有效金属质量。

我们还知道

$$\left.\begin{array}{l} i'' = i' + r \\ i_{eco} = i' - i_{uh} \end{array}\right\} \tag{19-11}$$

式中　r——汽化潜热；

$\quad\quad i_{uh}$——给水的欠焓。

联立式（19-8）～式（19-11），经整理后得到扰动发生时汽包压力的变动速度

$$\frac{dp}{d\tau} = \frac{\Delta Q_{sg} + (A - i_{uh})\Delta D_{eco} - C\Delta D_{sv}}{EV' + FV'' + MG_m c_m} \tag{19-12}$$

$$A = \frac{r\rho''}{\rho' - \rho''}, \quad C = \frac{r\rho'}{\rho' - \rho''}, \quad E = \rho'\frac{\partial i'}{\partial p} + \frac{r\rho''}{\rho' - \rho''}\frac{\partial \rho'}{\partial p}$$

$$F = \left(\rho''\frac{\partial i''}{\partial p} + \frac{r\rho'}{\rho' - \rho''}\frac{\partial \rho''}{\partial p}\right), \quad M = \frac{\partial t_s}{\partial p}$$

式中　t_s——饱和温度。

A、C、E、F、M 的数值均取用工况变动前的初始值，这些都可根据汽水的性质来确定，而且只同压力有关。

由式（19-12）可以看出，等号右侧的分子为单位时间内蒸发区热量收支的不平衡量，分母为每变动单位压力时蒸发区储热的变动量。蒸发区的储热能力是其中水、汽和有效金属储热能力的总和。显然，热量收支不平衡的程度越小或蒸发区的储热能力越大，则发生扰动时汽包压力的变动速度越小；反之，热量收支不平衡的程度越大或蒸发区的储热能力越小，则压力变动的速度越大。

二、汽包水位的变动

锅炉汽包的正常水位一般在汽包中心线下 100mm 范围内，运行中通常将水位的波动限制±50mm 范围内。水位太高会使蒸汽大量带水；水位太低可能使下降管带汽以致破坏水循环，随锅炉容量的增大，汽包的容积相对越来越小，因而容许存水的变动量也就越小。如给水中断，可能在很短时间内就会出现危险水位；如果给水量与蒸发量不相适应，几分钟内就可能发生缺水或满水事故。因此，运行中必须严格监视和核对各个水位表的指示，及时防止水位表的堵塞、泄漏等故障，使水位在标准线附近做微小的波动。

影响水位变动的因素有：①给水量与蒸发量不一致，蒸发部分的物质平衡被破坏；②水位面以下的蒸汽含量的变化；③压力变化引起工质比体积的改变。图 19-3 所示为汽包水位的变动，图中曲线 1 表示给水量小于蒸发量时的水位变化情况。但是即使保持物质平衡，若汽压或负荷波动较大，也可能引起水位变化。图中曲线 2 表示汽压突降对水位的影响。这时水位的上升不是由于汽包内存水的增加，而是由于水面以下的存汽量增多使水位胀起，这种水位称为虚假水位。锅炉负荷的突然增大，汽包压力将很快下降，同时给水量未能适应负荷变动时，汽包水位的变化将为曲线 1 和曲线 2 的叠加，结果如曲线 3 所示，水位先升高然后迅速下降。

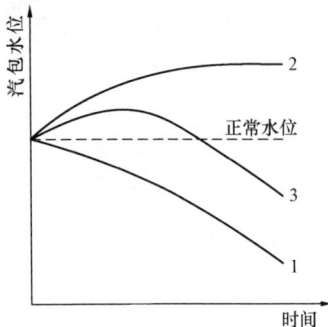

图 19-3 水位变动示意

汽压变化会引起工质密度改变，其使水位变化的趋势与压力变化的趋势相反，即汽压升高水位将下降，反之水位上升。汽压之所以发生变化是由于热量的不平衡，不平衡的程度越大则汽压变化速度越大。汽压变动不仅引起工质密度变动，在汽压变动过程中，饱和温度也将随汽压变动而变化，促使部分工质和金属的储热改变，因而使水位以下的含汽容积改变。这样水位将发生急剧变化。

三、过热汽温的变动

过热汽温是另一个重要的运行指标，一般规定过热汽温的允许偏差为±（5～10）℃。汽温过高将危及设备的安全，汽温过低将降低循环效率，并可能使汽轮机的排汽湿度增加，影响安全运行。现代锅炉的过热器多由数段组成，各段所用金属的允许温度是不同的，均有一定的限额。在运行中，为了过热器的安全，不但要控制出口汽温，还要限制各段的最高温度。

为维持稳定的过热汽温，必须了解汽温变动的情况和引起变动的原因。按照热平衡原理，任何一级或整个过热器出口的蒸汽焓可表示为

$$i'' = i' + \frac{B}{D}Q - \Delta i_{ds} \tag{19-13}$$

式中 i'、i''——进口和出口的蒸汽焓；

　　　 B、D——燃料量和蒸汽流量；

　　　　 Q——对应于单位燃料量的传热量；

　　　 Δi_{ds}——由于减温，单位蒸汽量的焓降。

式中等号右侧第一和第三项对出口汽温的影响是容易理解的。在第二项中，比值 B/D 的任何变动均会影响出口汽温。例如当负荷突增而燃料量未能适应时，B/D 将减小，因而

汽温下降。又如当锅炉效率由于某种原因降低时，B/D 将增大，如其他参量未变，出口汽温就会升高。单位燃料量在过热器中的传热量 Q 对汽温的影响，是比较复杂的。就对流式过热器来说，炉膛出口烟温升高，炉内过量空气系数变大，燃料水分增加等，都会使单位燃料的传热量 Q 增大，因而促使过热汽温升高。但是过热器本身的积灰，将使单位燃料量的传热量 Q 减小，这时虽然由于积灰锅炉效率会下降，以致 B/D 增大，但因过热器本身吸热减小，出口汽温将下降。

实际测量发现，在发生扰动时出口汽温并不是立即突变，而是有一段时间的滞后（滞后时间长度为 τ_{del}，见图 19-4）；汽温的变化不是阶跃而是由慢到快，再由快到慢。这种过渡过程中的参量从初值到终值的变化曲线称为飞升曲线。从曲线拐点所作切线与初值和终值相交两点之间的时间，称为时间常数 τ_c。

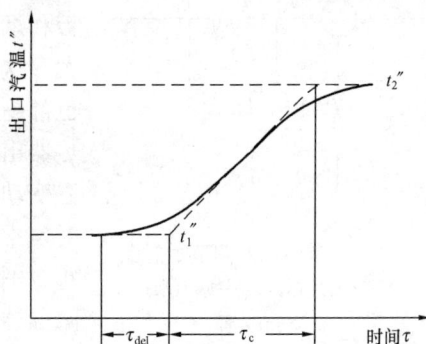

图 19-4 扰动过程中汽温变化曲线

出口汽温变化的快慢与过热器的储热能力有关。当扰动使汽温下降时，过热器的金属温度也将下降，并放出一部分储热，其结果将使出口汽温延缓下降。蒸汽压力越高，过热器管子和联箱的壁厚就越大，金属的储热能力就越大，相应的出口汽温的变化速度也就更为缓慢。

过热汽温的变化时滞还同扰动方式有关。如果扰动来自于烟气侧或蒸汽流量，则通常在几秒钟内甚至在更短的时间内，扰动就会影响到整个过热器，这时汽温的时滞就较小。如果扰动来自于进口蒸汽焓或喷水量的变动，则其对出口汽温的影响就较慢，且出口汽温变化的时滞与进出口之间的流量成正比，而与蒸汽流速成反比。

四、给水调节

给水调节的任务是使给水量适应锅炉的蒸发量，并维持汽包水位在允许范围内变动。最简单的调节方式是按汽包水位的偏差来调节给水阀的开度，即所谓的单冲量自动调节系统，如图 19-5（a）所示。图中 H 表示汽包水位的信号。单冲量调节方式的主要缺点为：当蒸汽负荷和蒸汽压力突然变动时，水容积中的蒸汽含量和蒸汽比体积将发生改变，产生虚假水位，从而使给水阀有错误动作。因此单冲量调节只能用于负荷相当稳定的小容量锅炉。

图 19-5（b）所示为双冲量给水调节系统，在这种系统中除汽包水位信号 H 之外，又加入蒸汽流量信号 D。当蒸汽负荷变动时，信号 D 要比信号 H 提前反应，从而可抵消"虚假水位"的错误影响。这种双冲量给水调节方式可用于负荷经常变动和容量较大的锅炉，但是它的缺点是不能及时反映和纠正给水量扰动的影响。

图 19-5（c）所示的三冲量系统是更为完善的给水调节方式，在该系统中除了信号 H 和 D 之外又增加了给水量信号 G。它综合考虑了蒸汽量与给水量相等的原则，又考虑了水位偏差的影响，既能补偿"虚假水位"

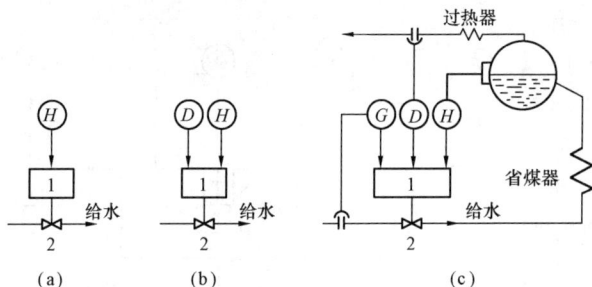

图 19-5 给水自动调节系统

(a) 单冲；(b) 双冲量；(c) 三冲量

1—调节机构；2—给水调节阀

的反应，又能纠正给水量的扰动。

五、过热汽温调节

过热蒸汽温度的调节方式主要有两类：一类是蒸汽侧的调节，最常用的是喷水减温；另

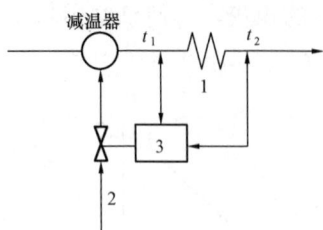

图 19-6　过热汽温调节示意图
1—某段过热器；2—减温水；
3—调节装置

一类是烟气侧的调节，如摆动式燃烧器、分隔烟道的烟气挡板和烟气再循环等。过热汽温的变动特点是时滞和惯性较大，这对调节过热汽温带来一定的困难。同时任何调节方式也都是人为的扰动，也有较大的时滞和惯性。由喷水点至过热器出口之间的蒸汽行程越长，在调节机构动作后，出口汽温变动的延迟时间 τ_{del} 和时间常数 τ_c 就会越大。在调节汽温时，常用被调温度作为主调信号，为了把出口汽温控制在较小范围内，喷水点不应离过热器出口过远。此外，还可利用减温器后的汽温或汽温变化的信号，来及时反映调节的作用，见图 19-6 中的 t_1。这一点的汽温对喷水量变化的反映很快（只需 5～7s），如果这一点的汽温（即该段过热器进口汽温）能维持稳定，该段出口汽温就能基本维持稳定。这样可改善喷水调节的效果。为了进一步提高调节质量，在调温系统中还加入其他提前反映汽温变化的信号，如蒸汽负荷、汽轮机功率等。

对于再热蒸汽温度，为了避免降低循环效率，多采用烟气侧的调温手段，同时用喷水作为细调或防止事故之用。当用摆动式燃烧器或烟气挡板等来调节再热汽温时，调节机构动作后汽温变化的时滞较小，故可用再热蒸汽的出口温度作为调节信号。如果再加入蒸汽负荷信号（如高压缸排汽压力），则可进一步提高调节质量。

六、燃烧调节

燃烧调节的任务如下：

（1）使燃烧供热适应负荷的需要，以维持稳定的汽压。因此常把燃料量的调节称为压力调节。

（2）保证良好的燃烧，减小未燃尽损失，同时要防止锅炉金属烟气侧的腐蚀和减小对大气的污染。

（3）维持炉膛内的压力稳定。

实现上述三个调节目标需要有三个被调量：燃料量、送风量和引风量。在燃烧调节中三个被调量的调节应密切配合，其中燃料量和送风量的配合比较复杂。

在应用固体燃料的燃烧调节系统中，由于固体燃料量的测量不是很准确，因此一般用热量信号来反映燃料量。图 19-7 所示的控制系统中，采用了蒸发量 D 与汽压变化速度 $dp/d\tau$ 的综合信号作为反映燃料量的热量信号，并与锅炉出口汽压信号一起直接送到燃料调节器中，燃料调节器的输出作为送风调节器的输入信号。这种方式称为串级调节，适用于热值会有显著变化的固体燃料。氧量 O_2 作为送风调节的校正信号，以维持最佳的过量空气系数。

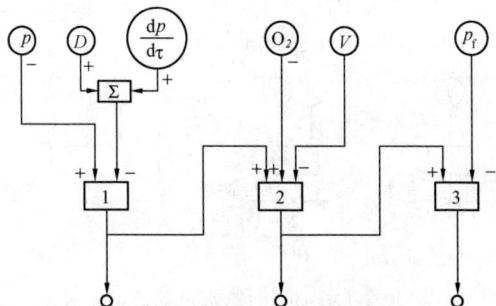

图 19-7　有煤粉仓的燃烧调节系统
1—燃料调节器；2—送风调节器；3—引风调节器

采用平衡通风时，炉膛负压 p_{f} 的定值作为引风调节器的控制目标，引风调节的任务就是要消除实际负压与定值之间的偏差，常使用一个独立的单冲量调节系统。但是这种简单系统很容易发生波动。因此，除了在负压信号通道上加一阻尼外，常以送风调节（或送风量）作为前馈信号，使引风与送风（和燃料）基本上同时按比例动作，从而减小炉内压力的波动。

对于直吹式制粉系统，要迅速改变进入炉内的燃料量，就只有利用磨煤机中的储存能力，因此，当锅炉负荷变动时，增减负荷的信号应该首先送给一次风调节器，通过各台磨煤机一次风量的总和可以代表进入炉内煤粉的总量。各台磨煤机则根据能够反映磨煤机内存煤量的信号调节给煤机的给煤量。较常用的信号是磨煤机进出口一次风差压。

第三节 汽包锅炉的启动和停用

一、汽包锅炉的启动

在汽包锅炉的启动过程中，锅炉各部件的温度逐渐升高。由于受热的不一致，部件不同位置的温度可能不同，因而产生热应力甚至使部件损坏。一般说来，部件越厚，在单侧受热时的内外温差越大，材料的热应力就越大。汽包、联箱、蒸汽导管和阀门等的壁厚均较大，在受热过程中必须妥善控制，尤其是汽包。

在启动初期受热面内部工质的流动尚不正常，工质流动缓慢，因而工质对受热面金属的冷却作用较弱，如这时受热过强，金属温度可能会超过许可值。水冷壁管、过热器、再热器以及暂停进水的省煤器均有超温的可能。

炉膛爆燃也是启动过程中容易发生的危险事故。锅炉开始点火时，投入的燃料较少，炉内温度低，控制不当很容易熄火，操作不当时会发生爆燃并造成设备损坏。

在启动过程中所用的燃料除耗用于加热部件和工质外，还有一部分耗用于排汽和放水，造成热量和工质的损失。在低负荷燃烧时，过量空气系数较大，燃烧损失也较大。

总之，在锅炉启动中既有安全问题也有经济问题。原则上应在确保安全的条件下，尽可能地节约燃料和工质，缩短启动时间，使锅炉尽早承担负荷。

1. 启动前的准备工作

在启动前对锅炉应进行详细检查，作好启动前的各项准备工作。对一台大型锅炉而言，启动前的准备工作大致如下：

（1）锅炉燃煤仓有足够的煤。化学水处理部门有足够的除盐水。

（2）检修工作完毕，安全措施拆除。

（3）锅炉本体设备完好。

（4）进行了有关的试验，并符合要求，包括锅炉水压试验，炉膛严密性试验，机组的连锁、锅炉连锁和泵的连锁试验，阀门检验，转动机械试验等。

2. 锅炉上水

锅炉在冷态启动前，部件金属的温度与环境温度基本接近，当温度较高的给水进入汽包时，在汽包的内外和上下部分之间就会产生温差，引起热应力。汽包不同部分间的温差会随着给水温度和给水速度的提高而变大，因此，为控制热应力，需要将上水的参数控制在合理范围内。一般情况下，控制锅炉的上水温度在 90℃ 以下，上水时间不少于 2h。实际运行过程中多用 104℃ 的除氧水作为给水，在经过给水管道和省煤器等设备后，进入汽包的给水温度通常在

70℃左右。上水的时间，夏天在 2h 左右，冬天在 4h 左右。上水的流量根据上水总量和上水时间来确定，如 300MW 锅炉上水流量在 50～100t/h，600MW 锅炉在 100～200t/h。

汽包中的水在锅炉点火后会受热膨胀，在沸腾时由于比体积的剧烈增加，汽包存水的体积会剧烈扩大，表现在汽包的水位会极快地飞升，因此，汽包上水时通常都将水位上至较低，以便在水位急剧升高时有一个较大的缓冲空间。

3. 锅炉点火

锅炉点火前应对炉膛或烟道进行吹扫，以清除可能残存的可燃气体，防止点火时发生爆燃。吹扫的风量应大于 25％额定风量，通风时间一般 5～10min，煤粉炉的一次风管也应吹扫 3～5min，燃油炉应吹扫其油管及油喷嘴，以保证油路畅通。为此在吹扫前应顺序启动引风机和送风机。在启动引、送风机前，为了防止点火后回转式空气预热器受热不均而发生严重变形，应先启动空气预热器。

国内电厂大多以轻油作为点火燃料，轻油点燃后，炉温逐渐升高，对于煤粉炉，为使煤粉能稳定着火燃烧，要求炉膛具有一定的热负荷以及热空气温度在 150℃以上，才可投用煤粉燃烧器。

无论是点火油枪或主燃烧器，最初投入时一般不少于两支，如果点火失败或发生熄火，应立即切断燃料，并按点火前要求对炉膛及烟道重新吹扫，才能尝试进行再次点火。

4. 锅炉升温升压

锅炉点火后，锅炉各部分温度逐渐升高，锅水温度相应提高，汽化后汽压也升高。锅炉中饱和水和饱和蒸汽共存，饱和状态下温度与压力之间有一一对应的关系，因此锅炉的升温也伴随着升压过程，即升温升压是同时进行的。通常以控制升压速度来控制升温速度，以避免升温过快、温差过大引起较大热应力。在启动初始阶段的升温速度应比较慢，对高压和超高压锅炉，一般平均升温速度限制在 1.5～2℃/min，对亚临界压力锅炉不超过 2.5℃/min。

在升温升压阶段，锅炉的汽包、省煤器、过热器和再热器等都将面临因温度不一致而导致的温差应力，必须注意保护。

(1) 汽包的保护：在上水阶段，锅炉汽包下半部分与较高温度的除氧水接触，其内壁温很快升高到与给水温度一致；而上半部则靠下半部分的热传导，故下半部壁温高于上半部壁温。锅炉点火后，水温升高开始汽化，但初期产汽量较少，水循环缓慢，锅炉下半部与几乎不流动的水接触传热，传热速度很慢，故下半部壁温升高不快。上半部与蒸汽接触，蒸汽凝结放热，其放热系数比水的热传导系数大几倍，故上半部温升转快，由低于下半部变为高于下半部，形成上高下低的壁温差，严重时使锅炉变形。汽包是厚壁元件，亚临界压力锅炉的汽包厚达 180mm 以上，升压越快内外壁温差越大，热应力也就越大，严重时会发生永久变形。

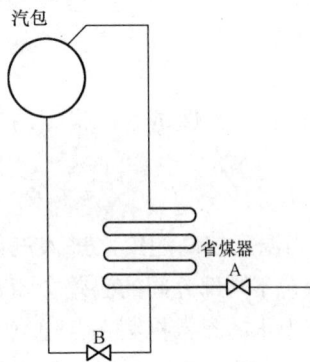

图 19-8 省煤器再循环回路

(2) 省煤器的保护：汽包锅炉启动过程中，上水后进水基本停止或间断进水，但有较高温度的烟气流经省煤器，可能引起局部汽化。如果生成的蒸汽不能及时带走，该处管子可能超温。间断进水可能使省煤器金属受冷热交变应力。为保护省煤器，通常在锅炉与省煤器进口联箱之间加装再循环管（见图 19-8），形成一个自然循环回路，以保证整个启动期间省煤器一直有水流过。

（3）水冷壁的保护：水冷壁受高温炉烟辐射，在锅炉升压初始阶段，蒸发系统水循环不良，投入燃烧器有限，水冷壁受热不均匀，对于全焊式膜式水冷壁将产生扭变，这也是限制升压速度的另一个原因。

（4）过热器的保护：在启动初期，过热器内只有少量蒸汽通过，冷却有限，为了保护过热器，在锅炉蒸发量小于额定值的 10%～15% 时，必须限制过热器入口处的烟温。随着锅炉压力的升高，过热器内蒸汽量增大，冷却作用增强，这时可逐渐提高烟气温度。启动过程中的出口汽温必须与汽轮机加热要求相匹配。

（5）再热器的保护：再热器在启动时的安全主要与汽轮机旁路系统的型式、再热器区烟气温度、再热器材质等因素有关。在锅炉产汽之前再热器会经历短暂干烧。在锅炉产汽后但蒸汽尚未进入汽轮机之前，蒸汽由高压旁路流入再热器，然后再经过低压旁路流入凝汽器，使再热器得到冷却。如果旁路系统只有过热器出口至凝汽器的一级大旁路，则在汽轮机进汽之前，再热器一直处于干烧状态，须根据其材质控制该区的烟温。

5. 升负荷

在锅炉升温升压至满足汽轮机冲转参数后，汽轮机将进行冲转工作至 3000r/min，然后进行发电机的并网操作。在这一段时间，锅炉的主要任务是通过对燃料量和风量的调节，维持锅炉出口蒸汽的压力和温度，使之能与汽轮机的温度水平相协调。

在发电机并网后，锅炉进入升负荷阶段。在这一阶段，锅炉需要启动主燃烧设备。如果是煤粉锅炉，则包括启动制粉系统等。随着锅炉燃烧率的增大，锅炉出口蒸汽的流量、温度和压力也逐渐升高，汽轮机的负荷也逐步提高，机组按预定的冷态滑参数曲线运行，直至各项参数都提高到满负荷参数。

二、汽包锅炉的停用

把正常工作的锅炉停下来作为热备用或冷备用，或准备进行检修，称为正常停炉。由于设备或系统发生事故而被迫停炉，则称事故停炉；按事故的严重程度，又可分为紧急停炉和一般事故停炉。

正常停炉时，应按不同的燃料采取不同的步骤逐渐减少和停止燃料供应。对于煤粉炉，当负荷低于一定值时，要投入油燃烧器，以保证稳定燃烧，避免突然熄火或爆燃事故。熄火时的锅炉负荷越低，熄火后系统的压力就越稳定。熄火后应保持风机运行，并在吹扫风量下吹扫 5～10min，以清除炉膛和烟道中的可燃物。对于回转式空气预热器，为防止其转子因冷热不均而发生变形，停炉后应继续转动，直至其进口烟温低于一定值。

当锅炉被迫紧急停炉时，应立即切断燃料供应，如风机运行正常，则应保持风机运行，并在吹扫风量下吹扫 5～10min；如风机不在运行，则应维持锅炉自然通风一定时间。

正常停炉前汽包应保持较高的水位，因为锅炉熄火后，锅水中的含汽率下降，水位会下降很快。为保证汽包上下壁温差不超限，汽包中的水位应维持在目视的最高值。在汽包停止上水后，应打开省煤器再循环阀，以保护省煤器。

对停炉后热备用的锅炉，应把所有的孔门和挡板关严，尽量减少散热损失，值班人员应继续检查汽压、汽温、水位和整个锅炉的状态。

对停炉后冷备用或要检修的锅炉，应按具体条件控制冷却速度。在停炉的冷却过程中，仍应重视汽包的上下壁温差。当汽包压力和相应的饱和温度逐渐下降时，汽包金属对工质放热，上部金属对蒸汽的放热率小于下部金属对水的放热率，因而汽包温度上高下低，其温差决定于饱和温度的下降速率，即降压和冷却速率，一般规定这一温差应小于50℃。如果风机停用，全部挡板和孔门应关闭，一般在4～8h后方可打开以进行自然通风，同时进行汽包的放水和进水操作，促使锅炉内部的水流动，以保证各部件的均匀冷却。当汽压下降至0.1～0.2MPa时，可打开所有的空气门，当水温下降至70～80℃时，可将水放尽。大中型锅炉的降压和冷却需12～24h以上。作为冷备用的锅炉，为防止空气或水分进入锅炉造成对金属的腐蚀，应根据备用时间的长短采取适当的保养措施。

第四节　单元机组中锅炉的变压运行

变压运行又称滑压运行，即机组改变负荷时主汽压力不固定，汽轮机调节阀门全开或部分全开，功率的改变依靠主汽压力的变化来调节，即主汽压力下降，负荷降低，主汽压力上升，负荷增加。而不像定压运行那样以改变主汽阀开度或调节阀门开度，即改变进汽面积来调节负荷（节流调节或定压喷嘴调节）。

一、变压运行的方式

1. 纯变压运行

在整个负荷变化范围内，调节阀门全开，有的机组设计成没有调节级，直接在汽缸上铸出全周进汽室，单纯依靠锅炉侧调节主蒸汽压力来调整负荷。这种方式在调节时存在很大的时滞，对电网负荷的突然变化适应性差，因而不能满足电网一次调频的需要。

2. 节流变压运行

为弥补纯变压运行负荷调整慢的缺点，采用正常情况下调节阀门不全开的方法，对主蒸汽保持5%～15%的节流作用，以备电网负荷突然增加时开启，利用锅炉的蓄热量来暂时满足负荷增加的需要，待锅炉蒸发量增加，汽压升高后，调节阀门再关小到原位。这种方式称为节流变压运行。

3. 复合变压运行

复合变压运行在实用中可有三种方式。

（1）低负荷时变压运行，高负荷时定压运行。一般在低于85%～90%额定负荷时变压运行，高于85%～90%额定负荷时定压运行。这种方式既具有低负荷时变压运行的优点，又保证了单元机组在高负荷时的调频能力。

（2）高负荷时变压运行，低负荷时定压运行。这种方式使机组在低负荷时保持一定的主蒸汽压力，从而可保证机组有较高的循环效率和安全性。

（3）高负荷（高于85%～90%额定负荷）和极低负荷（低于25%～30%额定负荷）时定压运行，在其他负荷区为变压运行。这是目前单元机组采用比较广泛的一种复合变压运行方式，该方式兼有前两种复合运行方式的特点。

二、变压运行的特点

1. 变压运行的优点

（1）汽轮机的相对内效率较高。变压运行时，主汽压力随负荷减少而降低，调节阀门全开或开度基本不变，因而减少了蒸汽的节流损失，改善了高压缸蒸汽流动情况，使汽轮机的相对内效率高于定压运行的水平。

(2) 汽轮机高温部件的热应力减小。变压运行时,主汽压力随负荷减少而降低,主汽温度保持不变。由于调节阀门节流作用的减小和各级焓降的重新分配,汽轮机高温部分的温度变化小,因而热应力减小,寿命损耗降低,提高了汽轮机的负荷适应能力。

(3) 改善了低负荷时中低压缸的工作条件。变压运行时,由于主蒸汽温度保持不变,高压缸的排汽温度近乎不变,在低负荷时锅炉也可能维持额定的过热汽温和再热汽温。再热汽温的稳定和末级湿度的减小,改善了中低压缸的工作条件。

(4) 可降低给水泵能耗。变压运行中负荷的调节是通过蒸汽压力的改变来实现的,可采用变速给水泵调节给水流量,这样减少了给水调节阀节流损失,降低了给水泵能耗。

(5) 可缩短再启动时间。低负荷时变压运行的汽轮机金属温度基本不变,所以汽缸能保持在高温下停用,缩短了再启动的时间。

2. 变压运行的缺点

(1) 负荷变动时汽包和水冷壁联箱等处产生的附加应力对变负荷速度的限制。

变压运行时,锅炉汽包内的蒸汽压力随负荷的变化而升降,汽包压力下的饱和温度也随之变化,其允许的变化速率是限制负荷变化速率的一个重要因素。例如 16MPa 的亚临界压力锅炉,汽包压力约为 17MPa,相应的饱和温度为 352℃,若锅炉从 80％负荷开始变压运行到 50％负荷(复合变压运行),汽包压力降到 11MPa 的话,此时相应的饱和温度为 318℃,比原先下降 34℃,若负荷变化率为 3％/min,则整个负荷变化过程仅为 10min。10min 内汽包温度变化 34℃,即 204℃/h,远远超过一般允许的 90℃/h (1.5℃/min)。

汽包内水汽温度变化不仅会引起汽包内外壁温差,而且由于水的放热系数比汽的放热系数大得多,在 300~350℃范围内,前者比后者约大 3~7 倍,所以当汽包内的水汽温度随负荷而变化时,汽包上下部分的金属壁温度变化速度不同,形成上下壁温差,在壁厚较大和循环较差的封头部位尤其突出。因此,设法降低汽包上下壁温差是提高变压运行负荷变化率的主要途径。

(2) 机组的循环热效率随负荷下降而下降。

由于主汽压力随负荷的降低而下降,因此朗肯循环的效率随负荷下降而下降,在低于一定压力后,下降幅度更加显著。

三、变压运行对锅炉的影响

1. 燃烧稳定性

低负荷下采用变压运行方式时,锅炉燃烧的稳定性将面临重大考验。锅炉的燃烧稳定性与炉膛型式、燃烧器结构、炉膛热负荷、煤种以及磨煤机性能等有关,所能达到的最低负荷值很不一致。我国发电用煤多为劣质煤,而且使用煤种多而杂、煤质不稳定、灰分多、热值低、四块(大块煤、铁块、石块和木块)多,给锅炉燃烧带来很多困难。大部分锅炉燃煤最低稳定负荷为 65％~70％额定出力,但从 20 世纪 80 年代初研究和采用了各种型式的稳燃器以来,不投油助燃的锅炉最低稳定负荷已可降到 50％。近年来国内外已研制出一些新型燃烧器,如 WR 燃烧器和 LNASB 燃烧器,其最低负荷可达 30％额定负荷。在低负荷运行中也可采用降低一次风速(不堵粉的前提下)、投用下层喷嘴、停用上层喷嘴、适当提高煤粉浓度等方法来维持稳定燃烧。

2. 水动力工况安全性

低负荷时由于炉内火焰充满程度差，易造成炉膛热负荷不均匀。对于自然循环汽包锅炉，水冷壁各循环回路以及相邻管子间因汽水流量分配偏差增大而使循环速度偏差也增大，有造成水循环停滞和倒流的可能。所以，在确定低负荷界限时，如燃烧方面的限制能解决的话，则要验算水动力工况的安全性，必要时还需进行这方面的试验工作。一般对大容量锅炉在 50%额定负荷以上，其水循环是正常的。

3. 过热汽温及再热汽温

变压运行时，由于锅炉压力下降，过热热占一次汽总焓增比例下降（即蒸发热增加、过热热减少）。如果过热器受热面的吸热量占一次汽系统受热面的吸热量比例不变，则上述过热热比例的降低就意味着过热汽温有上升的趋势。这样为了维持额定汽温，就要加大喷水量，但实际上过热器受热面的汽温特性一般偏于对流特性，随锅炉负荷下降，出口汽温是减少的，而且过热器吸热量比例也相应减少，这些因素综合影响的结果决定了过热汽温最终变化趋势，也即决定了喷水量的变化。

变压运行时，汽轮机高压缸排汽温度基本不变，但因压力下降，再热蒸汽所需吸热量比定压运行时要少(维持额定再热汽温)，再热汽温可能会偏高，所以应考虑再热蒸汽的调温手段。

4. 对直流锅炉运行的影响

对于一次垂直上升的直流锅炉，由于蒸发管部分有中间混合联箱，在变压运行中，中间混合联箱的汽水分配工况变差，直接影响蒸发管的热偏差，限制机组在低负荷进行变压运行。为了适应燃煤品质下降、煤种多变及电网调峰的要求，国外普遍采用螺旋上升与垂直上升相结合的水冷壁管圈的直流锅炉，其下、中辐射区采用螺旋管，上辐射区采用一次垂直上升管屏，中间连接采用分叉管或中间联箱结构。这种锅炉多用于超临界压力机组，它可以在100%～25%额定负荷范围内实现变压运行，从而节省给水泵功耗及厂用电，并在结构上采用较大的水冷壁管径。对于这种锅炉，从超临界压力的单相流体变压到亚临界压力的双相流体运行，其管内的流动均是稳定的，热偏差小。

对于直流锅炉，由于降低压力后水冷壁内水汽两相流可能产生不稳定流动、脉动现象，使低负荷时炉内热负荷不均匀，因而会加剧水冷壁内两相流动工质的热偏差（直流炉水冷壁内为强制流动的两相工质），同时相变点也将随着压力变化而移动，这些都会降低直流炉水冷壁的安全性。因此在采用变压运行时，需对水冷壁工作安全性进行校验。

第五节　直流锅炉运行和启停的特点

一、直流锅炉动态特性

对直流锅炉来说，热水段、蒸发段和过热段之间没有固定的分界面。当工况变化时，锅炉内部的物质和能量变动情况不同于自然循环锅炉。在稳定工况时，直流锅炉的蒸发量 D 与给水量 G 相等，运行中的热负荷 Q 也必须与给水量很好地配合，即燃料燃烧放热量要与给水量维持稳定比例，才能使出口过热汽温 t''_{sh} 保持不变。

工况变动时，直流锅炉热水段、蒸发段和过热段之间的分界面会前后移动，内部工质的贮量和贮能亦将改变。在变动过程中，锅炉的蒸发量暂时不等于给水量，并将影响过热蒸汽温度。下面利用图 19-9 来说明直流锅炉的动态特性。

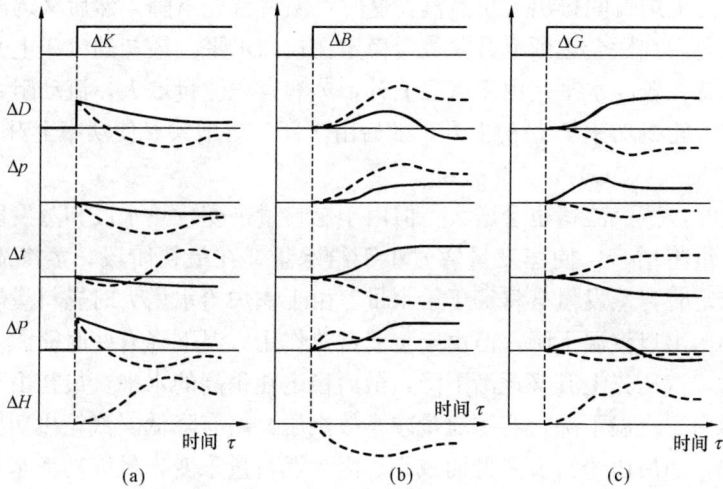

图 19-9 直流锅炉动态特性示意
(a) 汽轮机调速阀开度跃变；(b) 燃料量跃变；(c) 给水量跃变
实线——一般直流锅炉；虚线—带分离器的 Sulzer 锅炉

1. 汽轮机调节门的开度变化（ΔK）

当汽轮机调节门突然开大时，蒸汽流量 D 急剧增加，由于燃烧放热未变，汽压 p 将迅速降低。如这时给水的压力和给水阀开度未变，给水流量也将由于汽压降低而有所增大。汽压降低则饱和温度降低，将使锅炉金属和工质释放蓄热，产生附加蒸发量。随后，蒸汽流量将逐渐减少，最后与给水量相等，保持平衡。同时，汽压降低速度逐渐缓慢而趋于稳定。因为燃料量保持不变，而给水量略有增大，故锅炉的出口汽温稍有降低。如果只从燃料与工质的热平衡考虑，在最初蒸汽流量显著增大时，汽温应显著下降，但由于过热器金属释放储热的补偿作用，故出口汽温并无显著偏差。

在这种变动中，由于燃料量未变，汽轮机的发电功率也应不变。理论上由于蒸汽参数偏低使机组效率下降，发出的功率也应相应小些，但是由于参数降低不多，输出功率 P 变动不大，最初阶段多发出的功率来自锅炉内部的储热。

2. 燃料量的变化（ΔB）

燃料量突增时，各处传热增多，但是由于金属热容量的影响，蒸发量经过短暂延迟后才会增大，随后又稳定下来与给水量相平衡。因此会有一较短的时间，蒸发量超过给水量。随着蒸发量的增大，锅炉压力也将升高，给水量会自动减少。

给水量减小，燃料量增大，则燃料与给水之比增大，出口汽温将明显上升。但在变动初期，汽温变化缓慢，这是由于蒸发量的增大和管壁金属储热的作用，过热汽温的变化有时滞。过热段起始部分的汽温时滞较小，出口部分的汽温时滞较大而且变化速度较小，如图 19-10 所示。图中 Δt 表示出口汽温。Δt_{mid} 表示过热器进口段汽温。如果燃料量增加的速度和幅度都很急剧，可能由于热水段末端

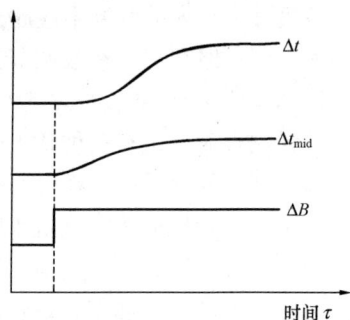

图 19-10 燃料扰动 ΔB 时
汽温变化 Δt 示意

发生突然膨胀，使锅炉瞬间排出大量蒸汽。这时汽温将首先下降，然后又逐渐上升。

在短暂的延迟后汽压会逐渐上升，最后稳定在较高水平。最初的汽压上升是由于蒸发量增大，随后能保持在较高水平是由于汽温上升，蒸汽容积流量增大，流动阻力增大所致。蒸汽流量的增加使汽轮机功率 P 最初上升，随后由于新汽焓增大又使功率上升。

3. 给水量的变化（ΔG）

给水量增大时，蒸汽流量也会增大。但由于燃料量未变，热水段和蒸发段都将变长。锅炉内部工质的贮量将增多，使蒸发量暂时小于给水量。在最初阶段，蒸汽流量是逐渐增加的，但在最终稳定时，蒸发量必将等于给水量。由于锅炉给水增大时燃料量未变，燃料量与给水量之比减小，出口汽温下降，但由于金属蓄热作用汽温下降有些时滞。

给水突增时，汽压先上升又逐渐下降，最后稳定在稍高的水平，最初由于蒸汽流量增大使汽压升高，但由于汽温下降，容积流量减小故汽压又略有降低。汽轮机功率最初由于蒸汽流量增加而增加，随后由于汽温降低而减小。因为燃料量未变，最终功率基本不变，只是由于蒸汽参数的下降而稍低于原有功率。

4. 带分离器直流锅炉的动态特性

如果直流锅炉在蒸发区和过热器之间装有汽水分离器，它的动态特性与一般直流锅炉就会有所不同。图 19-9 中的虚线示出了它的特性。

当汽轮机调门突然开大时，汽压降低，饱和蒸汽焓增大，进入分离器的蒸汽干度减小。蒸汽流量和汽轮机的功率短时上升后随即下降，并低于原来的水平。过热蒸汽温度也由于蒸汽流量减小而上升。分离器水位 H 因进口蒸汽干度减小而升高。

当燃料量突然增大时，进入分离器的蒸汽干度增大而使蒸发量提高，汽压也将升高。汽压提高又使饱和蒸汽焓减小，使蒸汽干度进一步增大。因此，蒸汽流量显著增加，并导致过热汽温下降，汽轮机功率略有增加，但变化不大。分离器水位由于进汽干度增加而降低。

当给水量突增时，由于蒸发段缩短，蒸发量减小，压力将降低。过热蒸汽温度将因蒸汽流量减小而上升。蒸汽流量减小但过热汽温上升，故汽轮机功率几乎不变，仅略低于原来的水平。给水量的增大使分离器进汽的干度减小，导致分离器水位明显升高。

二、直流锅炉的调节特性

直流锅炉的调节应使蒸发量随时适应负荷的要求；保持一定的汽压和汽温；维持经济燃烧和稳定的炉膛压力；对于有再热器的锅炉，应维持恒定的再热汽温；为了锅炉本身的安全，各级过热器内的汽温不应超过一定的限度。在燃烧和通风调节方面，直流锅炉与汽包锅炉并无不同；但在蒸汽参数调节方面，直流锅炉则更为复杂。

1. 单元机组的控制方式

单元制直流机组有三种常见的控制方式。

（1）锅炉随动系统。在此系统中，汽轮机按电网频率或功率指令控制调节门的开度，通过改变进入汽轮机的蒸汽流量来响应外界负荷要求。此时，汽轮机调节门前的压力将发生改变，锅炉就按此压力调节负荷。图 19-11（a）所示为锅炉随动系统。这是一种传统的控制方式，汽轮机调节输出功率，锅炉调节蒸汽压力。在负荷变动的最初短时间内，汽轮机迅速改变输出功率所依靠的是锅炉的蓄热能力；锅炉的调节不但要适应新负荷，还要补偿压力变化中储热量的增减。由于直流锅炉的储热只有汽包锅炉的 $1/4 \sim 1/3$，负荷变动时蒸汽参数偏差较大，故一般不采用锅炉随动的控制方式。

（2）汽轮机随动控制。图19-11（b）所示为汽轮机随动系统的控制方式。负荷变化信号直接给予锅炉。当锅炉燃烧放热量改变后，汽压随之变动，汽轮机调节装置则根据汽压来开大或关小进汽阀，以改变汽轮机的功率。在这种系统中，蒸汽参数较为稳定，但由于没有利用锅炉的蓄热，故机组对负荷的适应性较差，不宜承担调频任务。

对于只带基本负荷的机组，可采用这种控制方式，负荷变更的信号只送给锅炉。由于直流锅炉的热惯性较小，机组能较快地满足负荷要求。

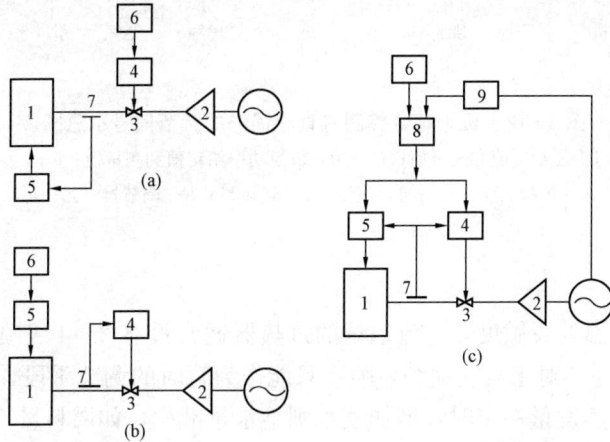

图 19-11 单元机组控制方式示意

（a）锅炉随动系统；（b）汽轮机随动系统；（c）机炉综合控制

1—锅炉；2—汽轮机；3—汽轮机进汽阀；4—汽轮机调节装置；5—锅炉负荷控制器；
6—负荷要求信号；7—汽压信号；8—机组负荷调节器；9—输出功率信号

（3）机炉综合控制。图19-11（c）所示为机炉综合控制方式示意，负荷变动信号平等地送给锅炉和汽轮机，同时根据汽压信号适当地限制汽轮机进汽阀开度的变化和加强锅炉的调节作用。这样，就能适当地利用锅炉储热，兼顾锅炉随动时对负荷变化的适应性和汽轮机随动时蒸汽参数的稳定性。这种控制方式，在直流锅炉的单元机组中，得到普遍的应用。

2. 燃料与给水的调节

对于直流锅炉，无论单独变动燃料量或给水量，都会影响汽压和汽温，所以不能只用一种手段来调节某一参数。汽温和汽压的调节过程是相互影响的。此外，直流锅炉热水段、蒸发段和过热段之间没有固定的分界面，在燃料放热量和给水量失调时，过热段的受热面积还会改变，汽温偏差较大。因此，调节负荷时必须使燃水按比例改变。如图19-12所示，变动负荷的信号同时送给燃料和给水。对于直流锅炉来说，维持稳定的燃水比是很重要的。

但是，即使给水和燃料的调节机构按比例动作，也不一定能保证精确的燃料给水比，尤其对于固体燃料，精确度更差。能直接并精确反映燃水比的只有工质本身的吸热量，即工质焓和温度。因此，按照反映较快和便于检测等条件，通常在过热段的起始部分选取一个合适的地点，根据该点的工质温度来控制燃水比。这一点称为中间点，中间点汽温变化的时滞不超过30～40s。但应说明，在不同负荷时，中间点的温度不是固定不变的，而是机组负荷的

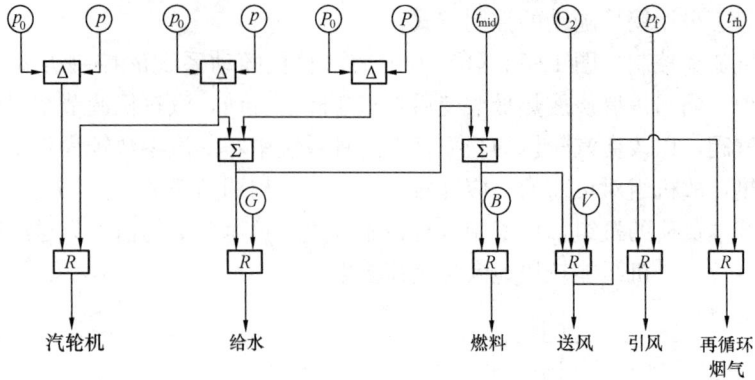

图 19-12　机炉综合控制时直流锅炉的调节信号示意图

p_0、p—锅炉出口汽压给定值和测量值；P_0、P—机组功率给定值和测量值；t_{mid}—中间点温度计；
O_2—烟气中氧量；p_f—炉膛负压；t_{rh}—再热汽温；V—送风量；R—调节器；Σ—加法器；Δ—减法器
函数。

3. 喷水减温

为了提高调节汽温的灵敏度，直流锅炉的过热器通常设有 2～4 级喷水减温，总喷水量为蒸发量的 4%～10%。对于直流锅炉，喷水只能作为暂时的调节手段，这是与汽包锅炉不同的。当直流锅炉的蒸发量一定时，增加喷水则给水量减少，如燃料量不变，工质在喷水点之前的单位吸热量会增大，即喷水点之前的工质焓或温度升高，这就多少抵消了喷水的减温作用。因此只有维持正确的燃水比才是调节出口汽温的根本措施。在稳定工况下，每级的喷水量都应维持中等流量，随时保证正反两个方向的调温能力。如果喷水在最大或最小流量下运行，就失去了往一个方向的调温手段，这是比较危险的。在稳定运行时，直流锅炉的喷水量应与给水量保持一定的比例。

4. 反映燃料量的信号

当调节燃料量时，应能很快地反映出燃料量变更后的情况，以免调节过量或欠调。对于液体或气体燃料，流量检测装置可提供燃料量的信号（见图 19-12），虽然对于油量测量的准确度还不很可靠。在燃用煤时，煤量很难测量，故常采用其他信号。

当过量空气系数和受热面污染程度一定时，炉膛出口烟温与燃料量之间有较严格的关系，在一定范围内约为线性关系，用它来反映燃料量是较为理想的，但是由于炉膛出口烟气温度的测量较复杂，所以常用过热器后的烟温来代替。这样检测比较方便，时滞也不大，但准确度差一些。

由图 19-9（b）可知，当燃料量增加时，蒸汽流量在短暂延迟后向上波动，波动幅度与燃料量的变动大致成正比。但由图 19-9（a）看出，当调节阀开大而燃料量不变时，蒸汽流量在短时间内也是增大的。所以只凭蒸汽流量的信号还不能说明燃料量的变动。比较图19-9（a）和（b）可以看出：汽轮机调门开大而燃料量不变时，汽压下降；在燃料量增大而调门开度不变时，汽压上升。因此，可以把蒸汽流量 D 和汽压变动速度 $dp/d\tau$ 的综合，即所谓热量信号，作为燃料量的变动信号。

三、直流锅炉的启停特点

直流锅炉与汽包锅炉在结构上有重要的差别，在启停方面，直流锅炉也有其特殊之处。

1. 直流锅炉可以快速启停

汽包锅炉因有厚壁的汽包，启停速度受到极大限制，以控制热应力在安全范围内。直流锅炉由于取消了汽包，在热应力方面受到的限制大大减少，因此可以采取快速启动。

2. 启动阶段必须进行锅炉清洗

运行中的直流锅炉，给水中的杂质除了一部分溶解于过热蒸汽中被带出之外，其余部分都沉积在锅炉的受热面上，因此直流锅炉对给水的品质要求非常严格。在启动阶段，还需对锅炉进行冷态和热态的清洗。清洗的污垢主要有两部分，一是锅炉本身和循环系统在停用期间生成的腐蚀产物，二是运行中受热面上的结垢。

3. 启动开始时需维持一定的启动流量

直流锅炉启动时必须不间断地向锅炉进水，并建立起足够的工质流速，以保证给水连续地流经所有受热面，使其得到冷却。为此，在启动之前就应建立一定的启动流量，启动流量的选择直接关系到直流锅炉启动过程中的经济性和安全性。

直流锅炉的启动流量越大，则工质流过受热面的质量流速越大，这对受热面的冷却、水动力的稳定性以及防止汽水分层等都是有利的。但启动流量大会延长启动时间，增加工质的损失；同时，启动旁路系统的设计容量也要加大。相反，如果启动流量过小，则受热面的冷却和工质流动的稳定性就得不到保证。因此，在保证受热面冷却可靠和工质流动稳定的前提下，启动流量尽可能要小一点。通常直流锅炉的启动流量选择为额定蒸发量的 25%～30%。

四、直流锅炉的启动系统

1. 启动旁路系统的作用

直流锅炉的启动系统是直流锅炉机组的一个重要组成部分。在锅炉启动过程中和低负荷运行时，给水量会小于冷却炉膛及维持稳定流动所需的最小流量。设置启动系统的主要目的就是在锅炉启动、低负荷运行及停炉过程中，通过启动系统建立并维持炉膛内的最小流量，以保护炉膛水冷壁，同时满足机组启动及低负荷运行的要求。

在机炉整套启动的单元制系统中，汽轮机的暖机冲转对工质有一定的要求，蒸汽必须有一定过热度，通常规定相应进汽压力下过热 50℃ 以上的蒸汽才能进入汽轮机，目的是防止汽温不高的蒸汽进入汽轮机后，在还处于冷状态的汽轮机内凝成水滴，造成对叶片的水击。因此，启动过程中锅炉排出的热水、湿蒸汽、饱和蒸汽以及过热度不足的过热蒸汽均不能进入汽轮机，这样就要求直流锅炉带有一个专门的启动旁路系统，并将不合格的工质经旁路排掉。启动旁路系统不仅在启动过程中需要，在机组的停运和事故工况下也是需要的。

在单元机组中，启动旁路系统的作用如下：

（1）建立启动流量，保证给水连续地通过省煤器和水冷壁，尤其是保证水冷壁被充分冷却和水动力的稳定性；

（2）启动初期，最大可能回收启动过程中的工质和热量；

（3）使锅炉出口汽温与汽轮机金属温度相适应。

根据上述要求，启动旁路系统主要由启动分离器及其汽侧和水侧的所有连接管道、阀门等组成，有些启动旁路系统还带有热交换器、疏水扩容器，中间再热单元机组还包括带有减温减压装置的汽轮机旁路。

目前直流锅炉最常见的启动系统为内置式的启动系统，包括带循环泵的启动系统和不带循环泵的启动系统两种，其中以前者应用最多。

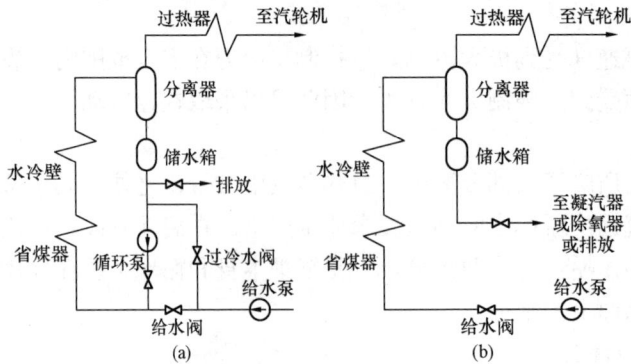

图 19-13 直流锅炉的启动系统
(a) 带循环泵的启动系统；(b) 不带循环泵的启动系统

2. 带循环泵的启动系统

带循环泵的直流锅炉启动系统如图 19-13 (a) 所示。在这一系统中，当锅炉燃烧负荷比较低时，从锅炉水冷壁（或包覆）出来的工质是汽水混合物。这些汽水混合物切向进入垂直放置的汽水分离器，由于离心力的作用，混合物中的水分被分离出来并流入储水箱，而蒸汽进入过热器。在储水箱的下出口管上装有循环泵，它将储水箱中的水提高压力后打回锅炉省煤器入口。由于储水箱中的水很接近饱和状态，为了避免循环泵的汽蚀，需要从锅炉给水泵出口引出一路过冷水至循环泵的入口，以增加此处水的过冷度。在这一系统中，流入省煤器的工质有两路来源：一路是从锅炉给水泵来的新鲜的给水，另一路是从锅炉水冷壁出口汽水混合物中分离出的水。当锅炉燃烧负荷不变时，第一路给水流量与锅炉过热蒸汽的流量是相等的。随着锅炉燃烧负荷的提高，进入汽水分离器的蒸汽质量百分比也逐渐增加，到某一点时，进入汽水分离器的将全部是蒸汽。此时锅炉进入直流运行模式，再循环泵关闭。

3. 不带循环泵的启动系统

不带循环泵的直流锅炉启动系统如图 19-13 (b) 所示。该系统主要由汽水分离器、分离器储水箱和储水箱水位控制阀组成，与带循环泵的循环系统相比减少了锅炉循环泵、流量调节阀及其循环泵的辅助系统部分。在启动和低负荷阶段，给水泵将给水送至省煤器并经水冷壁加热后，送到汽水分离器，工质在汽水分离器内分离成水和饱和蒸汽。分离器储水箱的水位由其出口的控制阀控制，根据水质、水温和压力等情况分别送到凝汽器、除氧器或排放至地沟。在这一系统中，进入锅炉省煤器的给水全部来自于锅炉给水泵。当负荷达到某一值时，炉膛水冷壁出口的工质已是干饱和蒸汽，此时锅炉转为纯直流运行方式，启动旁路系统退出。

不带循环泵的启动系统具有系统构成简单，运行安全、可靠，并能节约投资的优点；但该系统在低负荷运行时，不能将锅炉水冷壁出口温度较高的工质送回锅炉，其给水的温度一直相对较低，因此其能量损失很大，系统的热效率要低些，整个锅炉的启动时间相对较长。

五、配直流锅炉的单元机组启动程序

配直流锅炉的单元机组，其启动没有统一的操作模式，所以下面仅从大的步骤对机组启动过程作一简单说明。

1. 冷态循环清洗

直流锅炉在点火之前需要进行清洗，目的是去除管系内污物，提高给水品质，尽快使给水达到一定标准。为了防止其他设备和管道的污垢进入锅炉，清洗可分为两步进行，先进行给水泵前的低压系统的清洗，水质合格后进行高压系统的清洗。低压系统的清洗流程为：凝汽器→凝结水泵→除盐设备→低压加热器→除氧器→凝汽器。高压系统的清洗流程为凝汽器→凝结水泵→除盐设备→低压加热器→除氧器→给水泵→高压加热器→省煤器→水冷壁→启动系统→凝汽器。

2. 锅炉点火及工质升温

锅炉点火初期，由于过热器和再热器内均无蒸汽通过，处于干烧状态，故要根据所选择的钢材限制这两个受热面前的烟温，这是通过限制点火初期的燃烧率来达到的。一般点火燃料量为额定燃料量的 $10\%\sim15\%$。

锅炉水系统从省煤器开始到汽水分离器最初无压力，随着燃烧的进行，工质温度逐渐上升并开始产生蒸汽，锅炉开始起压。随着燃料量的不断增加，进入分离器的工质中蒸汽份额增加，压力逐渐上升，进入过热器系统的蒸汽流量增加，而分离器流入储水箱的水量减少，因此从机组给水泵送入锅炉的给水量逐渐增加，以维持进入省煤器内的流量不变。结合汽轮机旁路的控制和锅炉燃料量与风量的控制，可以使锅炉出口蒸汽温度和压力按一定速率上升，并逐渐达到汽轮机冲转参数。

3. 汽轮机冲转、升速及发电机并网、带初负荷

当锅炉出口蒸汽参数满足汽轮机冲转要求后，即可用小流量低压微过热蒸汽冲转汽轮机。随着汽轮机的升速，进汽量增加，汽轮机各部分的温度也升高。平稳增加进汽量，使汽轮机升速至 3000r/min 之后，发电机并网。在汽轮机冲转至并网的过程中，要求锅炉能稳住汽压，而汽温允许自然缓慢上升。汽轮机升速主要靠蒸汽流量的增加，一般并网时的蒸汽流量为额定流量的 $7\%\sim10\%$。

4. 锅炉配合汽轮机升负荷

锅炉按照汽轮机升负荷的曲线，按比例增加燃料和给水，使机、炉负荷升至满负荷或预定负荷。升负荷过程中，存在一个负荷点，此时，进入汽水分离器的工质恰好全部为饱和蒸汽，不再含有水分，自此以后，锅炉进入纯直流方式运行。由于分离器内不再有水分分离出来，储水箱的水位将持续下降。对于有循环泵的启动系统，在储水箱水位下降到一定值时，需要停止循环泵的运行，此后锅炉的给水全部由给水泵提供。在锅炉进入纯直流方式前，如果停止循环泵运行，则省煤器内的工质流量会有一个冲击式的减少，甚至降至安全限度以下，造成锅炉保护动作而熄火。对于无循环泵的启动系统，随着储水箱水位的下降，控制储水箱水位的排水阀逐渐关小，直至全部关闭。不论有无循环泵，启动分离器是一直串联在系统中的，只不过锅炉进入纯直流运行后，启动分离器仅相当于是一个连接管道而已。

复 习 思 考 题

1. 燃料量变动对锅炉静态特性有何影响？
2. 过量空气系数变动对锅炉静态特性有何影响？
3. 蒸汽压力的变动受何因素影响？
4. 汽包水位的变动受何因素影响？
5. 过热汽温的变动受何因素影响？
6. 汽包锅炉的给水调节有哪几种方式，各有何特点？
7. 汽包锅炉启动过程中哪些设备需注意保护？如何保护？

8. 锅炉变压运行有哪几种方式?

9. 锅炉变压运行的优点和缺点是什么?

10. 直流锅炉燃料与给水调节间的关系是什么?

11. 直流锅炉的启停有何特点?

12. 直流锅炉有哪两种常见的启动系统?

附录 A　热 力 计 算 算 例

A1　炉 膛 传 热 计 算

某 1000MW 超超临界压力锅炉，在 BMCR 工况时的设计参数：过热器出口压力、汽温、蒸汽流量分别为 26.75MPa、603℃、2950t/h。设计煤种为 $V_{daf}=34.73\%$，$Q_{net,ar}=23.44MJ/kg$，$A_{ar}=8.8\%$ 的神华煤。根据热平衡计算，$q_3=0$，$q_4=1.0$，$q_6=0.1$，$\varphi=0.998$。锅炉效率 $\eta=93.6\%$。计算燃煤量为 $B_{cal}=354.65t/h$ 或 98.514kg/s。根据燃料特性计算，烟气中 $r_{H_2O}=0.09$，$r=0.234$，$\mu_{ash,m}=0.0079$。回转式空气预热器为三分仓，一、二次风设计温度为 323℃ 和 336℃；考虑到一、二次风的比例和炉膛及制粉系统的漏风（冷风温度 $t_{ca}=20℃$），随 1kg 燃料带入炉内的空气的热量为 $Q_a=3209kJ/kg$。1kg 燃料的有效热为 $Q_f^{ef}=26\,627\,kJ/kg$，由焓—温表查出理论燃烧温度为 $\vartheta_{th}=1997℃$ 或 $T_{th}=\vartheta_{th}+273=2270℃$。

一、炉膛结构特性

炉膛结构和尺寸如图 A1-1 所示。

锅炉布置有四角切圆燃烧器 6 排，分别与 6 台中速磨相连接，在 BMCR 工况时，五排燃烧器运行。假定最上排燃烧器为备用。按图 9-5 所示原则计算的炉膛总表面积为 $F=4967m^2$，辐射层有效厚度为 $S=15.38m$，水冷壁的热有效系数 ψ 取 0.45，考虑到炉膛出口烟窗应对 ψ 进行修正和布置燃烧器的炉墙不吸热（$\psi=0$），炉膛平均热有效系数为 $\psi_{av}=0.439$。燃烧器布置相对高度 $x_B=0.352$（炉膛高度计算到屏底标高）。参数 $M=0.59-0.5x_B=0.414$。炉膛截面的当量半径为 $R=\sqrt{\dfrac{DW}{\pi}}=12.96m$。$D$、$W$ 分别为炉膛深度和宽度（m）。

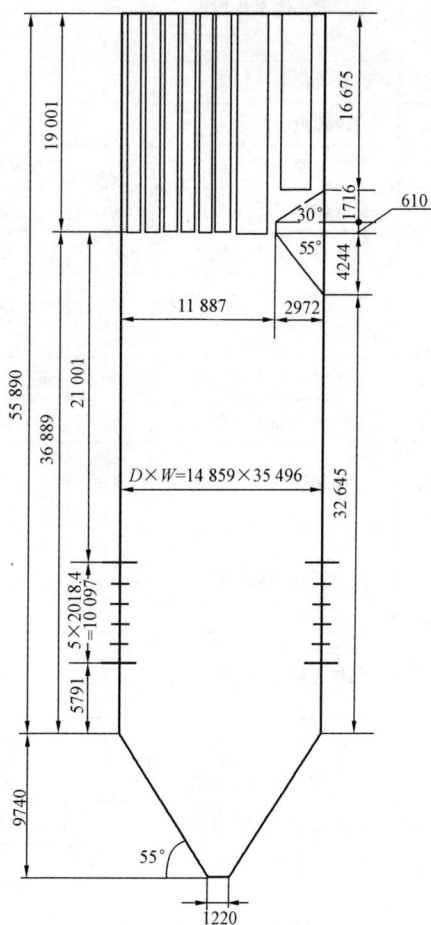

图 A1-1　1000MW 锅炉的炉膛结构和尺寸

二、热力计算

1. 按式（9-34）的方法计算

计算见表 A1-1。

表 A1-1　　　　　　　　　　炉膛传热计算［按式（9-34）］

序号	名称	符号	单位	计算依据、公式和计算	数值
1	炉膛出口烟温	ϑ_f''	℃	假定后核	1400

续表

序号	名称	符号	单位	计算依据、公式和计算	数值
2	炉膛出口烟温	T''_f	K	$\vartheta''_f + 273$	1673
3	炉膛出口烟焓	I''_f	kJ/kg	按 $\alpha''_f = 1.20$ 查焓温表	17 945
4	炉膛出口无量纲温度	θ''_f	—	$T''_f/T_{th} = 1673/2270$	0.737
5	无量纲火焰平均温度	θ_1	—	按式(9-37)，$\left[\dfrac{3(1-0.352)}{(1/0.737)+(1/0.737)^2+(1/0.737)^3}\right]^{0.25}$	0.764 2
6	炉膛火焰平均温度	T_1	K	$\theta_1 T_{th} = 0.764\ 2 \times 2270$	1735
7	炉内辐射吸热量	Q_f^{re}	kJ/kg	按式(9-60)，$0.998(26\ 627 - 17\ 945)$	8665
8	水冷壁平均热负荷	q_{av}	kW/m²	按式(9-61)，$98.514 \times 8665/4967$	171.86
9	省煤器出口工质温度	t''_{eco}	℃	制造厂提供数据	333
10	分离器中工质温度	t_{se}	℃	制造厂提供数据	431
11	炉膛水冷壁工质平均温度	T_{wm}	K	$T_{wm} = (t''_{eco} + t_{se})/2 + 273$	655
12	水冷壁灰垢层热阻	R_f	m²·℃/W	选取	0.004
13	水冷壁污垢表面温度	T_2	K	按式(9-50)，$655 + 0.004 \times 10^3 \times 171.86$	1342
14	三原子气体减弱系数	$k_g r$	m⁻¹	按式(9-43)，$[(0.78+1.6\times0.09)/(0.234\times15.38)^{0.5}-0.1](1-0.37\times1.673)\times0.234$	0.034 5
15	灰分颗粒减弱系数	$k_{ash}\mu_{ash}$	m⁻¹	按式(9-44)，$5330\times0.007\ 9/(1673\times12)^{2/3}\times\left[1-\dfrac{0.65}{1+0.017\ 7/(0.007\ 9\times15.38)^2}\right]$	0.040 1
16	焦炭颗粒容积浓度	$\mu_{cok,v}$	g/Nm³	按式(9-48)，$\{5.5\times61.7(10+1)/[(100+34.73)\times8.014]\}\times[1+(18.753-10.661)/41.759]$	4.126
17	焦炭颗粒减弱系数	$k_{cok}\mu_{cok}$	m⁻¹	按式(9-45)，$10\times4.126/(1673\times38)^{2/3}$	0.026
18	火焰的吸收减弱系数	k_a	m⁻¹	按式(9-42)，$0.034\ 5+0.040\ 1+0.026$	0.100 6
19	炉内辐射层光学密度	τ	—	$\tau = k_a S = 0.100\ 6 \times 15.38$	1.547
20	炉内火焰黑度	ε_1	—	按式(9-42)，$1-e^{-1.547}$	0.787
21	火焰综合黑度	ε_{syn}	—	按式(9-33)，$0.787/(0.32\times0.100\ 6\times12.96\times0.787+1)$	0.592
22	水冷壁灰垢表面黑度	ε_2	—	选取	0.8
23	火焰辐射综合系数	C_{syn}	—	按式(9-35)，$1/(1/0.592+1/0.8-1)$	0.516
24	火焰对水冷壁传热热流	q_R	kW/m²	按式(9-34)，$0.516\times5.67\times10^{-11}(1735^4-1342^4)$	170.22
25	计算误差	Δq	%	$[(q_R-q_{av})/q_{av}]\times100 = (170.22-171.86)\times100/171.86$	−0.95

计算误差在允许范围（±2%），可告结束，炉膛出口烟温为 1400℃。

2. 按式（9-57）的方法计算

仍假设 $\vartheta''_f = 1400℃$，计算见表 A1-2。

表 A1-2　　　　　　　　　　**炉膛传热计算［按式（9-57）］**

序号	名称	符号	单位	计算依据、公式和计算	数值
1	考虑辐射强度减弱时的炉膛黑度	ε_f^{syn}	—	按式(9-53)，$0.592/[0.592+(1-0.592)\times0.439]$	0.768
2	烟气比热容	$\overline{V}c_p$	kJ/(kg·K)	$(26\,627-17\,945)/(2270-1673)$	14.543
3	玻尔兹曼准则数	Bo	—	按式(9-56)，$0.998\times98.514\times14.543/(5.67\times10^{-11}\times0.439\times4967\times2270^3)$	0.989
4	无量纲炉膛出口烟温	θ_f''	—	式(9-57)，$\{1/[1+3(1-0.352)\times0.768/0.989]\}^{0.333}$	0.736
5	炉膛出口烟温	ϑ_f''	℃	$\theta_f''T_{th}-273$	1398

计算结果与假定值（1400℃）十分接近，计算结束，炉膛出口烟温为 $\vartheta_f''=1398℃$。

3. 按前苏联 1973 年的计算方法计算

计算见表 A1-3。

表 A1-3　　　　　　　　　　**炉膛传热计算［按式（9-65）和式（9-66）］**

序号	名称	符号	单位	计算依据、公式和计算	数值
1	炉膛出口烟温	ϑ_f''	℃	假定后核	1345
2	炉膛出口烟温	T_f''	K	$\vartheta_f''+273$	1618
3	炉膛出口烟焓	I_f''	kJ/kg	按 $\alpha_f''=1.20$ 查焓温表	17 163
4	烟气平均比热容	$\overline{V}c$	kJ/(kg·K)	$(26\,627-17\,163)/(2270-1618)$	14.52
5	玻尔兹曼准则数	Bo	—	按式(9-56)，$0.998\times98.514\times14.52/(5.67\times10^{-11}\times0.439\times4967\times2270^3)$	0.987
6	三原子气体减弱系数	$k_g r$	m^{-1}	按式(9-43)，$[(0.78+1.6\times0.09)/(0.234\times15.38)^{0.5}-0.1](1-0.37\times1.618)$	0.036 35
7	灰分颗粒减弱系数	$k_{ash}\mu_{ash}$	m^{-1}	$(5590\times0.007\,9)/(1618\times16)^{2/3}$	0.054 6
8	焦炭颗粒减弱系数	$k_{cok}\mu_{cok}$	m^{-1}		0.05
9	火焰的减弱系数	k_a	m^{-1}	按式(9-42)，$0.036\,35+0.054\,6+0.05$	0.136 8
10	辐射层的光学密度	τ	—	$\tau=k_a s=0.136\,8\times15.38$	2.104
11	炉内火焰黑度	ε_1	—	$\varepsilon_1=1-e^{-\tau}=1-e^{-2.104}$	0.878
12	炉膛黑度	ε_f	—	按式(9-65)，$0.878/[0.878+(1-0.878)\times0.439]$	0.94
13	炉膛出口无量纲温度	θ_f''	—	按式(9-66)，$1/[1+0.414(0.94/0.987)^{0.6}]$	0.713 2
14	炉膛出口烟温	ϑ_f''	℃	$\theta_f''T_{th}-273=0.713\,2\times2270-273$	1346

炉膛出口烟温与假设值（1345℃）相差很小，计算可告结束，炉膛出口烟温为 $\vartheta_f''=1346℃$。

4. 按式（9-67）的方法计算

假设 $\vartheta_f''=1400℃$，计算见表 A1-4。

表 A1-4   **炉膛传热计算〔按式 (9-67)〕**

序号	名称	符号	单位	计算依据、公式和计算	数值
1	炉膛出口烟温	ϑ_f''	℃	假定后核	1400
2	炉膛出口烟焓	I_f''	kJ/kg	按 $\alpha_f''=1.20$ 查焓温表	17 945
3	烟气平均比热容	$\overline{Vc}$	kJ/(kg·K)	(26 627−17 945)/(2270−1673)	14.543
4	玻尔兹曼准则数	Bo	—	按式(9-56)，0.998×98.514×14.543/(5.67×10^{-11}×0.439×4967×2270^3)	0.989
5	考虑辐射强度减弱的炉膛黑度	ϵ_f^{syn}	—	按式(9-53)，A1-2	0.768
6	炉膛出口无量纲温度	θ_f''	—	按式(9-67)，1/[1+0.414(0.768/0.989)^{0.6}]	0.737 5
7	炉膛出口温度	ϑ_f''	℃	$\vartheta_f''=\theta_f'' T_{th}-273=0.737\,5×2270-273$	1401

炉膛出口烟温的计算结果（1401℃）与假设值（1400℃）十分接近，计算结束。

以上计算说明，当不考虑火焰辐射强度沿射线方向减弱时（如前苏联 1973 年方法），对灰分含量较少（本例 $A_{ar}=8.8\%$）的煤种，炉膛出口温度的计算值偏低 1400−1345=55（℃）。对于大容量锅炉，随燃料灰分含量增加，辐射强度减弱更加严重，按前苏联 1973 年方法计算的炉膛出口温度偏低更多。对燃料含灰量较大（如 $A_{ar}\approx30\%$）的煤种，偏低 100℃以上。

A2   前屏过热器传热计算

计算对象与炉膛传热计算相同。

一、前屏有关结构等特性

1. 基本尺寸

一台 1000MW 超超临界压力锅炉的前屏布置及有关尺寸如图 A2-1 所示。前屏由 12 片

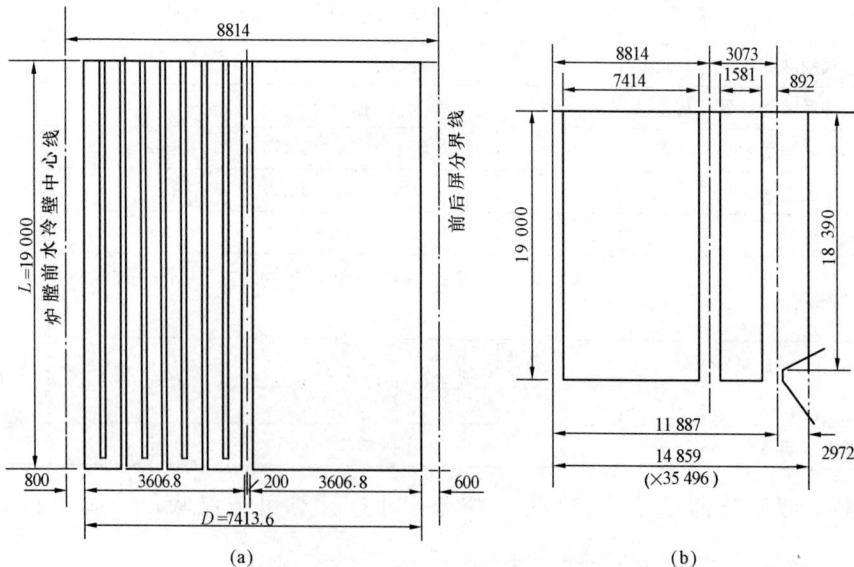

图 A2-1   前屏结构尺寸和炉膛上部屏的布置

(a) 前屏屏片尺寸；(b) 炉膛上部屏的布置

组成，屏片间距 $s_1 = 2728.8\text{mm}$，$s_2/d = 1.25$，查得角系数为 $x_p = 0.92$。每一屏片由平行的 8 个管带组成，每一管带有 9 根平行管，故前屏平行总管数为 $8 \times 9 \times 12 = 864$ 根。管子尺寸为 $\phi41.3 \times 6.77\text{mm}$。

2. 屏受热面积及屏区面积比例

屏本身面积 $F_p = (19 + 0.02065)(7.4136 + 0.0413) \times 2 \times 12 = 3403$ （m^2）。

屏的受热面积 $H_p = F_p \cdot x_p = 3403 \times 0.92 = 3131$ （m^2）。

顶棚面积 $F_{ce} = (0.8 + 7.4136 + 0.6) \times 35.496 = 312.9$ （m^2）。

屏区前水冷壁面积 $F_{fr} = 19 \times 35.496 = 674.4$ （m^2）。

屏区两侧水冷壁面积 $F_s = 19 \times (7.4136 + 0.8 + 0.6) \times 2 = 335$ （m^2）。

屏区总受热面积 $\sum H_p = H_p + F_{ce} + F_{fr} + F_s = 4453.2$ （m^2）。

屏区各受热面面积份额：

前屏本身 $r_p = \dfrac{H_p}{\sum H_p} = 0.703$。

顶棚 $r_{ce} = F_{ce}/\sum H_p = 0.070$。

前水冷壁 $r_{fr} = F_{fr}/\sum H_p = 0.152$。

两侧水冷壁 $r_s = F_s/\sum H_p = 0.075$。

3. 烟气流通截面积

按烟气横向冲刷计算 $F_g = (35.496 - 0.0413 \times 12) \times 19 = 665$ （m^2）。

4. 屏空间辐射层有效厚度

考虑到屏与前水冷壁之间的屏前空间和屏与前后屏分界线之间的屏后空间的辐射用加大辐射层厚度的方式考虑，前屏的有效辐射层厚度按 $S = 3.6V/\sum F$ 计算。

其中 $V = 8.814 \times 19 \times 35.496 = 5944.4$ （m^3），$\sum F = 3131 + 312.9 \times 2 + 674.4 \times 2 + 335 = 5440.6$ （m^2）。故 $S = 3.6V/\sum F = 3.93$ （m）。

5. 前屏区烟气流量份额

按受热面布置尺寸的比例计算

$$g_1 = \frac{8814}{11\,887} = 0.74$$

6. 蒸汽流通截面积

$$F_v = \frac{\pi}{4} d_i^2 \sum n = \frac{\pi}{4} 0.02776^2 \times 864 = 0.523 \ (\text{m}^2)$$

7. 蒸汽流量及质量流速

流经前屏受热面的蒸汽流量 $D_p = 2774\text{t/h}$ 或 770.56kg/s。

质量流速 $w\rho = D_p/F_v = 770.56/0.523 = 1473$ [$\text{kg/}(\text{m}^2 \cdot \text{s})$]。

8. 进出口蒸汽压力

前屏进、出口蒸汽压力分别为 28.5MPa 和 28.25MPa。

9. 屏区的穿透角系数

屏进口截面与出口截面相互垂直，以 $L/s_1 = 19.0/2.729 = 6.96$，$D/s_1 = 7.414/2.729 = 2.72$ 作参数，从图 11-5 中查得 $\varphi_{pl}^v = 0.14$。

二、前屏热力计算

计算见表 A2-1。

表 A2-1

前 屏 热 力 计 算

序号	名称	符号	单位	计算依据、公式和计算	数值
1	进口烟温	ϑ'_{pl}	℃	炉膛出口烟温	1400
2	进口烟焓	I'_{pl}	kJ/kg	炉膛出口烟焓	17 945
3	出口烟温	ϑ''_{pl}	℃	假定后核	1118
4	出口烟焓	I''_{pl}	kJ/kg	按 $\alpha=1.20$ 查焓温表	13 984
5	烟气平均温度	$\overline{\vartheta}_{pl}$	℃	$\overline{\vartheta}_{pl}=0.5(\vartheta'_{pl}+\vartheta''_{pl})$	1259
6	烟气平均温度	$\overline{T}_{pl}$	K	$\overline{T}_{pl}=\vartheta_{pl}+273$	1532
7	烟气放出热量	$Q_{pl,g}$	kJ/kg	$Q_{pl,g}=\varphi(I'_{pl}-I''_{pl})g_1=0.998(17\,945-13\,984)\times0.74$	2925.3
8	三原子气体减弱系数	$k_g r$	m^{-1}	按式（9-43），$[(0.78+1.6\times0.09)/(0.234\times3.93)^{0.5}-0.1](1-0.378\times1.532)$	0.087 53
9	灰分颗粒减弱系数	$k_{ash}\mu_{ash}$	m^{-1}	按式（9-44），$5330\times0.007\,9/(1532\times12)^{2/3}\times\left[1-\dfrac{0.65}{1+0.017\,7/(0.007\,9\times3.93)^2}\right]$	0.058 4
10	烟气介质的吸收减弱系数	k_a	m^{-1}	$k_a=k_g r+k_{ash}\mu_{ash}=0.087\,53+0.058\,4$	0.146
11	烟气介质的光学密度	τ	—	$\tau=k_a s=0.146\times3.93$	0.574
12	烟气黑度	ε_{pl}	—	$\varepsilon_{pl}=1-e^{-\tau}=1-e^{-0.574}$	0.438
13	烟气的综合黑度	ε^{pl}_{syn}	—	按式（11-7），$0.438/(0.48\times0.146\times2.729\times0.438+1)$	0.404
14	屏空间热有效系数	$\psi_{pl,S}$	—	选取	0.36
15	屏空间黑度	$\varepsilon^{syn}_{pl,S}$	—	按式（11-13），$0.404/[0.404+(1-0.404)\times0.36]$	0.653
16	屏空间向后屏的穿透辐射热流	$q''_{pl,S}$	kW/m^2	按式（11-14），$0.35\times0.653\times5.67\times10^{-11}(1118+273)^4$（前屏对后屏的热有效系数取 $\psi''_{pl,S}=0.35$）	48.5
17	前屏空间向后屏的穿透辐射热	$Q''_{pl,S}$	kJ/kg	按式（11-15），$48.5\times19\times35.496/98.514$	332.0
18	烟气流速	W_g	m/s	按式（11-36），$0.74\times98.514\times8.014\times1532/(273\times665)$	4.93
19	烟气运动黏度	υ	m^2/s	按烟温 1259℃ 查表	224.8×10^{-6}
20	烟气导热系数	λ_g	W/(m·℃)		13.12×10^{-2}
21	烟气普朗特数	Pr_g	—		0.554
22	烟气雷诺数	Re_g	—	$Re_g=W_g d/\nu_g=4.93\times0.041\,3/(224.8\times10^{-6})$	906
23	烟气努塞尔特数	Nu_g	—	按式（11-3），$0.51\times906^{0.5}\times0.554^{0.37}$	12.34
24	烟气对流放热系数	α_c	W/(m²·℃)	$\alpha_c=Nu_g\lambda_g/d=12.34\times13.12\times10^{-2}/(4.13\times10^{-2})$	39.2

续表

序号	名称	符号	单位	计算依据、公式和计算	数值
25	屏获取炉内辐射的热有效系数	$\psi''_{p,f}$	—	$\psi''_{p,f}=\beta\psi=0.8\times0.45$	0.36
26	炉膛出口对屏直接辐射的换热热流	q''_f	kW/m²	按式(11-17)，$0.36\times0.765\times5.67\times10^{-11}\times(1400+273)^4$	122.33
27	炉膛出口截面积	F_{abc}	m²	$F_{abc}=11.887\times35.496$	421.9
28	炉膛出口直接辐射热	$Q''_{p,f}$	kJ/kg	按式(11-18)，$122.33\times421.9/98.514$	523.9
29	前屏区炉膛直接辐射热	$Q''_{p1,f}$	kJ/kg	按式(11-23)，$8.814\times35.496\times122.33/98.514$	388.5
30	后屏区炉膛直接辐射热	$Q''_{p2,f}$	kJ/kg	按式(11-24)，$3.073\times35.496\times122.33/98.514$	135.4
31	前屏区直接辐射中透过前屏区落到后屏的辐射热	Q''_{p1}	kJ/kg	按式(11-25)，388.5×0.14	54.4
32	前屏区获得的炉膛直接辐射热	Q_{p1}	kJ/kg	按式(11-26)，$388.5(1-0.14)$	334.1
33	其中，屏式受热面所得	Q^r_{p1}	kJ/kg	按式(11-21)，$Q^r_{p1}=x_{p1}Q_{p1}=0.703\times334.1$	234.9
	屏区顶棚管所得	Q^r_{ce}	kJ/kg	0.07×334.1	23.4
	屏区两侧墙水冷壁所得	Q^r_s	kJ/kg	0.075×334.1	25.0
	屏区前墙水冷壁所得	Q^r_{fr}	kJ/kg	0.152×334.1	50.8
34	前屏区热量平衡				
	屏区烟气对流放热量	$Q_{p1,g}$	kJ/kg		2925.3
	屏区顶棚管对流吸热量	Q^c_{ce}	kJ/kg	假设后核	190
	前墙和两侧墙水冷壁管对流吸热量	Q^c_{ww}	kJ/kg	假设后核	610
	前屏向后屏的穿透辐射热	$Q''_{p1,S}$	kJ/kg		332.0
	前屏受热面本身吸收的对流热量	Q^c_{p1}	kJ/kg	按式(11-34)，$2925.3-190-610-332.0$	1793.3
35	前屏受热面总吸热量	$\sum Q_{p1}$	kJ/kg	$\sum Q_{p1}=Q^c_{p1}+Q^r_{p1}=1793.3+234.9$	2028.2
36	前屏过热器进口汽温	t'	℃	进口压力 $p'=28.5$MPa，$t'=438$℃	438
37	前屏过热器进口蒸汽焓	i'	kJ/kg	查水蒸气性质表	2785.9
38	前屏过热器出口蒸汽焓	i''	kJ/kg	$i''=i'+B_{cal}\sum Q_{p1}/D_{p1}=2785.9+98.514\times2028.2/770.56$	3045.2

序号	名称	符号	单位	计算依据、公式和计算	数值
39	前屏过热器出口蒸汽温度	t''	℃	查水蒸气性质表，$p''=28.25\text{MPa}$	484
40	前屏过热器平均汽温	t_{av}	℃	$0.5(t'+t'')$	461
41	屏式受热面污染热阻	R_f	m²·℃/W	选取	0.006 8
42	屏式受热面灰污表面温度	T_2	K	$t+273+R_f B_{cal}\sum Q_{p1}/H_{p1}=734+0.006\,8\times10^3\times$ 98.514×2028.2/3131	1168
43	辐射热交换综合系数	C_{syn}	—	按式(11-8)，$1/(1/0.404+1/0.8-1)$	0.369
44	屏区烟气对受热面辐射换热热流	q_R^{p1}	kW/m²	按式（11-8），$0.369\times5.67\times10^{-11}$ (1532⁴ − 1168⁴)	76.3
45	屏区烟气辐射放热系数	α_r	W/(m²·℃)	按式(11-11)，$76.3\times10^3/(1532-1168)$	209.6
46	烟气侧放热系数	α_1	W/(m²·℃)	按式(11-2)，$0.6[\pi\times41.3\times39.2/(2\times51.8\times 0.92)+209.6]$	157.9
47	传热系数	K	W/(m²·℃)	按式(11-1)，$157.9/[1+(1+234.9/1791.9)\times 0.006\,8\times157.9]$	71.3
48	传热温差				
	进口端差	ΔT_1	℃	$\Delta T_1=1400-438$	962
	出口端差	ΔT_2	℃	$\Delta T_2=1118-484$	634
	传热温差	ΔT	℃	$(\Delta T_1-\Delta T_2)/\ln(\Delta T_1/\Delta T_2)$	786.6
49	对流传热量	Q_{p1}^c	kJ/kg	$Q_{p1}^c=KH_{p1}\Delta T/B_{cal}=71.3\times10^{-3}\times3131\times$ 786.6/98.514	1782.5
	计算误差	ΔQ	%	$[(Q_{p1}^c-Q_{p1}^c)/Q_{p1}^c]\times100=(1782.5-1793.3)\times$ 100/1793.3	−0.6
50	附加受热面对流吸热量				
	顶棚管传热温差	ΔT_{ce}	℃	1259−435	824
	屏区水冷壁传热温差	ΔT_{ww}	℃	1259−430	829
	顶棚管对流传热量	Q_{ce}^c	kJ/kg	$Q_{ce}^c=KF_{ce}\Delta T_{ce}/B_{cal}=71.3\times10^{-3}\times312.8\times$ 824/98.514	186.5
	屏区水冷壁对流传热量	Q_{ww}^c	kJ/kg	$K(F_{fr}+F_s)\Delta T_{ww}/B_{cal}=71.3\times10^{-3}\times(674.4+ 335)\times829/98.514$	605.6
	顶棚管计算误差	ΔQ_{ce}	%	(186.5−190)×100/190	−1.8
	屏区水冷壁计算误差	ΔQ_{ww}	%	(605.6−610)×100/610	−0.7
51	后屏区进口烟焓	I_{p2}'	kJ/kg	按式(11-37)，0.74×13 984+0.26×17 945	15 014
52	后屏区进口烟温	ϑ_{p2}'	℃	按 $\alpha=1.20$ 查焓温表	1192
53	从前屏区进入后屏区的总辐射热量	$\sum Q_{p1}''$	kJ/kg	按式(11-27)，54.4+332.0	386.4
54	从炉膛进入后屏区的辐射热	$Q_{p2,f}''$	kJ/kg	按式(11-24)	135.4

计算误差符合要求，前屏计算结束。

A3　三分仓回转式预热器传热计算

计算对象与 A1 和 A2 节相同，该 1000MW 超超临界压力锅炉采用两只型号为 34-Ⅵ (T) -2042 的三分仓回转式空气预热器。制造商提供的原始数据如下：转子直径为 16.4m，转子转速 $n=1.2$r/min。采用厚度为 0.5mm 的 DU 型波纹蓄热板作热段受热面，高度为 $h_h=1042$mm；厚度为 1.0mm 的 NF 型蓄热板作冷段受热面，高度为 $h_c=1000$mm。每只预热器的热、冷段受热面积分别为 $H_h=93\,250$m^2 和 $H_c=62\,120$m^2。锅炉设计煤种为神华煤。一、二次风进口风温分别为 $t'_{a1}=20$℃ 和 $t'_{a2}=18$℃。预热器进口烟温为 $\vartheta'=374$℃。预热器烟气侧进口过量空气系数和漏风率分别为 $\alpha'=1.20$ 和 $L=6\%$。预热器烟气、一次风和二次风三个通道所占圆周角分别为 165°、50° 和 100°。

制造商给出预热器出口烟温（即排烟温度）$\vartheta''=124$℃，一、二次风出口风温分别为 $t''_{a1}=323$℃ 和 $t''_{a2}=336$℃。

一、结构数据和相关参数

1. 结构数据

结构数据按每只预热器计算。

烟气、一次风和二次风三个通道的流通截面份额分别为 $x_g=0.458$、$x_{a1}=0.139$ 和 $x_{a2}=0.278$。

预热器共 24 个分隔仓。按预热器型号表（表 10-6），34 号预热器每个分隔仓的流通截面积（未安放蓄热元件时）为 7.853 1m^2。总流通截面积为 $F_a=24\times7.835\,1=188.5$m^2。

预热器蓄热板的传热面积 H 按式（10-72）计算，取 $C_F=1.0$，受热面的面积密度 ρ_F 按表 10-7，对热段为 475，冷段为 330，m^2/m^3，则有

$$H_h = F_a h_h \rho_{F,h} = 188.5\times1.042\times475 = 93\,298(\text{m}^2)$$
$$H_c = F_a h_c \rho_{F,c} = 188.5\times1.0\times330 = 62\,205(\text{m}^2)$$

与制造商提供的数据相符，以后按制造商提供的数据计算。

热、冷段蓄热板本身所占流通截面积按式（10-75）第二式计算，分别为

$$\sum f_{hs}^h = \frac{H_h \delta_{hs}^h}{2h_h} = \frac{93\,250\times0.000\,5}{2\times1.042} = 22.37(\text{m}^2)$$

$$\sum f_{hs}^c = \frac{H_c \delta_{hs}^c}{2h_c} = \frac{62\,120\times0.001}{2\times1.0} = 31.06(\text{m}^2)$$

冷、段热蓄热板的总长度按式（10-75）第三式分别为

$$\sum l_{hs}^h = \frac{H_h}{2h_h} = \frac{93\,250}{2\times1.042} = 44\,740(\text{m})$$

$$\sum l_{hs}^c = \frac{H_c}{2h_c} = \frac{62\,120}{2\times1.0} = 31\,060(\text{m})$$

烟气、二次风和一次风三个通道的流通截面积（布置蓄热板后）按式（10-74）计算。对热段和冷段分别为

$$F_{g,h} = (F_a - \sum f_{hs}^h)x_g = (188.5-22.37)\times0.458 = 76.07(\text{m}^2)$$
$$F_{a2,h} = (F_a - \sum f_{hs}^h)x_{a2} = (188.5-22.37)\times0.278 = 46.18(\text{m}^2)$$
$$F_{a1,h} = (F_a - \sum f_{hs}^h)x_{a1} = (188.5-22.37)\times0.139 = 23.09(\text{m}^2)$$

$$F_{g,c} = (F_a - \sum f_{hs}^c) x_g = (188.5 - 31.06) \times 0.458 = 72.1(m^2)$$

$$F_{a2,c} = (F_a - \sum f_{hs}^c) x_{a2} = (188.5 - 31.06) \times 0.278 = 43.76(m^2)$$

$$F_{a1,c} = (F_a - \sum f_{hs}^c) x_{a1} = (188.5 - 31.06) \times 0.139 = 21.88(m^2)$$

蓄热板的当量直径按式（10-76）计算，对热、冷段分别为

$$d_{eq}^h = \frac{2(F_a - \sum f_{hs}^h)}{\sum l_{hs}^h} = \frac{2 \times (188.5 - 22.37)}{44\,740} = 0.007\,4m = 7.4(mm)$$

$$d_{eq}^c = \frac{2(F_a - \sum f_{hs}^c)}{\sum l_{hs}^c} = \frac{2 \times (188.5 - 31.06)}{31\,060} = 0.010\,1m = 10.1(mm)$$

2. 相关参数

计算燃料消耗量按热平衡计算结果为 $B_{cal} = 98.514kg/s$。

空气预热器的漏风系数 $\Delta\alpha$，按漏风率与漏风系数的如下近似关系式计算：$\Delta\alpha = \alpha'L/0.9 = 1.2 \times 0.06/0.9 = 0.08$。并假定热、冷段各占一半，即 $\Delta\alpha_h = \Delta\alpha_c = 0.04$。

预热器热段空气侧过量空气系数 β_h' 按式（10-10）确定。取漏风系数 $\Delta\alpha_f$ 和制粉系统密封风系数 $\Delta\alpha_{pcs}$ 总和为 $\Delta\alpha_f + \Delta\alpha_{pcs} = 0.11$，故

$$\beta_h' = \alpha_f'' - (\Delta\alpha_f + \Delta\alpha_{pcs}) = 1.2 - 0.11 = 1.09$$

一、二次风的风量份额假定冷、热段相同，并按一般燃烧烟煤数值选取，即

$$g_1 = 0.2, \quad g_2 = 0.8$$

一、二次风进口风温分别为 $t_{a1}' = 20°C$ 和 $t_{a2}' = 18°C$，进口空气焓分别为 $I_{a1}^{0'} = 163.7kJ/kg$ 和 $I_{a2}^{0'} = 147.4kJ/kg$。按流量份额平均的进口空气焓为 $\bar{I}_a^{0'} = g_1 I_{a1}^{0'} + g_2 I_{a2}^{0'} = 150.7$（kJ/kg）。查得进口风温为 $\bar{t}_a' = 18.4°C$。

神华煤的理论空气量为 $V^0 = 6.193m^3/kg$（标准状况下）；热段和冷段烟气平均容积分别为 $V_g^h = 8.109m^3/kg$（标准状况下）和 $V_g^c = 8.3m^3/kg$（标准状况下）。

二、热段和冷段传热计算

1. 热段计算

热段传热计算见表 A3-1。

表 A3-1   三分仓回转预热器热段计算

序号	名称	符号	单位	计算依据、公式和计算	数值
1	进口烟温	ϑ'	℃	给定	374
2	进口烟焓	I'	kJ/kg	按 $\alpha = 1.20$ 查焓温表	4272.4
3	进口烟气过量空气系数	α'	—	给定	1.20
4	热段漏风系数	$\Delta\alpha_h$	—	给定	0.04
5	烟气出口过量空气系数	α''	—	$\alpha' + \Delta\alpha_h$	1.24
6	空气侧出口过量空气系数	β'	—		1.09
7	空气侧平均过量空气系数	$\bar{\beta}$	—	$\beta' + \Delta\alpha_h/2$	1.11

续表

序号	名称	符号	单位	计算依据、公式和计算	数值
8	出口烟温	ϑ''	℃	假定后核	207
9	出口烟焓	I''	kJ/kg	按 $\alpha=1.24$ 查焓温表	2379.4
10	热段按一、二次风流量加权平均的出口风温	$\bar{t}''_a$	℃	假定后核	328
11	热段加权平均出口空气焓	$\bar{I}''_{a,h}$	kJ/kg	按理论空气焓温表查出	2735.2
12	热段加权平均进口空气焓	$\bar{I}'_{a,h}$	kJ/kg	按式（10-81），$\left[\left(\dfrac{1.11}{0.998}-\dfrac{0.04}{2}\right)2735.2-(4272.2-2379.4)\right]\Big/\left(\dfrac{1.11}{0.998}+\dfrac{0.04}{2}\right)$	966.8
13	热段加权平均的进口风温	$\bar{t}'_{a,h}$	℃	按理论空气焓温表查出	117.8
14	热段空气吸热量	Q^{ab}_a	kJ/kg	按式（10-79），$1.11(2735.2-966.8)$	1963.0
15	烟气平均温度	$\bar{\vartheta}$	℃	$0.5(\vartheta'+\vartheta'')=0.5(374+207)$	290.5
16	空气平均温度	$\bar{t}$	℃	$0.5(\bar{t}'_a+\bar{t}''_a)=0.5(118+328)$	223
17	烟气运动黏度	ν_g	m²/s	查烟气性质表	42.73×10^{-6}
18	烟气导热系数	λ_g	kW/(m·℃)		4.76×10^{-5}
19	烟气普朗特数	Pr_g	—		0.65
20	空气运动黏度	ν_a	m²/s	查空气性质表	37.88×10^{-6}
21	空气导热系数	λ_a	kW/(m·℃)		4.03×10^{-5}
22	空气普朗特数	Pr_a	—		0.69
23	逆流传热温差	ΔT	℃	按式（10-12），$[(374-328)-(207-117.8)]\Big/\ln[(374-328)/(207-117.8)]$	65.2
24	烟气流速	w_g	m/s	按式（10-66），$98.514\times8.109\times(290.5+273)/(273\times76.07\times2)$	10.84
25	烟气雷诺数	Re_g	—	$w_g d_{eq}/\nu_g=10.84\times0.0074/(42.73\times10^{-6})$	1877.3
26	烟气努塞尔数	Nu_g	—	按式（10-49），$0.04\times1877.3^{0.8}\times0.65^{0.4}$	14.0
27	烟气放热系数	α_g	kW/(m²·℃)	$Nu_g\lambda_g/d_{eq}=14\times4.76\times10^{-5}/0.0074$	0.09
28	烟气有效放热系数	$x_g\alpha_g$	kW/(m²·℃)	0.458×0.09	0.0412
29	一次风流速	W_{a1}	m/s	按式（10-83），$[0.2\times98.514\times1.11\times6.193\times(223+273)]/(273\times23.09\times2)$	5.33
30	二次风流速	W_{a2}	—	按式（10-83），$[0.8\times98.514\times1.11\times6.193\times(223+273)]/(273\times46.18\times2)$	10.66
31	一次风雷诺数	Re_{a1}	—	$5.33\times0.0074/(37.88\times10^{-6})$	1041.2
32	二次风雷诺数	Re_{a2}	—	$10.66\times0.0074/(37.88\times10^{-6})$	2082.5
33	一次风努塞尔数	Nu_{a1}	—	按式（10-49），$0.04\times1041.2^{0.8}\times0.69^{0.4}$	8.95
34	二次风努塞尔数	Nu_{a2}	—	$0.04\times2082.5^{0.8}\times0.69^{0.4}$	15.58
35	空气侧一次风放热系数	α_{a1}	kW/(m²·℃)	$Nu_{a1}\lambda_{a1}/d_{eq}=8.95\times4.03\times10^{-5}/0.0074$	0.0487

序号	名称	符号	单位	计算依据、公式和计算	数值
36	空气侧二次风放热系数	α_{a2}	kW/(m²·℃)	$15.58 \times 4.03 \times 10^{-5}/0.0074$	0.084 9
37	空气侧一次风有效放热系数	$x_{a1}\alpha_{a1}$	kW/(m²·℃)	0.139×0.0487	0.006 8
38	空气侧二次风有效放热系数	$x_{a2}\alpha_{a2}$	kW/(m²·℃)	0.278×0.0849	0.023 6
39	利用系数	ξ	—	表 10-5	0.9
40	热段传热系数	K	kW/(m²·℃)	按式(10-84)，$0.9/[(1/0.0412)+1/(0.0068+0.0236)]$	0.015 8
41	热段传热量	Q_h^{tr}	kJ/kg	$K\sum H\Delta T/B_{cal} = 0.0158 \times (93\,250 \times 2) \times 65.2/98.514$	1950.2
42	计算误差	ΔQ	%	$(Q_h^{tr}-Q_{a,h}^{ab}) \times 100/Q_{a,h}^{ab} = (1950.2-1963.0) \times 100/1963.0$	−0.7

计算误差符合要求，计算结束。

2. 冷段计算

冷段传热计算见表 A3-2。

表 A3-2　　　　　　　　　　三分仓回转式预热器冷段计算

序号	名称	符号	单位	计算依据、公式和计算	数值
1	进口烟温	ϑ'	℃	热段出口烟温	207
2	进口烟焓	I'	kJ/kg	热段出口烟焓	2379.4
3	冷段加权平均进口风温	$\bar{t}'_{a,c}$	℃		18.4
4	冷段加权平均进口空气焓	$\bar{I}^{0'}_{a,c}$	kJ/kg		150.7
5	烟气侧进口过量空气系数	α'	—	热段出口过量空气系数	1.24
6	冷段漏风系数	$\Delta\alpha_c$	—	给定	0.04
7	烟气侧出口过量空气系数	α''	—	$\alpha' + \Delta\alpha_c$	1.28
8	冷段空气侧出口过量空气系数	β'	—	热段空气侧进口过量空气系数 $\beta''_h + \Delta\alpha_h = 1.09 + 0.04$	1.13
9	冷段空气侧平均过量空气系数	$\bar{\beta}$	—	$\beta' + \Delta\alpha_c/2$	1.15
10	冷段出口烟温	ϑ''	℃	假定后核	124.5
11	冷段出口烟焓	I''	kJ/kg	按 $\alpha=1.28$ 查烟气焓温表	1460
12	冷段加权平均出口空气焓	$\bar{I}^{0''}_{a,c}$	kJ/kg	按式(10-81)，$[2379.4 - 1460 + (1.15/0.998 + 0.04/2) \times 150.7]/(1.15/0.998 - 0.04/2)$	969
13	冷段加权平均出口风温	$\bar{t}''_{a,c}$	℃	由理论空气焓温表查出	118.1

序号	名称	符号	单位	计算依据、公式和计算	数值
14	冷段空气吸热量	$Q_{a,c}^{ab}$	kJ/kg	按式(10-79)，$1.15\times(969-150.7)$	941
15	冷段烟气平均温度	$\bar{\vartheta}$	℃	$0.5(\vartheta'+\vartheta'')=0.5\times(207+124.5)$	165.8
16	冷段空气平均温度	$\bar{t}$	℃	$0.5(\bar{t}_{a,c}'+\bar{t}_{a,c}'')=0.5\times(18.4+118.1)$	68.2
17	烟气运动黏度	ν_g	m²/s	查烟气性质表	27.91×10^{-6}
18	烟气导热系数	λ_g	kW/(m·℃)		3.71×10^{-5}
19	烟气普朗特数	Pr_g	—		0.68
20	空气运动黏度	ν_a	m²/s	查空气性质表	20.02×10^{-6}
21	空气导热系数	λ_a	kW/(m·℃)		2.95×10^{-5}
22	空气普朗特数	Pr_a	—		0.693
23	传热温差	ΔT	℃	按式(10-12)，$[(207-118.1)-(124.5-18.4)]/\ln[(207-118.1)/(124.5-18.4)]$	97.3
24	烟气流速	W_g	m/s	按式(10-66)，$[98.514\times8.3\times(165.8+273)]/(273\times72.1\times2)$	9.11
25	烟气雷诺数	Re_g	—	$9.11\times0.010\ 1/(27.9\times10^{-6})$	3297
26	烟气努塞尔数	Nu_g	—	按式(10-49)，$0.021\times3297^{0.8}\times0.68^{0.4}$	11.74
27	烟气放热系数	α_g	kW/(m²·℃)	$11.74\times3.71\times10^{-5}/0.010\ 1$	0.043 1
28	烟气有效放热系数	$x_g\alpha_g$	—	$0.458\times0.043\ 1$	0.02
29	一次风流速	W_{a1}	m/s	按式(10-83)，$[0.2\times98.514\times1.15\times6.193\times(68.2+273)]/(273\times21.88\times2)$	4.01
30	二次风流速	W_{a2}	m/s	$[0.8\times98.514\times1.15\times6.193\times(68.2+273)]/(273\times43.76\times2)$	8.02
31	一次风雷诺数	Re_{a1}	—	$4.01\times0.010\ 1/(20.02\times10^{-6})$	2023
32	二次风雷诺数	Re_{a2}	—	$8.02\times0.010\ 1/(20.02\times10^{-6})$	4046
33	一次风努塞尔数	Nu_{a1}	—	按式(10-49)，$0.021\times2023^{0.8}\times0.693^{0.4}$	8.0
34	二次风努塞尔数	Nu_{a2}	—	$0.021\times4046^{0.8}\times0.693^{0.4}$	13.94
35	空气侧一次风放热系数	α_{a1}	kW/(m²·℃)	$8.0\times2.95\times10^{-5}/0.010\ 1$	0.023 4
36	空气侧二次风放热系数	α_{a2}	kW/(m²·℃)	$13.94\times2.95\times10^{-5}/0.010\ 1$	0.040 7
37	空气侧一次风有效放热系数	$x_{a1}\alpha_{a1}$	kW/(m²·℃)	$0.139\times0.023\ 4$	0.003 3
38	空气侧二次风有效放热系数	$x_{a2}\alpha_{a2}$	kW/(m²·℃)	$0.278\times0.040\ 7$	0.011 3
39	利用系数	ξ	—	表10-5	0.9
40	冷段传热系数	K	kW/(m²·℃)	按式(10-84)，$0.9/[1/0.02+1/(0.003\ 3+0.011\ 3)]$	0.007 6
41	冷段传热量	Q_c^{tr}	kJ/kg	$K\sum H\Delta T/B_{cal}=0.007\ 6\times(62\ 120\times2)\times97.3/98.514$	932.6
42	计算误差	ΔQ	%	$(Q_c^{tr}-Q_{a,c}^{ab})\times100/Q_{a,c}^{ab}=(932.6-941)\times100/941$	-0.9

计算误差符合要求；冷段空气出口温度（118.1℃）与热段空气进口温度（118℃）也符合。预热器出口烟温和按流量加权平均的出口风温的计算可告结束。出口烟温的计算值（124.5℃）与制造厂数据（124℃）相差 0.5℃。

三、一、二次风出口温度的确定

确定一、二次风出口温度的计算列于表 A3-3 中。

表 A3-3　　　　　　　　三分仓回转式预热器一、二次风温的确定

序号	名称	符号	单位	计算依据、公式和计算	数值
1	热段受热面积(每台)	H_h	m^2	结构计算	93 250
2	冷段受热面积(每台)	H_c	m^2	结构计算	62 120
3	热段受热面积份额	r_h	—	93 250/(93 250+62 120)	0.6
4	冷段受热面积份额	r_c	—	62 120/(93 250+62 120)	0.4
5	沿通道平均烟气放热系数	$\bar{\alpha}_g$	kW/($m^2 \cdot$ ℃)	按式(10-85), 0.6×0.09+0.4×0.043 1	0.071 2
6	沿通道平均一次风空气放热系数	$\bar{\alpha}_{a1}$	kW/($m^2 \cdot$ ℃)	0.6×0.048 7+0.4×0.023 4	0.038 6
7	沿通道平均二次风空气放热系数	$\bar{\alpha}_{a2}$	kW/($m^2 \cdot$ ℃)	0.6×0.084 9+0.4×0.040 7	0.067 1
8	按一、二次流量加权平均的出口空气温度	$\bar{t}''_a$	℃	冷、热段传热计算	328
9	加权平均出口空气焓	$\bar{I}_0^{0''}$	kJ/kg	冷、热段传热计算	2735.2
10	加权平均空气进口温度	$\bar{t}'_a$	℃		18.4
11	加权平均空气进口焓	$\bar{I}_0^{0'}$	kJ/kg		150.7
12	二次风出口风温	t''_{a2}	℃	假定后核	330
13	二次风出口空气焓	$I_{a2}^{0''}$	kJ/kg	由理论空气焓温表查出	2776.2
14	预热器热段进口烟焓	I'_h	kJ/kg	热段传热计算	4272.4
15	预热器冷段出口烟焓	I''_c	kJ/kg	冷段传热计算	1460
16	一次风出口空气焓	$I_{a1}^{0''}$	kJ/kg	按式(10-82), 4272.2 − 1460 = (1.13/0.998 − 0.08/2) × (0.2 × $I_{a1}^{0''}$ + 0.8 × 2776.2) − (1.13/0.998 + 0.08/2)×150.7	2606
17	一次风出口风温	t''_{a1}	℃	由理论空气焓温表查出	313
18	一次风吸热量	Q_{a1}	kJ/kg	按式(10-80), 1.13(2606−163.7)	2760
19	二次风吸热量	Q_{a2}	kJ/kg	1.13(2776.2−147.4)	2970.5
20	烟气放热量	Q_g	kJ/kg	0.2×2760+0.8×2970.5	2928.4
21	预热器壁温计算参数	a	℃	按式(10-88), (374+124.5) − 2×98.514×2928.4/[0.9×0.458×0.071 2×(93 250+62 120)×2]	435.2
22	预热器壁温计算参数	b	℃	2×0.8×98.514×2970.5/[0.9×0.278×0.067 1×(93 250+62 120)×2]+(333+18)	440.6
23	预热器壁温计算参数	c	℃	2×0.8×98.514×2760/[0.9×0.139×0.038 6×(93 250+62 120)×2]+(313+20)	405.4

序号	名称	符号	单位	计算依据、公式和计算	数值
24	蓄热板进入烟气区时的壁温	$t'_{w,g}$	℃	按式(10-89)，(435.2−440.6＋405.4)/2	200
25	蓄热板离开烟气区时的壁温	$t''_{w,g}$	℃	(435.2＋440.6−405.4)/2	235.2
26	预热器热段蓄热板单位面积质量	$m_{F,h}$	kg/m²	查表 10-7，由厚度 $\delta=0.5$mm 查取	1.963
27	冷段蓄热板单位面积质量	$m_{F,c}$	kg/m²	由厚度 $\delta=1.0$mm 查取	3.925
28	每只预热器蓄热板总质量	G_1	kg	93 250×1.963＋62 120×3.925	426 870
29	预热器蓄热板总质量	G	kg	$2G_1$	853 740
30	预热器转子的转速	n	r/min	给定	1.2
31	蓄热板的比热容	c_p^{hs}	kJ/(kg·℃)	查金属材料性质表	0.487
32	烟气加热蓄热板所需热量	Q_{hs}	kJ/kg	按式（10-90），853 740 × 1.2 × 0.487 (235.2−200)/(60×98.514)	2971.2
33	与烟气放热量的误差	ΔQ	%	$(Q_{hs}−Q_g)×100/Q_g=$ (2971.2−2928.4) ×100/2928.4	−1.5

误差符合要求，计算结束。根据计算结果，一次风出口风温为 $t''_{a1}=313$℃，比制造厂提供的数据（323℃）低 10℃；二次风出口风温 $t''_{a2}=330$℃，比制造厂提供值（336℃）低 6℃。

附录 B　主要符号表

英 文 字 母

a　　燃料灰分在飞灰和炉渣中的分配比例
　　　分配系数(%)
　　　辐射介质的吸收率

A　　燃料元素组成中灰分的含量(%)
　　　炉膛截面(断面)面积(m^2)

b　　反映煤粉细度的系数
　　　煤耗率$[g/(kW \cdot h)]$

B　　燃料消耗量($kg \cdot s^{-1}$)
　　　磨煤机出力($kg \cdot s^{-1}$)

c　　比热容($kJ/kg^{-1} \cdot ℃^{-1}$或$kJ \cdot Nm^{-3} \cdot ℃^{-1}$)

c_p　比定压热容($kJ/kg^{-1} \cdot ℃^{-1}$或$kJ \cdot Nm^{-3} \cdot ℃^{-1}$)

C　　浓度($kg \cdot m^{-3}$)
　　　灰分中可燃物的含量(%)

C　　燃料元素组成中碳的含量(%)

d　　直径(m)
　　　距离(m)

d_a　空气中含水量($g \cdot kg^{-1}$)

D　　直径(m)
　　　蒸发量,蒸汽流量,锅炉负荷($kg \cdot s^{-1}$)
　　　煤粉筛分时通过筛子的百分量(%)
　　　炉膛深度(m)
　　　扩散系数($m^2 \cdot s^{-1}$)

E　　电耗($kJ \cdot kg^{-1}$)
　　　活化能($kJ \cdot kg^{-1}$)
　　　磨损速率($nm \cdot s^{-1}$)
　　　弹性模数(MPa)
　　　辐射力($kW \cdot m^{-2}$)

f　　截面积,流通截面的面积(m^2)

F　　面积,表面积,流通截面积(m^2)
　　　力(N 或 $m \cdot s^{-2}$)

g　　重力加速度($m \cdot s^{-2}$)
　　　磨煤系统中干燥剂量($kg \cdot kg^{-1}$)
　　　流量份额

G　　质量流量($kg \cdot s^{-1}$)
　　　水流量($kg \cdot s^{-1}$)
　　　入射辐射($kW \cdot m^{-2}$)

h　　高度(m)

H　　受热面面积(m^2)
　　　高度(m)
　　　硬度

H　　燃料元素,组成中氢的含量(%)

HGI　哈氏可磨性系数

i　　工质比热焓($kJ \cdot kg^{-1}$)

I　　烟气比热焓,空气比热焓($kJ \cdot kg^{-1}$)
　　　辐射强度($kW \cdot m^{-2} \cdot sr^{-1}$)

J　　有效辐射热流($kW \cdot m^{-2}$)

k　　化学反应速度常数
　　　辐射总减弱系数(m^{-1})

k_a　辐射吸收减弱系数(m^{-1})

K　　传热系数($kW \cdot m^{-2} \cdot ℃^{-1}$)
　　　折算阻力系数(m^{-4})
　　　携带系数(%)
　　　轴向动量($kg \cdot m \cdot s^{-1}$)
　　　循环倍率

K_{gr}　可磨性系数

l　　长度(m)

L　　长度,总长度(m)

m　　质量(kg)
　　　单位面积质量流量($kg \cdot m^{-2} \cdot s^{-1}$)
　　　水当量比值
　　　肋(鳍)片参数[表征对流与导热换热的相互关系$(2\alpha_c / \lambda_m \delta_f)^{1/2}$]

M　　动量矩($kg \cdot m^2 \cdot s^{-1}$)
　　　分子量($kg \cdot kmol^{-1}$)
　　　燃料元素组成中水分的含量(%)

n　　煤粉均匀性指数
　　　转速(r · min, $r \cdot s^{-1}$)
　　　管子数目
　　　燃烧器层数(排数)
　　　旋流强度(旋转强度)

N　　燃料元素组成中氮的含量(%)

O　　燃料元素组成中氧的含量(%)

p　　压力(MPa)
　　　排污率(%)

P	功率(kW)			挥发分(含量)(%)

P 功率(kW)

q 热强度、热流密度、热负荷(kW·m^{-2})
热交换强度(kW·m^{-2})

Q 容积流量(m^3·s^{-1})
热量(kJ·kg^{-1})
燃料发热量,燃烧反应热(kJ·kg^{-1})

$Q_{ar,net}$ 收到基低位发热量(kJ·kg^{-1})

$Q_{ar,gr}$ 收到基高位发热量(kJ·kg^{-1})

Q_r 1kg 消耗燃料输入炉内的热量(kJ·kg^{-1})

Q_f^{re} 炉膛烟气放热量(kJ·kg^{-1})

Q_R 炉膛辐射传热量(kJ·kg^{-1})

r_{RO_2} 烟气中三原子气体的容积份额

r_{H_2O} 烟气中水蒸气的容积份额

r 烟气中三原子气体和水蒸气的总容积份额
半径(m)
风率(%)
汽化潜热(kJ·kg^{-1})

R 煤粉细度(%)
气体常数(kJ·kg^{-1}·K^{-1})
蒸汽负荷强度(m^3·m^{-2}·s^{-1}或 m^3·m^{-3}·s^{-1})
半径(m)

R_f 污染热阻(m^2·℃·kW^{-1})

s 节距(m)
燃烧时氧碳的质量比

S 汽水两相间的滑动比
辐射层有效厚度(m)
面积,表面积(m^2)
含盐量(mg·kg^{-1}或 μg·kg^{-1})
压头(MPa)

S 燃料元素组成中硫的含量(%)

t 温度,受热介质温度(℃)

t_1 初温(℃)

t_2 终温(℃)

t_1 灰分的变形温度 DT(℃)

t_2 灰分的软化温度 ST(℃)

t_3 灰分的熔化温度 FT(℃)

T 温度(K)

u 周界(m)

U 周界(m)

ν 比体积(m^3·kg^{-1})

V 风量(m^3·s^{-1})
容积(m^3)
空气量(Nm^3·kg^{-1})

V^0 理论所需空气量(Nm^3·kg^{-1})

V_g^0 理论燃烧烟气量(Nm^3·kg^{-1})

w 反应速度,燃烧速度(kg·m^{-3}·s^{-1})
介质流速,绝对流速,烟气流速(m·s^{-1})

w_0 折算流速,水的循环流速(m·s^{-1})

W 介质流速(m·s^{-1})
炉膛宽度(m)

x 角系数
颗粒尺寸(μm)
燃烧器布置的相对高度
含汽率(%)

X 相对高度

y 不同尺寸颗粒的含量(%)
压差(MPa)

Z 总阻力系数
管子数目

Ar 阿基米德数

Bo 玻尔兹曼数

Nu 努塞尔数

Pr 普朗特数

Re 雷诺数

St 斯坦顿数

Sc Schmit(施密特)数
Schuster(赛斯特)数,也称反照率

ΔH 水位波动值(m)

Δi 焓增,欠焓(kJ·kg^{-1})

Δp 阻力损失,流动阻力,压差(MPa)

Δt 温压,温差(℃)

ΔT 温压(℃)

$\overline{VC}$ 平均比热容(kJ·kg^{-1}·℃$^{-1}$)

$\overline{VC}_p$ 平均比热容(kJ·kg^{-1}·℃$^{-1}$)

希腊字母

α 放热系数(kW·m^{-2}·℃$^{-1}$)
扩散系数
过量空气系数
蒸汽和水对某物质溶解量的分配系数(%)

β 燃料特性系数
实际空气量与理论空气量之比
角度,叶片角度
容积含汽量
管子外内径比

管子排列几何参数

δ　　厚度(m)

Δ　　粗糙度(m)

　　　管间间隙(m)

ε　　(对流受热面)污染系数(m^2·℃·kW^{-1})

　　　黑度,介质黑度

ε_1　辐射热交换中高温物体的黑度,火焰黑度

ε_2　热交换中低温物体的黑度,污染壁面黑度

ε_p　屏区烟气黑度

ε_f　未考虑辐射能传递减弱的炉膛黑度

ε_f^{sym}　考虑辐射能传递减弱的炉膛黑度

ζ　　局部阻力系数

η　　效率(%)

　　　不均匀系数

ϑ　　温度,烟气温度(℃)

θ　　扩展角(度)

　　　顶角

　　　无量纲温度

λ　　导热系数(kW·m^{-1}·℃$^{-1}$)

　　　摩擦阻力系数

μ　　煤粉浓度,灰分浓度(kg·kg^{-1}或 kg·m^{-3})

　　　动力黏度(Pa·s)

　　　泊松系数

　　　考虑沿管子周向热传递的系数

ν　　运动黏度(m^2·s^{-1})

ξ　　受热面利用系数

ρ　　密度(kg·m^{-3})

σ　　表面张力(N·m^{-1})

　　　应力(MPa)

　　　管子排列相对节距,$\sigma = s/d$

σ_b　抗拉强度(MPa)

σ_0　绝对黑体的辐射系数(斯蒂芬-玻尔兹曼常数),$\sigma_0 = 5.67 \times 10^{-11}$(kW·m^{-2}·K^{-4})

σ_s　散射辐射减弱系数(m^{-1})

τ　　时间(s)

　　　温降(℃)

　　　光学厚度或光学密度,布格尔数

φ　　保热系数

　　　蒸汽所占截面份额

　　　热偏差系数

　　　透过某受热面的角系数

ϕ　　方位角(圆周角)

ψ　　热有效系数

温压修正系数

筒式磨煤机装球系数

ω　　蒸汽湿度(%)

　　　燃料燃烧速率

$\Delta\alpha$　漏风系数

ρw　质量流速(kg·m^{-2}·s^{-1})

角　标

a　　吸收;空气;轴向;酸

A　　断面

ab　磨损;吸收(吸热)

ac　加速

ad　燃料空干基

add　附加

ah　空气预热器

amb　环境

ap　表观

ar　燃料收到基

arm　护甲

ash　灰(分)

at　雾化

av　平均

b　　锅炉;黑体;燃烧;球(钢球);后墙

B　　燃烧器

beh　(热)后

bl　排污

bo　燃尽

br　燃烧反应

c　　冷端(段);可燃物;对流;离心;炭、煤粉

ca　携带;冷空气

cal　计算

ce　炉顶、顶棚

ch　化学(反应)

cok　焦炭

cou　逆流

cp　全厂

cr　临界;极限

d　　偏差(管);扩散;燃料干燥基

dc　下降管

del　滞后、延迟

dg　干烟气

daf　干燥无灰基

dr　运动;驱动;汽包

ds	减温(器)	par	顺流
D	绕射	pc	煤粉
e	磨蚀、浸蚀、腐蚀;电	pcs	煤粉系统
eco	省煤器	ph	物理
ef	有效	pr	(热)前、前置
eq	当量	psc	准临界
ex	以外的,外部的;扩散的	q	石英
exg	排烟	r	辐射;栅栏;反应;径向;从球体中心算起的径向坐标
ext	熄火		
f	摩擦阻力;炉膛;灰污;肋片、鳍片;燃料;外在的、表面的	rat	额定
		re	释放(放热)
fa	飞灰	rec	再循环
fr	流动阻力;前(墙)	red	折算
frv	倒流	rh	再热器、再热蒸汽
fw	给水	ri	上升管
g	玻璃;发电(机);烟气;粒度、颗粒;毛	R	辐射换热
gr	可磨(性);重位、重力;毛、高位(发热量)	s	饱和;侧(壁);渣、结渣;散射;标准(煤);表面;喷水;空间
h	热端(段);悬吊		
ha	热空气	sc	垢、结垢;凝渣管
he	联箱、集箱	se	分离、分离装置
hds	散热表面	sg	蒸发段(管)
hs	受热面;蓄热(板)	sh	过热器、过热蒸汽
hw	热水(段)	sl	渣
i	内	sma	小、较小
ig	着火、点火	so	溶解
im	假想;撞击	st	停滞
in	入口、进口	sv	饱和蒸汽
is	各向同性	sw	包墙(包覆)管
l	漏风	syn	综合
lar	大、较大	t	全部、总;顶部、最上面;切向;管子
lim	极限		
lo	局部(阻力)	th	理论;界限
lp	导管	tr	真实;传递(传热);过渡
m	混合、混合物;金属;机械(传动);磨煤机;质量	uh	欠焓、欠热
		un	下部、最下部
mo	电动机	v	汽、水蒸气;垂直;通风
max	最大	V	汽、蒸汽
mid	中间点	vc	含汽
min	最小	w	工作的;壁、壁面、墙;水
n	净;供电	wm	工质
net	净、低位(发热量)	ww	水冷壁
o	外;基本值;理论值;来流值、喷口值;主气流		

上　标

opt	最佳	′	进口;饱和状态下液相
or	节流圈	″	出口;饱和状态下汽相
ou	出口	—	平均值
ov	高过、超过	·	以 kW 表示的热量(仅用于 Q)
p	屏;平行;管道;颗粒		

参 考 文 献

[1]　范从振. 锅炉原理. 北京：水利电力出版社，1986.

[2]　叶江明. 电厂锅炉原理及设备. 北京：中国电力出版社，2004.

[3]　华东六省一市电机工程(电力)学会. 锅炉设备及其系统. 2版. 北京：中国电力出版社，2006.

[4]　华东六省一市电机工程(电力)学会. 环境保护. 北京：中国电力出版社，2001.

[5]　北京锅炉厂设计科，译. 锅炉机组热力计算标准方法. 北京：机械工业出版社，1976.

[6]　胡荫平. 电站锅炉手册. 北京：中国电力出版社，2005.

[7]　樊泉桂. 超超临界及亚临界参数锅炉. 北京：中国电力出版社，2007.

[8]　容銮恩. 燃煤锅炉机组. 北京：中国电力出版社，1998.

[9]　张永涛. 锅炉设备及系统. 北京：中国电力出版社，1998.

[10]　岑可法，樊建人，池作和，等. 锅炉和热交换器的积灰、结渣、磨损和腐蚀的防治原理与计算. 北京：科学出版社，1994.

[11]　杨立洲. 超临界压力火力发电技术. 上海：上海交通大学出版社，1990.

[12]　冯俊凯，沈幼庭. 锅炉原理及计算. 2版. 北京：科学出版社，1992.

[13]　樊泉桂. 锅炉原理. 北京：中国电力出版社，2004 .

[14]　岑可法，姚强，骆仲泱，等. 燃烧理论与污染控制. 北京：机械工业出版社，2004.

[15]　丁立新. 电厂锅炉原理. 2版. 北京：中国电力出版社，2008.

[16]　[苏]茹卡乌斯卡. 换热器内的对流传热. 马文昌，居滋象，肖宏才，译. 北京：科学出版社，1982.

[17]　秦裕琨. 炉内传热. 北京：机械工业出版社，1981.

[18]　王致均，陈听宽，章燕谋. 锅炉炉内过程. 重庆：科技文献出版社重庆分社，1980.

[19]　周强泰. 两相流动和热交换. 北京：水利电力出版社，1990.

[20]　岑可法，樊建人. 燃烧流体力学. 北京：水利电力出版社，1991.

[21]　林宗虎，徐通模. 实用锅炉手册. 北京：化学工业出版社，1990.

[22]　容銮恩，袁镇福. 电站锅炉原理. 北京：中国电力出版社，1997.

[23]　撒应禄. 锅炉受热面外部过程. 北京：水利电力出版社，1994.

[24]　哈尔滨普华燃烧技术开发中心. 大型煤粉锅炉燃烧设备性能设计方法. 哈尔滨：哈尔滨工业大学出版社，2002.

[25]　林宗虎. 锅内过程. 西安：西安交通大学出版社，1990.

[26]　中国动力工程学会. 火力发电设备技术手册：第一卷. 锅炉. 北京：机械工业出版社，2000.

[27]　中国电力企业联合标准化中心. 电力工业标准汇编. 火电卷. 北京：中国电力出版社，2001.

[28]　中华人民共和国国家经济贸易委员会. 中华人民共和国电力行业标准 DL/T 831—2002. 大容量煤粉锅炉炉膛选型导则. 北京：中国电力出版社，2002.

[29]　中华人民共和国国家经济贸易委员会. 中华人民共和国电力行业标准 DL/T 5145—2002. 火力发电厂制粉系统设计计算技术规定. 北京：中国电力出版社，2002.

[30]　国家环境保护总局，国家质量监督检验检疫总局. 中华人民共和国国家标准 GB 13223—2003. 火电厂大气污染排放标准. 北京：中国环境科学出版社，2003.

[31]　周强泰，黄素逸. 锅炉与热交换器传热强化. 北京：水利电力出版社，1991.

[32]　Badin E J. Coal combustion chemistry-correlation aspects. New York：Elsevier Science Publishing Company Inc，1984.

[33] Robert S, John R H. Thermal radiation heat transfer. 2nd ed. New York: McGraw-Hill Book Company, 1981.

[34] Blokh A G. Heat transfer in furnaces of steam boilers. Lenigrad: Energy Atomic press, 1984 (in Russian).

[35] Zhuravlev Yu A, Spichak I V, Prostsailo N Ya et al. Heat transfer in boiler furnace taking account of the scattering of radiation. Engineering-physical, 1983, 5: 541-548.

[36] Joseph G, Singer P E. Combustion fossil power. 4th ed. New York: Combustion Engineering Inc, 1991.

[37] Armit J, Holmes R, Manning M I et al. The spalling of steam-grown oxide from superheater and reheater tube steels. EPRI Report, 1978, FP-686.

[38] Cheremisinoff N P. Encyclopedia of fluid mechanics. Vol. 4. Solids and gas-solids flows. Houston: Gulf Publishing Compony, 1986.

[39] Stephen R. Turns. An introduction to combustion. New York: Mc Graw-Hill Inc., 1996.

[40] 赵振宁. 电站锅炉性能试验原理、方法及计算. 北京: 中国电力出版社, 2010.